高等边界元法

——理论与程序

高效伟　彭海峰　杨　恺　王　静　著

科学出版社

北　京

内 容 简 介

本书共 9 章，第 1 章为绪论，第 2 章介绍必要的数学知识，第 3～6 章介绍与位势问题相关的边界元法，第 7～8 章介绍线性和非线性力学问题的边界元法，第 9 章介绍求解多种介质问题的新方法。本书展示了作者多年来的研究成果，如：将任意域积分转换成边界积分的径向积分法、求解大型非对称稀疏矩阵方程的同时消元回代法、计算弱奇异和近奇异积分的单元子分法、计算超奇异积分的幂级数展开法、建立一般非线性问题积分方程的源点隔离法以及用单一积分方程求解多种介质问题的界面积分方程法。

本书可作为力学、土木、机械、航空航天等专业研究生的教材或参考书，也可供相关专业的科技人员参考。

书中介绍的 18 个程序源代码可登录 http://tps.dlut.edu.cn 免费获取。

图书在版编目(CIP)数据

高等边界元法：理论与程序/高效伟等著. —北京：科学出版社，2015.4
ISBN 978-7-03-042689-5

Ⅰ.①高… Ⅱ.①高… Ⅲ.①边界元法-研究 Ⅳ.①O241.82

中国版本图书馆 CIP 数据核字(2014)第 284887 号

责任编辑：耿建业 陈构洪 / 责任校对：郭瑞芝
责任印制：吴兆东 / 封面设计：陈 敬

科学出版社 出版
北京东黄城根北街 16 号
邮政编码：100717
http://www.sciencep.com
北京凌奇印刷有限责任公司 印刷
科学出版社发行 各地新华书店经销
*
2015 年 4 月第 一 版 开本：720×1000 1/16
2023 年 1 月第六次印刷 印张：23 1/2
字数：454 000

定价：88.00 元

(如有印装质量问题，我社负责调换)

前　言

自 1978 年在英国 Southampton 召开第一届边界元方法国际会议以来，边界元法得到了快速的发展，已成为继有限元法后又一重要的数值分析工具，在力学、声学、电磁学等领域得到了广泛的应用。由于边界元法只需在边界上划分单元，因此具有准备数据少、几何适应性强等特点，在解决薄壁结构、断裂力学、热辐射、移动边界等问题中，边界元法比有限元法更有力。然而，经过三十多年的发展，边界元法也只是在解决线性、均质、各向同性问题中发展得比较成熟，在非线性、非均质、各向异性、复合结构等高难度问题中仍有许多挑战性的问题需要解决。特别是在程序设计方面，目前公开发表的含有源程序的书籍中，绝大部分也只给出了线性问题的程序，求解高难度问题的程序还非常少见，影响了边界元法的深层次研究，也影响了其解决实际工程问题的能力。

目前，边界元法存在的不足和面临的主要挑战性问题体现在：①边界积分方程中有积分奇异性的存在，影响了直接计算边界物理量及其导数的精度和速度；②边界元法形成的系数矩阵是非对称的满阵，缺乏像有限元法中那样的功能强大的方程求解器；③在处理非线性和非均质问题时有域积分的出现，削弱了边界元法固有的降维优点；④对热辐射及其相关耦合问题的研究较少，没有充分展现边界元法在求解此类问题时的优越性；⑤边界元法在处理多种介质问题时没有有限元法灵活，阻碍了其在工程中的应用。

由此看出，边界元法是一种高难度的数值方法，数学基础深，程序设计难，初学者和有一定基础的人员需要有一个基础程序作为启动或深入研究的平台。本书就是为实现这个目标而写的，不仅为初学者提供基本的理论基础，也为解决高难度问题的研究人员提供研究平台；除介绍基本理论外，几乎在每一章都给出了计算机程序和相应的说明与算例分析。本书将突出介绍作者近年来在边界元法研究中提出的一些新方法，如径向积分法、源点隔离法、同时消元回代法、单元子分法、幂级数展开法、三步变量凝聚法等。

全书共 9 章。第 1 章为绪论。第 2 章给出一些必要的数学基础知识，特别介绍了作者近年来提出的将任何域积分转换成边界积分的径向积分法，为发展非均质材料和非线性问题的无内部网格边界元算法提供了数学基础；此外还介绍了作者最近提出的同时消元回代法方程组求解技术，为求解大型非对称系数矩阵方程提供了理论与程序。第 3 章和第 4 章介绍位势问题和热传导问题，重点介绍作者近年来提出的计算弱奇异积分的单元子分技术、计算超奇异积分的幂级数展开法以及求解一般各向异性变系数热传导问题的源点隔离法。第 5 章和第 6 章处理热辐射及其相关的耦合问题，特别介绍参与性介质热辐射问题无内部网格边界元求解的新思想。第 7 章介绍弹性力学边界单元法，重点介绍径向积分法在处理热弹性问题中的域积分转换技术。第 8 章介绍源点隔离法和径向积分法在求解一般非线性力学问题（特别是弹塑性问题）中的新发展。第 9 章介绍边界元法求解多种介质问题，突出介绍多域边界元分析中的三步变量凝聚法和求解多种介质问题的单一积分方程法（界面积分方程法）。

本书是作者多年来从事边界元法研究的工作成果，除了本书作者外，还有不少同事也为本书做了大量的工作，例如，冯伟哲博士在高阶奇异性处理和弹塑性问题中的贡献，赵金军硕士在双积分方程方面的贡献，在此表示衷心的感谢！张耀明教授对全书进行了阅读，并提出了宝贵的修改建议，在此表示感谢！本书是在国家自然科学基金（基金号：11172055，11202045）的资助下完成的，特此表示感谢！

特别申明：本书所附边界元程序只是原理性的示范程序，在计算效率方面可能不是最佳设计；另外，使用本书程序解决实际问题时如果出现不理想的后果，本书作者不负法律责任。

随书资源：书中所介绍 Fortran 程序源代码可通过发送电子邮件到 xwgao@dlut. edu. cn 或登录网页 http://tps. dlut. edu. cn 免费获取。

高效伟

2014 年 11 月

目　　录

第1章　绪　　论

1.1　数值方法概述

随着科学技术的不断发展，需要解决的工程问题也越来越复杂，对于大多数问题，由于求解问题几何形状的复杂性或计算介质的非线性，人们已经很难得到问题的解析答案。另外，随着计算机性能的日益提高，求解工程问题的数值计算方法也不断成熟，现在几乎所有的大型工程问题都要借助数值计算进行分析或评估，为科技人员的工程设计提供依据或参考。

目前，已经发展起来的用得较多的数值计算方法有五大类：有限差分法、有限体积法、有限单元法、无网格法和边界元法。

(1) 有限差分法(finite difference method)[1]。有限差分法是将所考虑的区域划分成网格，用差分近似微分，把微分方程变成差分方程。也就是通过数学上的近似，把求解微分方程的问题变换成求解关于节点未知量的代数方程问题。该方法简单、易懂，便于复杂微分方程的求解，因此在流体力学领域被广泛采用[2]。但当求解问题的几何形状复杂时，按空间坐标的离散变得困难，网格的正交性不易保留，导致计算精度降低。

(2) 有限体积法(finite volume method)[3]。有限体积法是基于物理问题控制方程的积分形式的数值方法。解题思路是：把计算域离散成有限个互不重叠的控制体单元(网格)，通过将积分形式的控制方程作用于每一个体单元来建立离散的代数方程组。有限体积法既有有限差分法的特点，又有有限单元法的特点，方法简单、几何适应性好，是现代计算流体力学中占主导地位的数值方法[4]。其缺点是物理量的空间导数相关量(如通量)是由周围体单元中心处的值决定的，因此精度较低，特别是靠近边界的通量值更难计算准确。

(3) 有限单元法(finite element method)[5]。有限单元法是通过变分原理建立含权函数(形函数)的体积分形式方程的方法。解题思路是：首先将计算域离散成有限个互不重叠的有一定规则的节点组成的单元，然后对每个单元积分并通过组集形成总体代数方程组。有限单元法的单元可以按不同的连接方式进行组合，每个单元可以有不同的形状和材料性质，因此有限单元法具有几何适应性强、可灵活处理不同物性参数的优点，在各个领域都得到了广泛应用[6]。有限单元法的缺点是：物理量的空间导数是通过对形函数的求导得到的，因此精度要比物理量本身低一阶;在金属成形、优化计算、渗流问题自由面的确定等运动边界问题中,有限元网格可能产生畸变和重叠,以致计算精度下降或计算中止。

(4) 无网格法(meshless method)[7]。无网格法是基于构造点插值函数的数值方法,因此只需要在计算域内布置一系列的离散点即可,不需要网格单元,具有很强的解题灵活性[8,9]。但无网格法发展得还不够成熟,缺少坚实的理论基础和严格的数学证明,因此计算精度、守恒性等一直没有明确的答案。此外,无网格法是基于点的算法,因此布点数量和方案会影响计算时间和精度。另外,由于不使用单元,对于几何较复杂的运动边界问题,边界变化时要判断重新分布后的点是内部点、外部点还是边界点,这时会存在困难。

(5) 边界元法(boundary element method,BEM)[10]。边界元法是基于格林公式和问题的基本解将控制微分方程转化为边界积分方程的一种数值方法。其主要优点是:①只需要将边界离散成单元,因而准备数据简单、便于复杂几何问题的建模[11];②能够自动满足无限远处的边界条件,因而适合于求解无限与半无限域问题[12];③所求物理量的空间导数的计算公式可以解析地从基本边界积分方程中导出,因此所求与导数相关的物理量(如通量、应力等)与物理量本身具有同样级别的精度[13];④在求解运动边界问题时,移动边界节点的位移与原边界节点的坐标相加就自然形成了新的边界单元信息,不需要专门重构单元,也不会有网格重叠的问题[14-16]。此外,由于在计算域的边界上有单元信息可用,所以通过单元积分很容易判断一点是内部、外部还是边界点。基于这些优点,边界元法在一些领域(如运动边界[15-17]、裂纹[18,19]、接触[20,21]、辐射[22,23]、超薄结构[24-28]、无限域和半无限域[14,29,30]、声学[31]等)的应用优于有限元法。

1.2 边界元法的发展历史

边界元法已发展成为求解工程与科学问题的常用数值分析方法之一。它是一种在经典的积分方程基础上,吸收了有限元法的离散技术而发展起来的数值方法。边界元法通过采用一个满足无限或半无限域场方程的奇异函数——基本解作为权函数,将基于问题控制方程的域积分方程转化为边界积分方程,并将边界离散成边界单元来求解边界未知量的数值解。

边界元法的产生可追溯到 19 世纪,当时有人提出了积分等式和位势理论的数学问题,把线性偏微分方程的边值问题转化为边界积分方程求解。1905 年,Fredholm 将积分方程应用于求解弹性力学问题[32]。1953 年,Muskhelishvili[33] 和 Kellogg[34] 分别将积分方程法用于求解结构力学和位势问题。1965 年,Mikhlin[35] 解决了积分方程理论中的奇异性问题,为积分方程法在工程中的应用开辟了道路。

20 世纪 60 年代，电子计算机的发展开创了数值求解积分方程的新时代，积分方程法作为数值计算方法开始应用于实际问题。1963 年，Jaswon[36] 采用间接边界积分方程法，成功地求解了位势问题和弹性力学问题。这种方法的主要思想是沿边界配置一种虚设的点源密度函数，先确定密度函数，再求边界上的未知物理量。其缺点是待求的点源分布函数是虚构的，不具有明确的物理意义，因此求解过程需要两步完成。但它具有场量方程和场量梯度方程相互独立的优点，因而易于组合求解各种复杂边界条件的边值问题。60 年代，一些苏联学者对积分方程尤其是奇异积分方程的理论作了更为深入的研究，为进一步应用边界积分方程方法开辟了道路。与此同时，高速大型计算机的出现及其硬件的迅猛发展使离散求解积分方程成为可能。到了 60 年代后半期，边界元法的研究更趋活跃，边界元法的直接法被应用于求解各类问题。1967 年，Rizzo[37] 用直接边界元法求解了二维弹性问题。1969 年，Cruse[38] 将此法推广到三维弹性力学问题。在直接法中，表述边界积分方程的未知量是真实的物理量，通过求解积分方程可以直接得到边界上所求的未知物理量。1975 年，Cruse 和 Rizzo[39] 出版了第一部边界积分方程法的著作。1977 年，Banerjee 和 Butterfield[40] 首次采用了 boundary element method 这一名称。1978 年，Brebbia 在英国南安普顿召开了第一届国际边界元法会议，出版了专著 *The Boundary Element Method for Engineers*[41]。书中用加权余量法推导出了边界积分方程，并指出加权余量法是最普遍的数值方法，如果以开尔文(Kelvin)解作为权函数，从加权余量法可导出弹性力学问题的边界积分方程，通过将边界离散成单元的方法可数值求解积分方程。至此，边界元法这一名称得到了国际公认。

自 1978 年第一届国际边界元法会议后，边界元法会议几乎每年在世界各地举办。世界各国已从基本理论与方法的研究向深广领域发展，大量论文和专著先后问世。在此时期，边界元法在数学分析理论和数值积分方法的研究、边界元法的完善和应用范围的拓宽以及边界元法应用软件等方面均得到飞速发展。边界元法的应用遍及固体力学、流体力学、波动学、传热学、电磁学等学科领域。

我国关于边界元法的研究大约开始于 1978 年，当时杜庆华在国内首先开创了工程中边界元法的研究，开始跟踪国际上这一领域的最新进展，其研究领域主要在固体力学方面[42]。与此同时，王泳嘉[43]、郑颖人等[44]开始了岩土工程中的边界元法研究，杨德全和赵忠生[45]在流体力学边界元法方面开了先河。值得一提的是，岑章志[46]对我国的弹塑性边界元法做了开拓性的研究工作，高效伟和 Davies[13] 发表了国际上第一个弹塑性边界元程序，结束了三十多年来在非线性力学边界元分析方面只有论文发表、没有程序公布的局面。

近年来，我国学者在快速多极边界元法研究方面取得了一系列的研究成果，代表性工作可见姚振汉与王海涛的著作[11]。此外，我国学者在近奇异积分计算[24-28]、多种介质问题[47-49]以及与 CAD 技术结合解决工程问题[50]等方面的研究工作也引人注目。边界元法的研究目前在我国正处于上升阶段[51]，近年来在一些回国学者的带领下越来越多的专家学者投身于边界元法的研究中。

1.3 边界元法中的难点问题及其研究进展

边界元法在解决接触、断裂力学、运动边界、无限域与半无限域以及超薄结构等问题中具有独特的优势，被大量地用于科学与工程问题的计算分析，在许多应用领域，边界元法被公认为有限元法的一个重要补充。然而，传统的边界元法有下述几方面的弱点：

(1) 奇异性问题。边界元法中所用的基本解是奇异函数，数值计算时首先需要消除积分奇异性才能得到精确的计算结果。多年来已有大量的文献在计算效率与精度方面提出了不少计算奇异积分的方法，如线性单元的解析消除法[10,52]、弱奇异积分的单元子分法[13,53,54]、强奇异积分的间接计算法[13,55]、高阶奇异积分的直接计算法[56-58]等。这些方法在计算弱奇异和强奇异积分时非常有效，但在处理高阶奇异积分时的稳定性还需要进一步考查。

(2) 满系数矩阵问题。边界元法在求解问题时所形成的方程组的系数矩阵是满阵，因而占有较大的计算机内存，难以解决大型工程问题。为了解决此问题，研究人员提出了两种有效的解决方法，一种是快速多极法，另一种是区域分解法。快速多极边界元法[11,59]，通过将奇异核函数进行级数展开的技术，降低矩阵向量相乘操作的计算量级和存储量级，达到节省内存和提高计算速度的目的。区域分解法[10,60]的基本思想是把总求解域划分成多个子域，对每个子域建立边界元矩阵方程，然后利用子域间公共节点上的面力平衡条件和位移相容性条件把子域方程组集成总体系统方程组。这样形成的系数矩阵是块状稀疏矩阵，可利用现有成熟的稀疏矩阵求解器(如 LU 分解法和 GMRES 迭代法(广义最小残量法))对系统方程组进行有效求解。区域分解法是边界元法中被广泛应用的方法，不仅能解决满系数矩阵问题，而且能通过按照材料性质划分子域的手段求解由不同材料组成的复合介质问题[61]，还能通过沿裂纹面划分子域的方法求解断裂力学问题[19]。最近，作者基于区域分解法，提出了求解非均匀介质问题的三步变量凝聚技术[49]，形成的系统方程组只有公共节点位移作为未知量，可以求解大型工程问题。虽然这些方程组的组建与求解技术能解决相当规模的工程问题，但对于超大型问题，系统方程组的求解仍然是一个极具挑战性的问题。最近，高效伟等提出了求解非对称稀疏方程组的同时消元回代法求解技术[62,63]，在计算效率和储存空间方面都有了显著的提高。

(3) 非线性和非均质问题中的域积分问题。传统的边界元法只是在解决线性问题方面比较成熟，对于非线性问题却远非如此。如弹塑性力学问题，虽然从四十多年前就有不少学者开始对该课题进行深入的研究[64,65]，但直到2000年，高效伟和Davies[66]才彻底解决了弹塑性边界元法中强奇异域积分的计算问题，并于2002年公开发表了国际上第一个弹塑性边界元程序[13]。我国的其他学者也对弹塑性边界元法的发展做出了重要的贡献[67-70]。

用边界元法解决非线性和非均质问题时，由于很难求得控制方程的基本解，所以不得不用对应于线性和均匀介质问题的基本解来建立积分方程，由此导致了域积分的出现。为了计算域积分，传统的方法是将计算域离散成内部网格，采用像有限元法中的方式计算域积分[64-70]，这样就消除了边界元法只需将边界离散成单元的优点。正是这种求解非线性和非均质问题中需要内部网格的致命弱点，严重影响了边界元法的发展。

为了避免使用内部网格，国际上不少学者致力于无内部网格边界元法的研究，其中最常用的方法是将出现在积分方程中的域积分转换成边界积分。其中应用最广泛的方法是Brebbia等提出的双互易法(DRM)[71]和多互易法[72]，其基本思想是将场函数用基函数表示后，求出问题微分算子的特解，然后利用特解的性质将域积分转换成边界积分。虽然DRM的应用非常广泛，但对于一些复杂的基函数和微分算子，不容易求得问题的特解。此外，DRM最致命的弱点在于，如果积分方程中的一些域积分的核函数与问题的基本解不相同，则该方法难以实施，这也正是DRM不容易用于解决弹塑性问题的主要原因[73]。基于这些缺陷，高效伟提出了径向积分法(radial integration method，RIM)[74,75]。该方法基于纯数学处理技术，不借助任何特解和微分算子即可将任何二维和三维问题的域积分转换成边界积分，该方法自发表以来已得到了广泛的应用[76-80]。最近，Fata[81]将RIM推广到了求解高维问题。

虽然RIM能处理任何类型的域积分，而且对于被积函数是已知函数的域积分不需要任何内部点就可精确计算。然而，当域积分中含有未知函数时，为了计算RIM中的径向积分，则需要将未知函数用已知函数(如径向基函数(RBF))进行逼近，这时为了提高逼近精度，需要在域内布置一些点。内部点的多少和分布形式对非线性性强的域积分的计算结果会有一定的影响。因此，建立完全不需要内部点而又能仅用边界单元精确计算域积分的算法仍需要更为深入的研究。

(4) 热辐射及相关耦合问题。近年来高速飞行器在发达国家得到了迅猛的发展，飞行器在高超声速飞行时外表面温度可达到1600℃以上[82]，因此飞行器热结构内部面与面之间以及材料体内热辐射非常严重，是热、力分析中必须考虑的因素[83]。热辐射是通过面与面实现的，因此，有限元法和无网格法等基于区域离散的数值方法，由于没有用来确定表面和界面的信息，在求解热辐射问题时具有固有的弱点。相比之下，边界元法在处理热辐射问题时，具有突出的优势[84]，其一是热辐射问题的控制方程本身是微分-积分方程[22]，很容易改造成纯积分方程；其二是所用的边界单元本身就是物体表面的表征，因此可以直接用作热辐射的传递表面。

边界元法在热辐射方面的研究较少，代表性的工作是由 Bialecki 等[22,84]完成的。在求解参与性介质辐射换热问题时，需要完成沿辐射射线方向的线积分，因此需要将计算域划分成体单元，这在一定程度上削弱了边界元法只在边界上划分单元的优点。为了克服此缺陷，高效伟等[23]采用径向积分法将热辐射方程中的域积分转换成边界积分，形成了不需要内部体单元的边界元算法。

与其他数值方法一样，用边界元法求解热辐射以及与热传导耦合的问题时，会出现有关温度的非线性项，需要通过迭代过程进行求解，在这方面还需要做进一步的研究工作。

(5) 复合介质问题。边界元法中的积分方程是针对单一介质建立的，然而多数实际工程问题都是由多种介质组成的复合体，因此边界元法要成为有竞争力的实用数值分析工具，就必须能够处理多种介质问题。目前，处理这类问题最灵活、用得最多的方法是多域边界元法(multi-domain boundary element method, MDBEM)，或称为区域分解法[10,60]。在MDBEM中，最关键的技术是如何由每一种介质的代数方程组，根据边界条件组集成未知量最少的系统方程组。因为在公共边界上，位移和面力都是未知的，因此组集系统方程组最直接和最简单的方法就是建立由边界未知量和公共边界上的位移和面力一起作为未知量表征的系统方程组[10,11,85-87]。这种方法形成的系统方程组的规模较大，不适合于求解大型的三维问题。为了克服此缺点，一些学者提出了几种变量凝聚组集方法，例如，Kane 等[60]提出的只将公共未知量作为系统变量的方法，高效伟等[49]提出的只用公共位移表述系统方程组的三步变量凝聚方法。

MDBEM 只对线性问题使用起来容易。对于非线性问题，如弹塑性问题，传统的边界元方程不仅含有边界未知量(位移和面力)，而且含有其他域内未知量，如弹塑性问题中的塑性应变(或初应力)[13,46,52]，给组建系统方程组带来了困难。为了组建较小规模的系统方程组，必须消掉域内未知量或者边界未知量。例如，Banerjee[85]通过消掉域内节点塑性因子，建立了只含边界未知量的弹塑性方程组；高效伟和 Davies[86]消掉了边界未知量，建立了只含节点塑性因子的算法；董春迎等[88]通过消除边界未知量，建立了求解两种介质的由各节点塑性应变表述的边界元算法。

最近，高效伟等[89,90]采用“域积分界面退化”技术，提出了一种求解复合介质问题的单一积分方程法，该方法采用可求解变系数问题的边界域积分方程[91]，通过开发域积分在跨过两种材料的公共边界时材料性质跳跃的特征，将域积分“退化”成沿公共边界的界面积分，从而建立起以外边界积分和包含有相邻物性参数之差的界面积分为一体的多重介质积分方程。这种方法的优点是：①单元和节点的定义及布置与传统的边界元法相似，便于程序的编制；②界面单元只需要定义和计算一次,便于统一编号;③因为是单一方程,便于快速多极算法的使用[92]。缺点是:单一方程覆盖了所有介质的贡献,因此产生的系统方程组较大,在求解大型工程问题时最好采用快速算法,或在求解系统方程组时采用子域节点逐域消去法。

1.4 本书重点内容概述

针对边界元法在消除积分奇异性以及求解非线性、非均匀、各向异性和复合介质等问题时存在的不足和效率低的问题,本书旨在为广大边界元爱好者介绍能有效解决这些高难度问题的新型边界元法,本书也是本课题组多年来在相关问题方面的研究成果的凝练。本书在相关方面的重点内容概述如下。

第 2 章介绍必要的数学基础知识,重点介绍作者提出的径向积分法,此方法能将出现在非线性和非均匀介质积分方程中的域积分转换成边界积分,为发展求解这类问题的无内部网格边界元算法提供数学基础;在此章中,还将突出介绍作者最近提出的求解大型非对称系数矩阵方程的同时消元回代法,此方法具有占用内存小和计算速度快的特点,在求解稀疏系数方程组方面更具优势,可为多域问题边界元法提供稀疏方程组求解器。

第 3 章是处理位势问题的边界元法,介绍边界元法理论的基本概念和求解方法。该章的重点内容是介绍能计算任意高阶奇异边界积分的幂级数展开法和统一处理各阶近奇异积分的单元子分法。该章也将介绍各种域积分到边界积分的常用转换法和能有效处理角点问题的非连续元技术。

第 4 章介绍热传导问题的边界元法,重点介绍变系数和非线性瞬态热传导问题的边界元实现,也将介绍作者近年来提出的求解一般各向异性变系数热传导问题的源点隔离法。

第 5 章和第 6 章处理热辐射及其与导热相互耦合的换热问题。第 5 章的重点是介绍参与性介质热辐射问题积分方程的一般域积分表述方法及其到边界积分的径向积分转换法;第 6 章的重点是介绍用辐射热源将辐射与导热两种传热方式耦合起来求解的相关技术。

第 7 章介绍弹性力学问题边界元法,重点内容是热弹性问题的无内部网格边界元求解法以及考虑温度场的边界应力计算法。

第 8 章介绍用源点隔离法建立一般非线性力学问题(特别是弹塑性问题)积分方程的新思想,重点介绍仅由位移和面力显式表述的位移和应力积分方程以及由于本构张量的空间不连续性引起的界面积分的相关问题。

第 9 章介绍用边界元法求解由多种物质组成的复合介质问题,重点介绍作者近年来提出的由域积分界面退化技术建立的单一积分方程法和基于三步变量凝聚技术的多域边界元法。

参考文献

[1] Richtmyer R D, Morton K W. Difference Methods for Initial-Value Problems. New York: Interscience Publishers, 1967.

[2] Hirsch C. Numerical Computation of Internal and External Flows: Fundamentals of Numerical Discretization. New York: John Wiley & Sons, 1988.

[3] Versteeg H K, Malalasekera W. An Introduction to Computational Fluid Dynamics—The Finite Volume Method. London: Longman Group Ltd., 1995.

[4] 谭维炎. 计算浅水动力学——有限体积分的应用. 北京:清华大学出版社,1998.

[5] Zienkiewicz O C, Taylor R L. The Finite Element Method. London: McGraw-Hill Book Co., 1989.

[6] Smith I M, Griffiths D V. Programming the Finite Element Method. 3rd ed. New York: John Wiley & Sons, 1998.

[7] Atluri S N, Shen S P. The Meshless Local Petrov-Galerkin (MLPG) Method. Los Angeles: Tech Science Press, 2002.

[8] 张雄,宋康祖,陆明万. 无网格法研究进展及其应用. 计算力学学报, 2003, 20(6): 730—742.

[9] Chen W. Meshfree boundary particle method applied to Helmholtz problems. Engineering Analysis with Boundary Elements, 2002, 26(7): 577—581.

[10] Brebbia C A, Dominguez J. Boundary Elements: An Introductory Course. London: McGraw-Hill Book Co., 1992.

[11] 姚振汉,王海涛. 边界元法. 北京:高等教育出版社,2010.

[12] 余德浩. 自然边界元法的数学理论. 北京:科学出版社, 1993.

[13] Gao X W, Davies T G. Boundary Element Programming in Mechanics. Cambridge: Cambridge University Press, 2002.

[14] 张有天,王镭,陈平. 边界元方法及其在工程中的应用. 北京: 水利电力出版社, 1989.

[15] 柴军瑞,仵彦卿. 采用边界元法确定渗流自由面的一种改进方法. 陕西水力发电, 2000, 16(1): 11—13.

[16] Gao X W. A new inverse analysis approach for multi-region heat conduction BEM using complex-variable-differentiation method. Engineering Analysis with Boundary Elements, 2005, 29(8): 788—795.

[17] 王燕昌,郑静,高效伟. 径向积分边界元法确定非均质土石坝渗流自由面. 计算力学学报, 2010, 27(6): 1011—1015.

[18] Aliabadi M H. Boundary element formulations in fracture mechanics. Applied Mechanics Reviews, 1997, 50(2): 83—96.

[19] Zhang C, Cui M, Wang J, et al. 3D crack analysis in functionally graded materials. Engineering Fracture Mechanics, 2011, 78(3): 585—604.

[20] 姚振汉,刘永健. 三维弹性接触问题边界元法的一种误差直接估计. 燕山大学学报,2004, 28(2): 95—98.

[21] 申光宪,刘德义,于春肖. 多极边界元法和轧制工程. 北京: 科学出版社,2005.

[22] Bialecki R A. Solving Heat Radiation Problems Using the Boundary Element Method. Boston: Computational Mechanics Publications, 1993.

[23] 高效伟,王静,崔苗. 辐射-导热耦合换热边界元算法. 中国科学: 物理学 力学 天文学,2011, 41(3): 302—308.

[24] Luo J F, Liu Y J, Berger E J. Analysis of two-dimensional thin structures (from micro- to nano-scales) using the boundary element method. Computational Mechanics, 1998, 22(5): 404—412.

[25] Ma H, Kamiya N. A general algorithm for the numerical evaluation of nearly singular boundary integrals of various orders for two- and three-dimensional elasticity. Computational Mechanics, 2002, 29(4/5): 277—288.

[26] 牛忠荣,王秀喜,周焕林. 三维边界元法中几乎奇异积分的正则化算法. 力学学报, 2004, 36(1): 49—56.

[27] Chen H B, Lu P, Schnack E. Regularized algorithms for the calculation of values on and near boundaries in 2D elastic BEM. Engineering Analysis with Boundary Elements, 2001, 25(10): 851—876.

[28] 张耀明,谷岩,陈正宗. 位势边界元法中的边界层效应与薄体结构. 力学学报,2010, 42(2): 219—227.

[29] Gao X W, Davies T G. 3D infinite boundary elements for half-space problems. Engineering Analysis with Boundary Elements, 1998, 21(3): 207—213.

[30] Wang Y C, Gao X W. Practicable BEM analysis of frictional bolts in underground opening. ASCE Journal of Structural Engineering, 1998, 124(3): 342—346.

[31] Wu T W. Boundary Element Acoustics: Fundamentals and Computer Codes. Boston: WIT Press, 2001.

[32] Fredholm I. Solution d'un probleme fondamental de la theorie de l'elasticitie. Arkiv för Matematik, Astronomi och Fysik, 1905, 2: 1—8.

[33] Muskhelishvili N I. Some Basic Problems of the Mathematical Theory of Elasticity. Groningen: Noordhoff, 1953.

[34] Kellogg O D. Foundations of Potential Theory. New York: Dover, 1953.

[35] Mikhlin S G. Multi-Dimensional Singular Integrals and Integral Equations. Oxford: Pergamon Press, 1965.

[36] Jaswon M A. Integral equation methods in potential theory—Ⅰ. Proceedings of the Royal Society A: Mathematical, Physical and Engineering Sciences, 1963, 275:23—32.

[37] Rizzo F J. An integral equation approach to boundary value problems of classical elastostatics. Quarterly Journal of Applied Mathematics, 1967, 25: 83—95.

[38] Cruse T A. Numerical solutions in three-dimensional elastostatics. International Journal of Solids and Structures, 1969, 5(12): 1259—1274.

[39] Cruse T A, Rizzo F J. Boundary Integral Equation Method. New York: McGraw-Hill, 1975.

[40] Banerjee P K, Butterfield R. Boundary Element Method in Geomechanics//Gudehus G. Finite Elements in Geomechanics. London:John Wiley & Sons, 1977: 529—570.

[41] Brebbia C A. The Boundary Element Method for Engineers. London: Pentech Press, 1978.

[42] 杜庆华. 边界积分方程法-边界元方法:力学基础与工程应用. 北京:高等教育出版社,1989.

[43] 王泳嘉. 边界元法及其在岩石力学中的应用. 东北工学院学报, 1984, 1: 1—12.

[44] 郑颖人,张德徽,高效伟. 弹塑性问题反演计算的边界元方法//中国土木工程学会. 中国土木工程学会第三届年会论文集. 上海:同济大学出版社,1986: 377—386.

[45] 杨德全,赵忠生. 边界元理论及应用. 北京:北京理工大学出版社, 2003.

[46] 岑章志. 三维弹塑性分析的有限元-边界元耦合方法. 北京:清华大学博士学位论文, 1984.

[47] Dong C Y, Lee K Y. A new integral equation formulation of two-dimensional inclusion-crack problems. International Journal of Solids and Structures, 2005, 42(18/19): 5010—5020.

[48] Yue Z Q, Xiao H T, Tham L G. Boundary element analysis of crack problems in functionally graded materials. International Journal of Solids and Structures, 2003, 40(13/14): 3273—3291.

[49] Gao X W, Guo L, Zhang C H. Three-step multi-domain BEM solver for nonhomogeneous material problems. Engineering Analysis with Boundary Elements, 2007, 31(12): 965—973.

[50] Zhang J M, Qin X Y, Han X, et al. A boundary face method for potential problems in three dimensions. International Journal for Numerical Methods in Engineering, 2008, 80(3): 320—337.

[51] 姚振汉. 三十年边界元法研究的心得. 力学与工程应用,2010, 13: 5—9.

[52] Telles J C F. The Boundary Element Method Applied to Inelastic Problems. Berlin: Springer-Verlag, 1983.

[53] Gao X W, Davies T G. Adaptive integration algorithm in elasto-plastic boundary element analysis. Journal of the Chinese Institute of Engineers, 2000, 23(3): 349—356.

[54] 王静,高效伟. 基于单元子分法的结构多尺度边界单元法. 计算力学学报, 2010, 27(2): 258—263.

[55] 张耀明,温卫东,王利民,等. 弹性力学平面问题中一类无奇异边界积分方程. 力学学报,2004, 36(3): 311—321.

[56] Guiggiani M, Krishnasamy G, Rudolphi T J, et al. A general algorithm for the numerical solution of hyper-singular boundary integral equations. ASME Journal of Applied Mechanics, 1992, 59(3): 604—614.

[57] Karami G, Derakhshan D. An efficient method to evaluate hypersingular and supersingular integrals in boundary integral equations analysis. Engineering Analysis with Boundary Elements, 1999, 23(4): 317—326.

[58] Gao X W. An effective method for numerical evaluation of general 2D and 3D high order singular boundary integrals. Computer Methods in Applied Mechanics and Engineering, 2010, 199(45-48): 2856—2864.

[59] 刘德义,申光宪,肖宏. 三维弹塑性摩擦接触多极边界元法. 燕山大学学报,2004, 28(2): 99—102.

[60] Kane J H, Kashava K B L. An arbitrary condensing, noncondensing solution strategy for large scale, multi-zone boundary element analysis. Computer Methods in Applied Mechanics and Engineering, 1990, 79(2): 219—244.

[61] 高效伟,杨恺. 功能梯度材料结构的热应力边界元分析. 力学学报,2011, 43(1): 136—143.

[62] Gao X W, Li L J. A solver of linear systems of equations (REBSM) for large-scale engineering problems. International Journal of Computational Methods, 2012, 9(1): 1240011.

[63] 高效伟,胡金秀,崔苗. 基于行消元回代法的多域边界元分析方法. 力学学报,2012, 44(2): 361—368.

[64] Swedlow J L, Cruse T A. Formulation of boundary integral equations for three-dimensional elasto-plastic flow. International Journal of Solids and Structures, 1971, 7(12): 1673—1683.

[65] Tells J C F, Brebbia C A. The boundary element method in plasticity. Applied Mathematics Modelling, 1981, 5(4): 275—281.

[66] Gao X W, Davies T G. An effective boundary element algorithm for 2D and 3D elastoplastic problems. International Journal of Solids and Structures, 2000, 37(36): 4987—5008.

[67] 龙述尧,胡德安. 用域-边界元法分析非线性地基梁. 湖南大学学报,2003, 30(1): 21—24.

[68] 刘应华,张晓峰,岑章志. 三维弹塑性结构下限分析的边界元方法. 应用数学和力学, 2003, 24(12): 1301—1308.

[69] 戴葆青. 三维弹塑性边界元系统方程的建立及其计算机程序的研究. 煤矿机械,2006, 27(6):

967—969.

[70] 梁利华,刘勇,徐博侯. 用于设计灵敏度分析的弹粘塑性边界元法. 固体力学学报,2006, 27(3): 268—276.

[71] Nardini D, Brebbia C A. A new approach for free vibration analysis using boundary elements//Brebbia C A. Boundary Element Methods in Engineering. Berlin: Springer, 1982: 312—326.

[72] Nowak A J, Brebbia C A. The multiple-reciprocity method. A new approach for transforming BEM domain integrals to the boundary. Engineering Analysis with Boundary Elements, 1989, 6(3): 164—168.

[73] Ochiai Y. Meshless thermo-elastoplastic analysis by triple-reciprocity boundary element method. International Journal for Numerical Methods in Engineering, 2010, 81(13): 1609—1634.

[74] Gao X W. The radial integration method for evaluation of domain integrals with boundary-only discretization. Engineering Analysis with Boundary Elements, 2002, 26(10): 905—916.

[75] Gao X W. A boundary element method without internal cells for two-dimensional and three-dimensional elastoplastic problems. ASME Journal of Applied Mechanics, 2002,69(2): 154—160.

[76] Dong C Y, Lo S H, Cheung Y K. Numerical solution for elastic inclusion problems by domain integral equation with integration by means of radial basis functions. Engineering Analysis with Boundary Elements, 2004, 28(6): 623—632.

[77] Albuquerque E L, Sollero P, Paiva W P. The radial integration method applied to dynamic problems of anisotropic plates. Communications in Numerical Methods in Engineering, 2007, 23(9): 805—818.

[78] Gun H. 3D boundary element analysis of creep continuum damage mechanics problems. Engineering Analysis with Boundary Elements, 2005, 29(8):749—755.

[79] Hematiyan M R. A general method for evaluation of 2D and 3D domain integrals without domain discretization and its application in BEM. Computational Mechanics, 2007, 39(4): 509—520.

[80] AL-Jawary M A, Wrobel L C. Numerical solution of the two-dimensional Helmholtz equation with variable coefficients by the radial integration boundary integral and integro-differential equation methods. International Journal of Computer Mathematics,2012, 89(11): 1463—1487.

[81] Fata S N. Treatment of domain integrals in boundary element methods. Applied Numerical Mathematics, 2012, 62(6): 720—735.

[82] Blosser M L. Development of metallic thermal protection systems for the reusable launch vehicle. NASA Technical Memorandum, 1996, 110296.

[83] Chen P C, Liu D D, Tang L, et al. Aerothermodynamic optimization of hypersonic vehicle TPS design by POD-RSM-based approach. AIAA-2006-0777.

[84] Blobner J, Bialecki R A, Kuhn G. Boundary element solution of coupled heat conduction-radiation problems in the presence of shadow zones. Numerical Heat Transfer, Part B: Fundamentals, 2001, 39(5): 451—478.

[85] Banerjee P K. The Boundary Element Methods in Engineering. New York: McGraw-Hill, 1994.

[86] Gao X W, Davies T G. 3D multi-region BEM with corners and edges. International Journal of Solids and Structures, 2000, 37(11): 1549—1560.

[87] Wang C B, Chatterjee J, Banerjee P K. An efficient implementation of BEM for two- and three-dimensional multi-region elastoplastic analyses. Computer Methods in Applied Mechanics and Engineering, 2007, 196(4—6): 829—842.

[88] Dong C Y, Bonnet M. An integral formulation for steady-state elastoplastic contact over a coated half-

plane. Computational Mechanics，2002，28(2)：105—121.

[89] Gao X W，Wang J. Interface integral BEM for solving multi-medium heat conduction problems. Engineering Analysis with Boundary Elements，2009，33(4)：539—546.

[90] Gao X W，Yang K. Interface integral BEM for solving multi-medium elasticity problems. Computer Methods in Applied Mechanics and Engineering，2009，198(15/16)：1429—1436.

[91] Gao X W. Source point isolation boundary element method for solving general anisotropic potential and elastic problems with varying material properties. Engineering Analysis with Boundary Elements，2010，34(12)：1049—1057.

[92] Wang H T，Yao Z H. Large-scale thermal analysis of fiber composites using a line-inclusion model by the fast boundary element method. Engineering Analysis with Boundary Elements，2013，37(2)：319—326.

第2章 数学基础

2.1 符号标记

2.1.1 指标符号与求和约定

对于一组 n 个常量或变量，例如，$a_1, a_2, \cdots, a_n$，可简记为 $a_i (i=1,2,\cdots,n)$，其中，a_i 即指标符号；i 称为下指标或下标，$i=1,2,\cdots,n$ 为下指标 i 的集合。当 a_i 单独出现时，分别代表相应集合中的任意一个常量或变量。如果指标符号位于右上侧，则称为上指标或上标，如 $y^1, y^2, \cdots, y^n$，或表示为 $y^i (i=1,2,\cdots,n)$。利用指标符号，三维空间坐标 x, y, z 可以被表示为 x_1, x_2, x_3，简记为 $x_i (i=1,2,3)$。对于二维空间坐标，其指标的取值范围为 $i=1,2$。

利用指标符号，可以将本书涉及的有关量列于表 2-1-1，其中，下指标 i、j 的集合均为二维问题(1,2)和三维问题(1,2,3)。

表 2-1-1 常用指标符号

名称	常用符号	指标符号	简记
外法线方向余弦	l, m, n	n_1, n_2, n_3	n_i
热通量分量	q_x, q_y, q_z	q_1, q_2, q_3	q_i
体力分量	b_x, b_y, b_z	b_1, b_2, b_3	b_i
位移分量	u, v, w	u_1, u_2, u_3	u_i
面力分量	t_x, t_y, t_z	t_1, t_2, t_3	t_i
应力分量	$\sigma_{xx}, \tau_{xy}, \tau_{xz}$ $\tau_{yx}, \sigma_{yy}, \tau_{yz}$ $\tau_{zx}, \tau_{zy}, \sigma_{zz}$	$\sigma_{11}, \sigma_{12}, \sigma_{13}$ $\sigma_{21}, \sigma_{22}, \sigma_{23}$ $\sigma_{31}, \sigma_{32}, \sigma_{33}$	σ_{ij}
应变分量	$\varepsilon_{xx}, \frac{1}{2}\gamma_{xy}, \frac{1}{2}\gamma_{xz}$ $\frac{1}{2}\gamma_{yx}, \varepsilon_{yy}, \frac{1}{2}\gamma_{yz}$ $\frac{1}{2}\gamma_{zx}, \frac{1}{2}\gamma_{zy}, \varepsilon_{zz}$	$\varepsilon_{11}, \varepsilon_{12}, \varepsilon_{13}$ $\varepsilon_{21}, \varepsilon_{22}, \varepsilon_{23}$ $\varepsilon_{31}, \varepsilon_{32}, \varepsilon_{33}$	ε_{ij}

爱因斯坦(Einstein)求和约定是指：如果两个相同的指标出现在指标符号公式的同一项中，则表示对该指标遍历整个取值范围求和。例如，对于二维问题，有

$$a_i b_i = a_1 b_1 + a_2 b_2 \tag{2-1-1a}$$

并且对于三维问题，有

$$a_i b_i = a_1 b_1 + a_2 b_2 + a_3 b_3 \tag{2-1-1b}$$

式中，重复指标 i 称为哑指标。哑指标不论采用哪个字母都是一样的，只要不和其他指标发生混淆即可。

在指标符号公式的同一项中，不重复的指标称为自由指标。同一指标符号公式的所有项，均应包含相同的自由指标，例如

$$t_i = \sigma_{ij} n_j \tag{2-1-2a}$$

其分量形式可写为

$$\begin{cases} t_1 = \sigma_{11} n_1 + \sigma_{12} n_2 + \sigma_{13} n_3 \\ t_2 = \sigma_{21} n_1 + \sigma_{22} n_2 + \sigma_{23} n_3 \\ t_3 = \sigma_{31} n_1 + \sigma_{32} n_2 + \sigma_{33} n_3 \end{cases} \tag{2-1-2b}$$

式中，下指标 i 在指标符号公式的每一项中均只出现一次，为自由指标，它的每一个取值代表一个方程；j 是在公式的右端项中出现了两次的重复下标，称为哑指标。

在指标符号的公式中，常用下标“，”来表示对坐标分量的偏导数，例如，$\dfrac{\partial u}{\partial x_i}$ 可以简记为 $u_{,i}$，$\dfrac{\partial^2 u_i}{\partial x_i \partial x_j}$ 可以简记为 $u_{i,ij}$。于是有

$$\frac{\partial f_i}{\partial x_i} = \frac{\partial f_1}{\partial x_1} + \frac{\partial f_2}{\partial x_2} + \frac{\partial f_3}{\partial x_3} = f_{1,1} + f_{2,2} + f_{3,3} = f_{i,i} \tag{2-1-3}$$

因此，高斯(Gauss)散度定理可表示为

$$\int_\Omega \left(\frac{\partial f_1}{\partial x_1} + \frac{\partial f_2}{\partial x_2} + \frac{\partial f_3}{\partial x_3} \right) \mathrm{d}\Omega = \int_\Gamma (f_1 n_1 + f_2 n_2 + f_3 n_3) \mathrm{d}\Gamma \tag{2-1-4}$$

也可以简写为

$$\int_\Omega f_{i,i} \mathrm{d}\Omega = \int_\Gamma f_i n_i \mathrm{d}\Gamma \tag{2-1-5}$$

式中，n_i 为 Ω 域的边界 Γ 的外法线方向向量 $\boldsymbol{n}$ 的第 i 个分量。

2.1.2 特殊的指标符号——δ_{ij}

在数学物理问题中，经常用到一个特定的指标符号 δ_{ij}，称为克罗内克(Kronecker)δ 符号，定义为

$$\delta_{ij} = \begin{cases} 1, & i = j \\ 0, & i \neq j \end{cases} \tag{2-1-6}$$

由爱因斯坦求和约定可知，$\delta_{ii} = \beta$，β 为指标的维数，对于三维问题为

$$\delta_{ii} = \delta_{11} + \delta_{22} + \delta_{33} = 3 \tag{2-1-7}$$

当克罗内克 δ 符号和其他指标符号相乘且形成一对哑指标时，它的作用相当于将指标置换。例如

$$\delta_{ij}b_j = b_i, \quad \delta_{ij}b_{jk} = b_{ik} \tag{2-1-8}$$

同理有 $\delta_{ij}\delta_{jk} = \delta_{ik}$。

2.1.3 矢量简介

在物理学中，有些量既有大小又有方向，如速度、力、热通量等，称为矢量。矢量满足以下规则[1]：

(1) 相等：两个矢量具有相同的模和方向，则称这两个矢量相等。

(2) 矢量和：按照平行四边形法则定义矢量和，同一空间中两个矢量之和仍是该空间的矢量。

矢量可用斜黑体字母表示，如 $\boldsymbol{u}$、$\boldsymbol{b}$、$\boldsymbol{q}$ 等，对应的矢量大小分别用 $|\boldsymbol{u}|$、$|\boldsymbol{b}|$、$|\boldsymbol{q}|$ 表示。矢量也可表示成对于笛卡儿(Cartesian)坐标系基矢量的展开式。例如，在三维空间的笛卡儿坐标系 x_1、x_2、x_3 中，选择一组分别沿 x_1、x_2、x_3 轴的正交标准化单位矢量 $\boldsymbol{i}$、$\boldsymbol{j}$、$\boldsymbol{k}$，任一矢量 $\boldsymbol{q}$ 可表示为

$$\boldsymbol{q} = q_1\boldsymbol{i} + q_2\boldsymbol{j} + q_3\boldsymbol{k} \tag{2-1-9}$$

在指标符号系统中，矢量还可单用具有单个指标的指标符号来表示，例如，矢量 $\boldsymbol{q}$ 可简单表示为 q_i。

矢量具有下述运算公式：

矢量的点积

$$\boldsymbol{a} \cdot \boldsymbol{b} = a_1b_1 + a_2b_2 + a_3b_3 \tag{2-1-10}$$

矢量的叉积

$$\boldsymbol{a} \times \boldsymbol{b} = \begin{vmatrix} \boldsymbol{i} & \boldsymbol{j} & \boldsymbol{k} \\ a_1 & a_2 & a_3 \\ b_1 & b_2 & b_3 \end{vmatrix} \tag{2-1-11}$$

矢量的混合积

$$(\boldsymbol{a} \times \boldsymbol{b}) \cdot \boldsymbol{c} = \boldsymbol{a} \cdot (\boldsymbol{b} \times \boldsymbol{c}) = \begin{vmatrix} a_1 & a_2 & a_3 \\ b_1 & b_2 & b_3 \\ c_1 & c_2 & c_3 \end{vmatrix} \tag{2-1-12}$$

2.2 狄拉克 δ 函数

在边界元法把物理现象所对应的微分方程的定解问题转化为边界积分方程的过程中，基本解起着重要的作用。微分方程的基本解都是满足微分方程在某点具有奇异性的解，这与数学上的狄拉克(Dirac)δ 函数有着密切的关系。

2.2.1 狄拉克 δ 函数的定义与性质

定义 狄拉克 δ 函数是指满足下列性质的函数。

(1)

$$\delta(x-x_0)=\begin{cases}0, & x\neq x_0\\ \infty, & x=x_0\end{cases} \tag{2-2-1}$$

(2)

$$\int_{-\infty}^{+\infty}\delta(x-x_0)\mathrm{d}x=1 \tag{2-2-2a}$$

有的学者认为下式成立：

$$\int_{x_0}^{\infty}\delta(x-x_0)\mathrm{d}x=\frac{1}{2} \tag{2-2-2b}$$

δ 函数首先是由英国物理学家狄拉克为描述量子力学中的某些数量关系而引入的，所以 δ 函数又称为狄拉克函数。根据定义，可以把 δ 函数作为单位集中量的密度函数。用 δ 函数来描述集中物理量不仅方便，而且物理含义清楚，被当成普通函数参加运算时，其数学结论与物理结果完全吻合。下面对其常用的性质作一些简单介绍。

性质 1 若 $f(x)$ 是定义在区间 $(-\infty,+\infty)$ 上的任意连续函数，则有

$$\int_{-\infty}^{+\infty}f(x)\delta(x-x_0)\mathrm{d}x=f(x_0) \tag{2-2-3}$$

性质 2 δ 函数是偶函数，即

$$\delta(x-x_0)=\delta(x_0-x) \tag{2-2-4}$$

性质 3

$$x\delta(x)=0 \tag{2-2-5}$$

性质 4 多维狄拉克 δ 函数可以看成多个一维狄拉克 δ 函数的乘积，即

$$\delta(x,y,z)=\delta(x)\delta(y)\delta(z) \tag{2-2-6}$$

性质 5

$$f(x)\delta(x-x_0)=f(x_0)\delta(x-x_0) \tag{2-2-7}$$

性质 6

$$\delta(ax)=\frac{1}{|a|}\delta(x) \tag{2-2-8}$$

性质 7 δ 函数的极限形式

$$\delta(x)=\lim_{n\to\infty}\frac{1}{2\pi}\int_{-n}^{+n}\cos\omega x\,\mathrm{d}\omega \tag{2-2-9}$$

性质 8 含 δ 函数导数的积分性质。若 $f(x)$ 是定义在区间 $(-\infty,+\infty)$ 上的任意连续函数，则有

$$\int_{-\infty}^{+\infty} f(x)\delta^{(n)}(x-x_0)\mathrm{d}x = (-1)^n f^{(n)}(x_0) \tag{2-2-10}$$

式中，$f^{(n)}(x)$ 表示函数 $f(x)$ 对 x 的 n 阶导数；$\delta^{(n)}(x-x_0)$ 称为 $\delta(x-x_0)$ 的 n 阶导数。

2.2.2 微分方程基本解

对于线性微分方程

$$L(u) = f(\boldsymbol{x}) \tag{2-2-11}$$

式中，L 为线性微分算子。满足方程

$$L(u^*) + \delta(\boldsymbol{x}-\boldsymbol{y}) = 0 \tag{2-2-12}$$

的解 $u^*(\boldsymbol{x},\boldsymbol{y})$ 为方程 $L(u) = f(\boldsymbol{x})$ 的基本解，有时也称为下列方程的基本解：

$$L(u) = 0 \tag{2-2-13}$$

根据线性微分方程的叠加原理，如果 $u^*(\boldsymbol{x},\boldsymbol{y})$ 为式(2-2-12)的解，则

$$u(\boldsymbol{y}) = \int u^*(\boldsymbol{x},\boldsymbol{y}) f(\boldsymbol{x})\mathrm{d}\boldsymbol{x} \tag{2-2-14}$$

满足方程 $L(u) = f(\boldsymbol{x})$。

2.3 高斯公式与格林公式

边界元法的第一步是根据微分方程的定解问题，推导相应的边界积分方程。在数学上这一步是通过高斯(Gauss)公式和格林(Green)公式实现的。它们的作用是把一个区域上的积分转化为区域边界上的积分。

2.3.1 高斯公式

假设空间有界闭区域 Ω 是由分片光滑的曲面 Γ 围成。函数 $P(x,y,z)$、$Q(x,y,z)$ 和 $R(x,y,z)$ 在 Ω 上有一阶连续偏导数，则有

$$\int_{\Omega}\left(\frac{\partial P}{\partial x} + \frac{\partial Q}{\partial y} + \frac{\partial R}{\partial z}\right)\mathrm{d}\Omega = \int_{\Gamma}(P\mathrm{d}y\mathrm{d}z + Q\mathrm{d}z\mathrm{d}x + R\mathrm{d}x\mathrm{d}y) \tag{2-3-1}$$

该式称为高斯公式。

以 $\boldsymbol{n}$ 表示边界 Γ 的单位外法线方向向量，则 $\mathrm{d}x\mathrm{d}y$、$\mathrm{d}y\mathrm{d}z$、$\mathrm{d}z\mathrm{d}x$ 和 $\mathrm{d}\Gamma$ 的关系可表示为

$$\begin{cases} \mathrm{d}x\mathrm{d}y = \mathrm{d}\Gamma\cos(\boldsymbol{n},z) = n_z\mathrm{d}\Gamma \\ \mathrm{d}y\mathrm{d}z = \mathrm{d}\Gamma\cos(\boldsymbol{n},x) = n_x\mathrm{d}\Gamma \\ \mathrm{d}z\mathrm{d}x = \mathrm{d}\Gamma\cos(\boldsymbol{n},y) = n_y\mathrm{d}\Gamma \end{cases} \tag{2-3-2}$$

将式(2-3-2)代入式(2-3-1)，得

$$\int_{\Omega}\left(\frac{\partial P}{\partial x}+\frac{\partial Q}{\partial y}+\frac{\partial R}{\partial z}\right)\mathrm{d}\Omega=\int_{\Gamma}[P\cos(\boldsymbol{n},x)+Q\cos(\boldsymbol{n},y)+R\cos(\boldsymbol{n},z)]\mathrm{d}\Gamma \tag{2-3-3}$$

对于标量场 F,将高斯公式作用于第 i 个方向的量,则有

$$\int_{\Omega}\frac{\partial F}{\partial x_i}\mathrm{d}\Omega=\int_{\Gamma}Fn_i\mathrm{d}\Gamma \tag{2-3-4}$$

式中,F 为 x_i 的函数,且在 Ω 上有一阶连续偏导数。

2.3.2 格林公式

假设函数 $u(x,y,z)$ 和 $v(x,y,z)$ 在 $\Omega+\Gamma$ 上一阶偏导数连续,在 Ω 内二阶偏导数连续,令

$$P=u\frac{\partial v}{\partial x},\quad Q=u\frac{\partial v}{\partial y},\quad R=u\frac{\partial v}{\partial z} \tag{2-3-5}$$

则有

$$\begin{aligned}&\int_{\Omega}\left(\frac{\partial Q}{\partial x}+\frac{\partial P}{\partial y}+\frac{\partial R}{\partial z}\right)\mathrm{d}\Omega\\&=\int_{\Omega}u\boldsymbol{\nabla}^2v\mathrm{d}\Omega+\int_{\Omega}\left(\frac{\partial u}{\partial x}\cdot\frac{\partial v}{\partial x}+\frac{\partial u}{\partial y}\cdot\frac{\partial v}{\partial y}+\frac{\partial u}{\partial z}\cdot\frac{\partial v}{\partial z}\right)\mathrm{d}\Omega\\&=\int_{\Omega}u\boldsymbol{\nabla}^2v\mathrm{d}\Omega+\int_{\Omega}\boldsymbol{\nabla}u\cdot\boldsymbol{\nabla}v\mathrm{d}\Omega=\int_{\Gamma}u\frac{\partial v}{\partial\boldsymbol{n}}\mathrm{d}\Gamma\end{aligned} \tag{2-3-6}$$

或表示为

$$\int_{\Omega}u\boldsymbol{\nabla}^2v\mathrm{d}\Omega+\int_{\Omega}\boldsymbol{\nabla}u\cdot\boldsymbol{\nabla}v\mathrm{d}\Omega=\int_{\Gamma}u\frac{\partial v}{\partial\boldsymbol{n}}\mathrm{d}\Gamma \tag{2-3-7}$$

此式称为格林第一公式。

交换式(2-3-7)中 u 和 v 的位置,则有

$$\int_{\Omega}v\boldsymbol{\nabla}^2u\mathrm{d}\Omega+\int_{\Omega}\boldsymbol{\nabla}u\cdot\boldsymbol{\nabla}v\mathrm{d}\Omega=\int_{\Gamma}v\frac{\partial u}{\partial\boldsymbol{n}}\mathrm{d}\Gamma \tag{2-3-8}$$

式(2-3-7)减去式(2-3-8),可得

$$\int_{\Omega}(u\boldsymbol{\nabla}^2v-v\boldsymbol{\nabla}^2u)\mathrm{d}\Omega=\int_{\Gamma}\left(u\frac{\partial v}{\partial\boldsymbol{n}}-v\frac{\partial u}{\partial\boldsymbol{n}}\right)\mathrm{d}\Gamma \tag{2-3-9}$$

此式称为格林第二公式。

2.4 径向积分法

传统边界元法在处理非线性、非均质、瞬态或具有体积力等问题时,在边界积分方程中仍然还有未能转化到边界上的域积分,此时用高斯公式就无法再转换了。径向积分法[2,3]是一种将域积分转化为边界积分的方法,可用于处理传统边界积

分方程中的域积分，经验证是一种非常有效的方法。下面以三维问题为例，推导径向积分法的公式。

如图 2-4-1 所示，定义笛卡儿坐标系 (x_1, x_2, x_3) 和球坐标系 (r, θ, ϕ)，两者之间的关系可由下式表示：

$$\begin{cases} r_1 = x_1 - x_1^p = r\sin\theta\cos\phi \\ r_2 = x_2 - x_2^p = r\sin\theta\sin\phi \quad (0 \leqslant \theta \leqslant \pi, 0 \leqslant \phi \leqslant 2\pi) \\ r_3 = x_3 - x_3^p = r\cos\theta \end{cases} \tag{2-4-1}$$

式中，x_i^p 为源点 p 的第 i 个笛卡儿坐标分量，并且

$$r = |\boldsymbol{x} - \boldsymbol{x}^p| = \sqrt{\sum_{i=1}^{3}(x_i - x_i^p)^2} \tag{2-4-2}$$

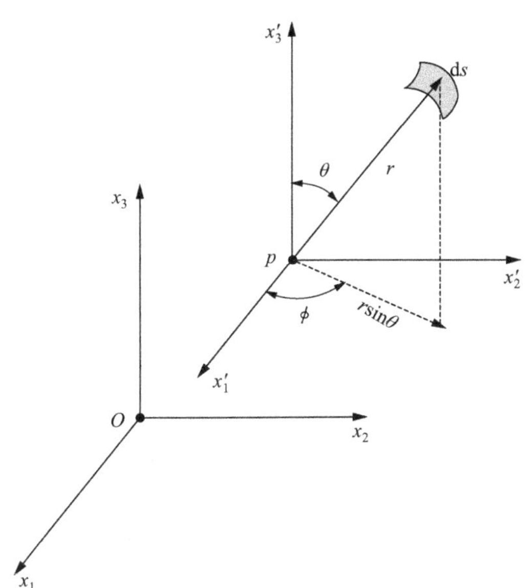

图 2-4-1　笛卡儿和球坐标系

体积微元 $\mathrm{d}\Omega$ 在球坐标系下的表达式为

$$\mathrm{d}\Omega = r^2\sin\theta\mathrm{d}r\mathrm{d}\theta\mathrm{d}\phi \tag{2-4-3}$$

于是，被积函数为 $f(\boldsymbol{x})$ 的域积分在球坐标系下可以写成

$$\begin{aligned} \int_\Omega f(\boldsymbol{x})\mathrm{d}\Omega &= \int_0^{2\pi}\int_0^{\pi}\int_0^{r(\theta,\phi)} f(r,\theta,\phi)r^2\mathrm{d}r\sin\theta\mathrm{d}\theta\mathrm{d}\phi \\ &= \int_0^{2\pi}\int_0^{\pi} F(\theta,\phi)\sin\theta\mathrm{d}\theta\mathrm{d}\phi \end{aligned} \tag{2-4-4}$$

式中

$$F(\theta,\phi) = \int_0^{r(\theta,\phi)} f(r,\theta,\phi)r^2\mathrm{d}r \tag{2-4-5}$$

如图 2-4-2 所示，球坐标系下的微元表面 dS 与实际计算域边界的微元面积dΓ之间有如下关系式：

$$\mathrm{d}S = r^2 \sin\theta \mathrm{d}\theta \mathrm{d}\phi = \mathrm{d}\Gamma \cos\varphi \tag{2-4-6}$$

其中，φ 是微元球面 dS 上沿 r 方向的矢量 $\hat{\boldsymbol{r}}$ 与微元面积 dΓ 外法线方向矢量 $\boldsymbol{n}$ 之间的夹角，并且

$$\cos\varphi = \hat{\boldsymbol{r}} \cdot \boldsymbol{n} = r_{,i} n_i = \frac{\partial r}{\partial \boldsymbol{n}} \tag{2-4-7}$$

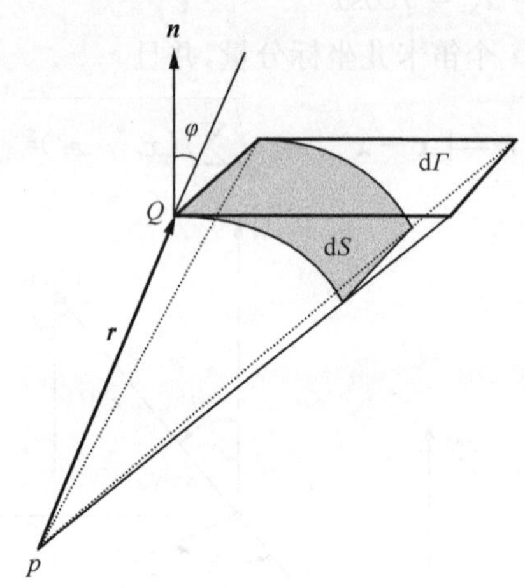

图 2-4-2　球面微元与边界微元关系示意图

将式(2-4-7)代入式(2-4-6)，并进行整理，可得

$$\sin\theta \mathrm{d}\theta \mathrm{d}\phi = \frac{1}{r^2} \frac{\partial r}{\partial \boldsymbol{n}} \mathrm{d}\Gamma \tag{2-4-8}$$

将式(2-4-8)代入式(2-4-4)，并将坐标系转化到笛卡儿坐标系下，可得

$$\int_\Omega f(\boldsymbol{x}) \mathrm{d}\Omega = \int_\Gamma \frac{1}{r^2(Q,p)} \frac{\partial r}{\partial \boldsymbol{n}} F(Q,p) \mathrm{d}\Gamma(Q) \tag{2-4-9}$$

式中

$$F(Q,p) = \int_0^{r(Q,p)} f(\boldsymbol{x}) r^2 \mathrm{d}r \tag{2-4-10}$$

式(2-4-9)和式(2-4-10)为三维问题的径向积分法表达式。对于二维问题，推导过程与三维问题类似。因此，将二维和三维问题的径向积分法公式统一表达为

$$\int_\Omega f(\boldsymbol{x}) \mathrm{d}\Omega = \int_\Gamma \frac{1}{r^\alpha(Q,p)} \frac{\partial r}{\partial \boldsymbol{n}} F(Q,p) \mathrm{d}\Gamma(Q) \tag{2-4-11}$$

式中，径向积分 $F(Q,p)$ 的表达式为

$$F(Q,p) = \int_0^{r(Q,p)} f(\boldsymbol{x}) r^\alpha \mathrm{d}r \tag{2-4-12}$$

式(2-4-11)和式(2-4-12)中，对于二维问题，$\alpha = 1$，对于三维问题，$\alpha = 2$，$r(Q,p)$ 为

源点 p 到边界点 Q 之间的距离。

从式(2-4-11)和式(2-4-12)可以看出,域积分到边界积分转换的核心工作是计算径向积分式(2-4-12)。一般情况下,被积函数 f 是坐标 $\boldsymbol{x}$ 的函数,为了计算径向积分式(2-4-12),需要将笛卡儿坐标 $\boldsymbol{x}$ 表达成积分变量 r 的函数。从式(2-4-1)很容易建立如下转换关系:

$$\boldsymbol{x} = \boldsymbol{x}^p + \hat{\boldsymbol{r}}\, r \quad 或 \quad x_i = x_i^p + r_{,i}\, r \tag{2-4-13}$$

$$\hat{\boldsymbol{r}} = \frac{\partial r}{\partial \boldsymbol{x}} = \frac{\boldsymbol{x}^Q - \boldsymbol{x}^p}{|\boldsymbol{x}^Q - \boldsymbol{x}^p|} \quad 或 \quad r_{,i} = \frac{\partial r}{\partial x_i} = \frac{x_i^Q - x_i^p}{r(Q,p)} \tag{2-4-14}$$

$$\hat{\boldsymbol{r}} \cdot \hat{\boldsymbol{r}} = 1 \quad 或 \quad r_{,i} r_{,i} = 1 \tag{2-4-15}$$

需要指出的是,对于径向积分式(2-4-12),$\hat{\boldsymbol{r}}$(分量为 $r_{,i}$)是常量。这点非常重要,这使得从笛卡儿坐标 $\boldsymbol{x}$ 到积分变量 r 的转换关系式(2-4-13)为线性关系;也表明:在径向积分计算式(2-4-12)中,所有量只是径向坐标 r 的函数。因此,二维、三维问题中的多变量问题在径向积分中变成单变量问题,这对问题的简化带来了极大的方便。

下面举两个例子说明径向积分法转换公式的使用。

例 1 考虑二维域积分

$$I = \int_\Omega x_1 \mathrm{d}\Omega \tag{2-4-16}$$

由坐标转换关系式(2-4-13)可得 $x_1 = r_{,1} r$,并由径向积分公式(2-4-12)得

$$F(Q,p) = \int_0^{r(Q,p)} x_1 r \mathrm{d}r = \int_0^{r(Q,p)} r_{,1} r^2 \mathrm{d}r = \frac{1}{3} r_{,1} r^3(Q,p) \tag{2-4-17}$$

将式(2-4-17)代入式(2-4-11),可得域积分到边界积分的转换结果:

$$I = \int_\Omega x_1 \mathrm{d}\Omega = \frac{1}{3}\int_\Gamma \frac{r_{,1} r^3}{r} \frac{\partial r}{\partial \boldsymbol{n}} \mathrm{d}\Gamma = \frac{1}{3}\int_\Gamma x_1 r \frac{\partial r}{\partial \boldsymbol{n}} \mathrm{d}\Gamma \tag{2-4-18}$$

例 2 考虑三维域积分

$$I = \int_\Omega \frac{r_{,i}}{r} \mathrm{d}\Omega \tag{2-4-19}$$

式中

$$r = \sqrt{x^2 + y^2 + z^2} \tag{2-4-20}$$

由径向积分公式(2-4-12),得

$$F(Q,p) = \int_0^{r(Q,p)} \frac{r_{,i}}{r} r^2 \mathrm{d}r = \frac{1}{2} r_{,i} r^2(Q,p) \tag{2-4-21}$$

将式(2-4-21)代入式(2-4-11),可得

$$I = \int_\Omega \frac{r_{,i}}{r} \mathrm{d}\Omega = \frac{1}{2}\int_\Gamma \frac{r_{,i} r^2}{r^2} \frac{\partial r}{\partial \boldsymbol{n}} \mathrm{d}\Gamma = \frac{1}{2}\int_\Gamma r_{,i} \frac{\partial r}{\partial \boldsymbol{n}} \mathrm{d}\Gamma \tag{2-4-22}$$

从上述公式与算例可以看出,径向积分法式(2-4-11)和式(2-4-12)有以下

特点：

(1) 在径向积分法中，域积分被分解成边界积分和径向积分，其中径向积分与几何条件无关，因此在数值计算中只需将边界离散即可计算域积分。

(2) 积分转换公式是在笛卡儿坐标系中操作的，使用方便。

(3) 参数坐标(源点) p 可以是内部点，也可以在边界上。

(4) 可以用于单连通区域，也可以用于多连通区域[2]。

(5) 可以消除积分奇异性(见式(2-4-22))。

(6) 格林公式和高斯公式只能转换含微分算子的域积分，而径向积分法可用于转换任何类型的域积分。

(7) 格林公式和高斯公式是显式转换公式，形式简单，使用方便；而径向积分法是一种隐式转换公式，适用性强，但需要通过先求径向积分来实现。

(8) 对于比较简单的被积函数 f，径向积分式(2-4-12)可以被解析地求出；但对于复杂的被积函数，径向积分需要借助数值积分公式求值[2,3]。

(9) 径向积分法式(2-4-11)和式(2-4-12)是从二维和三维问题推导出来的，但 Fata[4] 已将其推广到任意维的情况。

2.5 加权余量法

加权余量法是求解微分方程近似解的一种有效方法，是基于等效积分形式的近似方法，也是通用的数值计算方法。有限元法、边界元法、无网格法都是加权余量法的特殊情况，由于这三种方法各有其特点，所以都各自发展成为一种独立的方法。加权余量法最早是用于流体力学、传热等科学领域，后来在固体力学中得到了更大的发展。

加权余量法的解题思路是：用一个基函数的线性组合——试函数，作为微分方程的近似解，将这个试函数代入原方程，会产生一个误差函数，称为余量或残数；余量乘以权函数，建立积分意义下的消除余量的代数方程组；求解方程组获取试函数中的待定系数，从而获得问题的近似解。显然，任何独立的完全函数都可用作权函数，常见权函数选择方法有如下几种：配点法、以狄拉克函数 δ 作为权函数、子域法、伽辽金法、最小二乘法和矩阵法等[5]。

在数学上把一个区域上的积分转化为区域边界上的积分是基于高斯公式的。为了与有限差分法和有限元法相联系，Brebbia 提出用加权余量法作为边界元法出发点，推导边界积分方程。

2.5.1 加权余量法一般公式

假设有线性微分方程

$$L(u)=f \quad (x\in\Omega) \tag{2-5-1}$$

基本边界条件为

$$G(u)=\bar{u} \quad (x\in\Gamma_1) \tag{2-5-2}$$

自然边界条件为

$$S(u)=\bar{q} \quad (x\in\Gamma_2) \tag{2-5-3}$$

式中，$\Gamma_1\cap\Gamma_2=\Gamma$是求解域$\Omega$的边界。$L$、$G$和$S$为各自在域$\Omega$内以及边界$\Gamma_1$和$\Gamma_2$上的函数。对于位势问题，$G$即为势函数$u$，而$S$则为势函数$u$的法向导数$q$。

假设函数u可由下式表示：

$$u=\sum_{k=1}^{n}\alpha_k\varphi_k \tag{2-5-4}$$

式中，φ_k为试函数；α_k为待定系数。

将式(2-5-4)代入式(2-5-1)～式(2-5-3)得

$$L\left(\sum_{k=1}^{n}\alpha_k\varphi_k\right)-f=\varepsilon\neq 0 \quad (x\in\Omega) \tag{2-5-5a}$$

$$G\left(\sum_{k=1}^{n}\alpha_k\varphi_k\right)-\bar{u}=\varepsilon_{\Gamma_1}\neq 0 \quad (x\in\Gamma_1) \tag{2-5-5b}$$

$$S\left(\sum_{k=1}^{n}\alpha_k\varphi_k\right)-\bar{q}=\varepsilon_{\Gamma_2}\neq 0 \quad (x\in\Gamma_2) \tag{2-5-5c}$$

使加权余量在总和的意义下为零的方程为

$$\int_{\Omega}\varepsilon\omega\,\mathrm{d}\Omega+\int_{\Gamma_1}\varepsilon_{\Gamma_1}\omega_{\Gamma_1}\,\mathrm{d}\Gamma_1+\int_{\Gamma_2}\varepsilon_{\Gamma_2}\omega_{\Gamma_2}\,\mathrm{d}\Gamma_2=0 \tag{2-5-6}$$

式中，ω、ω_{Γ_1}、ω_{Γ_2}分别为域Ω内与边界Γ_1和Γ_2上的权函数。如果试函数能满足所有的边界条件，此时ε_{Γ_1}和ε_{Γ_2}均为零，于是式(2-5-6)就变为

$$\int_{\Omega}\varepsilon\omega\,\mathrm{d}\Omega=0 \tag{2-5-7}$$

如果试函数能满足域内微分方程，此时ε为零，式(2-5-6)可写为

$$\int_{\Gamma_1}\varepsilon_{\Gamma_1}\omega_{\Gamma_1}\,\mathrm{d}\Gamma_1+\int_{\Gamma_2}\varepsilon_{\Gamma_2}\omega_{\Gamma_2}\,\mathrm{d}\Gamma_2=0 \tag{2-5-8}$$

控制方程如式(2-5-6)～式(2-5-8)所示的加权余量法分别称为混合法、内部法和边界法。

在加权余量法中，权函数的选取具有较大的灵活性，选取不同的权函数就得到不同的加权余量法。下面仅对常用的配点法、子域法和伽辽金法进行一些简单介绍。

1）配点法

在域Ω内选取n个点$(x_1,x_2,x_3,\cdots,x_n)$，并且令这些点处的残差之和为零，选取狄拉克函数为权函数，即

$$\omega_i = \delta(x - x_i) \tag{2-5-9}$$

于是加权余量式(2-5-7)可以写为

$$\int_{\Omega} \varepsilon\delta(x - x_i)\mathrm{d}\Omega = 0 \tag{2-5-10}$$

即

$$\varepsilon(x_i) = 0 \tag{2-5-11}$$

原则来讲，配点法中所选点的位置是任意的，但在实际应用中，均匀的排列往往能得到较为准确的结果。

2) 子域法

将域 Ω 划分为 m 个子域，其中每一个子域内残差的积分为零，即取权函数为

$$\omega_i = \begin{cases} 1 & (x \in \Omega_i) \\ 0 & (x \notin \Omega_i) \end{cases} \tag{2-5-12}$$

则加权余量式(2-5-7)可以写成

$$\int_{\Omega_i} \varepsilon \mathrm{d}\Omega = 0 \tag{2-5-13}$$

3) 伽辽金法

在伽辽金法中，权函数取为试函数，即

$$\omega_i = \varphi_i \tag{2-5-14}$$

则加权余量式(2-5-7)可以写成

$$\int_{\Omega} \varepsilon\varphi_i \mathrm{d}\Omega = 0 \tag{2-5-15}$$

伽辽金法在一些有限元公式中应用较为广泛。

2.5.2 加权余量法算例演示

以一维位势问题为例，介绍加权余量法的求解过程。

例 1 假设一维位势问题的控制方程如下：

$$\begin{cases} \dfrac{\mathrm{d}^2 u}{\mathrm{d}x^2} + x = 0 & (x \in [0,1]) \\ u = 0 & (x = 0, x = 1) \end{cases} \tag{2-5-16}$$

方程的解析解为

$$u = \frac{x}{6} - \frac{x^3}{6} \tag{2-5-17}$$

下面采用加权余量法对上述问题进行求解。首先，定义一个满足边界条件的试函数

$$u = \alpha_1\varphi_1 + \alpha_2\varphi_2 \tag{2-5-18}$$

式中

$$\varphi_1 = x - 2x^2 + x^3 \tag{2-5-19a}$$

$$\varphi_2 = x^3 - x^2 \tag{2-5-19b}$$

将式(2-5-18)代入控制方程(2-5-16),可得残差函数为

$$\begin{aligned}\varepsilon &= \frac{\mathrm{d}^2 u}{\mathrm{d}x^2} + x \\ &= \alpha_1 \frac{\mathrm{d}^2\varphi_1}{\mathrm{d}x^2} + \alpha_2 \frac{\mathrm{d}^2\varphi_2}{\mathrm{d}x^2} + x \\ &= \alpha_1(6x-4) + \alpha_2(6x-2) + x\end{aligned} \tag{2-5-20}$$

接下来,分别采用前面介绍的三种加权余量法来解上式。

1) 配点法

令残差在 $x=0.25$ 和 $x=0.75$ 处为零,可得

$$\varepsilon\,|_{x=0.25} = -2.5\alpha_1 - 0.5\alpha_2 + 0.25 = 0 \tag{2-5-21a}$$

$$\varepsilon\,|_{x=0.75} = 0.5\alpha_1 + 2.5\alpha_2 + 0.75 = 0 \tag{2-5-21b}$$

解上式可得

$$\alpha_1 = \frac{1}{6}, \quad \alpha_2 = -\frac{1}{3} \tag{2-5-22}$$

将式(2-5-22)代入试函数(2-5-18),可得

$$u = \frac{x}{6} - \frac{x^3}{6} \tag{2-5-23}$$

即所得结果与解析解一致。

2) 子域法

将区间[0,1]划分为[0,0.5],(0.5,1]两个子域,可得

$$\int_0^{0.5} \varepsilon \mathrm{d}x = \int_0^{0.5} [\alpha_1(6x-4) + \alpha_2(6x-2) + x]\mathrm{d}x = 0 \tag{2-5-24a}$$

$$\int_{0.5}^{1} \varepsilon \mathrm{d}x = \int_{0.5}^{1} [\alpha_1(6x-4) + \alpha_2(6x-2) + x]\mathrm{d}x = 0 \tag{2-5-24b}$$

对式(2-5-24a)和式(2-5-24b)积分可得

$$-1.25\alpha_1 - 0.25\alpha_2 + 0.125 = 0 \tag{2-5-25a}$$

$$0.25\alpha_1 + 1.25\alpha_2 + 0.375 = 0 \tag{2-5-25b}$$

求解此方程组同样可得

$$\alpha_1 = \frac{1}{6}, \quad \alpha_2 = -\frac{1}{3} \tag{2-5-26}$$

3) 伽辽金法

权函数取为

$$\omega_1 = \varphi_1 \tag{2-5-27a}$$

$$\omega_2 = \varphi_2 \tag{2-5-27b}$$

加权余量的表达式则为

$$\int_0^1[\alpha_1(6x-4)+\alpha_2(6x-2)+x](x-2x^2+x^3)\mathrm{d}x=0 \quad (2\text{-}5\text{-}28a)$$

$$\int_0^1[\alpha_1(6x-4)+\alpha_2(6x-2)+x](x^3-x^2)\mathrm{d}x=0 \quad (2\text{-}5\text{-}28b)$$

求式(2-5-28)的积分，得到代数方程组

$$-4\alpha_1+\alpha_2+1=0 \quad (2\text{-}5\text{-}29a)$$

$$\alpha_1-4\alpha_2-1.5=0 \quad (2\text{-}5\text{-}29b)$$

同样可解得

$$\alpha_1=\frac{1}{6},\quad \alpha_2=-\frac{1}{3} \quad (2\text{-}5\text{-}30)$$

需要说明的是，此算例比较简单，三种方法得到了同样的结果。在实际应用中，解析解往往不能够求得，而用不同的加权余量法所得到的 u 也不相同。

接下来以一维位势问题为例，阐述采用加权余量法推导边界点方程的方法与步骤，此方法与步骤将在后面各章的边界积分方程的推导中使用。

例 2 一维位势问题的控制方程为

$$\frac{\partial^2 u}{\partial x^2}+f=0,\quad x\in[a,b] \quad (2\text{-}5\text{-}31)$$

$$u=u^a,\quad x=a \quad (2\text{-}5\text{-}32)$$

$$u=u^b,\quad x=b \quad (2\text{-}5\text{-}33)$$

将式(2-5-31)乘以权函数 g，并沿区域$[a,b]$积分，可得

$$\int_a^b g\left(\frac{\partial^2 u}{\partial x^2}+f\right)\mathrm{d}x=\int_a^b g\frac{\partial^2 u}{\partial x^2}\mathrm{d}x+\int_a^b gf\mathrm{d}x=0 \quad (2\text{-}5\text{-}34)$$

采用高斯公式和分部积分法，式(2-5-34)中第一项积分变为

$$\int_a^b g\frac{\partial^2 u}{\partial x^2}\mathrm{d}x=g\frac{\partial u}{\partial x}\bigg|_a^b-\int_a^b\frac{\partial u}{\partial x}\frac{\partial g}{\partial x}\mathrm{d}x=g\frac{\partial u}{\partial x}\bigg|_a^b-u\frac{\partial g}{\partial x}\bigg|_a^b+\int_a^b u\frac{\partial^2 g}{\partial x^2}\mathrm{d}x \quad (2\text{-}5\text{-}35)$$

将式(2-5-35)代入式(2-5-34)得

$$g\frac{\partial u}{\partial x}\bigg|_a^b-u\frac{\partial g}{\partial x}\bigg|_a^b+\int_a^b u\frac{\partial^2 g}{\partial x^2}\mathrm{d}x+\int_a^b gf\mathrm{d}x=0 \quad (2\text{-}5\text{-}36)$$

取权函数 g 为满足下列方程的基本解

$$\frac{\partial^2 g}{\partial x^2}+\delta(x,p)=0 \quad (2\text{-}5\text{-}37)$$

求上式的基本解通常采用 $\partial^2 g/\partial r^2+\delta(x,p)=0$ 的形式。这样，通过从 p 点到 r 的两次积分很容易求得

$$g(x,p)=\frac{1}{2}(c-r)=-\frac{1}{2}r \quad (2\text{-}5\text{-}38)$$

式中，c 为常数，简单地取为 0；$r=|x-p|$。

根据狄拉克函数的性质，有

$$\int_a^b u\frac{\partial^2 g}{\partial x^2}\mathrm{d}x=-\int_a^b u\delta(x,p)\mathrm{d}x=-u(p) \tag{2-5-39}$$

将上式与 $\partial g/\partial x=-0.5(x-p)/r$ 代入式(2-5-36)得

$$\begin{aligned}u(p)&=g\frac{\partial u}{\partial x}\bigg|_a^b-u\frac{\partial g}{\partial x}\bigg|_a^b+\int_a^b gf\mathrm{d}x=\frac{1}{2}\left(u^b+u^a-r\frac{\partial u}{\partial x}\bigg|_a^b-\int_a^b|x-p|f\mathrm{d}x\right)\\&=\frac{1}{2}\left[u^b+u^a-(b-p)q^b+(p-a)q^a-\int_a^b|x-p|f\mathrm{d}x\right]\end{aligned} \tag{2-5-40}$$

式中

$$q=\frac{\partial u}{\partial x} \tag{2-5-41}$$

将边界条件式(2-5-32)和式(2-5-33)代入式(2-5-40)得

$$\begin{cases}u^b-u^a-(b-a)q^b=\int_a^b|x-a|f\mathrm{d}x\\-u^b+u^a+(b-a)q^a=\int_a^b|b-x|f\mathrm{d}x\end{cases} \tag{2-5-42}$$

求解 q^a 和 q^b 得

$$\begin{cases}q^a=\dfrac{1}{b-a}\left[u^b-u^a+\int_a^b(b-x)f\mathrm{d}x\right]\\q^b=\dfrac{1}{b-a}\left[u^b-u^a-\int_a^b(x-a)f\mathrm{d}x\right]\end{cases} \tag{2-5-43}$$

将式(2-5-43)代入式(2-5-40)，最终可得

$$u(p)=\frac{b-p}{b-a}u^a+\frac{p-a}{b-a}u^b+\int_a^b Vf\mathrm{d}x \tag{2-5-44}$$

式中

$$V=\frac{1}{2}\left[\frac{(a+b)p-2ab+(a+b-2p)x}{b-a}-|x-p|\right] \tag{2-5-45}$$

或

$$V=\frac{1}{2}\left[\frac{(b-x)(p-a)+(x-a)(b-p)}{b-a}-|x-p|\right] \tag{2-5-46}$$

式(2-5-44)则为给定体积率函数 f 和两边界点的 u 值，计算域内任意点 u 值的表达式。

2.6 高斯数值积分公式

求函数 $f(\boldsymbol{x})$ 积分的问题在高等数学课程里似乎已经圆满地解决了，但当接

触到实际问题时，我们就会发现很多情况下很难得到积分的解析表达式，此时就必须要借助于数值积分方法。数值积分方法有很多种，如梯形公式、辛普森(Simpson)积分公式、龙贝格(Romberg)积分公式和高斯(Gauss)积分公式等。其中，高斯积分公式应用最为广泛，不仅使用简单而且精度高。

下面介绍高斯积分公式在非奇异函数中的应用。

2.6.1 一维高斯积分

在区间[−1,1]上的高斯积分公式可以写成[6]

$$I=\int_{-1}^{1}f(\xi)\mathrm{d}\xi=\sum_{k=1}^{m}w_kf(\xi_k)+E_m \tag{2-6-1}$$

式中，m 为高斯点的个数；ξ_k 为第 k 个高斯点的坐标；w_k 为相应的权系数；E_m 为误差或残差，由下式计算：

$$E_m=\frac{2^{2m+1}(m!)^4}{(2m+1)(2m!)^3}\frac{\mathrm{d}^{2m}f(\xi)}{\mathrm{d}\xi^{2m}}\quad(-1<\xi<1) \tag{2-6-2}$$

表 2-6-1 为高斯点从 2 到 8 坐标 ξ_k 与相应的权系数 w_k 的列表，值得注意的是：ξ_k 和 w_k 都关于 $\xi=0$ 对称。

表 2-6-1 高斯积分公式中的积分点坐标与权系数

m	$\pm\xi_k$	$\pm w_k$
2	0.577 350 269 189 626	1.000 000 000 000 000
3	0.000 000 000 000 000	0.888 888 888 888 888
	0.774 956 669 241 483	0.555 555 555 555 555
4	0.339 981 043 584 856	0.652 145 154 862 546
	0.861 136 311 594 053	0.347 854 845 137 454
5	0.000 000 000 000 000	0.568 888 888 888 889
	0.538 469 310 105 683	0.478 628 670 499 366
	0.906 179 845 938 664	0.236 926 885 056 189
6	0.238 619 186 083 197	0.467 913 934 572 691
	0.661 209 386 466 265	0.360 761 573 048 139
	0.932 469 514 203 152	0.171 324 492 379 170
7	0.000 000 000 000 000	0.417 959 183 673 469
	0.405 845 151 377 397	0.381 830 050 505 119
	0.741 531 185 599 394	0.279 705 391 489 277
	0.949 107 912 342 759	0.129 484 966 168 870
8	0.183 434 642 495 650	0.362 683 783 378 362
	0.525 532 409 916 329	0.313 706 645 877 887
	0.796 666 477 413 627	0.222 381 034 453 374
	0.960 289 856 497 536	0.101 228 536 290 376

当积分区间是$[a,b]$时，需要使用下面的积分变量代换才能使用高斯积分公式。

$$x=\frac{1}{2}(a+b)+\frac{1}{2}(b-a)\xi \tag{2-6-3}$$

这样，我们可以写出

$$I=\int_a^b f(x)\mathrm{d}x=\int_{-1}^1 f(x(\xi))J\mathrm{d}\xi=\frac{1}{2}(b-a)\sum_{k=1}^m w_k f(x(\xi_k))+E_m \tag{2-6-4}$$

当用高斯积分公式计算边界元奇异积分时，为了避免高斯点与单元节点重合而发生浮点数溢出，需尽量采用偶数点高斯积分公式。

2.6.2 二维和三维高斯积分

二维和三维高斯积分公式的表达式分别为

$$I=\int_{-1}^1\int_{-1}^1 f(\xi,\eta)\mathrm{d}\xi\mathrm{d}\eta\approx\sum_{k_1=1}^{m_1}\sum_{k_2=1}^{m_2}w_{k_1}w_{k_2}f(\xi_{k_1},\eta_{k_2}) \tag{2-6-5}$$

和

$$I=\int_{-1}^1\int_{-1}^1\int_{-1}^1 f(\xi,\eta,\zeta)\mathrm{d}\xi\mathrm{d}\eta\mathrm{d}\zeta\approx\sum_{k_1=1}^{m_1}\sum_{k_2=1}^{m_2}\sum_{k_3=1}^{m_3}w_{k_1}w_{k_2}w_{k_3}f(\xi_{k_1},\eta_{k_2},\zeta_{k_3}) \tag{2-6-6}$$

式中，m_1，m_2 和 m_3 分别为沿三个积分方向的高斯点数，高斯点的坐标和权系数如表 2-6-1 中所示。

2.7 大型线性方程组的求解方法——同时消元回代法

有限单元法中形成的线性代数方程组的系数矩阵是对称、正定和稀疏的，因此可以采用发展很成熟的方程求解器(如 Cholesky 分解法)对其求解。用边界元法建立起来的方程组系数矩阵通常是非对称满阵，也不能保证是正定的。当然，用多域边界元法建立起来的系统方程组具有稀疏性[7]，但也不具备对称性和正定性。因此，要用边界元法解决大型工程问题，需要开发和寻求其他求解技术。

通常代数方程组的求解方法可分为两类：直接法和迭代法。直接法[8]是通过预知的有限步的计算操作能得到方程组解的方法，如高斯消元法、高斯-约当(Gauss-Jordan)法和 LU 分解法(LU press)等。迭代法[9]是通过一个迭代过程由预先给定的初始解逐步收敛到真实解的方法，如雅可比法、共轭梯度法和 GMRES 等。现有的直接法为了保持计算效率，需要将系数矩阵全部装入内存中，因而需要较大的存储资源，难以求解大型方程组。而迭代法是以矩阵的乘积操作为手段，可以求解大型方程组，但不能保证迭代过程总能收敛，一旦不收敛，计算结果将不可用。

在工程与科学计算中，使用最多的代数方程组求解方法是高斯消元回代法(Gaussian elimination-back-substitution method，GEBSM)[10]。此方法是一种直接法，首先将系数矩阵化解成一个上三角矩阵，然后通过一个回代的过程获得方程组的解。GEBSM 的缺点是需要存储全部系数矩阵，而且求解大型方程组时速度太慢。此外，在求解大型方程组时由于计算机舍入误差太大而使计算精度下降。因此，使用高速消元回代法时必须采用双精度格式，而且在求解具有稀疏特征的大型方程组时才能得到高精度解。

基于高斯消元回代法计算速度慢、占用内存大的缺点，高效伟等[11]发展了行消元回代法(row elimination-back-substitution method，REBSM)。该方法在每一行的处理中既消元又回代，因此又称为同时消元回代法(simultaneous elimination-back-substitution method，SEBSM)。由于在消元和回代过程中，一些共用项在每行的处理中被合并，因此 SEBSM 不仅能节省计算机内存，而且计算速度也比高斯消元回代法快得多。下面是对同时消元回代法的详细介绍。

2.7.1 同时消元回代法求解线性方程组的基本公式

一个线性代数方程组通常写成下列矩阵或分量的形式：

$$\boldsymbol{A}\boldsymbol{x} = \boldsymbol{b} \quad 或 \quad \sum_{j=1}^{n} a_{ij} x_j = b_i \tag{2-7-1}$$

式中，n 为方程组的阶数；$\boldsymbol{A}$ 为系数矩阵；$\boldsymbol{b}$ 为右端项。

我们从式(2-7-1)中的第一个方程开始，将其写为

$$x_1 = b_1^{(1)} - a_{12}^{(1)} x_2 - a_{13}^{(1)} x_3 - \cdots - a_{1n}^{(1)} x_n \tag{2-7-2}$$

式中

$$b_1^{(1)} = \frac{b_1}{a_{11}},\quad a_{12}^{(1)} = \frac{a_{12}}{a_{11}},\quad a_{13}^{(1)} = \frac{a_{13}}{a_{11}},\cdots,\quad a_{1n}^{(1)} = \frac{a_{1n}}{a_{11}} \tag{2-7-3}$$

假设在前 $k-1$ 行处理后，我们得到了下列前 $k-1$ 个未知量由其余未知量表示的表达式：

$$x_i = b_i^{(k-1)} - \sum_{j=k}^{n} a_{ij}^{(k-1)} x_j \quad (i = 1,2,\cdots,k-1) \tag{2-7-4}$$

对于第 k 个方程，首先我们将其写为

$$b_k = \sum_{j=1}^{n} a_{kj} x_j = \sum_{j=1}^{k-1} a_{kj} x_j + \sum_{j=k}^{n} a_{kj} x_j \tag{2-7-5}$$

将式(2-7-4)代入到式(2-7-5)右端第一项进行消元：

$$b_k = \sum_{j=1}^{k-1} a_{kj} \left(b_j^{(k-1)} - \sum_{l=k}^{n} a_{jl}^{(k-1)} x_l\right) + \sum_{j=k}^{n} a_{kj} x_j$$

$$
\begin{aligned}
&= \sum_{j=1}^{k-1} a_{kj} b_j^{(k-1)} + \sum_{j=k}^{n} a_{kj} x_j - \sum_{l=k}^{n} \sum_{j=1}^{k-1} a_{kj} a_{jl}^{(k-1)} x_l \\
&= \sum_{j=1}^{k-1} a_{kj} b_j^{(k-1)} + \sum_{j=k}^{n} \left(a_{kj} - \sum_{l=1}^{k-1} a_{kl} a_{lj}^{(k-1)} \right) x_j
\end{aligned}
\tag{2-7-6}
$$

此式可以写为

$$
\sum_{j=k}^{n} a'_{kj} x_j = b'_k \tag{2-7-7}
$$

式中

$$
a'_{kj} = a_{kj} - \sum_{l=1}^{k-1} a_{kl} a_{lj}^{(k-1)}, \quad b'_k = b_k - \sum_{l=1}^{k-1} a_{kl} b_l^{(k-1)} \tag{2-7-8}
$$

将方程(2-7-7)中的第 k 个未知量分离出来可得

$$
x_k = b_k^{(k)} - \sum_{j=k+1}^{n} a_{kj}^{(k)} x_j \tag{2-7-9}
$$

式中

$$
a_{kj}^{(k)} = \frac{a'_{kj}}{a'_{kk}}, \quad b_k^{(k)} = \frac{b'_k}{a'_{kk}} \quad (j = k+1, k+2, \cdots, n) \tag{2-7-10}
$$

然后,将式(2-7-9)回代到式(2-7-4)消去未知量 x_k 得

$$
x_i = b_i^{(k)} - \sum_{j=k+1}^{n} a_{ij}^{(k)} x_j \quad (i = 1, 2, \cdots, k-1) \tag{2-7-11}
$$

式中

$$
\begin{gathered}
a_{ij}^{(k)} = a_{ij}^{(k-1)} - a_{ik}^{(k-1)} a_{kj}^{(k)}, \quad b_i^{(k)} = b_i^{(k-1)} - a_{ik}^{(k-1)} b_k^{(k)} \\
(i = 1, 2, \cdots, k-1; j = k+1, k+2, \cdots, n)
\end{gathered}
\tag{2-7-12}
$$

式(2-7-11)和式(2-7-9)即为第 k 个方程处理后得到的新的未知量表达式。其中,表达式右端项中的未知量个数变成 $n-k$,比第 $k-1$ 个方程处理后的表达式(2-7-4)少了 1 个。当式(2-7-1)中的最后一个方程处理完毕后,各表达式右端项中的未知量个数将变为 0,而留下来的已知项则为方程组的解。

对 SEBSM 的几点说明:

(1) 消元与回代在同一行中进行,方程形成一行处理一行,不需要最后的回代过程。

(2) 计算中需要存储系数的空间需求在各行处理中不同,对于满阵方程,处理第 k 行时所需的存储空间为

$$
S(k) = (n-k)k \tag{2-7-13}
$$

最大存储空间之处可通过 $\mathrm{d}S/\mathrm{d}k = 0$ 解得为 $k_p = n/2$,所需大小为 $S(k_p) = n^2/4$。这说明最大存储空间发生在方程求解的中部,大小为四分之一 $\boldsymbol{A}$ 的大小。对于带状稀疏系数矩阵方程,最大存储空间为 $S = n \cdot w/4$,其中 w 为矩阵带宽。

(3) 从式(2-7-8)可以看出,一些项在每行的处理中被合并(体现在求和项),因

此 SEBSM 的计算速度要比高斯消元法快得多,这点从后面的算例中可以看出来。

(4) 求解稀疏系数方程组时只需要存储非零元素,而且系数矩阵没有对称性和正定性要求,因此适合于多域边界元系统方程组的求解。

(5) 如果系数矩阵不是以主对角线元素为主,则式(2-7-10)中的 a'_{kk} 可能为零或很小,此时需要选主元。这在 SEBSM 中很容易实现,只需要在由式(2-7-8)计算的 $a'_{kj}(j=k,\cdots,n)$ 中选取绝对值最大者作为主元,并将该列的系数与第 k 列的系数相交换即可。

(6) 同时消元回代法还可以用于求解系数矩阵相同、具有多个右端项的线性代数方程组,这只需要在上述公式中处理 b_i 的地方将其看成是多列的矩阵即可,不需要重复计算系数矩阵。

2.7.2 SEBSM 求逆矩阵

同时消元回代法还可以对方阵进行求逆,其过程是求解下列具有特殊右端项的线性方程组:

$$\sum_{j=1}^{n} a_{ij}x_j^I = b_i^I \quad (I=1,2,\cdots,n) \tag{2-7-14}$$

式中

$$\begin{aligned} b_i^I &= 0 \quad (I \neq i) \\ b_i^I &= 1 \quad (I = i) \end{aligned} \tag{2-7-15}$$

对于第 k 行操作,式(2-7-9)和式(2-7-10)此时写为

$$x_k^I = b_k^{I(k)} - \sum_{j=k+1}^{n} a_{kj}^{(k)} x_j^I \tag{2-7-16}$$

$$b_k^{I(k)} = \frac{b'^I_k}{a'_{kk}}, \quad a_{kj}^{(k)} = \frac{a'_{kj}}{a'_{kk}} \quad (I=1,2,\cdots,k;j=k+1,k+2,\cdots,n) \tag{2-7-17}$$

式中

$$b'^I_k = -\sum_{l=1}^{k-1} a_{kl} b_l^{I(k-1)} \quad (I=1,2,\cdots,k-1) \tag{2-7-18a}$$

$$b'^k_k = 1 \quad (I=k) \tag{2-7-18b}$$

$$a'_{kj} = a_{kj} - \sum_{l=1}^{k-1} a_{kl} a_{lj}^{(k-1)} \quad (j=k+1,k+2,\cdots,n) \tag{2-7-19}$$

式(2-7-11)和式(2-7-12)中的其他未知量为

$$x_i^I = b_i^{I(k)} - \sum_{j=k+1}^{n} a_{ij}^{(k)} x_j^I \quad (I=1,2,\cdots,k;i=1,2,\cdots,k-1; \; j=k+1,k+2,\cdots,n) \tag{2-7-20}$$

式中

$$b_i^{I(k)} = b_i^{I(k-1)} - a_{ik}^{(k-1)} b_k^{I(k)} \quad (I = 1,2,\cdots,k-1) \tag{2-7-21a}$$

$$b_i^{k(k)} = - a_{ik}^{(k-1)} b_k^{k(k)} \quad (I = k) \tag{2-7-21b}$$

$$a_{ij}^{(k)} = a_{ij}^{(k-1)} - a_{ik}^{(k-1)} a_{kj}^{(k)} \tag{2-7-22}$$

从上面公式可以看出,矩阵求逆过程非常类似于求解一个有 n 个右端项的线性方程组,这一点可以从后面所附的 Fortran 程序中看出来。

2.7.3 基于 SEBSM 的线性方程组残差迭代求解法

尽管同时消元回代法相比其他求解器需要较少的储存空间,但当方程组规模巨大时,数据的储存仍是一个关键的问题。另外,当方程组接近奇异时,直接法给出的结果误差较大。此时,用迭代法求解此类问题成了一种好的选择[9,12]。根据 SEBSM 储存数据的特点[13],即每一行操作中需要储存数据的空间为从主对角线元素到右端最后一个不为零的元素,我们可以发展出一种有效的迭代解法。下面介绍一种新的基于 SEBSM 的残差迭代求解法。

假设第 n 次迭代后,得到的解为 $\boldsymbol{x}^n$, 定义方程组(2-7-1)的残差为 $\boldsymbol{R}^n$, 即

$$\boldsymbol{R}^n = \boldsymbol{b} - \boldsymbol{A}\boldsymbol{x}^n \tag{2-7-23}$$

在第 $n+1$ 次迭代中,通过修正未知量的值,强迫残差为零,即 $\boldsymbol{R}^{n+1} = \boldsymbol{0}$。由泰勒级数展开得

$$\boldsymbol{R}^{n+1} = \boldsymbol{R}^n + \frac{\partial \boldsymbol{R}^n}{\partial \boldsymbol{x}^n}\Delta\boldsymbol{x} + O(\Delta\boldsymbol{x}^2) = \boldsymbol{0} \tag{2-7-24}$$

式中, $\Delta\boldsymbol{x}$ 为未知量的修正值。

注意到 $\partial\boldsymbol{R}^n/\partial\boldsymbol{x}^n = -\boldsymbol{A}$, 在式(2-7-24)中略去 $\Delta\boldsymbol{x}$ 的高阶项,则可得到确定未知量修正值的方程组如下:

$$\boldsymbol{A}\Delta\boldsymbol{x} = \boldsymbol{R}^n \tag{2-7-25}$$

对于大型方程组,直接解上述方程组需要的内存很大,为此,将系数矩阵 $\boldsymbol{A}$ 分解为三部分,即

$$\boldsymbol{A} = \begin{bmatrix} a_{11} & a_{12} & \cdots & a_{1n} \\ a_{21} & a_{22} & \cdots & a_{2n} \\ \vdots & \vdots & & \vdots \\ a_{n1} & a_{n2} & \cdots & a_{nn} \end{bmatrix} = \boldsymbol{L} + \boldsymbol{D} + \boldsymbol{U} \tag{2-7-26}$$

式中, $\boldsymbol{L}$ 为对角线以下(不含对角线)元素的下三角矩阵; $\boldsymbol{D}$ 为从对角线开始带宽为 $N_{1/2}^b$ 的带状矩阵; $\boldsymbol{U}$ 为上三角矩阵的剩余部分。例如, $N_{1/2}^b$ 为 3 的矩阵分解如图 2-7-1所示。

这时,通过引入加速收敛的松弛因子 ω[14],式(2-7-25)所示的方程组可写成如下的迭代求解格式:

$$\left(\frac{1}{\omega}\boldsymbol{D} + \boldsymbol{L}\right)\Delta\boldsymbol{x}^{(I+1)} = \boldsymbol{R}^n - \left(\frac{\omega - 1}{\omega}\boldsymbol{D} + \boldsymbol{U}\right)\Delta\boldsymbol{x}^{(I)} \tag{2-7-27}$$

$$\boldsymbol{L}=\begin{bmatrix} 0 & 0 & 0 & 0 & \cdots & 0 \\ a_{21} & 0 & 0 & 0 & \cdots & 0 \\ a_{31} & a_{32} & 0 & 0 & \cdots & 0 \\ a_{41} & a_{42} & a_{43} & 0 & \cdots & 0 \\ \vdots & & & \vdots & & \vdots \\ a_{n1} & a_{n2} & a_{n3} & \cdots & a_{nn-1} & 0 \end{bmatrix} \quad \boldsymbol{U}=\begin{bmatrix} 0 & 0 & 0 & a_{14} & \cdots & \cdots & \cdots & a_{1n} \\ 0 & 0 & 0 & 0 & a_{25} & \cdots & \cdots & a_{2n} \\ 0 & 0 & 0 & 0 & 0 & a_{36} & \cdots & a_{3n} \\ & & & \vdots & & & & \vdots \\ 0 & 0 & 0 & 0 & 0 & 0 & \cdots & 0 \end{bmatrix}$$

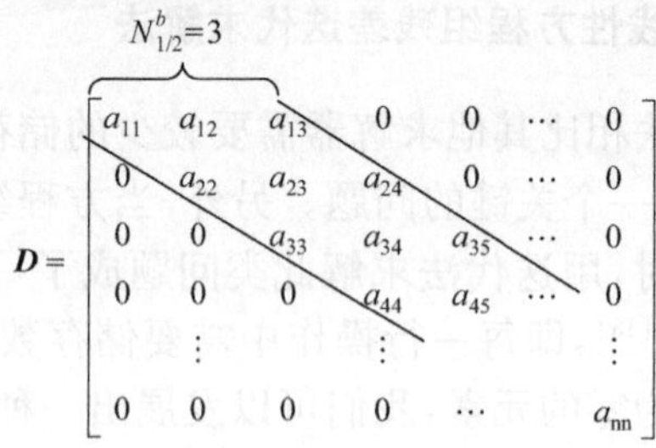

图 2-7-1　$N^b_{1/2}$ 等于 3 的矩阵分解

式中，上标 I 表示关于 $\Delta\boldsymbol{x}$ 的第 I 次迭代。通常，松弛因子 ω 的取值范围为 $0<\omega<2$。

对于第 n 次关于方程组残差的迭代获得的残差 $\boldsymbol{R}^n$，式(2-7-27)需要反复进行，直到相邻两次关于未知量修正值 $\Delta\boldsymbol{x}$ 的迭代结果在允许的误差范围之内(迭代收敛)，再进行下次残差的迭代。

在式(2-7-27)的迭代收敛后，获得的未知量修正值记为 $\Delta\boldsymbol{x}$，则未知量可由下式更新：

$$\boldsymbol{x}^{n+1}=\boldsymbol{x}^n+\lambda\Delta\boldsymbol{x} \tag{2-7-28}$$

式中，λ 称为松弛因子，可通过使方程的残差的范数为最小来确定，其结果为

$$\lambda=\frac{(\boldsymbol{R}^n)^{\mathrm{T}}(\boldsymbol{A}\Delta\boldsymbol{x})}{(\boldsymbol{A}\Delta\boldsymbol{x})^{\mathrm{T}}(\boldsymbol{A}\Delta\boldsymbol{x})} \tag{2-7-29}$$

可以看出，上述迭代方法为关于方程组残差和未知量修正值的双重迭代法。在残差迭代方面，具有 Newton-Raphson 迭代法收敛性好的优点；在未知量修正值迭代方面，具有高斯-赛德尔法[14]占用内存小的特点。如果关于残差的迭代只进行一次，即始终取 $\boldsymbol{R}^n=\boldsymbol{b}$，则此迭代法变为通常意义下的下矩阵迭代法；如果关于未知量修正值的迭代只进行一次，即式(2-7-27)中的右端项始终取为 $\boldsymbol{R}^n$，则此迭代法变为纯残差的 Newton-Raphson 迭代法。

在迭代计算中，$\boldsymbol{L}$ 和 $\boldsymbol{U}$ 的非零元素储存在外部设备中，每次迭代时读取；$\boldsymbol{D}$ 储存在计算机核心内存中，其储存量大小为半带宽 $N^b_{1/2}$ 指定的空间，最大存储量为 $N^b_{1/2}\cdot n$。迭代收敛速度和计算效率由半带宽 $N^b_{1/2}$ 的大小决定。一般来说，$N^b_{1/2}$ 的值越大收敛越快，但计算效率越低，反之亦然。由此可见，迭代法利用了 SEBSM 的"带状存储"的特点，收敛性和储存空间要求可由选择的半带宽来控制，克服了高

斯-赛德尔法[14]只能使用下三角矩阵迭代的弱点。

人们也可以通过对式(2-7-27)左端的矩阵求逆，导出更为快速的迭代公式，但形成的逆矩阵通常是满阵，需要较大的储存空间，在求解大规模问题时会受到计算机资源的限制。

在实际执行中，未知量修正值的迭代不需要达到完全的收敛，可以给定一个合适的迭代次数，最终的收敛性可由方程组的残差迭代来控制，这样可以提高总体计算效率。

2.7.4 同时消元回代法 Fortran 程序介绍

根据上面推导的公式，按方法的不同，我们编制了 SEBSM 的 7 个 Fortran 语言子程序。在这些子程序的执行中，式(2-7-1)中的矩阵 $\boldsymbol{A}$ 和向量 $\boldsymbol{b}$ 是预先按行存储在磁盘的文件中。下面是对共用变量和每个子程序的介绍。

KROW：输入变量，方程处理中的当前行号 k(见式(2-7-5))。

N：输入变量，方程组的阶数 n。

A：输入数组，存储方程组系数 $\boldsymbol{A}$ 中的元素，一次存储一行。

B：输入变量，存储方程组的右端项 $\boldsymbol{b}$，一次存储一个方程的右端项。

AK：工作数组，存储式(2-7-11)中的系数 $a_{ij}^{(k)}$。需要的最大储存个数 S 为：对于满阵方程 $S=n^2/4$，对于稀疏矩阵方程 $S=n\cdot w/4$，其中 w 为非零元素偏离对角线的最大个数。

BK：工作和输出数组，存储式(2-7-11)中的 $b_i^{(k)}$，大小为 n，当方程的所有行处理完后，其值即为方程组的解。

AKP：工作数组，大小为 n，存储式(2-7-4)中的 $a_{ij}^{(k-1)}$，$i=1,2,\cdots,k-1$。

NLEFT：工作变量，处理第 k 行时每行剩下的未知量系数个数(为 $n-k+1$)。

1) 求解满阵方程组的子程序 SEBSM_FULL

子程序格式：SEBSM_FULL(KROW,N,A,B,AK,BK)

此程序适合于求解以主对角线元素为主的满阵方程组，主对角线上的元素不能太小，否则认为矩阵奇异。下面是该子程序的 Fortran 源代码：

```
SUBROUTINE SEBSM_FULL(KROW,N,A,B,AK,BK)
IMPLICIT REAL * 8 (A - H,O - Z)
DIMENSION A(N),AK( * ),BK( * )
    ALLOCATABLE AKP(:); ALLOCATE (AKP(N))
    KM1 = KROW - 1; KP1 = KROW + 1; NLEFT = N - KM1
    BKP = B; AKP = A                              ! b and A of (2-7-8)
    DO L = 1,KM1; AKL = AKP(L)
      BKP = BKP - AKL * BK(L)                     ! 2nd equation of (2-7-8)
      J0 = (L - 1) * NLEFT - KM1
```

```
      DO J = KROW,N                          ! j = k,n in (2-7-7)
       AKP(J) = AKP(J) - AKL * AK(J0 + J)         ! 1st equation of (2-7-8)
      ENDDO
     ENDDO
     ! Re-arrange eliminated variable coefficients
     DO I = 1,KM1; AKP(I) = AK((I - 1) * NLEFT + 1); ENDDO
     ! check if the diagonal term of current equation is singular
     AKKP = AKP(KROW)                             ! akk prime in (2-7-10)
     IF(DABS(AKKP).LT.1.D-12) STOP 'SINGULAR DIAG IN SEBSM_FULL'
     ! RENEW BK AND AK: I FROM 1 TO K-1
     NLEFT1 = NLEFT - 1              ! The new number of coefficients is 1 less
     DO I = 1,KM1                                  ! i = 1,2,…,k-1
      AIKP = AKP(I)/AKKP
      BK(I) = BK(I) - AIKP * BKP                    ! 2nd equation of (2-7-12)
      IK1 = (I - 1) * NLEFT + 1; IKK = (I - 1) * NLEFT1
      DO J = KP1,N; IKD = J - KROW                  ! j = k + 1,k + 2,…,n
       AK(IKK + IKD) = AK(IK1 + IKD) - AIKP * AKP(J)   ! 1st Eq. of (2-7-12)
      ENDDO
     ENDDO
     ! Renew Bk and Ak for case of i = k
     BK(KROW) = BKP/AKKP                          ! 2nd equation of (2-7-10)
     J0 = KM1 * NLEFT1 - KROW
     DO J = KP1,N                                  ! j = k + 1,k + 2,…,n
      AK(J0 + J) = AKP(J)/AKKP                      ! 1st equation of (2-7-10)
     ENDDO
     DEALLOCATE (AKP)
     RETURN
     END
```

2) 求解稀疏矩阵方程的子程序 SEBSM_SPARSE

子程序格式:SEBSM_SPARSE(KROW, N, NNO0A, KNO0A, A, B, AK, BK, JEND)

此程序适合于求解以主对角线元素为主的稀疏系数矩阵方程,主对角线上的元素不能太小,否则认为矩阵奇异。其中新的变量介绍如下:

NNO0A:输入变量,为当前行非零元素的个数;

KNO0A:输入数组,存储当前行每个非零元素的列号;

JEND:工作变量,记录每行非零元素的最大列号;

JK1:工作变量,一行中第 1 个非零元素的列号;

JKE：工作变量，一行中最后非零元素的列号；

NLEFT：工作变量，处理当前行时，剩余系数的个数，等于 $n-k+1$。

该子程序的 Fortran 源代码可以在文献[13]中找到（在文献中的文件名为 REBSM_SPARSE）。

3）通过选主元求解稀疏矩阵方程的子程序 SEBSM_SPARSE_PIVOT

子程序格式：SEBSM_SPARSE_PIVOT(KROW, N, NNO0A, KNO0A, A, B, AK, BK, JEND, NPIVOT, NTONEW)

此程序求解任意非奇异稀疏系数矩阵方程的根，程序在每行的处理中都要在由式(2-7-8)计算的 $a'_{kj}(j=k,\cdots,n)$ 中选取绝对值最大的元素作为主元，因此方程的次序可以是任意的。当然，方程组中部的非零元素越靠近主对角线，工作数组 AK 所占的最大空间就越小，图 2-7-2 为一 10 阶稀疏矩阵在每行的处理过程中所需存储空间示意图，其中“ * ”表示非零元素，非零数字为处理中的行号，各虚线矩形框表示处理该行时所需要存储的元素的大小。可以看出，由于第 7 行的非零元素的最右端元素在主对角线上，因此工作数组 AK 在处理该行时所需的存储空间为 0。

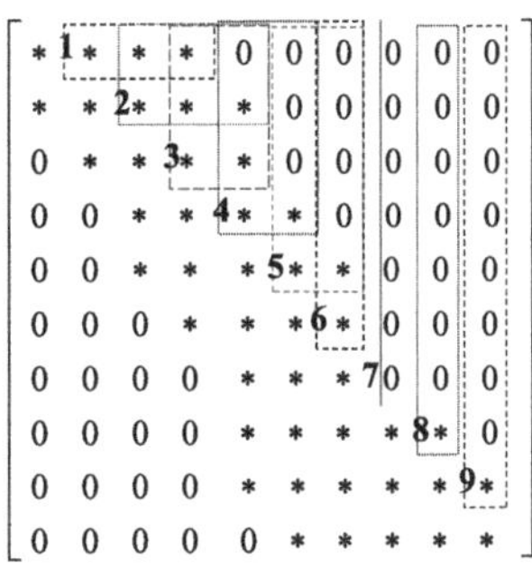

图 2-7-2 稀疏矩阵每行处理中所需存储空间示意图

除了上述介绍的变量外，该子程序用到的其他主要变量介绍如下：

NPIVOT：工作数组，大小为 n，存储当前主元的原始列位置；

NTONEW：工作数组，大小为 n，存储 $\mathbf{A}$ 中的原始矩阵元素在当前存储中的列号；

AKKP：工作变量，存放主元 a'_{kk} 的值。

该子程序的 Fortran 源代码见附录 2A。

4）通过选主元和压缩存储求解稀疏矩阵方程的子程序 SEBSM_SPARSE_PIVOT2

子程序格式：SEBSM_SPARSE_PIVOT2(KROW, N, NNO0A, KNO0A, A, B, AK, BK, JEND, NPIVOT, NTONEW, FILTER0)

此程序的功能和变量介绍与上述子程序 SEBSM_SPARSE_PIVOT 一样，不同之处在于实行了压缩存储，对于非零元素以任意形式分布的稀疏矩阵 $\mathbf{A}$，SEBSM_SPARSE_PIVOT2 需要较少的存储空间（能减少 AK 数组的大小）。在前面介绍的子程序中，各行中从第一个非零元素到最后一个非零元素中间的所有元素（包括零）都将存储在数组 AK 中，但在该子程序中，只存储其间的非零元素。除了上述介绍的变量外，该子程序用到的其他主要变量如下：

FILTER0:给定的非常小的实数,是过滤非零元素的门槛值。

5) 通过选主元求解具有多个右端项的稀疏矩阵方程的子程序 SEBSM_SPARSE_PIVOT_MB

子程序格式:SEBSM_SPARSE_PIVOT_MB(KROW, N, NB, NNO0A, KNO0A, A, B, AK, BK, JEND, NPIVOT, NTONEW)

此程序求解任意非奇异稀疏系数矩阵方程的根,方程组允许有多组右端项。程序在每行的处理中选取由式(2-7-8)计算的 $a'_{kj}(j=k,\cdots,n)$ 中绝对值最大的元素作为主元。除了上述各个子程序中介绍的变量外,该子程序用到的其他主要变量介绍如下:

NB: 输入变量,方程右端项组数.

B: 输入数组,大小为 NB,一次存储一行系数对应的 NB 个右端项 $\boldsymbol{b}$ 的值。

BK: 工作和输出数组,存储式(2-7-11)中的 $b_i^{(k)}$,大小为 $n\times$NB。当方程的所有行处理完后,其值即为 NB 组方程组的根。

6) 通过选主元求稀疏矩阵的逆矩阵的子程序 SEBSM_SPARSE_PIVOT_INV

子程序格式:SUBROUTINE SEBSM_SPARSE_PIVOT_INV(KROW, N, NNO0A, KNO0A, A, AK, BK, JEND, NPIVOT, NTONEW)

此程序根据式(2-7-14)~式(2-7-22)求任意非奇异稀疏方阵的逆矩阵。程序在每行的处理中选取由式(2-7-19)计算的 $a'_{kj}(j=k+1,\cdots,n)$ 中绝对值最大的元素作为主元。程序中所用的变量与上述各个程序中所介绍的一样,只有 BK 说明如下:

BK: 工作和输出数组,存储式(2-7-20)中的 $b_i^{I(k)}$, 大小为 $n\times n$, 当方程组的所有行处理完后,BK 按行存储逆矩阵元素。

7) 用迭代法求解稀疏矩阵方程的子程序 SEBSM_ITERATE

子程序格式:SEBSM_ITERATE(N, NBAND, TOLER, X, IFILE, IFOUT)

此程序采用 2.7.3 节中介绍的公式求解稀疏矩阵线性方程组,主对角线上的元素太小时,通过方程两边都配置一个数(DIAG)的方式解决,因此可以求解奇异矩阵的方程组。该程序还要调用另一个子程序:SEBSM_SPARSE0,该子程序采用 SEBSM 求解稀疏系数方程组。程序用到的额外主要变量介绍如下:

NBAND: 输入变量,半宽带 $N^b_{1/2}$ 的大小($N^b_{1/2}\neq 0$),当系数矩阵 $\boldsymbol{A}$ 奇异或接近奇异时,将其输成负值。

IFILE: 输入变量,文件通道号,存放方程组的系数矩阵和右端项的值,其格式与上述输入数据文件 SEBSM. DAT 的相同,只不过为了提高读取速度,采用了二进制格式存储。

IFOUT: 输入变量,文件通道号,存放解方程组后的解。

TOLER：程序中给定值，判断迭代收敛与否的数值。

TOLER0：程序中给定值，判断奇异性的数值。

X：工作和输出数组，输出时存储方程组的解 $\boldsymbol{x}$。

MITER_X：程序中给定的最大迭代次数，限制残差迭代次数。

MITER_DX：程序中给定的最大迭代次数，限制未知量修正值迭代次数。

ITER_X：残差迭代变量。

ITER_DX：未知量修正值迭代变量。

DIAG：工作变量，存放用于对奇异矩阵的主对角线元素配置值，选为所有主对角线元素的最大值。

VLAMDA：工作变量，存放 λ 的值，由式(2-7-29)计算。当 VLAMDA 的值很小或为负时，认为残差迭代达到了稳定，不能进一步降低，此时计算停止。

REMAIN：工作变量，存放每次迭代后方程组的残差值。

2.7.5　SEBSM 应用示例

为了说明上述子程序的具体使用，本节将给出下列所示求解 5 阶方程组 $\boldsymbol{Ax}=\boldsymbol{b}$ 的程序调用过程。

$$\boldsymbol{A}=\begin{bmatrix} 3 & -4 & 2 & 0 & 0 \\ -2 & -5 & 6 & 1 & 0 \\ 1 & 6 & -3 & 2 & -3 \\ 0 & 7 & 5 & -5 & 6 \\ 0 & 0 & -4 & 3 & -4 \end{bmatrix},\quad \boldsymbol{b}=\begin{bmatrix} 1 \\ 8 \\ 5 \\ 25 \\ -10 \end{bmatrix} \tag{2-7-30}$$

此方程组的根为 $\boldsymbol{x}=\{1,\ 2,\ 3,\ 2,\ 1\}^{\mathrm{T}}$。

下面只介绍三个常用的子程序的使用方法，其余的类似。

1) 用求解满阵方程组的子程序 SEBSM_FULL 求根

用此子程序求上述方程组的根时，将式(2-7-30)中的 $\boldsymbol{A}$ 和 $\boldsymbol{b}$ 存储在名为 SEBSM_FULL. DAT 的文件中，数据如下：

```
 5
 3.  -4.   2.   0.   0.   1.
-2.  -5.   6.   1.   0.   8.
 1.   6.  -3.   2.  -3.   5.
 0.   7.   5.  -5.   6.  25.
 0.   0.  -4.   3.  -4. -10.
```

其中，第 1 行的数字为方程组的阶数，右端项 $\boldsymbol{b}$ 放在了各行的最后一列。主程序如下：

```
IMPLICIT REAL * 8 (A - H,O - Z)
ALLOCATABLE A(:),AK(:),BK(:)
OPEN(5,FILE = 'SEBSM_FULL.DAT',STATUS = 'OLD')
READ(5, * )N                    ! Order of equation set
MAXC = ((N + 1)/2) * * 2        ! Maximum storage size
ALLOCATE (A(N),AK(MAXC),BK(N))
DO K = 1,N
  READ(5, * )(A(J),J = 1,N),B
  CALL SEBSM_FULL(K,N,A,B,AK,BK)
ENDDO
WRITE( * , * )'                ROOTS :'
WRITE( * , * )REAL(BK(1:N))
DEALLOCATE (A,AK,BK)
STOP
END
```

输出结果为:1.0 2.0 3.0 2.0 1.0

2) 用行选主元法求解稀疏矩阵方程的子程序 SEBSM_SPARSE_PIVOT 求根

用此子程序求上述方程组的根时,将式(2-7-30)中的 $\boldsymbol{A}$ 和 $\boldsymbol{b}$ 存储在名为 SEBSM.DAT 的文件中,数据如下:

```
5
3   1    2    3
    3.  -4.   2.   1.
4   2    1    3    4
  -5.  -2.   6.   1.   8.
5   1    2    3    5    4
    1.   6.  -3.  -3.   2.   5.
4   5    4    3    2
    6.  -5.   5.   7.  25.
3   3    4    5
  -4.   3.  -4. -10.
```

其中,第 1 行为方程组的阶数;第 2 行的第 1 个数字为第 1 个方程中非零元素的个数,接着的 3 个数是非零元素的列号;第 3 行的前三个数是第 1 个方程中的非零元素值,第 4 个数是该方程的右端项 b。其余 4 个方程依次类推,每个方程占两行。求根的主程序如下:

```
IMPLICIT REAL * 8 (A - H,O - Z)
ALLOCATABLE A(:), AK(:), BK(:), KNOOA(:), NPIVOT(:), NTONEW(:)
```

```
OPEN(5,FILE = 'SEBSM.DAT',STATUS = 'OLD')
READ(5, *)N                    ! Order of equation set
ALLOCATE (A(N), BK(N), KNOOA(N), NPIVOT(N), NTONEW(N))
MAXC = ((N + 1)/2) * * 2          ! 1 * :MAXIMUM SIZE FOR FULL MATRIX
N2MB = 2 * 1024 * 1024           ! 2 * :1MB = 1024 * 1024
DO I = 1,N      ! DEFINE ARRAY FOR ALLOWABLE MEMORY
  ALLOCATE (AK(MAXC), STAT = ISTATUS)
  IF(ISTATUS.EQ.0) EXIT        ! COMPUTER MEMORY IS ENOUGH
  MAXC = MAXC-N2MB   ! 3 * :REDUCE SIZE IF RAM IS NOT ENOUGH
ENDDO
DO K = 1,N
  READ(5, *)NNOOA,(KNOOA(J),J = 1,NNOOA)
  READ(5, *)(A(J),J = 1,NNOOA),B
  CALL SEBSM_SPARSE_PIVOT(K, N, NNOOA, KNOOA, A, B, AK, BK,           &
&                              JEND, NPIVOT, NTONEW)
  ENDDO
  WRITE( * , *)'                ROOTS :'
  WRITE( * , *)REAL(BK(1:N))
  DEALLOCATE (A, AK, BK, KNOOA, NPIVOT, NTONEW)
  STOP
  END
```

输出结果为:1.0　2.0　3.0　2.0　1.0

注释: 1 * 行中给出的 MAXC 为满阵情况下储存数组 AK 的最大界限。对于稀疏矩阵,如果计算机内存不够,可以降低数组 AK 的界限,每次降低的步长由2 * 行指定,降低过程通过循环执行 3 * 行实现,循环到内存允许为止。

3) 用行选主元法求稀疏矩阵逆矩阵的子程序 SEBSM_SPARSE_PIVOT_INV 求逆矩阵

用此子程序求上述系数矩阵 $\boldsymbol{A}$ 的逆矩阵,$\boldsymbol{A}$ 的元素存储在名为 SEBSM_INV.DAT 的文件中,数据格式与 2)中的相同,只是可以不填写右端项 $\boldsymbol{b}$。主程序如下:

```
IMPLICIT REAL * 8 (A - H,O - Z)
ALLOCATABLE A(:),AK(:),BK(:,:),KNOOA(:),NPIVOT(:),NTONEW(:)
OPEN(5,FILE = 'SEBSM_INV.DAT',STATUS = 'OLD')
READ(5, *)N                    ! Order of equation set
ALLOCATE (A(N),BK(N,N),KNOOA(N),NPIVOT(N),NTONEW(N))
MAXC = ((N + 1)/2) * * 2          ! MAXIMUM SIZE FOR FULL MATRIX
N2MB = 2 * 1024 * 1024           ! 1MB = 1024 * 1024
DO I = 1,N      ! DEFINE ARRAY FOR ALLOWABLE MEMORY
```

```
    ALLOCATE (AK(MAXC),STAT = ISTATUS)
    IF(ISTATUS.EQ.0) EXIT    ! COMPUTER MEMORY IS ENOUGH
    MAXC = MAXC-N2MB          ! REDUCE SIZE IF RAM IS NOT ENOUGH
  ENDDO
  DO K = 1,N
    READ(5, *)NNOOA,(KNOOA(J),J = 1,NNOOA)
    READ(5, *)(A(J),J = 1,NNOOA)
    CALL SEBSM_SPARSE_PIVOT_INV(K,N,NNOOA,KNOOA,A,AK,BK,          &
  &                           JEND,NPIVOT,NTONEW)
  ENDDO
  WRITE( *, *)'                INVERSE MATRIX :'
  DO I = 1,N
    WRITE( *, *)REAL(BK(I,1:N))
  ENDDO
  DEALLOCATE (A,AK,BK,KNOOA,NPIVOT,NTONEW)
  STOP
  END
```

计算输出的矩阵 **A** 的逆矩阵如下(精确到小数点后 5 位):

```
 0.08527   -0.10853    0.52713   -0.48062   -1.11628
-0.07752    0.00775    0.24806   -0.10853   -0.34884
 0.21705    0.17829   -0.29457    0.50388    0.97674
-1.51938   -0.24806    4.06202   -4.52713   -9.83721
-1.35659   -0.36434    3.34109   -3.89922   -8.60465
```

2.7.6 SEBSM 与其他方法的比较

为了考察 SEBSM 在求解线性代数方程组方面的有效性,本节用 SEBSM_SPARSE_PIVOT 子程序以及基于列主元的高斯-约当法和 LU 分解法对一个不同阶次的方程组系列进行计算和比较。高斯-约当法子程序可以在文献[6]中找到,而 LU 分解法的子程序来自文献[10]。

要测试的代数方程组系列是满阵方程,由下列所示方式生成:

$$\sum_{j=1}^{n} a_{ij} x_j = b_i \quad (i = 1,2,\cdots,n) \tag{2-7-31}$$

式中

$$a_{ij} = 1/(i+j-1) \quad (i \neq j) \tag{2-7-32a}$$

$$a_{ij} = 1 \quad (i = j) \tag{2-7-32b}$$

b_i 通过假定 $x_i = 1(i = 1, 2, \cdots, n)$ 计算形成。

计算在主频为 2.4GHz、内存为 4Gb 的计算机上进行,程序都用 Digital Compag Visual Fortran V6.6c编译系统编译。表2-7-1列出了用上述三种代数方程组求解法所需的时间。可以看出,SEBSM要比高斯-约当法计算速度快,当方程组的阶数越高时这种差别越明显。另外需要指出的是,高斯-约当法和LU分解法求根时需要将全部系数矩阵**A**装入内存,因此在4Gb的计算机上这两种方法只能计算到15000阶的方程组,而同时消元回代法最大只需要四分之一**A**的内存,因此可以求解的方程组规模更大。

表2-7-1 三种不同求根法计算时间比较

n	SEBSM	LU分解法	高斯-约当法
2000	7s	11s	35s
6000	3m 38s	5m 8s	22m 11s
10000	16m 41s	23m 45s	2h 2m 54s
14000	46m 1s	1h 4m 48s	13h 32m 56s
15000	57m 11s	1h 19m28s	20h 27m 20s
16000	1h 10m 2s	—	—
20000	2h 15m 15s	—	—
25000	4h 24m 18s	—	—
30000	7h 46m 52s	—	—

附录2A 选主元法求解稀疏矩阵方程的子程序 SEBSM_SPARSE_PIVOT

```
SUBROUTINE SEBSM_SPARSE_PIVOT(KROW,N,NNOOA,KNOOA,A,B,AK,BK,JEND,    &
&                                 NPIVOT,NTONEW)
! THIS ROUTINE SOLVES THE SYSTEM OF EQUATIONS WITH SPARSE MATRIX A,
! SPECIFIED BY VECTOR KNOOA CONTAINING NO-ZERO POSITIONS OF A
IMPLICIT REAL * 8 (A-H,O-Z)
DIMENSION A(*),AK(*),BK(*),KNOOA(NNOOA),NPIVOT(*),NTONEW(*)
ALLOCATABLE AKP(:); ALLOCATE (AKP(N))
              ! Initialize variables
IF(KROW.EQ.1) THEN
  JEND = 0
  DO I = 1,N; NPIVOT(I) = I; NTONEW(I) = I; ENDDO
ENDIF
KM1 = KROW - 1; KP1 = KROW + 1
              ! DETERMINE JK1 AND JKE
```

```
JK1 = N; JKE = 0
DO J = 1,NNOOA
  JK1 = MIN(JK1,NTONEW(KNOOA(J))); JKE = MAX(JKE,NTONEW(KNOOA(J)))
ENDDO
NLEFT = MAX(JEND,JKE)-KM1          ! New Band Wise of Storage
               ! EXTEND RIGHT BOUND OF STORAGE TO NEW ONE
IF(JEND. LT. JKE) THEN
  NLEFT0 = JEND - KM1
  DO I = KM1,1, - 1      ! Through order from the last to the first
    JOLD0 = (I - 1) * NLEFT0 - KM1; JNEW0 = (I - 1) * NLEFT - KM1
    DO J = JEND,KROW, - 1; AK(JNEW0 + J) = AK(JOLD0 + J); ENDDO
    DO J = JEND + 1,MIN(JKE,N); AK(JNEW0 + J) = 0. ; ENDDO
  ENDDO
ENDIF
                ! DETERMINE BKP AND AKP
AKP = 0.
DO J = 1,NNOOA    ! ASSIGN ORIGINAL A TO NEW PIVOTED POSITION
  AKP(NTONEW(KNOOA(J))) = A(J)              ! a(k,j) of (2-7-8)
ENDDO
BKP = B                                     ! b(k) of (2-7-8)
DO L = JK1,KM1
  IF(DABS(AKP(L)). GT. 1. D-12) THEN
    AKL = AKP(L)
    BKP = BKP - AKL * BK(L)                 ! 2nd equation of (2-7-8)
    J0 = (L - 1) * NLEFT - KM1
    DO J = KROW,JEND                       ! j = k,n in (2-7-7)
      AKP(J) = AKP(J) - AKL * AK(J0 + J)    ! 1st equation of (2-7-8)
    ENDDO
  ENDIF
ENDDO
JEND = MAX(JEND,JKE)        ! RENEW LAST NON-ZERO ELEMENT POSITION
!      DETERMINE THE PIVOT FROM ELEMENTS FORMED BY (2-7-8)
AKKP = AKP(KROW); KPIVOT = KROW
DO I = KP1,JEND
  IF(DABS(AKKP). LT. DABS(AKP(I))) THEN
    AKKP = AKP(I); KPIVOT = I
  ENDIF
ENDDO
```

```
IF(DABS(AKKP).LT.1.D-12) STOP 'SINGULAR MATRIX IN SEBSM SOLVER'
IF(KPIVOT.NE.KROW) THEN    ! Exchange columns between k and pivot
  AKP(KPIVOT) = AKP(KROW); NEXCH = NPIVOT(KROW)
  NPIVOT(KROW) = NPIVOT(KPIVOT); NPIVOT(KPIVOT) = NEXCH
  NTONEW(NPIVOT(KROW)) = KROW; NTONEW(NPIVOT(KPIVOT)) = KPIVOT
ENDIF
DO I = 1,KM1; IK1 = (I - 1) * NLEFT + 1
  IKJ = IK1 + KPIVOT-KROW        !    (k - 1)
  AKP(I) = AK(IKJ)               ! a    (i,k) of (2-7-12)
  AK(IKJ) = AK(IK1)              ! Exchange PIVOT for previous coefficient array
ENDDO
              ! Renew eliminated variable coefficients
NLEFT1 = NLEFT-1
! RENEW BK AND AK (i = 1,…, k - 1)
DO I = 1,KM1; AIKP = AKP(I)/AKKP
  BK(I) = BK(I)-AIKP * BKP                      ! 2nd equation of (2-7-12)
  IK1 = (I - 1) * NLEFT + 1; IKK = (I - 1) * NLEFT1
  DO J = KP1,JEND; IKD = J-KROW
    AK(IKK + IKD) = AK(IK1 + IKD) - AIKP * AKP(J)   ! 1st Eq. OF (2-7-12)
  ENDDO
ENDDO
! RENEW BK AND AK for i = k
BK(KROW) = BKP/AKKP                             ! 2nd equation of (2-7-12)
J0 = KM1 * NLEFT1 - KROW
DO J = KP1,JEND
  AK(J0 + J) = AKP(J)/AKKP                      ! 1st equation of (2-7-10)
ENDDO
              ! RECOVER UNKOWNS PIVOT TO ORIGINAL NUMBER ORDERS
IF(KROW.EQ.N) THEN     ! Last equation is meeted
  DO I = 1,N; AKP(I) = BK(NTONEW(I)); ENDDO
  DO I = 1,N; BK(I) = AKP(I); ENDDO
ENDIF
DEALLOCATE (AKP)
RETURN
END
```

参 考 文 献

[1] 黄克智,薛明德,陆明万. 张量分析. 北京：清华大学出版社，2003.

[2] Gao X W. The radial integration method for evaluation of domain integrals with boundary- only discretization. Engineering Analysis with Boundary Elements，2002，26(10)：905—916.

[3] Gao X W. Evaluation of regular and singular domain integrals with boundary-only discretization-theory and Fortran code. Journal of Computational and Applied Mathematics，2005，175(2)：265—290.

[4] Fata S N. Treatment of domain integrals in boundary element methods. Applied Numerical Mathematics，2012，62(6)：720—735.

[5] Brebbia C A. The Boundary Element For Engineers. New York ：Wiley，1978.

[6] Gao X W，Davies T G. Boundary Element Programming in Mechanics. Cambridge：Cambridge University Press，2002.

[7] Gao X W，Guo L，Zhang C. Three-step multi-domain BEM solver for nonhomogeneous material problems. Engineering Analysis with Boundary Elements，2007，31(12)：965—973.

[8] Strang G. Introduction to Linear Algebra. 3rd ed. Wellesley，Massachusetts：Wellesley-Cambridge，2003.

[9] Saad Y. Iterative Methods for Sparse Linear Systems. 2nd ed. Philadelphia：SIAM，2003.

[10] Press W H，Teukolsky S A，Veterling W T，et al. Numerical Recipes in Fortran 77. 2nd ed. Cambridge：Cambridge University Press，1992.

[11] 高效伟,胡金秀,崔苗. 基于行消元回代法的多域边界元分析方法. 力学学报,2012,44(2):361—368.

[12] Golub G H，van Loan C F. Matrix Computations. 3rd ed. Baltimore：Johns Hopkins University Press，1996.

[13] Gao X W，Li L J. A solver of linear systems of equations (REBSM) for large-scale engineering problems. International Journal of Computational Methods，2012，9(1)：1240011.

[14] Li W，Sun W W. Modified Gauss-Seidel type methods and Jacobi type methods for Z-matrices. Linear Algebra and Its Applications，2000，317(1—3)：227—240.

第 3 章　位势问题

许多物理问题，如电磁场、热传导、渗流、势流和声学等问题，都可以归结为控制方程是经典拉普拉斯方程或泊松方程的位势问题。采用边界元法，可以有效地求解这些问题。

边界元法求解位势问题的关键步骤之一是问题的边界化，即根据微分方程推导出相应的边界积分方程。关于位势问题的积分方程最早可追溯到 Fredholm 于 1903 年提出的弗雷德霍姆边界积分方程[1]。由于获取解析解存在困难，即使有解析解，也只局限于简单的形状和特定的边界条件，积分方程的应用在很大程度上仅局限于理论研究[2]。直到 1963 年，Jaswon[3] 和 Symm[4] 提出了数值方法求解弗雷德霍姆边界积分方程，边界元法才作为一种数值方法开始应用于实际问题。电子计算机的问世和发展，使得边界元法的另一个关键环节——问题的离散，即将边界积分方程离散为代数方程组得以实现。这样一来，无限自由度问题就可以转化为可用电子计算机解决的有限自由度问题。更多边界元法数值求解位势问题的研究见 Hess 和 Smith[5]、Harrington 等[6]、Brebbia 和 Dominguez[7] 等的工作。

本章主要讨论边界元法在位势问题中的应用。以拉普拉斯方程为主，介绍了采用 2.5 节的加权余量法推导边界积分方程的详细过程，以及基本解（格林函数）和位势梯度积分方程的推导过程。3.5 节描述了采用常单元、线性单元和高次单元对边界积分方程进行离散的过程。边界积分方程中的奇异积分以及近奇异积分的计算在 3.6 节介绍。3.7 节推导了泊松方程的边界积分方程，并对由源项引起的域积分，给出三种不同的处理方法：特解法、双互易法[8] 和径向积分法[9,10]。3.8 节讨论了角点问题。最后，3.9 节介绍了相关的程序及算例。

3.1　位势问题的积分方程

本节从简单的拉普拉斯方程定解问题开始，采用加权余量法推导相应的边界积分方程。拉普拉斯方程及其边界条件为

$$\begin{cases} \nabla^2 u(\boldsymbol{x}) = 0 & (\boldsymbol{x} \in \Omega) \\ u(\boldsymbol{x}) = \bar{u}(\boldsymbol{x}) & (\boldsymbol{x} \in \Gamma_1) \\ q(\boldsymbol{x}) = \dfrac{\partial u(\boldsymbol{x})}{\partial \boldsymbol{n}} = \bar{q}(\boldsymbol{x}) & (\boldsymbol{x} \in \Gamma_2) \end{cases} \tag{3-1-1}$$

式中，$u(\boldsymbol{x})$ 为势函数；$q(\boldsymbol{x})$ 为势函数的法向导数（又称为通量）；$\Gamma = \Gamma_1 + \Gamma_2$ 为计

算区域 Ω 的边界(图 3-1-1)；$\boldsymbol{n}$ 为边界 Γ 的单位外法线方向向量；∇^2 为拉普拉斯算子。

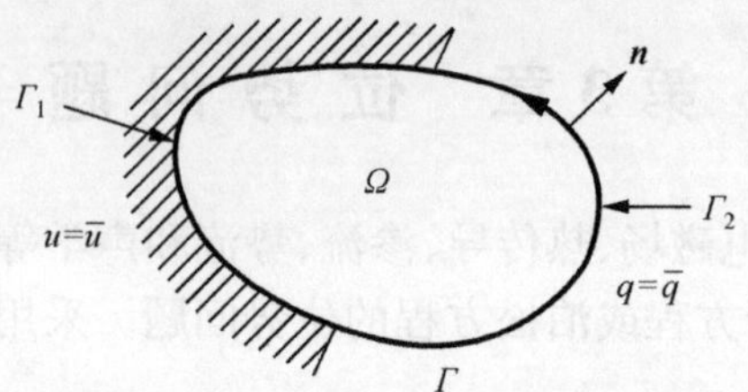

图 3-1-1 二维区域及其边界和边界条件

为了推导式(3-1-1)的边界积分方程，引入权函数 u^*，则拉普拉斯方程的加权余量式可表示为

$$\int_\Omega u^* \nabla^2 u \mathrm{d}\Omega = 0 \tag{3-1-2}$$

对上式进行分部积分得

$$\int_\Omega u^* \frac{\partial}{\partial x_i}\left(\frac{\partial u}{\partial x_i}\right)\mathrm{d}\Omega = \int_\Omega \frac{\partial}{\partial x_i}\left(u^* \frac{\partial u}{\partial x_i}\right)\mathrm{d}\Omega - \int_\Omega \frac{\partial u}{\partial x_i}\frac{\partial u^*}{\partial x_i}\mathrm{d}\Omega \tag{3-1-3}$$

对式(3-1-3)右端第二项积分再次分部积分得

$$\int_\Omega \frac{\partial u}{\partial x_i}\frac{\partial u^*}{\partial x_i}\mathrm{d}\Omega = \int_\Omega \frac{\partial}{\partial x_i}\left(u\frac{\partial u^*}{\partial x_i}\right)\mathrm{d}\Omega - \int_\Omega u\frac{\partial}{\partial x_i}\left(\frac{\partial u^*}{\partial x_i}\right)\mathrm{d}\Omega \tag{3-1-4}$$

将式(3-1-4)代入式(3-1-3)得

$$\int_\Omega u^* \frac{\partial}{\partial x_i}\left(\frac{\partial u}{\partial x_i}\right)\mathrm{d}\Omega = \int_\Omega \frac{\partial}{\partial x_i}\left(u^* \frac{\partial u}{\partial x_i}\right)\mathrm{d}\Omega - \int_\Omega \frac{\partial}{\partial x_i}\left(u\frac{\partial u^*}{\partial x_i}\right)\mathrm{d}\Omega + \int_\Omega u\frac{\partial}{\partial x_i}\left(\frac{\partial u^*}{\partial x_i}\right)\mathrm{d}\Omega \tag{3-1-5}$$

利用高斯散度公式，式(3-1-5)右端第一项域积分可变为

$$\int_\Omega \frac{\partial}{\partial x_i}\left(u^* \frac{\partial u}{\partial x_i}\right)\mathrm{d}\Omega = \int_\Gamma u^* \frac{\partial u}{\partial x_i}n_i \mathrm{d}\Gamma = \int_\Gamma u^* \frac{\partial u}{\partial \boldsymbol{n}}\mathrm{d}\Gamma \tag{3-1-6}$$

同理，式(3-1-5)右端第二项域积分可变为

$$\int_\Omega \frac{\partial}{\partial x_i}\left(u\frac{\partial u^*}{\partial x_i}\right)\mathrm{d}\Omega = \int_\Gamma u\frac{\partial u^*}{\partial x_i}n_i \mathrm{d}\Gamma = \int_\Gamma u\frac{\partial u^*}{\partial \boldsymbol{n}}\mathrm{d}\Gamma \tag{3-1-7}$$

将式(3-1-6)和式(3-1-7)代入式(3-1-5)得

$$\int_\Omega u^* \frac{\partial}{\partial x_i}\left(\frac{\partial u}{\partial x_i}\right)\mathrm{d}\Omega = \int_\Gamma u^* \frac{\partial u}{\partial \boldsymbol{n}}\mathrm{d}\Gamma - \int_\Gamma u\frac{\partial u^*}{\partial \boldsymbol{n}}\mathrm{d}\Gamma + \int_\Omega u\frac{\partial}{\partial x_i}\left(\frac{\partial u^*}{\partial x_i}\right)\mathrm{d}\Omega \tag{3-1-8}$$

将式(3-1-8)代入式(3-1-2)可得

$$\int_\Gamma u^* \frac{\partial u}{\partial \boldsymbol{n}}\mathrm{d}\Gamma - \int_\Gamma u\frac{\partial u^*}{\partial \boldsymbol{n}}\mathrm{d}\Gamma + \int_\Omega u\nabla^2 u^* \mathrm{d}\Omega = 0 \tag{3-1-9}$$

比较式(3-1-9)与式(3-1-2)可以发现：采用两次分部积分法和高斯散度定理后，有两项边界积分和一项域积分出现；域积分中的场变量 u 和权函数 u^* 互换了位置，二阶偏导数从 u 转换到了 u^*，这是推导所有二阶偏微分方程的边界积分方程时会出现的共同现象。

令权函数 u^* 为拉普拉斯方程的基本解，满足以下方程：

$$\nabla^2 u^* + \delta(q,p) = 0 \tag{3-1-10}$$

式中，p 是源点；q 是区域 Ω 内的场点；$\delta(q,p)$ 是狄拉克函数。当源点 p 位于区域 Ω 内部时，根据狄拉克函数的性质，式(3-1-9)中的域积分可写为

$$\int_\Omega u \nabla^2 u^* \mathrm{d}\Omega = \int_\Omega u[-\delta(q,p)]\mathrm{d}\Omega = -u(p) \tag{3-1-11}$$

于是，将式(3-1-11)代入式(3-1-9)，可得

$$u(p) = \int_\Gamma u^* \frac{\partial u}{\partial \boldsymbol{n}} \mathrm{d}\Gamma - \int_\Gamma u \frac{\partial u^*}{\partial \boldsymbol{n}} \mathrm{d}\Gamma \tag{3-1-12}$$

令

$$q^* = \frac{\partial u^*}{\partial \boldsymbol{n}} = \frac{\partial u^*}{\partial x_i} n_i \tag{3-1-13}$$

则式(3-1-12)可表示为

$$u(p) = \int_\Gamma u^* q \mathrm{d}\Gamma - \int_\Gamma q^* u \mathrm{d}\Gamma \tag{3-1-14}$$

式(3-1-14)对区域 Ω 内任意点都成立，称为内部点积分方程，它表明区域 Ω 内任意一点的位势 u，可以用边界上的 u 及其法向导数 q 的积分来表示。因此，只要求出边界上所有的 u 值和 q 值，就可以用式(3-1-14)计算内部任意一点的 u 值。

3.2 位势问题的基本解

由式(3-1-14)可以看出，基本解 u^* 是积分方程的基本数学量，在边界元法中具有非常重要的地位。基本解需要满足微分方程(3-1-10)，对其求解有多种方法可行，本节分别就二维和三维问题介绍一种简单的基本解求解方法。

3.2.1 二维位势问题基本解求解方法

对于二维位势问题，控制方程为

$$\nabla^2 u = \frac{\partial^2 u}{\partial x^2} + \frac{\partial^2 u}{\partial y^2} = 0 \tag{3-2-1}$$

拉普拉斯算子在极坐标系下可以表示为

$$\nabla^2 = \frac{1}{r}\frac{\partial}{\partial r}\left(r\frac{\partial}{\partial r}\right) + \frac{1}{r^2}\frac{\partial^2}{\partial \varphi^2} \tag{3-2-2}$$

控制方程(3-2-1)的基本解是满足方程(3-1-10)的特殊解。假设求解介质是无穷大各向同性介质,根据狄拉克函数的对称性,可以认为基本解只是径向坐标 r 的函数,因此由式(3-2-2)可得

$$\frac{1}{r}\frac{\partial}{\partial r}\left(r\frac{\partial u^*}{\partial r}\right)=0 \tag{3-2-3}$$

对式(3-2-3)沿 r 进行两次积分,可得

$$u^* = c_1\ln r + c_2 \tag{3-2-4}$$

由于 c_2 表示常数解,不予考虑。为了求得未知系数 c_1,考虑源点 p 周围半径为 ε 的圆形区域 Ω_ε,对式(3-1-10)进行积分有

$$\int_{\Omega_\varepsilon}[\nabla^2 u^* + \delta(q,p)]\mathrm{d}\Omega_\varepsilon = \int_{\Omega_\varepsilon}\nabla^2 u^*\mathrm{d}\Omega_\varepsilon + \int_{\Omega_\varepsilon}\delta(q,p)\mathrm{d}\Omega_\varepsilon = 0 \tag{3-2-5}$$

采用高斯散度定理,有

$$\int_{\Omega_\varepsilon}\nabla^2 u^*\mathrm{d}\Omega_\varepsilon = \int_{\Omega_\varepsilon}\frac{\partial}{\partial x_i}\left(\frac{\partial u^*}{\partial x_i}\right)\mathrm{d}\Omega_\varepsilon = \int_{\Gamma_\varepsilon}\frac{\partial u^*}{\partial x_i}n_i\mathrm{d}\Gamma_\varepsilon = \int_{\Gamma_\varepsilon}\frac{\partial u^*}{\partial \boldsymbol{n}}\mathrm{d}\Gamma_\varepsilon \tag{3-2-6}$$

由于 Ω_ε 是圆形区域,因此有 $\partial u^*/\partial\boldsymbol{n} = \partial u^*/\partial r$,$\mathrm{d}\Gamma_\varepsilon = r\mathrm{d}\varphi$,于是将式(3-2-4)代入上式有

$$\int_{\Omega_\varepsilon}\nabla^2 u^*\mathrm{d}\Omega_\varepsilon = \int_{\Gamma_\varepsilon}\frac{\partial(c_1\ln r)}{\partial r}\mathrm{d}\Gamma_\varepsilon = \int_0^{2\pi}\frac{c_1}{r}r\mathrm{d}\varphi = c_1 2\pi \tag{3-2-7}$$

根据狄拉克函数的性质有

$$\int_{\Omega_\varepsilon}\delta(q,p)\mathrm{d}\Omega_\varepsilon = 1 \tag{3-2-8}$$

将式(3-2-7)和式(3-2-8)代入式(3-2-5),可得

$$c_1 = \frac{-1}{2\pi} \tag{3-2-9}$$

于是,可得到二维位势问题的基本解为

$$u^* = \frac{1}{2\pi}\ln\left(\frac{1}{r}\right) \tag{3-2-10}$$

3.2.2 三维位势问题基本解求解方法

三维位势问题的控制方程为

$$\nabla^2 u = \frac{\partial^2 u}{\partial x^2} + \frac{\partial^2 u}{\partial y^2} + \frac{\partial^2 u}{\partial z^2} = 0 \tag{3-2-11}$$

拉普拉斯算子在球坐标系下可以表示为

$$\nabla^2 = \frac{1}{r^2}\frac{\partial}{\partial r}\left(r^2\frac{\partial}{\partial r}\right) + \frac{1}{r\sin\theta}\frac{\partial}{\partial\theta}\left(\sin\theta\frac{1}{r}\frac{\partial}{\partial\theta}\right) + \frac{1}{r^2\sin^2\theta}\frac{\partial^2}{\partial\phi^2} \tag{3-2-12}$$

与二维问题相同,根据对称性,仅考虑径向分布,有

$$\frac{1}{r^2}\frac{\partial}{\partial r}\left(r^2\frac{\partial u^*}{\partial r}\right) = 0 \tag{3-2-13}$$

对式(3-2-13)沿径向 r 进行两次积分可得

$$u^* = -\frac{c_1}{r} + c_2 \tag{3-2-14}$$

式中，c_2 为常数解，不予考虑。为了求得未知系数 c_1，考虑源点 p 周围一个半径为 ε 的球形区域 Ω_ε，对式(3-1-10)进行积分，可得与式(3-2-5)相同的积分表达式：

$$\int_{\Omega_\varepsilon} [\nabla^2 u^* + \delta(q,p)] \mathrm{d}\Omega_\varepsilon = \int_{\Omega_\varepsilon} \nabla^2 u^* \mathrm{d}\Omega_\varepsilon + \int_{\Omega_\varepsilon} \delta(q,p) \mathrm{d}\Omega_\varepsilon = 0 \tag{3-2-15}$$

采用高斯散度定理，将三维域积分转化为边界面积分，可得与式(3-2-6)相同的结果：

$$\int_{\Omega_\varepsilon} \nabla^2 u^* \mathrm{d}\Omega_\varepsilon = \int_{\Omega_\varepsilon} \frac{\partial}{\partial x_i} \frac{\partial u^*}{\partial x_i} \mathrm{d}\Omega_\varepsilon = \int_{\Gamma_\varepsilon} \frac{\partial u^*}{\partial x_i} n_i \mathrm{d}\Gamma_\varepsilon = \int_{\Gamma_\varepsilon} \frac{\partial u^*}{\partial \boldsymbol{n}} \mathrm{d}\Gamma_\varepsilon \tag{3-2-16}$$

由于 Ω_ε 是球形区域，因此有 $\partial u^*/\partial \boldsymbol{n} = \partial u^*/\partial r$，$\mathrm{d}\Gamma_\varepsilon = r^2 \sin\theta \mathrm{d}\theta \mathrm{d}\phi$，于是将式(3-2-14)代入式(3-2-16)可得

$$\int_{\Omega_\varepsilon} \nabla^2 u^* \mathrm{d}\Omega_\varepsilon = \int_{\Gamma_\varepsilon} \frac{\partial}{\partial r}\left(\frac{-c_1}{r}\right) \mathrm{d}\Gamma_\varepsilon = \int_0^{2\pi}\int_0^{\pi} \frac{c_1}{r^2} r^2 \sin\theta \mathrm{d}\theta \mathrm{d}\phi = c_1 4\pi \tag{3-2-17}$$

将式(3-2-17)和式(3-2-8)代入式(3-2-15)，得

$$c_1 = \frac{-1}{4\pi} \tag{3-2-18}$$

于是，可得到三维位势问题的基本解为

$$u^* = \frac{1}{4\pi r} \tag{3-2-19}$$

从位势问题的基本解式(3-2-10)和式(3-2-19)可以看出，基本解是一种奇异函数，当 r 趋于零时，其值趋于无穷大，其导数(在积分方程中用，见式(3-1-13))具有更高一阶的奇异性。因此在数值求解积分方程时，必须消除积分奇异性，这在本书的后面要进行详细的讨论。另外，当 r 趋于无穷大时，基本解趋于零，因此具有奇异基本解的积分方程能自动满足无穷远处的无扰动边界条件，这是边界积分方程法的一大优点。

3.3　位势问题的边界积分方程

3.1 节建立的积分方程(3-1-14)适用于根据边界位势 u 和通量 q 求解域内势函数 u 的情况，即源点 p 在域内取值。然而，在求解之前，边界上的 u 或者 q 是未知的，因此必须建立求解边界未知量的积分方程。为此，将式(3-1-14)写成如下的形式：

$$u(p) = \int_\Gamma u^*(Q,p) q(Q) \mathrm{d}\Gamma(Q) - \int_\Gamma q^*(Q,p) u(Q) \mathrm{d}\Gamma(Q) \tag{3-3-1}$$

式中，p 表示源点；Q 表示场点。本书约定，小写字母 p 和 q 分别表示域内源点和

场点，大写字母 P 和 Q 分别表示边界上的源点和场点。

为了得到源点在边界上取值的边界积分方程，需要把源点 p 移到边界 Γ 上，但必须考虑 $q^* = \partial u^*/\partial \boldsymbol{n}$ 在积分中的奇异性。为此，将光滑边界点 P 附近的边界用半径为ε的半圆（二维情况）或半球（三维情况）进行拓扑，如图 3-3-1 和图 3-3-2 所示。

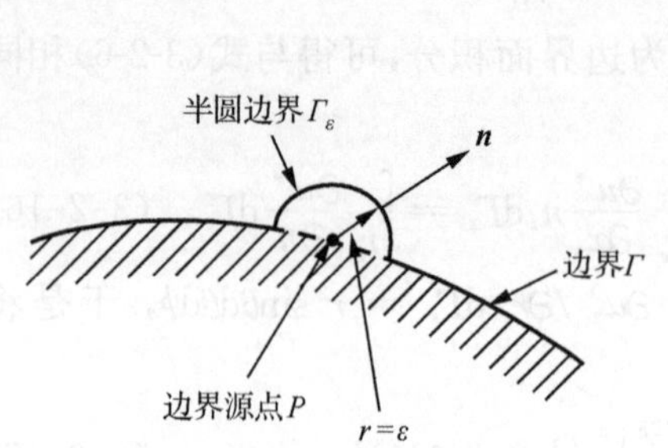

图 3-3-1　二维问题源点位于边界的处理

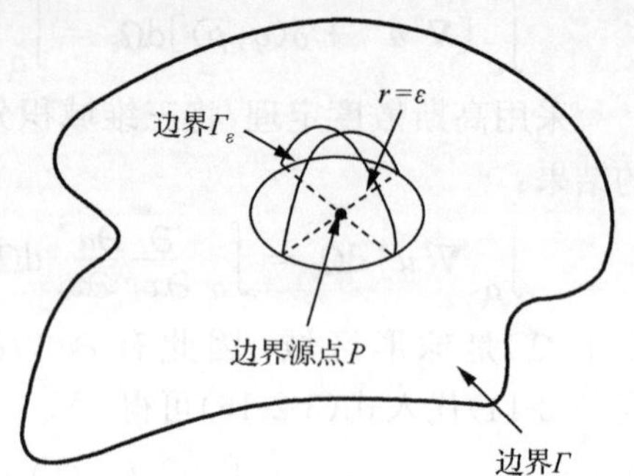

图 3-3-2　三维问题源点位于边界的处理

对于二维情况，将基本解(3-2-10)代入式(3-1-14)右端边界积分中，则沿半圆 Γ_ε 的积分可以表示为

$$\lim_{\varepsilon\to 0}\left\{\int_{\Gamma_\varepsilon} u^* q \mathrm{d}\Gamma_\varepsilon\right\} = \lim_{\varepsilon\to 0}\left\{\int_{\Gamma_\varepsilon} \frac{1}{2\pi}\ln\left(\frac{1}{\varepsilon}\right) q \mathrm{d}\Gamma_\varepsilon\right\} = \lim_{\varepsilon\to 0}\left\{\frac{1}{2\pi}\ln\left(\frac{1}{\varepsilon}\right)\pi\varepsilon q\right\} \equiv 0 \tag{3-3-2}$$

根据

$$q^* = \frac{\partial u^*}{\partial \boldsymbol{n}} = \frac{\partial u^*}{\partial r}\frac{\partial r}{\partial \boldsymbol{n}} = \frac{-1}{2\pi r}\frac{\partial r}{\partial \boldsymbol{n}} \tag{3-3-3}$$

有

$$\lim_{\varepsilon\to 0}\left\{\int_{\Gamma_\varepsilon} q^* u \mathrm{d}\Gamma_\varepsilon\right\} = \lim_{\varepsilon\to 0}\left\{-\int_{\Gamma_\varepsilon} \frac{1}{2\pi\varepsilon} u \mathrm{d}\Gamma_\varepsilon\right\} = \lim_{\varepsilon\to 0}\left\{-\frac{\pi\varepsilon}{2\pi\varepsilon}u\right\} = -\frac{1}{2}u \tag{3-3-4}$$

对于三维情况，将基本解表达式(3-2-19)代入式(3-1-14)右端的边界积分中，则沿半球边界 Γ_ε 的积分可以表示为

$$\lim_{\varepsilon\to 0}\left\{\int_{\Gamma_\varepsilon} u^* q \mathrm{d}\Gamma_\varepsilon\right\} = \lim_{\varepsilon\to 0}\left\{\int_{\Gamma_\varepsilon} \frac{1}{4\pi\varepsilon} q \mathrm{d}\Gamma_\varepsilon\right\} = \lim_{\varepsilon\to 0}\left\{\frac{2\pi\varepsilon^2}{4\pi\varepsilon} q\right\} \equiv 0 \tag{3-3-5}$$

由于

$$q^* = \frac{\partial u^*}{\partial \boldsymbol{n}} = \frac{\partial u^*}{\partial r}\frac{\partial r}{\partial \boldsymbol{n}} = \frac{-1}{4\pi r^2}\frac{\partial r}{\partial \boldsymbol{n}} \tag{3-3-6}$$

于是

$$\lim_{\varepsilon\to 0}\left\{\int_{\Gamma_\varepsilon} q^* u \mathrm{d}\Gamma\right\} = \lim_{\varepsilon\to 0}\left\{-\int_{\Gamma_\varepsilon} \frac{1}{4\pi\varepsilon^2} u \mathrm{d}\Gamma_\varepsilon\right\} = \lim_{\varepsilon\to 0}\left\{-\frac{2\pi\varepsilon^2}{4\pi\varepsilon^2}u\right\} = -\frac{1}{2}u \tag{3-3-7}$$

对于图 3-3-1 和图 3-3-2 所示拓扑后的边界问题,P 已变为内部点,式(3-1-14)可用。将拓扑后的总边界分为拓扑边界 Γ_ε 和原来边界两部分,将式(3-3-2)、式(3-3-4)、式(3-3-5)和式(3-3-7)代入式(3-1-14)的拓扑边界部分,然后通过取极限则可得到光滑边界源点 P 的边界积分方程为

$$\frac{1}{2}u(P)=\int_\Gamma u^* q\mathrm{d}\Gamma-\int_\Gamma q^* u\mathrm{d}\Gamma \tag{3-3-8}$$

当边界点不光滑时,如图 3-3-3 所示情况,式(3-3-8)需要修正。首先还是讨论二维情况,设源点两侧边界的夹角为 α,如图 3-3-3 所示,则有

$$\lim_{\varepsilon\to 0}\left\{\int_{\Gamma_\varepsilon} u^* q\mathrm{d}\Gamma_\varepsilon\right\}=\lim_{\varepsilon\to 0}\left\{\int_{\Gamma_\varepsilon}\frac{1}{2\pi}\ln\left(\frac{1}{\varepsilon}\right)q\mathrm{d}\Gamma_\varepsilon\right\}=\lim_{\varepsilon\to 0}\left\{\frac{1}{2\pi}\ln\left(\frac{1}{\varepsilon}\right)\alpha\varepsilon q\right\}\equiv 0 \tag{3-3-9}$$

$$\lim_{\varepsilon\to 0}\left\{\int_{\Gamma_\varepsilon} q^* u\mathrm{d}\Gamma_\varepsilon\right\}=\lim_{\varepsilon\to 0}\left\{-\int_{\Gamma_\varepsilon}\frac{1}{2\pi\varepsilon}u\mathrm{d}\Gamma_\varepsilon\right\}=\lim_{\varepsilon\to 0}\left\{-\frac{\alpha\varepsilon}{2\pi\varepsilon}u\right\}=-\frac{\alpha}{2\pi}u \tag{3-3-10}$$

这时,边界积分方程可表示为

$$cu(P)=\int_\Gamma u^* q\mathrm{d}\Gamma-\int_\Gamma q^* u\mathrm{d}\Gamma \tag{3-3-11}$$

其中

$$c=1-\frac{\alpha}{2\pi} \tag{3-3-12a}$$

对于三维情况,可作类似的讨论,所得的公式与式(3-3-11)相同,只是

$$c=1-\frac{\alpha}{4\pi} \tag{3-3-12b}$$

式中,α 为由边界点处的切面所围成的立体角。

当式(3-3-12a)中 $\alpha=\pi$ 和式(3-3-12b)中 $\alpha=2\pi$,即边界点光滑时,$c=1/2$,这时积分方程变为式(3-3-8)的情况。事实上,在数值计算积分方程(3-3-11)时,并不需要知道 c 的具体数值,因为其在最后系统方程组中的贡献体现在对角线元素上,将由"常位势法"间接确定。

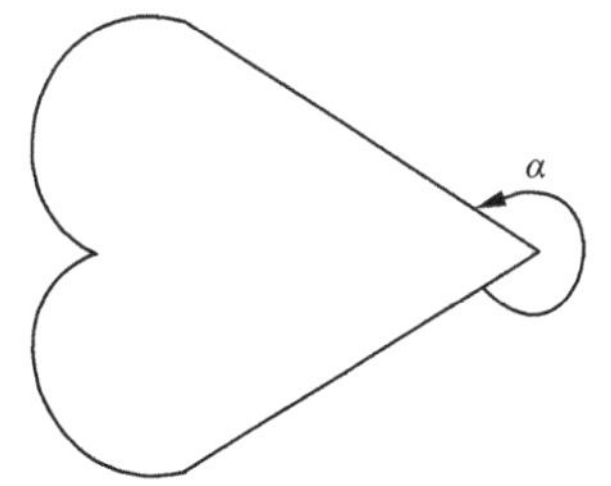

图 3-3-3 二维不光滑边界示意图

对于由式(3-1-1)所示的定解问题,只有极少的情况(如 $\bar{u}$ 和 $\bar{q}$ 为常数,边界为圆形或矩形等情况)可以对边界积分方程(3-3-11)进行解析求解。对于大部分工程问题,则只能进行数值求解。这首先需要将计算域的边界离散成边界单元,然后将边界上的 u 和 q 在边界单元内近似表示后才能对边界积分方程进行数值求解。

3.4 位势梯度的积分方程

3.1 节和 3.3 节只给出了计算边界上的位势和通量以及域内位势的积分方程。对于有些问题，还需要知道域内的通量，如流体力学势流问题中需求域内的流速。这种问题归集于计算位势的梯度。为此，本节将建立计算位势梯度的积分方程。

将内部点积分方程(3-3-1)对 p 点的坐标求偏导数得

$$q_i=\frac{\partial u(p)}{\partial x_i^p}=\int_\Gamma \frac{\partial u^*(Q,p)}{\partial x_i^p}q(Q)\mathrm{d}\Gamma(Q)-\int_\Gamma \frac{\partial q^*(Q,p)}{\partial x_i^p}u(Q)\mathrm{d}\Gamma(Q) \tag{3-4-1}$$

将基本解式(3-2-10)或式(3-2-19)代入上式，并注意到 $\partial(*)/\partial x_i^p=-\partial(*)/\partial x_i^Q$，则可得到

$$q_i(p)=-\int_\Gamma u_{,i}^*(Q,p)q(Q)\mathrm{d}\Gamma(Q)+\int_\Gamma q_{,i}^*(Q,p)u(Q)\mathrm{d}\Gamma(Q) \tag{3-4-2}$$

式中

$$u_{,i}^*=\frac{\partial u^*}{\partial x_i^Q}=\frac{-r_{,i}}{2\pi\alpha r^\alpha} \tag{3-4-3}$$

$$q_{,i}^*=\frac{\partial q^*}{\partial x_i^Q}=\frac{-1}{2\pi\alpha r^\beta}(\delta_{ij}-\beta r_{,i}r_{,j})n_j \tag{3-4-4}$$

式(3-4-3)和式(3-4-4)中，β 为问题的维数，即二维问题 $\beta=2$，三维问题 $\beta=3$，且 $\alpha=\beta-1$；r 和 $r_{,i}$ 的表达式为

$$r=\sqrt{\sum_{i=1}^{\beta}(x_i^Q-x_i^p)^2} \tag{3-4-5}$$

$$r_{,i}=\frac{\partial r}{\partial x_i^Q}=\frac{x_i^Q-x_i^p}{r} \tag{3-4-6}$$

式(3-4-2)即为计算域内通量的边界积分方程，二维和三维问题的不同由参数 β 和 α 的取值区别。

3.5 边界积分方程的离散

边界积分方程的离散是边界元法的另一个重要环节，其目的是通过将边界离散成一系列单元的方式来计算积分方程中的边界积分，其基本思想与有限元法有相似之处。边界积分方程中的未知量 u 和 q 都是在边界上取值，因此离散只需要在边界上进行即可，这也是在几何离散时与有限元法的不同之处。

为了便于理解，将边界积分方程(3-3-11)表示成以下形式：

$$c(P)u(P)+\int_{\Gamma}q^{*}(Q,P)u(Q)\mathrm{d}\Gamma(Q)=\int_{\Gamma}u^{*}(Q,P)q(Q)\mathrm{d}\Gamma(Q) \tag{3-5-1}$$

为了得到式(3-5-1)的数值解，需要根据不同的要求与情况，将边界划分为一些小单元。这些单元可以是常单元、线性单元、二次以及更高阶的单元。下面分别介绍使用这些单元对边界进行离散时的详细情况。

3.5.1 常单元

常单元是指在一个边界单元内，位势值 u 及其法向导数 q 均为常数的情况，通常取单元的中点为节点，计算域的边界用直线段逼近。假设将边界 Γ 划分为 N_{e} 个边界单元 $\Gamma_j(j=1,2,\cdots,N_{\mathrm{e}})$，具有 N_{b} 个边界节点(这里，$N_{\mathrm{b}}=N_{\mathrm{e}}$)。当源点 P 位于第 i 个节点上时，边界积分方程(3-5-1)的离散形式可表示为

$$c^{i}u^{i}+\sum_{j=1}^{N_{\mathrm{e}}}u^{j}\int_{\Gamma_j}q^{*}(Q,i)\mathrm{d}\Gamma(Q)=\sum_{j=1}^{N_{\mathrm{e}}}q^{j}\int_{\Gamma_j}u^{*}(Q,i)\mathrm{d}\Gamma(Q) \tag{3-5-2}$$

式中，u^j 和 q^j 分别为第 j 个节点的 u 值和 q 值；c^i 由式(3-3-12)确定。

令

$$\hat{H}^{ij}=\int_{\Gamma_j}q^{*}(Q,i)\mathrm{d}\Gamma(Q) \tag{3-5-3}$$

$$G^{ij}=\int_{\Gamma_j}u^{*}(Q,i)\mathrm{d}\Gamma(Q) \tag{3-5-4}$$

则式(3-5-2)可写成

$$c^{i}u^{i}+\sum_{j=1}^{N_{\mathrm{e}}}\hat{H}^{ij}u^{j}=\sum_{j=1}^{N_{\mathrm{e}}}G^{ij}q^{j} \tag{3-5-5}$$

并令

$$H^{ij}=\begin{cases}\hat{H}^{ij} & (j\neq i)\\ \hat{H}^{ii}+c^{i} & (j=i)\end{cases} \tag{3-5-6}$$

则式(3-5-5)可进一步写成

$$\sum_{j=1}^{N_{\mathrm{e}}}H^{ij}u^{j}=\sum_{j=1}^{N_{\mathrm{e}}}G^{ij}q^{j} \tag{3-5-7}$$

对于每一个源点 P，可写出一个形如式(3-5-7)所示的代数方程。将 P 遍及所有 N_{b} 个边界节点取值，则有

$$\begin{gathered}H^{11}u^{1}+H^{12}u^{2}+\cdots+H^{1N_{\mathrm{e}}}u^{N_{\mathrm{e}}}=G^{11}q^{1}+G^{12}q^{2}+\cdots+G^{1N_{\mathrm{e}}}q^{N_{\mathrm{e}}}\\ H^{21}u^{1}+H^{22}u^{2}+\cdots+H^{2N_{\mathrm{e}}}u^{N_{\mathrm{e}}}=G^{21}q^{1}+G^{22}q^{2}+\cdots+G^{2N_{\mathrm{e}}}q^{N_{\mathrm{e}}}\\ \vdots\\ H^{N_{\mathrm{e}}1}u^{1}+H^{N_{\mathrm{e}}2}u^{2}+\cdots+H^{N_{\mathrm{e}}N_{\mathrm{e}}}u^{N_{\mathrm{e}}}=G^{N_{\mathrm{e}}1}q^{1}+G^{N_{\mathrm{e}}2}q^{2}+\cdots+G^{N_{\mathrm{e}}N_{\mathrm{e}}}q^{N_{\mathrm{e}}}\end{gathered} \tag{3-5-8}$$

将上述方程组表示为矩阵形式则有

$$\boldsymbol{Hu} = \boldsymbol{Gq} \tag{3-5-9}$$

式中，$\boldsymbol{H}$ 和 $\boldsymbol{G}$ 为 $N_e \times N_e$ 阶矩阵，称为影响系数矩阵；$\boldsymbol{u}$ 和 $\boldsymbol{q}$ 为含有 N_e 个元素的列矩阵(或称为向量)，它们的表达式分别为

$$\boldsymbol{H} = \begin{bmatrix} H^{11} & H^{12} & \cdots & H^{1N_e} \\ H^{21} & H^{22} & \cdots & H^{2N_e} \\ \vdots & \vdots & & \vdots \\ H^{N_e1} & H^{N_e2} & \cdots & H^{N_eN_e} \end{bmatrix}, \quad \boldsymbol{G} = \begin{bmatrix} G^{11} & G^{12} & \cdots & G^{1N_e} \\ G^{21} & G^{22} & \cdots & G^{2N_e} \\ \vdots & \vdots & & \vdots \\ G^{N_e1} & G^{N_e2} & \cdots & G^{N_eN_e} \end{bmatrix}$$

$$\boldsymbol{u} = \begin{Bmatrix} u^1 \\ u^2 \\ \vdots \\ u^{N_e} \end{Bmatrix}, \quad \boldsymbol{q} = \begin{Bmatrix} q^1 \\ q^2 \\ \vdots \\ q^{N_e} \end{Bmatrix}$$

对于一个定解问题，在每一个边界节点上，或者 u 已知，或者 q 已知，也就是说在代数方程组(3-5-9)中一共有 N_e 个未知量。将已知边界值代入式(3-5-9)中，将其与对应的矩阵元素相乘后移到方程的右边，并将含有未知量的项移到左边，最终可得如下形式的矩阵方程：

$$\boldsymbol{Ax} = \boldsymbol{y} \tag{3-5-10}$$

式中，系数矩阵 $\boldsymbol{A}$ 为与未知位势 u 和未知通量 q 相对应的矩阵 $\boldsymbol{H}$ 和 $\boldsymbol{G}$ 中的列元素组成的 $N_e \times N_e$ 阶方阵；$\boldsymbol{x}$ 为由未知位势 u 和未知通量 q 组成的 N_e 阶向量；$\boldsymbol{y}$ 为已知位势 u 和通量 q 与在系数矩阵 $\boldsymbol{H}$ 和 $\boldsymbol{G}$ 中相对应的列元素相乘之后叠加得到的 N_e 阶已知向量。

矩阵方程(3-5-10)被称为系统方程组，其系数矩阵 $\boldsymbol{A}$ 通常为非对称满阵。对方程(3-5-10)进行求解则可得到边界上的所有未知量。边界上的所有 u 和 q 已知后，则可通过同样的边界离散过程，由式(3-3-1)和式(3-4-2)求出域内任意想求点的位势值和通量值。

式(3-5-3)和式(3-5-4)中的被积函数都是已知函数，因此对于常单元可以解析地对 $\hat{H}^{ij}$ 和 G^{ij} 进行求积。附录 3A 给出了二维问题的解析表达式。

3.5.2 线性单元

线性单元与常单元一样也是直线段，不同的是：线性单元取边界单元的两个端点作为节点，用节点值对单元内的量作线性插值。因此位势 u 和通量 q 在单元内不是常数，而是线性变化的。图 3-5-1 为将二维区域 Ω 的边界 Γ 离散成线性边界单元的示意图。

假设将边界 Γ 划分为 N_e 个边界单元，则边界积分方程(3-5-1)可离散为如下

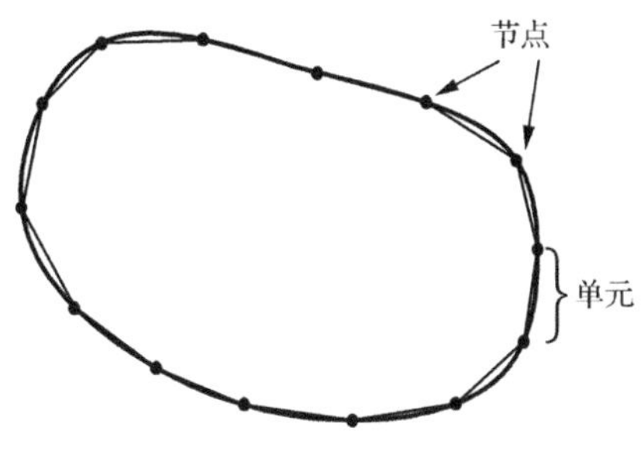

图 3-5-1 线性单元离散

形式：

$$c^i u^i + \sum_{j=1}^{N_e} \int_{\Gamma_j} q^*(Q,i) u(Q) \mathrm{d}\Gamma(Q) = \sum_{j=1}^{N_e} \int_{\Gamma_j} u^*(Q,i) q(Q) \mathrm{d}\Gamma(Q) \tag{3-5-11}$$

由于 u 和 q 在单元内呈线性变化，因此不能将它们直接提到积分号外，需要经过线性插值来实现。本节首先以二维单元为例，利用两点插值公式对 u 和 q 进行插值，然后介绍三维情况。

1. 二维线性单元

图 3-5-2 所示为一个长度为 L 的线性单元 Γ_j，1 和 2 为单元 Γ_j 两端点的局部编号，并且 u^1、u^2 和 q^1、q^2 分别表示节点 1 和 2 的位势 u 和通量 q。节点 1 和 2 的编号顺序规则为：当沿节点 1 到节点 2 行走时，计算域需要保持在左手边。

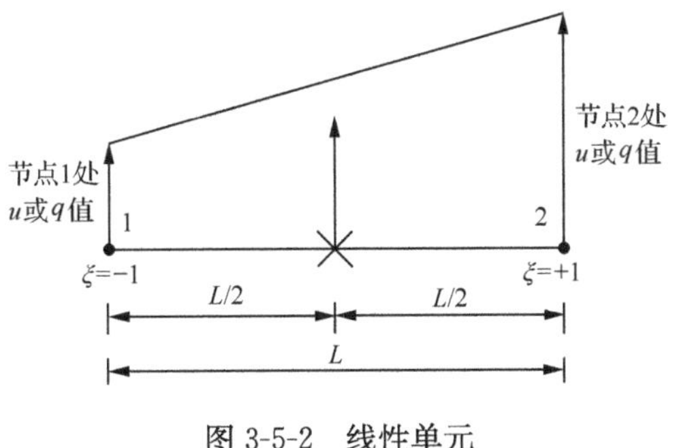

图 3-5-2 线性单元

引入取值范围从 −1 到 1 的无量纲局部坐标 ξ，则 u 在边界单元 Γ_j 内的线性变化关系式可表示为

$$u = k\xi + b \tag{3-5-12}$$

式中，k 和 b 为待定系数。

当 ξ 取单元两端点的局部坐标值，即 $\xi = \mp 1$ 时，有

$$\begin{cases} u^1 = -k + b \\ u^2 = +k + b \end{cases} \tag{3-5-13}$$

求解式(3-5-13),可得系数 k 和 b 的值为

$$\begin{cases} b = \dfrac{1}{2}(u^1 + u^2) \\ k = \dfrac{1}{2}(u^2 - u^1) \end{cases} \tag{3-5-14}$$

将式(3-5-14)代入式(3-5-12),可得 u 的线性插值表达式为

$$u = \frac{1}{2}(u^2 - u^1)\xi + \frac{1}{2}(u^1 + u^2) = \frac{1}{2}(1-\xi)u^1 + \frac{1}{2}(1+\xi)u^2 \tag{3-5-15}$$

定义如下的插值函数:

$$N_1 = \frac{1}{2}(1-\xi), \quad N_2 = \frac{1}{2}(1+\xi) \tag{3-5-16}$$

则 u 的线性插值表达式(3-5-15)可以表示为

$$u = N_1 u^1 + N_2 u^2 = \sum_{l=1}^{2} N_l u^l \tag{3-5-17}$$

利用上述插值函数,式(3-5-11)左端的边界积分可写成

$$\int_{\Gamma_j} q^*(Q,i)u(Q)\mathrm{d}\Gamma(Q) = \sum_{l=1}^{2}\int_{\Gamma_j} q^*(Q,i)N_l\mathrm{d}\Gamma(Q)u^l = [h_1^{ij} \quad h_2^{ij}]\begin{Bmatrix} u_j^1 \\ u_j^2 \end{Bmatrix} \tag{3-5-18}$$

式中,u_j^l 为第 j 个单元中第 l 个节点的位势值;h_l^{ij} 表示全局编号为 i 的节点为源点时,第 j 个单元中与 N_l 对应的边界积分,即

$$h_l^{ij} = \int_{\Gamma_j} q^*(Q,i)N_l\mathrm{d}\Gamma(Q) \tag{3-5-19}$$

当源点 i 不在单元 Γ_j 上时,可采用高斯数值积分公式计算上式,即

$$h_l^{ij} = \int_{\Gamma_j} q^*(Q,i)N_l\mathrm{d}\Gamma(Q) = \int_{-1}^{+1} q^*(\xi,i)N_l(\xi)\frac{L_j}{2}\mathrm{d}\xi = \sum_{k=1}^{m} q^*(\xi_k,i)N_l(\xi_k)\frac{L_j}{2}w_k \tag{3-5-20}$$

式中,m 为高斯积分点数;ξ_k 为高斯点坐标;w_k 为对应的权系数;L_j 为单元 Γ_j 的长度。

式(3-5-16)表示的插值函数 N_l 也称为形函数,可以用于任何量的 2 节点线性插值。将其用于通量 q 的插值时,则式(3-5-11)右端的相关边界积分可写成

$$\int_{\Gamma_j} u^*(Q,i)q(Q)\mathrm{d}\Gamma(Q) = [g_1^{ij} \quad g_2^{ij}]\begin{Bmatrix} q_j^1 \\ q_j^2 \end{Bmatrix} \tag{3-5-21}$$

式中,q_j^l 为第 j 个单元中第 l 个节点的通量;g_l^{ij} 表示全局编号为 i 的节点为源点时,第 j 个单元中与 N_l 对应的边界积分,即

$$g_l^{ij}=\int_{\Gamma_j}u^*(Q,i)N_l\mathrm{d}\Gamma(Q) \tag{3-5-22}$$

当 i 不在单元 Γ_j 上时，可采用高斯数值积分公式计算上式，即

$$g_l^{ij}=\int_{\Gamma_j}u^*(Q,i)N_l\mathrm{d}\Gamma(Q)=\sum_{k=1}^{m}u^*(\xi_k,i)N_l(\xi_k)\frac{L_j}{2}w_k \tag{3-5-23}$$

将式(3-5-20)和式(3-5-23)代入式(3-5-11)得

$$c^iu^i+\sum_{j=1}^{N_e}\begin{bmatrix}h_1^{ij} & h_2^{ij}\end{bmatrix}\begin{Bmatrix}u_j^1\\u_j^2\end{Bmatrix}=\sum_{j=1}^{N_e}\begin{bmatrix}g_1^{ij} & g_2^{ij}\end{bmatrix}\begin{Bmatrix}q_j^1\\q_j^2\end{Bmatrix} \tag{3-5-24}$$

对于单连通域，二维相邻边界单元首尾相接，将全部节点按照全局编号排列成向量，有

$$c^iu^i+\begin{bmatrix}\hat{H}^{i1} & \hat{H}^{i2} & \cdots & \hat{H}^{iN_e}\end{bmatrix}\begin{Bmatrix}u^1\\u^2\\\vdots\\u^{N_e}\end{Bmatrix}=\begin{bmatrix}G^{i1} & G^{i2} & \cdots & G^{iN_e}\end{bmatrix}\begin{Bmatrix}q^1\\q^2\\\vdots\\q^{N_e}\end{Bmatrix} \tag{3-5-25}$$

也可写成

$$c^iu^i+\sum_{j=1}^{N_e}\hat{H}^{ij}u^j=\sum_{j=1}^{N_e}G^{ij}q^j \tag{3-5-26}$$

式中

$$\hat{H}^{ij}=h_1^{ij}+h_2^{ij-1},\quad G^{ij}=g_1^{ij}+g_2^{ij-1} \tag{3-5-27}$$

令

$$H^{ij}=\begin{cases}\hat{H}^{ij} & (j\neq i)\\ \hat{H}^{ij}+c^i & (j=i)\end{cases} \tag{3-5-28}$$

则式(3-5-26)可写成

$$\sum_{j=1}^{N_e}H^{ij}u^j=\sum_{j=1}^{N_e}G^{ij}q^j \tag{3-5-29}$$

将其写成矩阵形式为

$$\boldsymbol{Hu}=\boldsymbol{Gq} \tag{3-5-30}$$

在上式中使用边界条件后，也可写出类似于式(3-5-10)的系统方程组。

2. 三维线性单元

对于三维问题，需要将边界划分为面单元，4 节点面单元的离散如图 3-5-3 所示。

采用与式(3-5-17)类似的推导方法，可以将坐标 x_i、位势 u 和通量 q 用单元节

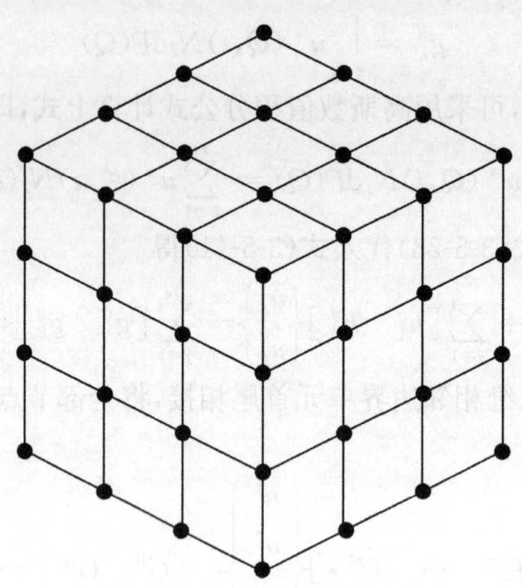

图 3-5-3 三维线性面单元离散示意图

点值表示为

$$x_i(\xi,\eta) = \sum_{l=1}^{M} N_l(\xi,\eta) x_i^l$$

$$u(\xi,\eta) = \sum_{l=1}^{M} N_l(\xi,\eta) u^l \qquad (3\text{-}5\text{-}31)$$

$$q(\xi,\eta) = \sum_{l=1}^{M} N_l(\xi,\eta) q^l$$

式中，M 为单元节点数，此处为 4；(ξ,η) 为等参坐标(图 3-5-4)；形函数 $N_l(l=1\sim 4)$的具体表达式见附录 3B。

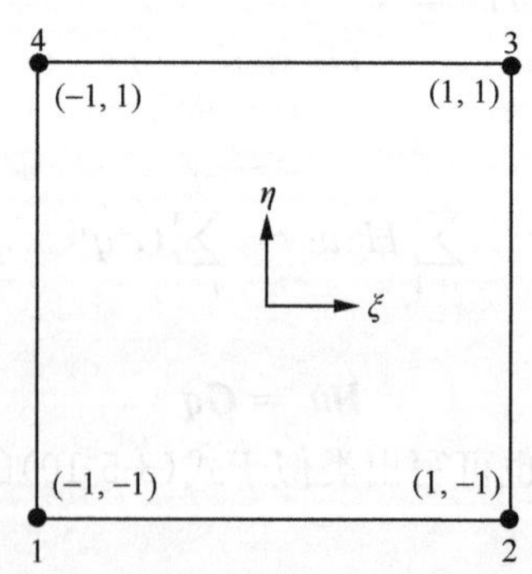

图 3-5-4 4 节点面单元等参坐标

引入雅可比行列式 $J(\xi,\eta)$，则式(3-5-11)中边界积分的高斯数值计算公式为

$$\int_{\Gamma_j} q^*(Q,i)u(Q)\mathrm{d}\Gamma(Q) = \sum_{l=1}^{4}\int_{-1}^{+1}\int_{-1}^{+1} q^*(\xi,\eta,i)J(\xi,\eta)N_l(\xi,\eta)\mathrm{d}\xi\mathrm{d}\eta u^l$$
$$= \sum_{l=1}^{4}\left[\sum_{k_1=1}^{m_1}\sum_{k_2=1}^{m_2} q^*(\xi_{k_1},\eta_{k_2},i)J(\xi_{k_1},\eta_{k_2})N_l(\xi_{k_1},\eta_{k_2})w_{k_1}w_{k_2}\right]u^l$$
$$= \sum_{l=1}^{4} h_l^{ij}u_j^l \tag{3-5-32}$$

$$\int_{\Gamma_j} u^*(Q,i)q(Q)\mathrm{d}\Gamma(Q) = \sum_{l=1}^{4}\int_{-1}^{+1}\int_{-1}^{+1} u^*(\xi,\eta,i)J(\xi,\eta)N_l(\xi,\eta)\mathrm{d}\xi\mathrm{d}\eta q^l$$
$$= \sum_{l=1}^{4}\left[\sum_{k_1=1}^{m_1}\sum_{k_2=1}^{m_2} u^*(\xi_{k_1},\eta_{k_2},i)J(\xi_{k_1},\eta_{k_2})N_l(\xi_{k_1},\eta_{k_2})w_{k_1}w_{k_2}\right]q^l$$
$$= \sum_{l=1}^{4} g_l^{ij}q_j^l \tag{3-5-33}$$

式中，u_j^l 和 q_j^l 为单元 Γ_j 中第 l 个节点的 u 值和 q 值，并有

$$h_l^{ij} = \sum_{k_1=1}^{m_1}\sum_{k_2=1}^{m_2} q^*(\xi_{k_1},\eta_{k_2},i)J(\xi_{k_1},\eta_{k_2})N_l(\xi_{k_1},\eta_{k_2})w_{k_1}w_{k_2} \tag{3-5-34}$$

$$g_l^{ij} = \sum_{k_1=1}^{m_1}\sum_{k_2=1}^{m_2} u^*(\xi_{k_1},\eta_{k_2},i)J(\xi_{k_1},\eta_{k_2})N_l(\xi_{k_1},\eta_{k_2})w_{k_1}w_{k_2} \tag{3-5-35}$$

式中，m_1 和 m_2 分别为沿 ξ 方向和 η 方向所用的高斯点数。

将式(3-5-32)和式(3-5-33)代入式(3-5-11)中，通过节点系数的组集可以得到类似于式(3-5-30)的矩阵方程。

式(3-5-34)和式(3-5-35)中的雅可比行列式 $J(\xi,\eta)$ 以及基本解 q^*（见式(3-3-6)）中外法线方向向量 $\boldsymbol{n}$ 的计算公式见附录 3C。

3.5.3 高次单元

对于某些曲线或曲面，二次或更高次的边界单元能更精确地接近真实边界，计算精度也更高。本小节介绍二维问题中用到的二次和三次边界线单元以及三维问题中常用的二次边界面单元。

1. 二次线单元

在高次单元中，最简单的是 3 节点二次线单元，如图 3-5-5 所示，适合于二维问题的边界离散。这类二次单元一般取两端及中间点为节点，三个节点都在原来的边界上。因此，如果这段边界是二次曲线，则从几何上来说，单元是精确描述的。

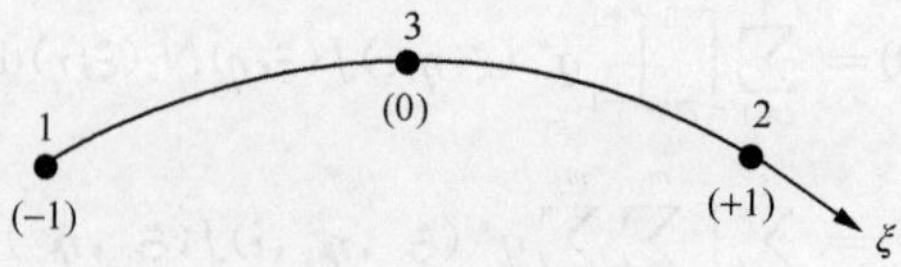

图 3-5-5 二次线单元

u 和 q 在单元内部的函数值可表示为局部坐标 ξ（在 $-1\sim+1$ 取值）的表达式：

$$u(\xi)=\sum_{l=1}^{3}N_l(\xi)u^l=[N_1(\xi)\quad N_2(\xi)\quad N_2(\xi)]\begin{Bmatrix}u^1\\u^2\\u^3\end{Bmatrix} \tag{3-5-36}$$

$$q(\xi)=\sum_{l=1}^{3}N_l(\xi)q^l=[N_1(\xi)\quad N_2(\xi)\quad N_2(\xi)]\begin{Bmatrix}q^1\\q^2\\q^3\end{Bmatrix} \tag{3-5-37}$$

式中，N_l 为形函数：

$$N_1(\xi)=\frac{1}{2}\xi(\xi-1),\quad N_2(\xi)=\frac{1}{2}\xi(\xi+1),\quad N_3(\xi)=1-\xi^2 \tag{3-5-38}$$

式(3-5-1)左端的边界积分，对于源点为节点 i 沿单元 Γ_j 上的积分可表示为

$$\int_{\Gamma_j}q^*(Q,i)u(Q)\mathrm{d}\Gamma(Q)=\sum_{l=1}^{3}\int_{\Gamma_j}q^*(Q,i)N_l\mathrm{d}\Gamma(Q)u^l=[h_1^{ij}\quad h_2^{ij}\quad h_3^{ij}]\begin{Bmatrix}u_j^1\\u_j^2\\u_j^3\end{Bmatrix} \tag{3-5-39}$$

式中

$$h_l^{ij}=\int_{\Gamma_j}q^*(Q,i)N_l\mathrm{d}\Gamma(Q) \tag{3-5-40}$$

同样，式(3-5-1)右端的边界积分，对于源点为节点 i 沿单元 Γ_j 上的积分可表示为

$$\int_{\Gamma_j}u^*(Q,i)q(Q)\mathrm{d}\Gamma(Q)=[g_1^{ij}\quad g_2^{ij}\quad g_3^{ij}]\begin{Bmatrix}q_j^1\\q_j^2\\q_j^3\end{Bmatrix} \tag{3-5-41}$$

式中

$$g_l^{ij}=\int_{\Gamma_j}u^*(Q,i)N_l\mathrm{d}\Gamma(Q) \tag{3-5-42}$$

由于高斯数值积分公式采用局部坐标系，因此引入雅可比行列式 J 将沿边界 Γ 的积分转化为沿局部坐标 ξ 的积分

$$\mathrm{d}\Gamma=\sqrt{\left(\frac{\mathrm{d}x_1}{\mathrm{d}\xi}\right)^2+\left(\frac{\mathrm{d}x_2}{\mathrm{d}\xi}\right)^2}\mathrm{d}\xi=J\mathrm{d}\xi \tag{3-5-43}$$

式中

$$J=\sqrt{\left(\frac{\mathrm{d}x_1}{\mathrm{d}\xi}\right)^2+\left(\frac{\mathrm{d}x_2}{\mathrm{d}\xi}\right)^2} \tag{3-5-44}$$

将坐标 x_i 用局部坐标 ξ 表示为

$$x_i(\xi)=\sum_{l=1}^{3}N_l(\xi)x_i^l \tag{3-5-45}$$

代入雅可比行列式得

$$J=\sqrt{\left[\sum_{l=1}^{3}\frac{\mathrm{d}N_l(\xi)}{\mathrm{d}\xi}x_1^l\right]^2+\left[\sum_{l=1}^{3}\frac{\mathrm{d}N_l(\xi)}{\mathrm{d}\xi}x_2^l\right]^2} \tag{3-5-46}$$

由插值函数表达式(3-5-38)，可得

$$\frac{\mathrm{d}N_1(\xi)}{\mathrm{d}\xi}=\xi-\frac{1}{2},\quad \frac{\mathrm{d}N_2(\xi)}{\mathrm{d}\xi}=\xi+\frac{1}{2},\quad \frac{\mathrm{d}N_3(\xi)}{\mathrm{d}\xi}=-2\xi \tag{3-5-47}$$

于是有

$$J=\sqrt{\sum_{i=1}^{2}\left[(x_i^2-2x_i^3+x_i^1)\xi+\frac{1}{2}(x_i^2-x_i^1)\right]^2} \tag{3-5-48}$$

采用雅可比行列式，则式(3-5-40)和式(3-5-42)可写为

$$h_l^{ij}=\int_{-1}^{+1}q^*(\xi,i)N_l(\xi)J(\xi)\mathrm{d}\xi \tag{3-5-49}$$

$$g_l^{ij}=\int_{-1}^{+1}u^*(\xi,i)N_l(\xi)J(\xi)\mathrm{d}\xi \tag{3-5-50}$$

当源点 i 不位于积分单元 Γ_j 时，则积分没有奇异性，此时可采用高斯数值积分公式计算上述两式：

$$h_l^{ij}=\sum_{k=1}^{m}q^*(\xi_k,i)N_l(\xi_k)J(\xi_k)w_k \tag{3-5-51}$$

$$g_l^{ij}=\sum_{k=1}^{m}u^*(\xi_k,i)N_l(\xi_k)J(\xi_k)w_k \tag{3-5-52}$$

最终，对于源点为 i 的节点，将边界积分方程(3-5-1)沿所有边界单元积分后，可得

$$c^iu^i+\left[\hat{H}^{i1}\quad \hat{H}^{i2}\quad \cdots\quad \hat{H}^{iN_\mathrm{b}}\right]\begin{Bmatrix}u^1\\u^2\\\vdots\\u^{N_\mathrm{b}}\end{Bmatrix}=\left[G^{i1}\quad G^{i2}\quad \cdots\quad G^{iN_\mathrm{b}}\right]\begin{Bmatrix}q^1\\q^2\\\vdots\\q^{N_\mathrm{b}}\end{Bmatrix} \tag{3-5-53}$$

式中，N_b 为边界节点总数。$\hat{H}^{ik}$ 和 G^{ik} 分别由 h_l^{ij} 和 g_l^{ij} 根据节点总编号组集而成，以图 3-5-6 所示为例有

$$\hat{H}^{i14}=h_2^{i6}+h_1^{i7},\quad G^{i14}=g_2^{i6}+g_1^{i7} \tag{3-5-54}$$

$$\hat{H}^{i15}=h_3^{i7},\quad G^{i15}=g_3^{i7} \tag{3-5-55}$$

其中，h 和 g 的上标 i 表示源点，i 后的数字表示单元的编号，下标表示所属单元的局部节点编号。

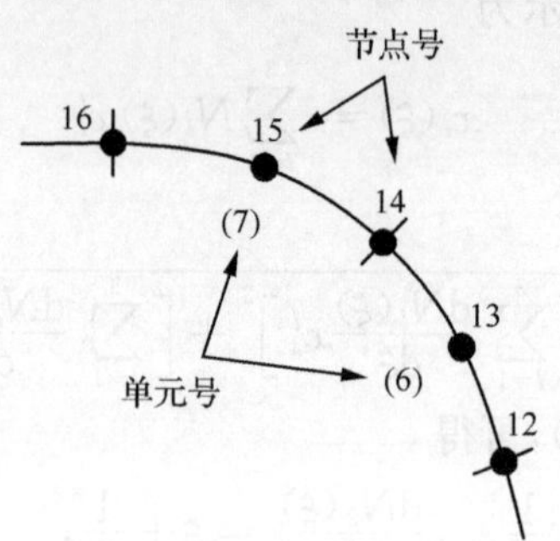

图 3-5-6　二次线单元节点示意图

将式(3-5-53)中的源点 i 取遍所有节点，并引入边界条件，最终可得类似于式(3-5-10)的系统方程组。

2. 三次线单元

比二次单元更高阶的单元在实际应用中很少被用到，只是在某些特殊应用中涉及。本章只对图 3-5-7 所示的三次线单元作简单介绍。

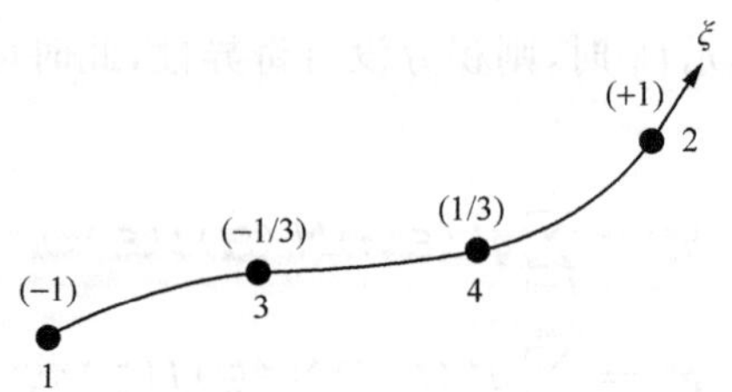

图 3-5-7　三次线单元

三次线单元的形函数为

$$\begin{cases} N_1(\xi)=\dfrac{1}{16}(1-\xi)[-10+9(\xi^2+1)] \\ N_2(\xi)=\dfrac{1}{16}(1+\xi)[-10+9(\xi^2+1)] \\ N_3(\xi)=\dfrac{9}{16}(1-\xi^2)(1-3\xi) \\ N_4(\xi)=\dfrac{9}{16}(1-\xi^2)(1+3\xi) \end{cases} \tag{3-5-56}$$

与线性单元和二次单元相似，位势 u、通量 q 和坐标 x_i 在单元内部的函数值可表示为局部坐标 ξ 的表达式

$$u(\xi)=\sum_{l=1}^{4}N_l(\xi)u^l \tag{3-5-57}$$

$$q(\xi)=\sum_{l=1}^{4}N_l(\xi)q^l \tag{3-5-58}$$

$$x_i(\xi)=\sum_{l=1}^{4}N_l(\xi)x_i^l \tag{3-5-59}$$

雅可比行列式值为

$$J=\sqrt{\left[\sum_{l=1}^{4}\frac{\mathrm{d}N_l(\xi)}{\mathrm{d}\xi}x_1^l\right]^2+\left[\sum_{l=1}^{4}\frac{\mathrm{d}N_l(\xi)}{\mathrm{d}\xi}x_2^l\right]^2} \tag{3-5-60}$$

将上述关系式代入边界积分方程(3-5-1)中，采用与线性单元和二次单元相同的推导方式，可得到式(3-5-10)所示形式的系统方程组。

3. 二次面单元

三维问题中，二次单元通常采用 8 节点或 9 节点面单元，如图 3-5-8 所示。物理量的插值形式与式(3-5-31)相同，只是单元节点数 M 取 8 或 9，形函数的具体表达式在附录 3B 中给出。三维问题边界积分方程的二次单元离散过程与线性单元问题类似，这里不再详细论述。

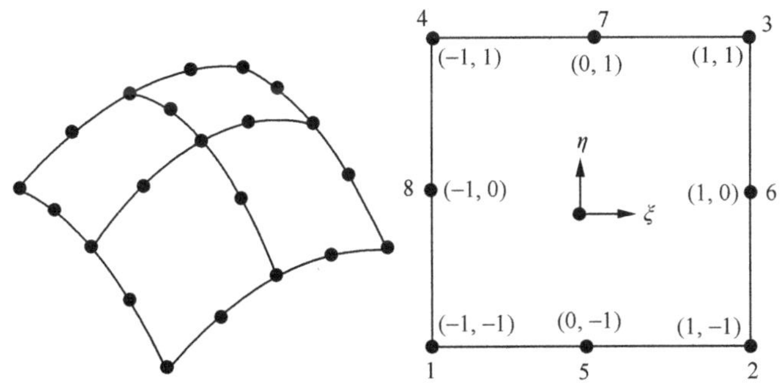

图 3-5-8　8 节点面单元及其等参坐标

3.6　奇异积分和近奇异积分的计算

当源点 P 位于自身所属单元上时，由于基本解 u^* 及其导数 q^* 中分别含有 $\ln\frac{1}{r}$ 和 r^{-1} 项(二维问题)(见式(3-2-10)和式(3-3-3))或 r^{-1} 和 r^{-2} 项(三维问题)(见式(3-2-19)和式(3-3-6))，这时，当 $r\to 0$ 时边界积分具有奇异性。对于位势梯度积分

方程(3-4-2),虽然内部点 p 不在边界上,但当 p 点很靠近边界时,基本解中分母值很小,会导致计算结果很不精确,这种类似于奇异性的表现被称为近奇异性或几乎奇异性。对于这些奇异和近奇异积分,不能直接采用高斯数值积分公式进行计算,而需要采用特殊方法进行求积。

3.6.1　积分奇异性的定义

假设 $f(Q,P)$ 是一个具有奇异性的核函数,其边界积分可以写成

$$I(P)=\int_{\Gamma} f(Q,P)\mathrm{d}\Gamma(Q) \tag{3-6-1}$$

如果 $f(Q,P)$ 在计算域中任何位置的值都是有界的,则式(3-6-1)为非奇异积分,或称为正则积分。如果 $f(Q,P)$ 在某一点出现无穷大,则该边界积分就是奇异积分。通常,边界元法中将 $f(Q,P)$ 所表示的奇异积分写为如下形式:

$$f(Q,P)=\frac{\bar{f}(Q,P)}{r^{\lambda}(Q,P)} \tag{3-6-2}$$

式中,λ 为奇异性阶次;$r(Q,P)$ 表示源点 P 到场点 Q 之间的距离;函数 $\bar{f}(Q,P)$ 假设处处有界。从式(3-4-6) 可以看出,当 $r\to 0$ 时,其分子与分母以同样的阶次趋于零,因此 $r_{,i}$ 不具有奇异性(事实上,$r_{,i}$ 是矢量$\overrightarrow{PQ}$ 的方向余弦),可以出现在正则函数 $\bar{f}(Q,P)$ 中。

现在,我们将由式(3-6-2)为被积函数的积分奇异性程度定义如下:

$$\begin{cases}\lambda\leqslant 0 & (\text{正则积分})\\ 0<\lambda<\beta & (\text{弱奇异})\\ \lambda=\beta & (\text{强奇异})\\ \lambda=\beta+1 & (\text{超强奇异})\\ \lambda>\beta+1 & (\text{超奇异})\end{cases} \tag{3-6-3}$$

式中,β 为积分的重数,例如,对于线积分 $\beta=1$,面积分 $\beta=2$,体积分 $\beta=3$。

虽然由式(3-6-2)所示被积函数当 $\lambda>0$ 时是奇异的,即当 $r\to 0$ 时,被积函数会趋于无穷大,但积分结果仍然可能是有界的,这种情况称为积分存在。反之,如果积分结果趋于无穷大,则积分不存在。通常,正则积分和弱奇异积分的积分总是存在的,而强奇异、超强奇异和超奇异积分仅在某些条件下积分才存在。一般来说,出于实际物理问题的奇异积分总是符合积分存在的条件。下面,我们对这些奇异积分的计算方法逐一介绍。

3.6.2　弱奇异积分的计算

1. *弱奇异线积分的计算——对数数值求积公式*

二维问题中,基本解 u^* 中含有的奇异项为 $\ln(1/r)$,因此由式(3-5-22)和式

(3-5-42)所示的边界积分(线积分)为弱奇异积分。处理这种积分的方法是隔离对数奇异项,采用对数高斯积分公式计算该奇异积分[11]。本节只介绍3节点二次曲线单元的情况,2节点线性单元的推导过程类似,这里只给出最后结果。

对于3节点单元(图3-5-5),有两种情况需要考虑,即源点 P 位于端点和位于中点。当源点位于第一个端点(局部节点1)时,与场点 Q 之间的距离 r 用等参坐标 ξ 可表示为

$$r^2=[x(\xi)-x_1]^2+[y(\xi)-y_1]^2 \tag{3-6-4}$$

式中,x_1 和 y_1 为源点 P 的总体坐标。

将二次线单元的形函数式(3-5-38)代入式(3-6-4),经整理可得

$$\begin{aligned}r^2=&\left[\frac{1}{2}(1+\xi)\right]^2\{[-(2-\xi)x_1+\xi x_2+2(1-\xi)x_3]^2\\&+[-(2-\xi)y_1+\xi y_2+2(1-\xi)y_3]^2\}\end{aligned} \tag{3-6-5}$$

同样的,当源点 P 位于第二个端点(局部节点2)时,有

$$\begin{aligned}r^2=&\left[\frac{1}{2}(1-\xi)\right]^2\{[-(2+\xi)x_1-\xi x_2+2(1+\xi)x_3]^2\\&+[-(2+\xi)y_1-\xi y_2+2(1+\xi)y_3]^2\}\end{aligned} \tag{3-6-6}$$

可将式(3-6-5)和式(3-6-6)写成统一的形式为

$$r^2=\eta^2(f_1^2+f_2^2) \tag{3-6-7}$$

$$\eta=\frac{1}{2}(1-\xi_P\xi) \tag{3-6-8}$$

式中,当源点位于第一个端点时 $\xi_P=-1$,位于第二个端点时 $\xi_P=1$,参数 η 的取值范围为0~1。函数 f_1 和 f_2 的表达式如下:

$$\begin{aligned}f_1&=-(2+\xi_P\xi)x_1-\xi_P\xi x_2+2(1+\xi_P\xi)x_3\\f_2&=-(2+\xi_P\xi)y_1-\xi_P\xi y_2+2(1+\xi_P\xi)y_3\end{aligned} \tag{3-6-9}$$

同理,当源点 P 位于中间节点时,有

$$r^2=\xi^2(g_1^2+g_2^2) \tag{3-6-10}$$

式中

$$\begin{aligned}g_1&=\frac{1}{2}[(\xi-1)x_1+(\xi+1)x_2-\xi x_3]\\g_2&=\frac{1}{2}[(\xi-1)y_1+(\xi+1)y_2-\xi y_3]\end{aligned} \tag{3-6-11}$$

对于2节点线性单元(图3-5-2),同样可推出式(3-6-7)和式(3-6-8)形式的表达式,不同的是函数 f_1 和 f_2 的表达式变为

$$\begin{aligned}f_1&=x_2-x_1\\f_2&=y_2-y_1\end{aligned} \tag{3-6-12}$$

考虑关于式(3-6-7)的对数项,有

$$\ln\left(\frac{1}{r}\right)=\ln\left(\frac{1}{\eta}\right)-\frac{1}{2}\ln(f_1^2+f_2^2) \tag{3-6-13}$$

这样，将基本解式(3-2-10)代入式(3-5-22)和式(3-5-42)后，由上式右端第二项引起的积分为正则积分，可用常规的高斯数值积分公式计算；由第一项引起的积分则需要用对数高斯积分公式计算。对数高斯数值积分公式[12]为

$$I=\int_0^1 \ln(x)f(x)\mathrm{d}x \approx \sum_{k=1}^{m} w_k f(x_k) \tag{3-6-14}$$

式中，积分区间为 0～1，关于积分坐标 x_k 和权系数 w_k 的值见表 3-6-1。

表 3-6-1　对数函数高斯数值积分公式的积分点坐标及其权系数

高斯点数	高斯点坐标(x_k)	权系数(w_k)
1	0.25	1
2	0.112 008 806 1	0.718 539 319 0
	0.602 276 908 1	0.281 460 680 9
3	0.063 890 793 1	0.513 404 552 2
	0.368 997 063 7	0.391 980 041 2
	0.766 880 303 9	0.094 615 406 6
4	0.041 448 480 1	0.383 464 068 1
	0.245 274 914 3	0.386 875 317 7
	0.556 165 453 5	0.190 435 126 9
	0.848 982 394 5	0.039 225 487 1
5	0.029 134 472 2	0.297 893 471 7
	0.173 977 213 3	0.349 776 226 5
	0.411 702 520 5	0.234 488 290 0
	0.677 314 174 5	0.098 930 459 5
	0.894 771 361 0	0.018 911 552 1

当用式(3-6-14)计算由式(3-6-13)右端第一项引起的积分时，需要用到由式(3-6-8)所示的积分变量从 ξ 到 η 的变换，这种变换的雅可比行列式等于 2。

当采用上述方法，对源点位于二次单元中间节点的情况计算积分时，需要用到式(3-6-10)，此时需要以中间节点为分割点，将积分单元划分为两个子单元。由于对数高斯积分的积分区间是 0～1，而等参坐标的取值是－1～1，因此两者需要进行积分变量变换。对于左边子单元，$\xi<0$，变量变换为 $x=-\xi$；对于右边单元，$\xi>0$，变量变换为 $x=+\xi$。

2. *弱奇异面积分的计算——退化单元法*

三维问题中的弱奇异面积分是指含有 r^{-1} 的边界积分，如式(3-5-35)。单元子

分法是处理弱奇异积分的有效方法[11]。在这种方法中，将包含有源点 P 的单元通过将 P 点与单元的每条边相连分成最多 4 个(当 P 在单元内部时，如在非连续单元中的情况)三角形子单元，如图 3-6-1(a)所示。显然，当 P 点位于单元角点或某一边的中间节点时，则被分的三角形子单元数分别变成了 2 或 3，如图 3-6-1(b)和图 3-6-1(c)所示。

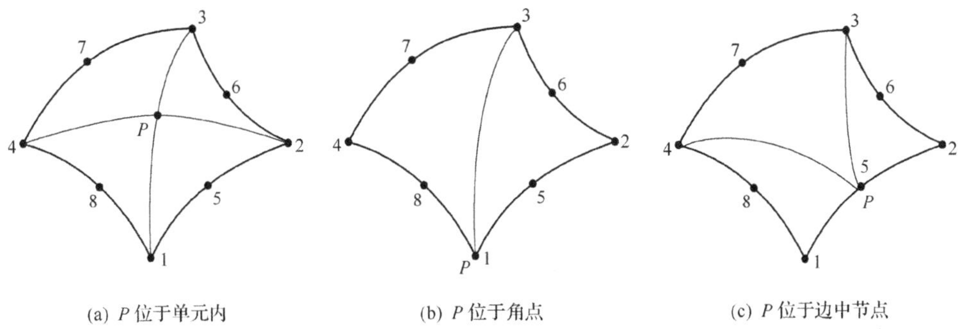

图 3-6-1 计算弱奇异积分的子单元划分

在本书中，单元子分是在等参坐标下进行的，即在等参平面内将 P 点分别与正方形的 4 个端点相连组成 4 个三角形子单元，如图 3-6-2 所示。当 P 点位于正方形的某条边上时，此子单元的面积为零，将被去掉。

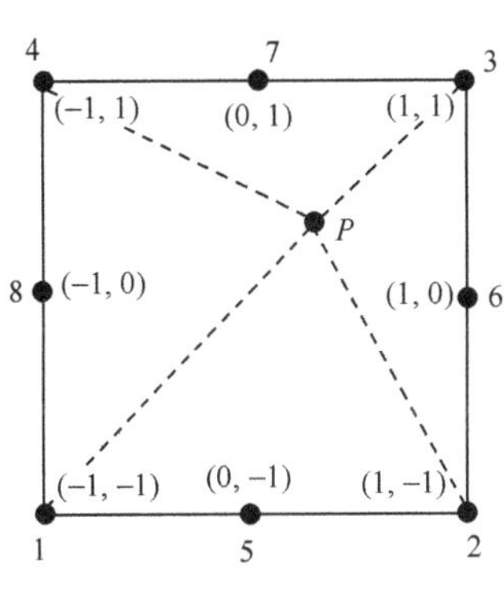

图 3-6-2 等参坐标系下的三角形单元子分法

将子分成的每个三角形子单元再映射成另一等参坐标系 (ξ', η') 下的新的 4 节点四边形等参单元，如图 3-6-3 所示。新等参元有一边上的两节点的节点值都取 P 点的原等参坐标值，这样，新、旧等参坐标系的转换雅可比行列式值具有 r 的一次方大小[11]，与被积函数相乘则可消除一阶奇异性。

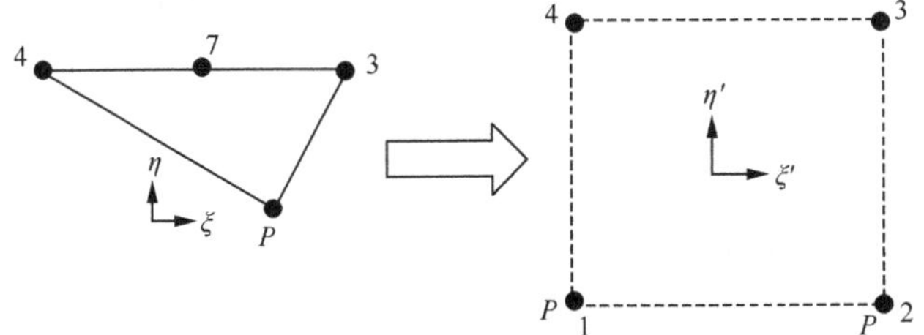

图 3-6-3 三角形子单元到新四边形等参单元的映射

原等参坐标系中任一点的等参坐标值，可在新的等参坐标系下，由线性形函数

来表示，即

$$\xi(\xi',\eta') = \sum_{l=1}^{4} N'_l(\xi',\eta')\xi^l$$
$$\eta(\xi',\eta') = \sum_{l=1}^{4} N'_l(\xi',\eta')\eta^l \tag{3-6-15}$$

式中，ξ^l 和 $\eta^l(l=1\sim4)$ 为新等参单元四个节点的原等参坐标值，形函数 $N'_l(\xi',\eta')$ 表达式为

$$N'_1(\xi',\eta') = \frac{1}{4}(1-\xi')(1-\eta'),\quad N'_2(\xi',\eta') = \frac{1}{4}(1+\xi')(1-\eta')$$
$$N'_3(\xi',\eta') = \frac{1}{4}(1+\xi')(1+\eta'),\quad N'_4(\xi',\eta') = \frac{1}{4}(1-\xi')(1+\eta') \tag{3-6-16}$$

假设边界单元被分割成 N_s 个子单元，则被积函数为 f 的边界积分可由下式转化：

$$\begin{aligned}\int_{\Gamma_j} f(Q,P)\mathrm{d}\Gamma(Q) &= \int_{-1}^{1}\int_{-1}^{1} f(\xi,\eta)J(\xi,\eta)\mathrm{d}\xi\mathrm{d}\eta \\ &= \sum_{s=1}^{N_s}\int_{-1}^{1}\int_{-1}^{1} f(\hat{\xi},\hat{\eta})J(\hat{\xi},\hat{\eta})J_s(\xi',\eta')\mathrm{d}\xi'\mathrm{d}\eta'\end{aligned} \tag{3-6-17}$$

式中，$\hat{\xi}$ 和 $\hat{\eta}$ 分别表示 $\xi(\xi',\eta')$ 和 $\eta(\xi',\eta')$；$J_s(\xi',\eta')$ 表示从原等参坐标系到新等参坐标系转换的雅可比行列式值，即

$$J_s(\xi',\eta') = \frac{\partial(\xi,\eta)}{\partial(\xi',\eta')} = \begin{vmatrix} \dfrac{\partial\xi(\xi',\eta')}{\partial\xi'} & \dfrac{\partial\eta(\xi',\eta')}{\partial\xi'} \\ \dfrac{\partial\xi(\xi',\eta')}{\partial\eta'} & \dfrac{\partial\eta(\xi',\eta')}{\partial\eta'} \end{vmatrix} \tag{3-6-18}$$

由于在映射成的新四边形等参单元中，有一边的两个节点的原等参坐标值相同，都为源点 P 所对应的值(如图 3-6-3 中的 (ξ^1,η^1) 和 (ξ^2,η^2) 都取同样的值)，因此，当 $r\to0$ 时，雅可比行列式 $J_s(\xi',\eta')\to0$，这样，可消除式(3-6-17)中的一阶奇异性。

3.6.3 强奇异积分的计算——常位势法

在边界积分方程的离散代数方程中，矩阵元素 H^{ij}（见式(3-5-29)）是由基本解 q^* 的积分式而来(见式(3-5-19))，q^* 中含有 r^{-1}(二维问题)或 r^{-2}(三维问题)的奇异性(见式(3-3-3)和式(3-3-6))。根据式(3-6-3)对积分奇异性的定义，此类边界积分为强奇异积分。强奇异积分不能直接由高斯数值积分公式计算，否则会导致不可接受的计算误差。所幸的是，此类积分对最终形成的系数矩阵 $\boldsymbol{H}$ 的贡献体现在

最终系数矩阵的对角线元素上，可以由"常位势法"来间接确定。

假设计算域内所有节点的位势都为1，这时系统处于平衡状态，通量为零。于是，矩阵形式的离散方程组(3-5-9)可以写为

$$\boldsymbol{HI}=\boldsymbol{G0}=\boldsymbol{0} \tag{3-6-19}$$

式中，$\boldsymbol{I}$ 为单位列向量。

根据式(3-6-19)，矩阵 $\boldsymbol{H}$ 中每一行的所有元素之和等于零，这样，其对角线元素可由该行其余所有元素之和取负号来表示，即

$$H_{ii}=-\sum_{k=1,k\neq i}^{N_\mathrm{b}} H_{ik} \tag{3-6-20}$$

式中，N_b 为边界节点总数，$i=1,2,\cdots,N_\mathrm{b}$。

"常位势法"形式简单，使用方便，是边界元法中计算强奇异积分的常用方法。但能使用"常位势法"的基本条件是：非对角线元素必须能被精确计算。为了说明这点，现分析一下对源点 P 所在单元 Γ_j 积分时的情况，与单元的第 l 个节点位势相关的系数公式如下：

$$h_l^{Pj}=\int_{\Gamma_j} q^*(Q,P)N_l(Q)\mathrm{d}\Gamma(Q) \tag{3-6-21}$$

假设积分的重数为 β，当采用3.6.2节的单元子分法后可消除 $\beta-1$ 阶奇异性。这样，当 l 与 P 点重合时(系数 h_l^{Pj} 为对角线元素)，N_l 趋近于1，因此即使考虑了单元子分效应也无法对 q^* 的 β 阶强奇异积分进行精确计算；当 l 不是 P 点时(系数 h_l^{Pj} 为非对角线元素)，N_l 趋近于0，这样，连同 $\beta-1$ 阶的单元子分效应，则可精确计算 β 阶的强奇异积分。也就是说，形如式(3-6-21)所示的强奇异积分的非对角线元素可以被精确计算，因此可以用"常位势法"由非对角线元素间接地确定对角线元素。

3.6.4　超奇异积分的计算——幂级数展开法

对含有奇异性的积分方程求微分，常会形成具有高阶奇异性(强奇异，超强奇异或更高阶奇异)的积分方程，如位势梯度积分方程(3-4-2)。对这些高阶奇异边界积分进行精确计算，是保证边界元法能获得精确结果的重要环节。

3.6.3节介绍了计算强奇异边界积分的间接计算法(常位势法)，只适用于具有确定物理意义的强奇异积分。对于高阶奇异积分，这种方法不再适用，需要特殊的计算手段。目前，能处理一般的高阶奇异积分的通用方法是在单元等参坐标系下操作的直接法。其中，Guiggiani 等[13]提出了一种在等参平面内将几何量展开成劳伦级数处理超强奇异积分的方法，这种方法后来被 Karami 和 Derakhshan[14]发展成能处理各种超奇异积分的算法。这种方法的弱点是各物理量的展开只保留到了二阶精度，而且被积函数中的每个量都得展开成级数。高效伟[15]通过将非奇异部分展开成幂级数的技术，提出了一种基于径向积分法的高阶奇异曲面积分的

直接计算法,此算法可以采用级数展开的高阶项,也不需要对每个量分别展开,因而便于通用程序的编制。本节将对该方法进行详细介绍。

将式(3-6-2)代入式(3-6-1),则第 e 个边界单元积分可以表示成如下形式:

$$I^e(P)=\int_{\Gamma_e}\frac{\bar{f}(Q,P)}{r^\lambda(Q,P)}\mathrm{d}\Gamma(Q) \tag{3-6-22}$$

式中,对于二维问题,Γ_e 为一曲线;对于三维问题,Γ_e 为一曲面。

对于强奇异积分,假设上式是在柯西主值意义下求积分;对于超强奇异积分,上式是在 Hadamard 有限部分意义下求积分。

1. *超奇异线积分的计算*

对于一个单元 e 的线积分,式(3-6-22)可以表示成如下的形式:

$$\begin{aligned}I^e(P)&=\int_{\Gamma_e}f(Q,P)\mathrm{d}\Gamma=\int_{-1}^{1}f(Q,P)J_e\mathrm{d}\xi\\&=\int_{-1}^{\xi_P}f(Q,P)J_e\mathrm{d}\xi+\int_{\xi_P}^{1}f(Q,P)J_e\mathrm{d}\xi\\&=-\int_{\xi_P}^{-1}f(Q,P)J_e\mathrm{d}\xi+\int_{\xi_P}^{1}f(Q,P)J_e\mathrm{d}\xi\end{aligned} \tag{3-6-23}$$

式中,ξ_P 为源点 P 在该单元内的等参坐标。令 ρ 为等参坐标下的局部距离,即

$$\rho(\xi,\xi_P)=|\xi-\xi_P| \tag{3-6-24}$$

将 $\xi=\xi_P-\rho$ 和 $\xi=\xi_P+\rho$ 分别代入式(3-6-23)等号右边两项积分,可得

$$\begin{aligned}I^e(P)&=\int_0^{\rho(\xi_P,\xi_1)}f(Q,P)J_e\mathrm{d}\rho+\int_0^{\rho(\xi_P,\xi_2)}f(Q,P)J_e\mathrm{d}\rho\\&=I_1^e(P)+I_2^e(P)\end{aligned} \tag{3-6-25}$$

式中

$$I_s^e(P)=\int_0^{\rho(\xi_P,\xi_s)}f(Q,P)J_e\mathrm{d}\rho \tag{3-6-26}$$

其中,$s=1$ 和 $s=2$ 分别对应 $\xi_1=-1$ 和 $\xi_2=1$;$\rho(\xi_P,\xi_1)$ 和 $\rho(\xi_P,\xi_2)$ 分别表示单元节点 1 和 2 到源点 P 的距离。

将式(3-6-2)代入式(3-6-26),可得

$$I_s^e(P)=\lim_{\rho_s(\varepsilon)\to 0}\int_{\rho_s(\varepsilon)}^{\rho(\xi_P,\xi_s)}\frac{\bar{f}(Q,P)}{r^\lambda(Q,P)}J_e\mathrm{d}\rho \tag{3-6-27}$$

式中,$\rho_s(\varepsilon)$ 为由总体坐标系无穷小量 ε 决定的局部无穷小距离,如图 3-6-4 所示。

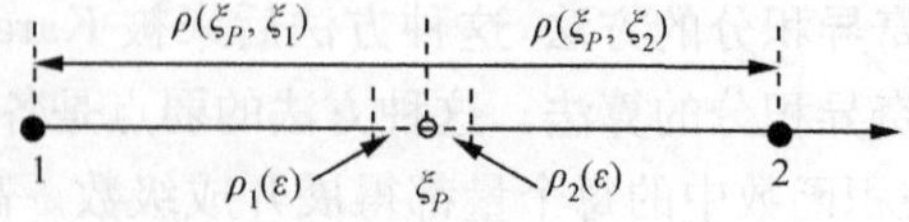

图 3-6-4 线单元上的局部距离

为了计算奇异积分式(3-6-27)，将总体坐标系下的距离 r 用局部距离 ρ 的幂级数表达，即

$$\frac{r}{\rho}=\bar{\rho}=\sum_{n=0}^{N}C_n\rho^n=\sqrt{\sum_{m=0}^{M}G_m\rho^m} \tag{3-6-28}$$

式中，N 和 M 为幂级数的阶数，C_n 和 G_m 为待定系数。为了确定 C_n 和 G_m，将等参坐标 ξ 用 ρ 表示为

$$\xi=\xi_P+\xi_s\rho \tag{3-6-29}$$

在 r 的计算式(3-4-5)中用形函数表示场点坐标，则根据式(3-6-28)可写出

$$\sum_{i=1}^{\beta}\Big[\sum_{l=1}^{N_{\text{node}}}N_l(\xi(\rho))x_i^l-x_i(P)\Big]^2=\rho^2\sum_{m=0}^{M}G_m\rho^m \tag{3-6-30}$$

式中，β 为问题的维数；N_{node} 为单元节点数。

将形函数 N_l 的表达式代入式(3-6-30)左端，并将其展开成 ρ 的多项式，通过比较其等号两边 ρ 的同类型系数，即可确定出系数 G_m 及其阶数 M。以二维线性单元为例，将式(3-5-16)代入式(3-6-30)的左端，并利用式(3-6-29)得

$$r^2=\sum_{i=1}^{\beta}\Big[\sum_{l=1}^{N_{\text{node}}}N_l(\xi(\rho))x_i^l-x_i(P)\Big]^2=\rho^2\Big[\sum_{i=1}^{2}(x_i^1-x_i^2)^2\Big]\Big/4 \tag{3-6-31}$$

比较式(3-6-31)的右端和式(3-6-30)的右端，可得 $M=0$，并且

$$G_0=\frac{1}{4}\sum_{i=1}^{2}(x_i^1-x_i^2)^2 \tag{3-6-32}$$

同样的，对于二次边界单元，将形函数 N_l 的表达式(3-5-38)代入式(3-6-30)可以得到 $M=2$，并且

$$\begin{aligned}
G_0&=\frac{1}{4}\Big[\sum_{i=1}^{2}(x_i^1-x_i^2)^2\Big]-\Big[\sum_{i=1}^{2}(x_i^1-x_i^2)\bar{x}_i\Big]\xi_P+\Big(\sum_{i=1}^{2}\bar{x}_i^2\Big)\xi_P^2\\
G_1&=\Big\{-\frac{1}{2}\Big[\sum_{i=1}^{2}(x_i^1-x_i^2)\bar{x}_i\Big]+\Big(\sum_{i=1}^{2}\bar{x}_i^2\Big)\xi_P\Big\}\xi_s\\
G_2&=\frac{1}{4}\Big(\sum_{i=1}^{2}\bar{x}_i^2\Big)
\end{aligned} \tag{3-6-33}$$

式中

$$\bar{x}_i=x_i^1+x_i^2-2x_i^3 \tag{3-6-34}$$

G_m 确定了之后，式(3-6-28)中的 C_n 就很容易确定了，为此，将式(3-6-28)改写为

$$\Big(\sum_{n=0}^{N}C_n\rho^n\Big)^2=\sum_{m=0}^{M}G_m\rho^m \tag{3-6-35}$$

将上式等号左边展开，比较两边 ρ 的相同阶数的系数，可得

$$G_m = \sum_{i=0}^{m} C_i C_{m-i} \tag{3-6-36}$$

由此可得 C_n 的递推公式为

$$\begin{aligned} C_0 &= \sqrt{G_0} \\ C_n &= \frac{1}{2C_0}\left(G_n - \sum_{i=1}^{n-1} C_i C_{n-i}\right) \end{aligned} \tag{3-6-37}$$

待定系数 C_n 和 G_m 都确定之后，则可用式(3-6-28)计算超奇异边界积分了。将式(3-6-28)代入式(3-6-27)得

$$I_s^e(P) = \lim_{\rho_s(\varepsilon)\to 0} \int_{\rho_s(\varepsilon)}^{\rho(\xi_P,\xi_s)} \frac{\bar{F}(\rho)}{\rho^\lambda} \mathrm{d}\rho \tag{3-6-38}$$

式中

$$\bar{F}(\rho) = \frac{\bar{f}(Q,P)}{\bar{\rho}^\lambda(\rho)} J_e$$

为了计算上式积分，将被积函数中的非奇异部分也展开成局部距离 ρ 的幂级数：

$$\bar{F}(\rho) = \sum_{k=0}^{K} B^{(k)} \rho^k \tag{3-6-39}$$

其中，K 为幂级数次数，通常在 2～9 取值，依赖于 ρ_E 的大小；$B^{(k)}$ 为待定系数，可通过在积分区间$(0,\rho_E)$布置 $K+1$ 个点$(0,\rho_1,\cdots,\rho_K)$来确定。第一个点$(k=0)$的系数为

$$B^{(0)} = \frac{\bar{f}(P,P)J_e}{(C_0)^\lambda} \tag{3-6-40}$$

其他系数可由如下矩阵方程解得：

$$\boldsymbol{R}(K)\boldsymbol{B} = \boldsymbol{Y} \tag{3-6-41}$$

式中，$\boldsymbol{R}(K)$ 为 K 阶方阵：

$$\boldsymbol{R}(K) = \begin{bmatrix} 1 & \rho_1 & \cdots & \rho_1^{K-1} \\ 1 & \rho_2 & \cdots & \rho_2^{K-1} \\ \vdots & \vdots & & \vdots \\ 1 & \rho_K & \cdots & \rho_K^{K-1} \end{bmatrix} \tag{3-6-42}$$

$\boldsymbol{B}$ 和 $\boldsymbol{Y}$ 为如下向量：

$$\boldsymbol{B} = \begin{Bmatrix} B^{(1)} \\ B^{(2)} \\ \vdots \\ B^{(K)} \end{Bmatrix}, \quad \boldsymbol{Y} = \begin{Bmatrix} [\bar{F}(\rho_1) - B^{(0)}]/\rho_1 \\ [\bar{F}(\rho_2) - B^{(0)}]/\rho_2 \\ \vdots \\ [\bar{F}(\rho_K) - B^{(0)}]/\rho_K \end{Bmatrix} \tag{3-6-43}$$

系数 $B^{(k)}$ 确定之后，将式(3-6-39)代入式(3-6-38)，得

$$I_s^e(P) = \sum_{k=0}^{K} B^{(k)} \lim_{\rho_s(\varepsilon)\to 0}\int_{\rho_s(\varepsilon)}^{\rho(\xi_P,\xi_s)} \rho^{k-\lambda}\mathrm{d}\rho = \sum_{k=0}^{K} B^{(k)} E_k \tag{3-6-44}$$

式中

$$E_k = \begin{cases} \dfrac{1}{k-\lambda+1}\left[\dfrac{1}{\rho^{\lambda-k-1}(\xi_P,\xi_s)} - \lim\limits_{\rho_s(\varepsilon)\to 0}\dfrac{1}{\rho_s^{\lambda-k-1}(\varepsilon)}\right], & k\neq\lambda-1 \\ \ln\rho(\xi_P,\xi_s) - \lim\limits_{\rho_s(\varepsilon)\to 0}\ln\rho_s(\varepsilon), & k=\lambda-1 \end{cases} \tag{3-6-45}$$

为了将有限部分从式(3-6-45)中的极限项分离出来，将局部无穷小距离 $\rho_s(\varepsilon)$ 用全局无穷小量 ε 表示。经过数学处理后[15]，式(3-6-45)可以表示为有限部分和无限部分之和的形式：

$$\lim_{\rho_s\to 0}\ln\rho_s(\varepsilon) = \ln H_0 + \infty \tag{3-6-46a}$$

$$\lim_{\rho_s\to 0}\frac{1}{\rho_s^{\lambda-k-1}(\varepsilon)} = H_{\lambda-k-1} + \infty \quad (0\leqslant k\leqslant\lambda-2) \tag{3-6-46b}$$

其中

$$\begin{cases} H_0 = 1/C_0 \\ H_1 = \bar{C}_1 \\ H_2 = 2\bar{C}_2 - \bar{C}_1^2 \\ H_3 = 3\bar{C}_3 - 3\bar{C}_1\bar{C}_2 + \bar{C}_1^3 \\ H_4 = 4\bar{C}_4 + 4\bar{C}_1^2\bar{C}_2 - 4\bar{C}_1\bar{C}_3 - 2\bar{C}_2^2 - \bar{C}_1^4 \end{cases} \tag{3-6-47a}$$

$$\bar{C}_i = C_i/C_0 \tag{3-6-47b}$$

对于一个确定的物理问题，积分应该是存在的，也就是说，当考虑源点 P 周围所有单元的结果以后，式(3-6-46)中的无穷小项的最终贡献应该为零。于是，将式(3-6-46)代入式(3-6-45)后得

$$E_k = \begin{cases} \dfrac{1}{k-\lambda+1}\left[\dfrac{1}{\rho^{\lambda-k-1}(\xi_P,\xi_s)} - H_{\lambda-k-1}\right], & 0\leqslant k\leqslant\lambda-2 \\ \ln\rho(\xi_P,\xi_s) - \ln H_0, & k=\lambda-1 \\ \dfrac{\rho^{k-\lambda+1}(\xi_P,\xi_s)}{k-\lambda+1}, & k>\lambda-1 \end{cases} \tag{3-6-48}$$

式(3-6-44)和式(3-6-48)即为计算式(3-6-27)所示二维奇异线积分的统一表达式。式(3-6-47)所确定的系数 $H_0\sim H_4$ 可计算到奇异性阶数 λ 为 5 的情况，对于更高阶的奇异积分，还需要推导更多的系数，但对于一般的二维问题，$\lambda=5$ 已经足够了。

2. 超奇异面积分的计算

第 e 个四边形边界单元的奇异积分可以表示为

$$I^e(P)=\int_{\Gamma_e}\frac{\bar{f}(Q,P)}{r^{\lambda}(Q,P)}\mathrm{d}\Gamma(Q)=\int_{-1}^{1}\int_{-1}^{1}\frac{\bar{f}(Q,P)}{r^{\lambda}(Q,P)}J_e\mathrm{d}\xi\mathrm{d}\eta \tag{3-6-49}$$

上式右端积分是在等参平面内的积分，采用径向积分法公式[9,10]，可将其转化为沿该单元四条边的线积分：

$$I^e(P)=\int_L\frac{1}{\rho(Q,P)}\frac{\partial\rho(Q,P)}{\partial\boldsymbol{n}'}F(Q,P)\mathrm{d}L(Q) \tag{3-6-50}$$

式中，$\boldsymbol{n}'$ 为等参坐标系 (ξ,η) 下正方形边界的外法线方向

$$F(Q,P)=\lim_{\rho_{\alpha}(\varepsilon)\to 0}\int_{\rho_{\alpha}(\varepsilon)}^{\rho(Q,P)}\frac{\bar{f}(q,P)}{r^{\lambda}(q,P)}J_e\rho\mathrm{d}\rho \tag{3-6-51}$$

其中，q 表示场点在如图 3-6-5 所示四边形单元的 P 到 Q 点线段上取值；ρ 为局部距离，定义如下：

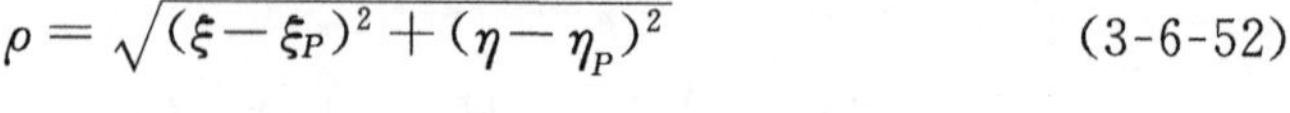

$$\rho=\sqrt{(\xi-\xi_P)^2+(\eta-\eta_P)^2} \tag{3-6-52}$$

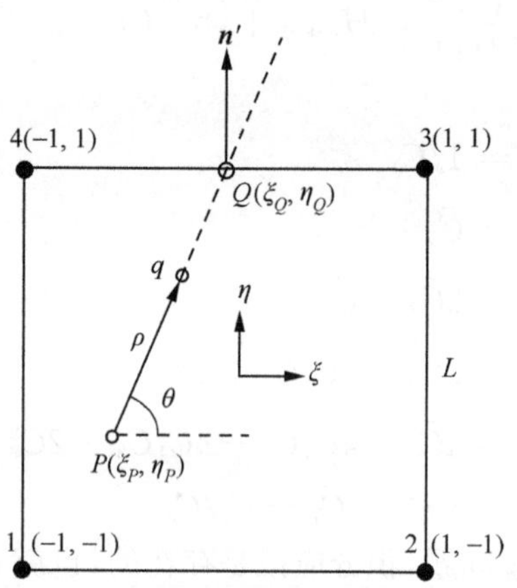

图 3-6-5　等参坐标系下的积分单元

从图 3-6-5 可知

$$\frac{\partial\rho(Q,P)}{\partial\boldsymbol{n}'}=\rho_{,\xi}n'_{\xi}+\rho_{,\eta}n'_{\eta} \tag{3-6-53}$$

式中

$$\begin{cases}\rho_{,\xi}=\dfrac{\xi_Q-\xi_P}{\rho(Q,P)}=\cos\theta\\[2ex]\rho_{,\eta}=\dfrac{\eta_Q-\eta_P}{\rho(Q,P)}=\sin\theta\end{cases} \tag{3-6-54}$$

在径向积分式(3-6-51)中，$\rho_{,\xi}$ 和 $\rho_{,\eta}$ 为常数。在四条边界上，要么 $n'_{\xi}=0$，要么 $n'_{\eta}=0$，并且另一个非零分量的值必为 1 或 −1。

要计算式(3-6-51)所示径向积分，同二维问题一样，将总体坐标下的距离 r 表

示为局部距离 ρ 的幂级数展开式，其系数的确定方法同样采用式(3-6-28)和式(3-6-30)，只是 N_{node}的值为 8 或 4，并且形函数取四边形单元的形函数。将等参坐标 ξ 和 η 表示成 ρ 的函数[15]有

$$\begin{cases}\xi=\xi_P+\rho\cos\theta \\ \eta=\eta_P+\rho\sin\theta\end{cases} \tag{3-6-55}$$

三维问题中，式(3-6-28)可以写成

$$\left(\frac{r}{\rho}\right)^2=\sum_{m=0}^{M}G_m\rho^m \tag{3-6-56}$$

在点 P 和 Q 之间均布 $M+1$ 个点$(0,\rho_1,\rho_2,\cdots,\rho_M)$，根据这些点处的 r 和 ρ，即可求得 G_m。第一个系数 G_0 的求解过程如下：

$$\begin{aligned}\mathrm{d}r&=\sqrt{\mathrm{d}\boldsymbol{x}\cdot\mathrm{d}\boldsymbol{x}}=\sqrt{\frac{\partial\boldsymbol{x}}{\partial\rho}\cdot\frac{\partial\boldsymbol{x}}{\partial\rho}}\mathrm{d}\rho \\ &=\sqrt{\left(\frac{\partial\boldsymbol{x}}{\partial\xi}\rho_{,\xi}+\frac{\partial\boldsymbol{x}}{\partial\eta}\rho_{,\eta}\right)\cdot\left(\frac{\partial\boldsymbol{x}}{\partial\xi}\rho_{,\xi}+\frac{\partial\boldsymbol{x}}{\partial\eta}\rho_{,\eta}\right)}\mathrm{d}\rho\end{aligned} \tag{3-6-57}$$

根据式(3-6-56)，有

$$\begin{aligned}G_0&=\lim_{\rho\to0}\left(\frac{r}{\rho}\right)^2=\left(\frac{\partial r}{\partial\rho}\right)^2 \\ &=\left(\frac{\partial\boldsymbol{x}}{\partial\xi}\rho_{,\xi}+\frac{\partial\boldsymbol{x}}{\partial\eta}\rho_{,\eta}\right)\cdot\left(\frac{\partial\boldsymbol{x}}{\partial\xi}\rho_{,\xi}+\frac{\partial\boldsymbol{x}}{\partial\eta}\rho_{,\eta}\right)\end{aligned} \tag{3-6-58}$$

其他系数 G_m 可以通过如下方程组解得

$$\boldsymbol{R}(M)\boldsymbol{G}=\boldsymbol{Z} \tag{3-6-59}$$

式中，$\boldsymbol{R}(M)$ 与式(3-6-42)相同；$\boldsymbol{G}$ 和 $\boldsymbol{Z}$ 为 M 阶向量：

$$\boldsymbol{G}=\begin{Bmatrix}G_1\\G_2\\\vdots\\G_M\end{Bmatrix},\quad \boldsymbol{Z}=\begin{Bmatrix}[(r_1/\rho_1)^2-G_0]/\rho_1\\ [(r_2/\rho_2)^2-G_0]/\rho_2\\ \vdots\\ [(r_M/\rho_M)^2-G_0]/\rho_M\end{Bmatrix} \tag{3-6-60}$$

上述方程组中的幂级数阶数 M，可通过将式(3-6-55)代入形函数表达式(具体形式见附录 3B)与式(3-6-30)确定。表 3-6-2 为不同节点数的形函数所对应的 M 值。

表 3-6-2　不同节点数下的 M 值

N_{node}	4	8	9
M	2	4	6

系数 G_m 确定之后，式(3-6-28)中的系数 C_n 可利用式(3-6-37)确定。

将式(3-6-28)代入式(3-6-51)，可得

$$F(Q,P)=\lim_{\rho_\alpha(\varepsilon)\to 0}\int_{\rho_\alpha(\varepsilon)}^{\rho(Q,P)}\frac{\bar{f}(q,P)J_e}{\bar{\rho}^\lambda(\rho)\rho^{\lambda-1}}\mathrm{d}\rho \tag{3-6-61}$$

将上述被积函数中的非奇异部分表示成 ρ 的幂级数形式：

$$\frac{\bar{f}(q,P)J_e}{\bar{\rho}^\lambda(\rho)}=\sum_{k=0}^{K}B^{(k)}\rho^k \tag{3-6-62}$$

确定系数 $B^{(k)}$ 的公式与式(3-6-42)和式(3-6-43)相同。$B^{(k)}$ 确定后，将式(3-6-62)代入式(3-6-61)，可得

$$F(Q,P)=\sum_{k=0}^{K}B^{(k)}\lim_{\rho_\alpha(\varepsilon)\to 0}\int_{\rho_\alpha(\varepsilon)}^{\rho(Q,P)}\rho^{k-\lambda+1}\mathrm{d}\rho=\sum_{k=0}^{K}B^{(k)}E_k \tag{3-6-63}$$

式中

$$E_k=\begin{cases}\dfrac{1}{k-\lambda+2}\left[\dfrac{1}{\rho^{\lambda-k-2}(Q,P)}-\lim\limits_{\rho_\alpha(\varepsilon)\to 0}\dfrac{1}{\rho_\alpha^{\lambda-k-2}(\varepsilon)}\right], & k\neq\lambda-2\\ \ln\rho(Q,P)-\lim\limits_{\rho_\alpha(\varepsilon)\to 0}\ln\rho_\alpha(\varepsilon), & k=\lambda-2\end{cases} \tag{3-6-64}$$

采用与式(3-6-45)相同的处理步骤，式(3-6-64)的最后形式可导出为

$$E_k=\begin{cases}\dfrac{1}{k-\lambda+2}\left[\dfrac{1}{\rho^{\lambda-k-2}(Q,P)}-H_{\lambda-k-2}\right], & 0\leqslant k\leqslant\lambda-3\\ \ln\rho(Q,P)-\ln H_0, & k=\lambda-2\\ \dfrac{\rho^{k-\lambda+2}(Q,P)}{k-\lambda+2}, & k>\lambda-2\end{cases} \tag{3-6-65}$$

其中，系数 H_i 仍由式(3-6-47)确定。需要指出的是：对于三维面积分，式(3-6-47)所提供的 H_i 计算式可以计算到阶数 $\lambda=6$ 的奇异积分，这对于一般的物理问题已经足够了。

3. 距离 r 的空间导数 $r_{,i}$ 计算式

在边界元法分析中，大多数边界积分的核函数包含距离 r 的空间导数 $r_{,i}$，其计算式为

$$r_{,i}=\frac{\partial r}{\partial x_i}=\frac{x_i-x_i^p}{r} \tag{3-6-66}$$

当 x_i 非常靠近或与 x_i^p 重合时，上式计算会导致错误结果或无法进行，这时采用下列方法计算。

由泰勒级数展开得

$$x_i-x_i^p=\frac{\partial x_i}{\partial\xi_K}(\xi_K-\xi_K^p)+\frac{1}{2}\frac{\partial^2 x_i}{\partial\xi_K\partial\xi_J}(\xi_K-\xi_K^p)(\xi_J-\xi_J^p)+\cdots \tag{3-6-67}$$

对于二维问题，上式中的 K 与 J 取值 1；对于三维问题，上式中的 K 与 J 取值 1～2。

由式(3-6-55)和式(3-6-54)得

$$\xi_K = \xi_K^p + \rho_{,K}\rho \tag{3-6-68}$$

式中,对于三维问题,$\rho_{,K}$ 由式(3-6-54)确定;对于二维问题,$\rho_{,1}$ 的值为-1或者$+1$。

将式(3-6-68)代入式(3-6-67)得

$$x_i - x_i^p = A_i\rho + B_i\rho^2 + O(\rho^3) \tag{3-6-69}$$

式中

$$A_i = \frac{\partial x_i}{\partial \xi_K}\rho_{,K} \tag{3-6-70a}$$

$$B_i = \frac{1}{2}\frac{\partial^2 x_i}{\partial \xi_K \partial \xi_J}\rho_{,K}\rho_{,J} \tag{3-6-70b}$$

将式(3-6-69)代入距离 r 的定义式有

$$r = \sqrt{(x_i - x_i^p)(x_i - x_i^p)} = M(\rho)\rho \tag{3-6-71}$$

式中

$$M(\rho) = \sqrt{A_iA_i + 2A_iB_i\rho + B_iB_i\rho^2} \tag{3-6-72}$$

于是,将式(3-6-69)和式(3-6-71)代入式(3-6-66)得

$$r_{,i} = \frac{A_i + B_i\rho}{M(\rho)} \tag{3-6-73}$$

当 x_i 非常靠近或与 x_i^p 重合时,$\rho=0$,那么得到

$$r_{,i} = \frac{A_i}{\sqrt{A_jA_j}} \tag{3-6-74}$$

3.6.5 近奇异积分的计算——单元子分法

当源点不在积分单元上,但很靠近积分单元时会产生近奇异性,或称为几乎奇异性。处理近奇异积分的方法有解析法[16,17]、积分变换法[18]和单元子分法[11,19]。前两种方法直观明了,但需要对不同的被积函数进行不同的处理;后一种方法可以用统一的格式处理不同类型的近奇异积分,但需要决定子单元大小的准则公式。高效伟和 Davies 在文献[11]中提出了由积分距离和单元大小决定子单元大小的准则,可以很方便地用于计算二维和三维问题中各种阶次的近奇异积分,并在近期发展了基于这种准则的不等间隔单元子分技术[19],使得这种方法趋于成熟。

边界元法中的边界积分通常由高斯数值公式计算。在积分区间$[a,b]$上的高斯公式可表示为

$$I = \int_a^b f(x)\mathrm{d}x = \frac{L}{2}\sum_{k=1}^{m} w_k f(x_k) + E_m \tag{3-6-75}$$

式中,E_m 为积分误差:

$$E_m = \frac{L^{2m+1}\,(m!)^4}{(2m+1)[(2m)!]^3} f^{2m}(x) \tag{3-6-76}$$

其中，m 为高斯点数；x_k 为高斯点坐标；w_k 为权系数；$f^{2m}(x)$ 表示积分区间上 $f(x)$ 的 $2m$ 次导数；L 是积分区间大小($L=b-a$)，在边界元法中 L 可以被理解为单元的长度。由式(3-6-75)可以看出，高斯求积公式的误差取决于高斯点数和单元尺寸，如果要使求解区域上的所有单元都达到想要的精度，就必须把较大的单元划分成较小的子单元。下面介绍确定每个子单元大小的准则公式。

Lachat 和 Watson[20]于 1976 年成功地实现了根据高斯公式的误差限对二维和三维边界单元自动选择高斯点的运算。三维问题中边界面上的高斯求积公式可以表示为

$$I=\sum_{k_1=1}^{m_1}\sum_{k_2=1}^{m_2}w_{k_1}w_{k_2}f(\xi_{k_1},\eta_{k_2})+E_1+E_2 \tag{3-6-77}$$

式中，(ξ_{k_1},η_{k_2}) 表示高斯点坐标；w_{k_1} 和 w_{k_2} 表示权系数；m_1 和 m_2 表示高斯点数；E_1 和 E_2 表示两个积分方向(ξ,η) 上的积分误差。Mustoe[21]于 1984 年得出了第 i 个方向相对误差限 $e_i(e_i=E_i/I)$ 的一个近似公式：

$$e_i\leqslant 2\left(\frac{L_i}{4R}\right)^{2m_i}\frac{(2m_i+\lambda-1)!}{(2m_i)!(\lambda-1)!} \tag{3-6-78}$$

式中，λ 为被积函数的奇异性阶次，由 $r^{-\lambda}$ 表征；L_i 表示边界单元在第 i 个积分方向上的长度；R 表示源点到边界单元的最短距离。要保证一定的精度要求，同时高斯点数又不能超过规定的数目，就需要通过把大单元划分成若干个子单元的技术来减小 L_i/R 的值。高效伟和 Davies 在大量数值调查结果的基础上，提出了下列确定高斯点数的实用公式[11,22]：

$$m_i=\frac{p'\ln(e_i/2)}{2\ln[L_i/(4R)]} \tag{3-6-79}$$

重新整理后可得

$$L_i=4R\left(\frac{e_i}{2}\right)^{\frac{p'}{2m_i}} \tag{3-6-80}$$

式中

$$p'=\sqrt{\frac{2}{3}\lambda+\frac{2}{5}} \tag{3-6-81}$$

由式(3-6-79)可以根据 L_i 与 R 的比值确定满足精度 e_i 的高斯点数。反之，如果给定了允许的最大高斯点数，那么每个子单元的大小可由式(3-6-80)确定。

基于上述准则公式，可建立多种形式的自适应单元子分技术，如等间隔单元子分法[11]。但对于尺度比很小的近奇异性问题，等间隔子单元法需要非常多的子单元，虽然精度能得到满足，但所需计算时间无法承受[19]。从式(3-6-80)可知，距离源点远的子单元尺寸可以很大，因此发展不等间隔单元子分技术是发展有效计算近奇异积分的必要手段。下面介绍作者近期提出的不等间隔单元子分技术。假设

允许使用的最多高斯点数为 $m_{\max}$，为了便于理解，图 3-6-6 和图 3-6-7 分别给出了线单元和面单元的单元子分示意图。

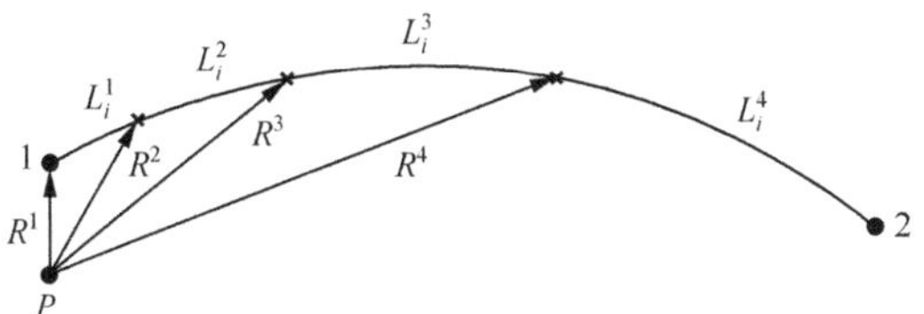

图 3-6-6 线单元子单元划分示意图

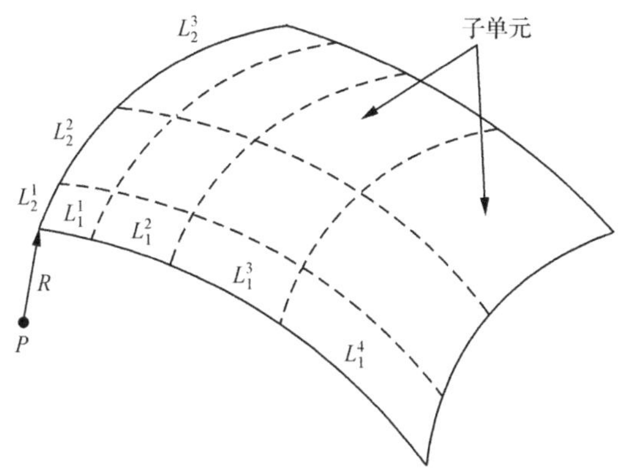

图 3-6-7 面单元子单元划分示意图

(1) 计算边界单元沿积分方向 i 的长度 L_i 和到源点的最短距离 R。

(2) 根据 L_i 和 R，由式(3-6-79)计算所需的高斯点数 m_i。

(3) 如果 $m_i \leqslant m_{\max}$，记录该积分方向的信息，跳到第(1)步处理下一积分方向。

(4) 如果 $m_i > m_{\max}$，令 $m_i = m_{\max}$，$k=1$，$R^1 = R$，并由 R^1 和式(3-6-80)计算第一个子单元间隔的最大尺寸 L_i^1，并记录在该方向该子单元间隔的几何信息。

(5) 根据 R^k 和 L_i^k 确定第 $k+1$ 个子单元到源点的最短距离 R^{k+1}，并由式(3-6-80)确定第 $k+1$ 个子单元间隔的最大尺寸 L_i^{k+1}，记录第 $k+1$ 个子单元间隔的几何信息。

(6) 令 $k=k+1$，转到第(5)步重复上述过程，直到在该方向单元间隔被划分完毕。

(7) 对于多重积分，对每个积分方向重复步骤(1)～(6)，直到所有方向考虑完毕。

(8) 根据建立起来的沿每个积分方向的子单元间隔，建立多重积分的子单元网络。

如果是线单元，如图 3-6-6 所示，则已建立起来的各子单元间隔 L_1^k 即为积分子单元的大小；但如果是多重积分，如以图 3-6-7 所示的面积分为例，可由在第 1 个等参方向建立起来的子单元间隔 $L_1^k(k=1\sim 4)$ 和在第 2 个方向建立起来的子单元间隔 $L_2^k(k=1\sim 3)$，形成 12 个子面单元网络。

(9) 利用高斯数值积分公式依次对每一个建立起来的子单元进行积分计算。

3.7 非齐次位势问题的积分方程法

有些位势问题的控制方程不是拉普拉斯方程而是泊松方程，如具有热源的热传导问题。此类问题的数学表达式可写为

$$\begin{cases}\nabla^2 u(\boldsymbol{x})+b(\boldsymbol{x})=0 & (\boldsymbol{x}\in\Omega)\\ u(\boldsymbol{x})=\bar{u}(\boldsymbol{x}) & (\boldsymbol{x}\in\Gamma_1)\\ q(\boldsymbol{x})=\dfrac{\partial u(\boldsymbol{x})}{\partial\boldsymbol{n}}=\bar{q}(\boldsymbol{x}) & (\boldsymbol{x}\in\Gamma_2)\end{cases}\tag{3-7-1}$$

式中，b 是源项，为已知函数或常数，通常为坐标的函数。

3.7.1 泊松方程的边界-域积分方程

引入权函数 u^*，则式(3-7-1)的加权余量表达式为

$$\int_\Omega u^*\nabla^2 u\mathrm{d}\Omega+\int_\Omega u^* b\mathrm{d}\Omega=0\tag{3-7-2}$$

类似于 3.1 节拉普拉斯算子积分方程的推导过程，对于上式左端第一项域积分，经过两次分部积分并使用高斯散度公式，可推导出

$$\int_\Omega u^*\nabla^2 u\mathrm{d}\Omega=\int_\Gamma u^*\frac{\partial u}{\partial\boldsymbol{n}}\mathrm{d}\Gamma-\int_\Gamma u\frac{\partial u^*}{\partial\boldsymbol{n}}\mathrm{d}\Gamma+\int_\Omega u\nabla^2 u^*\mathrm{d}\Omega\tag{3-7-3}$$

假定权函数 u^* 是满足式(3-1-10)的基本解。当源点 p 位于区域 Ω 内部时，根据狄拉克函数 $\delta(q,p)$ 的性质，可知式(3-7-3)右端最后一项域积分变成 $-u(p)$，因此我们得到

$$\int_\Omega u^*\nabla^2 u\mathrm{d}\Omega=\int_\Gamma u^*\frac{\partial u}{\partial\boldsymbol{n}}\mathrm{d}\Gamma-\int_\Gamma u\frac{\partial u^*}{\partial\boldsymbol{n}}\mathrm{d}\Gamma-u(p)\tag{3-7-4}$$

将上式代入式(3-7-2)，最后可得

$$u(p)=\int_\Gamma u^*\frac{\partial u}{\partial\boldsymbol{n}}\mathrm{d}\Gamma-\int_\Gamma u\frac{\partial u^*}{\partial\boldsymbol{n}}\mathrm{d}\Gamma+\int_\Omega u^* b\mathrm{d}\Omega\tag{3-7-5}$$

根据式(3-1-13)，式(3-7-5)可更明了地写为

$$u(p)=\int_\Gamma u^*(Q,p)q(Q)\mathrm{d}\Gamma(Q)-\int_\Gamma q^*(Q,p)u(Q)\mathrm{d}\Gamma(Q)+\int_\Omega u^*(q,p)b(q)\mathrm{d}\Omega(q)\tag{3-7-6}$$

其中，基本解 u^* 仍为格林函数(见式(3-2-10)和式(3-2-19))，即

$$\begin{cases} u^*(q,p) = \dfrac{1}{2\pi}\ln\left(\dfrac{1}{r(q,p)}\right) & \text{(二维问题)} \\ u^*(q,p) = \dfrac{1}{4\pi r(q,p)} & \text{(三维问题)} \end{cases} \tag{3-7-7}$$

式中，$r(q,p)$ 是源点 p 到场点 q 之间的距离。

当源点 p 位于边界上时，在 p 点附近的边界用半径为 ε 的半圆(二维问题)或半球(三维问题)拓扑，如图 3-3-1 和图 3-3-2 所示，并对该半圆或半球边界的积分取极限，则可得到源点在边界上取值的边界-域积分方程(详细推导过程见 3.3 节)如下：

$$c(P)u(P) + \int_{\Gamma} q^*(Q,P)u(Q)\mathrm{d}\Gamma(Q) = \int_{\Gamma} u^*(Q,P)q(Q)\mathrm{d}\Gamma(Q) + \int_{\Omega} u^*(q,P)b(q)\mathrm{d}\Omega(q) \tag{3-7-8}$$

式中，对于光滑边界 $c=0.5$，角点边界 c 由式(3-3-12)决定。我们也可以将式(3-7-8)看成是既适用于边界点，也适用于内部点的积分方程，只是对于内部点要取 $c=1$。

将积分方程(3-7-8)与拉普拉斯问题的积分方程(3-5-1)相比可以看出，有域积分出现在非齐次位势问题的边界积分方程中，这是因为我们所用的基本解是满足拉普拉斯方程的格林函数。如果能找到考虑非齐次项 b 的基本解，即满足 $\nabla^2 u^* + b + \delta(q,p) = 0$ 的基本解，则不会有域积分出现在积分方程中。然而，由于 b 是可变化的函数，要找到普适的基本解是非常困难的。

由于域积分的出现，我们在计算积分方程(3-7-8)时，需要将计算域 Ω 离散成内部网格，采用像有限元法中的方式计算域积分，这样就消除了边界元法只需将边界离散成单元的特点。为了避免使用内部网格，边界元研究者提出了不少将域积分转换成边界积分的方法，如双互易法、径向积分法等。

3.7.2 域积分到边界积分的转换方法

如 3.7.1 节所述，采用格林函数基本解不能将泊松方程的加权余量式完全转化为纯边界积分方程，其中还包含有源项 b 所形成的域积分，这就意味着不能简单地按照拉普拉斯方程的求解方法来求解泊松方程，必须对含有源项 b 的域积分进行特殊处理，其中用得最多的方法是将域积分转化为等价的边界积分。比较典型的转换方法有特解法，双互易法[8]和径向积分法[9,10]。

1. 特解法

特解法的思想是寻找一个满足非齐次位势问题控制方程的特解，将其与满足边界条件的齐次位势问题的通解迭加则可形成问题的完全解。

设满足边界条件的齐次位势问题的通解为 $\tilde{u}$，满足非齐次位势问题的特解为

$\hat{u}$，则总的解可写为

$$u = \tilde{u} + \hat{u} \tag{3-7-9}$$

由方程(3-7-1)可得

$$\nabla^2 u = \nabla^2(\tilde{u} + \hat{u}) = \nabla^2 \tilde{u} + \nabla^2 \hat{u} = -b \tag{3-7-10}$$

令

$$\nabla^2 \hat{u} = -b \tag{3-7-11}$$

则由式(3-7-10)可知

$$\nabla^2 \tilde{u} = 0 \tag{3-7-12}$$

可以看出，式(3-7-12)与齐次位势问题的控制方程(3-1-1)相同，因此 $\tilde{u}$ 可由前面介绍过的边界元方法确定。至于特解，如果源项函数 b 不是很复杂，则很容易由式(3-7-11)直接确定。例如，对于 $\nabla^2 \hat{u} = -2$ 的方程，很容易得到 $\hat{u} = -(x^2 + y^2)/2$。

特解法具有使用简单的优点，但不同的源项需建立不同的特解，因此难以建立统一的计算格式。

2. *双互易法*

双互易法[8]，是由 Nardini 和 Brebbia 于 1982 年提出的，其基本思想是将函数 b 表示成一系列已知坐标的函数 f^j，即

$$b = \sum_{j=1}^{M} f^j \alpha^j \tag{3-7-13}$$

式中，$f^j = f(\xi_j, \boldsymbol{x})$ 为点 ξ_j 和 $\boldsymbol{x}$ 的基函数；α^j 为待定系数；j 称为极点；M 为总极点数，包含所有的边界节点和内部节点。

定义特解

$$\nabla^2 \hat{u}^j = f^j \tag{3-7-14}$$

由于 f^j 为已知函数，因此 $\hat{u}^j$ 可以通过对式(3-7-14)积分求得。表 3-7-1 列出了几种常用的基函数 f^j，以及与其对应的 $\hat{u}^j$。

表 3-7-1　几种常用的基函数及其特解

f^j	1	r	$1+r$	$r^2\ln(r)$
$\hat{u}^j$	$r^2/4$	$r^3/9$	$r^2/4 + r^3/9$	$r^4[\ln(r^2) - 1]/32$

将式(3-7-14)代入式(3-7-13)，然后将结果代入泊松方程的边界积分式(3-7-8)，得

$$cu + \int_\Gamma q^* u \mathrm{d}\Gamma = \int_\Gamma u^* q \mathrm{d}\Gamma + \sum_{j=1}^{M} \left(\alpha^j \int_\Omega u^* \nabla^2 \hat{u}^j \mathrm{d}\Omega \right) \tag{3-7-15}$$

与推导式(3-7-3)相类似，采用分部积分法，则式(3-7-15)中的域积分可转化为

$$\int_\Omega u^* \nabla^2 \hat{u}^j \mathrm{d}\Omega = \int_\Gamma u^* \frac{\partial \hat{u}^j}{\partial \boldsymbol{n}} \mathrm{d}\Gamma - \int_\Gamma \hat{u}^j \frac{\partial u^*}{\partial \boldsymbol{n}} \mathrm{d}\Gamma + \int_\Omega \hat{u}^j \nabla^2 u^* \mathrm{d}\Omega \tag{3-7-16}$$

因为基本解 u^* 满足式(3-1-10)，则有

$$\int_{\Omega} u^* \nabla^2 \hat{u}^j \mathrm{d}\Omega = \int_{\Gamma} u^* \frac{\partial \hat{u}^j}{\partial \boldsymbol{n}} \mathrm{d}\Gamma - \int_{\Gamma} \hat{u}^j \frac{\partial u^*}{\partial \boldsymbol{n}} \mathrm{d}\Gamma - c^j \hat{u}^j \tag{3-7-17}$$

这样，将上式代入式(3-7-15)，就可得到泊松方程的纯边界积分方程为

$$cu + \int_{\Gamma} q^* u \mathrm{d}\Gamma = \int_{\Gamma} u^* q \mathrm{d}\Gamma + \sum_{j=1}^{M} \left[\alpha^j \left(\int_{\Gamma} u^* \frac{\partial \hat{u}^j}{\partial \boldsymbol{n}} \mathrm{d}\Gamma - \int_{\Gamma} \hat{u}^j \frac{\partial u^*}{\partial \boldsymbol{n}} \mathrm{d}\Gamma - c^j \hat{u}^j \right) \right] \tag{3-7-18}$$

通过对边界进行离散并积分，可得到如下的代数方程组：

$$\boldsymbol{Hu} - \boldsymbol{Gq} = (\boldsymbol{H}\hat{\boldsymbol{u}} - \boldsymbol{G}\hat{\boldsymbol{q}})\boldsymbol{\alpha} \tag{3-7-19}$$

式中，由待定系数 α^j 组成的向量 $\boldsymbol{\alpha}$ 可由式(3-7-13)通过配点的方法确定，为此我们将其写为

$$\sum_{j=1}^{M} f(\xi_j, \boldsymbol{x})\alpha^j = b(\boldsymbol{x}) \tag{3-7-20}$$

将式中的 $\boldsymbol{x}$ 遍及所有 M 个节点取值，则可得到 M 个关于系数 α^j 的方程组，将其写为矩阵的形式则为

$$\boldsymbol{F\alpha} = \boldsymbol{b} \tag{3-7-21}$$

如果没有任何两个极点的坐标是重合的，则上式中的矩阵 $\boldsymbol{F}$ 非奇异，于是有

$$\boldsymbol{\alpha} = \boldsymbol{F}^{-1}\boldsymbol{b} \tag{3-7-22}$$

由此可见，系数 α^j 可由各极点的 b 值确定，只要 b 的函数形式给定，则 α^j 就已知了。

双互易法自 1982 年提出以来，已得到了广泛的使用，其优点是只要选定一种基函数 f^j，则可用统一的形式求解所有问题；其缺点是由于系数 α^j 由各个点的 b 值总体插值而来，需要有足够多的内部点才能得到精确的计算结果，内部点的数量和分布形式会影响计算结果的精度。

3. 径向积分法

径向积分法[9]是由高效伟于 2002 年提出的，其基本理论已在第 2 章中作了详细介绍，本节重点介绍其在处理泊松方程中域积分方面的应用。采用径向积分法式(2-4-11)，式(3-7-8)中的域积分可转化为

$$\int_{\Omega} u^*(q,P)b(q)\mathrm{d}\Omega(q) = \int_{\Gamma} \frac{1}{r^{\alpha}(Q,P)} \frac{\partial r}{\partial \boldsymbol{n}} F(Q,P)\mathrm{d}\Gamma(Q) \tag{3-7-23}$$

式中，径向积分 $F(Q,P)$ 由式(2-4-12)确定，即

$$F(Q,P) = \int_{0}^{r(Q,P)} u^*(q,P)b(q)r^{\alpha}\mathrm{d}r \tag{3-7-24}$$

由于源项 b 通常是常数或者坐标的函数，因此利用变量变换关系式(2-4-13)一般能得到式(3-7-24)的解析解。例如，在某热传导问题中，热源 b 的变化表达

式为

$$b(q)=\frac{x_1}{L}\left(1-\frac{x_1}{L}\right) \tag{3-7-25}$$

其中，L 为常数。将变量变换关系式(2-4-13)代入上式中，经整理得

$$b(q)=a+br+cr^2 \tag{3-7-26}$$

其中

$$a=\frac{(L-x_1^P)x_1^P}{L^2},b=\frac{(L-2x_1^P)r_{,1}}{L^2},c=-\frac{r_{,1}^2}{L^2} \tag{3-7-27}$$

将式(3-7-26)与基本解(3-7-7)代入式(3-7-24)，并积分可得

$$F(Q,P)=-\frac{1}{2\pi}\left[\frac{ar^2}{2}\left(\ln r-\frac{1}{2}\right)+\frac{br^3}{3}\left(\ln r-\frac{1}{3}\right)+\frac{cr^4}{4}\left(\ln r-\frac{1}{4}\right)\right]\quad(\text{二维}) \tag{3-7-28a}$$

$$F(Q,P)=\frac{(6a+4br+3cr^2)r^2}{48\pi}\quad(\text{三维}) \tag{3-7-28b}$$

于是，将式(3-7-28)代入式(3-7-23)，可得

$$\int_{\Omega}u^*(q,P)b(q)\mathrm{d}\Omega(q)=\int_{\Gamma}\frac{-1}{2\pi}\left[\frac{ar}{2}(\ln r-1)+\frac{br^2}{3}\left(\ln r-\frac{1}{3}\right)+\frac{cr^3}{4}\left(\ln r-\frac{1}{4}\right)\right]\frac{\partial r}{\partial \boldsymbol{n}}\mathrm{d}\Gamma\quad(\text{二维}) \tag{3-7-29a}$$

$$\int_{\Omega}u^*(q,P)b(q)\mathrm{d}\Omega(q)=\int_{\Gamma}\frac{6a+4br+3cr^2}{48\pi}\frac{\partial r}{\partial \boldsymbol{n}}\mathrm{d}\Gamma\quad(\text{三维}) \tag{3-7-29b}$$

由此可见，径向积分法将源项引起的域积分转化为边界积分是一个解析的过程。如果源项是已知函数，则域积分到边界积分的转换是精确转换，不需要任何内部点，这一点是径向积分法比其他转换方法更具优势的地方，这也是径向积分法近年来得到快速发展的主要原因[23]。

3.8 角点问题

在边界元分析中，角点问题也是影响计算精度的一个重要问题。角点有两种，一种是“几何角点”，是指边界上外法线方向变化不连续的点，如几何拐角；另一种是“物理角点”，即边界上物理条件(通常是物理通量)不连续的点。在二维几何角点处，左右切线的夹角不是 π，这时边界积分方程(3-3-11)和(3-7-8)中的系数 c 不等于 1/2，而是由角点处的几何性质决定，这在 3.3 节中已经讨论过了。不过，我们不需要关注几何角点引起系数 c 变化的问题，因为其最终的贡献可由“常位势

法”间接确定。我们要关注的角点是物理角点，数值试验表明，对物理角点不加处理，计算结果在角点附近可能会产生相当大的误差。

本节要讨论的问题是由物理角点引起的物理量的突变。对于常单元，由于取边界单元的中点为节点，因而一般不存在角点问题。但对于线性单元或高阶单元，单元的端点被取为节点，这种节点被相邻的两个或多个单元所共用。如果角点周围的边界条件不同，这时作为共用节点的角点便很难体现与其相连的所有单元内具有不同变化边界条件的情况，必须作特殊技术处理。本节将分别介绍处理角点问题的混合单元法、多节点补充方程法和非连续单元法。

3.8.1 混合单元法

常单元的位势值 u 及其导数值 q 在单元内部都为常数，即总是取单元中点的值，因此该中点的法向导数必然连续。线性单元的位势值 u 及其导数值 q 都作线性变化，角点处函数值 u 是连续的，而导数值 q 是不连续的。混合单元法就是利用上述性质，对位势值 u 采用线性单元，而对导数值 q 采用常单元的方法。采用混合单元法后离散的边界积分方程为

$$c^i u^i + \sum_{j=1}^{N_e} \int_{\Gamma_j} q^*(Q,i)(N_1 u_1 + N_2 u_2)\,\mathrm{d}\Gamma = \sum_{j=1}^{N_e} q_j \int_{\Gamma_j} u^*\,\mathrm{d}\Gamma \qquad (3\text{-}8\text{-}1)$$

3.8.2 多节点补充方程法

多节点补充方程法是指在角点上布置多个节点，它们具有相同的坐标，但具有不同的边界条件，且归不同的单元所有。对角点处的一个节点作为源点建立边界积分方程，然后通过附加各节点位势值相等、通量满足某种关系的方法建立补充方程[24]。另一种措施是在同一角点定义的不同节点采用不同的积分方程类型建立系统方程组，如在一些点使用位势积分方程，而在另外一些点使用位势梯度积分方程。

3.8.3 非连续单元法

非连续单元法也是根据边界条件的不同在角点处布置多个节点，各节点分属不同的单元，这些节点在各自的单元向内部移动一定的距离，如图 3-8-1 所示。由于这些节点位于单元内部，因而不但边界是光滑的，而且每个节点具有不同的坐标值，所以可以用所介绍的边界积分方程通过在每个节点处配点而产生所需要的方程个数。

因为非连续单元内的物理量是以内移后的节点的物理量表征的，因此场量的插值函数与原来以单元角点值表征的有所不同。下面分别推导非连续线单元和面单元的插值函数。

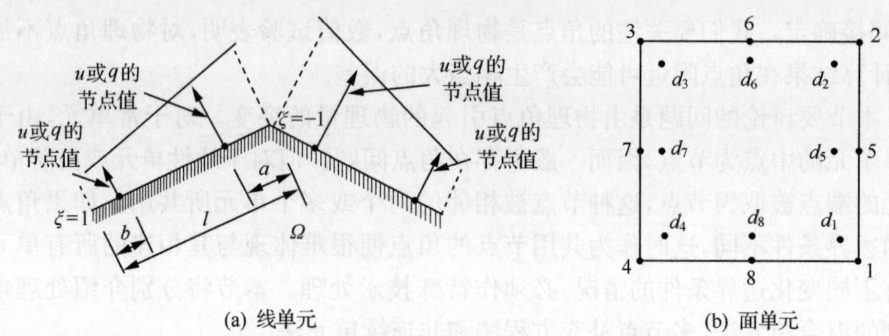

(a) 线单元　　(b) 面单元

图 3-8-1　非连续单元

1. 非连续线单元形函数的构造

以图 3-8-1(a)所示 2 节点线单元为例，当以两个端点为节点时，u 的线性插值表达式为

$$u(\xi)=[N_1(\xi)\quad N_2(\xi)]\begin{Bmatrix}u^1\\u^2\end{Bmatrix} \tag{3-8-2}$$

假设单元的两个节点由两端分别向单元内部移动 a 和 b 的距离，这时两节点处的函数值 u 可以表示为

$$\begin{Bmatrix}u^a\\u^b\end{Bmatrix}=\begin{bmatrix}N_1(\xi_a) & N_2(\xi_a)\\N_1(\xi_b) & N_2(\xi_b)\end{bmatrix}\begin{Bmatrix}u^1\\u^2\end{Bmatrix} \tag{3-8-3}$$

式中，$\xi_a=(2a/l)-1$ 和 $\xi_b=1-(2b/l)$ 为两节点的局部坐标。

求解式(3-8-3)可得

$$\begin{Bmatrix}u^1\\u^2\end{Bmatrix}=\boldsymbol{Q}\begin{Bmatrix}u^a\\u^b\end{Bmatrix} \tag{3-8-4}$$

式中

$$\boldsymbol{Q}=\begin{bmatrix}N_1(\xi_a) & N_2(\xi_a)\\N_1(\xi_b) & N_2(\xi_b)\end{bmatrix}^{-1}=\frac{1}{l-a-b}\begin{bmatrix}l-b & -a\\-b & l-a\end{bmatrix} \tag{3-8-5}$$

于是，将式(3-8-4)代入式(3-8-2)，新的插值函数表达式为

$$u(\xi)=[N_1(\xi)\quad N_2(\xi)]\boldsymbol{Q}\begin{Bmatrix}u^a\\u^b\end{Bmatrix} \tag{3-8-6}$$

采用同样的推导过程，可得通量 q 的线性插值表达式为

$$q(\xi)=[N_1(\xi)\quad N_2(\xi)]\boldsymbol{Q}\begin{Bmatrix}q^a\\q^b\end{Bmatrix} \tag{3-8-7}$$

2. 非连续面单元形函数的构造

对于三维问题，以 8 节点单元为例，如图 3-8-1(b)所示，d_i 为节点 i 向单元内

部缩进之后的位置。由原来的插值函数表示的表达式为

$$u(\xi,\eta)=\sum_{l=1}^{8}N_l(\xi,\eta)u^l=[N_1(\xi,\eta),N_2(\xi,\eta),\cdots,N_8(\xi,\eta)]\begin{Bmatrix}u^1\\u^2\\\vdots\\u^8\end{Bmatrix}\tag{3-8-8}$$

假设单元的非连续节点向单元内部移动一段距离,到达 d_i 的位置(局部坐标用 (ξ_{d_i},η_{d_i}) 表示),这时 d_i 节点处的函数值 u 可以表示为

$$u^{d_i}=\sum_{l=1}^{8}N_l(\xi_{d_i},\eta_{d_i})u^l\tag{3-8-9}$$

写成矩阵形式为

$$\begin{Bmatrix}u^{d_1}\\u^{d_2}\\\vdots\\u^{d_8}\end{Bmatrix}=\begin{bmatrix}N_1(\xi_{d_1},\eta_{d_1}) & N_2(\xi_{d_1},\eta_{d_1}) & \cdots & N_8(\xi_{d_1},\eta_{d_1})\\N_1(\xi_{d_2},\eta_{d_2}) & N_2(\xi_{d_2},\eta_{d_2}) & \cdots & N_8(\xi_{d_2},\eta_{d_2})\\\vdots & \vdots & & \vdots\\N_1(\xi_{d_8},\eta_{d_8}) & N_2(\xi_{d_8},\eta_{d_8}) & \cdots & N_8(\xi_{d_8},\eta_{d_8})\end{bmatrix}\begin{Bmatrix}u^1\\u^2\\\vdots\\u^8\end{Bmatrix}\tag{3-8-10}$$

对式(3-8-10)求逆可得

$$\begin{Bmatrix}u^1\\u^2\\\vdots\\u^8\end{Bmatrix}=\boldsymbol{Q}\begin{Bmatrix}u^{d_1}\\u^{d_2}\\\vdots\\u^{d_8}\end{Bmatrix}\tag{3-8-11}$$

式中

$$\boldsymbol{Q}=\begin{bmatrix}N_1(\xi_{d_1},\eta_{d_1}) & N_2(\xi_{d_1},\eta_{d_1}) & \cdots & N_8(\xi_{d_1},\eta_{d_1})\\N_1(\xi_{d_2},\eta_{d_2}) & N_2(\xi_{d_2},\eta_{d_2}) & \cdots & N_8(\xi_{d_2},\eta_{d_2})\\\vdots & \vdots & & \vdots\\N_1(\xi_{d_8},\eta_{d_8}) & N_2(\xi_{d_8},\eta_{d_8}) & \cdots & N_8(\xi_{d_8},\eta_{d_8})\end{bmatrix}^{-1}\tag{3-8-12}$$

将式(3-8-11)代入式(3-8-8),可得非连续元的插值公式为

$$u(\xi,\eta)=[N_1(\xi,\eta),N_2(\xi,\eta),\cdots,N_8(\xi,\eta)]\boldsymbol{Q}\begin{Bmatrix}u^{d_1}\\u^{d_2}\\\vdots\\u^{d_8}\end{Bmatrix}\tag{3-8-13}$$

式(3-8-13)也适合于 4 节点、9 节点等面单元的情况。对于一些非连续单元,如果只需要将部分节点向内移动,则对不移动的节点可通过取 (ξ_{d_i},η_{d_i}) 为原节点等参坐标值即可。

采用非连续元无疑会增加总节点数,因此,实际应用时,在通量非连续处,采用非连续单元,在其他边界,仍然采用连续单元。这样,物理量表征点边界总是光滑

的，因此积分方程中的 c 都可以取为 0.5。

当采用非连续单元时，如果节点向内移动的距离很小，则积分方程在该点配点时，对相邻单元的积分通常会出现近奇异性问题，因此在非连续元中采用单元子分技术是非常必要的。

3.9　程序介绍及算例

边界积分方程的求解是通过编制计算机程序实行的，本节介绍一个功能强大的位势问题边界元求解程序 PTBEM 和一个能有效计算高阶奇异边界积分的程序 SIEPPEM，并给出程序使用的演示算例。这两个程序都是用 Fortran 语言编写的，更为复杂的应用算例可在发表的相关文献中找到。

3.9.1　位势问题程序 PTBEM 介绍及算例

PTBEM 是一个能对二维和三维位势问题进行计算分析的程序，可选用线性或二次单元类型，可使用连续与非连续元混合模型，可以考虑有源项的问题。

1. 程序介绍

PTBEM 程序的输入数据文件名为 PTBEM. DAT，输出结果的文件名为 PTBEM. OUT。表 3-9-1 列出了主程序及主要子程序的名称和功能简述，图 3-9-1 展示了主程序的调用框图，图 3-9-2 和图 3-9-3 分别展示了计算积分系数矩阵时处理非奇异与奇异积分的调用框图。

表 3-9-1　主要子程序及其功能(除主程序外按照字母顺序进行排列)

名称	功能	名称	功能
PTBEM	主程序	EL_COEFS	计算边界积分并形成系统矩阵
ADDNOD	生成非连续点	EL_SOLVE	系统方程组求解
ADAPTINT	用单元子分法计算非奇异和近奇异积分	EVAL_HG	采用高斯积分计算系数 h_l^{ij} 和 g_l^{ij}
		FIXED_VALUES	定义全局控制参数
BLOCK_DATA	原始变量赋值	FORM_HG	形成当前单元的边界积分系数矩阵
CHOSEGP	自动计算所需高斯积分的阶数		
COMLINE	两个单元共用线上节点的处理	GAUSSV	高斯积分点坐标及其权系数
DISELEM	计算非连续单元及其边界条件	HGTOEQS	由单元积分结果组集系统方程组
DISHAPE	计算非连续单元的形函数	INNERPS	形成内部点系数矩阵
DSHAPE	计算形函数的一阶导数与雅可比行列式	INPUT_CTR	读入执行控制参数
		INPUT_EL	读入输入数据

续表

名称	功能	名称	功能
INT_HG	计算和组成当前单元的边界积分系数矩阵	RADIAL_INT	计算径向积分的解析式
		SETDSUB	形成退化子单元的节点等参坐标
INT_SOURCE	计算非齐次位势问题中源项所引起的域积分	SETGAS	形成高斯点及权系数的一维数组格式
INVSOLVR	矩阵求逆/方程求解	SHAPEF	形函数及距离 r
IVSNR123	行数小于等于3的矩阵求逆	SINGUHG	采用单元子分法计算弱奇异积分
MINDIST	求点到单元的最短距离	SIN2DHG	采用对数高斯积分计算二维 ln 奇异积分
NODEM2E	生成超过2个边界单元共享节点的非连续点	TREAT_Q	处理单元的法向通量边界条件
OUTPUT	输出计算结果	VARY_ARRAYS	定义全局可分配数组

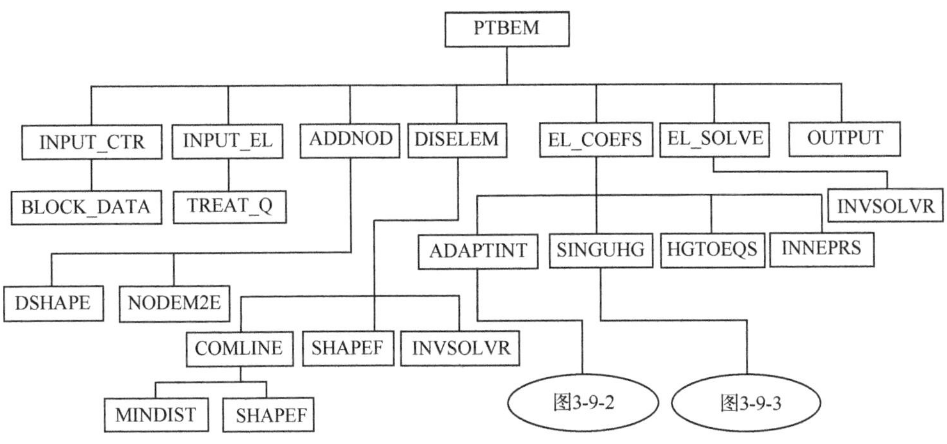

图 3-9-1　位势问题的边界元程序结构图

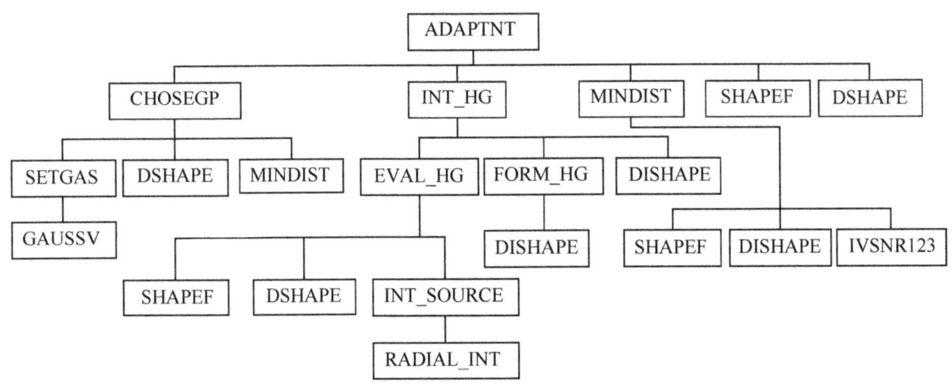

图 3-9-2　ADAPTINT 子程序结构

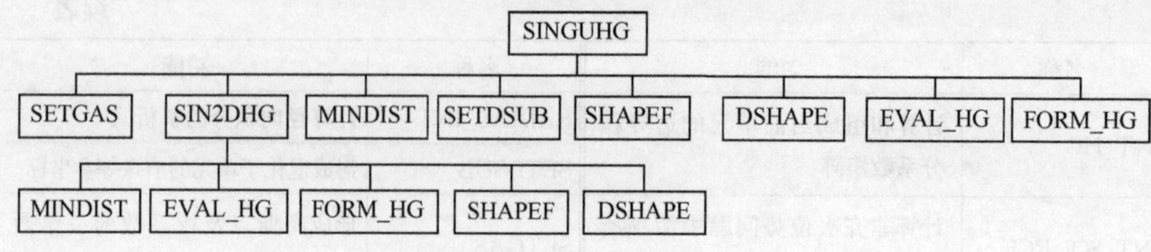

图 3-9-3　SINGUHG 子程序结构

PTBEM 输入数据文件的描述如下：

程序的输入数据由 9 个数据块组成，在输入数据中每一组数据都应该在单一的一行出现。所有数据以自由格式输入，带右上标的数据将会在后面进行详细说明。

数据块 1(一行)：

TITLE：　标题，用来识别所分析问题的字母和数字的组合

数据块 2(一行)：

NDIM：　所分析问题的维数[1]

NODE：　边界单元节点数(2,3，4，or 8)[2]

NBP：　边界节点总数

NTP：　边界和内部节点总数

NBE：　边界单元总数

MQGRP：　指定通量边界条件的组数[3]

MUGRP：　指定位势边界条件的组数[4]

NAUTO：　求积分所用到的高斯点数[5]

NSOURCE：　有无源项标志[6]

数据块 3(一行)：

TOLGP：　自动高斯积分的容差[7]

NCORN：　非连续单元标志[8]

DXI：　非连续节点在边界单元内沿局部坐标缩进的尺寸(0<DXI<1)

数据块 4(NTP 行——每个节点一行)：

M：　节点号[9]

CD(1,M)：　节点 M 的 x 坐标

CD(2,M)：　节点 M 的 y 坐标

CD(3,M)：　节点 M 的 z 坐标(如果是二维问题可忽略)

数据块 5(一行)：

NFIXU：　被给定位势的节点组数[10]

数据块 6(NFIXU 行——每个被给定的位势节点组占一行):

NBGN: 被给定位势的起始节点号

NEND: 被给定位势的结束节点号

NGRP: 约束节点的位势在所有指定位势组中的编号[11]

数据块 7(NBE 行——每个单元一行):

L: 边界单元编号

LNDB(L,1): 单元 L 的第一个节点的全局节点编号[12]

LNDB(L,2): 单元 L 的第二个节点的全局节点编号

……

LNDB(L,NODE): 单元 L 的最后一个节点的全局节点编号

NQGRP(L): 单元 L 给定的通量在所有指定通量组中的编号

数据块 8(MQGRP 行——每组指定热通量一行,如果 MQGRP=0,忽略此块):

M: 指定通量组的编号

Q(M,1:NODE): 单元所有节点的通量值

数据块 9(MUGRP 行——每组指定位势占一行,如果 MUGRP=0,忽略此块):

M: 指定位势组的编号

RU(M): 节点的位势值

注释:

1 NDIM:二维问题 NDIM=2,三维问题 NDIM=3。

2 NODE:二维模型中,线性单元 NODE=2,二次单元 NODE=3;三维模型中,线性单元 NODE=4,二次单元 NODE=8。

3 MQGRP:如果单元给定的通量相同,则这些单元属于同一组通量边界条件。

4 MUGRP:如果节点给定的位势相同,则这些节点属于同一组位势边界条件。

5 NAUTO:高斯点数。可以为正值、0 或负值,取决于求积分的策略:大于 0,所有积分采用此高斯点数;等于 0,自动选择高斯点数(≤10),但是不进行单元子分;小于 0,对于奇异积分,高斯点=|NAUTO|,对于非奇异积分,自动选择高斯点并且单元子分。

6 NSOURCE:NSOURCE 等于 0 表示无源项,不等于 0 表示有源项。

7 TOLGP:数值计算的容差。对于常规的计算目的,10^{-3} 的容差就已经足够,但是对于某些高精度计算需要小于 10^{-4} 的容差。这个参数可取正值也可取负

值。如果是正值则采取解析的误差界，如果是负值则采用经验的误差界。

8　NCORN：NCORN＝0 表示采用连续单元，NCORN＝NBP 表示采用非连续单元。

9　M：节点的编号必须是连续的（1～NTP），首先是边界节点，然后是内部节点。

10　NFIXU：仅用于边界节点。相同的固定性质（指定位势）自动地被赋予与其对应的节点。

11　NGRP：如果约束节点的位势边界条件类为第 K 组，则令 NGRP＝K。

12　LNDB：每一个边界单元的节点数必须等于 NODE，单元各节点排列顺序如图 3-9-4 和图 3-9-5 所示。此外，单元的外法线方向要与边界的外法线方向一致。

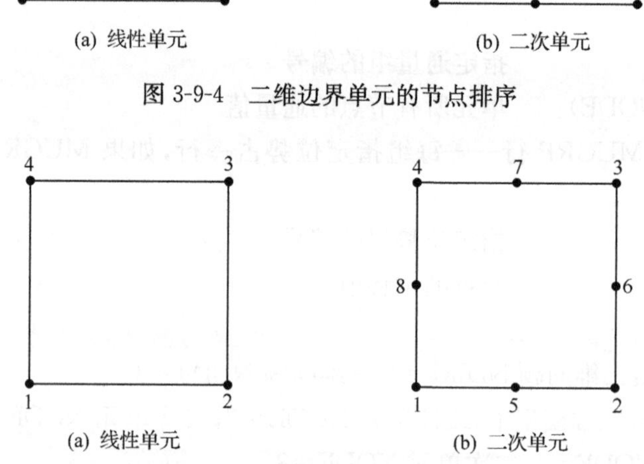

1
2
(a) 线性单元
1
3
2
(b) 二次单元

图 3-9-4　二维边界单元的节点排序

4
3
1
2
(a) 线性单元
4
7
3
8
6
1
5
2
(b) 二次单元

图 3-9-5　三维边界单元的节点排序

2. 算例分析

考虑一个边长为 $L\times L$ 的正方形区域内的位势问题（图 3-9-6），源项 b 为已知函数 $b=\frac{x}{L}\left(1-\frac{x}{L}\right)$。边界条件为上下边界通量 $q=0$，左右边界位势已知，分别为 $u_1=300$ 和 $u_2=100$。此问题很容易得到解析解，即

$$u=-\frac{x^3}{6L}+\frac{x^4}{12L^2}+\left(\frac{L^2-2400}{12L}\right)x+300$$

左右边界通量的解析解分别应为 $q_1=32.8333$ 和 $q_2=-33.8333$。分别采用线性边界单元和二次边界单元对该二维问题进行分析，将分析结果与解析解比较，验证

准确性。此算例线性单元的输入数据为 PTBEM_NODE2. DAT，二次单元的输入数据为 PTBEM_NODE3. DAT。

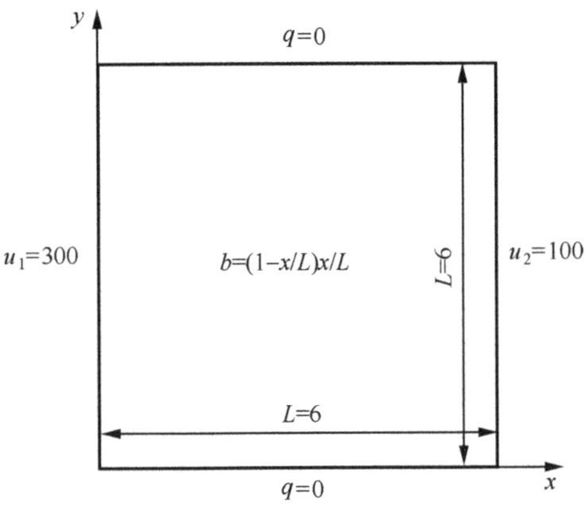

图 3-9-6　计算区域及边界条件

在计算域的每条边上布置 5 个等间隔的边界节点，每条边分别用四个线性单元(图 3-9-7(a))和两个二次单元(图 3-9-7(b))两种情况进行计算。为了计算内部位势，布置 5 个内部点，如图 3-9-7 所示。计算中，热源项用径向积分法转换成的边界积分式(3-7-29a)计算，其中径向积分用解析式(3-7-28a)计算(见子程序 RADIAL_INT)。

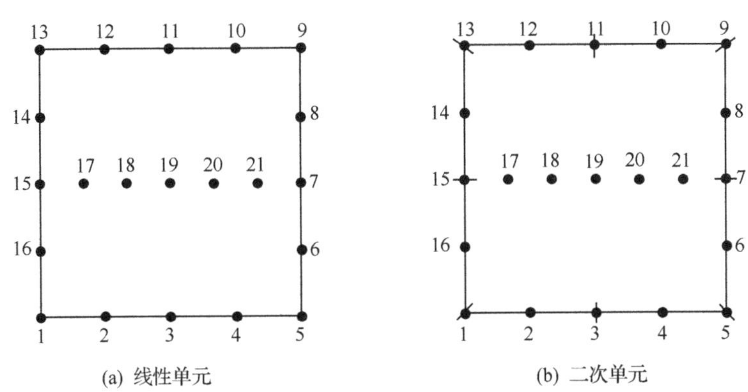

图 3-9-7　网格划分

表 3-9-2 为 $q = 0$ 的上下边界上的节点位势及其误差。表 3-9-3 为 $u = 300$ 和 $u = 100$ 的左右边界上的节点通量及其误差。表 3-9-4 为 5 个内部节点的位势及其误差。

表 3-9-2 上下边界的节点位势及相对误差

节点编号	解析解	线性单元解	相对误差/%	二次单元解	相对误差/%
2	250.6680	250.6741	0.00243	250.6668	0.00048
3	200.9375	200.9443	0.00338	200.9362	0.00065
4	150.6680	150.6741	0.00405	150.6668	0.00080
10	150.6680	150.6741	0.00405	150.6668	0.00080
11	200.9375	200.9443	0.00338	200.9362	0.00065
12	250.6680	250.6741	0.00243	250.6668	0.00048

表 3-9-3 左右边界的节点通量及相对误差

节点编号	解析解	线性单元解	相对误差/%	二次单元解	相对误差/%
6	−33.8333	−33.8250	0.02453	−33.8348	0.00443
7	−33.8333	−33.8338	0.00148	−33.8310	0.00680
8	−33.8333	−33.8250	0.02453	−33.8348	0.00443
14	32.8333	32.8417	0.02558	32.8316	0.00518
15	32.8333	32.8329	0.00122	32.8356	0.00701
16	32.8333	32.8417	0.02558	32.8316	0.00518

表 3-9-4 5 个内部节点的位势及相对误差

节点编号	解析解	线性单元解	相对误差/%	二次单元解	相对误差/%
17	267.1412	267.1379	0.00123	267.1405	0.00026
18	234.1481	234.1423	0.00250	234.1468	0.00058
19	200.9375	200.9309	0.00328	200.9359	0.00078
20	167.4815	167.4757	0.00345	167.4801	0.00082
21	133.8079	133.8046	0.00244	133.8072	0.00050

从表 3-9-2～表 3-9-4 可以看出，线性单元和二次单元的计算结果与解析解非常吻合，相对误差很小。与解析解相比较，可以看出二次单元的计算结果比线性单元的计算结果更精确。

3.9.2 高阶奇异边界积分计算程序 SIEPPEM 介绍及算例

本节介绍一个基于幂级数展开法的二、三维高阶奇异边界积分计算的 Fortran 程序。程序名为 SIEPPEM(singular integral evaluation based on parameter plane expansion method)，是基于 3.6.4 节介绍的内容开发的。为了方便对比使用，作者将具有同等功能的另一完整程序 SIETPEM(singular integral evaluation based on tangential plane expansion method)放在了网页上，此程序是根据文献[25]中

介绍的内容开发的。

1. 程序介绍

程序 SIEPPEM 由主程序与 17 个子程序组成，输入数据都在主程序内读入，式(3-6-22)中的非奇异函数 $\bar{f}$ 在子程序 F_BAR 中定义。储存输入数据的文件名为 SIEPPEM. DAT，输出结果放在了文件 SIEPPEM. OUT 中。下面是输入数据文件与主要子程序的介绍。

1) 输入数据介绍

数据块 1：

NDIM：问题的维数(二维问题为 2，三维问题为 3)；

NTP：总的节点个数(包括边界节点和内部点)；

NBE：边界单元的总数；

NODE：单元上的节点个数(二维问题为 2(线性单元)或 3(二次单元)，三维问题为 4(线性单元)或 8(二次单元))；

BETA：式(3-6-22)中的积分奇异性阶次 λ(对于正则积分 $\lambda \leqslant 0$)；

NF：式(3-6-22)中正则函数 $\bar{f}(Q,P)$ 的分量个数。

数据块 2：

NP：节点总体编号；

CD(1,NP)：编号为 NP 的节点的 x 坐标；

CD(2,NP)：编号为 NP 的节点的 y 坐标；

CD(3,NP)：编号为 NP 的节点的 z 坐标。

数据块 3：

NE：单元编号；

LNDB(1,NE)：单元 NE 的第一个节点的总体节点编号；

……

LNDB(NODE,NE)：单元 NE 的最后一个节点的总体节点编号；

NSEL(NE)：编号为 NE 的单元的奇异节点的局部结点编号(如果小于零，需要在后面(数据卡 5)输入奇异节点在等参坐标系下的局部坐标；如果等于零，该单元为正则单元)。

数据块 4：

XP(1)，XP(2)，XP(3)：源点的总体坐标。如果 NSEL(NE)<0，它们将自动由输入的源点的等参坐标计算获得；如果 NSEL(NE)=0，它们必须被输入；如果 NSEL(NE)>0，它们将自动由 NSEL(NE)指定的总体节点的坐标获得。

数据块 5：

XIS(1)，XIS(2)：源点在等参坐标系下的局部坐标(只有当 NSEL(NE)<0

时需提供；当 NSEL(NE)＞0 时，将自动由 NSEL(NE)指定的局部节点的等参坐标获得)。

2) 子程序及变量介绍

SUBROUTINE *F_BAR*：定义式(3-6-22)中的核函数的正则部分 $\bar{f}$，其可以是多个函数，因此又标记为 $\bar{f}_i$ 。计算中用到的一些常量，由公共数据块 COMMON/RIM_COEF 和主程序之间进行数据共享。此子程序传入了定义复杂 $\bar{f}_i$ 所用到的全部信息，除了 FB 为输出变量外，其他全部为输入量。除了输入数据文件中介绍的变量外，涉及的常数和变量介绍如下：

PI：π(在主程序中定义)；

DLT：克罗内克 δ_{ij} (在主程序中定义)；

CNU：泊松比 ν(在主程序中定义)；

DRDX：$\hat{\boldsymbol{r}} = \partial r/\partial \boldsymbol{x} = (\boldsymbol{x} - \boldsymbol{x}^p)/r(\boldsymbol{x}, \boldsymbol{x}^p)$，分量表示为 $r_{,i}$；

COSN：边界外法线向量 $\boldsymbol{n}$，分量为 n_i；

R：r(源点 P 到场点 Q 之间的距离)；

DRDN：$\partial r/\partial \boldsymbol{n} = (\partial r/\partial x_i) \cdot n_i$；

XI：场点的等参坐标 ξ (二维)或 (ξ_1, ξ_2) (三维)；

SHAP：形函数 $N_l(\xi)$ (二维)或 $N_l(\xi_1, \xi_2)$ (三维)；

NSP：当源点位于单元的一个节点时，NSP 为单元(局部)节点编号；

XP：源点 P 的坐标 x_i^P ；

XQ：场点 Q 的坐标 x_i ；

NF：函数 $\bar{f}_i(Q, P)$ 的分量个数，$i=1,2,\cdots,$NF；

FB：存放 $\bar{f}_i(Q, P)$ 的计算值。

SUBROUTINE *RIM_ELEMS*：该子程序产生高斯积分所需要的数据。开启单元循环，逐个单元计算每个源点 x^P 对应的边界单元积分。变量介绍如下：

NBDM：$\beta - 1$ (二维问题为 1，三维问题为 2)；

NSUB：每个边界单元的边界个数(三维问题为 4；二维问题为 2)；

NDSID：单元每个边界上的节点的个数；

NGR，NGL：径向积分和环向积分高斯点个数；

CK：存放一个边界单元上所有节点的全局坐标；

V1E：存放一个单元的积分结果；

VINT：存放总的积分结果。

SUBROUTINE *GAUSSV*：用来定义高斯点坐标和相应的权系数，其中虚参 NGAUS、GP 和 GW 分别是高斯点数、高斯点坐标和高斯权系数。

SUBROUTINE *ADAPTINT_ELEM*：计算正则边界单元积分。如果源点很靠近单元的边界，程序将根据靠近度采用单元子分法自动将该边界单元划分成许多子单元(在子程序 CHOSEGP 中决定)进行计算[11]。

NCOR：边界单元的边数；

NSUB：沿局部坐标方向的子单元数；

XIC：单元最靠近源点位置的等参坐标；

CSUB：每个子单元顶点的等参坐标。

SUBROUTINE *SHAPEF*：计算形函数 N_l。

X(1)和 X(2)：等参坐标分量 ξ 和 η 的值；

RI：$\boldsymbol{x}^Q-\boldsymbol{x}^P$；

RQ2：r^2；

SP：形函数 N_l。

SUBROUTINE *DSHAPE*：计算形函数对等参坐标的导数、外法线方向向量和雅可比行列式值。

DN：$\partial N_l(\xi,\eta)/\partial\xi$ 和 $\partial N_l(\xi,\eta)/\partial\eta$；

FJCB：雅可比行列式值 J_e；

COSN：外法线方向向量 $\boldsymbol{n}$。

SUBROUTINE *SINGULAR_ELEM*：计算奇异边界单元积分，即采用式(3-6-50)计算沿图 3-6-5 所示的等参单元四条边的线积分。当 P 点很靠近积分边界时，采用单元子分法将该边分成多个子单元，以满足高斯积分的精度。

NGL：积分边 L 上每个子单元用到的高斯点个数；

GPL：积分边 L 上每个子单元的高斯点坐标；

GWL：积分边 L 上每个子单元的高斯点权系数；

NODEF：存放单元每个边上节点编号的数组；

NSP：奇异单元节点的局部编号(如果为 0，该单元不是奇异单元)；

CSUB：积分边的两端点等参坐标；

XIEL：子单元的长度，由源点到积分边的最短距离自动计算；

XIP，XIQ：分别为源点和场点的等参坐标；

RHOQ：ρ，见式(3-6-52)；

DRDNP：$\partial\rho/\partial\boldsymbol{n}'$，见式(3-6-53)；

RINT：式(3-6-50)中径向积分 F 的值，由式(3-6-63)在子程序 INT_RHO 中计算。

SUBROUTINT *INT_RHO*：二维问题沿着单元的等参坐标直线积分，三维问题沿着等参坐标平面内源点到轮廓线的径向积分。

SLOP：式(3-6-54)中的 $\rho_{,I}$；

RHOQ：源点到积分边的距离 $\rho(Q,P)$；

NPOWF：式(3-6-39)和式(3-6-62)中的 K，即幂级数展开的阶数，由经验公式 $K=3+2.1214\times\rho(Q,P)$ 自动计算；

RINT：积分结果。

SUBROUTINE *COEFS_GH*：由式(3-6-59)计算系数 G 和由式(3-6-47a)计算系数 H。

SUBROUTINE *COEF_B*：计算幂级数展开公式的系数，见式(3-6-40)～式(3-6-43)。

Rho：配点到源点的距离 ρ；

COEFB：式(3-6-39)和式(3-6-62)中的系数 $B^{(k)}$。

SUBROUTINE *INVSOLVR*：矩阵求逆或者解线性方程组 $\boldsymbol{Ax}=\boldsymbol{y}$。

INDIL：求解标志，-1，求 $\boldsymbol{A}^{-1}$；0，求 $\boldsymbol{A}^{-1}$ 和方程组的解 $\boldsymbol{x}$；$+1$，只求解方程组；

A：存放系数矩阵的数组；

N：线性方程的个数；

NCOL：矩阵 $\boldsymbol{A}$ 列数；

NROW：矩阵 $\boldsymbol{A}$ 行数。

2. 算例分析

本节给出两个用程序 SIEPPEM 计算的二维和三维奇异积分的演示算例。

算例 1　二维位势边界元分析中的超奇异积分 $I_{ij}=\int_{\Gamma}u^*_{,ij}\,\mathrm{d}\Gamma$。

我们分析一个位势边界元分析中出现的曲线积分，核函数 $u^*_{,ij}$ 是来自格林函数基本解 $u^*=\ln(1/r)/(2\pi)$ 的二阶空间导数，其形式如下：

$$u^*_{,ij}=\frac{-1}{2\pi r^2}(\delta_{ij}-2r_{,i}r_{,j})$$

积分线段是一半径为 1 的圆弧，中点与 x 轴的夹角为 $\varphi_2=30°$，弧长的圆心角为 $2\varphi=20°$，计算点(源点)在 $\varphi_0=35°$ 的圆弧上。因为积分线是圆弧，因此可以得到解析解。定义 $u^*_{,11}$、$u^*_{,12}$ 和 $u^*_{,22}$ 的子程序 F_BAR 如下：

```
SUBROUTINE F_BAR(NDIM,NBDM,DRDX,COSN,R,DRDN,XI,SHAP,XP,XQ,NF,FB)
IMPLICIT REAL * 8 (A - H,O - Z)
DIMENSION XP(NDIM),X(NDIM),XI(NBDM),DRDX(NDIM),COSN(NDIM),SHAP( * ),&
&         FB(NF),XQ(NDIM)
COMMON/RIM_COEF/PI,DLT(3,3),CNU
FB(1) =-(1.-2. * DRDX(1) * DRDX(1))/(2. * PI)
FB(2) = 2. * DRDX(1) * DRDX(2)/(2. * PI)
FB(3) =-(1.-2. * DRDX(2) * DRDX(2))/(2. * PI)
END
```

此算例的输入文件名为 SIEPPEM_2D. DAT，其内容如下：

```
2       3       1       3       2.      3
1       0.939693    0.34202
2       0.866025    0.5
3       0.766044    0.642788
1       1       3       2       -2
0.819152    0.573576436
0.5
```

表 3-9-5 列出了解析解与 SIEPPEM 的计算结果。可以看出，两种结果非常相近，小的差异是由于解析解用的是圆弧，而 SIEPPEM 中是用二次单元来逼近圆弧。

表 3-9-5 I_{ij} 的计算结果

核函数	$u^*_{,11}$	$u^*_{,12}$	$u^*_{,22}$
解析解	0.675684	2.36647	−0.675684
SIEPPEM	0.671577	2.36146	−0.671577

算例 2 三维曲面单元超奇异积分 $I(x^P)=\int_\Gamma \frac{-1}{4\pi r^\lambda}\left(3r_{,3}\frac{\partial r}{\partial \boldsymbol{n}}-n_3\right)\mathrm{d}\Gamma$。

积分曲面 Γ 是截取 90°的三维柱面，如图 3-9-8 所示。柱面半径为 1，长度为 2。计算中，柱面取为一个 8 节点边界单元；对三个源点 a,b,c 进行计算，其等参单元局部坐标分别为(0,0)，(0.66,0)，(0.66,0.66)。

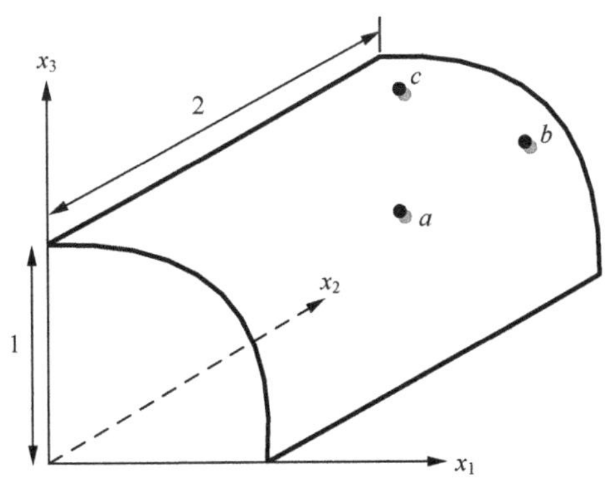

图 3-9-8 90°柱面单元

表 3-9-6 给出了 SIEPPEM 程序对三个源点在 $\lambda=3$ 时的计算结果。Guiggiani 等在文献[13]中对 $\lambda=3$ 时的情况进行了计算，计算结果也列在表 3-9-6 中，可以看出两种结果非常接近。

表 3-9-6 三个点 a,b,c 的计算结果($\lambda=3$)

源点	a	b	c
文献[13]	−0.343807	−0.497119	−0.876365
SIEPPEM	−0.343924	−0.497122	−0.876357

本书还对 $\lambda=5$ 的情况进行了计算,表 3-9-7 列出了分别用 SIEPPEM 和 SIETPEM 计算的结果。

表 3-9-7 三个点 a,b,c 的计算结果 ($\lambda=5$)

源点	a	b	c
SIEPPEM	−0.2541758	−0.8235036	−2.131406
SIETPEM	−0.2541758	−0.8256191	−2.184321

本算例对于 b 点 $\lambda=5$ 的输入文件名为 SIEPPEM_3D. DAT,其内容如下:

```
3     8     1     8   5.   1
1     1.    0.    0.
2     1.    2.    0.
3     0.    2.    1.
4     0.    0.    1.
5     1.    1.    0.
6     0.7071067812   2.    0.7071067812
7     0.    1.    1.
8     0.7071067812   0.    0.7071067812
1   1   2   3   4   5   6   7   8   -3
0.7071067812       1.66      0.7071067812
0.66    0.0
```

定义被积函数非奇异部分 $\bar{f}=-\left(3r_{,3}\dfrac{\partial r}{\partial \boldsymbol{n}}-n_3\right)/(4\pi)$ 的子程序 F_BAR 为

```
SUBROUTINE F_BAR(NDIM,NBDM,DRDX,COSN,R,DRDN,XI,SHAP,NF,NSP,FB)
IMPLICIT REAL * 8 (A - H,O - Z)
DIMENSION DRDX(NDIM),COSN(NDIM),RI(NDIM),FB(NF),SHAP( * ),XI(2)
COMMON/RIM_COEF/PI,DLT(3,3),CNU
FB(1) = - (3. * DRDX(3) * DRDN - COSN(3))/(4. * PI)      ! Define f bar
END
```

附录 3A 二维常单元影响系数解析表达式

影响系数 $\hat{H}^{ij}$ 和 G^{ij} 由式(3-5-3) 和式(3-5-4) 给定,即

$$\hat{H}^{ij} = \int_{\Gamma_j} q^*(Q,i)\,\mathrm{d}\Gamma(Q) \tag{3A-1a}$$

$$G^{ij} = \int_{\Gamma_j} u^*(Q,i)\,\mathrm{d}\Gamma(Q) \tag{3A-1b}$$

式中，二维问题的基本解为

$$u^* = \frac{1}{2\pi}\ln\left(\frac{1}{r}\right) \tag{3A-2a}$$

$$q^* = \frac{-1}{2\pi r}\frac{\partial r}{\partial \boldsymbol{n}} \tag{3A-2b}$$

1. 当 $j \neq i$ 时的情况

如图 3A-1 所示，设源点 P 位于第 i 个节点，场点 Q 在第 j 个单元 Γ_j 上取值。图中，1，2 表示单元 Γ_j 的两个端点，d 表示源点到单元的垂直距离，O 表示垂线与单元的相交点。

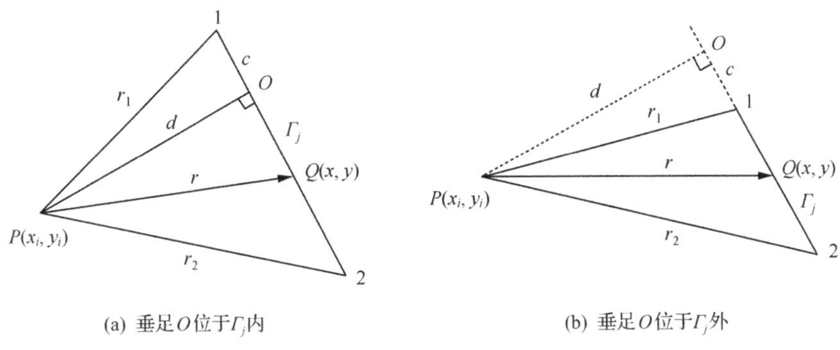

图 3A-1　源点和被积单元几何关系

将式(3A-2b)代入式(3A-1a)得

$$\hat{H}^{ij} = \int_{\Gamma_j} q^*(Q,i)\,\mathrm{d}\Gamma(Q) = \int_{\Gamma_j} \frac{-1}{2\pi r}\frac{\partial r}{\partial \boldsymbol{n}}\mathrm{d}\Gamma(Q) = \frac{-1}{2\pi}\int_{\Gamma_j} \frac{1}{r}\frac{\partial r}{\partial \boldsymbol{n}}\mathrm{d}\Gamma(Q) \tag{3A-3}$$

根据图 3A-1 所示的几何关系有

$$\frac{\partial r}{\partial \boldsymbol{n}} = \frac{\partial r}{\partial x}\frac{\partial x}{\partial \boldsymbol{n}} + \frac{\partial r}{\partial y}\frac{\partial y}{\partial \boldsymbol{n}} = \frac{x - x_i}{r}\cos(\boldsymbol{n},x) + \frac{y - y_i}{r}\cos(\boldsymbol{n},y) = \frac{1}{r}(\boldsymbol{r}\cdot\boldsymbol{n}) = \frac{d}{r} \tag{3A-4}$$

将式(3A-4)代入式(3A-3)，可得

$$\hat{H}^{ij} = \frac{-1}{2\pi}\int_{\Gamma_j} \frac{d}{r^2}\mathrm{d}\Gamma(Q) \tag{3A-5}$$

当源点到单元 Γ_j 的垂线与 Γ_j 的交点在 Γ_j 内，即图 3A-1(a)所示的情况时，根据几何关系，对于 $\Gamma_j \in (1,O)$ 这一部分，有

$$\Gamma = c - \sqrt{r^2 - d^2}, \quad \mathrm{d}\Gamma = \frac{-r\mathrm{d}r}{\sqrt{r^2 - d^2}} \tag{3A-6}$$

式中，c 为垂足 O 到节点 1 的距离。于是有

$$\hat{H}_1^{ij} = \frac{d}{2\pi}\int_{r_1}^{d} \frac{r\mathrm{d}r}{r^2\sqrt{r^2 - d^2}} = \frac{1}{2\pi}\arctan\sqrt{\left(\frac{r}{d}\right)^2 - 1}\,\Bigg|_{r_1}^{d} \tag{3A-7}$$

同样对于 $\Gamma_j \in (O,2)$，有

$$\Gamma = c + \sqrt{r^2 - d^2}, \quad \mathrm{d}\Gamma = \frac{r\mathrm{d}r}{\sqrt{r^2 - d^2}} \tag{3A-8}$$

$$H_2^{ij} = \frac{-d}{2\pi}\int_{d}^{r_2} \frac{r\,\mathrm{d}r}{r^2\sqrt{r^2 - d^2}} = \frac{-1}{2\pi}\arctan\sqrt{\left(\frac{r}{d}\right)^2 - 1}\,\Bigg|_{d}^{r_2} \tag{3A-9}$$

最后得到

$$\hat{H}^{ij} = \hat{H}_1^{ij} + \hat{H}_2^{ij} = \frac{-1}{2\pi}\left(\arctan\sqrt{\left(\frac{r_1}{d}\right)^2 - 1} + \arctan\sqrt{\left(\frac{r_2}{d}\right)^2 - 1}\right) \tag{3A-10}$$

当源点到单元 Γ_j 的垂线与 Γ_j 的交点不在 Γ_j 内，即图 3A-1(b)所示的情况时，有

$$\Gamma = \sqrt{r^2 - d^2} - c, \quad \mathrm{d}\Gamma = \frac{r\mathrm{d}r}{\sqrt{r^2 - d^2}} \tag{3A-11}$$

于是有

$$\hat{H}^{ij} = -\frac{d}{2\pi}\int_{r_1}^{r_2} \frac{r\mathrm{d}r}{r^2\sqrt{r^2 - d^2}} = \frac{-1}{2\pi}\arctan\sqrt{\left(\frac{r}{d}\right)^2 - 1}\,\Bigg|_{r_1}^{r_2} \tag{3A-12}$$

当 $d=0$ 时，有

$$\hat{H}^{ij} = 0 \tag{3A-13}$$

同样，对于图 3A-1(a)所示的情况，可推得 G^{ij} 的表达式为

$$\begin{aligned} G^{ij} &= \int_{\Gamma_j} u^*(Q,i)\mathrm{d}\Gamma = \frac{1}{2\pi}\int_{\Gamma_j} \ln\left(\frac{1}{r}\right)\mathrm{d}\Gamma \\ &= \frac{1}{2\pi}\int_{r_1}^{r_2} \ln\left(\frac{1}{r}\right)\frac{r\mathrm{d}r}{\sqrt{r^2 - d^2}} \\ &= \frac{1}{8\pi}\int_{r_1}^{r_2} \ln\left(\frac{1}{r^2}\right)\frac{\mathrm{d}r^2}{\sqrt{r^2 - d^2}} \\ &= \frac{1}{2\pi}\left[\sqrt{r^2 - d^2}\left(1 + \ln\frac{1}{r}\right) - d\arctan\sqrt{\left(\frac{r}{d}\right)^2 - 1}\right]\Bigg|_{r_1}^{r_2} \end{aligned} \tag{3A-14}$$

最终结果为

$$\begin{aligned}G^{ij}=&\frac{1}{2\pi}\left[\sqrt{r_2^2-d^2}\left(1+\ln\frac{1}{r_2}\right)-d\ \arctan\sqrt{\left(\frac{r_2}{d}\right)^2-1}\right]\\&-\frac{1}{2\pi}\left[\sqrt{r_1^2-d^2}\left(1+\ln\frac{1}{r_1}\right)-d\ \arctan\sqrt{\left(\frac{r_1}{d}\right)^2-1}\right]\end{aligned}\tag{3A-15}$$

2. $j=i$ 时对角线元素 H^{ii} 和 G^{ii} 的计算式

根据式(3-5-6)，有

$$H^{ii}=\hat{H}^{ii}+c^i\tag{3A-16}$$

$$\hat{H}^{ii}=\int_{\Gamma_i}q^*(Q,i)\mathrm{d}\Gamma(Q)=\int_{\Gamma_i}\frac{\partial u^*}{\partial \boldsymbol{n}}\mathrm{d}\Gamma(Q)=\int_{\Gamma_i}\frac{-1}{2\pi r}\frac{\partial r}{\partial \boldsymbol{n}}\mathrm{d}\Gamma(Q)\tag{3A-17}$$

如图 3A-2 所示，r 与 $\boldsymbol{n}$ 正交，因此

$$\frac{\partial r}{\partial \boldsymbol{n}}=\nabla r\cdot\boldsymbol{n}=0\quad\Rightarrow\quad\hat{H}^{ii}=0\tag{3A-18}$$

于是有

$$H^{ii}=c^i\tag{3A-19}$$

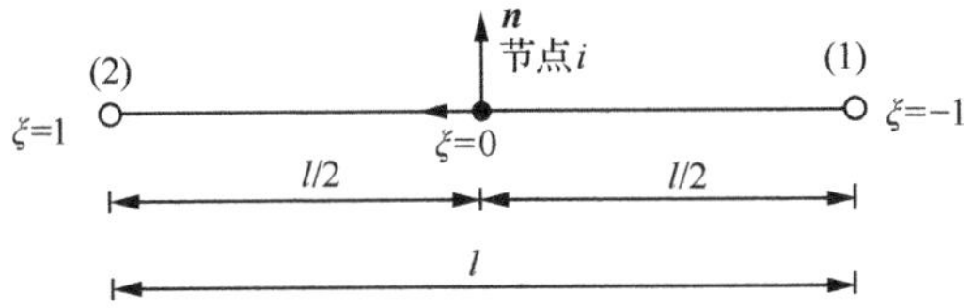

图 3A-2　对角线元素 $\hat{H}^{ii}$ 计算中的几何关系

同样，对角线元素 G^{ii} 的计算式为

$$G^{ii}=\int_{\Gamma_i}u^*(Q,i)\mathrm{d}\Gamma=\frac{1}{2\pi}\int_{\Gamma_i}\ln\left(\frac{1}{r}\right)\mathrm{d}\Gamma\tag{3A-20}$$

为了在单元 Γ_i 内计算以上积分，可采用局部坐标系，取无量纲坐标 ξ，在单元 Γ_i 的中点 $\xi=0$，两端分别为 ±1，进行如下坐标变换：

$$\Gamma=\frac{l}{2}(1+\xi),\quad r=\left|\frac{1}{2}l\xi\right|$$

因此

$$\mathrm{d}\Gamma=\frac{l}{2}\mathrm{d}\xi\tag{3A-21}$$

式中，l 为单元 Γ_i 的长度。

将式(3A-21)代入式(3A-20),得

$$G^{ii}=\frac{1}{2\pi}\int_{\Gamma_i}\ln\left(\frac{1}{r}\right)\mathrm{d}\Gamma=\frac{l}{4\pi}\int_{-1}^{1}\ln\left|\frac{2}{l\xi}\right|\mathrm{d}\xi=\frac{l}{2\pi}\int_{0}^{1}\ln\left(\frac{2}{l\xi}\right)\mathrm{d}\xi=\frac{l}{2\pi}\left(\ln\frac{2}{l}-\int_{0}^{1}\ln\xi\mathrm{d}\xi\right) \tag{3A-22}$$

最终,可得

$$G^{ii}=\frac{l}{2\pi}\left[\ln\left(\frac{2}{l}\right)+1\right] \tag{3A-23}$$

附录 3B 面单元形函数

4 节点面单元(图 3-5-4)形函数:

$$\begin{aligned}N_1(\xi,\eta)&=\frac{1}{4}(1-\xi)(1-\eta),\quad N_2(\xi,\eta)=\frac{1}{4}(1+\xi)(1-\eta)\\N_3(\xi,\eta)&=\frac{1}{4}(1+\xi)(1+\eta),\quad N_4(\xi,\eta)=\frac{1}{4}(1-\xi)(1+\eta)\end{aligned} \tag{3B-1}$$

8 节点面单元(图 3-5-8)形函数:

$$\begin{aligned}N_1(\xi,\eta)&=\frac{1}{4}(1-\xi)(1-\eta)(-1-\xi-\eta)\\N_2(\xi,\eta)&=\frac{1}{4}(1+\xi)(1-\eta)(-1+\xi-\eta)\\N_3(\xi,\eta)&=\frac{1}{4}(1+\xi)(1+\eta)(-1+\xi+\eta)\\N_4(\xi,\eta)&=\frac{1}{4}(1-\xi)(1+\eta)(-1-\xi+\eta)\\N_5(\xi,\eta)&=\frac{1}{2}(1-\xi^2)(1-\eta)\\N_6(\xi,\eta)&=\frac{1}{2}(1+\xi)(1-\eta^2)\\N_7(\xi,\eta)&=\frac{1}{2}(1-\xi^2)(1+\eta)\\N_8(\xi,\eta)&=\frac{1}{2}(1-\xi)(1-\eta^2)\end{aligned} \tag{3B-2}$$

9 节点面单元(图 3-5-8)形函数:

$$
\begin{aligned}
N_1(\xi,\eta) &= \frac{1}{4}\xi\eta(\xi+1)(\eta+1) \\
N_2(\xi,\eta) &= \frac{1}{4}\xi\eta(\xi+1)(\eta-1) \\
N_3(\xi,\eta) &= \frac{1}{4}\xi\eta(\xi-1)(\eta+1) \\
N_4(\xi,\eta) &= \frac{1}{4}\xi\eta(\xi-1)(\eta-1) \\
N_5(\xi,\eta) &= \frac{1}{2}\xi\eta(\xi+1)(1-\eta^2) \\
N_6(\xi,\eta) &= \frac{1}{2}\xi\eta(\xi-1)(1-\eta^2) \\
N_7(\xi,\eta) &= \frac{1}{2}\xi\eta(1-\xi^2)(1+\eta) \\
N_8(\xi,\eta) &= \frac{1}{2}\xi\eta(1-\xi^2)(1-\eta) \\
N_9(\xi,\eta) &= (1-\xi^2)(1-\eta^2)
\end{aligned}
\tag{3B-3}
$$

附录3C　三维面单元外法向向量 $\boldsymbol{n}$ 和雅可比行列式 $J(\xi,\eta)$ 的计算式

对于三维面单元，$\mathrm{d}\Gamma = J(\xi,\eta)\mathrm{d}\xi\mathrm{d}\eta$，因此，雅可比行列式 $J(\xi,\eta)$ 的值等于单元的局部切平面内两个方向矢量 $\boldsymbol{r}_\xi$ 和 $\boldsymbol{r}_\eta$ 的叉乘(图3C-1)，即

$$
J(\xi,\eta) = |\boldsymbol{r}_\xi \times \boldsymbol{r}_\eta| \tag{3C-1}
$$

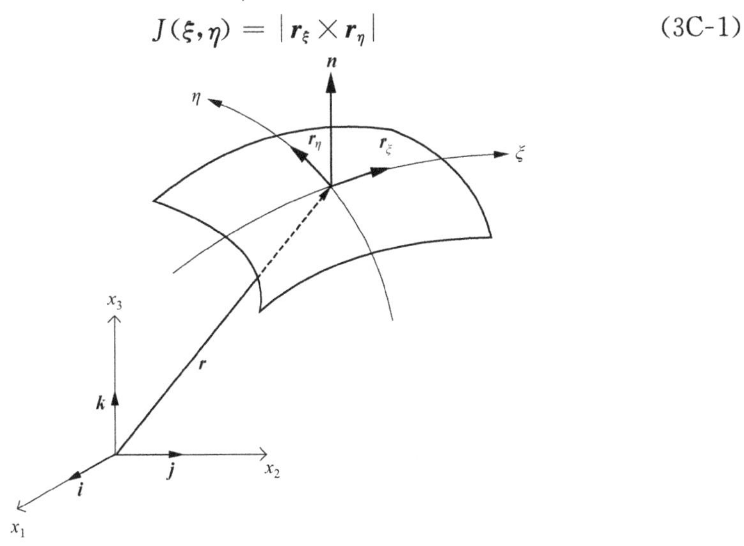

图3C-1　单元切平面等参坐标及外法线方向

式中，$\boldsymbol{r}_\xi = \dfrac{\partial \boldsymbol{r}}{\partial \xi}$；$\boldsymbol{r}_\eta = \dfrac{\partial \boldsymbol{r}}{\partial \eta}$。

注意到 $\boldsymbol{r} = x_1\boldsymbol{i} + x_2\boldsymbol{j} + x_3\boldsymbol{k}$，有

$$\begin{cases} \boldsymbol{r}_\xi = \dfrac{\partial x_1(\xi,\eta)}{\partial \xi}\boldsymbol{i} + \dfrac{\partial x_2(\xi,\eta)}{\partial \xi}\boldsymbol{j} + \dfrac{\partial x_3(\xi,\eta)}{\partial \xi}\boldsymbol{k} \\ \boldsymbol{r}_\eta = \dfrac{\partial x_1(\xi,\eta)}{\partial \eta}\boldsymbol{i} + \dfrac{\partial x_2(\xi,\eta)}{\partial \eta}\boldsymbol{j} + \dfrac{\partial x_3(\xi,\eta)}{\partial \eta}\boldsymbol{k} \end{cases} \tag{3C-2}$$

又由于 $x_i = \sum\limits_{l=1}^{M} N_l(\xi,\eta)x_i^l$，则

$$\begin{cases} \dfrac{\partial x_i}{\partial \xi} = \sum\limits_{l=1}^{M} \dfrac{\partial N_l(\xi,\eta)}{\partial \xi}x_i^l \\ \dfrac{\partial x_i}{\partial \eta} = \sum\limits_{l=1}^{M} \dfrac{\partial N_l(\xi,\eta)}{\partial \eta}x_i^l \end{cases} \tag{3C-3}$$

将式(3C-3)代入式(3C-2)，再将其代入式(3C-1)即可求得 $J(\xi,\eta)$。

由于 $\boldsymbol{r}_\xi$ 和 $\boldsymbol{r}_\eta$ 位于单元的切平面内，所以矢量 $\boldsymbol{r}_\xi \times \boldsymbol{r}_\eta$ 沿着单元的外法线方向，因此，单元的外法线方向向量 $\boldsymbol{n}$ 可由下式计算：

$$\boldsymbol{n} = \frac{\boldsymbol{r}_\xi \times \boldsymbol{r}_\eta}{|\boldsymbol{r}_\xi \times \boldsymbol{r}_\eta|} \tag{3C-4}$$

参考文献

[1] Fredholm I. Sur une classe d'equations fonctionnelles. Acta Mathematica，1903，27(1)：365—390.

[2] Brebbia C A，Telles J C F，Wrobel L C. Boundary Element Techniques：Theory and Applications in Engineering. Berlin，New York：Springer-Verlag，1984.

[3] Jaswon M A. Integral equation methods in potential theory Ⅰ. Proceedings of the Royal Society A，1963，275：23—32.

[4] Symm G T. Integral equation methods in potential theory Ⅱ. Proceedings of the Royal Society A，1963，275：33—46.

[5] Hess J L，Smith A M O. Calculation of potential flow about arbitrary bodies//Kuchemann D. Progress in Aeronautical Sciences. Vol. 8. London：Pergamon Press，1967.

[6] Harrington R F，Pontoppidan K，Abranhamsen P，et al. Computation of laplacian potentials by an equivalent-source method. Proc. IEE，1969，116(10)：1715—1720.

[7] Brebbia C A，Dominguez J. Boundary Elements：An Introductory Course. London：Mcgraw-Hill Book Co.，1992.

[8] Nardini D，Brebbia C A. A new approach for free vibration analysis using boundary elements//Brebbia C A. Boundary Element Methods in Engineering. Berlin：Springer，1982.

[9] Gao X W. The radial integration method for evaluation of domain integrals with boundary-only discretization. Engineering Analysis with Boundary Elements，2002，26(10)：905—916.

[10] Gao X W. Evaluation of regular and singular domain integrals with boundary-only discretization-theory

and Fortran code. Journal of Computational and Applied Mathematics, 2005, 175(2): 265—290.

[11] Gao X W, Davies T G. Boundary Element Programming in Mechanics. Cambridge: Cambridge University Press, 2002.

[12] Stroud A H, Secrest D. Gaussian Quadrature Formulas. Englewood Cliffs, New Jersey: Prentice-Hall Inc., 1966.

[13] Guiggiani M, Krishnasamy G, Rizzo F J, et al. A general algorithm for the numerical solution of hypersingular boundary integral equations. Journal of Applied Mechanics, 1992, 59(3): 604—614.

[14] Karami G, Derakhshan D. An efficient method to evaluate hypersingular and supersingular integrals in boundary integral equations analysis. Engineering Analysis with Boundary Elements, 1999, 23(4): 317—326.

[15] Gao X W. An effective method for numerical evaluation of general 2D and 3D high order singular boundary integrals. Computer Methods in Applied Mechanics and Engineering, 2010, 199(45—48): 2856—2864.

[16] 牛忠荣,王秀喜,周焕林. 三维边界元法中几乎奇异积分的正则化算法. 力学学报, 2004, 36(1): 49—56.

[17] Niu Z R, Wendland W L, Wang X X, et al. A semi-analytical algorithm for the evaluation of the nearly singular integrals in three-dimensional boundary element methods. Computer Methods in Applied Mechanics and Engineering, 2005, 194(9—11): 1057—1074.

[18] 张耀明,孙翠莲,谷岩. 边界积分方程中近奇异积分计算中的一种变量替换法. 力学学报, 2008, 40(2): 207—214.

[19] 王静,高效伟. 基于单元子分法的结构多尺度边界单元法. 计算力学学报,2010, 27(2):258—263.

[20] Lachat J C, Watson J O. Effective numerical treatment of boundary integral equation: A formulation for three-dimensional elastostatics. International Journal for Numerical Methods in Engineering, 1976, 10(5): 991—1005

[21] Mustoe G G W. Advanced integration schemes over boundary elements and volume cells for two- and three-dimensional non-linear analysis//Banerjee P K, Mukherjee S. Developments in Boundary Element Methods. 3rd ed. London: Elsevier, 1984: 213—270.

[22] Gao X W, Davies T G. Adaptive integration in elasto-plastic boundary element analysis. Journal of the Chinese Institute of Engineering, 2000, 23(3): 349—356.

[23] AL-Jawary M A, Wrobel L C. Radial integration boundary integral and integro-differential equation methods for two-dimensional heat conduction problems with variable coefficients. Engineering Analysis with Boundary Elements, 2012, 36(5): 685—695.

[24] Gao X W, Davies T G. 3D multi-region BEM with corners and edges. International Journal of Solids and Structures, 2000, 37(11): 1549—1560.

[25] Gao X W, Feng W Z, Yang K, et al. Projection plane method for evaluation of arbitrary high order singular boundary integrals. Engineering Analysis with Boundary Elements, 2015, 50: 265—274.

第4章 热传导问题

在工程实际中，经常会遇到非线性或非均质材料的温度场计算问题。例如，在飞行器飞行过程中，热防护系统与空气接触的外表面以及与本体结构接触的内表面之间的温差非常大。对于大多数材料，热导率是随温度变化的，因此，在热防护系统的温度场计算中很有必要考虑热导率随温度的变化情况。又如，近年来逐渐兴起的功能梯度材料，由于其组成成分是非均匀的，其热导率等物理性质也都是非均匀的。

边界元法能够非常有效地求解线性和均质材料的热传导问题[1]。但是，对于非线性[2]和非均质[3-5]热传导问题，边界元法面临严重的挑战。这是因为很难求得非线性和非均质问题控制方程的基本解，因而不得不用对应于线性和均匀介质问题的基本解来建立非线性或非均质问题的积分方程，由此导致了域积分出现在积分方程中。传统的边界元法通过将计算域划分为内部网格的方式来计算这些域积分，但这样一来边界元法只需将边界离散成单元的优点就失去了。目前，在各类文献中有两种常见的方法用来解决此问题。一种是寻找合适的非线性和非均质热传导问题的基本解[6-8]，这种方法能够解决很有限的非线性和非均质问题，而且对于不同的问题所需的基本解是不同的，因此不方便通用程序的编制。另一种方法是将域积分转换成边界积分，比较常用的有双互易法[9]和径向积分法[10,11]。双互易法的基本思想是将场函数用一些基函数近似表示后，求出基函数对问题微分算子的特解，然后利用这些特解将域积分转换成边界积分。径向积分法是将域积分分解成边界积分和径向积分，其中的径向积分与几何条件无关，可独立求积。该方法不借助任何特解和微分算子就可将任意复杂的域积分转化为边界积分，并具有降低积分奇异性的特点。

边界元法在瞬态热传导问题中的应用已经引起了许多学者的关注。现有的方法大致可以分为两大类：变换域法[12-16]和时域法[17-21]。在变换域法中，首先通过拉普拉斯等变换法将瞬态问题变换成类似于稳态的问题，然后在变换空间求解变换物理量，最后利用反变换法获得时间域内的解。在时域法中，采用时间相关的基本解[17,18]或稳态问题的基本解[19-21]将控制微分方程转化为边界积分方程，并采用时间推进技术求解积分方程。

本章介绍常规边界条件以及对流和热辐射边界条件下的非线性和非均质材料热传导问题的边界元解法。从瞬态常系数热传导问题入手，并逐步扩展到瞬态变系数和瞬态非线性热传导问题。将采用线性和均质热传导问题的基本解——格林函数，推导非线性和非均质热传导问题的积分方程。对于出现在积分方程中的域积分，采用径向积分法将其转换为边界积分，形成只用边界离散的求解方法，该方法被称为径向积分边界元法(radial integration boundary element method，RIBEM)。对于瞬态热传导问题，采用时间差分推进技术求解时间微分方程。

4.1　瞬态常系数热传导问题

与稳态常系数热传导问题相比，瞬态常系数热传导涉及与时间相关的问题，如时间域的划分以及域积分的处理，因此要相对复杂一些。具有内部热源的各向同性介质瞬态常系数热传导问题的控制方程可表示为

$$k\frac{\partial}{\partial x_i}\left[\frac{\partial T(\boldsymbol{x},t)}{\partial x_i}\right]+b(\boldsymbol{x},t)=\rho c_p\frac{\partial T(\boldsymbol{x},t)}{\partial t}\quad(t\geqslant t_0,x\in\Omega)\tag{4-1-1}$$

式中，$T(\boldsymbol{x},t)$ 表示 t 时刻在点 $\boldsymbol{x}$ 处的温度；k 为热导率；$b(\boldsymbol{x},t)$ 为热源，通常为空间坐标 $\boldsymbol{x}$ 的函数；ρ 为材料密度；c_p 为比热容；t_0 为初始时刻。

边界条件为

$$\begin{cases}T(\boldsymbol{x},t)=\bar{T}(\boldsymbol{x},t) & (t\geqslant t_0,\boldsymbol{x}\in\Gamma_1)\\ q(\boldsymbol{x},t)=-k\dfrac{\partial T(\boldsymbol{x},t)}{\partial \boldsymbol{n}}=\bar{q}(\boldsymbol{x},t) & (t\geqslant t_0,\boldsymbol{x}\in\Gamma_2)\end{cases}\tag{4-1-2}$$

式中，q 为热通量；$\bar{T}$ 为边界上的已知温度；$\bar{q}$ 为边界上的已知热通量；$\Gamma=\Gamma_1+\Gamma_2$ 为计算区域 Ω 的边界；$\boldsymbol{n}$ 为边界 Γ 上的单位外法线方向向量。

初始条件为

$$\begin{cases}T(\boldsymbol{x},t_0)=T_0(\boldsymbol{x}) & (\boldsymbol{x}\in\Omega)\\ q(\boldsymbol{x},t_0)=q_0(\boldsymbol{x}) & (\boldsymbol{x}\in\Gamma)\end{cases}\tag{4-1-3}$$

下面采用加权余量法建立上述方程的边界积分方程。

4.1.1　瞬态热传导问题的积分方程

引入权函数 u^*，则控制方程(4-1-1)的加权余量式为

$$\int_\Omega u^*k\frac{\partial}{\partial x_i}\left(\frac{\partial T}{\partial x_i}\right)\mathrm{d}\Omega+\int_\Omega u^*b\mathrm{d}\Omega=\int_\Omega u^*\rho c_p\frac{\partial T}{\partial t}\mathrm{d}\Omega\tag{4-1-4}$$

对上式左端第一项域积分进行两次分部积分，并采用高斯散度定理有

$$\int_\Omega u^*k\frac{\partial}{\partial x_i}\left(\frac{\partial T}{\partial x_i}\right)\mathrm{d}\Omega=\int_\Gamma u^*k\frac{\partial T}{\partial x_i}n_i\mathrm{d}\Gamma-\int_\Gamma kT\frac{\partial u^*}{\partial x_i}n_i\mathrm{d}\Gamma+\int_\Omega kT\frac{\partial}{\partial x_i}\left(\frac{\partial u^*}{\partial x_i}\right)\mathrm{d}\Omega\tag{4-1-5}$$

取权函数 u^* 为问题的基本解，即有

$$\frac{\partial}{\partial x_i^q}\left[\frac{\partial u^*(q,p)}{\partial x_i^q}\right]+\delta(q,p)=0\tag{4-1-6}$$

因此，当源点 p 位于区域 Ω 内部时，有

$$\int_{\Omega} kT \frac{\partial}{\partial x_i}\left(\frac{\partial u^*}{\partial x_i}\right)\mathrm{d}\Omega = -kT(p,t) \tag{4-1-7}$$

由式(4-1-6)可以看出，基本解 u^* 即为格林函数，由式(3-2-10)和式(3-2-19)给出。

将式(4-1-7)代入式(4-1-5)得

$$\int_{\Omega} u^* k \frac{\partial}{\partial x_i}\left(\frac{\partial T}{\partial x_i}\right)\mathrm{d}\Omega = \int_{\Gamma} u^* k \frac{\partial T}{\partial \boldsymbol{n}}\mathrm{d}\Gamma - \int_{\Gamma} kT \frac{\partial u^*}{\partial \boldsymbol{n}}\mathrm{d}\Gamma - kT(p,t) \tag{4-1-8}$$

然后，将式(4-1-8)代入式(4-1-4)，可得

$$kT(p,t) = -\int_{\Gamma} u^* q \mathrm{d}\Gamma - \int_{\Gamma} q^* kT \mathrm{d}\Gamma + \int_{\Omega} u^* b \mathrm{d}\Omega - \int_{\Omega} u^* \rho c_p \dot{T} \mathrm{d}\Omega \tag{4-1-9}$$

其中

$$\dot{T} = \frac{\partial T}{\partial t} \tag{4-1-10}$$

式(4-1-9)为源点 p 在区域 Ω 内的边界-域积分方程。当源点位于边界 Γ 上时，需要考虑基本解 q^* 的积分强奇异性。为了由式(4-1-9)导出源点 p 在边界 Γ 上的积分方程，将边界上源点 p 附近的边界拓扑为半径为 ε 的半圆(二维问题)或半球面(三维问题)，然后对半圆或半球面上的积分取极限，则可得到源点位于边界上的积分方程，详细推导过程见 3.3 节。最后，积分方程可统一写为

$$\begin{aligned} c(p)\widetilde{T}(p,t) = &-\int_{\Gamma} u^*(Q,p) q(Q,t)\mathrm{d}\Gamma(Q) - \int_{\Gamma} q^*(Q,p)\widetilde{T}(Q,t)\mathrm{d}\Gamma(Q) \\ &+ \int_{\Omega} u^*(q,p) b(q,t)\mathrm{d}\Omega(q) - \int_{\Omega} u^*(q,p)\widetilde{\rho}(q)\dot{\widetilde{T}}(q,t)\mathrm{d}\Omega(q) \end{aligned} \tag{4-1-11}$$

式中，源点 p 位于区域 Ω 内部时 $c=1$，位于光滑边界时 $c=0.5$，边界角点处 c 值由式(3-3-12)确定；$\widetilde{T}$ 为规格化的温度；$\widetilde{\rho}$ 为热扩散率 $k/(\rho c_p)$ 的倒数，定义为

$$\widetilde{T} = kT, \quad \widetilde{\rho} = \rho c_p / k \tag{4-1-12}$$

从式(4-1-11)可见，积分方程中除了边界积分以外，还有与内部热源和时间相关的两项域积分。为了保持边界元法仅需边界离散成单元的优点，式(4-1-11)中的域积分需转换成边界积分。

4.1.2 域积分到边界积分的转换

本节采用 2.4 节介绍的径向积分法将式(4-1-11)中的域积分转换成边界积分。一般情况下，热源 $b(\boldsymbol{x},t)$ 是关于空间坐标 $\boldsymbol{x}$ 的已知函数，因此可直接利用径向积分法将式(4-1-11)中的第一项域积分转换为边界积分。对于第二项域积分，由于积分核含有未知量，因此需要将未知量用已知函数表示后，才能采用径向积分法将其转换到边界上。

1. 热源引起的域积分到边界积分的转换

对于式(4-1-11)右端第一项域积分，采用径向积分法式(2-4-11)和式(2-4-12)有

$$\int_{\Omega} u^*(q,p)b(q,t)\mathrm{d}\Omega(q) = \int_{\Gamma} \frac{1}{r^{\alpha}(Q,p)} \frac{\partial r}{\partial \boldsymbol{n}} F(Q,p)\mathrm{d}\Gamma(Q) \tag{4-1-13}$$

$$F(Q,p) = \int_0^{r(Q,p)} u^*(q,p)b(q,t)r^{\alpha}(q,p)\mathrm{d}r(q) \tag{4-1-14}$$

式中，$r(Q,p)$ 为源点 p 到边界场点 Q 的距离；$r(q,p)$ 为源点 p 到区域内场点 q 的距离。

对于给定的 $b(\boldsymbol{x},t)$，利用式(2-4-13)可以很容易对径向积分式(4-1-14)进行求积。对于一般的热源分布函数 $b(\boldsymbol{x},t)$，径向积分式(4-1-14)可以被解析地求出。对于比较复杂的函数关系 $b(\boldsymbol{x},t)$，则需要借用高斯数值求积公式(2-6-1)来计算式(4-1-14)，此时，积分变量转换关系为

$$r(q,p) = \frac{r(Q,p)}{2}(1+\xi) \quad (-1 \leqslant \xi \leqslant 1) \tag{4-1-15}$$

利用式(4-1-15)和式(2-4-13)，径向积分式(4-1-14)可以表示为

$$\begin{aligned} F(Q,p) &= \left[\frac{r(Q,p)}{2}\right]^{\alpha+1} \int_{-1}^{+1} u^*(q(\xi),p)b(q(\xi),t)(1+\xi)^{\alpha}\mathrm{d}\xi \\ &= \left[\frac{r(Q,p)}{2}\right]^{\alpha+1} \sum_{k=1}^{m} u^*(q(\xi_k),p)b(q(\xi_k),t)(1+\xi_k)^{\alpha} w_k \end{aligned} \tag{4-1-16}$$

式中，m 为高斯点数；ξ_k 为高斯点坐标；w_k 为高斯权系数；$q(\xi_k)$ 为将式(4-1-15)代入式(2-4-13)求得的场点 q 的坐标值。

2. 时间引起的域积分到边界积分的转换——RBF 逼近

对于式(4-1-11)右端第二项域积分，由于积分核中含有未知量 $\dot{\tilde{T}}$，不能直接使用径向积分法将其转换为边界积分。因此，需将未知函数 $\dot{\tilde{T}}$ 用一些已知基函数表示后再转换。用得比较多的基函数是径向基函数(RBF)，通常用其与多项式的组合来提高精度[4]，如 RBF 与线性多项式的组合表达式可表示为

$$\dot{\tilde{T}}(q,t) = \sum_{A=1}^{N_{\mathrm{A}}} \alpha^A \phi^A(R) + a^0 + \sum_{k=1}^{\beta} a^k x_k \tag{4-1-17}$$

$$\sum_{A=1}^{N_{\mathrm{A}}} \alpha^A = \sum_{A=1}^{N_{\mathrm{A}}} \alpha^A x_k^A = 0 \tag{4-1-18}$$

式中，N_{A} 为配点总数，包括所有的边界节点和内部节点；$R = |\boldsymbol{x}^q - \boldsymbol{x}^A|$ 表示场点与作用点之间的距离；α^A、a^0 以及 a^k 为待定系数；$\phi^A(R)$ 为径向基函数。表 4-1-1

列出了常用的几种径向基函数,后两种通常使用它们的紧支格式,即 R 用 R/d_{A} 来代替,其中 d_{A} 为作用点 A 的紧支半径。

表 4-1-1 常用的径向基函数 $\boldsymbol{\phi}^{A}(\boldsymbol{R})$

薄板样条	高斯函数	复合二次	逆复合二次	Wendland	四阶样条函数
$R^2\ln R^2$	e^{-R^2}	$\sqrt{R^2+c^2}$	$\dfrac{1}{\sqrt{R^2+c^2}}$	$(1-R)^4(1+4R)$	$1-6R^2+8R^3-3R^4$

式(4-1-17)中的系数 α^A、a^0 和 a^k,可通过对所有边界点和内部点进行配点求得。通过对全部 N_{A} 个点配点后可得到如下形式的矩阵方程:

$$\dot{\tilde{\boldsymbol{T}}}=\boldsymbol{\phi\alpha} \tag{4-1-19}$$

式中,矩阵 $\boldsymbol{\phi}$ 为 $N_{\mathrm{S}}\times N_{\mathrm{S}}$ 阶矩阵,并且 $N_{\mathrm{S}}=N_{\mathrm{A}}+N_{\mathrm{p}}$,$N_{\mathrm{p}}$ 为式(4-1-17)中多项式的项数(例如,线性多项式中,二维问题 $N_{\mathrm{p}}=3$,三维问题 $N_{\mathrm{p}}=4$);$\boldsymbol{\alpha}$ 为所有系数 α^A、a^0 和 a^k 组成的 N_{S} 阶列向量,$\dot{\tilde{\boldsymbol{T}}}$ 为 $\dot{T}$ 在所有边界节点和内部点取值组成的 N_{S} 阶列向量。在具有线性多项式的二维问题中,它们的具体表达式为

$$\boldsymbol{\phi}=\begin{bmatrix}\phi^{11} & \phi^{12} & \cdots & \phi^{1N_{\mathrm{A}}} & 1 & x^1 & y^1\\ \phi^{21} & \phi^{21} & \cdots & \phi^{2N_{\mathrm{A}}} & 1 & x^2 & y^2\\ \vdots & \vdots & & \vdots & \vdots & \vdots & \vdots\\ \phi^{N_{\mathrm{A}}1} & \phi^{N_{\mathrm{A}}2} & \cdots & \phi^{N_{\mathrm{A}}N_{\mathrm{A}}} & 1 & x^{N_{\mathrm{A}}} & y^{N_{\mathrm{A}}}\\ 1 & 1 & \cdots & 1 & 0 & 0 & 0\\ x^1 & x^2 & \cdots & x^{N_{\mathrm{A}}} & 0 & 0 & 0\\ y^1 & y^2 & \cdots & y^{N_{\mathrm{A}}} & 0 & 0 & 0\end{bmatrix} \tag{4-1-20a}$$

$$\boldsymbol{\alpha}=\begin{Bmatrix}\alpha^1\\ \alpha^2\\ \vdots\\ \alpha^A\\ a^0\\ a^1\\ a^2\end{Bmatrix},\quad \dot{\tilde{\boldsymbol{T}}}=\begin{Bmatrix}\dot{\tilde{T}}^1\\ \dot{\tilde{T}}^2\\ \vdots\\ \dot{\tilde{T}}^{N_{\mathrm{A}}}\\ 0\\ 0\\ 0\end{Bmatrix} \tag{4-1-20b}$$

式中,$\phi^{ij}=\phi[R(\boldsymbol{x}^i,\boldsymbol{x}^j)]$,$x^i$ 和 y^i 分别表示第 i 个点的 x 和 y 坐标。在没有节点重合的条件下,矩阵 $\boldsymbol{\phi}$ 是可逆的,于是列向量 $\boldsymbol{\alpha}$ 可以表示为

$$\boldsymbol{\alpha}=\boldsymbol{\phi}^{-1}\dot{\tilde{\boldsymbol{T}}} \tag{4-1-21}$$

将式(4-1-17)代入式(4-1-11)中右端第二项域积分,并且采用径向积分法,

可得

$$\int_{\Omega} u^*(q,p)\tilde{\rho}(q)\,\dot{\tilde{T}}(q,t)\mathrm{d}\Omega(q) = \alpha^A \int_{\Gamma} \frac{1}{r^{\alpha}(Q,p)} \frac{\partial r}{\partial \boldsymbol{n}} F^A(Q,p)\mathrm{d}\Gamma(Q) + a^k \int_{\Gamma} \frac{r_{,k}}{r^{\alpha}(Q,p)} \frac{\partial r}{\partial \boldsymbol{n}} F^1(Q,p)\mathrm{d}\Gamma(Q) + (a^k x_k^p + a^0) \int_{\Gamma} \frac{1}{r^{\alpha}(Q,p)} \frac{\partial r}{\partial \boldsymbol{n}} F^0(Q,p)\mathrm{d}\Gamma(Q) \tag{4-1-22}$$

式中

$$F^A(Q,p) = \int_0^{r(Q,p)} \tilde{\rho} u^*(q,p)\phi^A(R) r^{\alpha}(q,p)\mathrm{d}r(q) \tag{4-1-23a}$$

$$F^1(Q,p) = \int_0^{r(Q,p)} \tilde{\rho} u^*(q,p) r^{\alpha+1}(q,p)\mathrm{d}r(q) \tag{4-1-23b}$$

$$F^0(Q,p) = \int_0^{r(Q,p)} \tilde{\rho} u^*(q,p) r^{\alpha}(q,p)\mathrm{d}r(q) \tag{4-1-23c}$$

将基本解 u^* 代入式(4-1-23)中，并注意到：对于二维问题 $\alpha = 1$，对于三维问题 $\alpha = 2$，则后两个径向积分式(4-1-23b)和式(4-1-23c)很容易被解析地求出。

二维问题：

$$F^1(Q,p) = \frac{\tilde{\rho} r^3(Q,p)}{18\pi}\left[1 + 3\ln\frac{1}{r(Q,p)}\right] \tag{4-1-24a}$$

$$F^0(Q,p) = \frac{\tilde{\rho} r^2(Q,p)}{8\pi}\left[1 + 2\ln\frac{1}{r(Q,p)}\right] \tag{4-1-24b}$$

三维问题：

$$F^1(Q,p) = \frac{\tilde{\rho} r^3(Q,p)}{12\pi} \tag{4-1-25a}$$

$$F^0(Q,p) = \frac{\tilde{\rho} r^2(Q,p)}{8\pi} \tag{4-1-25b}$$

至于式(4-1-23a)所示的径向积分，由于 ϕ^A 为场点 q 到作用点 A 之间的距离 R 的函数，并且场点 q 在 $r(Q,p)$ 上变化，而积分变量 r 为源点 p 到场点 q 之间的距离，因此要计算此积分，首先需要将 R 表示成 r 的函数。借助图 4-1-1，我们很容易得到如下关系[10]：

$$R = \sqrt{r^2 + 2sr + \bar{R}^2} \tag{4-1-26}$$

式中

$$\bar{R} = \sqrt{\bar{R}_i \bar{R}_i}$$

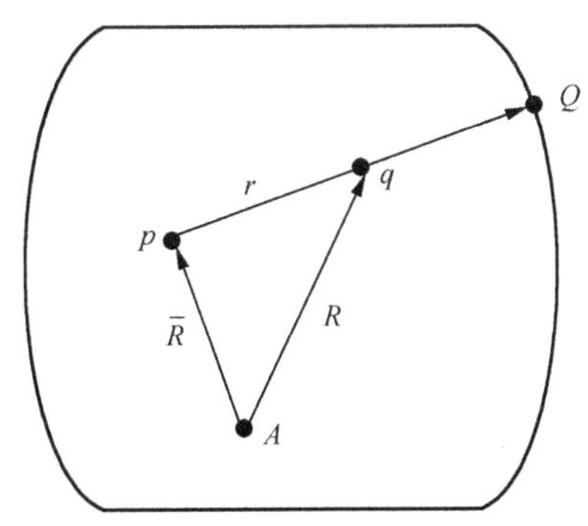

图 4-1-1 源点 p、场点 q 和作用点 A 之间的距离关系

$$\bar{R}_i = x_i^p - x_i^A$$
$$s = r_{,i}\bar{R}_i \tag{4-1-27}$$

对于表 4-1-1 所列的大多数径向基函数，利用式(4-1-26)可以对径向积分式(4-1-23a)进行解析求积(参见 4.4.2 节与 8.2.3 节的介绍)。但为了方便和统一处理，可以使用高斯数值积分公式和积分变量变换式(4-1-15)对式(4-1-23a)进行数值求积。

由式(4-1-21)可见，一个物理量的径向基函数展开式(4-1-17)中的系数可由该物理量的各节点值来表示，将其代回到积分转换式(4-1-22)中，则可得到包含该物理量的域积分最终由各节点物理量值来表达的关系式。

4.1.3 积分方程的离散

将转换后的积分关系式(4-1-13)和式(4-1-22)代入积分方程(4-1-11)中的域积分，即可得到只有边界积分表述的积分方程。为了求解该积分方程，需将计算域的边界 Γ 离散成线性或二次边界单元，采用高斯数值积分公式在每一个边界单元上计算式(4-1-11)中的边界积分，相关细节与 3.5 节中的情况相同，这里不再细说。需要特别注意的是有关域积分到边界积分的转换公式(4-1-13)和(4-1-22)的计算。对于式(4-1-13)，由于其中所有的量都是已知函数，因此只需要将边界离散成单元，不需要任何内部点就能得到精确的计算结果。然而，对于式(4-1-22)的计算，由于使用了径向基函数对未知量进行全局逼近(见式(4-1-17))，所以为了得到精确的逼近结果，通常需要在计算域内部布置一些点。实践证明，虽然内部点需要得很少，但是必要的。

假设将边界离散成 N_e 个边界单元，边界节点数为 N_b，域内布置了 N_i 个点，总节点数为 $N_A = N_b + N_i$，则通过将式(4-1-22)在每一个源点计算，可得到如下的域积分矩阵方程：

$$\int_\Omega u^* \tilde{\rho}\, \dot{\tilde{T}} \mathrm{d}\Omega = \boldsymbol{F\alpha} \tag{4-1-28}$$

式中，矩阵 $\boldsymbol{F}$ 是由式(4-1-22)计算所得的 $N_A \times N_S$ 阶矩阵。将列向量 $\boldsymbol{\alpha}$ 的表达式(4-1-21)代入式(4-1-28)，可得

$$\int_\Omega u^* \tilde{\rho}\, \dot{\tilde{T}} \mathrm{d}\Omega = \boldsymbol{C}\dot{\tilde{\boldsymbol{T}}} \tag{4-1-29}$$

式中，矩阵 $\boldsymbol{C}$ 为 $N_A \times N_S$ 阶矩阵(在编制程序时，只需取前 N_A 阶列元素)：

$$\boldsymbol{C} = \boldsymbol{F\phi}^{-1} \tag{4-1-30}$$

将式(4-1-29)和式(4-1-13)代入积分方程(4-1-11)，最后可得如下矩阵形式的方程组：

$$\boldsymbol{H}\tilde{\boldsymbol{T}} - \boldsymbol{Gq} = \boldsymbol{y}_b - \boldsymbol{C}\dot{\tilde{\boldsymbol{T}}} \tag{4-1-31}$$

式中，$\tilde{\boldsymbol{T}}$ 为由边界节点和内部点的规格化温度组成的 N_A 阶列向量；$\boldsymbol{H}$ 为 $N_A \times N_A$ 阶矩阵，对于内部点规格化温度对应的矩阵元素，只在对角线处取值 $c=1$，其余为 0；$\boldsymbol{q}$ 为由边界节点热通量组成的 N_b 阶列向量；$\boldsymbol{G}$ 为 $N_A \times N_b$ 阶矩阵；$\boldsymbol{y}_b$ 为由热源引起的域积分式(4-1-13)形成的 N_A 阶列向量。

4.1.4　用时间推进法求解瞬态热传导问题

对规格化温度的时间导数项采用向前差分格式执行，即

$$\frac{\partial \tilde{T}}{\partial t} = \frac{\tilde{T}^{n+1} - \tilde{T}^{n}}{\Delta t} \tag{4-1-32}$$

式中，$\tilde{T}^{n+1}$ 表示第 $n+1$ 个时间步的规格化温度。式(4-1-31)中用到的其他物理量用第 n 和第 $n+1$ 时间步之间的值表示，即

$$\begin{aligned} \tilde{T} &= \theta \tilde{T}^{n+1} + (1-\theta)\tilde{T}^{n} \\ q &= \theta q^{n+1} + (1-\theta) q^{n} \end{aligned} \tag{4-1-33}$$

式中，θ 为取值在 0～1 的参数，当 $\theta=0$ 时为全隐格式，$\theta=1$ 时为向后差分格式，$\theta=0.5$ 时为中心差分格式。

将式(4-1-32)与式(4-1-33)代入式(4-1-31)，得

$$\begin{aligned} &\boldsymbol{H}[\theta \tilde{\boldsymbol{T}}^{n+1} + (1-\theta)\tilde{\boldsymbol{T}}^{n}] - \boldsymbol{G}[\theta \boldsymbol{q}^{n+1} + (1-\theta)\boldsymbol{q}^{n}] \\ &= \boldsymbol{y}_b - \boldsymbol{C}\frac{1}{\Delta t}(\tilde{\boldsymbol{T}}^{n+1} - \tilde{\boldsymbol{T}}^{n}) \end{aligned} \tag{4-1-34}$$

令

$$\begin{aligned} \boldsymbol{M} &= \theta \boldsymbol{H} + \boldsymbol{C}/\Delta t \\ \boldsymbol{N} &= (1-\theta)\boldsymbol{H} - \boldsymbol{C}/\Delta t \end{aligned} \tag{4-1-35}$$

式(4-1-34)可改写为如下形式：

$$\boldsymbol{M}\tilde{\boldsymbol{T}}^{n+1} - \theta \boldsymbol{G}\boldsymbol{q}^{n+1} = \boldsymbol{y}_b - \boldsymbol{N}\tilde{\boldsymbol{T}}^{n} + (1-\theta)\boldsymbol{G}\boldsymbol{q}^{n} \tag{4-1-36}$$

在计算第 $n+1$ 个时间步的未知量时，第 n 时刻的温度和热通量都是已知的，因此式(4-1-36)可写为

$$\boldsymbol{M}\tilde{\boldsymbol{T}}^{n+1} - \theta \boldsymbol{G}\boldsymbol{q}^{n+1} = \boldsymbol{y}^{n} \tag{4-1-37}$$

式中，$\boldsymbol{y}^{n}$ 为式(4-1-36)右端各项之和。

将第 $n+1$ 时间步的边界条件应用到式(4-1-37)中，可形成下列代数方程组：

$$\boldsymbol{A}\boldsymbol{x}^{n+1} = \boldsymbol{y}^{n+1} \tag{4-1-38}$$

式中，$\boldsymbol{x}^{n+1}$ 为第 $n+1$ 时间步未知的边界温度和未知的边界热通量以及内部点温度组成的 N_A 阶列向量。

用时间推进法求解瞬态问题时，要对所有指定的时间步进行时间推进循环，在每个时间步推进中，都要形成式(4-1-38)所示的线性方程组，对其求解则可得到每

个时间步的未知量值。需要指出的是，当边界条件为热通量 q 已知时，求出的未知量 $\boldsymbol{x}$ 中的元素为规格化温度 kT，这时需要将其除以热导率 k 才能得到实际的温度值。

4.2　稳态变系数热传导问题

4.1 节介绍了常系数热传导问题，但在很多实际工程问题中，材料的物性参数是变化的。例如，对于功能梯度材料，热导率是空间坐标的函数。因此，本节我们将介绍变系数热传导问题的边界元解法。为了不在一开始就引入太多复杂因素，先考虑稳态问题。

具有内部热源的变系数各向同性介质稳态热传导问题的控制方程可以表示为

$$\frac{\partial}{\partial x_i}\left[k(\boldsymbol{x})\frac{\partial T(\boldsymbol{x})}{\partial x_i}\right]+b(\boldsymbol{x})=0\quad(\boldsymbol{x}\in\Omega)\tag{4-2-1}$$

式中，热导率 $k(\boldsymbol{x})$ 为空间坐标的函数。边界条件为

$$\begin{cases}T(\boldsymbol{x})=\bar{T}(\boldsymbol{x}) & (\boldsymbol{x}\in\Gamma_1)\\ q(\boldsymbol{x})=-k(\boldsymbol{x})\dfrac{\partial T(\boldsymbol{x})}{\partial \boldsymbol{n}}=\bar{q}(\boldsymbol{x}) & (\boldsymbol{x}\in\Gamma_2)\end{cases}\tag{4-2-2}$$

引入权函数 u^*，则式(4-2-1)的加权余量式可表示为

$$\int_\Omega u^*\frac{\partial}{\partial x_i}\left(k\frac{\partial T}{\partial x_i}\right)\mathrm{d}\Omega+\int_\Omega u^*b\mathrm{d}\Omega=0\tag{4-2-3}$$

类似于式(4-1-5)的推导，对上式第一项域积分，两次使用分部积分法和高斯散度定理得

$$\begin{aligned}\int_\Omega u^*\frac{\partial}{\partial x_i}\left(k\frac{\partial T}{\partial x_i}\right)=&\int_\Gamma u^*k\frac{\partial T}{\partial x_i}n_i\mathrm{d}\Gamma-\int_\Gamma kT\frac{\partial u^*}{\partial x_i}n_i\mathrm{d}\Gamma\\&+\int_\Omega T\frac{\partial u^*}{\partial x_i}\frac{\partial k}{\partial x_i}\mathrm{d}\Omega+\int_\Omega kT\frac{\partial}{\partial x_i}\left(\frac{\partial u^*}{\partial x_i}\right)\mathrm{d}\Omega\end{aligned}\tag{4-2-4}$$

取基本解 u^* 为满足式(4-1-6)的格林函数，当源点 p 位于区域内部时，式(4-2-4)中最后一项域积分可写成

$$\int_\Omega kT\frac{\partial}{\partial x_i}\left(\frac{\partial u^*}{\partial x_i}\right)\mathrm{d}\Omega=-k(p)T(p)\tag{4-2-5}$$

将式(4-2-5)代入式(4-2-4)，然后将结果代入式(4-2-3)，并考虑源点 p 在边界上的情况，则可导出式(4-2-1)的积分方程：

$$\begin{aligned}c(p)\tilde{T}(p)=&-\int_\Gamma u^*(Q,p)q(Q)\mathrm{d}\Gamma(Q)-\int_\Gamma q^*(Q,p)\tilde{T}(Q)\mathrm{d}\Gamma(Q)\\&+\int_\Omega u^*(q,p)b(q)\mathrm{d}\Omega(q)+\int_\Omega V(q,p)\tilde{T}(q)\mathrm{d}\Omega(q)\end{aligned}\tag{4-2-6}$$

式中,$c(p)$的取值与 4.1 节相同,基本解 V 的表达式为

$$V=\frac{\partial u^*}{\partial x_i}\frac{\partial \tilde{k}}{\partial x_i}=u^*_{,i}\tilde{k}_{,i} \tag{4-2-7}$$

$\tilde{T}(q)$ 和 $\tilde{k}(q)$ 分别为规格化的温度和热导率,即

$$\tilde{T}(q)=k(q)T(q) \tag{4-2-8a}$$

$$\tilde{k}(q)=\ln k(q) \tag{4-2-8b}$$

可以看出,积分方程(4-2-6)的形式与位势问题的积分方程相似,只是在变系数问题中有域积分出现。式(4-2-6)右端第一项域积分与 4.1 节中热源项引起的域积分相同,处理方法也相同,这里不再讨论。第二项域积分是由热导率随空间坐标的变化引起的,其形式不同于其他的域积分,需采用径向积分法将其转化为边界积分。由于积分中含有未知量 $\tilde{T}(q)$,不能直接进行转换。类似于式(4-1-17)的处理,首先将 $\tilde{T}(q)$ 用增强径向基函数进行逼近,即

$$\tilde{T}(q)=\sum_{A=1}^{N_A}\alpha^A\phi^A(R)+a^0+\sum_{k=1}^{\beta}a^kx_k=\boldsymbol{\phi}(q)^{\mathrm{T}}\boldsymbol{\alpha}=\phi_I(q)\alpha^I \tag{4-2-9}$$

其中的系数满足式(4-1-18)所示的关系,$\phi^A(R)$ 为径向基函数,由表 4-1-1 给出。对于二维问题,向量 $\boldsymbol{\alpha}$ 由式(4-1-20b)所示,并有

$$\boldsymbol{\phi}(q)^{\mathrm{T}}=\{\phi_I(q)\}=\{\phi^1(q),\phi^2(q),\cdots,\phi^{N_A}(q),1,x,y\} \tag{4-2-10}$$

用类似于式(4-1-19)～式(4-1-21)的推导可得到

$$\boldsymbol{\alpha}=\boldsymbol{\phi}^{-1}\tilde{\boldsymbol{T}} \tag{4-2-11}$$

式中,矩阵 $\boldsymbol{\phi}$ 的表达式由式(4-1-20a)给出,$\tilde{\boldsymbol{T}}$ 有与 $\dot{\boldsymbol{T}}$ 相似的形式(见式(4-1-20b))。

将式(4-2-11)代入式(4-2-9)得

$$\tilde{T}(q)=\boldsymbol{N}(q)^{\mathrm{T}}\tilde{\boldsymbol{T}}=N_I(q)\tilde{T}^I \tag{4-2-12}$$

式中

$$N_I(q)=\phi_J(q)\,\phi^{-1}_{JI} \tag{4-2-13}$$

其中,重复指标表示求和,I 与 J 的取值范围为 $1\sim N_S$。

式(4-2-12)表示,在点 q 处的物理量(这里为 $\tilde{T}$)可由所有节点的物理量值表示,因此,$N_I(q)$ 被称为全局插值函数。

将式(4-2-12)代入式(4-2-6)右端第二项域积分,并采用径向积分法,可得到下列域积分到边界积分的转换关系:

$$\int_\Omega V(q,p)\tilde{T}(q)\mathrm{d}\Omega(q)=\tilde{T}^I\int_\Gamma\frac{1}{r^\alpha(Q,p)}\frac{\partial r}{\partial \boldsymbol{n}}F^I(Q,p)\mathrm{d}\Gamma(Q) \tag{4-2-14}$$

式中,径向积分 F^I 为

$$F^I(Q,p)=\int_0^{r(Q,p)}V(q,p)N_I(q)r^\alpha(q,p)\mathrm{d}r(q) \tag{4-2-15}$$

由于核函数 V 中的系数不是常数，因此对式(4-2-15)中的径向积分解析地求积比较困难，可采用高斯数值积分公式进行计算。

利用上述转换公式，变系数稳态热传导问题的边界积分方程就不含域积分了，只需要对边界进行离散就可求解温度场。类似于 3.5 节中边界积分方程的离散过程，将计算区域 Ω 的边界 Γ 离散成边界单元，计算式(4-2-6)中的各项积分后可组集成如下形式的代数方程组：

$$\boldsymbol{H}\tilde{\boldsymbol{T}} - \boldsymbol{G}\boldsymbol{q} = \boldsymbol{y}_{\mathrm{b}} + \boldsymbol{V}\tilde{\boldsymbol{T}} \tag{4-2-16}$$

式中，$\boldsymbol{y}_{\mathrm{b}}$ 为由热源引起的域积分形成的已知列向量；$\boldsymbol{V}$ 为由式(4-2-14)和式(4-2-15)计算所得的系数矩阵。

将边界条件代入式(4-2-16)，并将未知量移至左边，已知量移至右边，则可得到如下的线性代数方程组：

$$\boldsymbol{A}\boldsymbol{x} = \boldsymbol{y} \tag{4-2-17}$$

求解此方程组则可得到问题的未知量。需要指出的是，当边界条件为热通量 q 已知时，求出的未知量 $\boldsymbol{x}$ 中的元素为规格化温度 kT，这时需要将其除以导热系数 k 后才能得到真实的温度值。

4.3 瞬态变系数热传导问题

4.1 节和 4.2 节分别介绍了瞬态常系数和稳态变系数热传导问题的边界元法，本节介绍瞬态变系数热传导问题的边界元法，并加入第三类边界条件。

4.3.1 边界元基本方程

具有内部热源的变系数各向同性介质瞬态热传导问题的控制方程可表示为

$$\frac{\partial}{\partial x_i}\left[k(\boldsymbol{x})\frac{\partial T(\boldsymbol{x},t)}{\partial x_i}\right] + b(\boldsymbol{x},t) = \rho c_p \frac{\partial T(\boldsymbol{x},t)}{\partial t} \quad (t \geqslant t_0, \boldsymbol{x} \in \Omega) \tag{4-3-1}$$

三类边界条件分别为

$$\begin{cases} T(\boldsymbol{x},t) = \bar{T}(\boldsymbol{x},t) & (t \geqslant t_0, \boldsymbol{x} \in \Gamma_1) \\ q(\boldsymbol{x},t) = -k(\boldsymbol{x})\dfrac{\partial T(\boldsymbol{x},t)}{\partial \boldsymbol{n}} = \bar{q}(\boldsymbol{x},t) & (t \geqslant t_0, \boldsymbol{x} \in \Gamma_2) \\ q(\boldsymbol{x},t) = f(T, T_f, t) & (t \geqslant t_0, \boldsymbol{x} \in \Gamma_3) \end{cases} \tag{4-3-2}$$

式中，$\Gamma_1 + \Gamma_2 + \Gamma_3 = \Gamma$；$T_f$ 为计算域外部环境温度。初始条件仍由式(4-1-3)决定。

引入权函数 u^*，式(4-3-1)的加权余量式可表示为

$$\int_\Omega u^* \frac{\partial}{\partial x_i}\left(k\frac{\partial T}{\partial x_i}\right)\mathrm{d}\Omega + \int_\Omega u^* b\mathrm{d}\Omega = \int_\Omega u^* \rho c_p \dot{T}\mathrm{d}\Omega \tag{4-3-3}$$

类似于 4.1 节和 4.2 节中的推导，对上式进行两次分部积分并使用高斯散度定理，则可导出式(4-3-1)的积分方程为

$$\begin{aligned} c(p)\widetilde{T}(p,t) = &-\int_\Gamma u^*(Q,p)q(Q,t)\mathrm{d}\Gamma(Q) - \int_\Gamma q^*(Q,p)\widetilde{T}(Q,t)\mathrm{d}\Gamma(Q) \\ &+\int_\Omega u^*(q,p)b(q,t)\mathrm{d}\Omega(q) + \int_\Omega V(q,p)\widetilde{T}(q,t)\mathrm{d}\Omega(q) \\ &-\int_\Omega u^*(q,p)\widetilde{\rho}(q)\dot{\widetilde{T}}(q,t)\mathrm{d}\Omega(q) \end{aligned} \tag{4-3-4}$$

式中，V、$\widetilde{T}$、$\widetilde{k}$ 和 $\widetilde{\rho}$ 的表达式见式(4-2-7)、式(4-2-8)和式(4-1-12)；权函数 u^* 取为格林函数基本解。

式(4-3-4)中各项边界积分和域积分的计算已在 4.1 节和 4.2 节中介绍过了，这里不再重复。将边界 Γ 离散成单元，并对各边界积分进行数值计算，则可由式(4-3-4)得到如下的代数方程组：

$$\boldsymbol{H}\widetilde{\boldsymbol{T}} - \boldsymbol{G}\boldsymbol{q} = \boldsymbol{y}_\mathrm{b} + \boldsymbol{V}\widetilde{\boldsymbol{T}} - \boldsymbol{C}\dot{\widetilde{\boldsymbol{T}}} \tag{4-3-5}$$

式中，右端各项是分别根据式(4-3-4)中三项域积分的计算结果形成的。

类似于 4.1.4 节，对规格化温度的时间导数仍采用向前差分格式(4-1-32)，对物理量 $\widetilde{T}$ 和 q 用第 n 和第 $n+1$ 时间步之间的值表示，具体表达式见式(4-1-33)。这样，将式(4-1-32)和式(4-1-33)代入式(4-3-5)，得

$$\begin{aligned} &\boldsymbol{H}[\theta\widetilde{\boldsymbol{T}}^{n+1} + (1-\theta)\widetilde{\boldsymbol{T}}^n] - \boldsymbol{G}[\theta\boldsymbol{q}^{n+1} + (1-\theta)\boldsymbol{q}^n] \\ &= \boldsymbol{y}_\mathrm{b} + \boldsymbol{V}[\theta\widetilde{\boldsymbol{T}}^{n+1} + (1-\theta)\widetilde{\boldsymbol{T}}^n] - \boldsymbol{C}\frac{1}{\Delta t}(\widetilde{\boldsymbol{T}}^{n+1} - \widetilde{\boldsymbol{T}}^n) \end{aligned} \tag{4-3-6}$$

令

$$\begin{aligned} \boldsymbol{M} &= \theta\boldsymbol{H} - \theta\boldsymbol{V} + \boldsymbol{C}/\Delta t \\ \boldsymbol{N} &= (1-\theta)\boldsymbol{H} - (1-\theta)\boldsymbol{V} - \boldsymbol{C}/\Delta t \end{aligned} \tag{4-3-7}$$

则式(4-3-6)可以写成

$$\boldsymbol{M}\widetilde{\boldsymbol{T}}^{n+1} - \theta\boldsymbol{G}\boldsymbol{q}^{n+1} = \boldsymbol{y}_\mathrm{b} - \boldsymbol{N}\widetilde{\boldsymbol{T}}^n + (1-\theta)\boldsymbol{G}\boldsymbol{q}^n \tag{4-3-8}$$

由于第 n 时刻的规格化温度 $\widetilde{\boldsymbol{T}}^n$ 和热通量 $\boldsymbol{q}^n$ 都是已知的，所以式(4-3-8)又可写为

$$\boldsymbol{M}\widetilde{\boldsymbol{T}}^{n+1} - \theta\boldsymbol{G}\boldsymbol{q}^{n+1} = \boldsymbol{y}^n \tag{4-3-9}$$

式中，$\boldsymbol{y}^n$ 为式(4-3-8)右端各项之和。

4.3.2 代数方程组的求解

方程组(4-3-9)的求解是根据初始条件和时间步的推进来进行的，在每一时间步计算中需要根据边界条件对方程组(4-3-9)进行组合。关于式(4-3-2)中的前两种边界条件的组合结果已经在前面介绍过了，如式(4-1-38)所示。然而，对于第三类边界条件，情况要复杂得多。第三类边界条件也称为非线性纽曼边界条件，几乎包含了除第一、二类边界条件之外的所有边界条件。这类边界条件反映了与外部环境的热交换现象，如对流与辐射。在固体与周围环境交界处，第三类边界条件可写为如下的热量平衡方程式：

$$q(\boldsymbol{x},t)=q^{\mathrm{c}}(\boldsymbol{x},t)+q^{\mathrm{r}}(\boldsymbol{x},t) \tag{4-3-10}$$

$$q^{\mathrm{c}}(\boldsymbol{x},t)=h[T(\boldsymbol{x},t)-T_f(\boldsymbol{x},t)] \tag{4-3-11}$$

$$q^{\mathrm{r}}(\boldsymbol{x},t)=\varepsilon\sigma[T^4(\boldsymbol{x},t)-T_f^4(\boldsymbol{x},t)] \tag{4-3-12}$$

式中，q 为边界总的热通量；q^{c} 为由对流换热引起的热通量；q^{r} 为由边界热辐射引起的热通量；T_f 为与边界交换热量的外界流体的温度；h 为对流换热系数；ε 为边界热辐射的发射率；σ 为斯特藩-玻尔兹曼常量，$\sigma=5.669\times10^{-8}\ \mathrm{W/(m^2\cdot K^4)}$。

将上述边界条件应用于方程(4-3-9)，最终可形成如下形式的代数方程组：

$$\boldsymbol{A}\boldsymbol{x}^{n+1}+\boldsymbol{B}\{\widetilde{T}^4\}^{n+1}=\boldsymbol{y}^{n+1} \tag{4-3-13}$$

式中，$\boldsymbol{x}^{n+1}$ 为由边界上的未知温度和未知热通量以及内部点的温度组成的列向量；$\boldsymbol{B}$ 是由辐射边界条件(4-3-12)引起的 $N_{\mathrm{A}}\times N_{\mathrm{b}}$ 阶矩阵。

在系统方程组(4-3-13)的组装过程中，系数矩阵 $\boldsymbol{A}$ 和 $\boldsymbol{B}$ 以及向量 $\boldsymbol{y}^{n+1}$ 中的元素值与源点 p 的位置(边界或内部节点)及场点 Q 的具体边界条件有关。假设源点 p 位于第 i 个节点，场点 Q(或 q)位于第 j 个节点，则矩阵 $\boldsymbol{A}$ 和 $\boldsymbol{B}$ 以及向量 $\boldsymbol{y}^{n+1}$ 中的元素分别记为 A_{ij}、B_{ij} 和 y_i^{n+1}。令 y_i^{n+1} 在组集过程中的初始值为 $y_i^{n+1}=y_i^n$，下面介绍式(4-3-13)的详细组集过程。若点 i 和 j 位于边界上，则对应式(4-3-2)的三种边界条件情况有：

(1) 如果节点 j 处为第一类边界条件，则

$$\begin{aligned}A_{ij}&=-\theta G_{ij}\\B_{ij}&=0\\y_i^{n+1}&=y_i^{n+1}-M_{ij}\widetilde{T}_j^{n+1}\end{aligned} \tag{4-3-14}$$

(2) 如果节点 j 处为第二类边界条件，则

$$\begin{aligned}A_{ij}&=M_{ij}\\B_{ij}&=0\\y_i^{n+1}&=y_i^{n+1}+\theta G_{ij}q_j^{n+1}\end{aligned} \tag{4-3-15}$$

(3) 如果节点 j 处为第三类边界条件，则

$$
\begin{aligned}
A_{ij} &= M_{ij} - \theta G_{ij} h / k_j \\
B_{ij} &= - \theta \varepsilon \sigma G_{ij} / k_j^4 \\
y_i^{n+1} &= y_i^{n+1} - \theta G_{ij} (h T_f + \varepsilon \sigma T_f^4)
\end{aligned}
\tag{4-3-16}
$$

若节点 i 位于边界，节点 j 位于区域内部时，则

$$A_{ij} = M_{ij} \tag{4-3-17}$$

若点 i 为内部节点，则系数矩阵 $\boldsymbol{A}$ 和 $\boldsymbol{B}$ 以及列向量 $\boldsymbol{y}^{n+1}$ 中元素的组集过程与式(4-3-14)～式(4-3-17)一样。

如果无热辐射边界条件，则矩阵 $\boldsymbol{B}$ 为零，式(4-3-13)变为线性方程组，可采用通常的方法求解。但如果考虑热辐射，则式(4-3-13)是非线性代数方程组，需要进行迭代求解。本书采用牛顿-拉弗森迭代法对式(4-3-13)求解。

假设 m 次迭代后，式(4-3-13)的残差为

$$\boldsymbol{R}_m^{n+1} = \boldsymbol{y}^{n+1} - \boldsymbol{A}\boldsymbol{x}_m^{n+1} - \boldsymbol{B}\{\widetilde{T}^4\}_m^{n+1} \tag{4-3-18}$$

对于第 $m+1$ 次迭代，假设残差为零，并采用泰勒级数展开得

$$\boldsymbol{R}_{m+1}^{n+1} = \boldsymbol{R}_m^{n+1} + \left(\frac{\partial \boldsymbol{R}}{\partial \boldsymbol{x}}\right)_m^{n+1} \Delta \boldsymbol{x} = 0 \tag{4-3-19}$$

式中，$\Delta \boldsymbol{x}$ 为解的修正量；残差的导数由式(4-3-18)求得：

$$\left(\frac{\partial \boldsymbol{R}}{\partial \boldsymbol{x}}\right)_m^{n+1} = -\boldsymbol{A} - \boldsymbol{B}[4\widetilde{T}^3]_m^{n+1} \tag{4-3-20}$$

其中，$[4\widetilde{T}^3]$ 为对角线矩阵，并且同矩阵 $\boldsymbol{B}$ 和矢量 $\{\widetilde{T}^4\}^{n+1}$ 一样，只在有辐射边界条件的节点存在。

将式(4-3-20)代入式(4-3-19)可得

$$(\boldsymbol{A} + \boldsymbol{B}[4\widetilde{T}^3]_m^{n+1})\Delta \boldsymbol{x} = \boldsymbol{R}_m^{n+1} \tag{4-3-21}$$

由上式解得未知量修正值 $\Delta \boldsymbol{x}$ 后，未知量可更新为

$$\boldsymbol{x}_{m+1}^{n+1} = \boldsymbol{x}_m^{n+1} + \zeta \Delta \boldsymbol{x} \tag{4-3-22}$$

式中，ζ 为松弛因子，在 0～1 取值。

将更新后的未知量代入式(4-3-18)计算新的残差，如果残差的范数小于给定的精度，则迭代结束，否则重复以上计算，进行下一次迭代，直到收敛为止。

4.4 稳态非线性热传导问题

对于大多数材料，热导率是随温度变化的，例如，某种 C/C 复合材料的热导率在常温下为 10.85W/(m·K)，200℃ 时为 17.73W/(m·K)，400℃ 时为 20.16W/(m·K)。当热导率是温度的函数时，控制方程将不再是线性偏微分方程，而是非线性的。此外，如 4.3.2 节所述，当边界条件包含热辐射时，组集的系统

方程组也是非线性的。本节介绍稳态非线性热传导问题的边界元法。

4.4.1 非线性热传导问题的积分方程

具有内部热源且热导率随温度变化的各向同性介质稳态热传导问题的控制方程可以表示为

$$\frac{\partial}{\partial x_i}\left[k(T(\boldsymbol{x}))\frac{\partial T(\boldsymbol{x})}{\partial x_i}\right]+b(\boldsymbol{x})=0\quad(\boldsymbol{x}\in\Omega)\tag{4-4-1}$$

式中，热导率 k 是温度 $T(\boldsymbol{x})$ 的函数。考虑三类边界条件：

$$\begin{cases}T(\boldsymbol{x})=\bar{T}(\boldsymbol{x}) & (\boldsymbol{x}\in\Gamma_1)\\ q(\boldsymbol{x})=-k(T(\boldsymbol{x}))\dfrac{\partial T(\boldsymbol{x})}{\partial \boldsymbol{n}}=\bar{q}(\boldsymbol{x}) & (\boldsymbol{x}\in\Gamma_2)\\ q(\boldsymbol{x})=h[T(\boldsymbol{x})-T_f(\boldsymbol{x})]+\varepsilon\sigma[T^4(\boldsymbol{x})-T_f^4(\boldsymbol{x})] & (\boldsymbol{x}\in\Gamma_3)\end{cases}\tag{4-4-2}$$

引入权函数 u^*，则式(4-4-1)的加权余量式可表示为

$$\int_\Omega u^*\frac{\partial}{\partial x_i}\left(k\frac{\partial T}{\partial x_i}\right)\mathrm{d}\Omega+\int_\Omega u^* b\,\mathrm{d}\Omega=0\tag{4-4-3}$$

类似于式(4-1-5)的推导，采用分部积分法和高斯散度定理处理式(4-4-3)左端第一项域积分可得

$$\begin{aligned}\int_\Omega u^*\frac{\partial}{\partial x_i}\left(k\frac{\partial T}{\partial x_i}\right)\mathrm{d}\Omega=&-\int_\Gamma u^* q\,\mathrm{d}\Gamma-\int_\Gamma q^* kT\,\mathrm{d}\Gamma\\&+\int_\Omega\frac{\partial k}{\partial x_i}\frac{\partial u^*}{\partial x_i}T\,\mathrm{d}\Omega-k(T(p))T(p)\end{aligned}\tag{4-4-4}$$

将式(4-4-4)代入式(4-4-3)，并考虑源点 p 位于边界上的情况(详见 3.3 节)，有

$$\begin{aligned}c(p)k(T(p))T(p)=&-\int_\Gamma u^*(Q,p)q(Q)\mathrm{d}\Gamma(Q)-\int_\Gamma q^*(Q,p)k(T(Q))T(Q)\mathrm{d}\Gamma(Q)\\&+\int_\Omega u^*(q,p)b(q)\mathrm{d}\Omega(q)+\int_\Omega u_{,i}^*(q,p)k_{,i}(T(q))T(q)\mathrm{d}\Omega(q)\end{aligned}\tag{4-4-5}$$

4.4.2 域积分到边界积分转换的解析表达式

在边界-域积分方程(4-4-5)中，出现两项域积分，分别是由非线性热导率和热源项引起的域积分。对于由热源项引起的域积分，即式(4-4-5)右端第一项域积分，边界积分的转换公式见 4.1.2 节。对于由热导率非线性引起的域积分，即式(4-4-5)右端第二项域积分，由于积分核中包含未知函数 $k_{,i}T$，不能直接使用径向积分法将其转换成边界积分。因此，采用径向基函数和一次多项式来表示 $k_{,i}T$：

$$\frac{\partial k(T(\boldsymbol{x}))}{\partial x_i}T(\boldsymbol{x})=\sum_{A=1}^{N_A}\alpha_i^A\phi^A(R)+a_i^0+\sum_{k=1}^{\beta}a_i^k x_k \tag{4-4-6}$$

$$\sum_{A=1}^{N_A}\alpha_i^A=\sum_{A=1}^{N_A}\alpha_i^A x_k^A=0 \tag{4-4-7}$$

式中，α_i^A、a_i^0 和 a_i^k 为待定系数；$\phi^A(R)$ 为径向基函数，比较常使用的 $\phi^A(R)$ 由表 4-1-1 给出。

将式(4-4-6)和式(4-4-7)应用于所有节点，可得到一代数方程组，写成矩阵形式为

$$\left\{\frac{\partial k}{\partial x_i}T\right\}=\boldsymbol{\phi}\boldsymbol{\alpha}_i \tag{4-4-8}$$

式中，$\boldsymbol{\alpha}_i$ 为由所有系数 α_i^A、α_i^0 和 a_i^k 组成的列向量；矩阵 $\boldsymbol{\phi}$ 由式(4-1-20a)给出。在没有节点重合的条件下，$\boldsymbol{\phi}$ 是可逆的，利用 $\frac{\partial k}{\partial x_i}T=\frac{\partial k}{\partial T}\frac{\partial T}{\partial x_i}T$，则 $\boldsymbol{\alpha}_i$ 可表示为

$$\boldsymbol{\alpha}_i=\boldsymbol{\phi}^{-1}\left\{\frac{\partial k}{\partial T}\frac{\partial T}{\partial x_i}T\right\} \tag{4-4-9}$$

其中，$\partial T/\partial x_i$ 为未知温度在节点处的导数值，有两种方法可以计算其值，一种是积分方程法，积分方程可由式(4-4-5)对源点坐标求导得到，将在 4.7 节介绍；另一种是利用径向基函数进行计算，即将温度 T 对坐标 x 的函数关系也由增强径向基函数表示：

$$T(\boldsymbol{x})=\sum_{A=1}^{N_A}\alpha^A\phi^A(R)+a^0+\sum_{k=1}^{\beta}a^k x_k \tag{4-4-10}$$

$$\sum_{A=1}^{N_A}\alpha^A=\sum_{A=1}^{N_A}\alpha^A x_k^A=0 \tag{4-4-11}$$

则温度梯度 $\partial T/\partial x_i$ 可表示为

$$\frac{\partial T(\boldsymbol{x})}{\partial x_i}=\sum_{A=1}^{N_A}\alpha^A\frac{\partial\phi^A(R)}{\partial x_i}+a^i=\sum_{A=1}^{N_A}\alpha^A\frac{\partial\phi^A(R)}{\partial R}\frac{\partial R}{\partial x_i}+a^i \tag{4-4-12}$$

式中，$\partial\phi^A(R)/\partial R$ 表示径向基函数 $\phi^A(R)$ 对 R 的导数，具体的表达式见表 4-4-1，并有

$$R=\sqrt{(x_i-x_i^A)(x_i-x_i^A)},\qquad \frac{\partial R}{\partial x_i}=\frac{x_i-x_i^A}{R} \tag{4-4-13}$$

表 4-4-1　几种常用的径向基函数(表 4-1-1)对 R 的导数关系式 $\partial\phi^A/\partial R$

薄板样条	高斯函数	复合二次	逆复合二次	Wendland	四阶样条函数
$2R(1+2\ln R)$	$-2R\mathrm{e}^{-R^2}$	$\frac{R}{\sqrt{R^2+c^2}}$	$\frac{-R}{\sqrt[3]{R^2+c^2}}$	$-20R(1-R)^3$	$12R(2R-R^2-1)$

式(4-4-10)中的系数 α^A、a^0 和 a^k 可由式(4-4-10)和式(4-4-11)通过对所有的边

界点和内部点配点得到，其矩阵关系如下：

$$\boldsymbol{\alpha}=\boldsymbol{\phi}^{-1}\boldsymbol{T} \tag{4-4-14}$$

需要说明的是：在计算时，式(4-4-14)中各点温度组成的列向量 $\boldsymbol{T}$ 可采用上一次迭代所得到的值计算。

将式(4-4-6)代入式(4-4-5)的最后一项域积分中，并应用径向积分法得

$$\begin{aligned}\int_{\Omega} u^*_{,i}(q,p)k_{,i}(q)T(q)\mathrm{d}\Omega(q) &= \alpha^A_i\int_{\Gamma}\frac{1}{r^{\alpha}(Q,q)}\frac{\partial r}{\partial \boldsymbol{n}}F^A_i(Q,p)\mathrm{d}\Gamma(Q)\\ &+a^k_i\int_{\Gamma}\frac{r_{,k}}{r^{\alpha}(Q,p)}\frac{\partial r}{\partial \boldsymbol{n}}F^1_i(Q,p)\mathrm{d}\Gamma(Q)\\ &+(a^k_i x^p_k+a^0_i)\int_{\Gamma}\frac{1}{r^{\alpha}(Q,p)}\frac{\partial r}{\partial \boldsymbol{n}}F^0_i(Q,p)\mathrm{d}\Gamma(Q)\end{aligned} \tag{4-4-15}$$

式中

$$F^A_i(Q,p)=\int_0^{r(Q,p)} u^*_{,i}(q,p)\phi^A r^{\alpha}\mathrm{d}r=\frac{-r_{,i}}{2\pi\alpha}\int_0^{r(Q,p)}\phi^A\mathrm{d}r(q) \tag{4-4-16a}$$

$$F^1_i(Q,p)=\int_0^{r(Q,p)} u^*_{,i}(q,p)r^{\alpha+1}\mathrm{d}r=\frac{-r_{,i}r^2(Q,p)}{4\pi\alpha} \tag{4-4-16b}$$

$$F^0_i(Q,p)=\int_0^{r(Q,p)} u^*_{,i}(q,p)r^{\alpha}\mathrm{d}r=\frac{-r_{,i}r(Q,p)}{2\pi\alpha} \tag{4-4-16c}$$

对于表 4-1-1 中所列的径向基函数，利用式(4-1-26)，可对径向积分(4-4-16a)进行解析求积，或用高斯积分公式数值求积。例如，对于四阶样条径向基函数，通常使用其紧支形式，即

$$\phi^A(R)=\begin{cases}1-6\left(\dfrac{R}{d_{\mathrm{A}}}\right)^2+8\left(\dfrac{R}{d_{\mathrm{A}}}\right)^3-3\left(\dfrac{R}{d_{\mathrm{A}}}\right)^4 & (0\leqslant R<d_{\mathrm{A}})\\ 0 & (R\geqslant d_{\mathrm{A}})\end{cases} \tag{4-4-17}$$

式中，d_{A} 为紧支域半径。从上式可以看出，$\phi^A(R)$ 对紧支半径外的点不起作用。

将式(4-4-17)代入式(4-4-16a)中的径向积分，并利用式(4-1-26)，对该径向积分解析求积可得

$$\begin{aligned}\int_0^{r(Q,p)}\phi^A\mathrm{d}r&=\int_{r_1}^{r_2}\phi^A\mathrm{d}r\\ &=r-\Big[\frac{3}{5}r^5-3sr^4-2r^3(\bar{R}^2+2s^2)-6sr^2\bar{R}^2-3r\bar{R}^4\Big]/d^4_{\mathrm{A}}\\ &\quad+\big[(r+s)(2r^2+5\bar{R}^2+4rs-3s^2)R+3(\bar{R}^2-s^2)^2\\ &\quad\times\ln(r+s+R)\big]/d^3_{\mathrm{A}}-(2r^3-6sr^2-6\bar{R}^2r)/d^2_{\mathrm{A}}\Bigg|_{r_1}^{r_2}\end{aligned} \tag{4-4-18}$$

式中，r_1 和 r_2 为紧支域在直线 $r(Q,p)$ 上切出的有效起、止距离(图 4-4-1)。

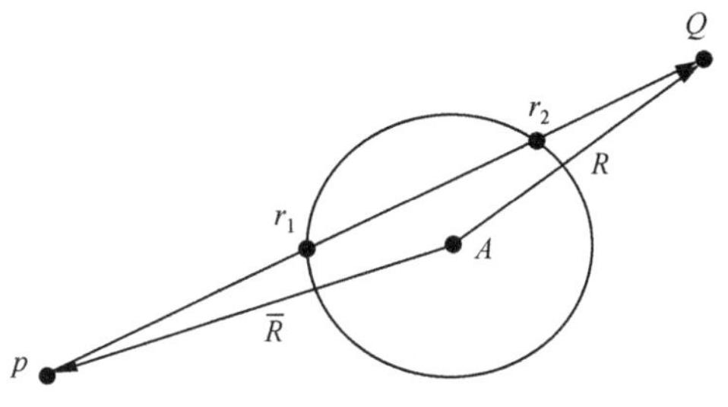

图 4-4-1　径向积分起、止距离示意图

对于特殊情况，即 $r+s+R=0$，则上式不成立。此时，图 4-4-1 中的源点 p、场点 Q 和作用点 A 位于一条直线上(图 4-4-2)，并有关系式 $s=-\bar{R}$，$R=\bar{R}-r$。在这种情况下，可以导出

$$\int_0^{r(Q,p)} \phi^A \mathrm{d}r = r + \frac{2\,(\bar{R}-r)^3}{d_{\mathrm{A}}^2} - \frac{2\,(\bar{R}-r)^4}{d_{\mathrm{A}}^3} + \frac{3}{5}\,\frac{(\bar{R}-r)^5}{d_{\mathrm{A}}^4}\Bigg|_{r_1}^{r_2} \tag{4-4-19}$$

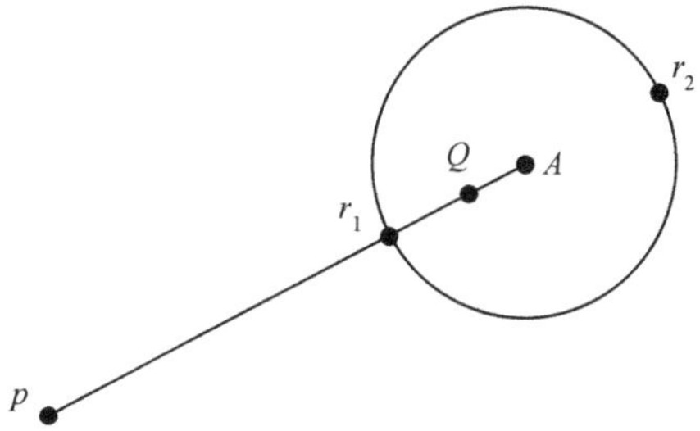

图 4-4-2　紧支域与距离相交的特殊情况

在径向积分法中，用数值方法计算径向积分需要花费较多的时间，而采用解析表达式(4-4-16b)、式(4-4-16c)、式(4-4-18)和式(4-4-19)，可以使计算效率提高很多倍。

4.4.3　系统方程组的组集

将转换后的边界积分式(4-4-15)和式(4-1-13)代入式(4-4-5)，即可得到完全由边界积分表述的积分方程。求解该积分方程，仅需将计算域的边界 Γ 离散成边界单元，然后采用高斯数值积分公式计算每一项边界积分，最后就可组集得到求解稳态非线性热传导问题的系统方程组。

假设将边界离散成 N_{e} 个边界单元，边界节点数为 N_{b}，域内布置了 N_{i} 个点，总节点数为 $N_{\mathrm{A}}=N_{\mathrm{b}}+N_{\mathrm{i}}$。将 N_{A} 个节点依次取为源点 p，分别计算式(4-4-15)，可得到域积分的矩阵方程：

$$\int_{\Omega} u_{,i}^{*}(q,p)k_{,i}(q)T(q)\mathrm{d}\Omega(q) = \boldsymbol{F}_i\boldsymbol{\alpha}_i \tag{4-4-20}$$

式中，矩阵 $\boldsymbol{F}_i$ 是由边界积分式(4-4-15)计算所得的 $N_\mathrm{A}\times N_\mathrm{S}$ 的矩阵。将列向量 $\boldsymbol{\alpha}_i$ 的表达式(4-4-9)代入式(4-4-20)，可得

$$\int_\Omega u^*_{,i}(q,p)k_{,i}(q)T(q)\mathrm{d}\Omega(q)=\boldsymbol{W}_i\left\{\frac{\partial k(T)}{T}\frac{\partial T}{x_i}T\right\} \tag{4-4-21}$$

式中，矩阵 $\boldsymbol{W}_i$ 为 $N_\mathrm{A}\times N_\mathrm{S}$ 阶矩阵，并且

$$\boldsymbol{W}_i=\boldsymbol{F}_i\boldsymbol{\phi}^{-1} \tag{4-4-22}$$

类似 3.5 节边界积分的离散过程，计算式(4-4-5)中其余的边界积分，最后则可形成如下矩阵形式的代数方程组：

$$\boldsymbol{H}\{k(T)T\}-\boldsymbol{Gq}=\boldsymbol{y}_\mathrm{b}+\boldsymbol{W}_i\left\{\frac{\partial k(T)}{\partial T}\frac{\partial T}{\partial x_i}T\right\} \tag{4-4-23}$$

将上式右端最后一项中的 $\dfrac{\partial k(T)}{\partial T}\dfrac{\partial T}{\partial x_i}$ 乘到矩阵 $\boldsymbol{W}_i$ 中，则可得到

$$\boldsymbol{H}\{k(T)T\}-\boldsymbol{Gq}=\boldsymbol{y}_\mathrm{b}+\boldsymbol{W}(T)\boldsymbol{T} \tag{4-4-24}$$

式中，$\boldsymbol{W}(T)$ 表示矩阵中的元素与温度 T 有关。对所有边界节点施加式(4-4-2)所示三类边界条件中的任意一类，则对式(4-4-24)中的系数矩阵进行组集可得到如下的系统方程组：

$$\boldsymbol{A}(T)\boldsymbol{x}+\boldsymbol{B}\{T^4\}=\boldsymbol{y} \tag{4-4-25}$$

式中，$\boldsymbol{x}$ 为所有未知节点温度和未知边界通量组成的列向量；$\boldsymbol{A}(T)$ 表示矩阵 $\boldsymbol{A}$ 中的元素是温度 T 的函数；矩阵 $\boldsymbol{B}$ 仅在对应热辐射边界条件的节点位置有值，其他位置的元素等于零。

在系统方程(4-4-25)的组装过程中，系数矩阵 $\boldsymbol{A}(T)$ 和 $\boldsymbol{B}$ 以及向量 $\boldsymbol{y}$ 中的元素值与源点 p 的位置(边界或内部节点)及场点 Q 的具体边界条件有关。假设源点 p 位于第 i 个节点，场点 Q(或 q)位于第 j 个节点，则矩阵 $\boldsymbol{A}(T)$ 和 $\boldsymbol{B}$ 以及向量 $\boldsymbol{y}$ 中的元素可分别记为 A_{ij}、B_{ij} 和 y_i。令 y_i 在组集过程中的初始值为 y^i_b，下面对式(4-4-25)的组集过程作详细说明。若点 i 和 j 位于边界上，则对应式(4-4-2)的三种边界条件情况有：

(1) 如果节点 j 处为第一类边界条件，则

$$\begin{aligned}A_{ij}&=-G_{ij}\\B_{ij}&=0\\y_i&=y_i-H_{ij}k_jT_j+W_{ij}T_j\end{aligned} \tag{4-4-26}$$

(2) 如果节点 j 处为第二类边界条件，则

$$\begin{aligned}A_{ij}&=k_jH_{ij}-W_{ij}\\B_{ij}&=0\\y_i&=y_i+G_{ij}q_j\end{aligned} \tag{4-4-27}$$

(3) 如果节点 j 处为第三类边界条件，则

$$A_{ij}=-hG_{ij}-W_{ij}+k_jH_{ij}$$
$$B_{ij}=-\varepsilon\sigma G_{ij} \tag{4-4-28}$$
$$y_i=y_i-G_{ij}(hT_f+\varepsilon\sigma T_f^4)$$

若节点 i 位于边界、节点 j 位于区域内部，则

$$A_{ij}=-W_{ij} \tag{4-4-29}$$

若节点 i 是内部节点，而节点 j 为边界节点，矩阵 $\boldsymbol{A}$ 和 $\boldsymbol{B}$ 以及向量 $\boldsymbol{y}$ 中元素的组集公式与式(4-4-26)～式(4-4-28)一样。若节点 i 和 j 皆为内部点，则

$$A_{ii}=k_i-W_{ii}$$
$$A_{ij,j\neq i}=-W_{ij,j\neq i} \tag{4-4-30}$$

4.4.4　系统方程组的迭代求解

采用牛顿-拉弗森迭代法对非线性方程组(4-4-25)进行求解。假设经过 m 次迭代后，式(4-4-25)的残差为 $\boldsymbol{R}^m$，即

$$\boldsymbol{R}^m=\boldsymbol{y}-\boldsymbol{A}(T)\boldsymbol{x}^m-\boldsymbol{B}\{T^4\}^m \tag{4-4-31}$$

对于第 $m+1$ 次迭代，令残差 $\boldsymbol{R}^{m+1}$ 为零，并采用泰勒级数展开得

$$\boldsymbol{R}^{m+1}=\boldsymbol{R}^m+\left(\frac{\partial\boldsymbol{R}}{\partial\boldsymbol{x}}\right)^m\Delta\boldsymbol{x}=0 \tag{4-4-32}$$

式中，导数 $(\partial\boldsymbol{R}/\partial\boldsymbol{x})^m$ 可通过对式(4-4-31)求导得到：

$$\left(\frac{\partial\boldsymbol{R}}{\partial\boldsymbol{x}}\right)^m=-\boldsymbol{A}(T)-\boldsymbol{B}[4T^3]^m \tag{4-4-33}$$

式中，$[4T^3]$ 为对角线矩阵，只在具有辐射边界条件处有值，其他位置都为零。

将式(4-4-33)代入式(4-4-32)得

$$(\boldsymbol{A}(T)+\boldsymbol{B}[4T^3]^m)\Delta\boldsymbol{x}=\boldsymbol{R}^m \tag{4-4-34}$$

由式(4-4-34)可解得未知量修正值 $\Delta\boldsymbol{x}$，然后未知量可以更新为

$$\boldsymbol{x}^{m+1}=\boldsymbol{x}^m+\zeta\Delta\boldsymbol{x} \tag{4-4-35}$$

式中，$0<\zeta\leqslant 1$ 为改善收敛性的松弛因子。

当 $\Delta\boldsymbol{x}$ 的范数达到指定的精度后迭代终止，否则进行下一次迭代，直到收敛为止。

4.5　瞬态非线性热传导问题

本节将 4.1 节介绍的瞬态常系数和 4.4 节介绍的稳态非线性热传导问题结合起来，推导瞬态非线性热传导问题的边界元法。

4.5.1　边界元基本方程

具有内部热源且热导率随温度变化的各向同性介质瞬态热传导问题的控制方

程可表示为

$$\frac{\partial}{\partial x_i}\left[k(T(\boldsymbol{x},t))\frac{\partial T(\boldsymbol{x},t)}{\partial x_i}\right]+b(\boldsymbol{x},t)=\rho c_p\frac{\partial T(\boldsymbol{x},t)}{\partial t}\quad(t\geqslant t_0,\boldsymbol{x}\in\Omega)\tag{4-5-1}$$

边界条件为

$$\begin{cases}T(\boldsymbol{x},t)=\bar{T}(\boldsymbol{x},t) & (t\geqslant t_0,x\in\Gamma_1)\\ q(\boldsymbol{x},t)=-k(T(\boldsymbol{x},t))\dfrac{\partial T(\boldsymbol{x},t)}{\partial \boldsymbol{n}}=\bar{q}(\boldsymbol{x},t) & (t\geqslant t_0,x\in\Gamma_2)\\ q(\boldsymbol{x},t)=h[T(\boldsymbol{x},t)-T_f(\boldsymbol{x})]+\varepsilon\sigma[T^4(\boldsymbol{x},t)-T_f^4(\boldsymbol{x})] & (t\geqslant t_0,x\in\Gamma_3)\end{cases}\tag{4-5-2}$$

初始条件见式(4-1-3)。

引入格林函数基本解 u^*，并对控制方程(4-5-1)在整个计算域进行积分得

$$\int_\Omega u^*\frac{\partial}{\partial x_i}\left(k\frac{\partial T}{\partial x_i}\right)\mathrm{d}\Omega+\int_\Omega u^*b\mathrm{d}\Omega=\int_\Omega u^*\rho c_p\frac{\partial T}{\partial t}\mathrm{d}\Omega\tag{4-5-3}$$

类似于 4.4 节的推导，对上式左端第一项域积分进行两次分部积分，并应用高斯散度定理和格林函数的性质，最后可得瞬态非线性热传导问题的积分方程：

$$\begin{aligned}&c(p)k(T(p,t))T(p,t)\\&=-\int_\Gamma u^*(Q,p)q(Q,t)\mathrm{d}\Gamma(Q)-\int_\Gamma q^*(Q,p)k(T(Q,t))T(Q,t)\mathrm{d}\Gamma(Q)\\&\quad+\int_\Omega u^*(q,p)b(q,t)\mathrm{d}\Omega(q)+\int_\Omega u^*_{,i}(q,p)k_{,i}(T(q,t))T(q,t)\mathrm{d}\Omega(q)\\&\quad-\int_\Omega u^*(q,p)\rho c_p\frac{\partial T(q,t)}{\partial t}\mathrm{d}\Omega(q)\end{aligned}\tag{4-5-4}$$

对于上述积分方程中出现的域积分，可采用径向积分法将其转换为边界积分，其中由热源和非线性热导率引起的域积分到边界积分的转换见 4.1.2 节和 4.4.2 节。对于由温度的时间导数引起的域积分，即式(4-5-4)右端最后一项域积分，可采用 4.1.2 节介绍的方法转换。将转换后的边界积分式(4-1-13)、式(4-4-15)和式(4-1-22)代入式(4-5-4)，则可得到一个完全由边界积分表示的积分方程。

4.5.2 代数方程组的求解

将计算区域的边界离散为线性或二次单元，由式(4-5-4)可得如下矩阵形式的代数方程组：

$$\boldsymbol{H}(T)\boldsymbol{T}-\boldsymbol{G}\boldsymbol{q}=\boldsymbol{y}_{\mathrm{b}}+\boldsymbol{W}(T)\boldsymbol{T}-\boldsymbol{C}\dot{\boldsymbol{T}}\tag{4-5-5}$$

类似于 4.1.4 节中的介绍，对温度的时间导数采用向前差分格式，即

$$\dot{T}=\frac{T^{n+1}-T^n}{\Delta t}\tag{4-5-6}$$

其中，T^{n+1} 表示第 $n+1$ 个时间步的温度，其他物理量用第 n 和第 $n+1$ 时间步的值表示，即

$$\begin{aligned} T &= \theta T^{n+1} + (1-\theta)T^{n} \\ q &= \theta q^{n+1} + (1-\theta)q^{n} \end{aligned} \tag{4-5-7}$$

将式(4-5-6)和式(4-5-7)代入式(4-5-5)，可得

$$\boldsymbol{M}(T)\boldsymbol{T}^{n+1} - \theta\boldsymbol{G}\boldsymbol{q}^{n+1} = \boldsymbol{y}_{\mathrm{b}} - \boldsymbol{N}(T)\boldsymbol{T}^{n} + (1-\theta)\boldsymbol{G}\boldsymbol{q}^{n} \tag{4-5-8}$$

其中

$$\boldsymbol{M}(T) = \theta[\boldsymbol{H}(T) - \boldsymbol{W}(T)] + \boldsymbol{C}/\Delta t \tag{4-5-9a}$$

$$\boldsymbol{N}(T) = (1-\theta)[\boldsymbol{H}(T) - \boldsymbol{W}(T)] - \boldsymbol{C}/\Delta t \tag{4-5-9b}$$

在第 n 时刻，边界节点温度或通量以及内部节点的温度是已知的，而 k 为温度的函数，因此将其代入式(4-5-8)可得

$$\boldsymbol{M}(T)\boldsymbol{T}^{n+1} - \theta\boldsymbol{G}\boldsymbol{q}^{n+1} = \boldsymbol{y}^{n} \tag{4-5-10}$$

其中，$\boldsymbol{y}^{n}$ 为式(4-5-8)右端各项之和。

将第 $n+1$ 时刻的边界条件式(4-5-2)应用于式(4-5-10)，可形成如下的代数方程组：

$$\boldsymbol{A}(T)\boldsymbol{x}^{n+1} + \boldsymbol{B}\{T^{4}\}^{n+1} = \boldsymbol{y}^{n+1} \tag{4-5-11}$$

若不考虑热辐射，则 $\boldsymbol{B}=0$。系统方程组(4-5-11)是非线性的，需采用迭代方法进行求解，牛顿-拉弗森迭代法是对其求解的有效方法。由于式(4-5-11)与式(4-3-13)非常相似，因此方程组(4-5-11)的组集以及求解过程可参考 4.3.2 节的介绍。

4.6　内部热流积分方程

在热传导问题中，通过求解边界积分方程可以求出边界节点的热通量值，但没有涉及内部节点的热流量。要想得到内部点的热流量，需要补充计算内部热流量的方程。

4.6.1　常系数问题内部热流积分方程

瞬态常系数问题内部点的边界积分方程表达式为(见式(4-1-11))

$$\begin{aligned} kT(p) = &-\int_{\Gamma} u^{*}(Q,p)q(Q)\mathrm{d}\Gamma(Q) - \int_{\Gamma} q^{*}(Q,p)kT(Q)\mathrm{d}\Gamma(Q) \\ &+ \int_{\Omega} u^{*}(q,p)b(q)\mathrm{d}\Omega(q) - \int_{\Omega} \rho c_{p} u^{*}(q,p)\dot{T}(q)\mathrm{d}\Omega(q) \end{aligned} \tag{4-6-1}$$

根据热流量的定义

$$q_{i}(p) = -k\frac{\partial T(p)}{\partial x_{i}^{p}} \tag{4-6-2}$$

并注意到

$$\frac{\partial u^*}{\partial x_i^p} = -\frac{\partial u^*}{\partial x_i^q} \tag{4-6-3}$$

很容易得到

$$\begin{aligned} q_i(p) = &-\int_\Gamma u_{,i}^*(Q,p)q(Q)\mathrm{d}\Gamma(Q) - \int_\Gamma q_{,i}^*(Q,p)kT(Q)\mathrm{d}\Gamma(Q) \\ &+\int_\Omega u_{,i}^*(q,p)b(q)\mathrm{d}\Omega(q) - \int_\Omega u_{,i}^*(q,p)\rho c_p \dot{T}(q)\mathrm{d}\Omega(q) \end{aligned} \tag{4-6-4}$$

式中，基本解的偏导数项可由式(3-2-10)和式(3-2-19)导出，结果为

$$u_{,i}^* = \frac{\partial u^*}{\partial x_i} = \frac{-r_{,i}}{2\pi\alpha r^\alpha} \tag{4-6-5a}$$

$$q_{,i}^* = \frac{\partial}{\partial x_i}\left(\frac{\partial u^*}{\partial \boldsymbol{n}}\right) = u_{,ij}^* n_j = -\frac{1}{2\pi\alpha r^\beta}[n_i - \beta r_{,i} r_{,j} n_j] \tag{4-6-5b}$$

$$u_{,ij}^* = \frac{\partial^2 u^*}{\partial x_i \partial x_j} = \frac{-1}{2\pi\alpha r^\beta}[\delta_{ij} - \beta r_{,i} r_{,j}] \tag{4-6-5c}$$

式(4-6-4)中域积分的处理以及边界的离散过程与温度边界积分方程的处理相同。热源 b 通常为常数或空间坐标的函数，因此很容易采用径向积分法将式(4-6-4)右端第一项域积分转换为边界积分。而有关时间项的域积分，则首先需要采用径向基函数对未知量进行逼近，然后将其转换为边界积分。需要指出的是，式(4-6-4)仅适用于源点 p 位于域内的情形，因此式中的边界积分不会出现奇异性。根据式(3-6-3)对积分奇异性的定义，从式(4-6-5a)可以看出，两项域积分都为弱奇异积分，因此可以精确计算。

4.6.2 变系数问题内部热流积分方程

无内部热源的瞬态变系数问题内部点的边界积分方程表达式为(见式(4-3-4))

$$\begin{aligned} \tilde{T}(p) = &-\int_\Gamma u^*(Q,p)q(Q)\mathrm{d}\Gamma(Q) - \int_\Gamma q^*(Q,p)\tilde{T}(Q)\mathrm{d}\Gamma(Q) \\ &+\int_\Omega V(q,p)\tilde{T}(q)\mathrm{d}\Omega(q) - \int_\Omega u^*(q,p)\tilde{\rho}(q)\dot{\tilde{T}}(q)\mathrm{d}\Omega(q) \end{aligned} \tag{4-6-6}$$

上式两边对源点坐标 p 求偏导数得

$$\begin{aligned} \frac{\partial \tilde{T}(p)}{\partial x_i^p} = &-\int_\Gamma \frac{\partial u^*(Q,p)}{\partial x_i^p} q(Q)\mathrm{d}\Gamma(Q) - \int_\Gamma \frac{\partial q^*(Q,p)}{\partial x_i^p}\tilde{T}(Q)\mathrm{d}\Gamma(Q) \\ &+\oint_\Omega \frac{\partial V(q,p)}{\partial x_i^p}\tilde{T}(q)\mathrm{d}\Omega(q) - \int_\Omega \frac{\partial u^*(q,p)}{\partial x_i^p}\tilde{\rho}(q)\dot{\tilde{T}}(q)\mathrm{d}\Omega(q) \end{aligned} \tag{4-6-7}$$

从式(4-2-7)和式(4-6-5a)可以看出，式(4-6-6)右端第一项域积分中的核函数 V 具有弱奇异性，对其求偏导数后会导致强奇异域积分。为了能使其在柯西主值

意义下求积分值,需要对其进行特殊处理。为此,我们从计算域 Ω 中,在源点 p 附近分割出半径为 ε 的一无限小圆形(二维问题)或球形(三维问题)区域 Ω_ε(图 4-6-1)。这样,式(4-6-7)右端第一项域积分可写为

$$\oint_{\Omega}\frac{\partial V(q,p)}{\partial x_i^p}\widetilde{T}(q)\mathrm{d}\Omega(q)=\lim_{\varepsilon\to 0}\int_{\Omega-\Omega_\varepsilon}\frac{\partial V(q,p)}{\partial x_i^p}\widetilde{T}(q)\mathrm{d}\Omega(q)+\lim_{\varepsilon\to 0}\int_{\Omega_\varepsilon}\frac{\partial V(q,p)}{\partial x_i^p}\widetilde{T}(q)\mathrm{d}\Omega(q)$$
$$=\int_{\Omega}\frac{\partial V(q,p)}{\partial x_i^p}\widetilde{T}(q)\mathrm{d}\Omega(q)+\widetilde{T}(p)\lim_{\varepsilon\to 0}\int_{\Omega_\varepsilon}\frac{\partial V(q,p)}{\partial x_i^p}\mathrm{d}\Omega(q) \tag{4-6-8}$$

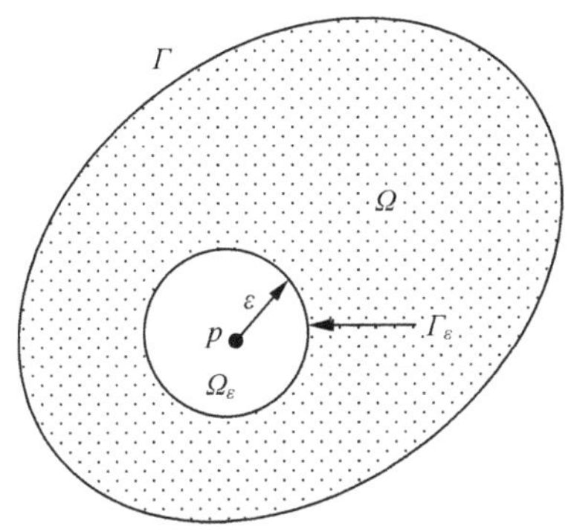

图 4-6-1 奇异点附近无限小圆形区域的分割

利用式(4-6-3)和高斯散度定理,则有

$$\int_{\Omega_\varepsilon}\frac{\partial V(q,p)}{\partial x_i^p}\mathrm{d}\Omega(q)=-\int_{\Omega_\varepsilon}\frac{\partial V(q,p)}{\partial x_i^q}\mathrm{d}\Omega(q)=-\int_{\Gamma_\varepsilon}V(q,p)n_i\mathrm{d}\Gamma(q) \tag{4-6-9}$$

将式(4-2-7)代入上式,并取极限有

$$\lim_{\varepsilon\to 0}\int_{\Omega_\varepsilon}\frac{\partial V(q,p)}{\partial x_i^p}\mathrm{d}\Omega(q)=-\lim_{\varepsilon\to 0}\int_{\Gamma_\varepsilon}\frac{\partial u^*(q,p)}{\partial x_j^q}\frac{\partial \widetilde{k}(q)}{\partial x_j^q}n_i\mathrm{d}\Gamma(q)$$
$$=-\frac{\partial \widetilde{k}(p)}{\partial x_j^p}\lim_{\varepsilon\to 0}\int_{\Gamma_\varepsilon}\frac{\partial u^*(q,p)}{\partial x_j^q}n_i\mathrm{d}\Gamma(q) \tag{4-6-10}$$

将式(4-6-5a)代入上式,并注意到在边界 Γ_ε 上有 $r=\varepsilon$ 和 $n_i=r_{,i}$,于是有

$$\int_{\Gamma_\varepsilon}\frac{\partial u^*(q,p)}{\partial x_j^q}n_i\mathrm{d}\Gamma(q)=\frac{-1}{2\pi\alpha\varepsilon^\alpha}\int_{\Gamma_\varepsilon}r_{,i}r_{,j}\mathrm{d}\Gamma \tag{4-6-11}$$

对于半径为 ε 的边界 Γ_ε,可以导出[22]

$$\int_{\Gamma_\varepsilon}r_{,i}r_{,j}\mathrm{d}\Gamma=\begin{cases}\pi\varepsilon\delta_{ij} & (\text{二维问题})\\ \dfrac{4}{3}\pi\varepsilon^2\delta_{ij} & (\text{三维问题})\end{cases} \tag{4-6-12}$$

于是有

$$\int_{\Gamma_\varepsilon} \frac{\partial u^*(q,p)}{\partial x_j^q} n_i \mathrm{d}\Gamma(q) = \frac{-1}{\beta}\delta_{ij} \tag{4-6-13}$$

将式(4-6-13)代入式(4-6-10)，然后将结果代入式(4-6-8)，则可得到

$$\oint_\Omega \frac{\partial V(q,p)}{\partial x_i^p}\widetilde{T}(q)\mathrm{d}\Omega(q) = \int_\Omega \frac{\partial V(q,p)}{\partial x_i^p}\widetilde{T}(q)\mathrm{d}\Omega(q) + \frac{1}{\beta}\frac{\partial \widetilde{k}(p)}{\partial x_i^p}\widetilde{T}(p) \tag{4-6-14}$$

然后，将式(4-6-14)代入到式(4-6-7)，并利用式(4-6-3)，可得

$$\begin{aligned}\frac{\partial \widetilde{T}(p)}{\partial x_i^p} =& \int_\Gamma u_{,i}^*(Q,p)q(Q)\mathrm{d}\Gamma(Q) + \int_\Gamma q_{,i}^*(Q,p)\widetilde{T}(Q)\mathrm{d}\Gamma(Q)\\ &- \int_\Omega V_i(q,p)\widetilde{T}(q)\mathrm{d}\Omega(q) + \int_\Omega u_{,i}^*(q,p)\widetilde{\rho}(q)\dot{\widetilde{T}}(q)\mathrm{d}\Omega(q) + \frac{1}{\beta}\widetilde{k}_{,i}(p)\widetilde{T}(p)\end{aligned} \tag{4-6-15}$$

式中，基本解的各阶偏导数由式(4-6-5)给出，并有

$$\widetilde{k}_{,i}(p) = \partial\widetilde{k}/\partial x_i^p$$

$$V_i = u_{,ij}^*\widetilde{k}_{,j} = \frac{\partial^2 u^*}{\partial x_i \partial x_j}\frac{\partial \widetilde{k}}{\partial x_j} \tag{4-6-16}$$

由式(4-2-8a)和热流量的定义式(4-6-2)可知

$$q_i(p) = -k\frac{\partial T}{\partial x_i^p} = \frac{\partial \widetilde{k}}{\partial x_i^p}\widetilde{T} - \frac{\partial \widetilde{T}}{\partial x_i^p} \tag{4-6-17}$$

最后，将式(4-6-15)代入上式，则可得到计算内部热流的积分方程：

$$\begin{aligned}q_i(p) =& -\int_\Gamma u_{,i}^*(Q,p)q(Q)\mathrm{d}\Gamma(Q) - \int_\Gamma q_{,i}^*(Q,p)\widetilde{T}(Q)\mathrm{d}\Gamma(Q)\\ &+ \int_\Omega V_i(q,p)\widetilde{T}(q)\mathrm{d}\Omega(q) - \int_\Omega u_{,i}^*(q,p)\widetilde{\rho}(q)\dot{\widetilde{T}}(q)\mathrm{d}\Omega(q) + \frac{\alpha}{\beta}\widetilde{k}_{,i}(p)\widetilde{T}(p)\end{aligned} \tag{4-6-18}$$

从式(4-6-18)可以看出，对于变系数热传导问题，内部热流积分方程中多了一项与积分无关的“自由项”(式中的最后一项)，这是由导热系数的变化引起的强奇异域积分所致。现在，式(4-6-18)中的所有积分都可以在柯西主值意义下求积。从式(4-6-16)和式(4-6-5c)可以看出，式(4-6-18)中的第一项域积分是强奇异的，可以采用3.6.3节中介绍的“常位势法”(这里为“常温度法”)间接确定对应的积分系数，也可以将其正则化。为了正则化式(4-6-18)中的强奇异域积分，将式(4-6-16)代入其中，并采用加、减项技术得

$$\begin{aligned}\int_\Omega V_i(q,p)\widetilde{T}(q)\mathrm{d}\Omega(q) =& \int_\Omega u_{,ij}^*(q,p)[\widetilde{k}_{,j}(q)\widetilde{T}(q) - \widetilde{k}_{,j}(p)\widetilde{T}(p)]\mathrm{d}\Omega(q)\\ &+ \widetilde{k}_{,j}(p)\widetilde{T}(p)f_{ij}\end{aligned} \tag{4-6-19}$$

其中

$$f_{ij} = \int_{\Omega} u^*_{,ij}(q,p)\,\mathrm{d}\Omega(q) \tag{4-6-20}$$

这样,式(4-6-19)右端的第一项域积分变成了弱奇异积分。为了正则化式(4-6-20)中的域积分,首先将微分域 $\mathrm{d}\Omega$ 在极坐标系(二维)或球坐标系(三维)下表示为[10,11]

$$\mathrm{d}\Omega = r^{\alpha}\,\mathrm{d}r\,\mathrm{d}\overline{\Omega} \tag{4-6-21}$$

其中,$\mathrm{d}\overline{\Omega}$ 是只与角度有关的量,在二维问题中为圆心角,在三维问题中为立体角,即

$$\mathrm{d}\overline{\Omega} = \begin{cases} \mathrm{d}\phi & (\text{二维问题}) \\ \sin\theta\,\mathrm{d}\theta\,\mathrm{d}\phi & (\text{三维问题}) \end{cases} \tag{4-6-22}$$

而且在边界上有下列关系成立:

$$\mathrm{d}\overline{\Omega} = \frac{1}{r^{\alpha}}\frac{\partial r}{\partial \boldsymbol{n}}\mathrm{d}\Gamma \tag{4-6-23}$$

将式(4-6-5c)和式(4-6-21)代入式(4-6-20),参考图 4-6-1,则有

$$f_{ij} = \int_{\Phi} \Theta_{ij}\left(\lim_{\varepsilon\to 0}\int_{\varepsilon}^{r} \frac{r^{\alpha}}{r^{\beta}}\mathrm{d}r\right)\mathrm{d}\overline{\Omega} = \int_{\Phi}\Theta_{ij}\ln r\,\mathrm{d}\overline{\Omega} - \lim_{\varepsilon\to 0}\ln\varepsilon\int_{\Phi}\Theta_{ij}\,\mathrm{d}\overline{\Omega} \tag{4-6-24}$$

式中

$$\Theta_{ij} = \frac{-1}{2\pi\alpha}(\delta_{ij} - \beta r_{,i} r_{,j}) \tag{4-6-25}$$

因为源点 p 位于域内,因此式(4-6-24)中最后一项积分的积分域为一封闭的圆或球面(图 4-6-1),参考式(4-6-12)的积分结果,容易证明

$$\int_{\Phi}\Theta_{ij}\,\mathrm{d}\overline{\Omega} = 0 \tag{4-6-26}$$

将上式代入式(4-6-24),并利用式(4-6-23),则有

$$f_{ij} = \int_{\Gamma}\frac{1}{r^{\alpha}}\ln r\frac{\partial r}{\partial \boldsymbol{n}}\Theta_{ij}\,\mathrm{d}\Gamma \tag{4-6-27}$$

由于源点位于域内,因此在上式边界积分中不会有奇异性发生。

最后,将式(4-6-27)代入式(4-6-19),并将结果代入式(4-6-18),得

$$\begin{aligned} q_i(p) =& -\int_{\Gamma} u^*_{,i}(Q,p)q(Q)\,\mathrm{d}\Gamma(Q) - \int_{\Gamma} q^*_{,i}(Q,p)\widetilde{T}(Q)\,\mathrm{d}\Gamma(Q) \\ &+ \int_{\Omega} u^*_{,ij}(q,p)[\widetilde{k}_{,j}(q)\widetilde{T}(q) - \widetilde{k}_{,j}(p)\widetilde{T}(p)]\,\mathrm{d}\Omega(q) \\ &- \int_{\Omega} u^*_{,i}(q,p)\widetilde{\rho}(q)\,\dot{\widetilde{T}}(q)\,\mathrm{d}\Omega(q) + \left(f_{ij} + \frac{\alpha}{\beta}\delta_{ij}\right)\widetilde{k}_{,j}(p)\widetilde{T}(p) \end{aligned} \tag{4-6-28}$$

上式为正则化后的逐点计算内部热流的边界-域积分方程,可以直接用于热导率是

空间坐标函数的变系数问题。经过一定的改造，也可以将其用于热导率随温度变化的问题，即非线性问题。

4.6.3 非线性问题内部热流计算公式

从式(4-6-16)和式(4-6-18)可以看出，与常系数热传导问题相比，变系数问题的热流积分方程主要体现在热导率对坐标的偏导数上。对于非线性问题，热导率是温度的函数。根据式(4-2-8b)和式(4-6-2)，规格化热导率的空间偏导数可写为

$$\widetilde{k}_{,i} = \frac{\partial \widetilde{k}}{\partial x_i} = -\frac{1}{k^2}\frac{\partial k}{\partial T}q_i \tag{4-6-29}$$

将式(4-6-29)代入式(4-6-28)，则可得到非线性问题计算热流 q_i 的积分方程。

通过温度积分方程的迭代求解(详见 4.3 节介绍)，各节点的温度与边界热通量是已知的，因此式(4-6-28)给出的只是关于内部热流的积分方程。不过，由式(4-6-28)和式(4-6-29)可知，每一点的热流都与所有其他节点的热流相关，因此需要通过求解各节点热流的联合方程组才能得到所有节点的热流值。对于三维问题，每个节点有三个热流分量，因此这种方法导致较大的方程组，求解非常耗时。

为了提高计算热流的效率，可以用径向基函数展开法计算规格化热导率的空间偏导数。为此，首先用增强径向基函数将规格化的热导率表示为

$$\widetilde{k}(T(\boldsymbol{x})) = \sum_{A=1}^{N_{\mathrm{A}}} \alpha^A \phi^A(R) + a^0 + \sum_{k=1}^{\beta} a^k x_k \tag{4-6-30}$$

$$\sum_{A=1}^{N_{\mathrm{A}}} \alpha^A = \sum_{A=1}^{N_{\mathrm{A}}} \alpha^A x_k^A = 0 \tag{4-6-31}$$

式中，常用的径向基函数 $\phi^A(R)$ 由表 4-1-1 给出，α^A、a^0 以及 a^k 为待定系数，可以由配点法求得：

$$\boldsymbol{\alpha} = \boldsymbol{\phi}^{-1}\widetilde{\boldsymbol{k}} \tag{4-6-32}$$

式中，$\boldsymbol{\alpha}$ 为由所有系数 α^A、a_0 和 a^k 组成的列向量(见式(4-1-20b))；$\boldsymbol{\phi}$ 由式(4-1-20a)给出；$\widetilde{\boldsymbol{k}}$ 为 $\widetilde{k} = \ln k$ 在所有节点的值组成的列向量。

求得系数 α^A、a^0 和 a^k 后，则由式(4-6-30)可得到

$$\widetilde{k}_{,i} = \sum_{A=1}^{N_{\mathrm{A}}} \alpha^A \frac{\partial \phi^A(R)}{\partial R}\frac{\partial R}{\partial x_i} + a^i \tag{4-6-33}$$

式中，$\partial\phi^A/\partial R$ 和 $\partial R/\partial x_i$ 由表 4-4-1 和式(4-4-13)给出。现在，$\widetilde{k}_{,i}$ 就只是坐标的函数了，将其代入式(4-6-28)则可逐点计算内部点的热流值。虽然用式(4-6-30)逼近 $\widetilde{k}$ 会损失一部分精度，但 $\widetilde{k} = \ln k$ 在各点的变化并不太剧烈，因此总的计算精度还是可以满足要求。

4.7　各向异性稳态热传导问题

在热传导问题中，有不少传热介质是各向异性的，如层合材料和纤维增强材料。目前，用边界元法求解各向异性问题的研究较少，而变系数各向异性问题的研究就更少。2010年作者提出了“源点隔离法”[23]，用来建立一般变系数各向异性问题的边界-域积分方程。本节采用从一般到具体的方式，介绍源点隔离法边界元积分方程求解各向异性热传导问题的基本理论。为了便于理解，只介绍无热源的热传导问题，但其结果可以很容易改造成考虑热源的情况。

4.7.1　各向异性热传导问题积分方程的一般关系式

无内部热源各向异性介质的热传导控制方程可以表示为

$$\frac{\partial}{\partial x_i}\left[k_{ij}\frac{\partial T(\boldsymbol{x})}{\partial x_j}\right]=0 \tag{4-7-1}$$

式中，k_{ij} 为热导率，可能是常数，也可能是空间坐标 $\boldsymbol{x}$ 和温度 $T(\boldsymbol{x})$ 的函数。k_{ij} 关于指标 i 与 j 是对称的，即 $k_{ij}=k_{ji}$。对于正交各向异性材料，只有 k_{11}、k_{22} 和 k_{33} 不为零。

将式(4-7-1)乘以权函数 u^*，并对整个计算域 Ω 积分得

$$\int_\Omega u^*\frac{\partial}{\partial x_i}\left(k_{ij}\frac{\partial T}{\partial x_j}\right)\mathrm{d}\Omega=0 \tag{4-7-2}$$

对式(4-7-2)的域积分进行两次分部积分，并使用高斯散度定理得

$$\int_\Omega u^*\frac{\partial}{\partial x_i}\left(k_{ij}\frac{\partial T}{\partial x_j}\right)\mathrm{d}\Omega=-\int_\Gamma u^* q\mathrm{d}\Gamma-\int_\Gamma \tilde{q}^* T\mathrm{d}\Gamma+I_\Omega \tag{4-7-3}$$

式中

$$q=-k_{ij}\frac{\partial T}{\partial x_j}n_i \tag{4-7-4}$$

$$\tilde{q}^*=\frac{\partial u^*}{\partial x_i}k_{ij}n_j \tag{4-7-5}$$

$$I_\Omega=\oint_\Omega\frac{\partial}{\partial x_j}\left(k_{ij}\frac{\partial u^*}{\partial x_i}\right)T\mathrm{d}\Omega \tag{4-7-6}$$

式(4-7-6)可能具有强奇异性（取决于权函数的选取），因此采用特殊的积分号表示。

假设权函数 u^* 为各向同性或各向异性热传导问题的基本解，通常为源点 p 到场点 q 之间的距离 r 的函数，因此当 $r\to 0$ 时可能会有奇异性。我们采用“源点隔离法”来处理式(4-7-6)中的域积分。类似于4.6.2节中的处理，从计算域 Ω 内挖去一个以源点 p 为中心半径为 ε 的无穷小圆形（二维问题）或球形（三维问题）区

域 Ω_ε，如图 4-6-1 所示。于是有

$$I_\Omega = \lim_{\varepsilon \to 0} \int_{\Omega_\varepsilon} \frac{\partial}{\partial x_j}\left(k_{ij} \frac{\partial u^*}{\partial x_i}\right) T \mathrm{d}\Omega + \lim_{\varepsilon \to 0} \int_{\Omega - \Omega_\varepsilon} \frac{\partial}{\partial x_j}\left(k_{ij} \frac{\partial u^*}{\partial x_i}\right) T \mathrm{d}\Omega$$

$$= T(p) \lim_{\varepsilon \to 0} \int_{\Omega_\varepsilon} \frac{\partial}{\partial x_j}\left(k_{ij} \frac{\partial u^*}{\partial x_i}\right) \mathrm{d}\Omega + \int_{\Omega} \frac{\partial}{\partial x_j}\left(k_{ij} \frac{\partial u^*}{\partial x_i}\right) T \mathrm{d}\Omega$$

$$= -k(p) T(p) + \int_{\Omega} v^* T \mathrm{d}\Omega \tag{4-7-7}$$

式中

$$k(p) = -\lim_{\varepsilon \to 0} \int_{\Omega_\varepsilon} \frac{\partial}{\partial x_j}\left(k_{ij} \frac{\partial u^*}{\partial x_i}\right) \mathrm{d}\Omega = -\lim_{\varepsilon \to 0} \int_{\Gamma_\varepsilon} k_{ij} \frac{\partial u^*}{\partial x_i} n_j \mathrm{d}\Gamma$$

$$= -k_{ij}(p) \lim_{\varepsilon \to 0} \int_{\Gamma_\varepsilon} \frac{\partial u^*}{\partial x_i} n_j \mathrm{d}\Gamma \tag{4-7-8}$$

$$v^* = \frac{\partial}{\partial x_j}\left(k_{ij} \frac{\partial u^*}{\partial x_i}\right) = k_{ij,j} u^*_{,i} + k_{ij} u^*_{,ij} \tag{4-7-9}$$

将式(4-7-7)代入式(4-7-3)，然后将结果代入式(4-7-2)，得

$$k(p)T(p) = -\int_\Gamma \tilde{q}^*(Q,p)T(Q)\mathrm{d}\Gamma(Q) - \int_\Gamma u^*(Q,p)q(Q)\mathrm{d}\Gamma(Q)$$

$$+ \int_\Omega v^*(q,p)T(q)\mathrm{d}\Omega(q) \tag{4-7-10}$$

式(4-7-10)即为一般意义下热传导问题的边界-域积分方程，可用于求解变系数和非线性各向异性热传导问题。权函数 u^* 可以选用任意形式的函数，系数 $k(p)$的值可由式(4-7-8)通过 $\varepsilon \to 0$ 确定。通常，当u^* 为正则函数时，$k(p)$为零；当 u^* 为具有弱奇异性的格林函数时，系数 $k(p)$为一有限值，在这种情况下，式(4-7-10)中的奇异积分可以理解为在柯西主值意义下求积；当 u^* 为强奇异或更高阶奇异性的函数时，式(4-7-8)中的系数 $k(p)$将趋于无穷大，这种形式的权函数没有意义。因此，通常选 u^* 为格林函数形式的基本解，这时由于左端项为不为零的有限值，容易导出计算温度梯度的显式表达式，这也是源点隔离法建立积分方程的主要优点。

需要指出的是，式(4-7-10)的左端项对应于在传统各向同性热传导边界元法中，由狄拉克函数的积分性质导致的温度自由项。另外，式(4-7-10)的右端已经采用过"源点隔离"处理，因此，其域积分应理解为是在源点处挖掉无限小区域后的部分，在对其求空间导数时不应再进行"挖域"处理。

如果选 u^* 为具有弱奇异性的格林函数形式的基本解，则从式(4-7-9)可以看出，u^* 的二阶偏导数将会使式(4-7-10)中的域积分变成强奇异积分。可以采用3.6.3 节中介绍的"常位势法"间接确定强奇异积分的系数，也可以将强奇异积分转换成弱奇异积分，即正则化。正则化采用加、减项技术，即

$$\int_{\Omega} v^*(q,p)T(q)\mathrm{d}\Omega(q) = \int_{\Omega} v^*(q,p)[T(q)-T(p)]\mathrm{d}\Omega(q) + T(p)\int_{\Omega} v^*(q,p)\mathrm{d}\Omega(q) \tag{4-7-11}$$

将式(4-7-9)代入上式中的最后一项积分,然后采用分部积分法和高斯散度定理,并注意到 $k_{ij}=k_{ji}$,则有

$$\begin{aligned}\int_{\Omega} v^*(q,p)\mathrm{d}\Omega(q) &= \int_{\Gamma} k_{ij}\frac{\partial u^*}{\partial x_i}n_j\mathrm{d}\Gamma + \lim_{\varepsilon\to 0}\int_{\bar{\Gamma}_\varepsilon} k_{ij}\frac{\partial u^*}{\partial x_i}n_j\mathrm{d}\Gamma \\ &= \int_{\Gamma}\tilde{q}^*\mathrm{d}\Gamma - k_{ij}(p)\lim_{\varepsilon\to 0}\int_{\Gamma_\varepsilon}\frac{\partial u^*}{\partial x_i}n_j\mathrm{d}\Gamma = \int_{\Gamma}\tilde{q}^*\mathrm{d}\Gamma + k(p)\end{aligned} \tag{4-7-12}$$

式中,积分内边界 $\bar{\Gamma}_\varepsilon$ 与边界 Γ_ε 相同,不过方向相反(指向内)。

将上式代入式(4-7-11)中,并将结果代入式(4-7-10),则可得到

$$-\int_{\Gamma}\tilde{q}^*(Q,p)T'(Q)\mathrm{d}\Gamma(Q) - \int_{\Gamma} u^*(Q,p)q(Q)\mathrm{d}\Gamma(Q) + \int_{\Omega} v^*(q,p)T'(q)\mathrm{d}\Omega(q) = 0 \tag{4-7-13}$$

式中

$$T'(Q) = T(Q) - T(p) \tag{4-7-14}$$

式(4-7-13)为各向异性热传导问题的正则化边界-域积分方程。因为所有的积分都是弱奇异积分,因此式(4-7-13)既可用于 p 是内部点的情况,也可用于 p 是边界点的情况。只要权函数 u^* 和材料参数 k_{ij} 以及边界条件已知,就可采用标准的边界元离散方法求解所有的未知量。

4.7.2　基于格林函数基本解的各向异性积分方程关系式

如果能找到式(4-7-9)所示微分算子的基本解,则可将式(4-7-10)或式(4-7-13)中的域积分转换成自由项,获得纯边界积分方程。对于常系数问题,这种基本解容易找到[1]。然而,对于变系数问题,特别是非线性问题,很难找到统一的基本解,因此得不到这种问题的纯边界积分方程。另一种解决此类问题的方法是,在式(4-7-13)中采用常系数问题的基本解,然后使用积分转换法(如双互易法或径向积分法)将域积分转换成边界积分,从而导出不需要用内部网格划分计算域积分的算法,本书就采用这一种方法。为了简单,取各向同性材料的格林函数作为权函数(见式(3-7-7)),即取

$$u^* = \begin{cases}\dfrac{1}{2\pi}\ln\left(\dfrac{1}{r}\right) & (\text{二维问题}) \\ \dfrac{1}{4\pi r} & (\text{三维问题})\end{cases} \tag{4-7-15}$$

将式(4-6-5a)代入式(4-7-8),并注意到在圆域边界 Γ_ε 上有 $n_j = r_{,j}$ 和式(4-6-12)所示的关系,则容易导出

$$k(p) = k_{ii}(p)/\beta \tag{4-7-16}$$

由此可以看出,积分方程(4-7-10)中的系数 $k(p)$ 等于张量 k_{ij} 对角线元素的平均值。

将式(4-6-5)代入式(4-7-9)可得域积分核函数的表达式为

$$v^* = \frac{-1}{2\pi\alpha r^\beta}\left[k_{ij,i}r_{,j}r + k_{ij}(\delta_{ij} - \beta r_{,i}r_{,j})\right] \tag{4-7-17}$$

对于各向同性材料,$k_{ij} = k\delta_{ij}$ (k 为热导率),则式(4-7-10)和式(4-7-17)变成式(4-2-6)和式(4-2-7)所示的结果。

4.7.3 各向异性材料温度梯度计算公式

求解积分方程(4-7-13)可以获得各节点的温度和边界上的热通量。除此之外,有时还需要计算内部热流量(或温度梯度),如当热导率是温度的函数时,在迭代计算中要用到温度梯度值,另外在计算本征值问题方面也需要计算温度梯度[24]。本节介绍各向异性材料内部温度梯度的积分方程计算公式。

1. 基于超奇异积分的温度梯度计算公式

由式(4-7-10)两边对源点 p 坐标求偏导数得

$$\begin{aligned}k(p)\frac{\partial T(p)}{\partial x_i^p} + \frac{\partial k(p)}{\partial x_i^p}T(p) =& -\int_\Gamma \frac{\partial \tilde{q}^*(Q,p)}{\partial x_i^p}T(Q)\mathrm{d}\Gamma(Q) \\ &- \int_\Gamma \frac{\partial u^*(Q,p)}{\partial x_i^p}q(Q)\mathrm{d}\Gamma(Q) + \int_\Omega \frac{\partial v^*(q,p)}{\partial x_i^p}T(q)\mathrm{d}\Omega(q)\end{aligned} \tag{4-7-18}$$

注意到式(4-6-3)和式(4-7-16),则可得到

$$\begin{aligned}k(p)\frac{\partial T(p)}{\partial x_i^p} =& \int_\Gamma \tilde{q}_i^{\,*}(Q,p)T(Q)\mathrm{d}\Gamma(Q) + \int_\Gamma u^*_{,i}(Q,p)q(Q)\mathrm{d}\Gamma(Q) \\ &- \int_\Omega v_i^{\,*}(q,p)T(q)\mathrm{d}\Omega(q) - k_{,i}(p)T(p)\end{aligned} \tag{4-7-19}$$

其中,系数 $k(p)$ 由式(4-7-16)确定,其他核函数为

$$\tilde{q}_i^{\,*} = u^*_{,ij}k_{jl}n_l \tag{4-7-20}$$

$$v_i^{\,*} = u^*_{,ij}k_{jl,l} + u^*_{,ijl}k_{jl} \tag{4-7-21}$$

式中,u^* 的一阶和二阶偏导数见式(4-6-5),三阶偏导可容易导出为

$$u^*_{,ijl} = \frac{\partial^3 u^*}{\partial x_i \partial x_j \partial x_l} = \frac{1}{r^{\beta+1}}\Theta_{ijl} \tag{4-7-22}$$

其中

$$\Theta_{ijl} = \frac{\beta}{2\pi\alpha}\left[\delta_{ij}r_{,l} + \delta_{il}r_{,j} + \delta_{jl}r_{,i} - (\beta+2)r_{,i}r_{,j}r_{,l}\right] \tag{4-7-23}$$

由式(4-7-19)求得温度梯度 $\partial T/\partial x_i^p$ 后，则可根据热流的定义式(4-7-4)计算内部热流。

从式(4-7-22)可以看出，式(4-7-19)中的域积分是超强奇异积分，可以用 3.6.4 节介绍的方法直接计算。但为了避免高阶奇异积分的计算，可将超强奇异积分降阶或正则化。

2. 基于强奇异积分的温度梯度计算公式

将式(4-7-21)代入式(4-7-19)中的域积分，并对第二项采用加、减项技术得

$$\begin{aligned}\int_{\Omega} v_i^{*}(q,p)T(q)\mathrm{d}\Omega(q) &= \int_{\Omega} u_{,ij}^{*}(q,p)k_{jl,l}(q)T(q)\mathrm{d}\Omega(q) \\ &\quad + \int_{\Omega} u_{,ijl}^{*}(q,p)k_{jl}(q)T'(q)\mathrm{d}\Omega(q) \\ &\quad + T(p)\int_{\Omega} u_{,ijl}^{*}(q,p)k_{jl}(q)\mathrm{d}\Omega(q)\end{aligned} \tag{4-7-24}$$

对上式右端最后一项域积分采用分部积分法和高斯散度定理有

$$\begin{aligned}\int_{\Omega} u_{,ijl}^{*}(q,p)k_{jl}(q)\mathrm{d}\Omega(q) &= \int_{\Omega}\frac{\partial}{\partial x_l^q}(u_{,ij}^{*}k_{jl})\mathrm{d}\Omega - \int_{\Omega} u_{,ij}^{*}k_{jl,l}\mathrm{d}\Omega \\ &= \int_{\Gamma}\tilde{q}_i^{*}\mathrm{d}\Gamma + \lim_{\varepsilon\to 0}\int_{\bar{\Gamma}_{\varepsilon}}\tilde{q}_i^{*}\mathrm{d}\Gamma - \int_{\Omega} u_{,ij}^{*}k_{jl,l}\mathrm{d}\Omega\end{aligned} \tag{4-7-25}$$

由于 $\bar{\Gamma}_{\varepsilon}$ 为一半径为 ε 的无限小圆形或球形边界，因此容易证明

$$\lim_{\varepsilon\to 0}\int_{\bar{\Gamma}_{\varepsilon}}\tilde{q}_i^{*}\mathrm{d}\Gamma = 0 \tag{4-7-26}$$

最后，将式(4-7-26)和式(4-7-25)代入到式(4-7-24)，并将结果代回到式(4-7-19)，有

$$\begin{aligned}k(p)\frac{\partial T(p)}{\partial x_i^p} &= \int_{\Gamma}\tilde{q}_i^{*}(Q,p)T'(Q)\mathrm{d}\Gamma(Q) + \int_{\Gamma} u_{,i}^{*}(Q,p)q(Q)\mathrm{d}\Gamma(Q) \\ &\quad - \int_{\Omega} v_i^{*}(q,p)T'(q)\mathrm{d}\Omega(q) - k_{,i}(p)T(p)\end{aligned} \tag{4-7-27}$$

这样，式(4-7-27)中的域积分从超强奇异积分变换为强奇异积分。由于在积分号内没有出现温度梯度，因此，式(4-7-27) 的温度梯度计算是逐点进行的。

3. 基于积分正则化的温度梯度计算公式

为了进一步正则化，将式(4-7-21)代入式(4-7-27)中的域积分得

$$\begin{aligned}\int_{\Omega} v_i^{*}(q,p)T'(q)\mathrm{d}\Omega(q) &= \int_{\Omega} u_{,ij}^{*}(q,p)k_{jl,l}(q)T'(q)\mathrm{d}\Omega(q) \\ &\quad + \int_{\Omega} u_{,ijl}^{*}(q,p)k_{jl}(q)T'(q)\mathrm{d}\Omega(q)\end{aligned} \tag{4-7-28}$$

式中，右端的第一项域积分是正则的(弱奇异)。为了将第二项域积分正则化，将 $k_{jl}(q)T'(q)$ 在源点 p 附近展开成泰勒级数，有

$$\begin{aligned} k_{jl}(q)T'(q) &= \frac{\partial k_{jl}T'}{\partial x_s^q}(x_s^q - x_s^p) + O(x_s^q - x_s^p)^2 \\ &= k_{jl}(p)T_{,s}(p)(x_s^q - x_s^p) + O(x_s^q - x_s^p)^2 \end{aligned} \tag{4-7-29}$$

式中，$O(x_x^q - x_s^p)^2$ 表示 $x_s^q - x_s^p$ 的二次方以上的项。于是有

$$k_{jl}(q)T'(q) - k_{jl}(p)T_{,s}(p)(x_s^q - x_s^p) = O(x_s^q - x_s^p)^2 \tag{4-7-30}$$

为了利用当 $q \to p$ 时，上式为高阶小项的性质，通过加减项，可将式(4-7-28)中的最后一项域积分表示为

$$\begin{aligned} \int_\Omega u_{,ijl}^*(q,p)k_{jl}(q)T'(q)\mathrm{d}\Omega(q) = &\int_\Omega u_{,ijl}^*(q,p)[k_{jl}(q)T'(q) \\ &- k_{jl}(p)T_{,s}(p)(x_s^q - x_s^p)]\mathrm{d}\Omega \\ &+ f_{ijls}(p)k_{jl}(p)T_{,s}(p) \end{aligned} \tag{4-7-31}$$

式中

$$f_{ijls}(p) = \int_\Omega u_{,ijl}^*(q,p)(x_s^q - x_s^p)\mathrm{d}\Omega(q) \tag{4-7-32}$$

将式(4-7-22)和式(4-6-21)代入式(4-7-32)中的域积分，并注意到 $x_s^q - x_s^p = rr_{,s}$，则有

$$f_{ijls} = \int_\Phi \Theta_{ijl}r_{,s}\left\{\lim_{\varepsilon\to 0}\int_\varepsilon^r \frac{r^{\beta-1}}{r^\beta}\mathrm{d}r\right\}\mathrm{d}\bar{\Omega} = \int_\Phi \Theta_{ijl}r_{,s}\ln r\mathrm{d}\bar{\Omega} - \lim_{\varepsilon\to 0}\ln\varepsilon\int_\Phi \Theta_{ijl}r_{,s}\mathrm{d}\bar{\Omega} \tag{4-7-33}$$

因为源点 p 位于区域内，因此式(4-7-33)中最后一项积分的积分域为一封闭的圆或球面，参考式(4-6-12)的积分结果，容易证明

$$\int_\Phi \Theta_{ijl}r_{,s}\mathrm{d}\bar{\Omega} = 0 \tag{4-7-34}$$

将式(4-7-34)代入式(4-7-33)，并利用式(4-6-23)，则有

$$f_{ijls} = \int_\Gamma \frac{1}{r^\alpha}\ln r\frac{\partial r}{\partial \boldsymbol{n}}\Theta_{ijl}r_{,s}\mathrm{d}\Gamma \tag{4-7-35}$$

由于源点位于域内，因此上式边界积分中不会有奇异性发生，可用高斯数值积分公式进行计算。

最后，将式(4-7-31)代入式(4-7-28)，并将结果代入式(4-7-27)，得

$$\begin{aligned} c_{is}(p)T_{,s}(p) = &\int_\Gamma \tilde{q}_i{}^*(Q,p)T'(Q)\mathrm{d}\Gamma(Q) + \int_\Gamma u_{,i}^*(Q,p)q(Q)\mathrm{d}\Gamma(Q) \\ &- \int_\Omega u_{,ij}^*(q,p)k_{jl,l}(q)T'(q)\mathrm{d}\Omega(q) \\ &- \int_\Omega u_{,ijl}^*(q,p)[k_{jl}(q)T'(q) - k_{jl}(p)T_{,s}(p)(x_s^q - x_s^p)]\mathrm{d}\Omega(q) \\ &- k_{,i}(p)T(p) \end{aligned} \tag{4-7-36}$$

式中

$$c_{is}(p)=[\delta_{is}\delta_{jl}/\beta+f_{ijls}(p)]k_{jl}(p) \tag{4-7-37}$$

这样,式(4-7-36)中的所有积分变为弱奇异积分和自由项,可以通过三角单元子分技术[22]来精确求积。

关于式(4-7-36)右端域积分中包含的温度梯度项 $T_{,s}$ 的计算有两种方法处理:一种是将其视为未知量,与左端一起建立关于所有点温度梯度的联合方程组,通过联合求解获得所有点的温度梯度值;另一种方法是将域积分中的 $T_{,s}$ 通过对全局或局部插值函数进行求导,用各节点的温度值来表示温度梯度值,如式(4-6-30)～式(4-6-33)关于热导率梯度的处理。第二种方法的精度没有第一种的高,但可以实现温度梯度的逐点计算,计算效率要比第一种高得多。

求得温度梯度 $T_{,s}$ 后,则可根据热流的定义式(4-7-4)计算内部热流。

4.8　程序介绍及算例

4.8.1　程序介绍

本节介绍两个 Fortran 程序,一个是基于 4.2 节和 4.3 节内容的求解变系数热传导问题的 VCRIBEM (radial integral BEM for heat conduction problems with variable coefficient),另一个是基于 4.4 节和 4.5 节内容的求解非线性热传导问题的 NLRIBEM (radial integral BEM for non-linear heat conduction problems)。

程序 VCRIBEM 和 NLRIBEM 既可求解稳态热传导问题,又可求解瞬态热传导问题。两程序都可选用线性或二次单元类型,可使用连续元或非连续元模型,可以考虑有热源项的问题。积分方程中的域积分用径向积分法转换为边界积分,因此程序 VCRIBEM 和 NLRIBEM 是不需要内部网格,仅需少量内部节点的纯边界元程序。

热导率的非均匀性或非线性性以及由时间项引起的域积分转换式(4-2-14)、式(4-4-15)和式(4-1-22)在子程序 INT_DOMB 中执行;由热源 b 引起的域积分转换成的边界积分式(4-1-13)在子程序 INT_SOURCE 中执行。子程序 INT_DOMB 和 INT_SOURCE 都在子程序 EVAL_HG 中被调用。

VCRIBEM 和 NLRIBEM 都是在 3.9.1 节求解位势问题的程序 PTBEM 的基础上开发的求解热传导问题的边界元法程序。两个程序的结构、大部分变量和子程序与程序 PTBEM 相同,可参见 3.9.1 节相关部分介绍。

程序 VCRIBEM 和 NLRIBEM 的输入文件名分别为 VCRIBEM.DAT 和 NLRIBEM.DAT,输出文件名分别为 VCRIBEM.OUT 和 NLRIBEM.OUT。另外为了方便,程序执行完后分别输出 TECPLOT 软件的绘图文件 VCRIBEM.

PLT 和 NLRIBEM. PLT。

两个程序的输入数据都是由 11 个数据块组成，每一组数据都应该在单一的一行出现并且以自由格式输入。两个程序的输入数据差别体现在第 11 个数据块：在程序 VCRIBEM 中，第 11 个数据块的参数 CONK0 和 CONK 定义随坐标非均匀变化的热导率；在程序 NLRIBEM 中，第 11 个数据块的参数 CONK0 和 CONK 可定义随温度非线性变化的热导率。

输入数据文件介绍：

程序输入数据的前九个数据块与 3.9.1 节程序 PTBEM 的输入数据大部分相同，只在第 2、5、7、8 和 9 个数据块，个别参数的取值及其含义不一样：

数据块 2：第 6 个变量 MQGRP 表示指定的热通量边界条件组数；第 7 个变量 MTGRP 替换 MUGRP，表示指定的温度边界条件组数。

数据块 5：变量 NFIXT 替换 NFIXU，表示被给定温度的节点组数。

数据块 7：变量 NQGRP 表示单元 L 的热通量在指定热通量组中的编号。

数据块 8：变量 Q 表示单元所有节点的热通量值。

数据块 9：变量 RT 替换 RU，并且数组 RT 的空间大小为 RT(1:3)。如果该组边界条件为温度边界条件，则编号 M 取正值，并且 RT(1)储存温度值，RT(2)和 RT(3)可设置为任意值，程序会自动忽略 RT(2)和 RT(3)。如果该组边界条件为对流边界条件或对流辐射边界条件，则编号 M 取负值，并且 RT(1)储存外部环境温度 T_f，RT(2)储存对流换热系数 h，RT(3)储存表面辐射发射率 ε。如果仅为对流换热边界条件，则 RT(3)为 0。

程序 VCRIBEM 和 NLRIBEM 输入数据的第 10 和第 11 个数据块为：

数据块 10（一行）：

NTYPE：径向基函数的类型[1]；

NPOLY：多项式的阶数[2]；

ZETA：松弛因子 ζ[3]；

CONK0：材料热导率[4]；

CONK(:)：材料热导率[4]。

数据块 11（一行）：

TIME：计算总时间[5]；

DTIME：时间步长 Δt；

THETA：参数 θ[6]；

DENS：材料的密度 ρ；

CSHEAT：材料的比热容 c_p；

T0：初始温度[7]；

Q0：初始热通量。

注释：

1 NTYP：定义径向基函数的类型。

NTYPE =1：$R^2\ln R^2$；

NTYPE =2：e^{-R^2}；

NTYPE =3：$\sqrt{R^2+c^2}$；

NTYPE =4：$\dfrac{1}{\sqrt{R^2+c^2}}$；

NTYPE =5：$(1-R)^4(1+4R)$；

NTYPE =6：$1-6R^2+8R^3-3R^4$。

2 NPOLY：使用径向基函数插值时，采用的多项式的阶数。

NPOLY=0：仅采用径向基函数；

NPOLY=1：线性多项式；

NPOLY=2：二次多项式 $a^0+\sum_{i=1}^{\beta}a^ix_i+\sum_{i=1}^{\beta}\sum_{j=i}^{\beta}a^{ij}x_ix_j$；

NPOLY=3：三次多项式 $a^0+\sum_{i=1}^{\beta}a^ix_i+\sum_{i=1}^{\beta}\sum_{j=i}^{\beta}a^{ij}x_ix_j+\sum_{i=1}^{\beta}\sum_{j=i}^{\beta}\sum_{k=j}^{\beta}a^{ijk}x_ix_jx_k$。

使用径向基函数对未知量插值时，4.1 节～4.5 节仅介绍了线性多项式，然而在实际计算时经常选用二次或三次多项式[25]，程序 VCRIBEM 和 NLRIBEM 考虑了这些高次多项式。在 4.8.2 节～4.8.4 节的不同数值算例中，考察了不同 NPOLY 的取值情况，详见各数值算例的输入文件。

3 ZETA：取值范围为 0<ZETA≤1。

4 CONK0 和 CONK：CONK0 为热导率的常数部分，CONK 为热导率的非均匀或非线性部分。对于非均质问题：$k=k_0+\sum_{i=1}^{\beta}c_ix_i$，则 CONK0=$k_0$，CONK 储存系数 c_i；对于非线性问题：$k=k_0+aT+bT^2+cT^3$，则 CONK0=k_0，CONK 储存系数 a，b 和 c。

对于不同的传热问题，热导率 k 的变化形式不一样，因此 CONK 的取值不局限于上述两种情况。在求解具体问题时，可以扩展数组 CONK 的取值范围，定义任意非均质或非线性变化的热导率。

5 TIME：稳态问题时，TIME=0；瞬态问题时，TIME 为计算时间。

6 THETA：取值范围为 0≤THEAT≤1。

7 T0：瞬态导热分析时，T0 为时间 $t=0$ 时的初始温度；稳态非线性导热分析时，T0 为迭代计算的初始温度。

1. 变系数热传导问题程序 VCRIBEM 介绍

程序 VCRIBEM 可对二维和三维常系数和变系数热传导问题进行稳态和瞬态分析。尽管 4.2 节未引入式(4-3-10)～式(4-3-12) 所示的第三类边界条件组集非线性系统方程组，但是程序 VCRIBEM 能求解具有第三类边界条件的稳态变系数热传导问题。

如果人们想用自己定义的热导率变化关系来代替指定的关系，则需要在子程序 INPUT_EL 中修改数组 CONK，在子程序 VAL_K 中修改计算 k 的表达式 VAL_K，以及在子程序 VAL_DK 中修改计算 $\tilde{k}_{,i}$ 的表达式 DK。

相关子程序及变量介绍：

(1) 子程序 EVAL_ALFA：

计算式(4-1-20a)中的矩阵 $\boldsymbol{\phi}$ 及其逆矩阵 $\boldsymbol{\phi}^{-1}$。相关变量如下：

FINV——矩阵 $\boldsymbol{\phi}^{-1}$；

NBASE——边界和内部节点总数；

NEQUS——矩阵 $\boldsymbol{\phi}$ 的阶数 N_S。

(2) 函数子程序 FIVALUE：

计算表 4-1-1 中的径向基函数。相关变量定义如下：

FIVALUE——径向基函数 $\phi^A(R)$；

NTYPE——径向基函数的类型；

CR2——径向基函数中的变量 R^2。

(3) 子程序 HGTOEQS：

组集式(4-1-31)、式(4-2-16)和式(4-3-5)的矩阵 $\boldsymbol{H}$ 和 $\boldsymbol{G}$。相关变量如下：

HMAT——矩阵 $\boldsymbol{H}$；

GMAT——矩阵 $\boldsymbol{G}$。

(4) 子程序 INT_DOMB：

计算由时间项和非均匀热导率引起的域积分转换成的边界积分式(4-1-22)和式(4-2-14)。

(5) 子程序 INT_R：

用高斯数值积分公式计算径向积分式(4-1-23a)和式(4-2-15)。相关变量如下：

BARI——式(4-1-27)中的 $\bar{R}_i$；

BAR2——式(4-1-26)中的 $\bar{R}^2$；

CRS——式(4-1-27)中的 s；

FJCBR——式(4-1-15)中的 $r(Q,p)/2$；

XR——式(4-1-15)中的 $r(q,p)$；

XX——计算点的总体坐标 x_i，由式(2-4-13)确定；

XSR2——径向基函数中的变量 R 的平方，由式(4-1-26)确定；

VALK——热导率 k；

UVAL——储存式(4-2-15)中和径向基函数相关的径向积分；

UVALT——储存径向积分(4-1-23a)。

(6) 子程序 INT_XYZ：

用高斯数值积分公式计算与多项式相关的径向积分，即式(4-1-23b)、式(4-1-23c)和式(4-2-15)。相关变量如下：

VINT0——储存径向积分式(4-1-23c)；

VIN0——储存式(4-2-15)中由式(4-2-9)中常数项导致的径向积分；

VINT——储存径向积分式(4-1-23b)；

VIN——储存式(4-2-15)中由式(4-2-9)中多项式导致的径向积分。

(7) 子程序 FORM_EUS：

组集边界积分式(4-1-22)和式(4-2-14)。相关变量如下：

COEFUT——式(4-1-22)中边界积分的数值计算结果；

COEFU——式(4-2-14)中边界积分数值计算结果。

(8) 子程序 BIG_SIT：

计算 $r_{,i}k_{,i}$。

(9) 子程序 INT_SOURCE：

根据 4.1.2 节介绍的热源引起的域积分到边界积分的转换，计算等效边界积分式(4-1-13)。

(10) 子程序 RADIAL_INT：

用高斯数值积分公式计算径向积分式(4-1-14)。

(11) 函数子程序 Q_VAL：

计算热源 b。

(12) 函数子程序 VAL_K：

计算热导率 k 的值。相关变量如下：

VAL_K——热导率 k；

X——计算点的坐标。

(13) 子程序 VAL_DK：

计算式(4-2-8b)中的规格化热导率 $\tilde{k}$ 的空间导数 $\tilde{k}_{,i}$。相关变量如下：

DK——输出量，储存 $\tilde{k}_{,i}$。

(14) 子程序 EL_SOLVE：

求解稳态变系数热传导问题。基于子程序 EL_COEFS 计算得到的式(4-2-16)

中的系数矩阵 $\boldsymbol{H}$、$\boldsymbol{G}$、$\boldsymbol{V}$ 和向量 $\boldsymbol{y}_b$，根据式(4-3-2)所示的三类边界条件组集最终系统方程组，然后采用牛顿-拉弗森迭代法求解系统方程组。

(15) 子程序 EL_SOLVET：

求解瞬态变系数热传导问题。基于子程序 EL_COEFS 计算得到的式(4-3-5)中的系数矩阵 $\boldsymbol{H}$、$\boldsymbol{G}$、$\boldsymbol{V}$、$\boldsymbol{C}$ 和向量 $\boldsymbol{y}_b$，由式(4-3-6)～式(4-3-13)组集最终系统方程组(4-3-13)，然后按照牛顿-拉弗森迭代过程式(4-3-18)～式(4-3-22)求解系统方程组(4-3-13)。

2. 非线性热传导问题程序 NLRIBEM 介绍

程序 NLRIBEM 可对二维和三维非线性热传导问题进行稳态和瞬态分析。

如果人们想用自己定义的非线性热导率，则需要在子程序 INPUT_EL 中修改数组 CONK，在子程序 VAL_K 中修改计算 k 的表达式 VAL_K，以及在子程序 VAL_DK 中修改计算 $\partial k/\partial T$ 的表达式 DK。

程序 NLRIBEM 采用式(4-4-10)～式(4-4-14)所示的方法计算温度梯度 $\partial T/\partial x_i$。子程序 DINT_DOMB 计算式(4-4-12)中的径向基函数关于坐标 x_i 的导数 $\partial \phi^A(R)/x_i$，并且考虑了上述输入文件注释 2 中的线性、二次和三次多项式关于 x_i 的导数。

相关子程序及变量介绍：

(1) 函数子程序 DPHIDR：

计算表 4-4-1 中的径向基函数导数 $\partial \phi^A(R)/\partial R$。相关变量定义如下：

DPHIDR——径向基函数的导数 $\partial \phi^A(R)/\partial R$；

CR——径向基函数中的变量 R。

(2) 子程序 INT_DOMB：

计算用径向积分法转转换后的等效边界积分式(4-1-22)和式(4-4-15)。

(3) 子程序 INT_R：

用高斯数值积分公式计算径向积分式(4-1-23a)和式(4-4-16a)。相关变量如下：

UVAL——储存径向积分式(4-4-16a)的值；

UVALT——储存径向积分式(4-1-23a)的值。

(4) 子程序 INT_XYZ：

用高斯数值积分公式计算与多项式相关的径向积分，即式(4-1-23b)、式(4-1-23c)和式(4-4-16b)、式(4-4-16c)。相关变量如下：

VINT0——储存径向积分式(4-1-23c)；

VIN0——储存径向积分式(4-4-16c)；

VINT——储存径向积分式(4-1-23b)；

VIN——储存径向积分式(4-4-16b)。

(5) 子程序 DINT_DOMB：

计算式(4-4-12)中径向基函数和多项式关于坐标 x_i的导数。相关变量如下：

DCOEFU——储存径向基函数和多项式关于坐标 x_i的导数。

(6) 子程序 DINT_R：

计算径向基函数关于坐标 x_i的导数$\partial\phi^A(R)/\partial x_i$。相关变量如下：

DUVAL——式(4-4-12)中的 $\partial\phi^A(R)/\partial x_i$。

(7) 子程序 DINT_XYZ：

计算线性、二次和三次多项式关于坐标 x_i的导数。相关变量如下：

DVINT——线性、二次和三次多项式关于坐标 x_i的导数。

(8) 函数子程序 VAL_K：

计算热导率 k。相关变量如下：

TT——温度 T；

VAL_K——热导率 k。

(9) 子程序 VAL_DK：

计算热导率 k 关于温度 T 的导数$\partial k/\partial T$。相关变量如下：

DK——$\partial k/\partial T$ 的值。

(10) 子程序 EL_SOLVE：

求解稳态非线性热传导问题。基于子程序 EL_COEFS 计算得到的式(4-4-23)中的系数矩阵 $\boldsymbol{H}$、$\boldsymbol{G}$、$\boldsymbol{W}_i$ 和向量 $\boldsymbol{y}_\text{b}$，根据式(4-4-2)所示的三类边界条件组集最终系统方程组(4-4-25)，然后按照牛顿-拉弗森迭代过程式(4-4-31)～式(4-4-35)求解系统方程组(4-4-25)。

(11) 子程序 EL_SOLVET：

求解瞬态非线性热传导问题。基于子程序 EL_COEFS 计算得到的式(4-5-5)中的系数矩阵 $\boldsymbol{H}$、$\boldsymbol{G}$、$\boldsymbol{W}$、$\boldsymbol{C}$ 和向量 $\boldsymbol{y}_\text{b}$，由式(4-5-6)～式(4-5-10)组集最终系统方程组(4-5-11)，然后按照牛顿-拉弗森迭代法求解系统方程组(4-5-11)。

4.8.2　常系数瞬态问题数值算例

1. 二维算例

考虑一个尺寸为 1m×1m 的二维平板，初始温度为 100℃，上下边界绝热，左边界温度维持在 100℃，右边界环境温度为 400℃，如图 4-8-1 所示。材料密度 $\rho=271\text{kg/m}^3$，比热容 $c_p=871\text{J/(kg}\cdot\text{K)}$，热导率 $k=202.4\text{W/(m}\cdot\text{K)}$，右边界对流换热系数 $h=80\text{W/(m}^2\cdot\text{K)}$，热辐射发射率 $\varepsilon=1$。边界元模型如图 4-8-2 所示，每条边界被离散为 8 个等间隔线性单元，总共 32 个边界单元，32 个边界节点，7 个内部点。

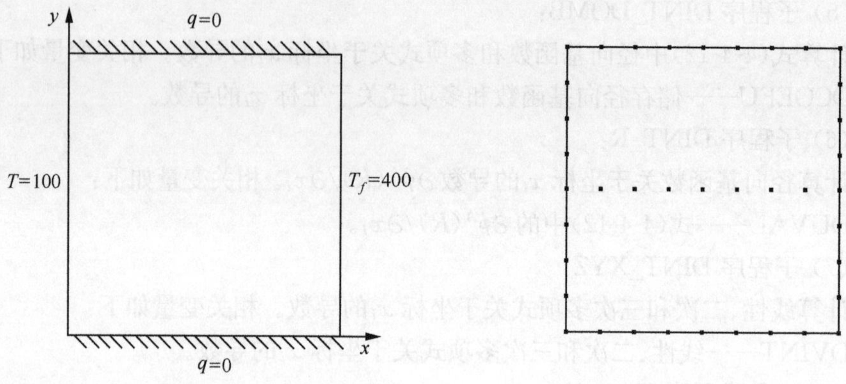

图 4-8-1 二维平板模型及边界条件　　图 4-8-2 平板边界元模型

图 4-8-3 为 $t=100$s、200s 和 400s 时温度沿平板下边界的分布曲线。为了验证算法的正确性，将计算结果与有限体积法(Fluent)的计算结果进行比较，从图 4-8-3 可以看出两种方法的计算结果非常接近。

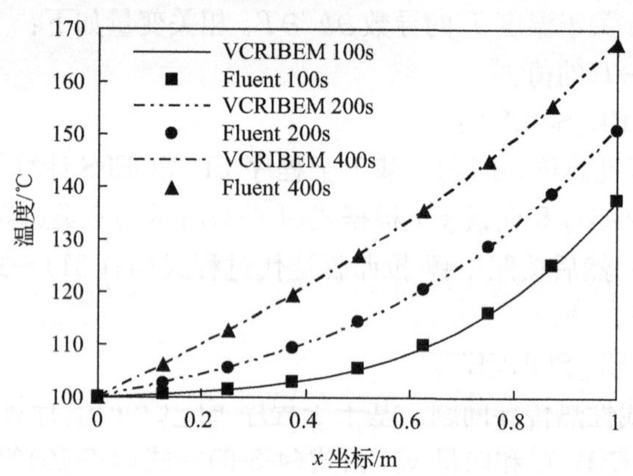

图 4-8-3 不同时刻温度沿平板下边界的分布

2. 三维算例[26]

如图 4-8-4 所示，一个尺寸为 0.5m×0.5m×0.5m 的立方体，中间有一个半径 $r=0.125$m 圆孔。圆孔内流体的温度为 $T_f=293$K，与立方体的对流换热系数为 $h=1000$W/(m^2·K)。立方体上表面承受恒定热流密度 $q=50000$ W/m^2，其余表面绝热。材料密度 $\rho=7800$kg/m^3，比热容 $c_p=460$J/(kg·K)，热导率 $k=500$W/(m·K)。带圆孔立方体的边界元计算模型如图 4-8-5 所示，表面离散为 432 个线性四边形单元(432 个边界节点)，并在内部布置 168 个节点，总共 600 个节点。

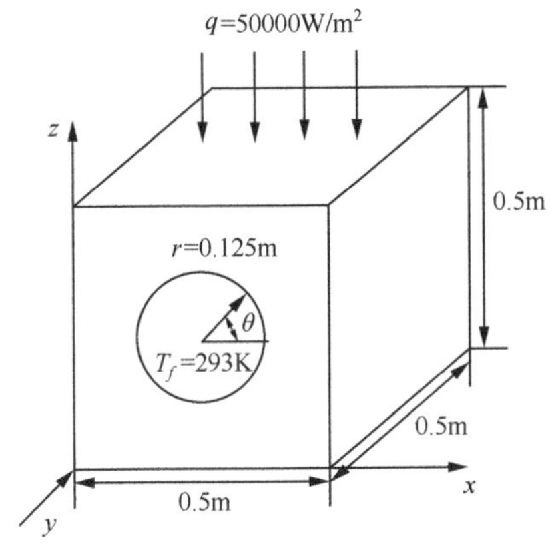

图 4-8-4　带孔立方体几何尺寸及边界条件

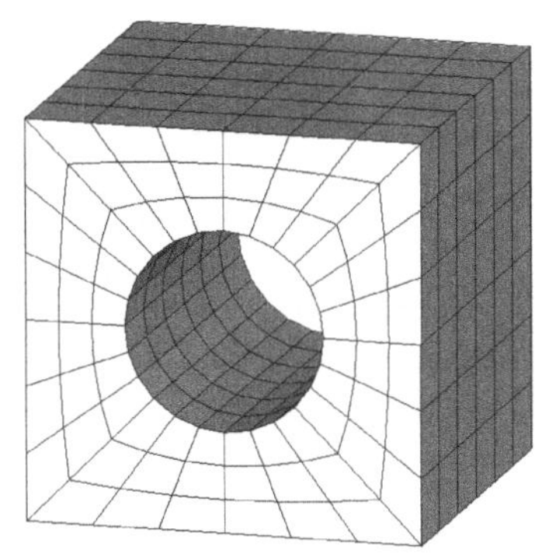

图 4-8-5　边界元计算模型

图 4-8-6 为 $t=100\text{s}$ 和 200s 时带孔立方体的温度分布云图。图 4-8-7 为在 $x=0$ 和 $y=0$ 处沿 z 方向的不同时刻温度分布曲线。图 4-8-8 为在 $y=0$ 处沿 x-z 平面内圆孔圆周线的不同时刻温度分布曲线。从图中可以看出，边界元法和有限体积法的计算结果非常接近，仅在立方体上表面边界处误差比较大。

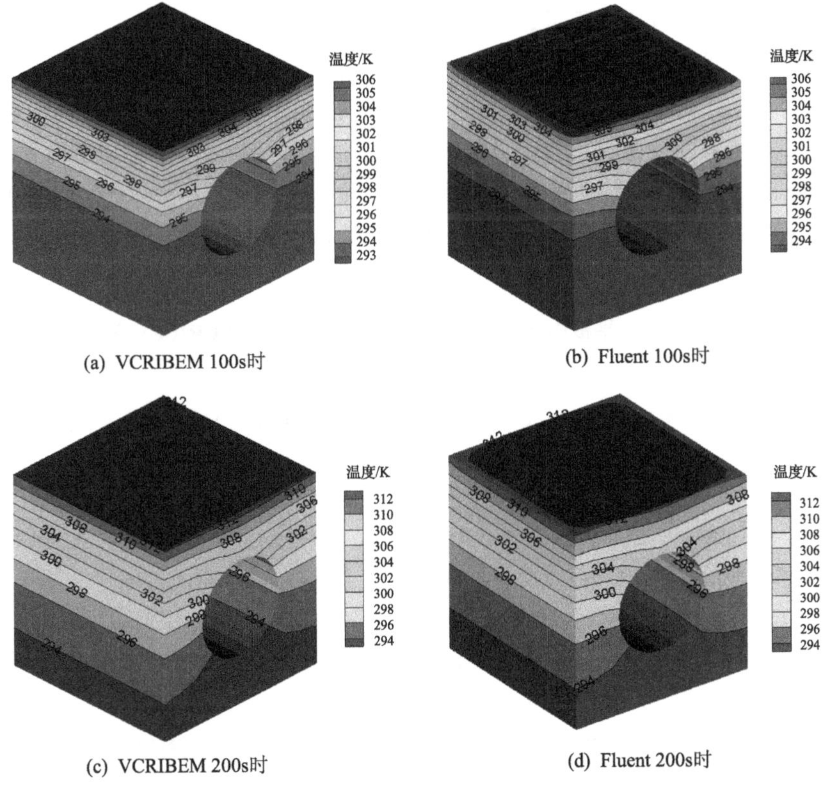

(a) VCRIBEM 100s时　(b) Fluent 100s时

(c) VCRIBEM 200s时　(d) Fluent 200s时

图 4-8-6　$t=100\text{s}$ 和 200s 时立方体的温度分布

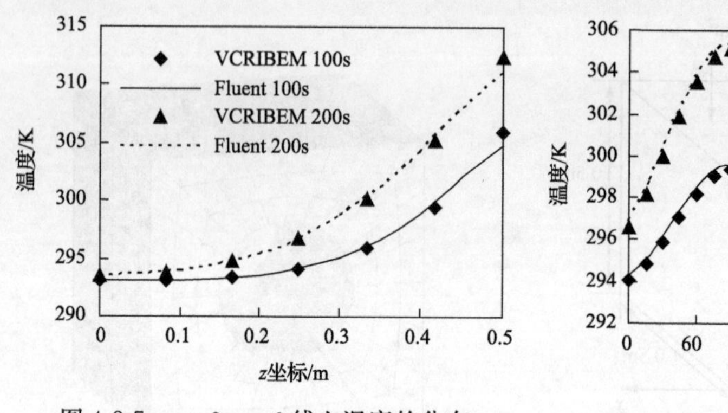

图 4-8-7　$x=0$、$y=0$ 线上温度的分布　　图 4-8-8　圆孔圆周线上的温度分布

4.8.3　变系数问题数值算例

1. 二维算例

考虑一个尺寸为 1m × 1m 的二维平板，几何模型以及边界条件与 4.8.2 节的二维算例一样，如图 4-8-1 所示。材料参数也和 4.8.2 节的二维平板算例一样。边界单元模型如图 4-8-2 所示。

1) 稳态分析

此问题较为简单，可简化为一维问题，因此很容易得到解析解，将其与 VCRIBEM 结果进行比较来验证算法的正确性。表 4-8-1 给出了右边界分别为给定温度、对流换热、对流换热兼热辐射三种条件下，平板中线上($y=0.5$)温度的解析解和 VCRIBEM 解。图 4-8-9 是表 4-8-1 中计算结果的曲线图。从表 4-8-1 和图 4-8-9 可以看出，VCRIBEM 的计算结果与解析解非常接近，最大误差小于千分之一。

表 4-8-1　平板中线上($y=0.5$)温度的解析解和 VCRIBEM 解

边界条件	给定温度		对流边界		对流辐射边界	
x/m	VCRIBEM/℃	解析解/℃	VCRIBEM/℃	解析解/℃	VCRIBEM/℃	解析解/℃
0	100	100	100	100	100	100
0.125	137.500	137.500	110.623	110.623	111.233	111.233
0.25	175.000	175.000	121.246	121.246	122.466	122.467
0.375	212.500	212.500	131.870	131.869	134.699	134.700
0.5	250.000	250.000	142.492	142.492	144.932	144.934
0.625	287.500	287.500	153.116	153.116	153.116	156.167
0.75	325.000	325.000	163.739	163.739	167.398	167.400
0.875	362.500	362.500	174.362	174.362	178.631	178.633
1.0	400.000	400.000	184.986	184.986	189.864	189.866

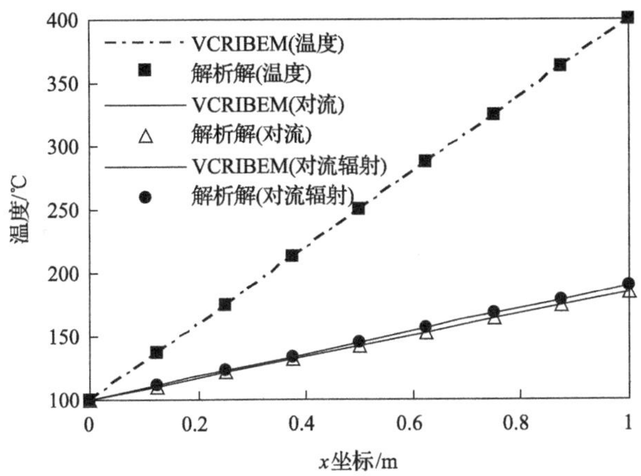

图 4-8-9　不同右边界条件下平板中线上(y=0.5)的温度分布

平板右边界在上述三种边界条件下热通量分别为 $q=-60.720\ \text{kW/m}^2$，$q=-17.201\ \text{kW/m}^2$ 和 $q=-18.188\ \text{kW/m}^2$。

接下来验证 VCRIBEM 对非均质材料的计算精度。热导率在空间上的变化函数为 $k=(202.4+150x)\text{W/(m}\cdot\text{K)}$。表 4-8-2 给出了右边界分别为给定温度、对流换热、环境对流换热兼热辐射三种条件下，平板中线(y=0.5)上温度的计算值。由于非线性边界条件下的解析解求解比较困难，因此表 4-8-2 只给出了右边界分别为给定温度和对流换热时的解析解。图 4-8-10 为表 4-8-2 所示结果的曲线图。

表 4-8-2　材料非均质时平板中线(y=0.5)上温度的解析解和 VCRIBEM 解

边界条件	给定温度		对流边界		对流辐射边界
x/m	解析解/℃	VCRIBEM/℃	解析解/℃	VCRIBEM/℃	VCRIBEM/℃
0	100	100	100	100	100
0.125	147.931	147.974	110.940	110.993	111.635
0.25	191.958	192.036	120.989	121.090	122.321
0.375	232.671	232.801	130.281	130.431	132.207
0.5	270.533	270.694	138.923	139.115	141.398
0.625	305.918	306.082	146.999	147.224	149.980
0.75	339.130	339.267	154.580	154.828	158.028
0.875	370.421	370.494	161.722	161.983	165.600
1.0	400.000	400.000	168.473	168.739	172.751

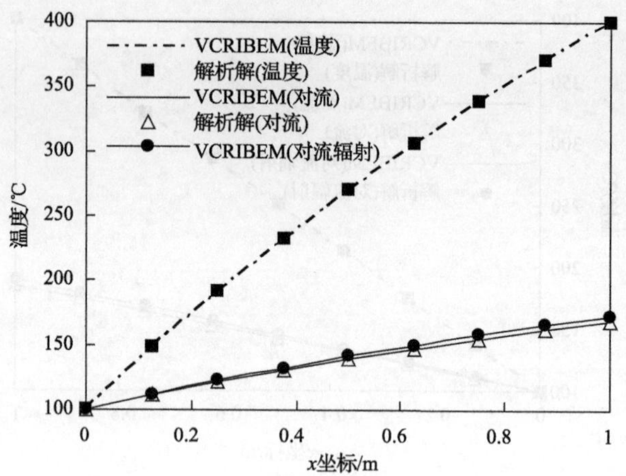

图 4-8-10　材料非均质时沿平板中线($y=0.5$)的温度曲线图

2) 瞬态分析

与稳态非均质导热分析一样,平板的热导率为 $k=(202.4+150x)\mathrm{W/(m\cdot K)}$。图 4-8-11 为均质材料和非均质材料假设下的不同时刻温度计算结果。从图可以看出热导率在空间上的变化对温度场的分布是有一定影响的,在热分析过程中考虑材料热导率的变化是有必要的。

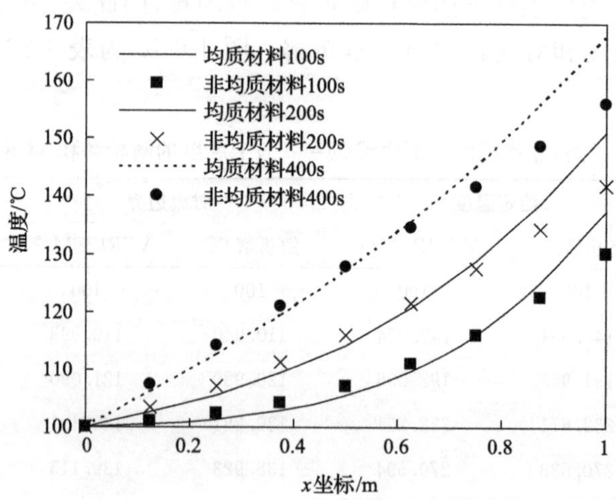

图 4-8-11　均质和非均质材料不同时刻的温度沿平板下边界的分布

2. 三维算例

本算例考虑一个中间有圆孔的立方体,几何以及边界条件如 4.8.2 节三维算例的图 4-8-4 所示,边界单元模型如图 4-8-5 所示。

1）稳态分析

假设材料的热导率为常数 $k=500\mathrm{W/(m\cdot K)}$。由于本算例难以得出解析解，因此采用 Fluent 软件的计算结果作为对比来验证径向积分边界元法的准确性。图 4-8-12 为 VCRIBEM 与 Fluent 软件计算得到的稳态温度场。图 4-8-13 和图 4-8-14 分别为沿 $x=0$、$y=0$ 处 z 方向和 $y=0$ 处 x-z 平面内圆孔圆周线的温度变化曲线。

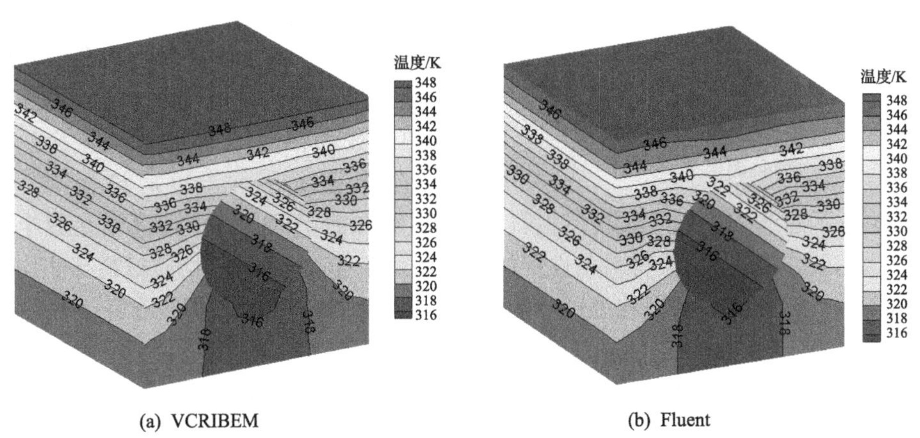

图 4-8-12　热导率为常数时的稳态温度场

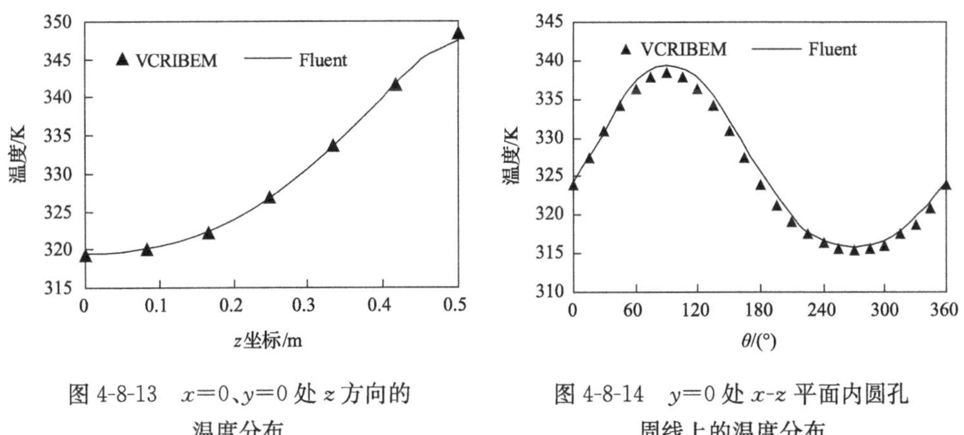

图 4-8-13　$x=0$、$y=0$ 处 z 方向的温度分布

图 4-8-14　$y=0$ 处 x-z 平面内圆孔周线上的温度分布

接下来，假设材料的热导率为 $k=(400+200r)\mathrm{W/(m\cdot K)}$，其中 r 为 x-z 平面内作用点到圆孔圆心的距离。图 4-8-15 为热导率随空间变化时的温度场。这里仅与热导率为常数时的 VCRIBEM 结果作对比。

图 4-8-16 和图 4-8-17 分别为沿 $x=0$、$y=0.25$ 处 z 方向和 $y=0.25$ 处 x-z 平面圆孔圆周线的温度变化曲线。均质与非均质条件下立方体上表面热通量 q 相

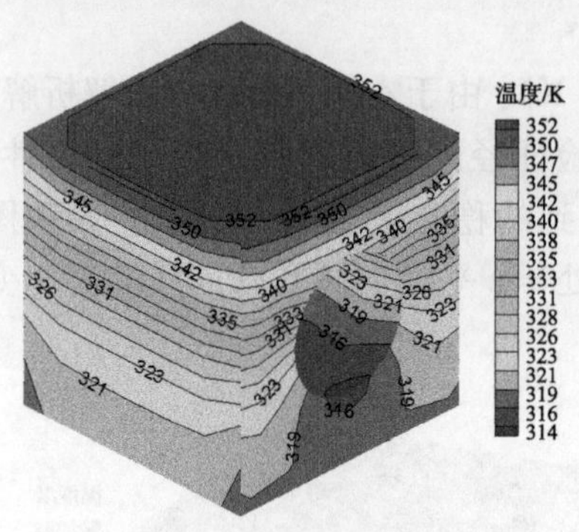

图 4-8-15　热导率随空间变化时的稳态温度场

同,而非均质条件下的热导率 k 较小,因此根据热通量的表达式 $q=-k(\partial T/\partial \boldsymbol{x})$ 可知,非均质条件下的 $\partial T/\partial \boldsymbol{x}$ 应该偏大。图 4-8-16 所示非均质材料在上表面处温度曲线的斜率较大,即 $\partial T/\partial \boldsymbol{x}$ 较大。根据能量平衡关系,从上表面流入立方体的热量应该与圆孔中流体带走的热量相同。而均质与非均质条件下从上表面流入的热量相同,因此圆孔中流体带走的热量也应该相同。又由于流体温度与对流换热系数均相同,因此根据对流换热理论,两者圆孔表面平均温度应该相同。图 4-8-17 所示曲线图中,非均质材料条件下的温度在前半部分稍微偏高而在后半部分稍微偏低,基本与均质材料条件下的温度保持平衡。经计算,均质材料与非均质材料条件下圆孔表面的平均温度分别为 325.5426K 和 325.6221K,非常接近。

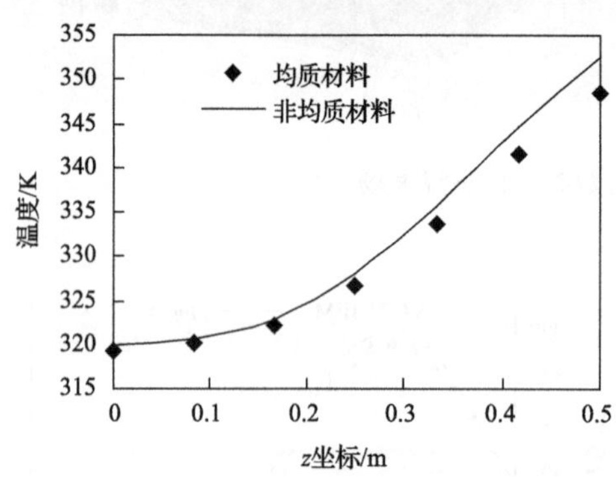

图 4-8-16　$x=0$、$y=0.25$ 处 z 方向的温度

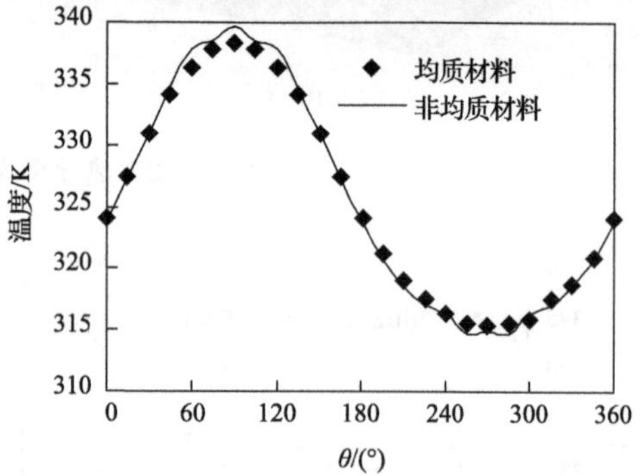

图 4-8-17　$y=0.25$ 处 x-z 平面圆孔周线上温度

2) 瞬态分析[26]

考虑热辐射边界条件的影响,假设立方体的底面与环境之间通过热辐射交换能量,底面的发射率为 $\varepsilon=0.9$,外部环境温度为 0K。

图 4-8-18 为在 800s 时立方体的温度云图。为了说明热辐射对温度场分布的影响,采用底面绝热时的温度分布云图进行比较。为了验证,也用 Fluent 进行了计算。

图 4-8-19 为 800s 时 $x=0$、$y=0$ 直线上考虑与不考虑热辐射时的温度分布曲线。图 4-8-20 为 800s 时 x-z 平面($y=0$)内圆周上考虑与不考虑热辐射时的温度分布曲线。

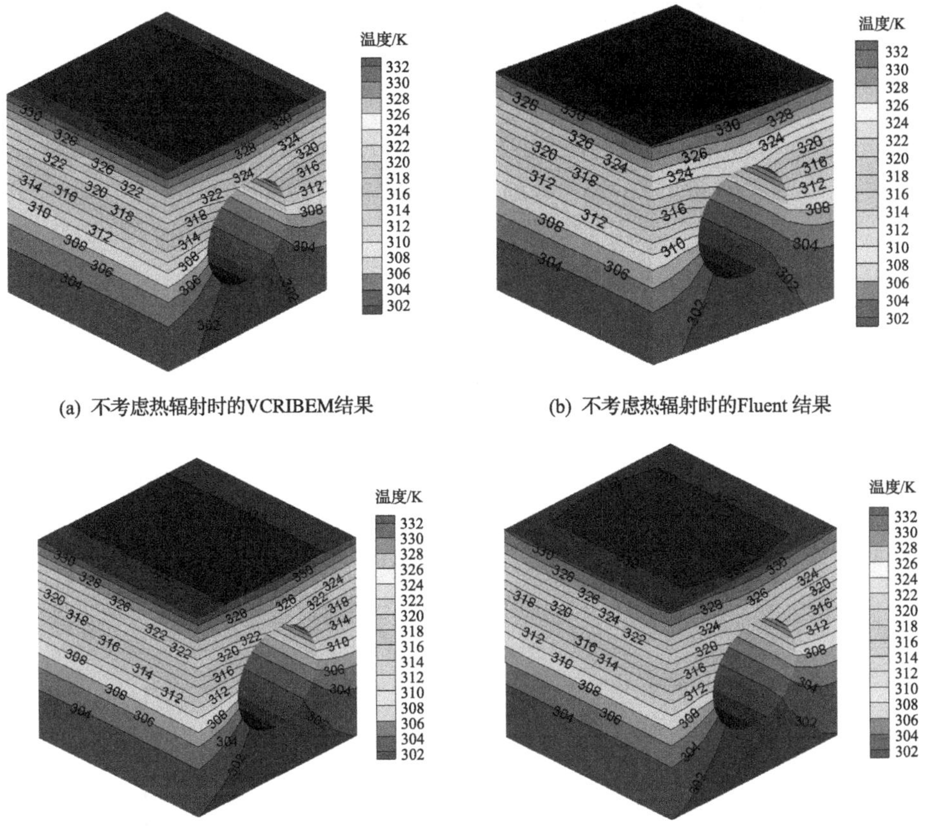

(a) 不考虑热辐射时的VCRIBEM结果　　(b) 不考虑热辐射时的Fluent 结果

(c) 考虑热辐射时的VCRIBEM结果　　(d) 考虑热辐射时的Fluent 结果

图 4-8-18　800s 时立方体的温度云图

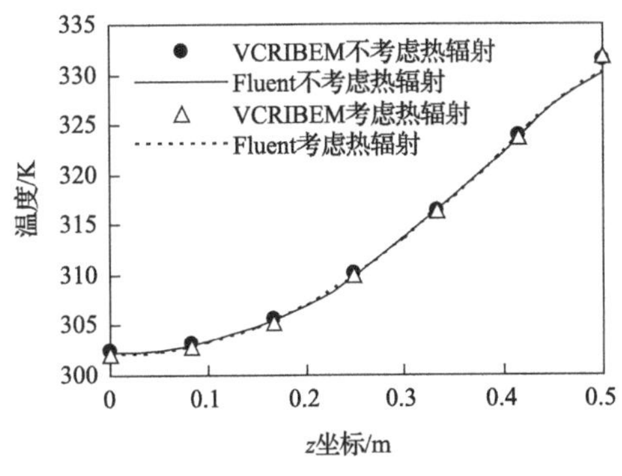

图 4-8-19　800s 时沿 $x=0$、$y=0$ 处 z 方向的温度

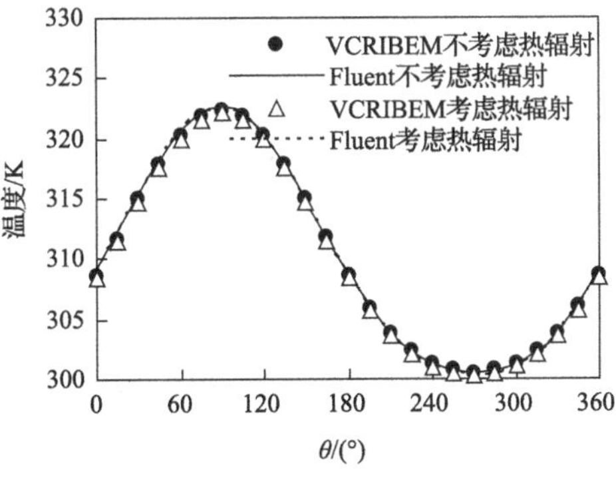

图 4-8-20　800s 时 $y=0$ 处 x-z 平面圆孔周线上的温度

4.8.4 非线性问题数值算例

1. 非线性二维算例

如图 4-8-21 所示，考虑一个尺寸为 1m × 1m 的平板，对其进行稳态和瞬态非线性导热分析。材料的热导率随温度变化的函数为 $k(T) = (15 + 0.01T^2)$ W/(m · K)，密度 $\rho = 100\text{kg/m}^3$，比热容 $c_p = 100\text{J/(kg} \cdot \text{K)}$。左右边界绝热，上边界温度为 100℃，下边界分别取三种边界条件：恒壁温 200℃、对流换热和对流辐射换热。对流换热系数和表面热辐射发射率分别为 $h = 100\text{W/(m}^2 \cdot \text{K)}$ 和 $\varepsilon = 1.0$。

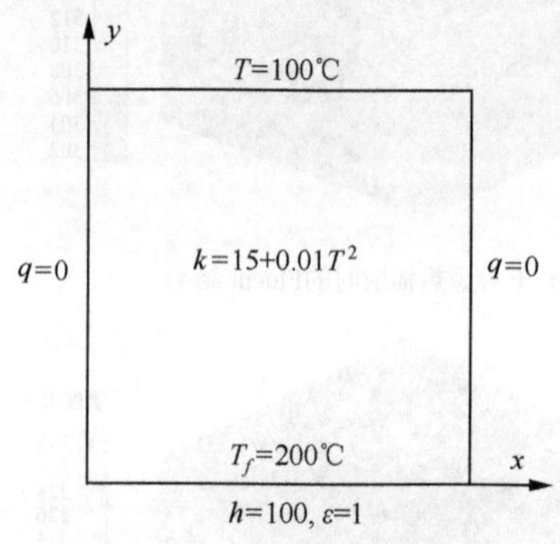

图 4-8-21 平板模型

无内部网格边界单元模型如图 4-8-22(d) 所示，每条边界划分成 10 个等间隔线性单元，总共 40 个边界单元，40 个边界节点，81 个内部点。下面对该模型进行稳态和瞬态非线性传热分析。

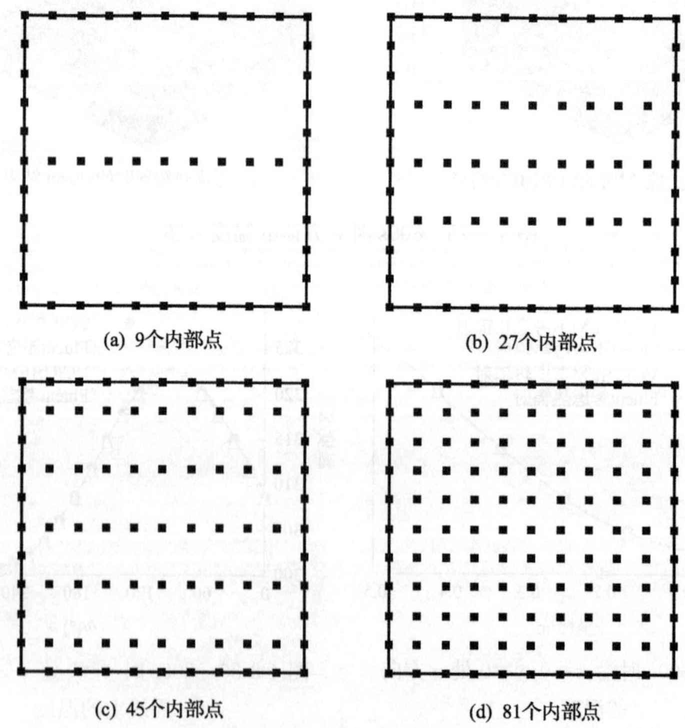

图 4-8-22 边界单元网格模型

1）稳态分析

表 4-8-3 给出了平板左边界上 NLRIBEM 法和 Fluent 软件的计算温度。图 4-8-23 为NLRIBEM 和 Fluent 的相应计算温度沿平板左边界的变化曲线。由表 4-8-3 和图 4-8-23 可以看出，在下边界分别为恒壁温、对流换热和对流辐射换热三类边界条件下，NLRIBEM 与 Fluent 计算结果的最大误差小于 0.9%，因此径向积分边界元法在求解稳态二维非线性问题时具有较高的精度。

表 4-8-3　不同下边界条件下平板左边界的计算温度

y /m	恒壁温			对流换热			对流辐射换热		
	NLRIBEM /℃	Fluent /℃	误差 /%	NLRIBEM /℃	Fluent /℃	误差 /%	NLRIBEM /℃	Fluent /℃	误差 /%
0	200.000	200.000	0	139.335	139.185	0.11	139.562	139.416	0.10
0.1	193.133	194.737	0.83	135.290	135.611	0.24	135.502	135.823	0.24
0.2	186.409	187.154	0.40	132.035	132.458	0.32	132.232	132.655	0.32
0.3	179.250	180.092	0.47	128.754	129.160	0.31	128.934	129.340	0.31
0.4	171.508	172.452	0.55	125.294	125.699	0.32	125.456	125.861	0.32
0.5	163.104	164.100	0.61	121.690	122.054	0.30	121.831	122.197	0.30
0.6	153.808	154.843	0.67	117.851	118.200	0.30	117.969	118.320	0.30
0.7	143.398	144.384	0.69	113.825	114.102	0.24	113.919	114.198	0.24
0.8	131.368	132.232	0.66	109.492	109.721	0.21	109.558	109.790	0.21
0.9	117.021	117.447	0.36	104.884	105.003	0.11	104.919	105.039	0.11

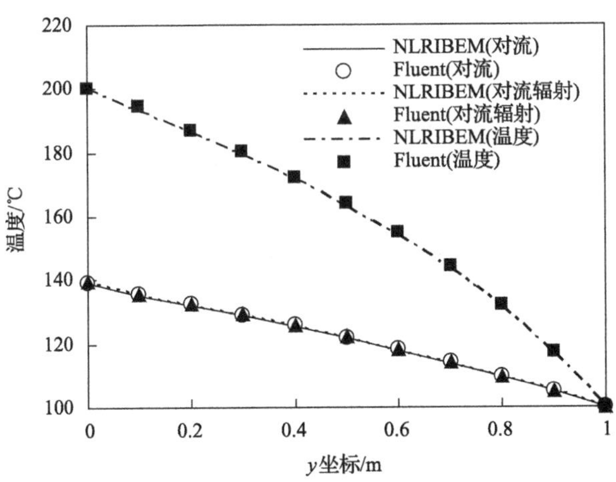

图 4-8-23　不同下边界条件下平板左边界的温度分布

以平板下边界为对流换热条件为例，研究内部节点的个数对计算精度的影响。

分别取 9 个、27 个和 45 个内部节点的边界元模型如图 4-8-22(a)～(c)所示。平板左边界的计算结果如表 4-8-4 和图 4-8-24 所示，并与 81 个内部节点的计算结果进行比较。由表 4-8-4 和图 4-8-24 可以看出，9 个和 27 个内部节点的误差稍大一些，但 45 个内部点的计算结果与 81 个内部点的计算结果已经非常接近。

表 4-8-4　9 个、27 个和 45 个内部点的计算温度及其与 81 个内部点计算结果的相对误差

y/m	9 个内部点		27 个内部点		45 个内部点	
	温度/℃	相对误差/%	温度/℃	相对误差/%	温度/℃	相对误差/%
0	141.429	1.503	140.214	0.630	139.513	0.127
0.1	136.996	1.262	135.882	0.438	135.454	0.122
0.2	133.075	0.788	132.023	0.009	132.120	0.064
0.3	129.056	0.235	128.421	0.258	128.762	0.007
0.4	125.171	0.099	124.715	0.463	125.277	0.014
0.5	121.208	0.396	121.049	0.526	121.632	0.047
0.6	117.274	0.490	117.138	0.605	117.801	0.043
0.7	113.152	0.590	113.163	0.581	113.751	0.065
0.8	108.962	0.484	108.918	0.524	109.440	0.047
0.9	104.581	0.289	104.601	0.270	104.837	0.045

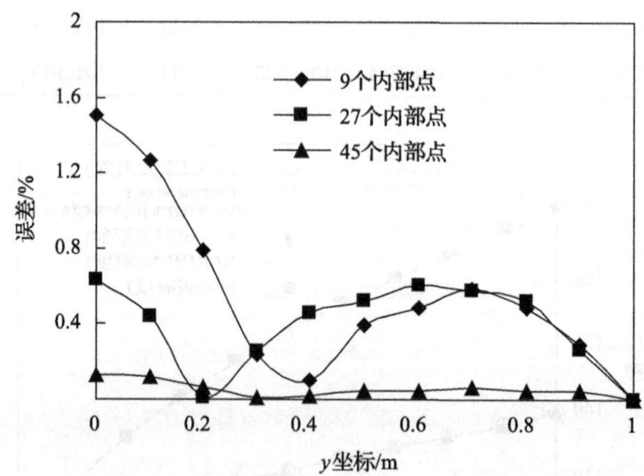

图 4-8-24　9 个、27 个、45 个内部点与 81 个内部点计算温度的相对误差曲线

2）瞬态分析

以平板下边界为对流换热条件为例，对二维平板进行瞬态非线性传热分析。平板的其他边界条件与稳态分析相同，并且初始温度为 100℃。图 4-8-25 为不同时刻的平板温度云图。图 4-8-26 为不同时刻的平板左边界温度分布曲线。为了

验证计算结果的正确性，采用 Fluent 软件对平板进行瞬态非线性传热分析来验证 NLRIBEM 的计算结果。

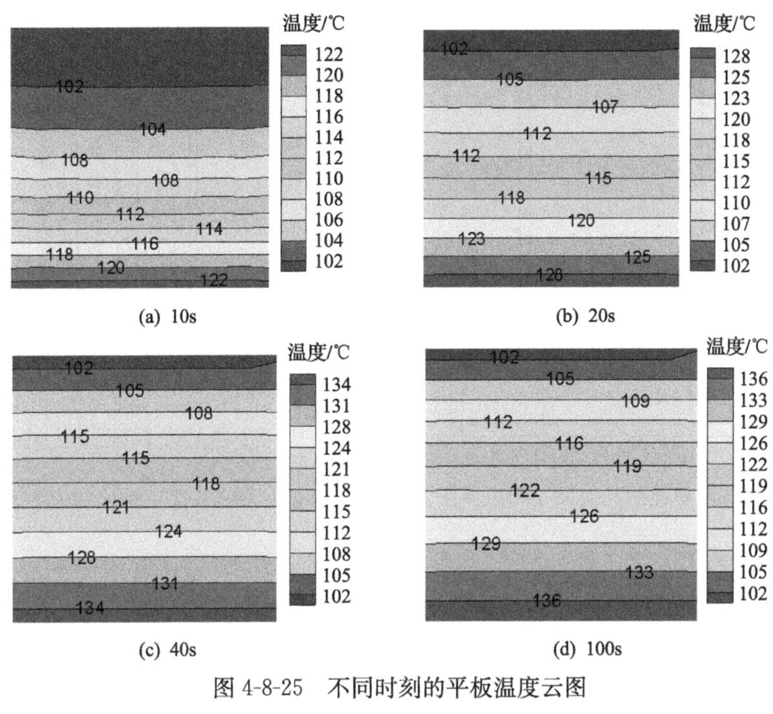

图 4-8-25　不同时刻的平板温度云图

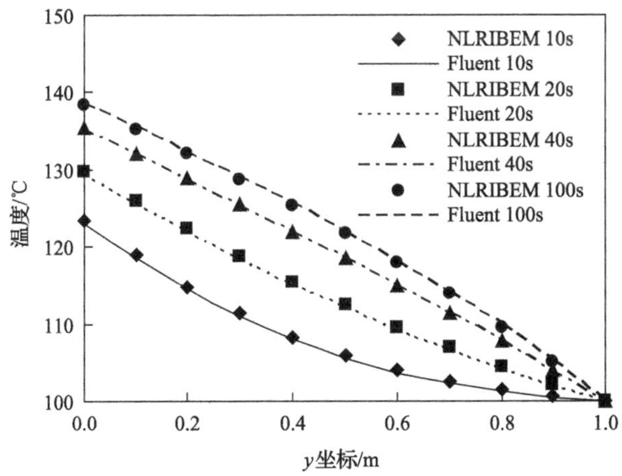

图 4-8-26　不同时刻的平板左边界温度曲线

2. 非线性三维算例

考虑一个螺栓的非线性传热，其几何尺寸和边界条件如图 4-8-27 所示。材料

的导热系数 $k(T)=(50.57-0.03T)\mathrm{W/(m\cdot K)}$，密度 $\rho=7840\mathrm{kg/m^3}$，比热容 $c_p=465\mathrm{J/(kg\cdot K)}$。螺栓的边界元模型如图 4-8-28 所示，外表面被划分为 480 个线性四边形单元，482 个边界节点，内部布置 728 个节点，总共 1210 个节点。

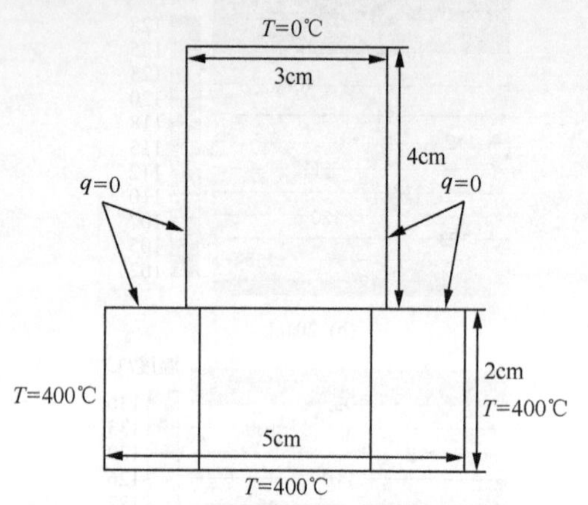

图 4-8-27　螺栓的几何尺寸和边界条件

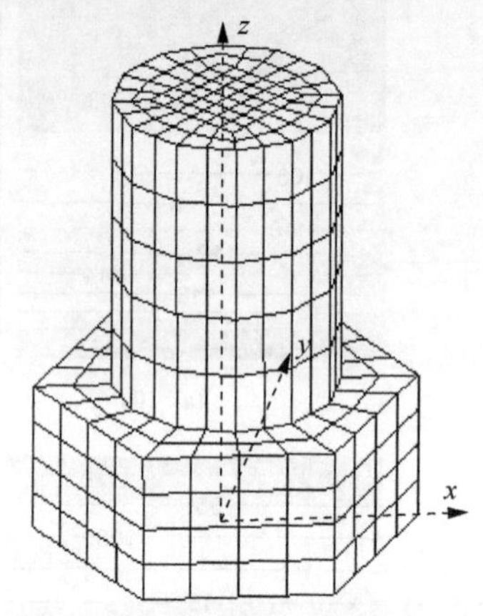

图 4-8-28　螺栓的边界元模型

1) 稳态分析

首先，对螺栓进行稳态传热分析，其边界条件如图 4-8-27 所示。图 4-8-29 是 NLRIBEM 与软件 Fluent 计算得到的温度分布云图。

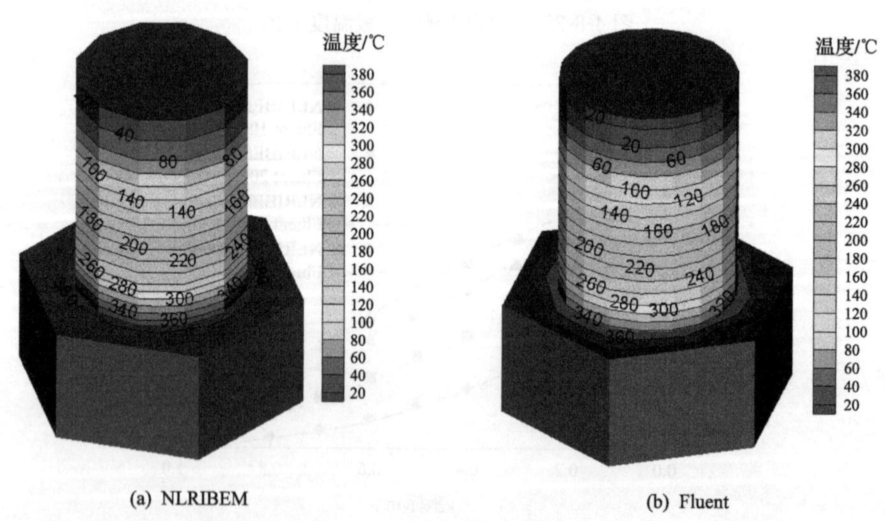

图 4-8-29　螺栓的温度分布云图

表 4-8-5 和图 4-8-30 给出了螺栓中心线上（$x=0,y=0$）温度的计算值。从表 4-8-5 和图 4-8-30 可以看出，NLRIBEM 和 Fluent 的计算结果在大部分位置都非常接近，只是在螺帽与螺柱的交界处差别较大。为了说明热导率非线性对温度

的影响，表 4-8-5 给出了热导率为常数（$k=50$）时的温度结果。从表 4-8-5 和图 4-8-30 可看出线性材料在中心线上各位置的温度均比非线性材料高。

表 4-8-5　螺栓中心线（$x=0$、$y=0$）上的温度

z 坐标/cm	0.5	1.0	1.5	2.0	2.8	3.6	4.4	5.2
NLRIBEM/℃	385.96	371.03	348.41	318.18	256.34	188.56	123.30	60.45
Fluent/℃	387.05	370.77	347.63	314.89	250.00	184.78	120.29	60.14
k＝常数/℃	389.04	375.14	355.26	327.26	268.36	202.22	134.99	67.50

表 4-8-6 列举了在 $x=0$、$y=1.5$ 线上螺柱表面温度沿 z 方向的计算结果。图 4-8-31 为相应的温度变化曲线。比较 NLRIBEM 和 Fluent 软件的计算结果发现：螺柱表面温度沿 z 方向的变化与螺栓中心线上温度的变化相类似；在螺帽与螺柱交界处 NLRIBEM 与 Fluent 结果相差较大；在其余节点的温度都非常接近并且最大误差不到 1%。此外，在螺柱表面各个点处，线性材料的温度比非线性材料的温度偏高。

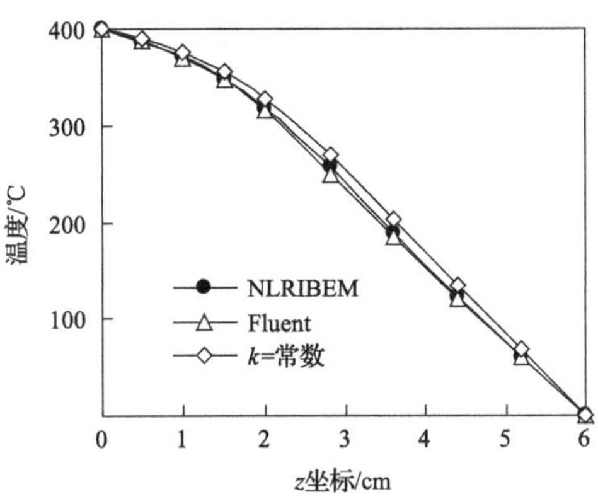

图 4-8-30　温度沿螺栓中心线的分布

表 4-8-6　螺柱表面沿 $x=0$、$y=1.5$ 线上的温度

z 坐标/cm	2.0	2.8	3.6	4.4	5.2
NLRIBEM/℃	373.48	259.15	188.42	123.27	60.40
Fluent/℃	352.58	259.41	189.77	123.86	60.43
k＝常数/℃	381.00	270.87	202.50	135.01	67.49

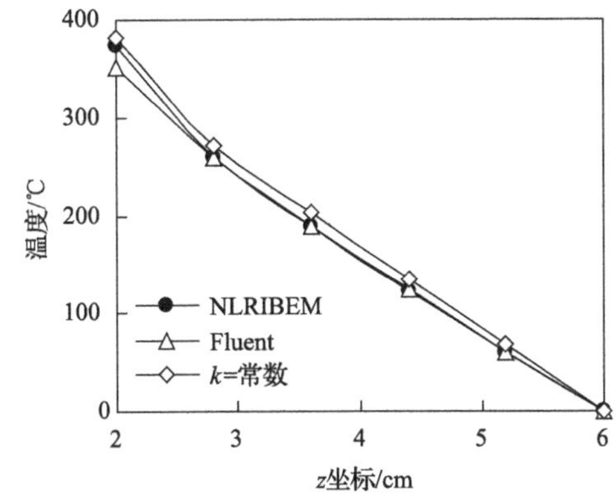

图 4-8-31　温度沿螺柱表面 z 方向的分布

2）瞬态分析

假设螺栓的初始温度为 0℃，在 $t=0$ 时刻螺帽表面的温度突然增至 400℃，而螺柱上表面温度保持不变（0℃），其余螺柱表面为绝热条件，具体情况如图 4-8-27 所示。瞬态传热分析的边界单元网格模型与稳态分析相同，如图 4-8-28 所示。同样，采用 Fluent 软件对螺栓进行非线性导热分析来验证 NLRIBEM 的计算结果。

图 4-8-32～图 4-8-34 分别为 t=10s、20s 和 40s 时螺栓外面的温度分布云图。比较同一时刻 NLRIBEM 和 Fluent 的温度云图，可以看出 NLRIBEM 的计算结果与 Fluent 相一致，只是在螺帽与螺柱的交界处两者的结果相差比较大。图 4-8-35 为 $t=10$s、20s 和 40s 时 NLRIBEM 和 Fluent 计算得到的温度在螺栓中心线 ($x=0, y=0$) 上的分布曲线。可以看出两者的结果吻合得很好。

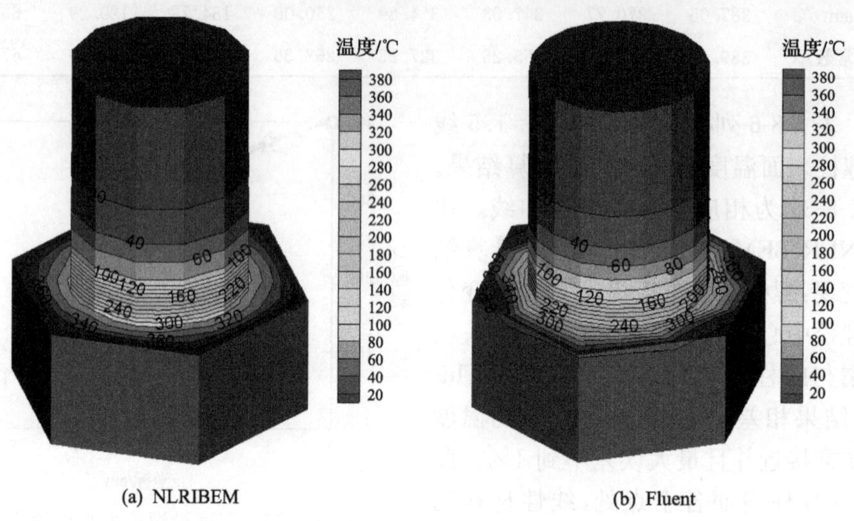

图 4-8-32　10s 时温度分布云图

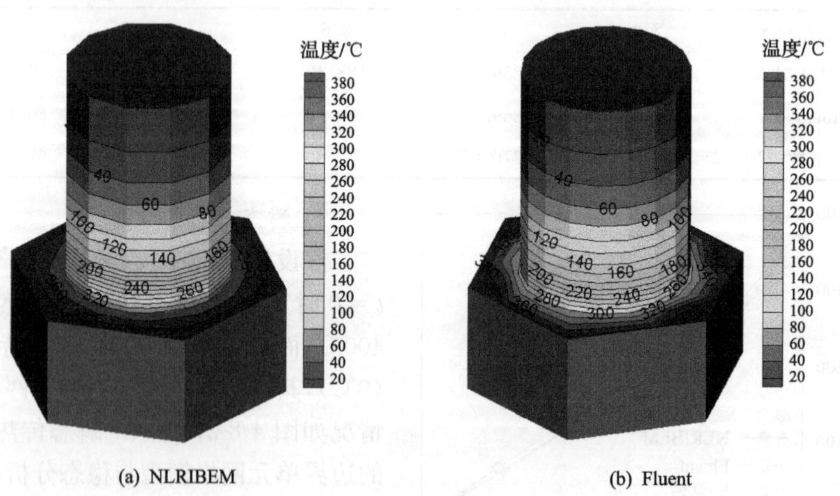

图 4-8-33　20s 时温度分布云图

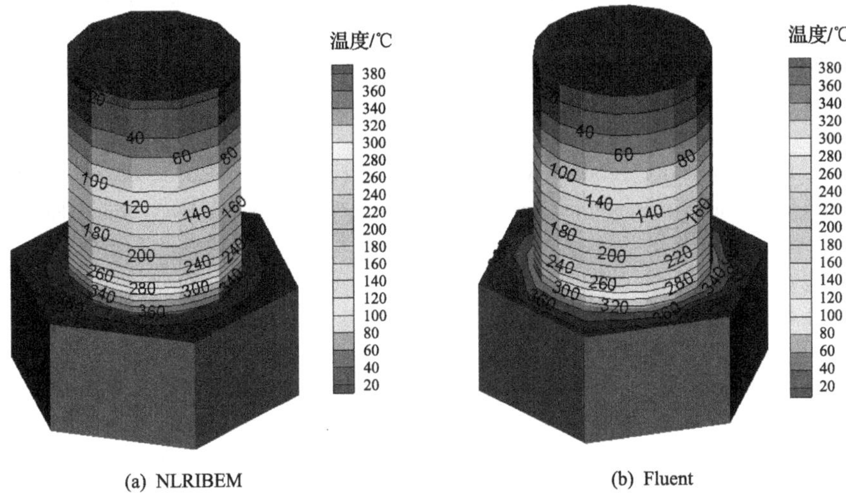

(a) NLRIBEM　　(b) Fluent

图 4-8-34　40s 时温度分布云图

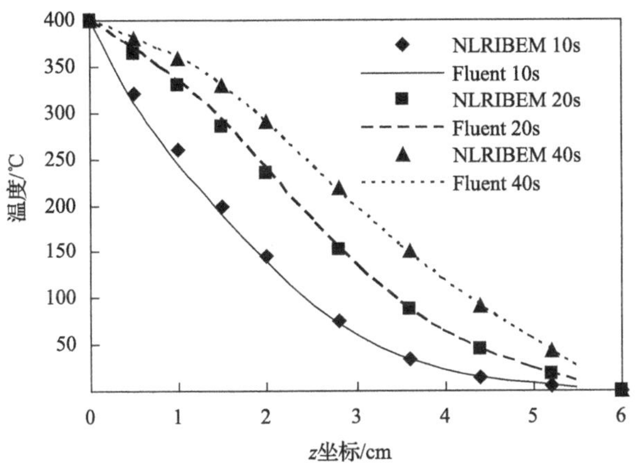

图 4-8-35　温度沿螺栓中心线的分布

参 考 文 献

[1] Brebbia C A, Dominguez J. Boundary Elements an Introductory Course. 2nd ed. Boston: Computational Mechanics Publication, 1992.

[2] Bialecki R, Khun G. Boundary element solution of heat conduction problems in multizone bodies of nonliner materials. International Journal for Numerical Methods in Engineering, 1993, 36(5): 789—809.

[3] Divo E A, Kassab A J. Boundary Element Methods for Heat Conduction: With Applications in Nonhomogeneous Media. Southampton: WIT Press, 2003.

[4] Gao X W. A meshless BEM for isotropic heat conduction problems with heat generation and spatially

varying conductivity. International Journal for Numerical Methods in Engineering, 2006, 66(9): 1411—1431.

[5] Yang K, Gao X W, Liu Y F. Using analytical expressions in radial integration BEM for variable coefficient heat conduction problems. Engineering Analysis with Boundary Elements, 2011, 35(10): 1085—1089.

[6] Clements D L, Larsson A. A boundary-element method for the solution of a class of time dependent problems for inhomogeneous media. Communications in Numerical Methods in Engineering, 1993, 9(2): 111—119.

[7] Shaw R P. Green's functions for heterogeneous media potential problems. Engineering Analysis with Boundary Elements, 1994, 13(3): 219—221.

[8] Kassab A J, Divo E. A generalized boundary integral equation for isotropic heat conduction with spatially varying thermal conductivity. Engineering Analysis with Boundary Elements, 1996, 18(4): 273—286.

[9] Nardini D, Brebbia C A. A new approach for free vibration analysis using boundary elements//Brebbia C A. Boundary Element Methods in Engineering. Berlin: Springer, 1982: 312—326.

[10] Gao X W. The radial integration method for evaluation of domain integrals with boundary-only discretization. Engineering Analysis with Boundary Elements, 2002, 26(10): 905—916.

[11] Gao X W. Evaluation of regular and singular domain integrals with boundary-only discretization-theory and Fortran code. Journal of Computational and Applied Mathematics, 2005, 175(2): 265—290.

[12] Rizzo F J, Shippy D J. A method of solution for certain problems of transient heat conduction. AIAA Journal, 1970, 8(11): 2004—2009.

[13] Zhu S P, Satravaha P. An efficient computational method for modeling transient heat conduction with nonlinear source terms. Applied Mathematical Modelling, 1996, 20(7): 513—522.

[14] Sutradhar A, Paulino G H. The simple boundary element method for transient heat conduction in functionally graded materials. Computer Methods in Applied Mechanics and Engineering, 2004, 193(42—44): 4511—4539.

[15] Erhart K, Divo E, Kassab A J. A parallel domain decomposition boundary element method approach for the solution of large-scale transient heat conduction problems. Engineering Analysis with Boundary Elements, 2006, 30(7): 553—563.

[16] Simões N, Tadeu A, António J, et al. Transient heat conduction under nonzero initial conditions: A solution using the boundary element method in the frequency domain. Engineering Analysis with Boundary Elements, 2012, 36(4): 562—567.

[17] Mohammadi M, Hematiyan M R, Marin L. Boundary element analysis of nonlinear transient heat conduction problems involving non-homogeneous and nonlinear heat sources using time-dependent fundamental solutions. Engineering Analysis with Boundary Elements, 2010, 34(7): 655—665.

[18] Ochiai Y, Sladek V, Sladek J. Transient heat conduction analysis by triple-reciprocity boundary element method. Engineering Analysis with Boundary Elements, 2006, 30(3): 194—204.

[19] Tanaka M, Matsumoto T, Takakuwa S. Dual reciprocity BEM for time-steeping approach to the transient heat conduction problem in nonlinear materials. Computer Methods in Applied Mechanics and Engineering, 2006, 195(37—40): 4953—4961.

[20] Yang K, Gao X W. Radial integration BEM for transient heat conduction problems. Engineering Analysis with Boundary Elements, 2010, 34(6): 557—563.

[21] Ingber M S, Schmidt C C, Tanski J A, et al. Boundary-element analysis of 3-D diffusion problems using a parallel domain decomposition method. Numerical Heat Transfer, Part B: Fundamentals, 2003, 44(2): 145—164.

[22] Gao X W, Davies T G. Boundary Element Programming in Mechanics. Cambridge: Cambridge University Press, 2002.

[23] Gao X W. Source point isolation boundary element method for solving general anisotropic potential and elastic problems with varying material properties. Engineering Analysis with Boundary Elements, 2010, 34(12): 1049—1057.

[24] Chen J T, Lin S R, Chen K H, et al. Eigenanalysis for membranes with stringers using conventional BEM in conjunction with SVD technique. Computer Methods in Applied Mechanics and Engineering, 2003, 192(11—12): 1299—1322.

[25] Gao X W. A boundary element method without internal cells for two-dimensional and three-dimensional elastoplastic problems. ASME Journal of Applied Mechanics, 2002, 69(2): 154—160.

[26] 王静. 飞行器热防护系统典型结构辐射传热边界元算法研究. 南京:东南大学博士学位论文,2011.

第5章 热辐射问题

所有温度高于绝对零度的物体，每时每刻都不断地以电磁波的形式向周围辐射能量。同时，物体亦不断地吸收周围物体投射到它上面的辐射能量，热辐射就是物体间相互辐射和吸收的总效果。

高温和稀薄气体环境下，热辐射是最主要的能量传递方式。工业熔炉和燃烧室内通过热辐射形式传递的热量占热量传递总量的 90%左右；宇宙空间和太阳能设备中几乎 100%的热量交换都是通过热辐射完成的；甚至在温度较低的中央暖气系统中，也有将近一半的热量是通过热辐射传递的。因此，热辐射分析是工业领域和科学研究领域中有关温度场计算方面的重要组成部分。

随着计算机技术的发展，数学模型已经成为工程设计中一种经济可靠的工具。大多数物理现象的数学模型都是微分形式的控制方程。目前，一些求解微分形式数学模型的数值方法已经很好地建立起来了。热辐射是少数控制方程为积分形式的物理现象之一。辐射换热方程中出现的强烈的非线性和材料性质的复杂性也增加了热辐射计算的难度。辐射换热与其他形式的热量传递方式主要有以下几个方面的不同：

(1) 由积分方程引起的物理结果。考虑一个封闭区域，其内部的温度场可以通过求解微分方程得到，某点热传导产生的热通量可以通过温度的微分得到，也就是说热传导在某一点所产生的热通量仅与该点附近的温度有关。而该点处由热辐射所产生的热通量需要通过求解积分方程得到，也就是说热辐射产生的热通量与空腔表面上每一点的温度都有关。因此，与热传导不同，与某点距离很远处的温度可能会对该点的辐射热通量产生很大影响，而与某点距离非常近的区域上的温度却往往可能对该点辐射热通量影响不大。

(2) 热辐射是以电磁波的形式传播的，因此即使在真空中也可以传递热量，而其他热量传递方式(热传导和对流传热)则必须要在有物理介质存在的条件下才能发生热量交换。

(3) 辐射传热最简单的一种情况是中间充满透明介质的两个相互平行的等温黑体壁面。斯特藩-玻尔兹曼定律证明在这种情况下，辐射热通量与表面温度的四次方成正比。在一些实际情况下，非线性的程度可能会更高。这一点也和热通量与温度梯度成比例的热传导，以及壁面热通量与流体温度梯度成正比的对流传热不同。

(4) 气体辐射对波长有选择性。气体不是对所有波长的辐射能都具有辐射和吸收能力，它们只能辐射和吸收某些波长范围内的能量，而对于另外一些波长范围内的能量既不能辐射也不能吸收。也就是说气体对于某些波长范围内的辐射是完全透明的，而对于其他波长范围内的辐射却是参与其中的热量交换。例如，有二氧化碳存在的空气对于太阳辐射是透明的，然而却吸收地球散发的辐射。对全球气候产生威胁的温室效应就是由空气中二氧化碳的聚集而引起的。

(5) 热辐射只在两个相互可见的位置发生能量交换，这也增加了算法的复杂性和计算时间。

热辐射的产生和传输机理与热传导、热对流的不同，导致描述它们的控制方程有很大的差异。因此，在热传导和对流换热数值计算中一系列行之有效的方法都不适用于求解辐射传热问题[1]。目前求解辐射传热问题的数值方法有扩散近似法、热流法、蒙特卡罗法和有限体积法等。①扩散近似法：将光子经历看成一种类似于分子输运中的扩散过程，从而把积分-微分形式的辐射传递方程转变成形如热传导问题的扩散方程，这样就可以用求解热传导方程的常用方法来求解。②热流法：将微元体界面上复杂的半球空间热辐射简化成垂直于此界面的均匀辐射强度或热流，使积分-微分形式的辐射传递方程简化为一组有关辐射强度或热流密度的线性微分方程，然后用通用的输运方程求解方法求解[2]。③蒙特卡罗法：将传输过程分解为发射、投射、反射、吸收和散射等一系列的子过程，并把它们化成随机问题，即建立每个子过程的概率模型，令每个单元(面元或体元)发射一定量的光束，跟踪、统计每束光的归宿(被介质和界面吸收，或者从系统中投射出或溢出)，从而得到该单元辐射能量分配的统计结果。20 世纪 40 年代中期，蒙特卡罗法首先在核武器的研制中得到应用，1964 年，Howell 和 Perlmutter[3]将其引入辐射换热计算领域[2-5]。④有限体积法：Raithby 和 Chui[6]首先提出，此后，不少学者用该方法处理了各种热辐射传输与耦合换热问题[7-9]。有限体积法的基本思想是在控制体积和控制立体角内对辐射传递方程进行积分，得到控制体积和控制立体角内辐射能量守恒方程的有限体积表达式。扩散近似法和热流法由于对控制方程进行近似，因此精度较低；蒙特卡罗法由于需要进行繁重的光束传播轨迹计算工作，因此计算速度极慢；有限体积法虽然较蒙特卡罗法计算速度快，但是它既要划分体单元又要划分面单元，因此在建模和计算方面工作量较大。

目前所发表的文献中，利用边界元法求解参与性介质辐射换热问题时，最终形成的边界积分方程由于在面积分中含有沿辐射射线方向的线积分，因此并没有将积分完全转化到边界上，仍需要将计算域划分成体单元[10]。本书通过积分变量变换，将由立体角表示的积分转换成通常的边界积分，将由立体角和线积分混合表示的积分也转换成通常的域积分，从而建立能用第 3、4 章所述边界元法求解表面辐射换热问题和参与性介质辐射换热问题的边界积分方程。对于参与性介质辐射换热问题边界积分方程中的域积分，采用径向积分法[11,12]将其转换为边界积分，从而形成不需要内部体单元的径向积分边界元法。对于非灰体介质,采用谱带近似法求解,将整个波长范围划分为有限个区间,采用与灰体热辐射问题相同的求解方法计算每一个谱带的边界积分方程。

5.1 热辐射简介

辐射是物体通过电磁波传递能量的现象。热辐射是由于物体内部微观粒子的热运动状态改变,从而部分内能转换成电磁波的能量发射出去的过程。电磁波落到物体上,一部分被物体吸收,电磁波的能量重新转换成内能(有时还可能引起化学作用和光电作用等)。由于起因不同,物体发出的电磁波波长也不同,包括太阳辐射在内,热辐射的波长主要位于0.10～1000μm的范围内。工程上,一般物体($T<2000$K)热辐射的大部分能量的波长位于0.76～20μm。对于太阳辐射才考虑波长在0.1～20μm范围内的热辐射。热辐射产生的电磁波称为热射线,包含部分紫外线、全部可见光和大部分红外线。热射线具有一般电磁波的共性,以光速在空间传播。电磁波的传播速度 c、波长 λ 和频率 ν 之间有以下关系:

$$c=\nu\lambda \tag{5-1-1}$$

式中,在真空中 $c=3\times10^8\text{m/s}$,而大气中的 c 略低于此值。可见光是大家较为熟悉的电磁波,其直线传播、投射、反射和折射等有关规律同样适用于热射线。因此,利用可见光的某些现象去理解和解释热射线的类似现象,可使问题直观易懂。但是,由于波长不同,可见光和一般工程上的热射线在某些情况下将表现出不同的特性,不能混淆。

5.1.1 基本概念

1. 吸收、反射和透射

当热射线投射到物体表面时,遵循可见光的规律,其中部分被物体吸收,部分被反射,其余则透过物体。设投射到物体表面上全波长范围的总能量为 G,被吸收能量为 G_a,被反射能量为 G_ρ,被透射能量为 G_τ。根据能量守恒定律有

$$G_a+G_\rho+G_\tau=G \tag{5-1-2}$$

若等式两端同除以 G,得

$$a+\rho+\tau=1 \tag{5-1-3}$$

式中,$a=G_a/G$,称为物体表面的吸收比,它表示投射的总能量中被吸收的能量所占比例;$\rho=G_\rho/G$,称为物体表面的反射比,它表示投射的总能量中被反射的能量所占比例;$\tau=G_\tau/G$,称为物体表面的透射比,它表示投射的总能量中被透射的能量所占比例。

如果投射能量是某一特定波长 λ 的光谱辐射，类似上式的关系也同样成立：

$$a_\lambda + \rho_\lambda + \tau_\lambda = 1 \tag{5-1-4}$$

式中，a_λ、ρ_λ 和 τ_λ 分别称为光谱吸收比、光谱反射比和光谱透射比。

a、ρ、τ 和 a_λ、ρ_λ、τ_λ 是物体表面的辐射特性，与物体的性质、温度及表面状况有关。对全波长的特性 a、ρ、τ 还和投射能量的波长分布情况有关。

2. 辐射力、有效辐射和定向辐射度

一个物体只要温度大于 0K，就会不断地向表面上方半球空间的任意方向发射不同波长的辐射能。需要指出的是：辐射能是按空间方向分布的，往往不同方向具有不同的数值；辐射能也是按波长分布的，不同波长具有不同的能量。

1) 辐射力

辐射力是辐射换热中使用最多的辐射参数之一。它表示单位时间内物体单位辐射面积向外界(半球空间)发射的全部波长的辐射能，即

$$E = \frac{\mathrm{d}^2\Phi}{\mathrm{d}A\mathrm{d}t} \tag{5-1-5}$$

式中，E 是辐射力，$\mathrm{W/m^2}$；Φ 代表辐射能，J；$\mathrm{d}A$ 表示微元辐射面积，$\mathrm{m^2}$；$\mathrm{d}t$ 表示时间微量，s。

光谱辐射力是指在单位时间内从物体单位面积上发射的热射线中，波长 λ 附近的单位波长区间内，电磁波所具有的辐射能。光谱辐射力也称单色辐射力，是波长的函数，用 E_λ 来表示，单位为 $\mathrm{W/m^3}$。由于实际物体辐射力的单位为 $\mathrm{W \cdot m^2}$，波长的单位一般用μm，因此光谱辐射力的单位也经常用 $\mathrm{W/(m^2 \cdot \mu m)}$ 表示。辐射力 E 与光谱辐射力 E_λ 有如下关系：

$$E_\lambda = \frac{\mathrm{d}E}{\mathrm{d}\lambda} \tag{5-1-6}$$

$$E = \int_0^\infty E_\lambda \mathrm{d}\lambda \tag{5-1-7}$$

2) 有效辐射

物体表面除了向外界发出发射辐射外，其他物体投射到该物体表面上的投射辐射还有部分被反射。发射辐射和反射辐射之和称为有效辐射，记为 J，单位为 $\mathrm{W/m^2}$，即

$$J = E + \rho G \tag{5-1-8}$$

在用热流计测量物体表面的辐射热流密度时，只能测得物体发出的总热流密度，既包含该表面的发射辐射又包含其反射辐射，所以物体的总辐射热流密度称为有效辐射。这个物理量在辐射传热理论分析和计算中十分重要，它可以免去考虑非黑体表面间辐射传热时进行的多次反射和吸收的复杂过程，使辐射传热的分析和计算大大简化。

3）定向辐射度

物体表面在某一方向上的可见辐射面积，即该方向上可以看得见的辐射面积，为该表面在该方向上的投影，如图 5-1-1 所示。表面积 dA 在射线 s 方向上的可见辐射面积为

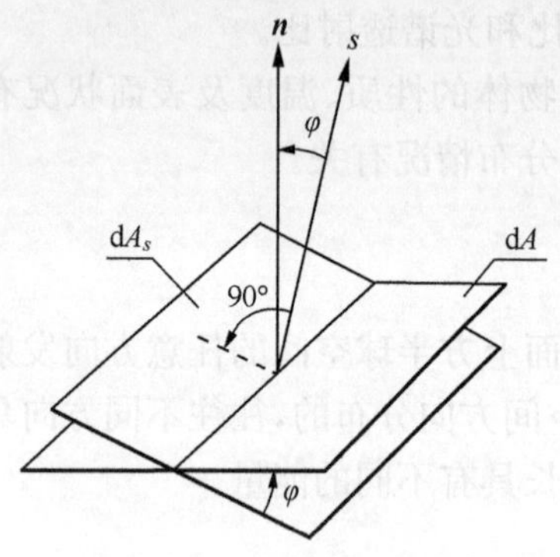

图 5-1-1 可见辐射面积

$$dA_s = dA \cdot \cos\varphi \tag{5-1-9}$$

式中，φ 是表面 dA 的法线与射线 s 方向间的夹角。

平面角用圆周角定义（图 5-1-2（a）），$\theta = l/r$。立体角 $\overline{\Omega}$ 用球面面积 A_c 所对应的球面角定义（图 5-1-2（b）），即用球面面积 A_c 与球面半径 r 的平方之比来表示：

$$\overline{\Omega} = A_c/r^2 \tag{5-1-10}$$

平面角的单位是 rad（弧度），立体角的单位为 sr（球面度）。在许多文献中[13,14]，立体角用 Ω 表示，本章为了与前面几章的计算区域 Ω 相区别，用 $\overline{\Omega}$ 表示立体角。

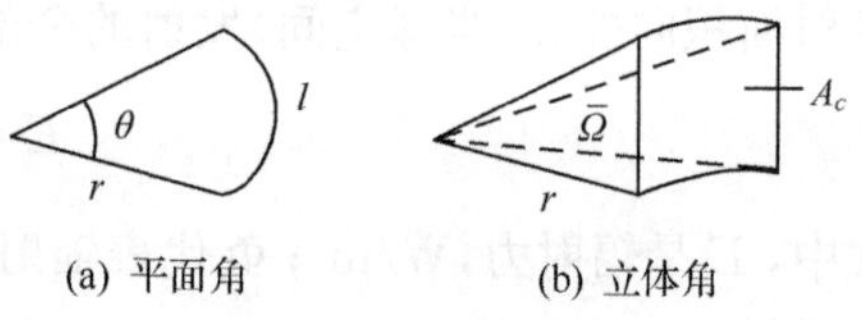

图 5-1-2 平面角和立体角

单位时间内，沿指定方向 φ 的单位立体角内，垂直于该方向的单位可见辐射面积上所发出的全波段辐射能量，称为在该方向的定向辐射度。数学表达式为

$$I_\varphi = \frac{d\Phi_\varphi}{dA_s\, d\overline{\Omega} dt} \tag{5-1-11}$$

式中，I_φ 表示定向辐射度，W/(m^2 · sr)；$d\overline{\Omega}$ 表示微元立体角，sr；dA_s 表示微元可见辐射面积，m^2。由于表面辐射包含发射辐射和反射辐射，因此定向辐射度又可写成

$$I_\varphi = I_{e\varphi} + I_{r\varphi} \tag{5-1-12}$$

式中，$I_{e\varphi}$ 是由表面本身发射而形成的定向发射辐射度；$I_{r\varphi}$ 是由表面反射辐射而形成的定向反射辐射度。

定向辐射度可以被理解为沿射线方向上的一个向量。由于从一个点可以发出无数条射线，因此一个点也可以被分配无数个定向辐射度。

单位时间内，在空间指定方向 φ 的单位立体角内，单位可见辐射面积所发出的波长 λ 附近单位波长区间内的总辐射能，称为在该方向的定向光谱辐射度，用 $I_{\varphi\lambda}$ 表示：

$$I_{\varphi\lambda} = \frac{d\Phi_{\varphi\lambda}}{dA_s\, d\overline{\Omega} d\lambda\, dt} \tag{5-1-13}$$

式中，$I_{\varphi\lambda}$ 的单位为 W/(m^3 · sr)或 W/(m^2 · μm · sr)。定向光谱辐射度与定向辐

射度有如下关系式：

$$I_{\varphi}=\int_{0}^{\infty}I_{\varphi\lambda}\,\mathrm{d}\lambda \tag{5-1-14}$$

3. 漫射表面

能向半球空间各方向发出均匀辐射强度的发射辐射的表面称为漫发射表面(图 5-1-3(a))。漫发射表面在半球空间范围内有均匀的发射辐射强度 I_e。无论外界辐射是以一束射线沿某一方向投射，还是从整个半球空间均匀投射，物体表面在半球空间范围内的各个方向上都有均匀的反射辐射强度 I_r，则该表面称为漫反射表面(图 5-1-3(b))。如果一个表面既是漫发射表面又是漫反射表面，则该表面称为漫射表面(图 5-1-3(c))。

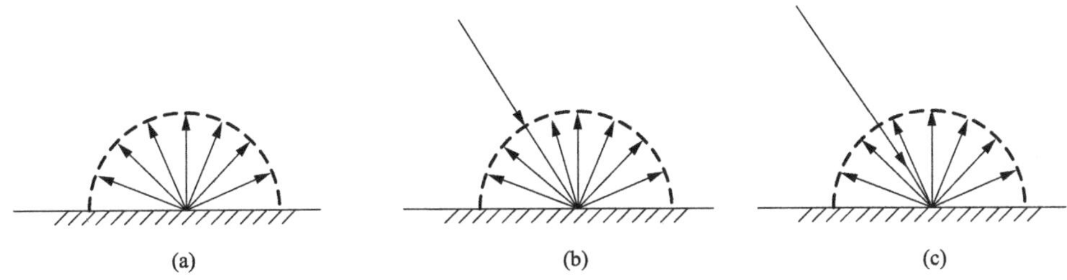

图 5-1-3　漫发射表面(a)、漫反射表面(b)和漫射表面(c)

5.1.2　黑体辐射

黑体是一种理想的辐射发射体，在温度相同的所有物体中，黑体的辐射力是最强的。黑体也是一种理想的辐射吸收体，能够全部吸收来自任何方向、具有任意波长的投射辐射。自然界中不存在绝对黑体，只有少数物质接近黑体，如炭黑、碳化硅、铂黑等。黑体模型可用人工方法制备，例如，空腔上的小孔就接近黑体。黑体由于辐射性质简单，其辐射传热的规律都非常容易处理。如果能找到实际物体和黑体辐射规律之间的关系，那么实际物体的辐射问题就好解决了。因此，黑体在热辐射研究中具有极其重要的地位。在本章中，带有下标 b 的参数表示黑体的参数。

作为理想的辐射发射体，黑体在各个方向上的定向辐射度是相同的，即黑体表面为漫射表面。因此，黑体的定向辐射强度与方向无关。单位时间内黑体单位面积所发出的辐射能称为黑体辐射力，可以通过对以该单位面积为中心的整个半球空间内定向辐射度的法向分量积分得到，即

$$E_{\mathrm{b}}=\int_{2\pi}I_{\mathrm{b}}\cos\varphi\,\mathrm{d}\bar{\Omega} \tag{5-1-15}$$

式中，E_b 是黑体辐射力；I_b 是黑体定向辐射度。由图 5-1-4 可知，微元立体角可以

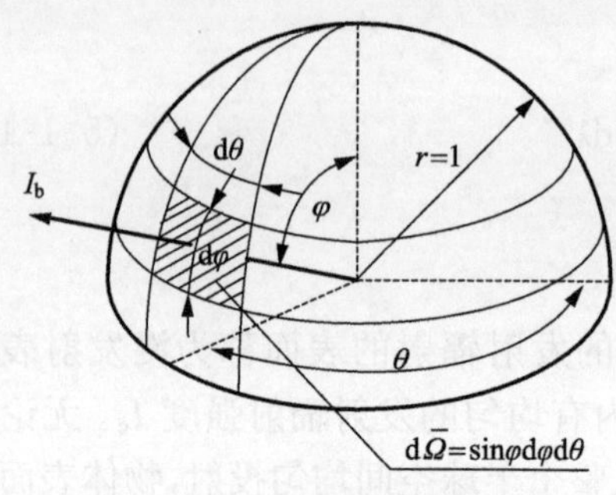

图 5-1-4 立体角与极角和方位角之间关系

由极角 φ 和方位角 θ 表示为

$$d\bar{\Omega} = \sin\varphi \, d\varphi \, d\theta \tag{5-1-16}$$

将式(5-1-16)代入式(5-1-15)可得黑体辐射力与黑体定向辐射度之间的关系

$$E_b = I_b \int_{\theta=0}^{2\pi} \int_{\varphi=0}^{\pi/2} \cos\varphi \sin\varphi \, d\varphi \, d\theta = \pi I_b \tag{5-1-17}$$

普朗克(Planck)在量子理论的基础上得到了黑体光谱辐射力随波长和温度变化的函数关系,即

$$E_{b\lambda} = \frac{c_1}{\lambda^5 \left[\exp\left(\frac{c_2}{\lambda T} \right) - 1 \right]} \tag{5-1-18}$$

式中,$E_{b\lambda}$ 代表黑体光谱辐射力,W/m^3;λ 是波长,m;T 是热力学温度,K;$c_1 = 3.742 \times 10^{-16}\ W \cdot m^2$ 是普朗克第一常量;$c_2 = 1.439 \times 10^{-2}\ m \cdot K$ 是普朗克第二常量。

严格来说,普朗克函数还与传播辐射的介质的折射率有关。折射率是指光在真空中的速度与在该介质中的速度之比。气体的折射率非常接近于 1,因此为了使问题简化,这里暂且不考虑折射率的影响,认为它等于 1。

图 5-1-5 为黑体光谱辐射力的分布曲线。可以看出,黑体的光谱辐射力随波长连续变化;$\lambda \to 0$ 或 $\lambda \to \infty$ 时 $E_{b\lambda} \to 0$;对于任一波长,其光谱辐射力随温度 T 的升高而增加;任一温度 T 下的 $E_{b\lambda}$ 有一极大值,其对应的波长为 λ_{max},且随温度的增加 λ_{max} 变小,集中较多辐射能的区域向短波方向移动。将式(5-1-18)对 λ 求导,并令其等于零,可得到黑体光谱辐射力 $E_{b\lambda}$ 为极大值时的波长 λ_{max} 和温度 T 的关系:

$$\lambda_{max} T = 2898\ \mu m \cdot K \tag{5-1-19}$$

这个方程称为维恩位移定律。

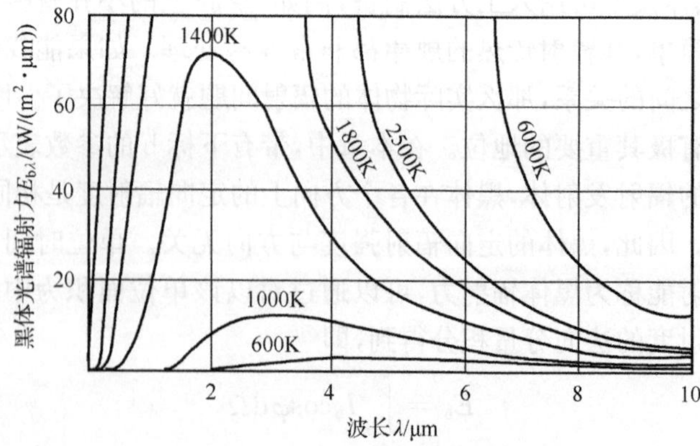

图 5-1-5 不同温度下黑体的光谱辐射力随波长的变化曲线

如图 5-1-5 所示，光谱辐射力在最大值附近急剧降低到零，而且黑体的温度越高曲线越陡。因此热辐射所传播的大部分能量是在包含 λ_{max} 的很小波长区间内完成的，而且波长区间的宽度随着温度的升高而越来越小。

黑体在从零到任意波长 λ 的波长区间内所发射的辐射能可由下述近似式计算[10]：

$$E_{b0\sim\lambda}=\frac{15}{\pi^4}\sum_{m=1,2,\cdots}\frac{e^{-m\nu}}{m^4}\{[(m\nu+3)m\nu+6]m\nu+6\}\quad(\nu\geqslant 2)\quad(5\text{-}1\text{-}20a)$$

$$E_{b0\sim\lambda}=1-\frac{15}{\pi^4}\nu^3\left(\frac{1}{3}-\frac{\nu}{8}+\frac{\nu^2}{60}-\frac{\nu^4}{5040}+\frac{\nu^6}{272160}-\frac{\nu^8}{13305600}\right)\quad(\nu<2)$$

(5-1-20b)

式中，$\nu=c_2/(\lambda T)$；$E_{b0\sim\lambda}=\int_0^\lambda E_{b\lambda}\mathrm{d}\lambda$。黑体在波长 $\lambda_1\sim\lambda_2$ 的区间内所发射的辐射能可由下式计算：

$$E_{b\lambda_1\sim\lambda_2}=E_{b0\sim\lambda_2}-E_{b0\sim\lambda_1}\quad(5\text{-}1\text{-}21)$$

黑体的辐射力与热力学温度 T 的关系可通过对式(5-1-18)在全波长上积分得到：

$$E_b=\int_0^\infty E_{b\lambda}\mathrm{d}\lambda=\sigma T^4\quad(5\text{-}1\text{-}22)$$

式中，σ 称为斯特藩-玻尔兹曼常量，其数值等于 $5.67\times10^{-8}\,\mathrm{W/(m^2\cdot K^4)}$。式(5-1-22)就是著名的斯特藩-玻尔兹曼定律，表明黑体辐射力与其热力学温度的四次方成正比，所以又称为四次方定律。

5.1.3　实际物体表面的辐射

在相同温度下，实际物体所发射的辐射能比黑体要少。为了定量描述实际物体与黑体在发射辐射方面的差别，定义一个叫发射率的量 ε，表示实际物体表面所发射的辐射能与同温度下黑体所发射的辐射能之比：

$$\varepsilon=\frac{E}{E_b}=\frac{\int_0^\infty E_\lambda\mathrm{d}\lambda}{\int_0^\infty E_{b\lambda}\mathrm{d}\lambda}=\frac{\int_0^\infty E_\lambda\mathrm{d}\lambda}{\sigma T^4}\quad(5\text{-}1\text{-}23)$$

定向辐射力在数值上为单位时间内向物体单位辐射面积在某一方向 φ 的单位立体角内发射的全波长辐射能，符号为 E_φ，单位为 $\mathrm{W/(m^2\cdot sr)}$，数学表达式为

$$E_\varphi=\frac{\mathrm{d}\Phi}{\mathrm{d}A\mathrm{d}\bar{\Omega}\mathrm{d}t}\quad(5\text{-}1\text{-}24)$$

于是，定向发射率为

$$\varepsilon_\varphi=\frac{E_\varphi}{E_{b\varphi}}\quad(5\text{-}1\text{-}25)$$

式中，$E_{b\varphi}$ 为黑体的定向辐射力。显然 $E=\int_0^{2\pi}E_\varphi \mathrm{d}\overline{\Omega}$ 和 $E_b=\int_0^{2\pi}E_{b\varphi}\mathrm{d}\overline{\Omega}$。式(5-1-25)的分子、分母同除以 $\cos\varphi$，且比较式(5-1-24)和式(5-1-11)，得

$$\varepsilon_\varphi=\frac{E_\varphi/\cos\varphi}{E_{b\varphi}/\cos\varphi}=\frac{I_{e\varphi}}{(I_{e\varphi})_b}=\frac{I_{e\varphi}}{I_b} \tag{5-1-26}$$

式中，$(I_{e\varphi})_b$ 表示黑体表面的定向发射辐射度。

实际物体的定向发射辐射度随方向角 φ 的变化，并不显著地影响 ε_φ 在半球空间的平均发射率 ε(又称半球发射率，简称发射率)。实验测定表明：物体的发射率 ε 与其表面的法向发射率 ε_n 的比值，对于粗糙的物体为 0.98，对于表面光滑的非金属物体为 0.95，对于高度磨光的金属物体为 1.2。因此，除高度磨光的金属表面外，一般情况下定向发射率的上述变化可不必考虑，即 $\varepsilon/\varepsilon_n\approx 1$。这样，大多数工程材料都可近似地认为是漫发射。

由于假设为漫发射表面(ε 与方向无关)，因此定向发射辐射度在各个方向都是相同的，令 I_e 表示实际物体的定向发射辐射度，有如下关系式：

$$I_e=\varepsilon I_b \tag{5-1-27}$$

实际物体对投射辐射的吸收能力与投射辐射的波长分布有关，这是由于实际物体对不同波长的辐射能的吸收比不同。光谱吸收比 a_λ 为物体对某一特定波长投射辐射能吸收的百分数，即

$$a_\lambda=\frac{G_{\lambda,a}}{G_\lambda} \tag{5-1-28}$$

式中，G_λ 为波长为 λ 的投射辐射，$\mathrm{W/m^3}$；$G_{\lambda,a}$ 为所吸收的波长为 λ 的投射辐射，$\mathrm{W/m^3}$。

物体表面对投射辐射能的吸收比 a 为物体表面对投射辐射 G 在全波长范围内吸收的比例。设吸收辐射的物体为 1，投射辐射的物体为 2，则

$$a=\frac{\int_0^\infty a_\lambda(T_1)G_\lambda(T_2)\mathrm{d}\lambda}{\int_0^\infty G_\lambda(T_2)\mathrm{d}\lambda} \tag{5-1-29}$$

由此可见，由于实际物体的吸收比 a 与投射辐射的波长有关，所以物体的吸收比除与吸收表面自身的性质和温度 T_1 有关外，还与投射辐射按波长的能量分布有关，而投射辐射按波长的能量分布与投射物体的表面性质和温度 T_2 有关。也就是说，物体的吸收比既取决于自身的表面性质和温度，又取决于投射辐射物体的表面性质和温度。因此，实际物体的吸收比不是一个物性参数，它要比发射率复杂得多。

吸收比不随波长变化的物体称为灰体。和黑体一样，灰体也是一种理想化的物体。对于灰体，根据基尔霍夫定律有

$$\varepsilon = a \tag{5-1-30}$$

显然，入射的辐射能中不能被不透明体表面吸收的部分就要被反射出去。对于表面辐射，没有能量穿透物体，因此透射比为 0，于是有

$$\rho = 1 - a = 1 - \varepsilon \tag{5-1-31}$$

一般工程材料在红外线范围内都可近似按灰体处理，但是在研究太阳辐射时，如果也照此处理，将会造成很大的误差，因为在太阳能波长范围内，一般物体不能近似按灰体处理。本章在后面的讨论中，除非特殊声明，一律将实际物体看成灰体来处理。

实际物体表面的发射率、吸收比和反射比都属于关于材料特性的参数。这些与辐射有关的材料参数主要取决于物体表面的粗糙度。杂质、温度和很薄的涂层也能影响热辐射参数。在某些条件下这些特性参数可以通过电磁波理论来求得，然而，这些参数的理论值往往是不准确的。因此，实际物体表面关于热辐射的这些特性参数需要通过实验的方法来测量。

从所有可能方向入射到微元表面的辐射能量称为投射辐射，记为 G。为了简单化，认为观测点所处的表面是光滑的，因此，可接收到的入射辐射方向遍布在整个半球空间(即立体角为 2π)，如果观测点位于拐角处则需要特别处理。

考虑单位表面受到来自各个方向的投射辐射，那么这些有方向的投射矢量只有与表面垂直的分量才能参与表面的能量吸收。令 φ 表示入射方向与物体表面外法线夹角，投射辐射可以表示为

$$G = \int_{2\pi} I_{\varphi}^{G} \cos\varphi \, \mathrm{d}\overline{\Omega} \tag{5-1-32}$$

式中，I_{φ}^{G} 表示与微元表面外法线方向之间夹角为 φ 的定向投射辐射。

对于漫射表面，微元表面上的有效辐射和投射辐射可以通过如下的热平衡关系式相联系：

$$J = \varepsilon E_{\mathrm{b}} + \rho G \tag{5-1-33}$$

投射到和离开某个表面的辐射能通量是不相等的，单位表面所获得的净辐射能通量称为辐射热流量，记为 q^{r}。为了保持热量的平衡，这部分辐射能要经由其他传热方式(热传导和对流换热)散发出去。因此，将辐射热流量引入边界条件时还要考虑热传导和对流换热的微分方程。由辐射热通量的定义可知，它是可以求得的，即为被吸收的投射辐射与发射辐射之差。与物体表面外法线之间的夹角 φ 方向的单位立体角内投射辐射被表面吸收的部分为 $\varepsilon I_{\varphi}^{G}\cos\varphi$，表面在上述立体角内的发射辐射为 $\varepsilon I_{\mathrm{b}}\cos\varphi$。用以上两种能量流动作差，并在整个半球区域内进行积分，就得到辐射热通量的表达式：

$$q^{\mathrm{r}} = \varepsilon \int_{2\pi} (I_{\varphi}^{G} - I_{\mathrm{b}}) \cos\varphi \, \mathrm{d}\overline{\Omega} \tag{5-1-34}$$

引入投射辐射式(5-1-32)和黑体辐射力式(5-1-15)，式(5-1-34)可转化为如下形式(图 5-1-6)：

$$q^{\mathrm{r}} = \varepsilon G - \varepsilon E_{\mathrm{b}} \tag{5-1-35}$$

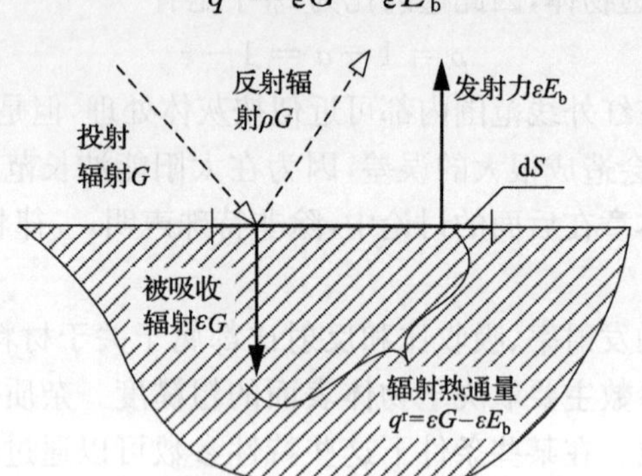

图 5-1-6 辐射热通量

利用式(5-1-33)消去式(5-1-35)中的投射辐射，再由式(5-1-31)消去反射辐射，最后整理可得

$$J = E_{\mathrm{b}} + \frac{1-\varepsilon}{\varepsilon} q^{\mathrm{r}} \tag{5-1-36}$$

另一方面，定向辐射度 I_φ 与有效辐射之间有如下关系式：

$$\mathrm{d}J = I_\varphi \cos\varphi \, \mathrm{d}\overline{\Omega} \tag{5-1-37}$$

若某表面为漫射表面，则它的定向辐射度在各个方向上是相同的，记为 I。在 2π 立体角内，对式(5-1-37)进行积分，可得

$$J = \pi I \tag{5-1-38}$$

这时，合并式(5-1-36)和式(5-1-38)可得

$$I = \frac{1}{\pi}\left(E_{\mathrm{b}} + \frac{1-\varepsilon}{\varepsilon} q^{\mathrm{r}}\right) \tag{5-1-39}$$

表面辐射不考虑内部介质的作用，表面上任意一点 P 与点 Q 连线方向 φ 上的投射辐射度为

$$I_\varphi^G(P) = I(Q) = \frac{1}{\pi}\left[E_{\mathrm{b}}(Q) + \frac{1-\varepsilon(Q)}{\varepsilon(Q)} q^{\mathrm{r}}(Q)\right] \tag{5-1-40}$$

将式(5-1-40)代入式(5-1-34)，并引入式(5-1-15)，可得由黑体辐射力和边界辐射热通量表示的表面辐射换热方程：

$$q^{\mathrm{r}}(P) + \varepsilon(P) E_{\mathrm{b}}(P) = \varepsilon(P) \frac{1}{\pi} \int_{2\pi} \left[E_{\mathrm{b}}(Q) + \frac{1-\varepsilon(Q)}{\varepsilon(Q)} q^{\mathrm{r}}(Q)\right] \cos\varphi_P \, \mathrm{d}\overline{\Omega} \tag{5-1-41}$$

式中，φ_P 表示点 P 处外法线与热射线之间的夹角。

5.1.4　介质内的辐射能量传递

以上提到的大多数固体的热辐射过程只在表面进行。而对于气体、液体和少数固体(如玻璃、硅、纤维等),辐射是可以深入到其内部的,这类物质称为半透明体。半透明体的热辐射过程是在整个容积内进行的。穿过半透明体时,热辐射可能会减弱和散射。减弱会导致辐射强度降低,而不会改变其方向。当热辐射改变方向时就会发生散射现象,例如,热辐射与小微粒(灰尘、雾滴等)相撞。减弱和散射削弱了辐射强度,而热辐射所穿过的介质内部的发射辐射及其内散射却能加强辐射强度。介质内部热辐射传递过程中的散射给数学建模和数值分析带来了很大的困难,因此在大多数的工程应用中,散射的影响都是被忽略的。在本章以后的讨论中也都不再考虑散射的影响。

不同的介质具有不同的发射辐射能力和吸收辐射能力。由 Kirchhoff 定律可知,介质中某一点的吸收辐射能力和发射辐射能力是相等的,而描述这种能力的材料性质称为吸收比,用 a 表示,与之对应的光谱吸收比用 a_λ 表示。

表面热辐射中的发射和吸收光谱是连续的,而介质中辐射热传递的发射和吸收光谱是不连续的,呈带状分布。只存在极少数的介质在整个吸收光谱范围内的吸收比可以被看成常数,我们称这种介质为灰介质。大多数的半透明介质都被归类为非灰介质,这类介质的发射率和吸收比随着辐射波长的不同而有很大变化。典型的例子就是气体:气体不是对所有波长的辐射都有发射和吸收能力,它们只能发射和吸收某些波长范围内的能量,这些波长区间称为光带,而对另外一些波长范围内的能量既不能发射也不能吸收,即气体的发射光谱和吸收光谱是不连续的。

进入介质中的辐射强度会由于介质内部对热辐射的吸收而减弱,同时由于组成介质的分子所发射的辐射能而增强。考虑从点 Q 到点 p 的一条热射线,当经过该热射线方向上的微元长度时,就会发生辐射强度的变化,用微分方程可以表示为

$$\frac{\mathrm{d}I}{\mathrm{d}L_{Qp}} = -a\left[I_\varphi^G - I_\mathrm{b}(T^m)\right] \tag{5-1-42}$$

式中,$\mathrm{d}L_{Qp}$ 为射线方向上的微元长度;T^m 为内部介质的温度。式(5-1-42)是微分形式的定向辐射热传递方程。

介质内微元体得到的辐射能被认为是辐射热源,用 q_V^r 表示,可在经过该微元体的所有可能方向上应用式(5-1-42)算得辐射强度的减少,然后再对其作和得到。因此通过对式(5-1-42)取负并沿立体角 4π 进行积分可得(图 5-1-7)。

$$q_V^\mathrm{r} = -\int_{4\pi}\frac{\mathrm{d}I}{\mathrm{d}L_{Qp}}\mathrm{d}\overline{\Omega} = a\int_{4\pi}\left[I_\varphi^G - I_\mathrm{b}(T^m)\right]\mathrm{d}\overline{\Omega} \tag{5-1-43}$$

为了维持热平衡状态,微元体所得到的辐射能就必须要以其他的热传递方式带走。因此,q_V^r 就被看成热传导和对流传热中的源项。

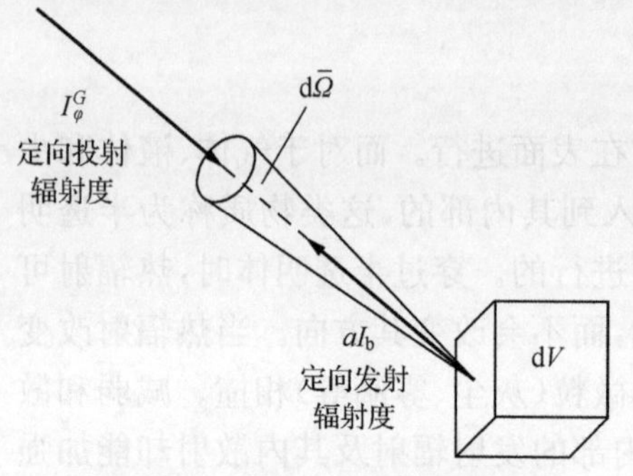

图 5-1-7 微元体辐射能量的平衡

图 5-1-8 是一束从 Q 点到 p 点的热射线的示意图。令该热射线的起始点 Q 位于围绕介质的固体壁面上，该壁面可看成辐射能的发射体和反射体。$\boldsymbol{n}_Q$ 表示点 Q 处的外法线方向向量，φ_Q 表示点 Q 处外法线与射线之间的夹角。点 Q 处的定向辐射度即为壁面沿该射线方向的定向辐射度，用 $I_\varphi(Q)$ 表示。q 代表该射线上的任意一点，$I_b[T^m(q)]$ 为介质中 q 处的黑体定向辐射度。辐射积分方程可以写为

$$I_\varphi^G(p) = I_\varphi(Q)\tau(Q,p) + \int_0^{L_{Qp}} a(q) I_b[T^m(q)]\tau(q,p)\,dL(q) \tag{5-1-44}$$

式中，$\tau(Q,p)$ 和 $\tau(q,p)$ 为透射比，分别表示离开点 Q 和点 q 的辐射能到达点 p 的比例，可由下式求得

$$\tau(Q,p) = \exp\left[-\int_0^{L_{Qp}} a(q)\,dL(q)\right] \tag{5-1-45a}$$

$$\tau(q,p) = \exp\left[-\int_0^{L_{qp}} a(q')\,dL(q')\right] \tag{5-1-45b}$$

式中，q' 为点 q 和点 p 之间的一点(图 5-1-8)；L_{Qp} 和 L_{qp} 分别表示从点 p 到点 Q 和点 q 之间的距离。

由式(5-1-44)可知，点 p 处的定向投射辐射度由以下两个部分组成：①由于介质对辐射能的吸收而减弱了的初始定向辐射度(右边第一项)；②介质所发射的辐射度，这部分辐射能也会由于后面介质的吸收而减弱(右边第二项)。

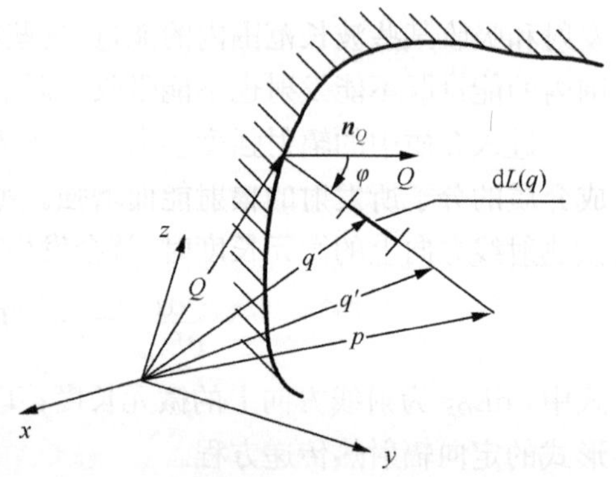

图 5-1-8 辐射方程中积分方向上各点及相互关系

根据式(5-1-39)，表面沿某方向的定向辐射度可以表示为辐射热通量和黑体辐射力的线性组合，再利用式(5-1-17)将介质所在温度下的黑体定向辐射度用黑体辐射力表示，于是，式(5-1-44)转化为

$$\begin{aligned} I_\varphi^G(p) = &\frac{1}{\pi}\left[E_b(Q) + \frac{1-\varepsilon(Q)}{\varepsilon(Q)} q^r(Q)\right]\tau(Q,p) \\ &+ \int_0^{L_{Qp}} a(q)\,\frac{E_b[T^m(q)]}{\pi}\tau(q,p)\,dL(q) \end{aligned} \tag{5-1-46}$$

上式就是定向辐射热传递的积分方程，其表明任意点 p 处的定向辐射度可通过对辐射传递的直线作积分得到。要计算任意沿直线上的积分，就必须要了解以下参数的分布：介质的温度分布、介质的吸收比、边界表面温度和边界表面的辐射热通量。

辐射热通量与沿所有可能方向的投射辐射都有关系（见式(5-1-34)），这就意味着沿所有射线的积分都是相互联系的。因此，要计算一条射线起点处的定向辐射度，就必须要对以该点为终点的所有射线作积分，而这些射线的起始点又同样与封闭表面上其他点的定向辐射度有关。要考虑这些复杂的相互联系就必须要进行反复的迭代，因此，定向辐射热传递方程在工程计算中很少被用。

将定向热辐射传递方程(5-1-46)代入微元表面的热平衡方程(5-1-34)，就可得到热辐射传递另一种形式的控制方程，即

$$
\begin{aligned}
q^{\mathrm{r}}(P)+\varepsilon(P)E_{\mathrm{b}}[T(P)]=&\varepsilon(P)\int_{2\pi}\frac{1}{\pi}\left\{E_{\mathrm{b}}[T(Q)]+\frac{1-\varepsilon(Q)}{\varepsilon(Q)}q^{\mathrm{r}}(Q)\right\}\tau(Q,P)\cos\varphi_P\mathrm{d}\bar{\Omega}\\
&+\varepsilon(P)\int_{2\pi}\left\{\int_0^{L_{QP}}a(q)\,\frac{E_{\mathrm{b}}[T^m(q)]}{\pi}\tau(q,P)\,\mathrm{d}L(q)\right\}\cos\varphi_P\mathrm{d}\bar{\Omega}
\end{aligned}
\tag{5-1-47}
$$

式中，φ_P 为射线与点 P 处外法线方向的夹角，源点 P 位于边界 Γ 上。

将式(5-1-46)代入式(5-1-43)，则可得到计算辐射热源的积分方程：

$$
\begin{aligned}
q_V^{\mathrm{r}}(p)+c'a(p)E_{\mathrm{b}}[T^m(p)]=&a(p)\int_{c'\pi}\frac{1}{\pi}\left\{E_{\mathrm{b}}[T(Q)]+\frac{1-\varepsilon(Q)}{\varepsilon(Q)}q^{\mathrm{r}}(Q)\right\}\tau(Q,p)\,\mathrm{d}\bar{\Omega}\\
&+a(p)\int_{c'\pi}\left\{\int_0^{L_{Qp}}a(q)\,\frac{E_{\mathrm{b}}[T^m(q)]}{\pi}\tau(q,p)\,\mathrm{d}L(q)\right\}\mathrm{d}\bar{\Omega}
\end{aligned}
\tag{5-1-48}
$$

式中，在三维问题中，点 p 在介质内部时 $c'=4$，点 p 在介质边界 Γ 上时 $c'=\theta/\pi$，θ 为包围 p 点的立体角。

5.2　表面辐射换热问题的边界元法

边界元法在处理表面热辐射问题时具有很大优势，因为表面热辐射是在各表面之间进行的热量传递，而边界元法用到的几何量就是在物体表面上定义的边界单元，这些单元可以直接用于热辐射计算。

5.1.3 节介绍的表面辐射换热问题的积分方程是由立体角表示积分的，这种表示对方程的离散及求解非常不便。在本节中，首先将积分方程表示成常用形式的边界积分方程，然后再用标准的边界元求解法对积分方程进行离散和求解。由于辐射问题中的积分奇异性有不同于热传导问题中积分奇异性的特点，因此，还将介绍所出现的强奇异积分的处理。

5.2.1 边界积分方程

灰体表面辐射换热问题的控制方程是关于辐射热通量和黑体辐射力的方程(见式(5-1-41))。边界条件与热传导问题相同,在每个边界节点上或者温度(有时黑体辐射力)已知或者辐射热通量已知。但是方程中的积分是由立体角表示的,为了用边界元法求解,需对立体角进行处理。根据立体角的定义(见式(4-6-21)~式(4-6-23)和式(2-4-7))有

$$\mathrm{d}\Omega = \frac{\cos\varphi_Q}{r^{\alpha}}\mathrm{d}\Gamma \tag{5-2-1}$$

式中,φ_Q 表示场点 Q 处外法线与射线之间的夹角;$r = |\boldsymbol{x}^Q - \boldsymbol{x}^P|$;对于二维问题 $\alpha=1$,对于三维问题 $\alpha=2$。

将式(5-2-1)代入式(5-1-41)得

$$q^{\mathrm{r}}(P) + \varepsilon(P)E_{\mathrm{b}}(P) = \varepsilon(P)\int_{\Gamma}\left[E_{\mathrm{b}}(Q) + \frac{1-\varepsilon(Q)}{\varepsilon(Q)}q^{\mathrm{r}}(Q)\right]K(Q,P)\mathrm{d}\Gamma(Q) \tag{5-2-2}$$

式中

$$K(Q,P) = \frac{\cos\varphi_Q\cos\varphi_P}{\pi r^{\alpha}}\beta(Q,P) \tag{5-2-3}$$

其中,$\beta(Q,P)$ 为可见系数,如果从点 P 的方向看过来,点 Q 能够被看到,则 $\beta(Q,P)=1$,否则 $\beta(Q,P)=0$。将式(5-2-2)进行整理得

$$E_{\mathrm{b}}(P) + \frac{q^{\mathrm{r}}(P)}{\varepsilon(P)} - \int_{\Gamma}E_{\mathrm{b}}(Q)K(Q,P)\mathrm{d}\Gamma(Q) - \int_{\Gamma}\frac{1-\varepsilon(Q)}{\varepsilon(Q)}q^{\mathrm{r}}(Q)K(Q,P)\mathrm{d}\Gamma(Q) = 0 \tag{5-2-4}$$

式(5-2-4)与热传导边界积分方程具有相似的形式,并且核函数 $K(Q,P)$ 与热传导问题的基本解 u^* 一样,都具有奇异性。因此,表面辐射换热问题的边界积分方程不仅与热传导问题的边界积分方程形式相似,而且属于同种类型的积分方程,可以用相同的方式离散和求解。

5.2.2 边界积分方程的数值执行

为了对边界积分方程(5-2-4)进行数值求解,将边界 Γ 离散为 N_{e} 个边界单元 $\Gamma_j(j=1,2,\cdots,N_{\mathrm{e}})$,其中边界节点为 N_{b} 个。每个边界单元内的黑体辐射力 E_{b} 和辐射热通量 q^{r} 可由形函数 N_l 来逼近,即

$$E_{\mathrm{b}}(\boldsymbol{x}) = \sum_{l=1}^{M}N_lE_{\mathrm{b}}^{l} \tag{5-2-5}$$

$$q^{\mathrm{r}}(\boldsymbol{x}) = \sum_{l=1}^{M}N_lq^{\mathrm{r}l} \tag{5-2-6}$$

其中，M 为边界单元的节点数；E_b^l 和 q^{rl} 分别表示单元 Γ_j 内第 l 个节点的黑体辐射力和辐射热通量。

依次将每个边界节点 i 设置为源点 P，在每个边界单元内计算式(5-2-4)中的边界积分，并对所有单元的积分结果进行组集，最后可形成一组关于节点黑体辐射力和辐射热通量的线性代数方程组(详细组集过程可参考 3.5 节)，如下所示：

$$\boldsymbol{H}\boldsymbol{E}_b + \boldsymbol{G}\boldsymbol{q}^r = \boldsymbol{0} \tag{5-2-7}$$

式中，矩阵 $\boldsymbol{H}$ 和 $\boldsymbol{G}$ 中元素的表达式为

$$H_{ik} = \sum_{k\in\Gamma_j}\int_{\Gamma_j} K(Q_k, P_i) N_l(Q_k)\mathrm{d}\Gamma - \delta_{ik} \tag{5-2-8a}$$

$$G_{ik} = \sum_{k\in\Gamma_j}\int_{\Gamma_j} \frac{1-\varepsilon(Q_k)}{\varepsilon(Q_k)} K(Q_k, P_i) N_l(Q_k)\mathrm{d}\Gamma - \frac{\delta_{ik}}{\varepsilon(P_i)} \tag{5-2-8b}$$

其中，P_i 表示源点 P 为第 i 个边界节点；$N_l(Q_k)$ 表示对应于总体节点编号为 k、单元局部节点编号为 l 的形函数。

对于式(5-2-8)中的边界单元积分，可采用高斯数值积分公式对其求积。以三维问题为例，对于第 j 个边界单元，积分可以表示为

$$\begin{aligned}\int_{\Gamma_j} K(Q_k, P_i) N_l(Q_k)\mathrm{d}\Gamma &= \int_{-1}^{+1}\int_{-1}^{+1} K(Q(\xi,\eta), P_i) N_l(\xi,\eta) J(\xi,\eta)\mathrm{d}\xi\mathrm{d}\eta \\ &= \sum_{k_1=1}^{m_1}\sum_{k_2=1}^{m_2} K(Q(\xi_{k_1},\eta_{k_2}), P_i) N_l(\xi_{k_1},\eta_{k_2}) J(\xi_{k_1},\eta_{k_2}) w_{k_1} w_{k_2}\end{aligned} \tag{5-2-9}$$

式中，m_1 和 m_2 为高斯点数。

在某段边界上，要么 T(或 E_b)已知，要么 q^r 已知，将这些边界条件代入式(5-2-7)，可得如下的线性方程组：

$$\boldsymbol{A}\boldsymbol{x} = \boldsymbol{y} \tag{5-2-10}$$

式中，$\boldsymbol{x}$ 是由边界黑体辐射力和辐射热通量组成的向量。对式(5-2-10)求解，则可得到所有边界上未知的黑体辐射力和辐射热通量。求得未知量后，若点 i 处的未知量为黑体辐射力，则 i 点处的温度可由下式计算：

$$T_i = [E_b(\boldsymbol{x}_i)/\sigma]^{1/4} \tag{5-2-11}$$

式中，$\boldsymbol{x}_i$ 表示边界节点 i 的空间坐标。

5.2.3　奇异积分的处理

同热传导问题的边界积分方程一样，当源点 P 不属于积分单元 Γ_j 时，式(5-2-8)所示的积分为正则的，可以直接由式(5-2-9)计算。但是，当源点 P 位于单元 Γ_j 时，根据核函数 $K(Q,P)$ 的定义(见式(5-2-3))，式(5-2-8)中的积分对于与源点重合的单元节点(体现在矩阵 $\boldsymbol{H}$ 和 $\boldsymbol{G}$ 中的主对角线元素)具有强奇异性。对于这种

情况，可采用无热流条件处理，即假设表面 Γ 等温，且黑体辐射力为常数 1，这时表面各点的辐射热通量为零，式(5-2-7)可写为

$$\boldsymbol{H}=\mathbf{0} \tag{5-2-12}$$

由此可知，矩阵 $\boldsymbol{H}$ 中的对角线行元素可表示为

$$H_{ii}=-\sum_{k=1,k\neq i}^{N_{\mathrm{b}}} H_{ik} \tag{5-2-13}$$

式(5-2-13)表明：$\boldsymbol{H}$ 中的对角线元素可由其他正则积分的结果来表示，这样就避免了直接计算贡献于主对角线元素的强奇异积分。由于各个节点处表面发射率 ε 是已知的，因此 H_{ii} 的值求出后，将其与 $\dfrac{1-\varepsilon(P_i)}{\varepsilon(P_i)}$ 相乘则可得到 G_{ii} 的值。

对于非凹面(即平面或者凸面)边界上的单元，从基本的物理意义上来说，单元本身并不能够辐射到自己，因此，对于这样的单元 $H_{ii}=G_{ii}=0$。这个关系也可以用来检验数值积分的准确性。由式(5-2-13)可知，对于非凹面单元，非对角线元素之和等于零，因此积分结果应满足下列关系：

$$-\sum_{k=1,k\neq i}^{N_{\mathrm{b}}} H_{ik}=0 \tag{5-2-14}$$

下面介绍非对角线上正则积分中余弦函数的计算。为了简化，只考虑 $\beta(Q,P)=1$ 的情况，这时核函数的表达式为

$$K(Q,P)=\frac{\cos\varphi_Q\cos\varphi_P}{\pi r^{\alpha}} \tag{5-2-15}$$

以三维问题为例，式(5-2-15)中的两个余弦函数，可用以下三个向量来表示：$\boldsymbol{n}^Q$ 为场点 Q 的外法线方向向量，笛卡儿坐标系下的分量表示为 (n_1^Q,n_2^Q,n_3^Q)；$\boldsymbol{n}^P$ 为源点 P 的外法线方向向量，笛卡儿坐标系下的分量表示为 (n_1^P,n_2^P,n_3^P)；$\boldsymbol{r}$ 为源点 P 到场点 Q 的距离向量，$\boldsymbol{r}=\boldsymbol{x}^Q-\boldsymbol{x}^P$，笛卡儿坐标系下的分量表示为 (r_1,r_2,r_3)。对于二维问题，各矢量只取前面的两个分量。这样，余弦函数可以表示为

$$\cos\varphi_P=n_i^P r_{,i} \tag{5-2-16a}$$

$$\cos\varphi_Q=-n_i^Q r_{,i} \tag{5-2-16b}$$

式中的重复下标表示求和，并有

$$r_{,i}=\frac{r_i}{r}=\frac{x_i^Q-x_i^P}{r} \tag{5-2-17}$$

将式(5-2-16)代入核函数的表达式(5-2-15)得

$$K(Q,P)=-\frac{n_i^P r_{,i} n_j^Q r_{,j}}{\pi r^{\alpha}} \tag{5-2-18}$$

将式(5-2-18)所示的核函数 K、形函数 $N_l(\xi,\eta)$ 和雅可比行列式 $J(\xi,\eta)$ 代入式(5-2-9)即可求得非对角线元素。

5.3　介质辐射换热问题的边界元法

前面介绍的参与性介质辐射换热问题中，由于介质对辐射强度的吸收效应，所形成的积分方程中，除了有立体角表示的积分外，还含有沿辐射射线方向的线积分，这种形式对方程的离散及求解非常不便。在本节中，通过积分变量变换，将由立体角表示的积分转换成通常的边界积分，将由立体角和线积分混合表示的积分转换成通常的域积分，从而建立起用标准边界元法容易求解的边界-域积分方程。

为了保留边界元法只需要边界离散的优势，本节还将采用径向积分法将域积分转换成边界积分，从而形成不需要内部网格求解参与性介质热辐射问题的径向积分边界元法。

5.3.1　边界-域积分方程

参与性介质的辐射换热控制方程见式(5-1-47)和式(5-1-48)，其右端两项积分都含有立体角。为了使用前几章介绍的边界元法求解该辐射换热问题，需将微元立体角 $\mathrm{d}\bar{\Omega}$ 转换成微元边界 $\mathrm{d}\Gamma$，具体表达式见式(5-2-1)。控制方程(5-1-47)和(5-1-48)分别除以 $\varepsilon(P)$ 和 $a(p)$，并将式(5-2-1)代入其右端第一项积分中，则可得到

$$\frac{q^{\mathrm{r}}(P)}{\varepsilon(P)}+E_{\mathrm{b}}[T(P)]=\int_{\Gamma}\left\{E_{\mathrm{b}}[T(Q)]+\frac{1-\varepsilon(Q)}{\varepsilon(Q)}q^{\mathrm{r}}(Q)\right\}K_{QP}(Q,P)\mathrm{d}\Gamma(Q)+\int_{2\pi}\left\{\int_{0}^{L_{QP}}a(q)\,\frac{E_{\mathrm{b}}[T^{m}(q)]}{\pi}\tau(q,P)\mathrm{d}L(q)\right\}\cos\varphi_{P}\mathrm{d}\bar{\Omega} \tag{5-3-1}$$

$$\frac{q_{V}^{\mathrm{r}}(p)}{a(p)}+c'E_{\mathrm{b}}[T^{m}(p)]=\int_{\Gamma}\left\{E_{\mathrm{b}}[T(Q)]+\frac{1-\varepsilon(Q)}{\varepsilon(Q)}q^{\mathrm{r}}(Q)\right\}K_{Q}(Q,p)\mathrm{d}\Gamma(Q)+\int_{c'\pi}\left\{\int_{0}^{L_{Qp}}a(q)\,\frac{E_{\mathrm{b}}[T^{m}(q)]}{\pi}\tau(q,p)\mathrm{d}L(q)\right\}\mathrm{d}\bar{\Omega} \tag{5-3-2}$$

式中

$$K_{QP}(Q,P)=\frac{\tau(Q,P)}{\pi r^{\alpha}(Q,P)}\cos\varphi_{Q}\cos\varphi_{P}\,\beta(Q,P) \tag{5-3-3a}$$

$$K_{Q}(Q,p)=\frac{\tau(Q,p)}{\pi r^{\alpha}(Q,p)}\cos\varphi_{Q}\,\beta(Q,p) \tag{5-3-3b}$$

采用边界元法中常用的变量符号，定义热辐射问题中的点 p 为源点，Q 为边界 Γ 上的场点，q 为计算域 Ω 内的场点，则参与性介质中沿辐射射线方向的长度 L_{Qp} 为从源点 p 到边界场点 Q 的距离 $r(Q,p)$，并且 $\mathrm{d}L(q)=\mathrm{d}r(q)$。根据式(4-6-21)，可得到下述域积分变量的变换关系

$$\mathrm{d}r\mathrm{d}\overline{\Omega}=\frac{1}{r^{\alpha}}\mathrm{d}\Omega \tag{5-3-4}$$

则可由式(5-3-1)和式(5-3-2)得到参与性介质辐射换热问题的边界-域积分方程：

$$\frac{q^{\mathrm{r}}(P)}{\varepsilon(P)}+E_{\mathrm{b}}[T(P)]=\int_{\Gamma}\left\{E_{\mathrm{b}}[T(Q)]+\frac{1-\varepsilon(Q)}{\varepsilon(Q)}q^{\mathrm{r}}(Q)\right\}K_{QP}(Q,P)\mathrm{d}\Gamma(Q)+\int_{\Omega}a(q)E_{\mathrm{b}}[T^{m}(q)]K_{P}(q,P)\mathrm{d}\Omega(q) \tag{5-3-5}$$

$$\frac{q_{V}^{\mathrm{r}}(p)}{a(p)}+c'E_{\mathrm{b}}[T^{m}(p)]=\int_{\Gamma}\left\{E_{\mathrm{b}}[T(Q)]+\frac{1-\varepsilon(Q)}{\varepsilon(Q)}q^{\mathrm{r}}(Q)\right\}K_{Q}(Q,p)\mathrm{d}\Gamma(Q)+\int_{\Omega}a(q)E_{\mathrm{b}}[T^{m}(q)]K_{0}(q,p)\mathrm{d}\Omega(q) \tag{5-3-6}$$

式中

$$K_{P}(q,P)=\frac{\tau(q,P)}{\pi r^{\alpha}(q,P)}\cos\varphi_{P}\beta(q,P) \tag{5-3-7a}$$

$$K_{0}(q,p)=\frac{\tau(q,p)}{\pi r^{\alpha}(q,p)}\beta(q,p) \tag{5-3-7b}$$

式(5-3-7b)中的透射比 $\tau(q,p)$ 可由式(5-1-45)写为

$$\tau(q,p)=\exp\left[-\int_{0}^{r(q,p)}a(q')\mathrm{d}r(q')\right] \tag{5-3-8}$$

其中，q' 为从场点 q 到源点 p 的距离 $r(q,p)$ 上的点。

当介质的吸收系数 a 为常数时，很容易求得 $\tau(q,p)=\exp[-ar(q,p)]$。对于一般情况，当吸收系数 a 不是常数时，为了计算式(5-3-8)中的线积分，需要用下列重要的变量转换公式[11]将 q' 点的坐标转换成积分变量 r 的函数：

$$x_{i}(q')=x_{i}(p)+r_{,i}r \tag{5-3-9}$$

式中，$r_{,i}$ 由式(5-2-17)确定。

需要指出的是，式(5-3-9)中的 $r_{,i}$ 在径向积分式(5-3-8)中为常数。这点很重要，说明 q' 点的坐标与径向积分变量 r 之间的变化关系为线性关系，使得式(5-3-8)中的积分变得容易求积。

对介质辐射换热和表面辐射换热积分方程的比较说明如下：

(1) 介质辐射换热的积分方程有两个，而表面辐射换热积分方程只有一个；

(2) 表面辐射中，辐射区域内为透明介质，不吸收辐射，因此辐射热源 $q_{V}^{\mathrm{r}}=0$，而介质辐射换热中，要得到介质内的辐射热源就需要补充热源积分方程(5-3-6)；

(3) 参与性介质会辐射能量，这就在辐射传热积分方程中引起了附加的包含介质辐射力的域积分；

(4) 参与性介质辐射中，从固体壁面出发的热射线在经过介质时会被介质吸收，从而辐射能被削弱，积分项中的透射率 $\tau(Q,p)$ 表示了被削弱之后剩余辐射能的比例。

式(5-3-5)和式(5-3-6)是边界元法求解参与性介质热辐射问题的基本积分方程。涉及的边界积分计算与表面辐射问题中的类似;域积分的计算可以由传统的内部网格划分法实现,也可以用将其转换成边界积分的方法进行。内部网格法简单、易行,但在一定程度上失去了边界元法只需边界划分单元的优点,而且,当在边界上使用非连续元时,内部网格的布置较难与边界点协调。域积分到边界积分的转换法,虽然技术难度大,对于非线性问题也有系数矩阵计算时间较长的弱点,但需要的内部点数要少得多,总体计算时间不会增加很多。此外,域积分转换法不需要内部网格,为了提高计算精度,只需要少量的内部点,因此,当边界上使用非连续元时不存在与边界点协调的问题。基于这些分析,本书采用域积分到边界积分的转换法(径向积分法)来处理积分方程中出现的所有域积分。

5.3.2 域积分到边界积分的转换

式(5-3-5)和式(5-3-6)中的域积分含有介质黑体辐射力 E_b,在求解前其是未知的。参考式(4-2-12),可将 E_b 在域内的函数变化关系由全局插值函数和其节点值表示:

$$E_b(q) = N_I(q)E_b^I \tag{5-3-10}$$

式中,N_I 为全局插值函数,由式(4-2-13)确定;E_b^I 为节点 I 的黑体辐射力。

将式(5-3-10)代入式(5-3-6)中的域积分,然后应用径向积分法式(2-4-11)和式(2-4-12),则可得到

$$\int_\Omega a(q)E_b[T^m(q)]K_0(q,p)\mathrm{d}\Omega(q) = E_b^I\int_\Gamma \frac{1}{r^\alpha(Q,p)}\frac{\partial r}{\partial \boldsymbol{n}}F^I(Q,p)\mathrm{d}\Gamma(Q) \tag{5-3-11}$$

式中

$$F^I(Q,p) = \int_0^{r(Q,p)} a(q)K_0(q,p)N_I(q)r^\alpha(q,p)\mathrm{d}r(q) \tag{5-3-12}$$

用同样的方式,可以处理积分方程(5-3-5)中的域积分,唯一不同的是将径向积分式(5-3-12)中的 K_0 换成 K_P。

式(5-3-12)以及计算透射比 $\tau(q,p)$ 的式(5-3-8)都用到吸收比 a,如果其是常数或是给定的已知函数,则可以直接在这些计算式中使用。但如果 a 只是在一些节点给出的分布值,则为了完成式(5-3-12)和式(5-3-8)的计算,首先需要将 a 用全局插值函数表示为

$$a(q) = N_I(q)a^I \tag{5-3-13}$$

式中,a^I 为吸收比 a 在节点 I 处的值。

将式(5-3-13)代入式(5-3-8),则透射比 $\tau(q,p)$ 的计算式可表示为

$$\tau(q,p) = \exp\left[-a^I\int_0^{r(q,p)} N_I(q')\mathrm{d}r(q')\right] \tag{5-3-14}$$

上式积分号内的量都是已知函数或常数，因此积分可解析地求出，或采用高斯数值积分公式进行计算。

将转换后的边界积分代入积分方程(5-3-6)和方程(5-3-5)中，即可得到完全由边界积分表述的边界积分方程。求解该积分方程，仅要将计算域的边界 Γ 离散成线性或二次边界单元，采用高斯数值积分公式在每一个边界单元上计算边界积分，相关细节与3.5节中的情况相同，这里不再赘述。需要特别注意的是有关域积分到边界积分的转换公式(5-3-11)。由于使用了径向基函数对 $E_b[T^m(\boldsymbol{x})]$ 进行了全局逼近(见式(5-3-10))，所以为了得到精确的逼近结果，通常需要在计算域内部布置一些点。此外，采用高斯数值积分公式计算径向积分(5-3-12)时，需利用式(5-3-8)或式(5-3-14)计算每个高斯点的透射比 $\tau(q,p)$。

5.3.3 代数方程及求解

假设将边界离散成 N_e 个边界单元，边界点数为 N_b，域内布置了 N_i 个内部点，总节点数为 $N_A=N_b+N_i$。依次将每个边界节点和内部点作为源点，计算式(5-3-11)中的边界积分，可得到如下的域积分矩阵方程：

$$\int_\Omega a(q)E_b[T^m(q)]K_P(q,P)\mathrm{d}\Omega(q)=\boldsymbol{W}\boldsymbol{E}_b(T^m) \tag{5-3-15a}$$

$$\int_\Omega a(q)E_b[T^m(q)]K_0(q,p)\mathrm{d}\Omega(q)=\boldsymbol{W}'\boldsymbol{E}_b(T^m) \tag{5-3-15b}$$

式中，矩阵 $\boldsymbol{W}$ 和 $\boldsymbol{W}'$ 分别为 $N_b\times N_A$ 和 $N_A\times N_A$ 阶矩阵。

依次将每个边界节点 i 设置为源点 P，在每个边界单元内计算式(5-3-5)中的边界积分，则可形成如下的代数方程组：

$$\boldsymbol{H}\boldsymbol{E}_b(T)+\boldsymbol{G}\boldsymbol{q}^r+\boldsymbol{W}\boldsymbol{E}_b(T^m)=\boldsymbol{0} \tag{5-3-16}$$

式中，$\boldsymbol{E}_b(T)$ 和 $\boldsymbol{q}^r$ 分别为边界黑体辐射力和边界辐射热通量组成的 N_b 阶列向量，$\boldsymbol{E}_b(T^m)$ 为由介质黑体辐射力组成的 N_A 阶列向量。系数矩阵 $\boldsymbol{H}$ 和 $\boldsymbol{G}$ 为 $N_b\times N_b$ 阶矩阵，其元素表达式为

$$H_{ik}=\sum_{k\in\Gamma_j}\int_{\Gamma_j}K_{QP}(Q_k,P_i)N_l(Q_k)\mathrm{d}\Gamma-\delta_{ik} \tag{5-3-17a}$$

$$G_{ik}=\sum_{k\in\Gamma_j}\int_{\Gamma_j}\frac{1-\varepsilon(Q_k)}{\varepsilon(Q_k)}K_{QP}(Q_k,P_i)N_l(Q_k)\mathrm{d}\Gamma-\frac{\delta_{ik}}{\varepsilon(P_i)} \tag{5-3-17b}$$

同样，由式(5-3-6)可形成如下的代数方程组：

$$\boldsymbol{q}_V^r=\boldsymbol{M}\boldsymbol{E}_b(T)+\boldsymbol{N}\boldsymbol{q}^r+\bar{\boldsymbol{W}}\boldsymbol{E}_b(T^m) \tag{5-3-18}$$

式中，$\boldsymbol{q}_V^r$ 为参与介质辐射热源组成的 N_A 阶列向量，系数矩阵 $\boldsymbol{M}$ 和 $\boldsymbol{N}$ 为 $N_A\times N_b$ 阶矩阵，其元素的表达式为

$$M_{ik}=\sum_{k\in\Gamma_j}\int_{\Gamma_j}K_Q(Q_k,p_i)N_l(Q_k)\mathrm{d}\Gamma \tag{5-3-19b}$$

$$N_{ik} = \sum_{k \in \Gamma_j} \int_{\Gamma_j} \frac{1-\varepsilon(Q_k)}{\varepsilon(Q_k)} K_Q(Q_k, p_i) N_l(Q_k) \mathrm{d}\Gamma \tag{5-3-19b}$$

$$\begin{cases} \bar{W}_{ii} = W'_{ii} - c' \\ \bar{W}_{ik, i \neq k} = W'_{ik} \end{cases} \tag{5-3-19c}$$

由于参与性介质内部的温度与边界上的温度可能是不同的，因此用式(5-3-16)和式(5-3-18)求解黑体辐射力、辐射热通量以及辐射热源分两种情况进行，即介质的温度是已知和未知两种情况。

(1) 如果参与介质的温度是已知的，则内部介质的黑体辐射力 $E_b(T^m)$ 可以直接求出。此时，式(5-3-16)和式(5-3-18)可以写成

$$\boldsymbol{H}\boldsymbol{E}_b(T) + \boldsymbol{G}\boldsymbol{q}^r + \boldsymbol{C}_1 = \boldsymbol{0} \tag{5-3-20}$$

$$\boldsymbol{q}_V^r = \boldsymbol{M}\boldsymbol{E}_b(T) + \boldsymbol{N}\boldsymbol{q}^r + \boldsymbol{C}_2 \tag{5-3-21}$$

在边界节点上，要么 T（或 E_b）已知，要么 q^r 已知，将这些边界条件代入式(5-3-20)和式(5-3-21)，可得如下的线性方程组：

$$\boldsymbol{A}_1 \boldsymbol{x} = \boldsymbol{y}_1 \tag{5-3-22}$$

$$\boldsymbol{q}_V^r = \boldsymbol{A}_2 \boldsymbol{x} + \boldsymbol{y}_2 \tag{5-3-23}$$

式中，$\boldsymbol{x}$ 包含所有边界未知量；$\boldsymbol{y}_1$ 和 $\boldsymbol{y}_2$ 为所有边界已知量与其系数相乘求和并分别与 $\boldsymbol{C}_1$ 和 $\boldsymbol{C}_2$ 相加所得。

对式(5-3-22)求解，则可得到所有边界上未知的黑体辐射力和辐射热通量，然后将其代入式(5-3-23)，可得参与性介质的辐射热源。

(2) 如果参与介质的温度是未知的，则由于式(5-3-16)的最后一项中包含内部节点的黑体辐射力为未知量，不能直接由式(5-3-16)解出边界未知量，然后由式(5-3-18)计算辐射热源。此时，需要将式(5-3-16)和式(5-3-18)与热传导或对流传热方程耦合求解。第 6 章将详细介绍介质导热-辐射耦合换热问题。

5.3.4　非灰体辐射换热问题

非灰体介质的光谱吸收比 a_λ 随波长 λ 变化。在这种介质中，光谱辐射热通量 q_λ^r 和光谱辐射热源 $q_{V\lambda}^r$ 也同样随波长变化。通常，我们比较关心的是总的辐射热通量 q^r 和辐射热源 q_V^r 分别与光谱辐射热通量和热源的如下关系式：

$$q^r = \int_0^\infty q_\lambda^r \mathrm{d}\lambda \tag{5-3-24}$$

$$q_V^r = \int_0^\infty q_{V\lambda}^r \mathrm{d}\lambda \tag{5-3-25}$$

式(5-3-24)和式(5-3-25)中出现的光谱量可由求解特定波长下的积分方程组得到。将出现在式(5-3-5)和式(5-3-6)中的辐射参数替换成光谱参数，即光谱辐射热通量 q_λ^r、光谱辐射热源 $q_{V\lambda}^r$、光谱黑体辐射力 $E_{b\lambda}$、光谱发射率 ε_λ、光谱吸收比 a_λ

和光谱透射比 τ_λ，就可得到特定波长 λ 下的光谱积分方程。

光谱量求得之后，总量可利用数值求积方法对式(5-3-24)和式(5-3-25)求积得到。然而，当介质为气体时，数值方法会产生很大的误差，这是因为气体的吸收比随波长的变化是非常不规则的，在某些波长区间内为零，而在其他的波长区间却不为零。解决气体辐射的这种特殊性质的最简单方法是：假定某几个光带内的吸收比都是一个常数，而在其他光带内的吸收比为零。

将整个波长范围分为 U 个有限区间：

$$\Delta\lambda^u = (\lambda^u, \lambda^{u+1}), \quad u = 1,2,\cdots,U \tag{5-3-26}$$

第 u 个光带的发射率和吸收比(假设不受温度的影响)分别记为 ε^u 和 a^u，其他相关变量定义如下：

$$q^{ru}(\boldsymbol{x}) = \int_{\lambda^u}^{\lambda^{u+1}} q_\lambda^r(\lambda, \boldsymbol{x})\,\mathrm{d}\lambda \tag{5-3-27}$$

$$q_V^{ru}(\boldsymbol{x}) = \int_{\lambda^u}^{\lambda^{u+1}} q_{V\lambda}^r(\lambda, \boldsymbol{x})\,\mathrm{d}\lambda \tag{5-3-28}$$

$$E_b^u(\boldsymbol{x}) = \int_{\lambda^u}^{\lambda^{u+1}} E_{b\lambda}(\lambda, \boldsymbol{x})\,\mathrm{d}\lambda \tag{5-3-29}$$

式中，q^{ru}、q_V^{ru} 和 E_b^u 分别为第 u 个谱带内的辐射热通量、辐射热源和黑体辐射力。

将 q^{ru}、q_V^{ru}、E_b^u、ε^u、a^u 和 τ^u 分别取代式(5-3-5)和式(5-3-6)中与之相对应的量，就形成了相应的光带内非灰体热辐射问题的边界积分方程：

$$\begin{aligned}\frac{q^{ru}(P)}{\varepsilon^u(P)} + E_b^u[T(P)] &= \int_\Gamma \left[E_b^u[T(Q)] + \frac{1-\varepsilon^u(Q)}{\varepsilon^u(Q)} q^{ru}(Q)\right] K_{QP}(Q,P)\,\mathrm{d}\Gamma(Q) \\ &\quad + \int_\Omega a^u(q) E_b^u[T^m(q)] K_P(q,P)\,\mathrm{d}\Omega(q)\end{aligned} \tag{5-3-30}$$

$$\begin{aligned}\frac{q_V^{ru}(p)}{a^u(p)} + c' E_b^u[T^m(p)] &= \int_\Gamma \left[E_b^u[T(Q)] + \frac{1-\varepsilon^u(Q)}{\varepsilon^u(Q)} q^{ru}(Q)\right] K_Q(Q,p)\,\mathrm{d}\Gamma(Q) \\ &\quad + \int_\Omega a^u(q) E_b^u[T^m(q)] K_0(q,p)\,\mathrm{d}\Omega(q)\end{aligned} \tag{5-3-31}$$

在吸收比为零的波长区间，不存在辐射热源方程(5-3-31)，式(5-3-30)可以简化为

$$\frac{q^{ru}(P)}{\varepsilon^u(P)} + E_b^u(P) = \int_\Gamma \left\{E_b^u[T(Q)] + \frac{1-\varepsilon^u(Q)}{\varepsilon^u(Q)} q^{ru}(Q)\right\} K_{QP}(Q,P)\,\mathrm{d}\Gamma(Q) \tag{5-3-32}$$

对于吸收比不为零的谱带 u，可采用与 5.3.3 节相同的方法计算式(5-3-30)和式(5-3-31)。假设边界 Γ 被离散成 N_e 个边界单元，N_b 个边界节点，N_i 个内部节点，总共有 N_A 个节点，则由式(5-3-30)和式(5-3-31)形成的代数方程可分别写为

$$\boldsymbol{H}^u \boldsymbol{E}_b^u(T) + \boldsymbol{G}^u \boldsymbol{q}^{ru} + \boldsymbol{W}^u \boldsymbol{E}_b^u(T) = \boldsymbol{0} \tag{5-3-33}$$

$$\boldsymbol{q}_V^{ru} = \boldsymbol{M}^u \boldsymbol{E}_b^u(T) + \boldsymbol{N}^u \boldsymbol{q}^{ru} + \bar{\boldsymbol{W}}^u \boldsymbol{E}_b^u(T^m) \tag{5-3-34}$$

式中，矩阵及向量的定义与 5.3.3 节灰体辐射换热问题相同。此外，式(5-3-33)和式(5-3-34)的组集过程也与 5.3.3 节一样，此处不再详述。

在吸收比为零的谱带 u，辐射换热问题积分方程(5-3-32)的离散方程组为

$$\boldsymbol{H}^u\boldsymbol{E}_{\mathrm{b}}^u(T)+\boldsymbol{G}^u\boldsymbol{q}^{\mathrm{r}u}=\boldsymbol{0} \tag{5-3-35}$$

该方程组的组集求解过程与 5.2 节表面辐射换热问题一样，此处不再详细叙述。

各个波长区间内的未知量求得之后，总的未知量为这些区间内的值之和：

$$q^{\mathrm{r}}=\sum_{u=1}^{U}q^{\mathrm{r}u} \tag{5-3-36}$$

$$E_{\mathrm{b}}=\sum_{u=1}^{U}E_{\mathrm{b}}^{u} \tag{5-3-37}$$

$$q_V^{\mathrm{r}}=\sum_{u=1}^{U}q_V^{\mathrm{r}u} \tag{5-3-38}$$

5.4　程序介绍及算例

根据 5.1～5.3 节介绍的表面和介质辐射换热问题的边界元法基本理论，在 4.8 节热传导问题的 Fortran 程序基础上，编制了求解辐射换热问题的边界元法程序 RADBEM。本节将介绍程序 RADBEM 的基本框架和输入文件，并对表面和介质辐射换热问题进行算例分析。算例 1 为表面辐射换热问题，算例 2 和算例 3 为非灰体介质辐射换热问题。

5.4.1　程序介绍

程序 RADBEM 可求解表面辐射换热问题、灰体介质和非灰体介质辐射换热问题。在非灰体介质辐射换热问题中，整个波长按式(5-3-26)划分不同的波长区间，并在每个波长区间定义相应的吸收比和表面辐射率。处理介质辐射换热问题时，吸收比 a 可以是常数、已知函数或按节点给出的分布值。

程序 RADBEM 的输入和输出数据文件名为 RADBEM. DAT 和 RADBEM. OUT。程序执行完后输出 TECPLOT 软件的绘图文件 RADBEM. PLT。

1. 输入数据文件介绍

输入数据 RADBEM. DAT 由 17 个数据块组成，每一组数据都以自由格式输入并在单一的一行出现。输入数据的前 10 个数据块与 4.8 节程序的输入数据大部分相同，只在第 2、7、9 和 10 个数据块略有不同。在数据 10 后面增加了 7 个新的数据块。

数据块 2 (一行):

在变量 NSOURCE 后面增加了 4 个变量,即

……

NSOURCE:源项标志,在程序 RADBEM 中输入为 0;

NWAVLT:谱带模型中的谱带数[1];

NETGR:表面发射率的组数[2];

NTUM:参与性介质吸收比的组数[3];

MTGRPR:参与性介质温度的组数[4]。

数据块 7 (NBE 行-每个单元一行):

在变量 NQGRP 的最后面增加了一个变量,即

……

NEGRP(L):单元 L 的表面发射率在所有指定表面发射率组中的编号。

数据块 9 (MTGRP 行——每组指定温度一行,如果 MTGRP=0,忽略此块):

M:温度组的编号;

RT(1,M):指定温度值[5]。

数据块 10 (一行):

数据块 10 只保留前两个变量,即

NTYPE:径向基函数的类型;

NPOLY:多项式的阶数。

数据块 11 (一行):

NFIXR:给定介质吸收比的节点组数[6]。

数据块 12 (NFIXR 行——每个给定介质吸收比的节点组一行):

NBGNR:起始节点号;

NENDR:结束节点号;

NGRPR:节点的吸收比在所有指定介质吸收比组中的编号。

数据块 13 (一行):

NFIXTR:给定介质温度的节点组数[7]。

数据块 14 (NFIXTR 行——每个给定介质温度的节点组一行):

NBGNR:起始节点号;

NENDR:结束节点号;

NGRPR:节点的温度在所有指定介质温度组中的编号。

数据块 15 (MTGRPR 行):

M:介质温度组的编号;

RTU(M):介质温度。

数据块 16 (NWAVLT×NETGR 行):

NI：波长区间编号；

N：在波长区间 NI 的表面发射率组的编号；

FF(NI,N,1:NODE)：单元内所有节点的表面发射率。

数据块 17 (NWAVLT 行)：

WAVE1：指定波长区间的起始波长；

WAVE2：指定波长区间的结束波长；

RABS：指定波长区间内的介质吸收比[8]。

注释：

1　NWAVLT：对于灰体介质辐射换热问题，NWAVLT＝1；对于非灰体介质辐射换热问题，整个波长按式(5-3-26)分成 U 个有限波长区间，则 NWAVLT＝U(包括吸收比为零的波长区间)。

2　NETGR：如果边界单元上的发射率相同，则这些单元属于同一组发射率。对于非灰体介质辐射换热问题，NETGR 取每个谱带表面辐射率组数中的最大组数值。

3　NTUM：如果节点的介质吸收比相同，则这些节点属于同一组介质吸收比。

4　MTGRPR：如果节点的介质温度相同，则这些节点属于同一组介质温度。

5　RT(1,M)：储存固体壁面温度。

6　NFIXR：用于边界和内部节点。相同的介质吸收比自动地被赋予与其对应的节点。

7　NFIXTR：用于边界和内部节点。相同的介质温度自动地被赋予与其对应的节点。

8　RABS：对于表面辐射换热问题，RABS＝0；对于参与性介质辐射换热问题，0＜RABS≤1。

2. 程序和变量介绍

热辐射问题的边界元程序与第 3 和 4 章的边界元程序结构框架基本相同，可参考 3.9 节和 4.8 节的相关介绍。与辐射换热问题相关的子程序及变量介绍如下：

(1) 子程序 EB_EVAL：

采用式(5-1-20)和式(5-1-21)计算波长区间 $\lambda_1 \sim \lambda_2$ 内的黑体辐射力 $E_{b\lambda_1 \sim \lambda_2}$。相关变量如下：

T——温度；

CONN——$15/\pi^4$；

M——式(5-1-20)中的参数 m。

MIU1/MIU2——式(5-1-20)中的 $\nu = c_2/(\lambda T)$，如果波长区间为 $\lambda_1 \sim \lambda_2$，则

MIU1 为 $\nu = c_2/(\lambda_1 T)$，MIU2 为 $\nu = c_2/(\lambda_2 T)$；

EB1/EB2——式(5-1-20)的计算值，如果波长区间为 $\lambda_1 \sim \lambda_2$，则 EB1 为 $E_{b0\sim\lambda_1}$ 的值，EB2 为 $E_{b0\sim\lambda_2}$ 的值；

EBB——式(5-1-21)所示的波长区间 $\lambda_1 \sim \lambda_2$ 内的黑体辐射力 $E_{b\lambda_1\sim\lambda_2}$。

(2) 子程序 EL_COEFS：

计算积分方程中的边界积分和域积分并形成系数矩阵。与热辐射相关的变量如下：

CKY——源点 P 所在边界单元上的所有节点坐标；

COSBY—边界源点 P 的外法线方向向量的分量 n_i^P；

E——表面发射率 ε；

EB——固体壁面的黑体辐射力；

EBM——参与性介质的黑体辐射力；

RA——式(5-2-10)、式(5-3-22)或式(5-3-23)中的系统矩阵 $\boldsymbol{A}$、$\boldsymbol{A}_1$ 或 $\boldsymbol{A}_2$；

RY——式(5-2-10)、式(5-3-22)或式(5-3-23)中的常数向量 $\boldsymbol{y}$、$\boldsymbol{y}_1$ 或 $\boldsymbol{y}_2$。

(3) 子程序 EVAL_HG：

采用高斯数值积分计算积分方程的边界积分和域积分。相关变量如下：

AET——透射比 τ；

CAST——积分方程中域积分的计算值；

FACTOR——可见系数 $\beta(Q,P)$；

RAST——积分方程中边界积分的计算值；

RN——式(5-2-16a)中 $\cos\varphi_P$ 的值；

RNY——式(5-2-16b)中 $\cos\varphi_Q$ 的值。

(4) 子程序 RINT_DOMB：

采用高斯数值积分和径向插值函数计算式(5-3-8)中的径向积分。相关变量如下：

ABSB——储存式(5-3-8)中径向积分的计算值。

5.4.2 算例分析

1. 同轴柱面内的透明介质辐射换热算例

考虑可视为无限长的两个同轴柱面所围区域内的辐射换热，如图 5-4-1 所示。内部为半径 R_1＝7.6mm 的实心圆柱，外部为半径 R_2＝22.0mm 的薄壁圆筒。内部圆柱表面发射率 ε_1＝0.7，温度 T_1＝1673.15K；外部圆筒表面发射率 ε_2＝0.7，温度 T_2＝873.15K。计算区域为内部圆柱外表面(记为表面 1)与外部圆筒内表面(记为表面 2)所围区域。取一段长度为 L＝40mm 的区域，对其进行表面辐射换热分析。由于两柱面所围区域可视为无限长，因此与轴线垂直的两截面可视为对称边界条件，即辐射热通量为零。边界元法网格模型如图 5-4-2 所示，辐射区域内外表面各划分为 384 个单元，上下表面各划分为 288 个单元，总共 1344 个四节点四边形单元，1344 个边界节点。

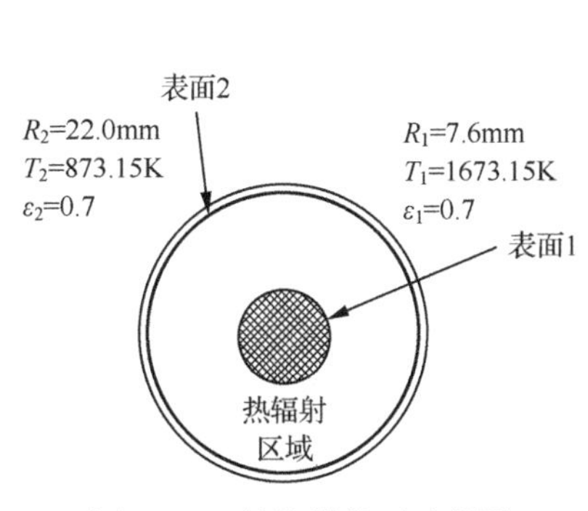

图 5-4-1　结构横截面示意图

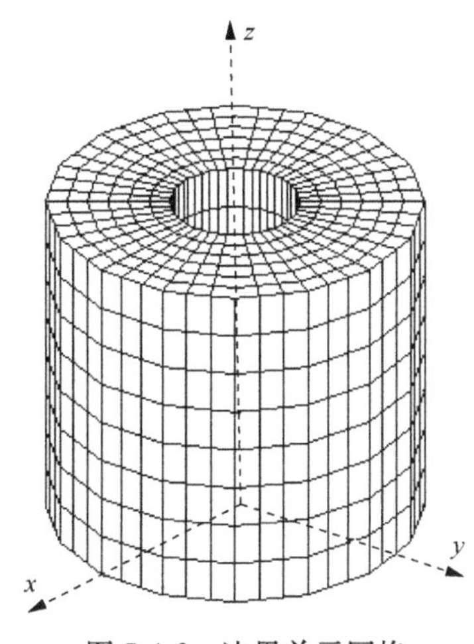

图 5-4-2　边界单元网格

表面 1 的辐射热通量解析解为[15]

$$q_1 = \frac{\sigma(T_1^4 - T_2^4)}{\dfrac{1}{\varepsilon_1} + \dfrac{1-\varepsilon_2}{\varepsilon_2}\left(\dfrac{R_1}{R_2}\right)} = 260885.68\ \mathrm{W/m^2}$$

表 5-4-1 为表面 1 的辐射热通量沿 $x=7.214323$ 和 $y=1.938929$ 线段的边界元法计算结果及其与解析解的相对误差。从表 5-4-1 可以看出，在第 2 和第 8 个点处的相对误差较大，其他节点辐射热通量值的相对误差均不超过 1%。

表 5-4-1　轴向各点辐射热通量的边界元解及其相对误差[16]

z 坐标/mm	边界元解/(W/m^2)	相对误差/%
0.83333	259845	0.3989
5	255607	2.0233
10	258687	0.8428
15	260107	0.2985
20	260462	0.1624
25	260108	0.2981
30	258692	0.8409
35	255617	2.0195
39.1667	259875	0.3874

2. 四棱柱内非灰体等温介质辐射换热算例

考虑一个尺寸为 0.7m×0.7m×0.4m 的开口直角四棱柱，内部介质温度为 1000K，棱柱的开口处温度维持在 300K，底部温度维持在 700K，四个侧面温度从开口处的 300K 到底部的 700K 线性变化，如图 5-4-3 所示。光谱吸收比和发射率由 5 个矩形波段近似，如表 5-4-2 所示。空腔底面由三个区域组成，如图 5-4-4 所示，每个区域的发射率分别为 ε_1、ε_2 和 ε_3，四个侧面的发射率为 ε_4，开口处环境的发射率为 ε_5。这些发射率同吸收比一样在每个波长区间内不同，如表 5-4-2 所示。整个封闭辐射区域的上下表面都划分为 49 个等尺寸的四节点单元(图 5-4-4)，四个侧面均划分为 28 个等尺寸的四节点单元，总共 210 个四边形边界单元。边界节点 212 个，内部节点 196 个，总共 408 个节点。

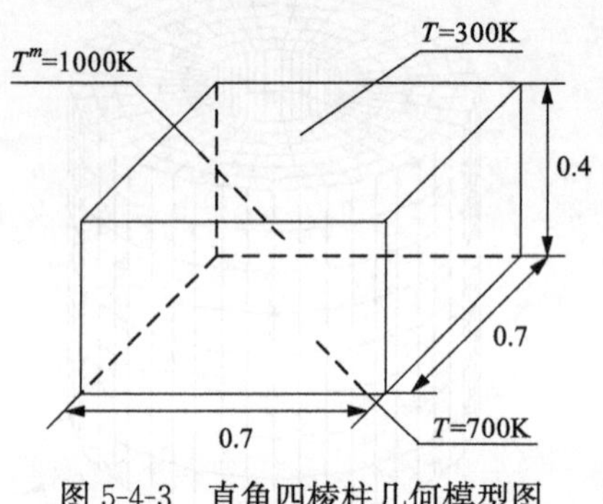

图 5-4-3 直角四棱柱几何模型图

表 5-4-2 介质的谱带模型

区间	波长/μm	发射率					吸收比 a
		ε_1	ε_2	ε_3	ε_4	ε_5	
1	0.00～2.60	0.9	0.1	0.1	0.5	1.0	0.0
2	2.60～2.86	0.7	0.3	0.2	0.5	1.0	1.0
3	2.86～12.6	0.5	0.5	0.3	0.5	1.0	0.0
4	12.6～18.5	0.3	0.7	0.2	0.5	1.0	0.1
5	18.5～∞	0.1	0.9	0.1	0.5	1.0	0.0

首先对此物理模型作理论分析：

(1) 由黑体辐射力随波长变化的曲线(图 5-1-5)可以看出，大多数的能量传递集中在黑体辐射力最大值附近的波长区间内，而空腔底面温度下的黑体辐射力的最大值出现在第三个谱带内，因此这个区间虽然不宽但却包含了大多数的能量传递。

(2) 对每一个谱带，辐射热通量的最大值集中在发射率较大的区域。

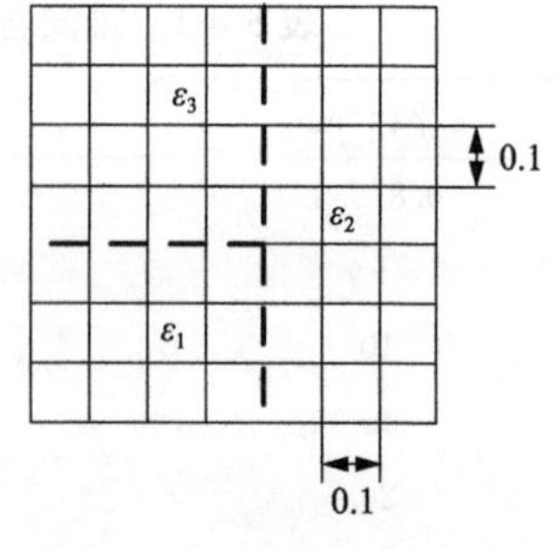

图 5-4-4 空腔底面网格划分及发射率

(3) 由于介质温度大于底面温度，在吸收比不为零的谱带内，能量流动由介质到底面，因此，在第二个和第四个谱带的热量损失比其在透明介质条件下要少。

接下来，对计算结果进行分析。由理论分析的第一条可知，绝大多数的能量传递发生在第三个谱带，而第三个谱带的吸收比为零，因此，上述参与性介质条件下与透明介质条件下的计算结果应该非常接近，如图 5-4-5 所示。

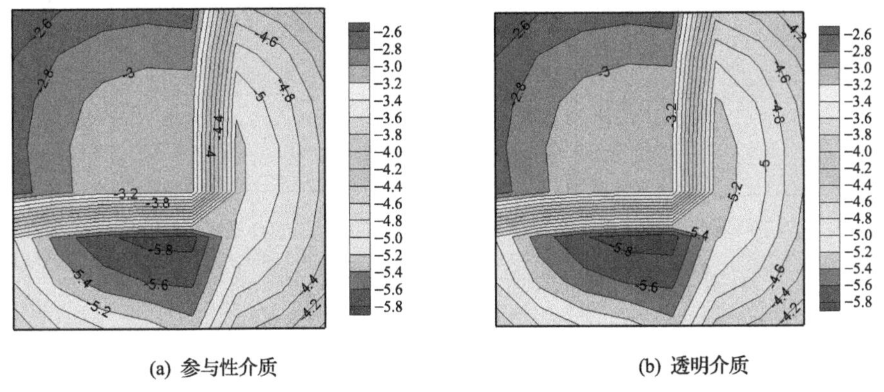

(a) 参与性介质　(b) 透明介质

图 5-4-5　模型底面总的辐射热通量(kW/m^2)云图

图 5-4-6 为第一和第三个谱带内模型底面辐射热通量云图。在第一个谱带内 $\varepsilon_1 = 0.9$、$\varepsilon_2 = 0.1$ 和 $\varepsilon_3 = 0.1$，而能量流动绝对值最大的区域在 ε_1 所在区域，刚好与理论分析的第(2)条一致。再将图 5-4-6(b)与图 5-4-5(a)相比，很明显与理论分析第(1)条一致。

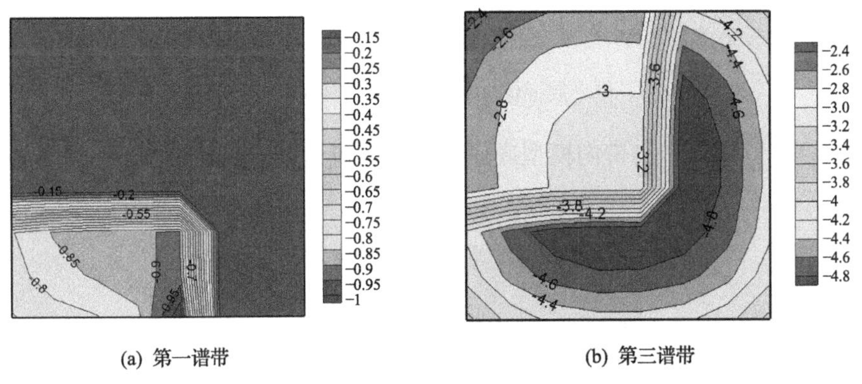

(a) 第一谱带　(b) 第三谱带

图 5-4-6　模型底面第一和第三谱带内辐射热通量(kW/m^2)云图

图 5-4-7 和图 5-4-8 分别为第二和第四个谱带内参与性介质与透明介质条件下模型底面辐射热通量云图。可以看出参与性介质中热量损失比其在透明介质条件下要少，同时也可以看出在发射率较大的区域辐射热通量也较大。

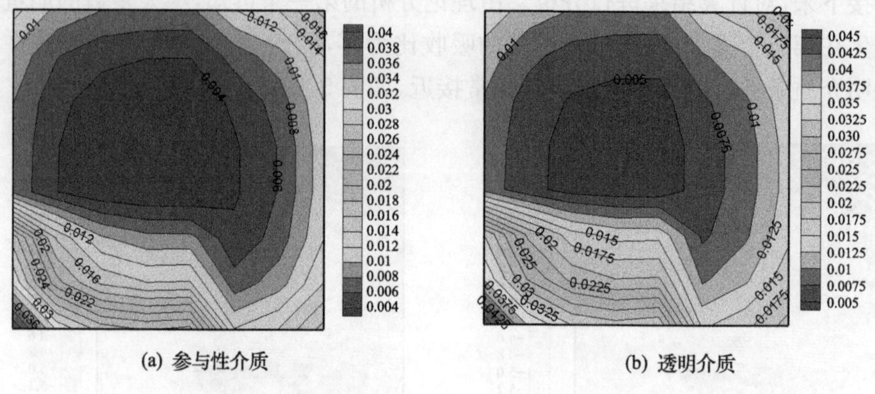

(a) 参与性介质　　(b) 透明介质

图 5-4-7　模型底面第二谱带辐射热通量(kW/m²)云图

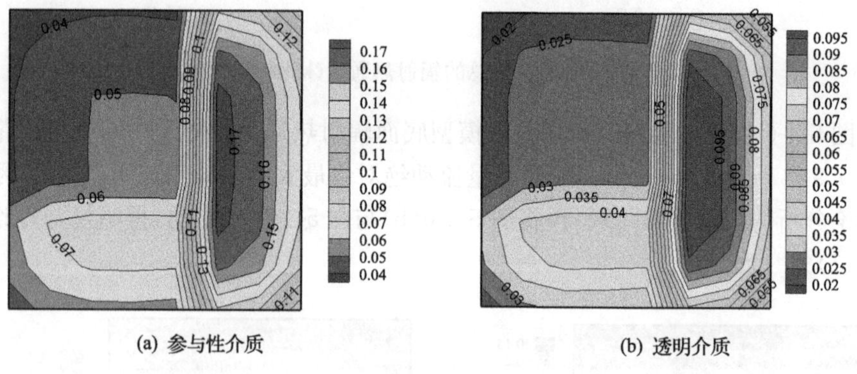

(a) 参与性介质　　(b) 透明介质

图 5-4-8　模型底面第四谱带辐射热通量(kW/m²)云图

图 5-4-9 为第五个谱带内模型底面辐射热通量云图，也与理论分析的第(2)条一致。

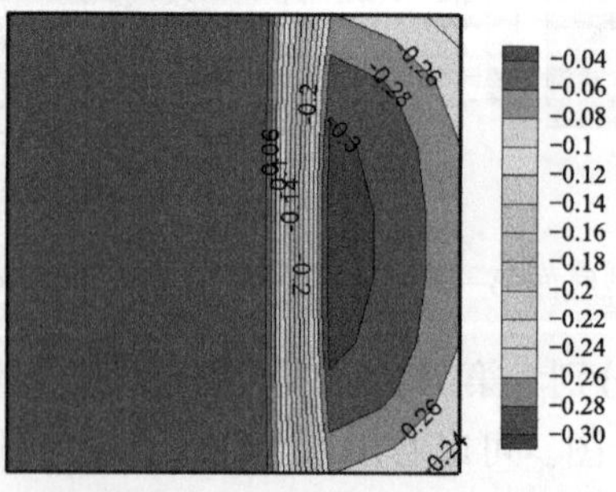

图 5-4-9　模型底面第五谱带内辐射热通量(kW/m²)云图

3. 蜂窝内非灰体不等温介质辐射换热算例

蜂窝加芯结构是飞行器热防护系统中的一种常见结构。在飞行器飞行过程中，尤其是上升和再入阶段，热防护系统外表面由于受到严重的气动加热使温度急剧升高。在这样的高温条件下，热辐射是热量传递的主要因素，因此蜂窝空腔内的辐射传热是蜂窝夹芯结构热防护系统热分析的重要工作。本算例对单个蜂窝空腔内的辐射传热进行分析，空腔模型如图 5-4-10 所示，六角形蜂窝边长为 5mm，空腔高 20mm。边界条件为上下面温度已知，$T(x,y,z)=10x-20y+30z+1000(\mathrm{K})$，6 个侧面绝热。边界单元网格模型如图 5-4-11 所示，蜂窝加芯结构表面被划分为 336 个四节点四边形单元，边界和内部节点数分别为 338 和 105。

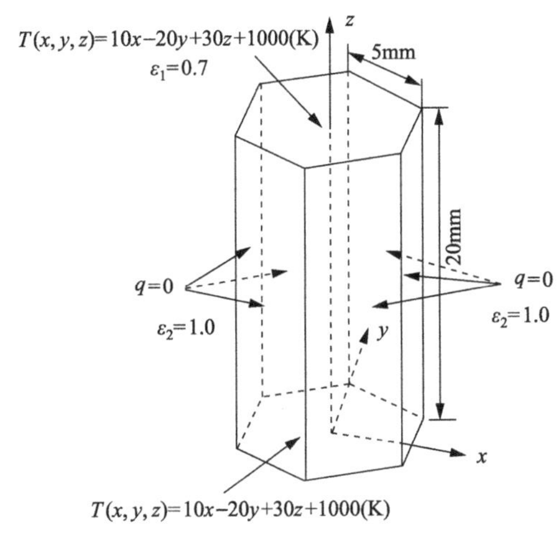

图 5-4-10　单个蜂窝结构示意图

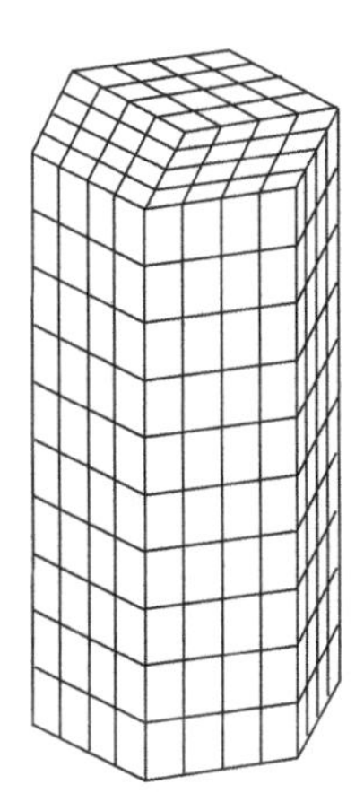

图 5-4-11　边界单元网格

分透明介质和参与性介质两种情况对该六角蜂窝空腔内的辐射传热进行计算。透明介质假设下，上下表面的发射率 $\varepsilon_1=0.7$，侧面发射率 $\varepsilon_2=1.0$。参与性介质条件下，介质的温度遵循温度分布函数 $T(x,y,z)=10x-20y+30z+1000(\mathrm{K})$，谱带分布及各个谱带内的吸收比和表面发射率如表 5-4-3 所示。

表 5-4-3　参与性介质各个谱带内的吸收比和发射率

波长/μm	0～2.6	2.6～3.3	3.3～12.6	12.6～18.5	18.5～∞
吸收比 a	0.0	0.1	0.0	0.1	0.0
ε_1	0.9	0.7	0.5	0.3	0.1
ε_2	1.0	1.0	1.0	1.0	1.0

对该物理模型进行理论分析：根据温度分布函数可知，在 x、y 坐标相同的情

况下，介质的温度介于上表面温度和下表面温度之间，即介质的平均温度大于下表面平均温度，小于上表面平均温度。因此上表面的辐射能量流动方向为：由上表面到介质或者穿过介质至其他表面，以及由介质到上表面，但是这部分能量很少(低于上表面温度且介质发射率小)。于是可知在透明介质和参与性介质条件下上表面的辐射热通量应该相差不大，参与性介质条件下的绝对值略小，如图 5-4-12 所示。而下表面的平均温度最低，因此其他表面以及介质的辐射能量均流向下表面，介质在吸收一部分上表面的辐射能量的同时自身也会发射辐射能量，但是由于介质的温度低于上表面且发射率小(发射率等于吸收率)，参与性介质条件下最终达到下表面的能量应该小于透明介质条件下，如图 5-4-13 所示。由黑体光谱辐射力分布情况(图 5-1-5)可知，辐射能的发射主要集中在前三个谱带内，第四、五个谱带内的能量非常少，因此这里仅对前三个谱带的能量传递进行分析。

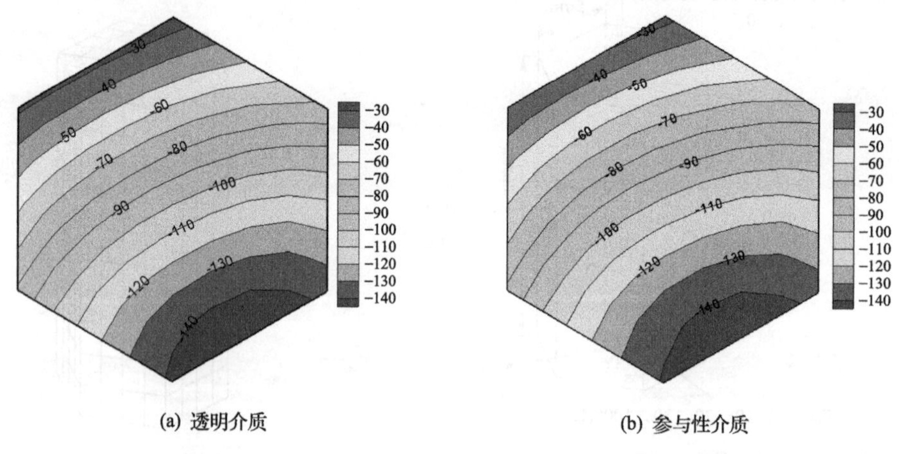

(a) 透明介质　　(b) 参与性介质

图 5-4-12　蜂窝空腔上表面辐射热通量(kW/m²)云图

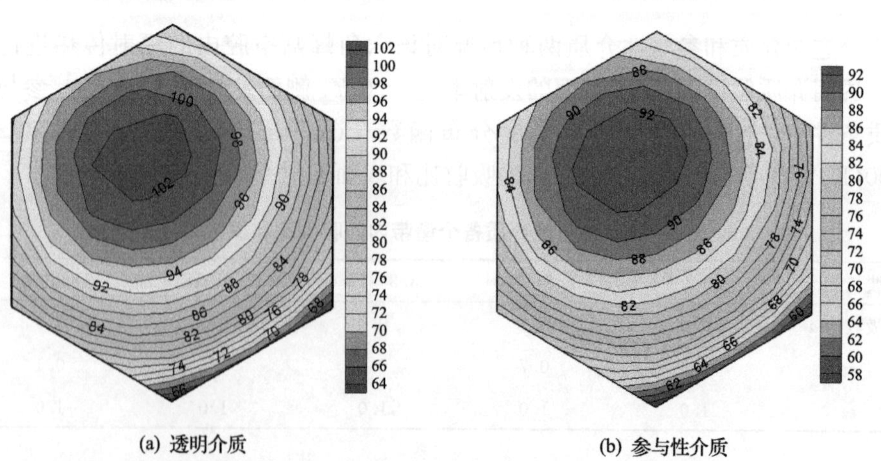

(a) 透明介质　　(b) 参与性介质

图 5-4-13　蜂窝空腔下表面总辐射热通量(kW/m²)云图

图 5-4-14 为第二谱带内蜂窝空腔下表面辐射热通量云图。由前面的分析可知，参与性介质条件下的辐射热通量小于透明介质条件下，与图 5-4-14 相吻合。图 5-4-15 为第一、三谱带内蜂窝空腔下表面辐射热通量云图。在第三谱带内下表面辐射热通量云图与总体及第一、二谱带内不同，这是由于第三谱带 $\varepsilon_1 = 0.5$ 和 $\varepsilon_2 = 1.0$，此时侧面的辐射能量对下表面的影响作用增大了。

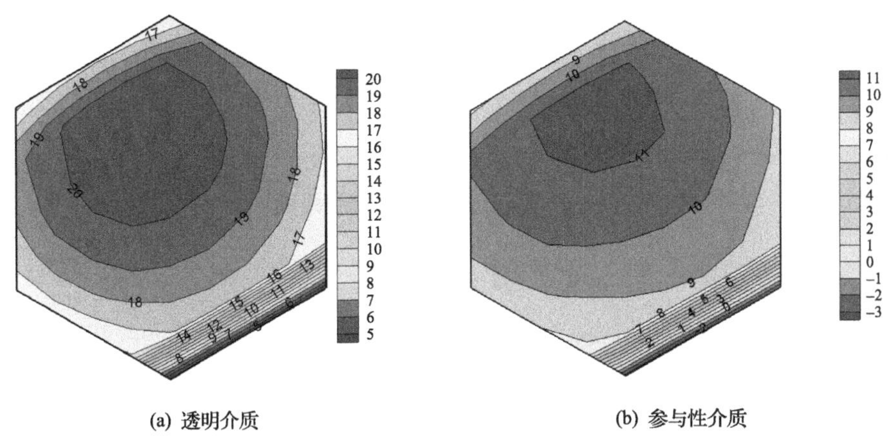

(a) 透明介质　　(b) 参与性介质

图 5-4-14　第二谱带蜂窝空腔下表面辐射热通量(kW/m^2)云图

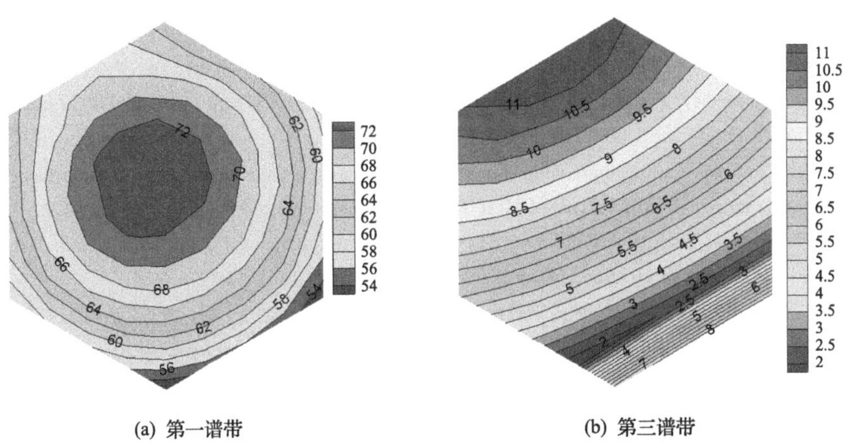

(a) 第一谱带　　(b) 第三谱带

图 5-4-15　第一、三谱带蜂窝空腔下表面辐射热通量(kW/m^2)云图

图 5-4-16 为蜂窝结构侧面温度沿 $x=2.16506$ 和 $y=3.75$ 线段方向的变化曲线。由图可以看出，透明介质时的温度变化比较均匀，而参与性介质时两端变化较大，中间变化较缓慢。

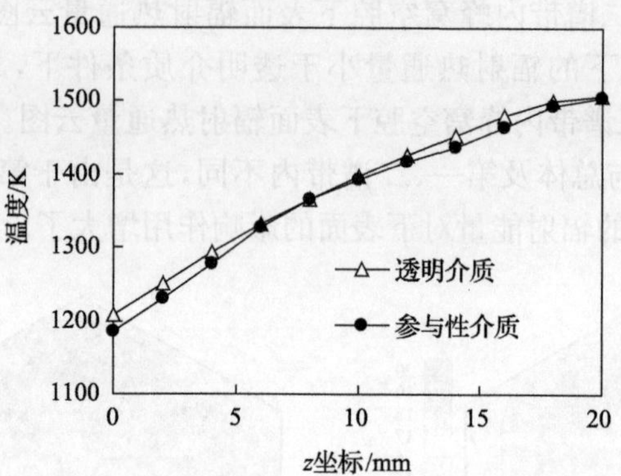

图 5-4-16 z方向的温度变化曲线

参 考 文 献

[1] 贾力，方肇洪，钱兴华. 高等传热学. 北京：高等教育出版社，2003.

[2] 谈和平，夏新林，刘林华，等. 红外辐射特性与传输的数值计算：计算热辐射学. 哈尔滨：哈尔滨工业大学出版社，2006.

[3] Howell J R, Perlmutter M. Monte carlo solution of thermal transfer through radiant media between gray walls. ASME Journal of Heat Transfer-Transactions，1964，86(1)：116—122.

[4] 程强，周怀春. 具有漫反射边界一维灰体平行平板介质中辐射传递方程的求解. 工程热物理学报，2004，25(5)：831—833.

[5] Zhou H C，Cheng Q. The DRESOR method for the solution of the radiative transfer equation in gray plane-parallel media//Proceedings of the Fourth International Symposium on Radiative Transfer. New York：Begell House Inc.，2004：181—190.

[6] Raithby G D，Chui E H. A finite-volume method for predicting a radiant heat transfer in enclosures with participating media. ASME Journal of Heat Transfer-Transactions，1990，112(2)：415—423.

[7] Baek S W，Kim M Y. Analysis of radiative heating of a rocket plume base with the finite volume method. International Journal of Heat and Mass Transfer，1997，40(7)：1501—1508.

[8] 贺志宏，刘林华，谈和平，等. 炉内辐射换热过程的有限体积法. 动力工程，1999，19(4)：265—268.

[9] Kim S H，Huh K Y. A new angular discretization scheme of the finite volume method for 3-D radiative heat transfer in absorbing，emitting and anisotropically scattering media. International Journal of Heat and Mass Transfer，2000，43(7)：1233—1242.

[10] Bialecki R A. Solving Heat Radiation Problems Using the Boundary Element Method. Southampton，Boston：Computational Mechanics Publications，1993.

[11] Gao X W. The radial integration method for evaluation of domain integrals with boundary-only discretization. Engineering Analysis with Boundary Elements，2002，26(10)：905—916.

[12] Gao X W. Evaluation of regular and singular domain integrals with boundary-only discretization-theory and Fortran code. Journal of Computational and Applied Mathematics，2005，175(2)：265—290.

[13] 张靖周. 传热学. 北京：科学出版社，2009.

[14] 赵镇南. 传热学(第二版). 北京：高等教育出版社，2008.

[15] Kim H T, Rhee B W, Park J H. Benchmark calculations of a radiation heat transfer for a CANDU fuel channel analysis using the CFD code. Journal of Nuclear Science and Technology, 2006, 43(11): 1422—1430.

[16] 王静，高效伟. 热辐射问题的边界元算法. 导弹与航天运载技术，2011，311(1):46—53.

第 6 章 导热-辐射耦合换热问题

本章讨论热传导和辐射换热同时存在并且相互作用的热量传递问题。在这种情况下，辐射介质不仅吸收、发射和散射能量，而且在辐射介质内部存在热传导作用。由于固体辐射介质不存在宏观运动，所以可以忽略对流换热作用。此外，某些气体或液体在小空间内时，对流换热作用也可以忽略。本章研究的简化条件是：辐射介质为吸收比和发射率与温度无关的灰体介质，并且辐射介质的边界为灰体漫射表面。

导热-辐射耦合换热在涉及高温下的半透明介质、高温环境以及中低温度下具有弱对流的环境等应用中具有重要意义。对于这些问题的换热分析，如果仅考虑导热或者热辐射就会产生很大的偏差。国内外许多学者对导热-辐射耦合换热问题进行了研究，但大都只限于求解一维和二维问题，并且不少研究只考虑温度边界条件。实际上，热辐射是在三维空间中发生的，用三维模型进行计算才能得到精确的计算结果。Furmanski 和 Banaszek[1]提出了一种基于有限单元空间离散和迭代技术相结合的方法，并用它研究了矩形区域内介质导热-辐射耦合换热问题。Lee 和 Viskanta[2]采用离散坐标法研究了二维矩形玻璃介质的导热-辐射耦合换热。Lacroix 等[3]研究了矩形半透明硅介质在特定方向照射下的导热-辐射耦合换热。贺志宏等[4]将有限体积法与谱带模型结合，求解了吸收、散射性非灰介质内的耦合换热。Luo 等[5]采用射线踪迹-节点分析法求解了各向同性矩形介质内的二维耦合换热。Mondal 等[6]将格子玻尔兹曼法与有限体积法相结合来处理具有热流和温度边界条件的导热-辐射耦合换热。

边界元法[7-10]具有降低问题的维数和仅边界离散成单元等优点，已成功应用于求解位势问题、热传导问题[11,12]和热辐射问题[13,14]。基于第 4 章热传导问题和第 5 章热辐射问题的边界元法，本章介绍求解二维和三维导热-辐射耦合换热问题的边界元法[15]。在导热-辐射耦合换热问题中，热传导和热辐射两种传热方式是通过辐射热源耦合起来的，即将参与性介质辐射换热问题的辐射热源看成热传导问题的源项。具体做法是：首先，采用加权余量法推导具有辐射热源的热传导问题的边界积分方程；然后，将其与 5.3 节的参与性介质辐射换热问题的边界积分方程相结合，组成导热-辐射耦合换热问题的基本边界积分方程；其次，利用前面章节介绍的积分方程离散方法，对导热-辐射耦合换热问题的三个积分方程离散，形成相应的代数方程组；最后，将辐射热通量和辐射热源的离散表达式代入热传导问题的代数方程组中，并引入边界条件，形成最终系统方程组。用牛顿-拉弗森迭代法对非线性方程组进行迭代求解。此外,利用径向积分法[16]将导热-辐射耦合换热问题的基本边界积分方程中所有出现的域积分转换成等效的边界积分,从而形成不需要内部网格的径向积分边界元法,能够有效地统一处理二维和三维导热-辐射耦合换热问题。

6.1　稳态线性导热-辐射耦合换热问题的边界元法

导热-辐射耦合换热问题的计算需要同时求解热传导方程和热辐射方程。由于辐射传递问题本身的特殊性和复杂性,导热-辐射耦合换热问题求解的主要困难在于热辐射源项的计算。下面从最简单的情况——稳态线性导热-辐射耦合换热问题出发,阐述边界元法如何求解此类耦合换热问题。

6.1.1　积分方程

1. 热传导积分方程

对于稳态线性导热-辐射耦合换热问题,假定计算区域 Ω 内各向同性半透明介质的热导率 k 为常数,则具有辐射热源项的热传导控制方程可表示为[17,18]

$$k\frac{\partial}{\partial x_i}\left[\frac{\partial T(\boldsymbol{x})}{\partial x_i}\right]+q_V^{\mathrm{r}}(\boldsymbol{x})=0 \tag{6-1-1}$$

类似于第 4 章中边界积分方程的推导方法,引入格林函数 u^*,对式(6-1-1)在计算区域 Ω 内进行加权积分得

$$\int_{\Omega}u^*k\frac{\partial}{\partial x_i}\left(\frac{\partial T}{\partial x_i}\right)\mathrm{d}\Omega+\int_{\Omega}u^*q_V^{\mathrm{r}}\mathrm{d}\Omega=0 \tag{6-1-2}$$

采用分部积分法和高斯散度定理,则可得到上式的积分方程为

$$\begin{aligned}c(p)kT(p)=&-\int_{\Gamma}u^*(Q,p)q^{\mathrm{c}}(Q)\mathrm{d}\Gamma(Q)-\int_{\Gamma}q^*(Q,p)kT(Q)\mathrm{d}\Gamma(Q)\\&+\int_{\Omega}u^*(q,p)q_V^{\mathrm{r}}(q)\mathrm{d}\Omega(q)\end{aligned} \tag{6-1-3}$$

式中,当源点 p 位于区域 Ω 内部时 $c=1$,位于光滑边界 Γ 上时 $c=0.5$,边界角点处 c 值由式(3-3-12)确定;$q^{\mathrm{c}}=-k\partial T/\partial\boldsymbol{n}$ 为热传导引起的热通量;基本解 u^* 的表达式见式(3-2-10)和式(3-2-19)。

求解热传导问题的边界积分方程(6-1-3)时,要先得到辐射热源 q_V^{r},因此必须考虑 5.3 节介绍的参与性介质辐射换热。

2. 热辐射积分方程

根据 5.3 节介绍的参与性介质辐射换热问题,具有吸收和发射辐射本领的介

质边界上的辐射换热积分方程可表示为

$$\frac{q^{\mathrm{r}}(P)}{\varepsilon(P)}+E_{\mathrm{b}}(P)=\int_{\Gamma}\left[E_{\mathrm{b}}(Q)+\frac{1-\varepsilon(Q)}{\varepsilon(Q)}q^{\mathrm{r}}(Q)\right]K_{QP}(Q,P)\mathrm{d}\Gamma(Q)$$
$$+\int_{\Omega}a(q)E_{\mathrm{b}}(q)K_{P}(q,P)\mathrm{d}\Omega(q) \tag{6-1-4}$$

辐射热源的积分方程为

$$\frac{q_V^{\mathrm{r}}(p)}{a(p)}+c'E_{\mathrm{b}}(p)=\int_{\Gamma}\left[E_{\mathrm{b}}(Q)+\frac{1-\varepsilon(Q)}{\varepsilon(Q)}q^{\mathrm{r}}(Q)\right]K_{Q}(Q,p)\mathrm{d}\Gamma(Q)$$
$$+\int_{\Omega}a(q)E_{\mathrm{b}}(q)K_{0}(q,p)\mathrm{d}\Omega(q) \tag{6-1-5}$$

式(6-1-4)和式(6-1-5)中,各个参数的定义见第5章。式(6-1-4)中的源点 P 只能位于边界 Γ 上,而式(6-1-5)的源点既可位于边界 Γ 上,也可在区域 Ω 内部。

6.1.2 积分方程的离散

式(6-1-3)～式(6-1-5)是边界元法求解稳态线性导热-辐射耦合换热问题的基本积分方程。其中,域积分的计算可以由传统的内部网格划分法实现,也可以将其转换成边界积分进行计算。本书采用径向积分法处理所有出现在积分方程中的域积分,与式(6-1-3)～式(6-1-5)中的基本边界积分一样,采用高斯数值积分公式计算转换后的边界积分。

1. 热传导方程的离散

由于式(6-1-3)中域积分含有的辐射热源 q_V^{r} 是未知量,为了使用径向积分法,需将其在计算域内的函数变化关系用边界和内部节点的值表示。参考全局插值函数关系式(4-2-12),辐射热源可以表示为

$$q_V^{\mathrm{r}}(q)=\boldsymbol{N}(q)^{\mathrm{T}}\boldsymbol{q}_V^{\mathrm{r}}=N_I(q)q_V^{\mathrm{r}I} \tag{6-1-6}$$

式中,$q_V^{\mathrm{r}I}$ 为辐射热源 q_V^{r} 在节点 I 的值;全局插值函数 $N_I(q)$ 由式(4-2-13)决定。

将式(6-1-6)代入式(6-1-3)中的域积分,并采用径向积分法式(2-4-11)和式(2-4-12),可得

$$\int_{\Omega}u^{*}(q,p)q_V^{\mathrm{r}}(q)\mathrm{d}\Omega(q)=q_V^{\mathrm{r}I}\int_{\Gamma}\frac{1}{r^{\alpha}(Q,p)}\frac{\partial r}{\partial \boldsymbol{n}}F^{I}(Q,p)\mathrm{d}\Gamma(Q) \tag{6-1-7}$$

式中,径向积分 F^I 为

$$F^{I}(Q,p)=\int_{0}^{r(Q,p)}u^{*}(q,p)N_I(q)r^{\alpha}(q,p)\mathrm{d}r(q) \tag{6-1-8}$$

将式(6-1-7)代入式(6-1-3),可得到一个仅由边界积分组成的边界积分方程。从而仅需将计算区域 Ω 的边界 Γ 离散成单元即可求解。

假设将边界离散成 N_{e} 个边界单元,边界节点数为 N_{b},域内布置了 N_{i} 个点,

总节点数为 $N_{\mathrm{A}}=N_{\mathrm{b}}+N_{\mathrm{i}}$。将全部节点依次取为源点，则可由式(6-1-7)得到

$$\int_{\Omega}u^{*}q_{V}^{\mathrm{r}}\mathrm{d}\Omega=\boldsymbol{Q}\boldsymbol{q}_{V}^{\mathrm{r}}\tag{6-1-9}$$

式中，矩阵 $\boldsymbol{Q}$ 为 $N_{\mathrm{A}}\times N_{\mathrm{A}}$ 阶矩阵。

类似于 3.5 节边界积分的计算，将式(6-1-3)中的边界积分对所有边界单元按照常规格式进行数值积分和系统组集，并考虑式(6-1-9)，可得如下形式的代数方程组：

$$\boldsymbol{H}\{kT\}-\boldsymbol{G}\boldsymbol{q}^{\mathrm{c}}=\boldsymbol{Q}\boldsymbol{q}_{V}^{\mathrm{r}}\tag{6-1-10}$$

式中，$\boldsymbol{H}$ 为 $N_{\mathrm{A}}\times N_{\mathrm{A}}$ 阶矩阵，对于与内部点温度对应的矩阵元素，只在对角线上有值(为 1)，其余为 0；$\boldsymbol{G}$ 为 $N_{\mathrm{A}}\times N_{\mathrm{b}}$ 阶矩阵。

2. 热辐射方程的离散

热辐射方程(6-1-4)和方程(6-1-5)中的域积分到边界积分的转换以及边界积分方程的离散见 5.3 节，最后形成的代数方程组如式(5-3-16)和式(5-3-18)所示。为了区别式(6-1-10)中所用的表示符号，可将离散方程组写成如下的形式：

$$\widetilde{\boldsymbol{H}}\boldsymbol{E}_{\mathrm{b}}+\widetilde{\boldsymbol{G}}\boldsymbol{q}^{\mathrm{r}}+\widetilde{\boldsymbol{W}}\boldsymbol{E}_{\mathrm{b}}=\boldsymbol{0}\tag{6-1-11}$$

$$\boldsymbol{q}_{V}^{\mathrm{r}}=\boldsymbol{M}\boldsymbol{E}_{\mathrm{b}}+\boldsymbol{N}\boldsymbol{q}^{\mathrm{r}}+\boldsymbol{W}\boldsymbol{E}_{\mathrm{b}}\tag{6-1-12}$$

令 $\bar{\boldsymbol{H}}=\widetilde{\boldsymbol{H}}+\widetilde{\boldsymbol{W}},\bar{\boldsymbol{M}}=\boldsymbol{M}+\boldsymbol{W}$，则式(6-1-11)和式(6-1-12)可分别写为

$$\bar{\boldsymbol{H}}\boldsymbol{E}_{\mathrm{b}}+\widetilde{\boldsymbol{G}}\boldsymbol{q}^{\mathrm{r}}=\boldsymbol{0}\tag{6-1-13}$$

$$\boldsymbol{q}_{V}^{\mathrm{r}}=\bar{\boldsymbol{M}}\boldsymbol{E}_{\mathrm{b}}+\boldsymbol{N}\boldsymbol{q}^{\mathrm{r}}\tag{6-1-14}$$

其中，式(6-1-13)是关于边界点的，而式(6-1-14)是关于全部节点的。

6.1.3　导热-辐射耦合问题的系统方程组及其求解

当没有内部点且全部边界条件为温度条件时，列向量 $\boldsymbol{E}_{\mathrm{b}}$ 为已知的，因此可由式(6-1-13)求得边界未知量 $\boldsymbol{q}^{\mathrm{r}}$，然后将其代入式(6-1-14)即可得到辐射热源 $\boldsymbol{q}_{V}^{\mathrm{r}}$。最后，将辐射热源 $\boldsymbol{q}_{V}^{\mathrm{r}}$ 和辐射热通量 $\boldsymbol{q}^{\mathrm{r}}$ 以及热传导边界条件一起代入式(6-1-10)，通过求解线性代数方程组即可求得所有边界上的未知量。

当在计算域 Ω 内有内部点时，不能由式(6-1-13)和式(6-1-14)直接求得辐射热通量 $\boldsymbol{q}^{\mathrm{r}}$ 和辐射热源 $\boldsymbol{q}_{V}^{\mathrm{r}}$。此时，需将式(6-1-10)、式(6-1-13)和式(6-1-14)相结合形成导热-辐射耦合系统方程组，然后对其迭代求解。在这种情况下，式(6-1-13)可写为

$$\boldsymbol{q}^{\mathrm{r}}=-\widetilde{\boldsymbol{G}}^{-1}\bar{\boldsymbol{H}}\boldsymbol{E}_{\mathrm{b}}\tag{6-1-15}$$

将上式代入式(6-1-14)得

$$\boldsymbol{q}_{V}^{\mathrm{r}}=\hat{\boldsymbol{M}}\boldsymbol{E}_{\mathrm{b}}\tag{6-1-16}$$

式中

$$\hat{\boldsymbol{M}}=\bar{\boldsymbol{M}}-\boldsymbol{N}\tilde{\boldsymbol{G}}^{-1}\bar{\boldsymbol{H}} \tag{6-1-17}$$

将式(6-1-16)代入式(6-1-10)得

$$\boldsymbol{H}\{kT\}-\boldsymbol{G}\boldsymbol{q}^{\mathrm{c}}-\boldsymbol{Q}\hat{\boldsymbol{M}}\boldsymbol{E}_{\mathrm{b}}=\boldsymbol{0} \tag{6-1-18}$$

式(6-1-15)中的 $\boldsymbol{q}^{\mathrm{r}}$ 为包围介质的壁面上的辐射热通量，对于介质，由辐射引起的热通量为 $-\boldsymbol{q}^{\mathrm{r}}$。假设参与介质边界上的总热通量为 $\boldsymbol{q}$，则有

$$\boldsymbol{q}=\boldsymbol{q}^{\mathrm{c}}-\boldsymbol{q}^{\mathrm{r}} \tag{6-1-19}$$

用式(6-1-19)将式(6-1-18)中的导热热通量 $\boldsymbol{q}^{\mathrm{c}}$ 消掉，可得

$$\boldsymbol{H}\{kT\}-\boldsymbol{G}(\boldsymbol{q}+\boldsymbol{q}^{\mathrm{r}})-\boldsymbol{Q}\hat{\boldsymbol{M}}\boldsymbol{E}_{\mathrm{b}}=\boldsymbol{0} \tag{6-1-20}$$

将式(6-1-15)与 $E_{\mathrm{b}}=\sigma T^4$ 代入式(6-1-20)，经整理得

$$\boldsymbol{H}\{kT\}-\boldsymbol{G}\boldsymbol{q}+\bar{\boldsymbol{Q}}\{\sigma T^4\}=\boldsymbol{0} \tag{6-1-21}$$

式中

$$\bar{\boldsymbol{Q}}=\boldsymbol{G}\tilde{\boldsymbol{G}}^{-1}\bar{\boldsymbol{H}}-\boldsymbol{Q}\hat{\boldsymbol{M}} \tag{6-1-22}$$

将已知的边界条件引入到式(6-1-21)，最终可形成如下的矩阵方程：

$$\boldsymbol{A}\boldsymbol{x}+\boldsymbol{B}\{T^4\}=\boldsymbol{y} \tag{6-1-23}$$

式中，$\boldsymbol{x}$ 为所有未知温度(边界节点和内部节点)和未知边界热通量组成的列向量；$\boldsymbol{y}$ 为所有边界已知量与式(6-1-21)中对应系数相乘后形成的已知列向量；矩阵 $\boldsymbol{B}$ 中与温度已知的边界节点相对应的列元素为 0。

根据边界条件由式(6-1-21)组集成方程组(6-1-23)的详细过程介绍如下：

导热-辐射耦合换热问题所考虑的三类边界条件可由式(4-4-2)给出，即

$$\begin{cases}T(\boldsymbol{x})=\bar{T}(\boldsymbol{x}) & (\boldsymbol{x}\in\Gamma_1)\\ q(\boldsymbol{x})=\bar{q}(\boldsymbol{x}) & (\boldsymbol{x}\in\Gamma_2)\\ q(\boldsymbol{x})=h[T(\boldsymbol{x})-T_f(\boldsymbol{x})]+\varepsilon\sigma[T^4(\boldsymbol{x})-T_f^4(\boldsymbol{x})] & (\boldsymbol{x}\in\Gamma_3)\end{cases} \tag{6-1-24}$$

对于上式所示的不同类型的边界条件，式(6-1-23)中的矩阵 $\boldsymbol{A}$ 和 $\boldsymbol{B}$ 以及向量 $\boldsymbol{y}$ 组集情况不一样。这是因为 $\boldsymbol{A}$ 和 $\boldsymbol{B}$ 以及 $\boldsymbol{y}$ 中的元素值与源点 p 的位置(边界或内部节点)及场点 Q 的边界条件类型有关。假设源点 p 位于第 i 个节点，场点 Q (或 q)位于第 j 个节点，则矩阵 $\boldsymbol{A}$ 和 $\boldsymbol{B}$ 以及向量 $\boldsymbol{y}$ 中的元素分别记为 A_{ij}、B_{ij} 和 y_i。当节点 i 和 j 位于边界 Γ 上时，则有：

(1) 如果节点 j 所在处为第一类边界条件，则

$$\begin{aligned} A_{ij} &= -G_{ij} \\ B_{ij} &= 0 \\ y_i &= y_i - H_{ij}k_jT_j - \sigma\bar{Q}_{ij}T_j^4 \end{aligned} \tag{6-1-25}$$

(2) 如果点 j 所在处为第二类边界条件，则

$$\begin{aligned} A_{ij} &= k_jH_{ij} \\ B_{ij} &= \sigma\bar{Q}_{ij} \\ y_i &= y_i + G_{ij}q_j \end{aligned} \tag{6-1-26}$$

(3) 如果点 j 所在处为第三类边界条件，则

$$\begin{aligned} A_{ij} &= -G_{ij}h + k_jH_{ij} \\ B_{ij} &= -\varepsilon\sigma G_{ij} + \sigma\bar{Q}_{ij} \\ y_i &= y_i - G_{ij}(hT_f + \varepsilon\sigma T_f^4) \end{aligned} \tag{6-1-27}$$

若点 i 和 j 分别为边界节点和内部点，则

$$\begin{aligned} A_{ij} &= 0 \\ B_{ij} &= \sigma\bar{Q}_{ij} \end{aligned} \tag{6-1-28}$$

当节点 i 和 j 分别为内部点和边界节点时，引入边界条件的公式与式(6-1-25)～式(6-1-27)相同。当点 i 和 j 都为内部点时：

$$\begin{aligned} A_{ii} &= k_i \\ B_{ij} &= \sigma\bar{Q}_{ij} \end{aligned} \tag{6-1-29}$$

由于式(6-1-23)是关于温度的非线性代数方程组，因此可采用牛顿-拉弗森迭代法求解，迭代公式以及求解过程与 4.4.4 节的介绍完全一样，这里不再重复。

6.2　瞬态非线性导热-辐射耦合换热问题的边界元法

在许多实际问题中，参与性介质的热导率是随温度变化的，而且在温差较大的高温环境中，很有必要考虑热导率的非线性以及辐射换热。因此，结合 4.5 节的瞬态非线性热传导问题和 6.1 节的稳态线性导热-辐射耦合换热问题的边界元法，本节将对瞬态非线性导热-辐射耦合换热问题的边界元法进行详细阐述。

6.2.1　边界积分方程

具有辐射热源 q_V^r 且热导率 k 随温度变化的瞬态热传导问题的控制方程可表示为

$$\frac{\partial}{\partial x_i}\left[k(T)\frac{\partial T(\boldsymbol{x},t)}{\partial x_i}\right] + q_V^r(\boldsymbol{x},t) = \rho c\,\frac{\partial T(\boldsymbol{x},t)}{\partial t} \tag{6-2-1}$$

引入格林函数 u^*，对式(6-2-1)在计算区域 Ω 内进行加权积分得

$$\int_{\Omega} u^* \frac{\partial}{\partial x_i}\left[k(T)\frac{\partial T(\boldsymbol{x},t)}{\partial x_i}\right]\mathrm{d}\Omega + \int_{\Omega} u^* q_V^{\mathrm{r}}(\boldsymbol{x},t)\mathrm{d}\Omega = \int_{\Omega} u^* \rho c \frac{\partial T(\boldsymbol{x},t)}{\partial t}\mathrm{d}\Omega \tag{6-2-2}$$

对上式左端第一项域积分进行两次分部积分，并应用高斯散度定理和格林函数的性质，可得到式(6-2-1)的边界积分方程(具体推导过程见 4.4 节和 4.5 节)：

$$\begin{aligned} c(p)k(T(p,t))T(p,t) = & -\int_{\Gamma} u^*(Q,p)q^{\mathrm{c}}(Q,t)\mathrm{d}\Gamma(Q) \\ & -\int_{\Gamma} q^*(Q,p)k(T(Q,t))T(Q,t)\mathrm{d}\Gamma(Q) \\ & +\int_{\Omega} u^*(q,p)q_V^{\mathrm{r}}(q,t)\mathrm{d}\Omega(q) \\ & +\int_{\Omega} u_{,i}^* k_{,i}(T(q,t))T(q,t)\mathrm{d}\Omega(q) \\ & -\int_{\Omega} u^*(q,p)\rho c\frac{\partial T(q,t)}{\partial t}\mathrm{d}\Omega(q) \end{aligned} \tag{6-2-3}$$

在瞬态导热-辐射耦合换热问题中，由于参与性介质中的热辐射速度比热传导快得多，因此时间效应主要体现在热传导过程中。辐射传热在每一个时间步都可以看成是瞬间完成的过程，因此热辐射积分方程仍为式(6-1-4)和式(6-1-5)。

6.2.2 积分方程的离散

式(6-2-3)中所有的域积分都可以由径向积分法转换成等效的边界积分，形成只有边界积分的积分方程，具体转换过程见 6.1.2 节和第 4 章。

将计算域的边界 Γ 离散成边界单元，根据 4.5 节边界积分方程以及 6.1.2 节含辐射热源项域积分的离散过程，可得到式(6-2-3)的矩阵形式的代数方程组：

$$\boldsymbol{H}\{k(T)T\} - \boldsymbol{G}\boldsymbol{q}^{\mathrm{c}} = \boldsymbol{Q}\boldsymbol{q}_V^{\mathrm{r}} + \boldsymbol{W}(T)\boldsymbol{T} - \boldsymbol{C}\dot{\boldsymbol{T}} \tag{6-2-4}$$

将式(6-1-16)与式(6-1-19)代入式(6-2-4)，可得

$$\boldsymbol{H}\{k(T)T\} - \boldsymbol{G}(\boldsymbol{q} + \boldsymbol{q}^{\mathrm{r}}) = \boldsymbol{Q}\hat{\boldsymbol{M}}\boldsymbol{E}_{\mathrm{b}} + \boldsymbol{W}(T)\boldsymbol{T} - \boldsymbol{C}\dot{\boldsymbol{T}} \tag{6-2-5}$$

将边界辐射热通量 $\boldsymbol{q}^{\mathrm{r}}$ 与黑体辐射力 $\boldsymbol{E}_{\mathrm{b}}$ 的关系式(6-1-15)以及与总热通量的关系式(6-1-19)代入式(6-2-5)，并考虑黑体辐射力与温度 T 的关系 $E_{\mathrm{b}} = \sigma T^4$，可得

$$\boldsymbol{H}\{kT\} - \boldsymbol{G}\boldsymbol{q} + \bar{\boldsymbol{Q}}\{\sigma T^4\} = \boldsymbol{W}(T)\boldsymbol{T} - \boldsymbol{C}\dot{\boldsymbol{T}} \tag{6-2-6}$$

其中

$$\bar{\boldsymbol{Q}} = -\boldsymbol{Q}\hat{\boldsymbol{M}} + \boldsymbol{G}\tilde{\boldsymbol{G}}^{-1}\bar{\boldsymbol{H}} \tag{6-2-7}$$

类似于 4.5 节对时间微分项的处理，采用向前差分格式表示 $\partial T/\partial t$，即

$$\frac{\partial T}{\partial t}=\frac{T^{n+1}-T^{n}}{\Delta t} \tag{6-2-8}$$

对于温度 T 和热通量 q，使用第 n 和 $n+1$ 时间步的值表示，即

$$T=\theta T^{n+1}+(1-\theta)T^{n} \tag{6-2-9}$$

$$q=\theta q^{n+1}+(1-\theta)q^{n} \tag{6-2-10}$$

式中，θ 为在 0～1 取值的参数。

将式(6-2-8)～式(6-2-10)代入式(6-2-6)得

$$\begin{aligned}&\boldsymbol{H}[\theta\{kT\}^{n+1}+(1-\theta)\{kT\}^{n}]-\boldsymbol{G}[\theta\boldsymbol{q}^{n+1}+(1-\theta)\boldsymbol{q}^{n}]\\&+\bar{\boldsymbol{Q}}[\theta\{\sigma T^{4}\}^{n+1}+(1-\theta)\{\sigma T^{4}\}^{n}]\\&=\boldsymbol{W}(T)[\theta\boldsymbol{T}^{n+1}+(1-\theta)\boldsymbol{T}^{n}]-\boldsymbol{C}\frac{1}{\Delta t}(\boldsymbol{T}^{n+1}-\boldsymbol{T}^{n})\end{aligned} \tag{6-2-11}$$

令

$$\begin{aligned}\boldsymbol{M}(T)&=-\theta\boldsymbol{W}(T)+\boldsymbol{C}/\Delta t\\\boldsymbol{N}(T)&=(1-\theta)\boldsymbol{W}(T)+\boldsymbol{C}/\Delta t\end{aligned} \tag{6-2-12}$$

则式(6-2-11)可表示为

$$\begin{aligned}&\theta\boldsymbol{H}\{kT\}^{n+1}+\boldsymbol{M}(T)\boldsymbol{T}^{n+1}-\theta\boldsymbol{G}\boldsymbol{q}^{n+1}+\theta\bar{\boldsymbol{Q}}\{\sigma T^{4}\}^{n+1}\\&=\boldsymbol{N}(T)\boldsymbol{T}^{n}+(1-\theta)(\boldsymbol{G}\boldsymbol{q}^{n}-\boldsymbol{H}\{kT\}^{n}-\bar{\boldsymbol{Q}}\{\sigma T^{4}\}^{n})\end{aligned} \tag{6-2-13}$$

在第 n 时刻，各节点的温度是已知的，而 k 为温度的函数，因此也是已知的。将第 n 时刻的全部已知量代入式(6-2-13)右端各项，可得

$$\theta\boldsymbol{H}\{kT\}^{n+1}+\boldsymbol{M}(T)\boldsymbol{T}^{n+1}-\theta\boldsymbol{G}\boldsymbol{q}^{n+1}+\theta\bar{\boldsymbol{Q}}\{\sigma T^{4}\}^{n+1}=\boldsymbol{y}^{n} \tag{6-2-14}$$

式中，$\boldsymbol{y}^{n}$ 为式(6-2-13)右端各项之和。将第 $n+1$ 时刻的边界条件代入式(6-2-14)，可形成如下的代数方程组：

$$\boldsymbol{A}(T)\boldsymbol{x}^{n+1}+\boldsymbol{B}\{T^{4}\}^{n+1}=\boldsymbol{y}^{n+1} \tag{6-2-15}$$

式中，$\boldsymbol{A}(T)$ 中的 T 在非线性迭代过程中取初值或上次迭代所得的值；$\boldsymbol{x}^{n+1}$ 为第 $n+1$ 时刻的边界未知量和内部节点温度组成的列向量。

瞬态非线性导热-耦合换热问题的三类边界条件为

$$\begin{cases}T(\boldsymbol{x},t)=\bar{T}(\boldsymbol{x},t) & (\boldsymbol{x}\in\Gamma_{1})\\q(\boldsymbol{x},t)=\bar{q}(\boldsymbol{x},t) & (\boldsymbol{x}\in\Gamma_{2})\\q(\boldsymbol{x},t)=h[T(\boldsymbol{x},t)-T_{f}(\boldsymbol{x})]+\varepsilon\sigma[T^{4}(\boldsymbol{x},t)-T_{f}^{4}(\boldsymbol{x})] & (\boldsymbol{x}\in\Gamma_{3})\end{cases} \tag{6-2-16}$$

对于式(6-2-16)所示的不同类型边界条件，式(6-2-15)中矩阵 $\boldsymbol{A}$ 和 $\boldsymbol{B}$ 以及向量 $\boldsymbol{y}^{n+1}$ 的组集情况不一样。参考 4.5 节和 6.1 节系统方程组的组集分类情况，下面对式

(6-2-15)中的矩阵 $\boldsymbol{A}$ 和 $\boldsymbol{B}$ 以及向量 $\boldsymbol{y}^{n+1}$ 的组集作详细说明。

假设源点 p 位于第 i 个节点，场点 Q(或 q)位于第 j 个节点，矩阵 $\boldsymbol{A}$ 和 $\boldsymbol{B}$ 以及向量 $\boldsymbol{y}^{n+1}$ 中的元素分别记为 A_{ij}、B_{ij} 和 y_i^{n+1}，并令 y_i^{n+1} 的初始值为 $y_i^{n+1}=y_i^n$。若节点 i 和 j 位于边界上，则对应式(6-2-16)的三种边界条件情况有：

(1) 如果节点 j 所在处为第一类边界条件，则

$$\begin{aligned} A_{ij} &= -\theta G_{ij} \\ B_{ij} &= 0 \\ y_i^{n+1} &= y_i^{n+1}-\theta H_{ij}k_j(T)T_j-\theta\sigma\bar{Q}_{ij}T_j^4-M_{ij}(T)T_j \end{aligned} \tag{6-2-17}$$

(2) 如果点 j 所在处为第二类边界条件，则

$$\begin{aligned} A_{ij}(T) &= \theta k_j(T)H_{ij}+M_{ij}(T) \\ B_{ij} &= \theta\sigma\bar{Q}_{ij} \\ y_i^{n+1} &= y_i^{n+1}+\theta G_{ij}q_j \end{aligned} \tag{6-2-18}$$

(3) 如果点 j 所在处为第三类边界条件，则

$$\begin{aligned} A_{ij}(T) &= \theta k_j(T)H_{ij}+M_{ij}(T)-G_{ij}h \\ B_{ij} &= -\theta\varepsilon\sigma G_{ij}+\theta\sigma\bar{Q}_{ij} \\ y_i^{n+1} &= y_i^{n+1}-\theta G_{ij}(hT_f+\varepsilon\sigma T_f^4) \end{aligned} \tag{6-2-19}$$

若点 j 为内部点，则

$$\begin{aligned} A_{ij}(T) &= M_{ij}(T) \\ B_{ij} &= \theta\sigma\bar{Q}_{ij} \end{aligned} \tag{6-2-20}$$

当节点 i 和 j 分别为内部点和边界节点时，引入边界条件的公式与式(6-2-17)～式(6-2-19)相同；当 j 为内部点时：

$$\begin{aligned} A_{ii}(T) &= \theta k_i(T)+M_{ii}(T) \quad (i=j) \\ A_{ij}(T) &= M_{ij}(T) \qquad\qquad (i\neq j) \\ B_{ij} &= \theta\sigma\bar{Q}_{ij} \end{aligned} \tag{6-2-21}$$

6.2.3 瞬态非线性方程组的求解

式(6-2-15)为高度非线性代数方程组，因此可采用牛顿-拉弗森迭代法对其求解。对于第 $n+1$ 个时刻，m 次迭代后，式(6-2-15)的残差为

$$\boldsymbol{R}_m^{n+1}=\boldsymbol{y}_m^{n+1}-\boldsymbol{A}(T_m^{n+1})\boldsymbol{x}_m^{n+1}-\boldsymbol{B}\{T^4\}_m^{n+1} \tag{6-2-22}$$

对于第 $m+1$ 次迭代，对残差 $\boldsymbol{R}_{m+1}^{n+1}$ 采用泰勒级数展开，并令其为零，则有

$$\boldsymbol{R}_{m+1}^{n+1}=\boldsymbol{R}_m^{n+1}+\left(\frac{\partial\boldsymbol{R}}{\partial\boldsymbol{x}}\right)_m^{n+1}\Delta\boldsymbol{x}^{n+1}=\boldsymbol{0} \tag{6-2-23}$$

式(6-2-23)中的导数 $(\partial \boldsymbol{R}/\partial \boldsymbol{x})_m^{n+1}$ 可由式(6-2-22)求得

$$\left(\frac{\partial \boldsymbol{R}}{\partial \boldsymbol{x}}\right)_m^{n+1} = -\boldsymbol{A}(T_m^{n+1}) - \boldsymbol{B}[4T^3]_m^{n+1} \tag{6-2-24}$$

将式(6-2-24)代入式(6-2-23)得

$$(\boldsymbol{A}(T_m^{n+1}) + \boldsymbol{B}[4T^3]_m^{n+1})\Delta \boldsymbol{x}^{n+1} = \boldsymbol{R}_m^{n+1} \tag{6-2-25}$$

由上式解出未知量修正值 $\Delta \boldsymbol{x}^{n+1}$ 后，则未知量可更新为

$$\boldsymbol{x}_{m+1}^{n+1} = \boldsymbol{x}_m^{n+1} + \zeta \Delta \boldsymbol{x}^{n+1} \tag{6-2-26}$$

式中，$0 < \zeta \leqslant 1$ 为改善收敛性的松弛因子。

将修正的未知量代入式(6-2-22)计算新的残差，如果残差的范数小于给定的精度，则迭代结束，否则重复上述计算，进行下一步迭代，直到收敛为止。

6.3　程序介绍及算例[19]

前面介绍了导热-辐射耦合换热问题的边界元基本理论。本节将介绍相应的计算机程序，并对导热-辐射耦合换热问题进行算例分析。

6.3.1　程序介绍

导热-辐射耦合换热边界元算法的程序为 HCRBEM，是由 4.8 节非线性热传导问题程序 NLRIBEM 与 5.4 节热辐射问题程序 RADBEM 组合而成，可以进行稳态线性、稳态非线性、瞬态线性和瞬态非线性导热-辐射耦合换热分析，能考虑式(6-1-24)和式(6-2-16)所示的三类热学边界条件。此外，程序仅考虑灰体介质，并且介质吸收比 a 为常数。

程序 HCRBEM 的输入和输出数据文件名为 HCRBEM. DAT 和 HCRBEM. OUT。程序执行完毕后输出 TECPLOT 软件的绘图文件 HCRBEM. PLT。

1. 输入数据文件介绍

程序 HCRBEM 的输入数据由 13 个数据块组成，在输入数据中每一组数据都以自由格式输入并在单一的一行出现。输入数据的前 11 个数据块与 4.8 节程序的输入数据除了第 2 和 7 个数据块略有不同外，其余数据块完全相同。在数据块 11 后面增加了两个新的数据块 12 和 13，其与 5.4 节程序 RADBEM 输入数据的第 16 和 17 个数据块相同。

数据块 2（一行）：

在变量 NSOURCE 后面增加了 2 个变量，即

NSORUCE：源项标志，在程序 HCRBEM 中输入为 0；

NWAVLT：谱带模型中的谱带数，在程序 HCRBEM 中输入为 1；

NETGR：表面发射率的组数。

数据块 7 (NBE 行——每个单元一行)：

在变量 NQGRP 的最后面增加了一个变量，即

NEGRP(L)：单元 L 的表面发射率在所有指定表面发射率组中的编号。

输入数据的第 12 和 13 个数据块如下：

数据块 12 (NWAVLT×NETGR 行)：

NI：波长区间编号；

N：在波长区间 NI 的表面发射率组的编号；

FF(NI,N,1:NODE)：单元内所有节点的表面发射率。

数据块 13 (NWAVLT 行)：

WAVE1：指定波长区间的起始波长；

WAVE2：指定波长区间的结束波长；

ABSO：指定波长区间内的介质吸收比。

2. 程序及变量介绍

导热-辐射耦合换热问题的边界元程序与第 3 章的边界元程序结构框架基本相同，可参考 3.9 节的相关介绍。由于程序 HCRBEM 是由 NLRIBEM 和 RADBEM 组合而成的，因此程序 HCRBEM 中的子程序及变量与程序 NLRIBEM 和 RADBEM 中的大部分相同，可参考 4.8 节和 5.4 节的子程序及变量介绍。下面介绍导热-辐射耦合换热问题的主要子程序与变量。

(1) 子程序 EL_COEFS：

计算积分方程中的边界积分和域积分并形成式(6-1-11)、式(6-1-12)和式(6-2-4)中的系数矩阵。相关变量如下：

HH——式(6-2-4)中矩阵 $\boldsymbol{H}$；

GG——式(6-2-4)中矩阵 $\boldsymbol{G}$；

RA——式(6-1-11)中矩阵 $\widetilde{\boldsymbol{H}}$；

RB——式(6-1-11)中矩阵 $\widetilde{\boldsymbol{G}}$；

RM——式(6-1-12)中矩阵 $\boldsymbol{M}$；

RN——式(6-1-12)中矩阵 $\boldsymbol{N}$；

COEF1——式(6-1-11)中矩阵 $\widetilde{\boldsymbol{W}}$；

COEF2——式(6-1-12)中矩阵 $\boldsymbol{W}$；

COEF3——式(6-2-4)中矩阵 $\boldsymbol{Q}$；

COEF4——式(6-2-4)中矩阵 $\boldsymbol{W}(T)$；

COEFT——式(6-2-4)中矩阵 $\boldsymbol{C}$。

(2) 子程序 EVAL_HG：

采用高斯数值积分公式，计算导热-辐射耦合换热积分方程中的基本边界积分和域积分转换成的边界积分。相关变量如下：

RAST——式(6-1-4)中的 $K_{QP}(Q,P)$；

MAST—— $K_Q(Q,p)$。

(3) 子程序 INT_DOMB：

计算导热-辐射耦合换热积分方程中的域积分(采用径向积分法转换为等效边界积分)。

(4) 子程序 EL_SOLVE：

求解稳态导热-辐射耦合换热问题。基于子程序 EL_COEFS 计算得到的式(6-1-10)～式(6-1-12)中的系数矩阵，按照式(6-1-13)～式(6-1-22)的组集步骤形成系统方程组(6-1-23)，然后采用牛顿-拉弗森迭代法求解系统方程组(6-1-23)。

(5)子程序 EL_SOLVET：

求解瞬态导热-辐射耦合换热问题。基于子程序 EL_COEFS 计算得到的式(6-2-4)、式(6-1-11)和式(6-1-12)中的系数矩阵，由式(6-2-5)～式(6-2-14)组集最终系统方程组(6-2-15)，然后按照牛顿-拉弗森迭代过程式(6-2-22)～式(6-2-26)求解系统方程组(6-2-15)。

6.3.2 算例分析

1. 二维线性稳态导热-辐射耦合换热算例

如图 6-3-1 所示，一个由黑体壁面组成的尺寸为 $L\times L$ 的二维方形域，内部充满吸收比为 $a=1$ 和热导率为 $k=226.76\text{W/(m}\cdot\text{K)}$ 的半透明介质。底面温度保持为 $T_0=1000\text{K}$，其他壁面温度为 $T_1=500\text{K}$，并且四个壁面的发射率都为 $\varepsilon=1$。为了对该导热-辐射耦合换热问题进行数值分析，介质边界被离散为 40 个等间隔的线性单元，并沿 $x/L=0.5$ 的对称线上布置 9 个内部点，如图 6-3-2 所示。图 6-3-3 为辐射参与性介质的无量纲温度(T/T_0)沿对称线 $x/L=0.5$ 的分布曲线。通过与谱元法[13]的结果进行比较，可以看出两者吻合很好，表明 HCRBEM 法可以准确分析线性导热-辐射耦合换热问题。

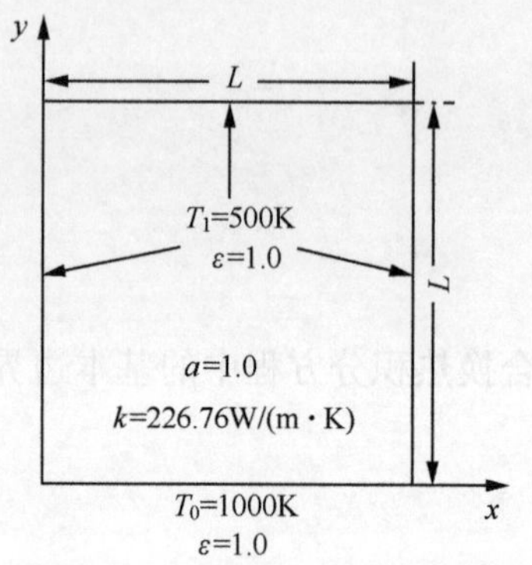

图 6-3-1　二维方形域及边界条件

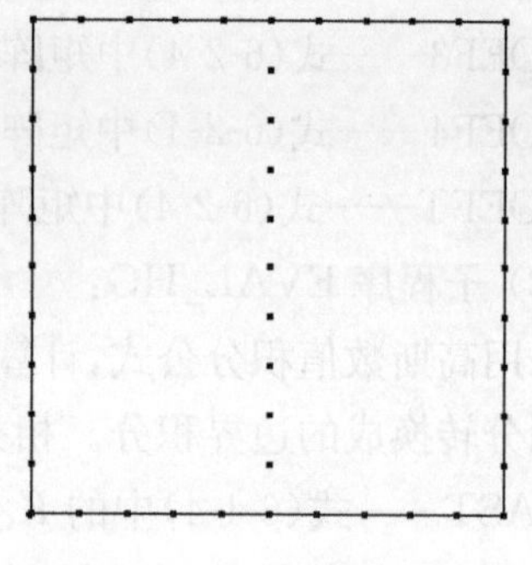

图 6-3-2　边界单元网格

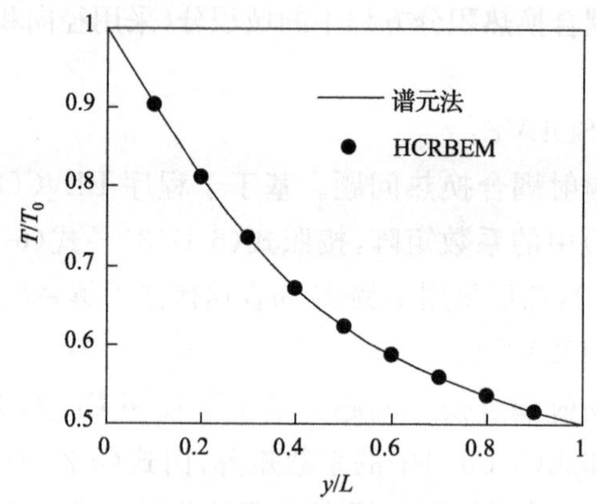

图 6-3-3　沿对称线 $x/L=0.5$ 的无量纲温度分布曲线

2. 三维线性稳态导热-辐射耦合换热算例

本算例考虑充满半透明吸收、发射介质的圆柱形区域，其边界条件为：周围壁面发射率为 $\varepsilon=0.8$，上表面温度为 1500K，下表面温度为 750K，侧面绝热。参与性介质的热导率为 226.76W/(m·K)。边界单元模型如图 6-3-4 所示，圆柱体表面划分成 224 个四节点四边形单元，226 个边界节点，并沿对称轴布置 21 个内部点。图 6-3-5 表示介质吸收比分别为 $a=0.2$、0.4 和 1.0 时的圆柱边界温度分布云图。图 6-3-6 和图 6-3-7 分别为介质温度沿圆柱体对称轴和柱面 z 方向的分布曲线图(介质吸收比为 $a=0.2$、0.4 和 1.0)。

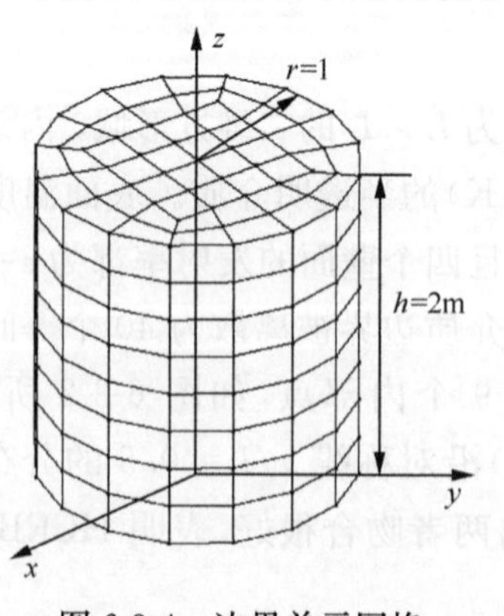

图 6-3-4　边界单元网格

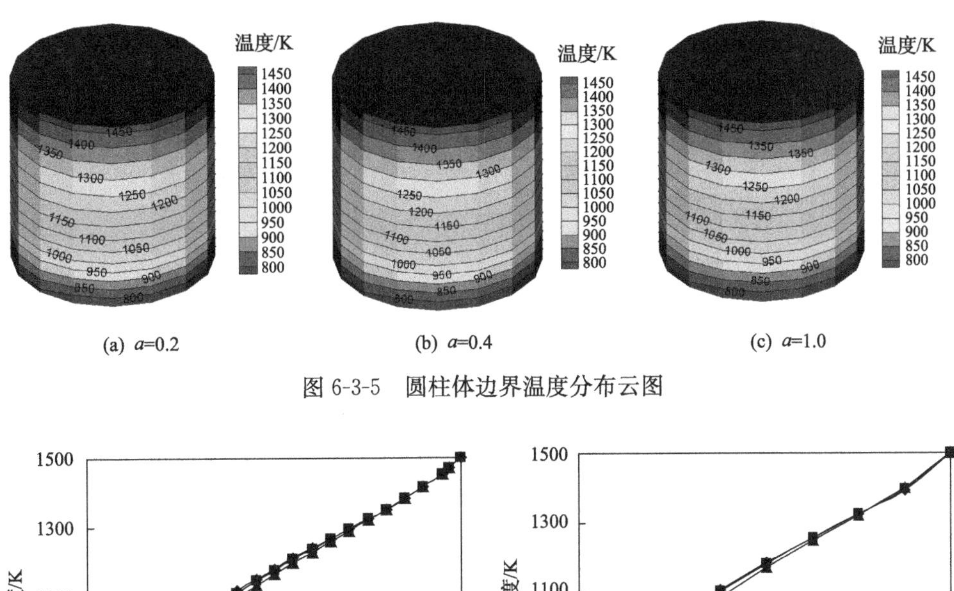

(a) a=0.2　(b) a=0.4　(c) a=1.0

图 6-3-5　圆柱体边界温度分布云图

图 6-3-6　沿圆柱体对称轴方向的温度分布曲线

图 6-3-7　沿柱面 z 方向的温度分布曲线

3. 二维非线性稳态导热-辐射耦合换热算例

考虑充满吸收、发射介质的黑体壁面平行平板间的导热-辐射耦合换热问题。大部分数值方法都将此类问题简化为一维问题进行计算。本书将其简化成尺寸为 1m×1m 的二维问题(简化模型如图 6-3-8 所示),上下两平板为给定温度 $T_1=100\text{K}$ 和 $T_0=1000\text{K}$,另外两个边界为对称边界条件,即热通量为 0。平板间的半透明介质为灰介质,其吸收比和热导率分别为 $a=1$ 和 $k(y)=226.76-0.1T(y)$ (W/(m·K))。边界单元网格模型如图 6-3-9 所示,正方形区域的边界划分为 40 个等间隔的线性边界单元,并在区域内部布置 27 个节点。

由于没有此类非线性导热-辐射耦合换热问题的解析解和其他数值解,将热导率 $k=226.76$ W/(m·K)的线性导热-辐射耦合换热计算结果与非线性条件下的计算结果进行比较。此外,使用谱元法[13]的计算结果来验证 HCRBEM 计算线性导热-辐射耦合换热问题的正确性。

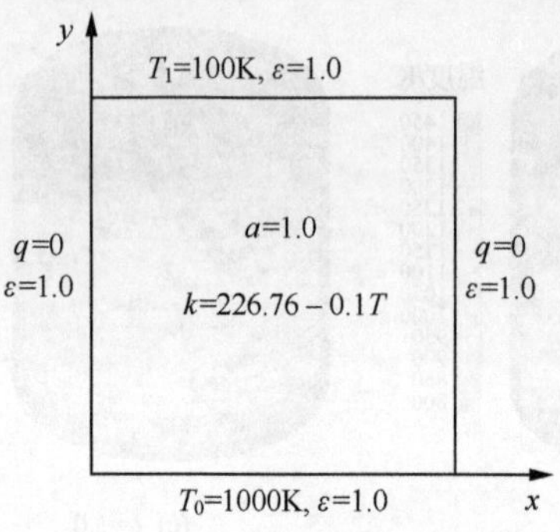

图 6-3-8　二维正方形简化模型

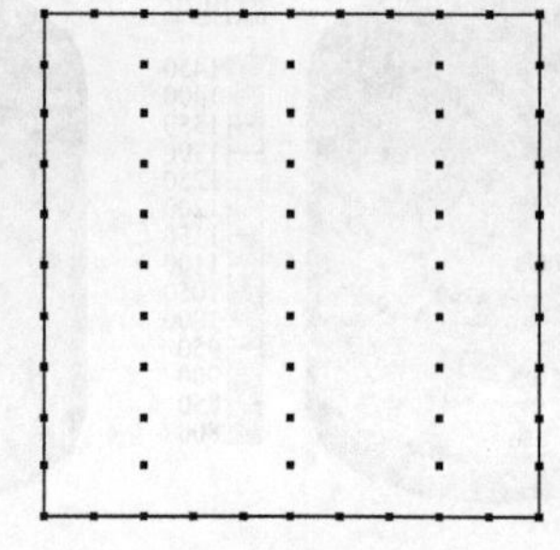

图 6-3-9　边界单元网格模型

表 6-3-1 列出了两平板间灰介质的无量纲温度（T/T_0）沿正方形区域左边界的分布情况，图 6-3-10 为相应的灰介质无量纲温度（T/T_0）分布曲线。在线性导热-辐射耦合换热分析中，谱元法采用的是一维假设，而 HCRBEM 采用的是二维假设，两者的最大误差不超过 4％，说明 HCRBEM 法在求解线性耦合换热问题时具有一定的精度。根据非线性热导率 k 与介质温度 T 的关系和热传导的热通量定义可知，在温度较大一侧（$y=0$，$T/T_0=1$），热导率 k 最小，温度曲线的斜率应该最大。同理，在温度较小一侧（$y=1$，$T/T_0=0.1$），热导率 k 最大，温度曲线的斜率应该最小。因此，介质温度曲线的斜率沿 y 方向应该逐渐变小，温度曲线应该是向下弯曲，而中间各点处的温度应该小于线性假设下的温度值。图 6-3-10 所示的非线性耦合换热曲线正是这样一条向下弯曲的曲线，表明 HCRBEM 方法的计算结果是正确的。

表 6-3-1　两平行平板之间无量纲温度（T/T_0）

y 坐标/m	谱元法（线性）	HCRBEM（线性）	HCRBEM（非线性）
0.1	0.9137	0.9104	0.8848
0.2	0.8284	0.8212	0.7778
0.3	0.7427	0.7314	0.6782
0.4	0.6558	0.6411	0.5831
0.5	0.5674	0.5507	0.4932
0.6	0.4772	0.4604	0.4076
0.7	0.3852	0.3702	0.3260
0.8	0.2915	0.2802	0.2479
0.9	0.1964	0.1903	0.1729

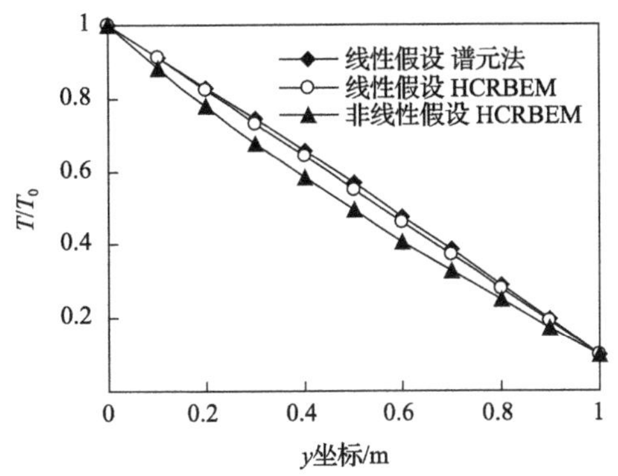

图 6-3-10　两平板间无量纲温度(T/T_0)分布曲线

4. 三维非线性稳态导热-辐射耦合换热算例

本算例将上述二维问题扩展为三维问题，即考虑一个长、宽、高都为 1m 的立方体区域，上下表面温度分别为 T_1=100K 和 T_0=1000K，四个侧面为对称绝热条件(q=0)，如图 6-3-11 所示。材料的吸收比和热导率仍为 $a=1$ 和 $k(y)=226.76-0.1T(y)$(W/(m·K))。边界单元网格模型如图 6-3-12 所示，立方体的每个表面划分成 100 个四节点单元，总共 600 个单元，602 个边界节点，并在内部均匀布置 64 个节点。

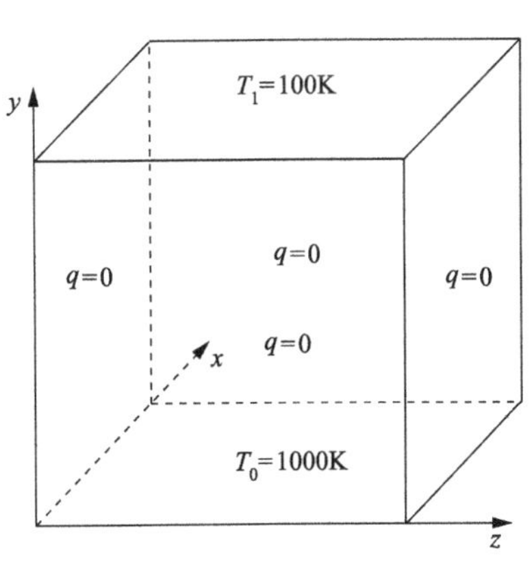

图 6-3-11　三维简化模型

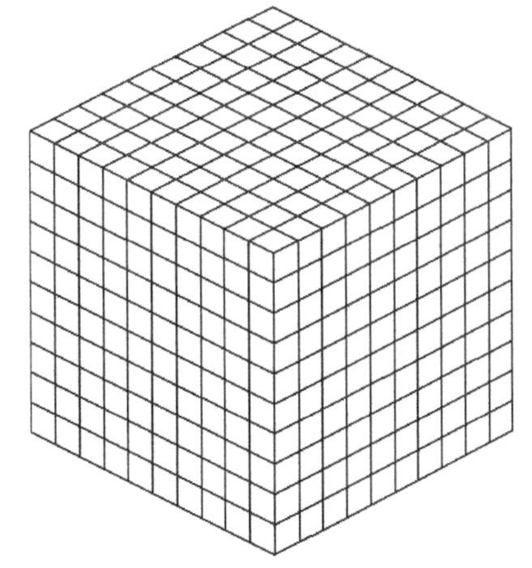

图 6-3-12　边界单元网格模型

表 6-3-2 列出了二维与三维模型的灰介质无量纲温度 T/T_0 的分布以及两者间的相对误差。图 6-3-13 为两者的温度分布曲线。从表 6-3-2 可以看出，三维和二维模型计算结果的最大相对误差为 0.6869%，说明 HCRBEM 对于三维稳态非线性导热-辐射耦合换热分析也具有较好的精度。图 6-3-14 为灰体介质的温度分

布云图。

表 6-3-2　二维和三维模型的无量纲温度(T/T_0)分布

y 坐标/m	二维结果	三维结果	相对误差/%
0.1	0.8848	0.8864	0.1808
0.2	0.7778	0.7810	0.4114
0.3	0.6782	0.6817	0.5161
0.4	0.5831	0.5867	0.6174
0.5	0.4932	0.4965	0.6691
0.6	0.4076	0.4104	0.6869
0.7	0.3260	0.3282	0.6748
0.8	0.2479	0.2495	0.6454
0.9	0.1729	0.1737	0.4627

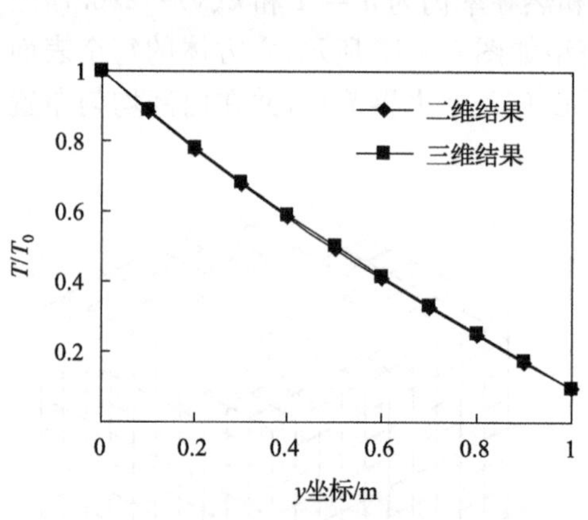

图 6-3-13　二维和三维模型的无量纲温度(T/T_0)分布曲线

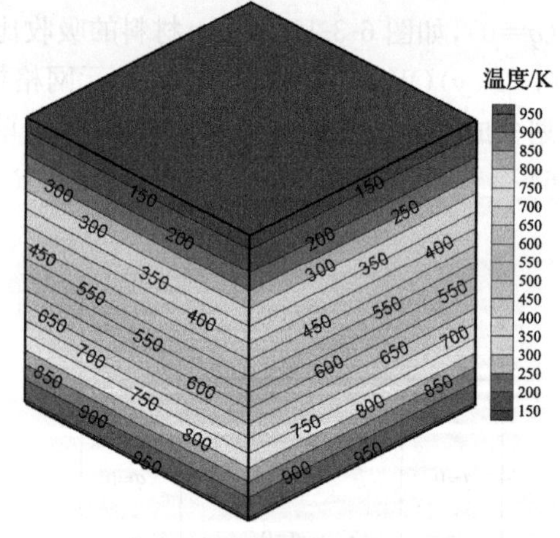

图 6-3-14　三维模型的温度分布云图

5. 二维非线性瞬态导热-辐射耦合换热算例

考虑一个尺寸为 1m × 1m 的充满灰介质的正方形区域(图 6-3-15),对其进行瞬态非线性导热-辐射耦合换热分析。介质的密度 $\rho = 100\text{kg/m}^3$,比热容 $c = 100\text{J/(kg} \cdot \text{K)}$,热导率随温度变化的函数为 $k(y) = 226.76 - 0.1T(y)$(W/(m·K)),吸收比 $a = 1$。左右边界为绝热条件,上边界温度为 100K,下边界与环境之间存在对流换热和辐射换热两种热量交换方式,其中环境温度 $T_f = 1000\text{K}$,对流换热系

数 $h=200\text{W}/(\text{m}^2\cdot\text{K})$，表面发射率 $\varepsilon=1$。平板各处初始温度为 100K。

平板的边界单元网格如图 6-3-16 所示，整个边界划分为 40 个等间距的线性单元，总共 40 个边界节点和 81 个内部节点。

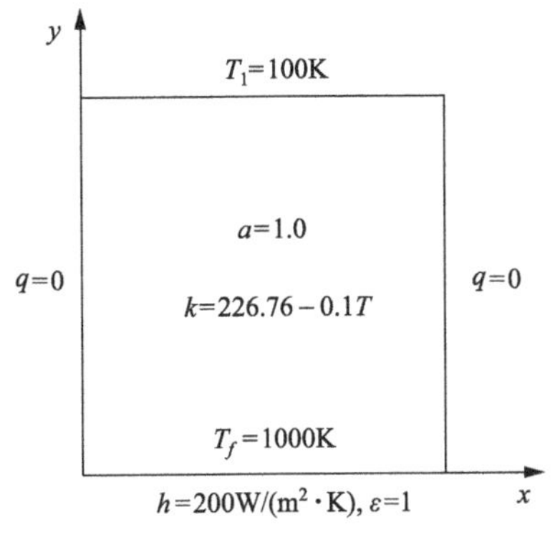

图 6-3-15　二维平板模型

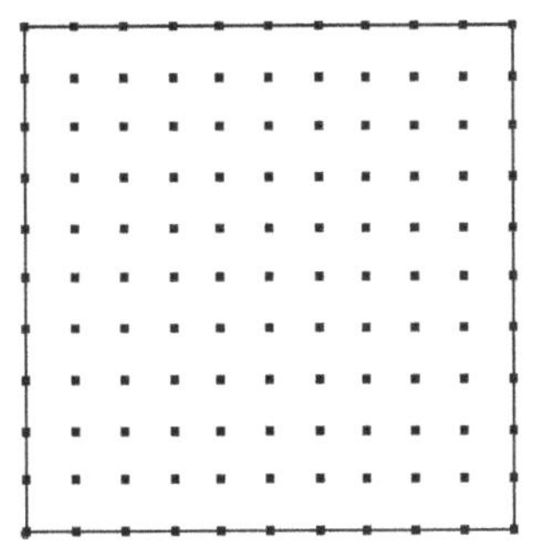

图 6-3-16　边界单元网格模型

图 6-3-17(a)、图 6-3-18(a)和图 6-3-19(a)分别为 5s、10s 和 80s 时导热-辐射耦合换热计算得到的温度分布云图。图 6-3-20 为平板底面温度随时间的变化曲线，计算结果表明大约 60s 时平板传热已基本处于稳定状态。由于无解析解和数值解进行比较，采用 4.5 节介绍的方法对该问题进行瞬态非线性热传导分析，图 6-3-17(b)、图 6-3-18(b)和图 6-3-19(b)给出了其在相应时刻的计算结果。图 6-3-21 为 5s 和 10s 时导热-辐射耦合换热与仅考虑热传导作用下温度沿 $x=0.5$ 处 y 方向的变化曲线。从图 6-3-17、图 6-3-18 和图 6-3-21 可以看出，在有热辐射参与热量传递时，热量沿平板 y 方向内的传递比仅考虑热传导作用时要快一些。从图 6-3-19 可以看出在有热辐射参与条件下，当达到稳定状态时，平板各位置的温度比没有热辐射作用条件下要小一些。

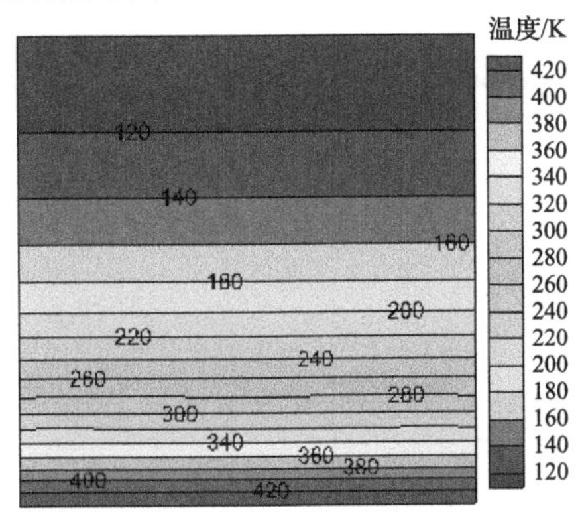

(a) 导热-辐射耦合换热

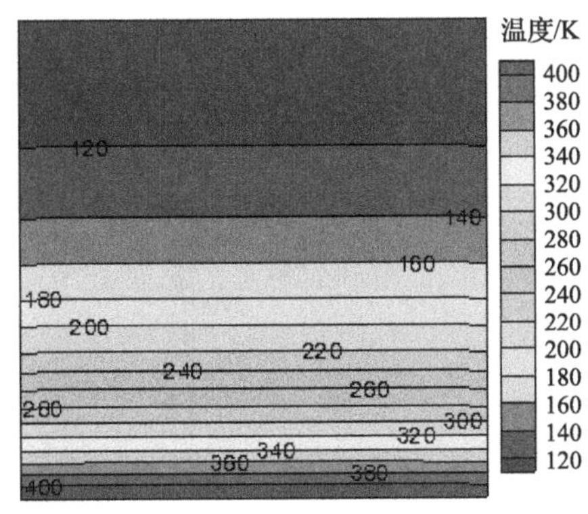

(b) 热传导

图 6-3-17　5s 时温度分布云图

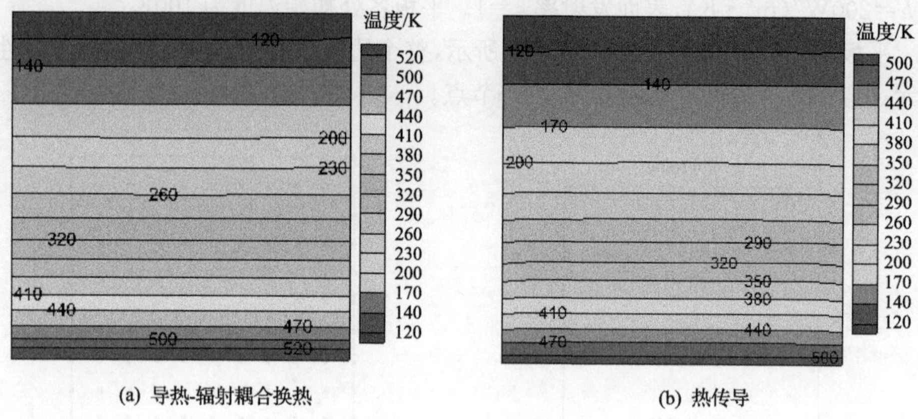

图 6-3-18　10s 时温度分布云图

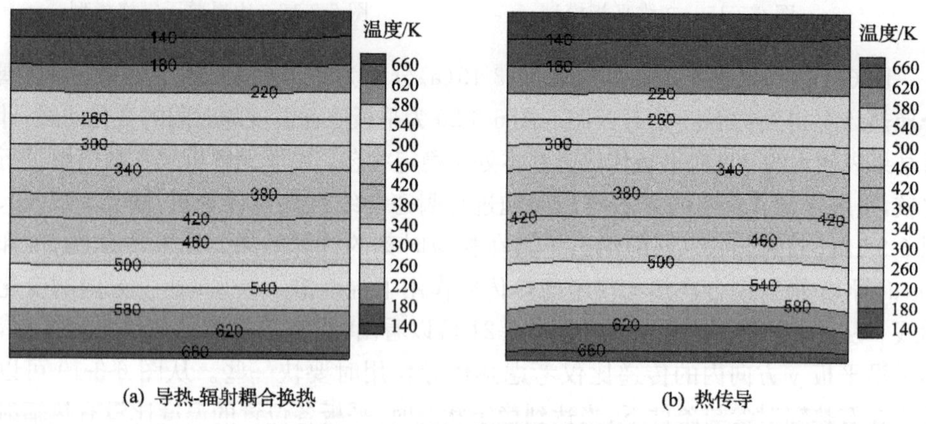

图 6-3-19　80s 时温度分布云图

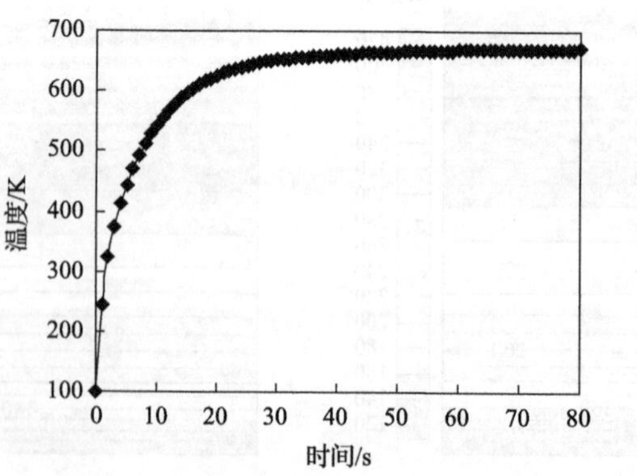

图 6-3-20　平板底面温度随时间的变化曲线

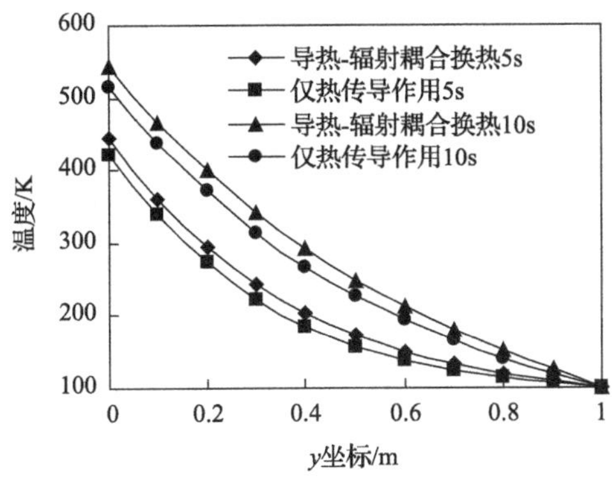

图 6-3-21　不同时刻平板沿 y 方向的温度曲线

图 6-3-22 为瞬态导热-辐射耦合换热达到稳定状态的计算结果与直接稳态分析的计算结果对比曲线图。从图中可以看出两者吻合很好，证明了非线性瞬态导热-辐射耦合换热计算结果的正确性。

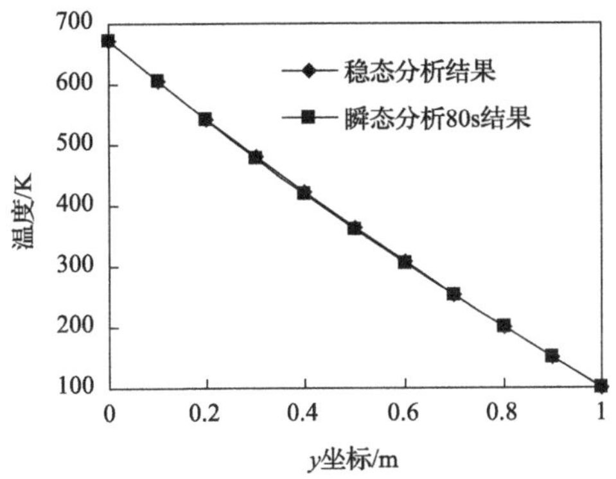

图 6-3-22　80s 时平板沿 y 方向的温度曲线

6. 三维非线性瞬态导热-辐射耦合换热算例

将上述瞬态二维算例扩展为三维算例，几何模型与边界单元网格模型如图 6-3-11和图 6-3-12 所示。材料参数与二维瞬态非线性导热-耦合辐射问题一样。边界条件：侧面绝热；上表面温度 $T_1=100\text{K}$；下表面的环境温度 $T_f=1000\text{K}$，对流换热系数 $h=200\text{W}/(\text{m}^2\cdot\text{K})$，表面发射率 $\varepsilon=1$。立方体的初始温度为 100K。

图 6-3-23 为 $t=5\text{s}$、10s 和 80s 时立方体的温度分布云图。从图中可以看出，随着时间的推进，热量逐步由立方体下表面传递到上表面，并且达到稳定状态之后(图 6-3-23(c))，参与性介质的温度均匀分布。

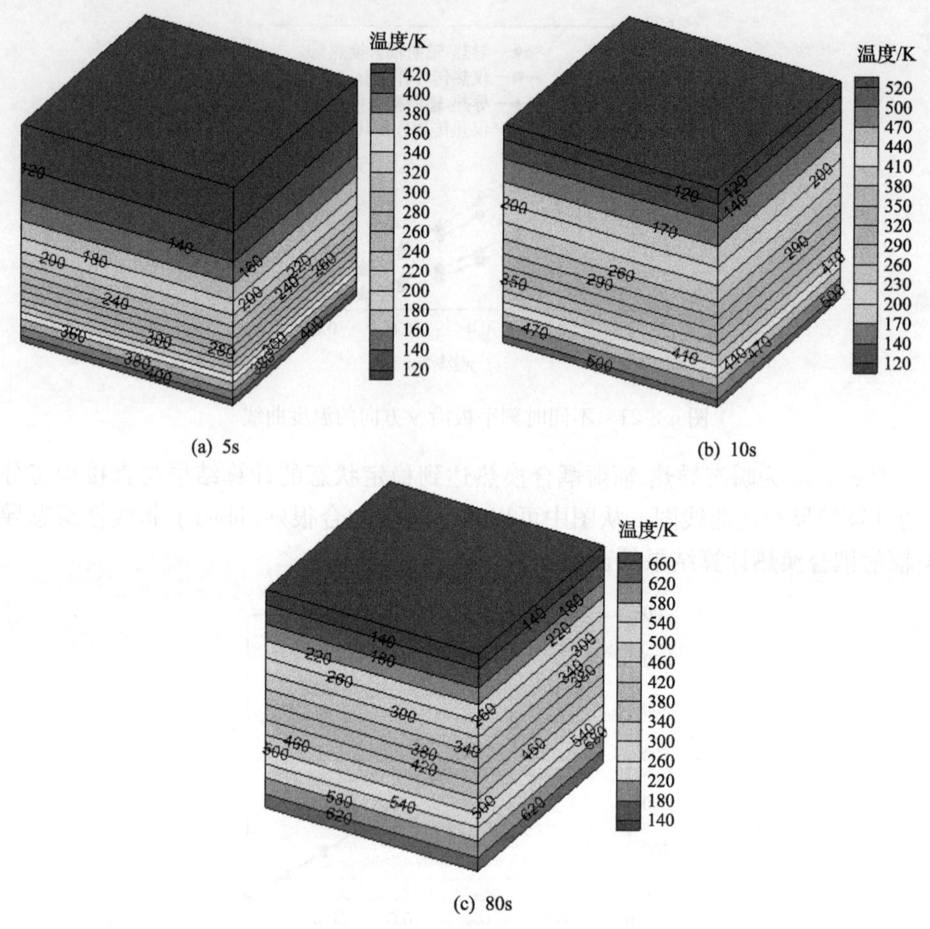

(a) 5s　　(b) 10s　　(c) 80s

图 6-3-23　温度分布云图

本算例与上述二维问题具有相同的材料参数及边界条件，因此可与二维问题的计算结果进行比较，表 6-3-3 详细列出了 $t=5\text{s}$、10s、80s 时，二维模型和三维模型的计算温度分别沿 $x=0.5$ 处和 $x=0.5$、$z=0$ 处 y 方向的分布，以及两者的相对误差。图 6-3-24 为相应的不同时刻温度分布曲线图。从表 6-3-3 和图 6-3-24 可以看出，二维和三维模型的计算结果非常接近，相对误差都小于 0.5%。另外，在稳定状态 80s 时，二维模型上边界的热通量和三维模型上表面的热通量分别为 -1.077125×10^5 和 -1.084590×10^5，相对误差为 0.69%。

表 6-3-3　二维和三维模型 5s、10s 和 80s 时的温度

y/m	5s			10s			80s		
	二维/K	三维/K	相对误差/%	二维/K	三维/K	相对误差/%	二维/K	三维/K	相对误差/%
0	443.98	443.79	0.04	543.67	542.92	0.14	671.03	668.76	0.34
0.1	361.43	362.23	0.22	466.36	466.66	0.06	604.46	603.13	0.22
0.2	295.59	296.30	0.24	399.66	400.23	0.14	540.52	540.21	0.06
0.3	243.29	244.04	0.31	341.71	342.55	0.25	478.90	479.34	0.09
0.4	202.96	203.52	0.28	291.91	292.73	0.28	419.51	420.33	0.20
0.5	172.30	172.70	0.23	249.03	249.79	0.31	362.15	363.12	0.27
0.6	149.36	149.60	0.16	212.02	212.67	0.31	306.65	307.63	0.32
0.7	132.28	132.38	0.08	179.76	180.25	0.27	252.82	253.70	0.35
0.8	119.31	119.35	0.03	151.07	151.42	0.23	200.52	201.23	0.35
0.9	109.11	109.02	0.08	124.92	125.05	0.10	149.62	150.06	0.29
1.0	100.00	100.00	0.00	100.00	100.00	0.00	100.00	100.00	0.00

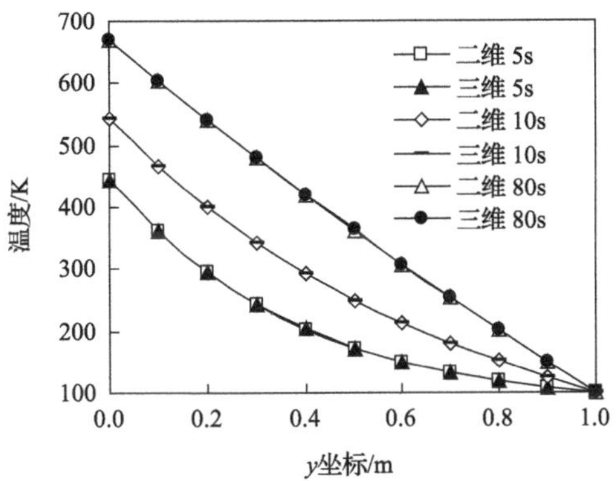

图 6-3-24　5s、10s 和 80s 时二维和三维模型温度沿 y 方向的分布曲线

参 考 文 献

[1] Furmanski P, Banaszek J. Finite element analysis of concurrent radiation and conduction in participating media. Journal of Quantitative Spectroscopy and Radiative Transfer, 2004, 84(4): 563—573.

[2] Lee K H, Viskanta R. Two-dimensional combined conduction and radiation heat transfer: Comparison of the discrete ordinates method and the diffusion approximation methods. Numerical Heat Transfer, Part A: Applications, 2001, 39(3): 205—225.

[3] Lacroix D, Parent G, Asllanaj F, et al. Coupled radiative and conductive heat transfer in a non-grey absorbing and emitting semitransparent media under collimated radiation. Journal of Quantitative

Spectroscopy and Radiative Transfer，2002，75(5)：589—609.

[4] 贺志宏，谈和平，刘林华. 有限体积法解多场耦合下散射性非灰介质内的辐射换热. 化工学报，2001，52(5)：434—439.

[5] Luo J F，Chang S L，Yang J K，et al. Conduction and radiation in a rectangular isotropic scattering medium with black surfaces by the RTNAM. International Journal of Heat Mass Transfer，2009，52(21—22)：5064—5071.

[6] Mondal B，Mishra S C. The lattice Boltzmann method and the finite volume method applied to conduction-radiation problems with heat flux boundary conditions. International Journal for Numerical Methods in Engineering，2009，78(2)：172—195.

[7] Brebbia C A，Dominguez J. Boundary Elements：An Introductory Course. Third Edition. Boston：Computational Mechanics Publications，1992.

[8] Banerjee P K. Boundary Element Method. New York：McGraw-Hill Book Co.，1992.

[9] Gao X W，Davies T G. Boundary Element Programming in Mechanics. Cambridge：Cambridge University Press，2002.

[10] Divo E A，Kassab A J. Boundary Element Methods for Heat Conduction with Applications in Non-homogeneous Media. Southampton：WIT Press，2003.

[11] Gao X W. A meshless BEM for isotropic heat conduction problems with heat generation and spatially varying conductivity. International Journal for Numerical Methods in Engineering，2006，66(9)：1411—1431.

[12] Yang K，Gao X W. Radial integration BEM for transient heat conduction problems. Engineering Analysis with Boundary Elements，2010，34(6)：557—563.

[13] 王静，高效伟. 热辐射问题的边界元算法. 导弹与航天运载技术，2011，34(1)：46—53.

[14] Bialecki R A. Solving Heat Radiation Problems Using the Boundary Element Method. Boston：Computational Mechanics Publications，1993.

[15] 高效伟，王静，崔苗. 辐射-导热耦合换热边界元算法. 中国科学：物理学 力学 天文学，2011，41(3)：302—308.

[16] Gao X W. The radial integration method for evaluation of domain integrals with boundary-only discretization. Engineering Analysis with Boundary Element，2002，26(10)：905—916.

[17] 刘林华，赵军明，谈和平. 辐射传递方程数值模拟的有限元和谱元法. 北京：科学出版社，2008.

[18] 刘伟，周怀春，杨昆，等. 辐射介质传热. 北京：中国电力出版社，2009.

[19] 王静. 飞行器热防护系统典型结构辐射传热边界元算法研究. 南京：东南大学博士学位论文，2011.

第 7 章　弹性力学问题

本章介绍弹性力学问题的边界元解法。首先介绍弹性力学的基本概念、基本方程以及边界条件定解问题，然后导出弹性力学问题的边界积分方程，接着详细介绍用线性单元和二次单元将边界离散化后的边界元计算公式，并进一步介绍强奇异积分的处理、边界应力的计算、体积力的处理以及热弹性力学问题的边界元法等内容，最后对程序和若干验证算例进行介绍。

7.1　弹性力学基本方程

本节介绍弹性体在载荷作用下线性响应的控制方程，只对弹性力学中涉及的基本概念、常用物理量和基本方程进行简要的介绍，这在很大程度上已经能够满足一般工程问题的需要。当然，有很多很好的弹性力学方面的著作要比本节所给出的介绍详尽得多，有兴趣的读者可参阅相关书籍[1,2]。

7.1.1　基本概念

1. 位移

假设弹性体在承受载荷过程中仍保持连续性(即没有断层，也没有裂缝出现)，在图 7-1-1 所示右手正交坐标系下，位移 $\boldsymbol{u}$ 可以分解为三个方向的分量：u_x、u_y 和 u_z，或者更为简单地表示为 u_1、u_2 和 u_3，写成张量形式为 u_i。

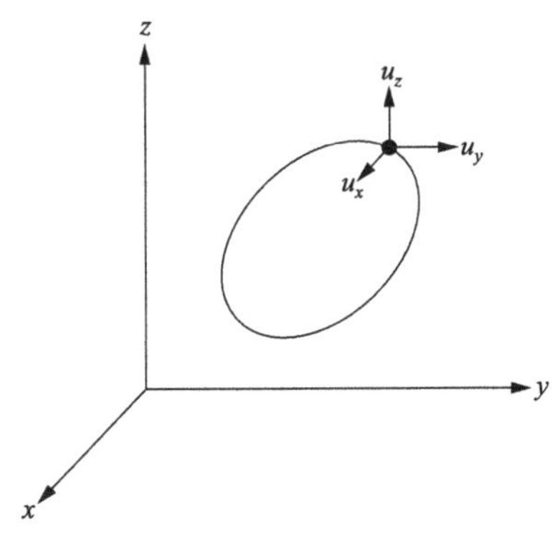

图 7-1-1　右手正交坐标系的位移分量

2. 应变

假设载荷作用下发生的变形充分地小，那么相应的应变张量 ε_{ij} 可以定义为

$$\varepsilon_{ij} = (u_{i,j} + u_{j,i})/2 \tag{7-1-1}$$

如果两个下标相等，则上式中的应变分量为正应变，如 $i = j = 2 \equiv y$，则由式(7-1-1)可写出 y 方向的正应变为

$$\varepsilon_{yy} = \frac{\partial u_y}{\partial y} \tag{7-1-2}$$

当两个下标不相等时，式(7-1-1)中的应变分量为剪切应变，如 $i = 2 \equiv y$，而 $j = 3 \equiv z$，则由式(7-1-1) 可写出 y-z 平面内的剪应变分量为

$$\varepsilon_{yz} = \frac{1}{2}\left(\frac{\partial u_y}{\partial z} + \frac{\partial u_z}{\partial y}\right) \tag{7-1-3}$$

对于习惯于工程剪切应变定义的人，式(7-1-3)所示的剪应变可能有点陌生。因为在工程学剪切应变公式中没有 1/2，即这里所定义的剪应变是工程学中剪应变的一半，这样做是为了能够将弹性力学基本方程中的应变写成统一的张量形式。

3. 应力

应力可以简单地定义为“单位面积上的力”，在图 7-1-1 所示的正交坐标系下，某微小的平行六面体内，应力张量 σ_{ij} 的各分量如图 7-1-2 所示。其中，下标中的第一个量表示应力作用面的外法线方向，第二个量表示应力的作用方向，当 $i = j$ 时为正应力，$i \neq j$ 时为剪应力。

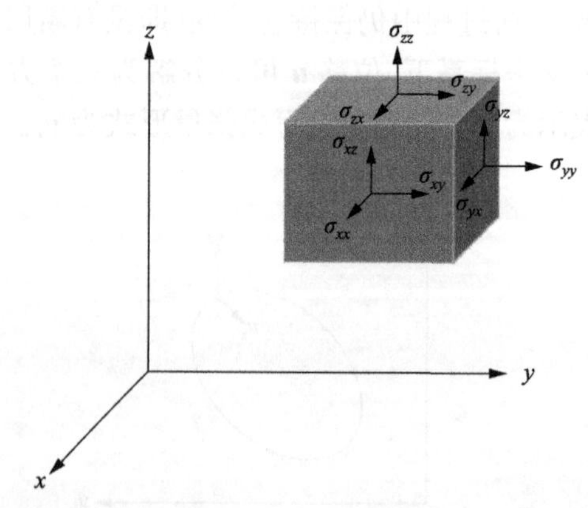

图 7-1-2　应力张量

根据定义，假定表面拉伸应力为正。如图 7-1-2 所示，根据无限小平行六面体的力矩平衡关系，可导出剪应力的对称关系[3-5]：

$$\begin{aligned} \sigma_{xy} &= \sigma_{yx} \\ \sigma_{yz} &= \sigma_{zy} \\ \sigma_{zx} &= \sigma_{xz} \end{aligned} \tag{7-1-4}$$

写成张量形式为

$$\sigma_{ij} = \sigma_{ji} \tag{7-1-5}$$

上述剪切应力的对称关系与剪切应变表达式，在后面的推导中会经常用到，不再作特殊说明。

7.1.2　基本方程

1. 面力-应力关系

在弹性体的边界上，单位面积的外力 t 称为表面力，简称面力。在三维问题中面力 t 有三个分量，即 t_x、t_y 和 t_z，或简单地写为 t_i。根据无限小四面体的力的平衡关系[3,4]，可导出面力与应力的关系式为

$$\begin{aligned} t_1 &= \sigma_{11}n_1 + \sigma_{12}n_2 + \sigma_{13}n_3 \\ t_2 &= \sigma_{21}n_1 + \sigma_{22}n_2 + \sigma_{23}n_3 \\ t_3 &= \sigma_{31}n_1 + \sigma_{32}n_2 + \sigma_{33}n_3 \end{aligned} \tag{7-1-6}$$

或统一写成张量形式为

$$t_i = \sigma_{ij}n_j \tag{7-1-7}$$

式中，n_j 为边界表面单位外法线方向的方向余弦。

2. 应力-应变关系

对于各向同性线弹性材料，应力和应变之间的关系遵循广义胡克定律，其代数表达式可以写为

$$\begin{aligned} \varepsilon_{xx} &= \frac{1}{E}[\sigma_{xx} - \nu(\sigma_{yy} + \sigma_{zz})] \\ \varepsilon_{yy} &= \frac{1}{E}[\sigma_{yy} - \nu(\sigma_{zz} + \sigma_{xx})] \\ \varepsilon_{zz} &= \frac{1}{E}[\sigma_{zz} - \nu(\sigma_{xx} + \sigma_{yy})] \end{aligned} \tag{7-1-8}$$

式中，E 和 ν 分别为杨氏模量和泊松比。

剪切应力和剪切应变之间的关系通过剪切模量 μ 来表示：

$$\begin{aligned} \varepsilon_{xy} &= \sigma_{xy}/(2\mu) \\ \varepsilon_{yz} &= \sigma_{yz}/(2\mu) \\ \varepsilon_{zx} &= \sigma_{zx}/(2\mu) \end{aligned} \tag{7-1-9}$$

三个材料常数 (E,μ,ν) 中有两个是独立的，它们之间有如下关系：

$$\mu=\frac{E}{2(1+\nu)} \tag{7-1-10}$$

在弹性理论的某些应用中，也经常使用其他材料常数，如体积模量（也称体积膨胀模量）：

$$K=\frac{E}{3(1-2\nu)} \tag{7-1-11}$$

拉梅常数：

$$\lambda=\frac{2\mu\nu}{(1-2\nu)}=\frac{\nu E}{(1+\nu)(1-2\nu)} \tag{7-1-12}$$

式(7-1-8)可以转换为

$$\begin{aligned}\sigma_{xx}&=\lambda e+2\mu\varepsilon_{xx}\\ \sigma_{yy}&=\lambda e+2\mu\varepsilon_{yy}\\ \sigma_{zz}&=\lambda e+2\mu\varepsilon_{zz}\end{aligned} \tag{7-1-13}$$

式中，e 为体积应变，定义式为

$$e=\varepsilon_{xx}+\varepsilon_{yy}+\varepsilon_{zz}=\varepsilon_{kk} \tag{7-1-14}$$

观察式(7-1-13)等号右边第二项与等号左边量的对应关系，可使用克罗内克 δ 符号将广义胡克定律统一写为如下的张量形式：

$$\sigma_{ij}=\lambda\delta_{ij}\varepsilon_{kk}+2\mu\varepsilon_{ij} \tag{7-1-15}$$

有时为了方便，可将上式进一步表示为

$$\sigma_{ij}=D^{e}_{ijkl}\varepsilon_{kl} \tag{7-1-16}$$

式中，D^{e}_{ijkl} 为弹性本构张量（也称弹性张量），其表达式为

$$D^{e}_{ijkl}=\lambda\delta_{ij}\delta_{kl}+\mu(\delta_{ik}\delta_{jl}+\delta_{il}\delta_{jk}) \tag{7-1-17}$$

由上列各式可以看出，应力和应变张量为对称张量；D^{e}_{ijkl} 也有对称性，即

$$D^{e}_{ijkl}=D^{e}_{jikl}=D^{e}_{ijlk}=D^{e}_{klij}$$

3. Navier-Cauchy 应力平衡方程

考虑物体内部一个无限小的六面体单元，由三个方向力的平衡条件可以导出关于应力张量的 Navier-Cauchy 应力方程：

$$\sigma_{ij,i}+b_j=0 \tag{7-1-18}$$

式中，b_j 表示单位体积内第 j 个方向的体积力。

将位移-应变关系式(7-1-1)和胡克定律式(7-1-15)代入式(7-1-18)，并考虑到应力张量的对称性，可得

$$\mu u_{i,jj} + (\lambda + \mu) u_{j,ji} + b_i = 0 \tag{7-1-19}$$

也可以写成

$$\begin{cases} (\lambda + 2\mu) \dfrac{\partial^2 u_x}{\partial x^2} + \mu\left(\dfrac{\partial^2 u_x}{\partial y^2} + \dfrac{\partial^2 u_x}{\partial z^2}\right) + (\lambda + \mu)\left(\dfrac{\partial^2 u_y}{\partial y \partial x} + \dfrac{\partial^2 u_z}{\partial z \partial x}\right) + b_x = 0 \\ (\lambda + 2\mu) \dfrac{\partial^2 u_y}{\partial y^2} + \mu\left(\dfrac{\partial^2 u_y}{\partial x^2} + \dfrac{\partial^2 u_y}{\partial z^2}\right) + (\lambda + \mu)\left(\dfrac{\partial^2 u_x}{\partial x \partial y} + \dfrac{\partial^2 u_z}{\partial z \partial y}\right) + b_y = 0 \\ (\lambda + 2\mu) \dfrac{\partial^2 u_z}{\partial z^2} + \mu\left(\dfrac{\partial^2 u_z}{\partial x^2} + \dfrac{\partial^2 u_z}{\partial y^2}\right) + (\lambda + \mu)\left(\dfrac{\partial^2 u_x}{\partial x \partial z} + \dfrac{\partial^2 u_y}{\partial y \partial z}\right) + b_z = 0 \end{cases} \tag{7-1-20}$$

式(7-1-20)加上充分的边界条件，就可以确定各向同性线弹性体的位移场。

7.1.3　平面问题

在弹性力学中，有些问题可以简化为平面问题。主要有以下三种类型：①平面应变；②平面应力；③轴对称问题。

平面应变问题是指被分析的物体沿某一方向没有变形的问题，例如，土木工程中的一段长筑堤(图 7-1-3)，就是一种典型的平面应变问题。

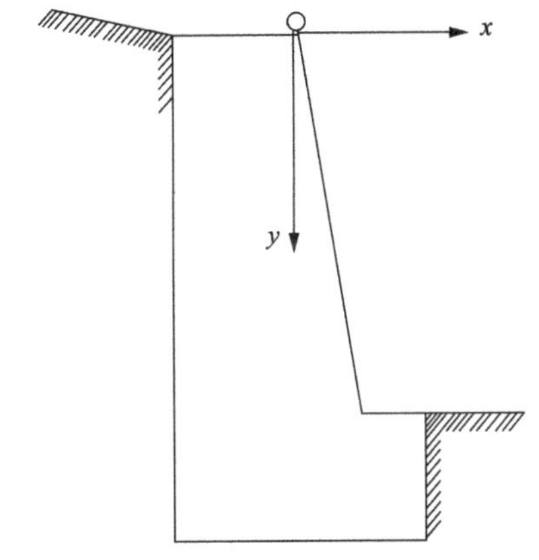

图 7-1-3　平面应变问题

平面应力问题是指被分析的物体在某一方向应力为零的问题，例如，很薄的等厚度薄板，只在板边上受平行于板面且不沿厚度变化的载荷，同时，体力也平行于板面且不沿厚度变化，如图 7-1-4 所示。

另外，许多工程结构(如管道、压力容器等)是沿某一根轴对称的，如图 7-1-5 所示。如果施加的载荷也不随圆周角 θ 变化，那么，该问题就可以简化为 (r,z) 平面内的轴对称问题。

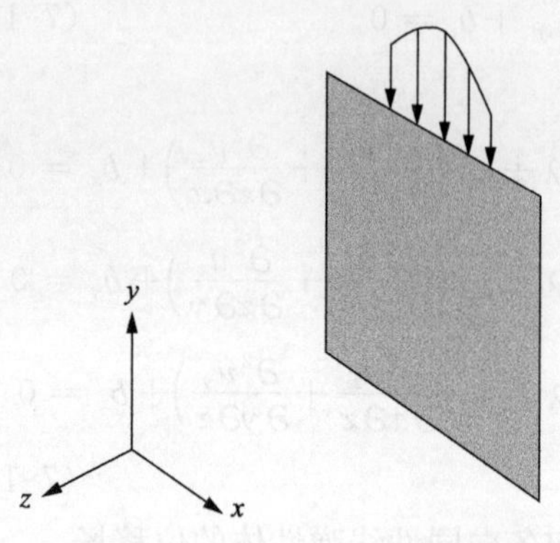

图 7-1-4　平面应力问题示例

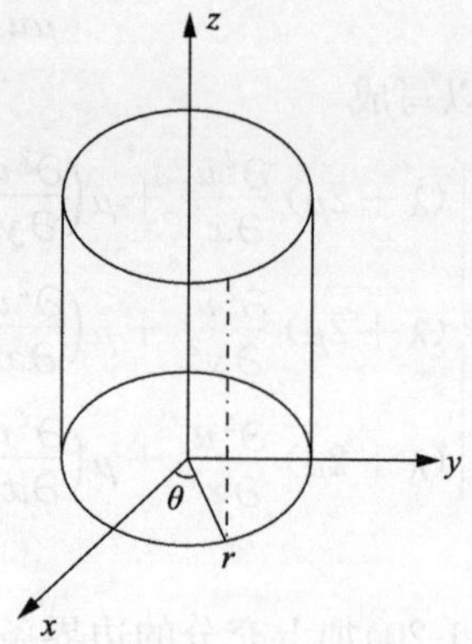

图 7-1-5　轴对称问题示例

在这三类平面假设下，弹性力学基本方程都可以作相应的简化，下面逐一介绍。

1. 平面应变问题

图 7-1-3 所示的问题中，沿坐标轴 z 方向的位移为零，这时，有 $u_3=0$ 和 $\varepsilon_{33}=\varepsilon_{32}=\varepsilon_{31}=0$。根据这些关系，可由式(7-1-15)写出如下简化关系式：

$$\begin{aligned}
&\sigma_{11}=\lambda(\varepsilon_{11}+\varepsilon_{22})+2\mu\varepsilon_{11}\\
&\sigma_{12}=\sigma_{21}=2\mu\varepsilon_{12}\\
&\sigma_{22}=\lambda(\varepsilon_{11}+\varepsilon_{22})+2\mu\varepsilon_{22}\\
&\sigma_{33}=\nu(\sigma_{11}+\sigma_{22})\\
&\sigma_{32}=0\\
&\sigma_{31}=0
\end{aligned}\tag{7-1-21}$$

与三维问题相同的推导方式，也很容易导出平面应变问题的平衡方程，与式(7-1-19)不同的是每一个下标都是从 1 到 2 取值。

2. 平面应力问题

在图 7-1-4 所示的平面应力条件下，假设沿平面法向的应力为零，即 $\sigma_{33}=\sigma_{32}=\sigma_{31}=0$，将其代入式(7-1-15)，可推出本构关系式：

$$\sigma_{ij}=A\delta_{ij}\varepsilon_{kk}+2\mu\varepsilon_{ij}\tag{7-1-22}$$

式中，弹性参数 $A=(1-2\nu)\lambda/(1-\nu)$，并且 i、j 和 k 的取值都是从 1 到 2。x_3 方向的主应变为

$$\varepsilon_{33}=-\nu(\sigma_{11}+\sigma_{22})/E\tag{7-1-23}$$

另外，所有与 3 有关的剪应变都为零。

虽然平面应变和平面应力问题物理意义不同，但是它们之间可以建立一个简单的数学等效关系。如果将平面应变方程式(7-1-21)中的泊松比 ν 用 $\nu/(1+\nu)$ 来代替，就可以得出平面应力本构关系式(7-1-22)。在计算机编程时，可以采用这个关系使编程简单。

3. 轴对称问题

在轴对称问题的分析中，采用柱坐标系(图 7-1-5)比采用直角坐标系具有优越性。如果载荷和几何形状都是轴对称的，那么所有的量都不随圆周角 θ 变化，因此位移只需要定义径向和轴向两个分量(u_r 和 u_z)。这类问题仅需要在 r-z 平面内求解。柱坐标系下，应变-位移的关系式为

$$\begin{aligned}\varepsilon_{rr} &= \frac{\partial u_r}{\partial r}\\ \varepsilon_{\theta\theta} &= \frac{u_r}{r}\\ \varepsilon_{zz} &= \frac{\partial u_z}{\partial z}\\ \varepsilon_{rz} &= \frac{1}{2}\left(\frac{\partial u_r}{\partial z}+\frac{\partial u_z}{\partial r}\right)\end{aligned} \tag{7-1-24}$$

其他的应变分量都为零。对应的应力($\sigma_{rr},\sigma_{\theta\theta},\sigma_{zz},\sigma_{rz}$)与应变的关系，只需要将笛卡儿坐标系下的胡克定律(式(7-1-15))中的下标 1,2,3 分别用 r,θ,z 代替，就可以直接获得。平衡方程同样可以改写为柱坐标系下的形式：

$$\mu\left(u_{\alpha,rr}+\frac{1}{r}u_{\alpha,r}+u_{\alpha,zz}\right)+(\lambda+\mu)\left[\frac{1}{r}(ru_r)_{,r}+u_{z,z}\right]_{,\alpha}+b_\alpha=0 \tag{7-1-25}$$

式中，下标 α 依次表示径向 r 和轴向 z。虽然轴对称假设和前面的平面应变、平面应力问题一样，在很大程度上能够使问题简化，但是在边界元法中，不能得出式(7-1-25)所示控制方程的显式解析基本解。因此，在边界元法中，轴对称性不仅不能使问题得到简化，还会引入一些附加的复杂性(如符号标记和一些解释说明等)，本书的程序中并不包含这方面的内容。对这类问题感兴趣的读者，可参阅 Becker[6] 于 1992 年发表的一组关于轴对称弹性力学问题的边界元 Fortran 程序。

7.2　弹性力学问题的基本解

基本解在边界元法中至关重要，正因为采用了基本解，我们才能将线性问题中的控制微分方程转换成边界积分方程。对于各向同性弹性材料，人们已经可以得到位移、应变、应力和面力基本解。对于各向异性材料，Pan 和 Chou[7] 推出了正交

各向异性材料(5 个材料参数)的基本解,但对于更为一般的各向异性材料问题,就需要构建数值型的基本解[8],但是目前在这方面的研究工作还做得很少。下面我们只介绍各向同性弹性材料的基本解。

7.2.1 位移基本解

Thomson[9] 推导出了一个无限长三维弹性体 Navier-Cauchy 平衡方程的基本解,称为开尔文解。他所得到的结果可表述为:在 p 点沿 i 方向作用一个单位集中力 $e_i(p)$,在点 q 沿 j 方向产生的位移 $u_j(q)$ 在笛卡儿坐标系下为

$$u_j(q)=u_{ij}^*(q,p)e_i(p) \tag{7-2-1}$$

式中,u_{ij}^* 为开尔文位移基本解,其三维问题的形式为

$$u_{ij}^*=\frac{1}{16\pi(1-\nu)\mu r}(B\delta_{ij}+r_{,i}r_{,j}) \tag{7-2-2}$$

其中

$$\begin{aligned}B&=3-4\nu\\ r&=\sqrt{r_ir_i}\\ r_i&=x_i(q)-x_i(p)\\ r_{,i}&=r_i/r\end{aligned} \tag{7-2-3}$$

其中,q 和 p 分别为场点和源点。

对于二维平面应变问题,开尔文位移基本解为

$$u_{ij}^*=\frac{1}{8\pi(1-\nu)\mu}[B\delta_{ij}\ln(1/r)+r_{,i}r_{,j}] \tag{7-2-4}$$

式中,B 和其他量的表达式与式(7-2-3)中的相同,只是二维问题中,i,j 的取值范围为 1～2。

对于平面应力问题,仅需要将式(7-2-4)中的泊松比 ν 用 $\nu/(1+\nu)$ 代替即可。

由式(7-2-2)可以看出,u_{ij}^* 具有奇异性,即当场点到源点的距离无穷小时 $(r\to 0)$,u_{ij}^* 会趋于无穷大。

7.2.2 应变基本解

根据位移-应变关系式(7-1-1)可以得到

$$\varepsilon_{jk}(q)=e_{ijk}^*(q,p)e_i(p) \tag{7-2-5}$$

式中,应变基本解 e_{ijk}^* 的定义式为

$$e_{ijk}^*(q,p)=[u_{ij,k}^*(q,p)+u_{ik,j}^*(q,p)]/2 \tag{7-2-6}$$

注意到 $r_{i,j}=\delta_{ij}$,则容易由式(7-2-2)和式(7-2-4)导出

$$u_{ik,j}^*=\frac{A}{r^\alpha}(-B\delta_{ik}r_{,j}+r_{,i}\delta_{kj}+r_{,k}\delta_{ij}-\beta r_{,i}r_{,j}r_{,k}) \tag{7-2-7}$$

式中，对于二维问题，$\alpha=1$，对于三维问题，$\alpha=2$，$\beta=\alpha+1$，并且

$$A=\frac{1}{8\pi\alpha(1-\nu)\mu} \tag{7-2-8}$$

对式(7-2-7)变换下标，可得

$$u_{ij,k}^{*}=\frac{A}{r^{\alpha}}(-B\delta_{ij}r_{,k}+r_{,i}\delta_{jk}+r_{,j}\delta_{ik}-\beta r_{,i}r_{,j}r_{,k}) \tag{7-2-9}$$

将式(7-2-7)和式(7-2-9)代入式(7-2-6)可得应变基本解的表达式为

$$e_{ijk}^{*}=\frac{-A}{r^{\alpha}}[C(\delta_{ik}r_{,j}+\delta_{ij}r_{,k})-\delta_{jk}r_{,i}+\beta r_{,i}r_{,j}r_{,k}] \tag{7-2-10}$$

其中

$$C=1-2\nu \tag{7-2-11}$$

7.2.3　应力基本解

定义应力核函数为 Σ_{ijk}，场点 q 处的应力 σ_{jk} 可表示为

$$\sigma_{jk}(q)=\Sigma_{ijk}(q,p)e_{i}(p) \tag{7-2-12}$$

应力-应变关系式(7-1-15)可写为

$$\sigma_{jk}=2\mu\left(\frac{\nu}{1-2\nu}\delta_{jk}\varepsilon_{mm}+\varepsilon_{jk}\right) \tag{7-2-13}$$

于是，由式(7-2-5)、式(7-2-12)和式(7-2-13)可得

$$\Sigma_{ijk}^{*}=2\mu\left(\frac{\nu}{1-2\nu}\delta_{jk}e_{imm}^{*}+e_{ijk}^{*}\right) \tag{7-2-14}$$

注意到，式(7-2-10)中，$\delta_{mm}=\beta, r_{,m}r_{,m}=1, \delta_{mi}r_{,m}=r_{,i}$，令 $j=k=m$，则有

$$e_{imm}^{*}=-2ACr_{,i}/r^{\alpha} \tag{7-2-15}$$

最后，将式(7-2-15)和式(7-2-10)代入式(7-2-14)，可得

$$\Sigma_{ijk}^{*}=\frac{-2\mu A}{r^{\alpha}}[C(\delta_{ik}r_{,j}+\delta_{ij}r_{,k}-\delta_{jk}r_{,i})+\beta r_{,i}r_{,j}r_{,k}] \tag{7-2-16}$$

7.2.4　面力基本解

定义面力基本解 t_{ij}^{*} 的关系式为

$$t_{j}(q)=t_{ij}^{*}(q,p)e_{i}(p) \tag{7-2-17}$$

式中，t_{j} 为单位集中力 e_{i} 作用下的面力分量。

根据面力和应力之间的平衡关系式(7-1-7)，可得

$$t_{ij}^{*}=\Sigma_{ijk}^{*}n_{k} \tag{7-2-18}$$

于是，可得到面力基本解的表达式为

$$t_{ij}^{*}=\frac{-2\mu A}{r^{\alpha}}[C(n_{i}r_{,j}-n_{j}r_{,i})+n_{m}r_{,m}(C\delta_{ij}+\beta r_{,i}r_{,j})] \tag{7-2-19}$$

7.3 弹性力学问题的边界积分方程

本节介绍弹性力学问题的边界积分方程,这些积分方程并非只能通过一种方法推导得出。本节首先介绍功的互易定理,然后引入基本解作为两个互易弹性状态中的一个,采用分部积分法导出 Somigliana 恒等式,最后对源点位于边界时的边界积分方程进行介绍。

7.3.1 Betti 互易功定理

首先考虑由边界 Γ 所包围的区域 Ω 内的两个平衡状态,这两个状态下的应力和应变分别用 $(\sigma_{ij},\varepsilon_{ij})$ 和 $(\sigma_{ij}^*,\varepsilon_{ij}^*)$ 表示,采用广义胡克定律式(7-1-15),并在两边同乘以 ε_{ij}^*,可得

$$\sigma_{ij}\varepsilon_{ij}^* = \lambda\delta_{ij}\varepsilon_{kk}\varepsilon_{ij}^* + 2\mu\varepsilon_{ij}\varepsilon_{ij}^* = \lambda\varepsilon_{kk}\varepsilon_{mm}^* + 2\mu\varepsilon_{ij}\varepsilon_{ij}^* = (\lambda\delta_{ij}\varepsilon_{mm}^* + 2\mu\varepsilon_{ij}^*)\varepsilon_{ij} = \sigma_{ij}^*\varepsilon_{ij} \tag{7-3-1}$$

其积分形式为

$$\int_\Omega \sigma_{ij}\varepsilon_{ij}^*\,\mathrm{d}\Omega = \int_\Omega \sigma_{ij}^*\varepsilon_{ij}\,\mathrm{d}\Omega \tag{7-3-2}$$

式(7-3-2)表明:第一个状态下的应力在第二个状态下的应变上所做的功,等于第二个状态下的应力在第一个状态下的应变上所做的功,这就是 Betti 互易功定理。

通过应变与位移的关系(见式(7-1-1))以及应力张量的对称性 $\sigma_{ji}=\sigma_{ij}$,可以将上式中的应变由位移表示,即

$$\begin{aligned}\int_\Omega \sigma_{ij}\varepsilon_{ij}^*\,\mathrm{d}\Omega &= \int_\Omega \frac{1}{2}\sigma_{ij}(u_{i,j}^* + u_{j,i}^*)\mathrm{d}\Omega = \int_\Omega \frac{1}{2}(\sigma_{ij}u_{i,j}^* + \sigma_{ij}u_{j,i}^*)\mathrm{d}\Omega \\ &= \int_\Omega \frac{1}{2}(\sigma_{ij}u_{i,j}^* + \sigma_{ji}u_{i,j}^*)\mathrm{d}\Omega = \int_\Omega \frac{1}{2}(\sigma_{ij}+\sigma_{ji})u_{i,j}^*\mathrm{d}\Omega = \int_\Omega \sigma_{ij}u_{i,j}^*\mathrm{d}\Omega\end{aligned} \tag{7-3-3}$$

由此,对式(7-3-2)等号左端项进行分部积分,并利用式 (7-1-7)和式(7-1-18),有

$$\begin{aligned}I_\mathrm{L} &= \int_\Omega \sigma_{ij}\varepsilon_{ij}^*\,\mathrm{d}\Omega = \int_\Omega \sigma_{ij}u_{i,j}^*\mathrm{d}\Omega = \int_\Gamma \sigma_{ij}u_i^* n_j\,\mathrm{d}\Gamma - \int_\Omega u_i^*\sigma_{ij,j}\mathrm{d}\Omega \\ &= \int_\Gamma t_i u_i^*\,\mathrm{d}\Gamma + \int_\Omega b_i u_i^*\,\mathrm{d}\Omega\end{aligned} \tag{7-3-4}$$

对式(7-3-2)等号右端项采用同样的处理方式,可得

$$I_\mathrm{R} = \int_\Gamma t_i^* u_i\,\mathrm{d}\Gamma + \int_\Omega b_i^* u_i\,\mathrm{d}\Omega \tag{7-3-5}$$

然后,根据 Betti 互易功定理(式(7-3-2)),$I_\mathrm{L}=I_\mathrm{R}$,可得如下等式:

$$\int_\Gamma t_i u_i^*\,\mathrm{d}\Gamma + \int_\Omega b_i u_i^*\,\mathrm{d}\Omega = \int_\Gamma t_i^* u_i\,\mathrm{d}\Gamma + \int_\Omega b_i^* u_i\,\mathrm{d}\Omega \tag{7-3-6}$$

上式为 Betti 互易功第二定理，描述了区域 Ω 内，边界物理量在两个平衡状态下相互所做的功相等。该理论为 Somigliana 恒等式的基础。

7.3.2　Somigliana 恒等式

首先，将式(7-3-6)所示功的互易定理写为显式的形式，并且将下标 i 用 j 来代替，有

$$\begin{aligned}&\int_{\Gamma} t_j(Q)u_j^*(Q)\mathrm{d}\Gamma(Q)+\int_{\Omega} b_j(q)u_j^*(q)\mathrm{d}\Omega(q)\\&=\int_{\Gamma} t_j^*(Q)u_j(Q)\mathrm{d}\Gamma(Q)+\int_{\Omega} b_j^*(q)u_j(q)\mathrm{d}\Omega(q)\end{aligned}\tag{7-3-7}$$

假设 u_j、t_j、b_j 为真实量，而带星号的 u_j^*、t_j^* 为作用于无穷区域上的单位集中力 e_i^* 所引起的位移与面力的响应量。根据基本解的定义有

$$\begin{aligned}t_j^*(Q)&=t_{ij}^*(Q,p)e_i^*(p)\\u_j^*(Q)&=u_{ij}^*(Q,p)e_i^*(p)\end{aligned}\tag{7-3-8}$$

将式(7-3-8)代入式(7-3-7)，并且为了简单起见，假设真实量中的体积力为零，于是有

$$\begin{aligned}&\int_{\Gamma} t_{ij}^*(Q,p)e_i^*(p)u_j(Q)\mathrm{d}\Gamma(Q)+\int_{\Omega} b_j^*(q)u_j(q)\mathrm{d}\Omega(q)\\&=\int_{\Gamma} t_j(Q)u_{ij}^*(Q,p)e_i^*(p)\mathrm{d}\Gamma(Q)\end{aligned}\tag{7-3-9}$$

由于体积力 b_j^* 可以是任意形式的，我们假设其为作用在源点 p 处的单位脉冲力，即 $b_j^*(q)=\delta(q,p)e_j^*(p)$，其中，$\delta(q,p)$ 为单位脉冲函数(狄拉克函数)。于是，有

$$\begin{aligned}&\int_{\Omega} b_j^*(q)u_j(q)\mathrm{d}\Omega(q)=\int_{\Omega}\delta(q,p)e_j^*(p)u_j(q)\mathrm{d}\Omega(q)\\&=\int_{\Omega}\delta(q,p)\delta_{ij}e_i^*(p)u_j(q)\mathrm{d}\Omega(q)\end{aligned}\tag{7-3-10}$$

式中，δ_{ij} 为克罗内克 δ 符号。

将式(7-3-10)代入式(7-3-9)，并注意到单位力矢量 e_i^* 在所有积分中是相同的，并且每一个分量都是相互独立的，于是可得

$$\int_{\Omega}\delta_{ij}\delta(q,p)u_j(q)\mathrm{d}\Omega(q)=\int_{\Gamma} u_{ij}^*(Q,p)t_j(Q)\mathrm{d}\Gamma(Q)-\int_{\Gamma} t_{ij}^*(Q,p)u_j(Q)\mathrm{d}\Gamma(Q)\tag{7-3-11}$$

注意到 $\delta_{ij}u_j=u_i$，并根据狄拉克函数的积分性质，则式(7-3-11)等号左端项变为

$$\int_{\Omega}\delta_{ij}\delta(q,p)u_j(q)\mathrm{d}\Omega(q)=u_i(p)\tag{7-3-12}$$

最后，将式(7-3-12)代入式(7-3-11)，可得如下形式的积分方程：

$$u_i(p)=\int_\Gamma u_{ij}^*(Q,p)t_j(Q)\mathrm{d}\Gamma(Q)-\int_\Gamma t_{ij}^*(Q,p)u_j(Q)\mathrm{d}\Gamma(Q) \quad (7\text{-}3\text{-}13)$$

上式即为 Somigliana 恒等式。有以下三点需要说明：

(1) 重复下标 j 表示求和，反映了位移和面力各分量之间的相互影响；

(2) 积分是关于场点 Q 进行的，源点 p 是固定的；

(3) 开尔文基本解 t_{ij}^* 中的 $\boldsymbol{n}$(见式(7-2-19))为场点 Q 处的外法线方向矢量。

根据 Somigliana 恒等式，可以通过边界上已知的所有面力和位移求得域内任意一点的位移。然而，对于一般的边值问题，在边界上只有面力或者位移已知，因此，仅 Somigliana 恒等式还不足以求解一般性的问题。要解决此类问题，需要由 Somigliana 恒等式建立边界积分方程，这将在下节介绍。

7.3.3 边界积分方程

1. 位移边界积分方程

当源点 p 位于边界上时，将计算边界 Γ 在 p 点附近的无限小部分 Γ_1 拓扑成一个半径为 ε 的半圆(二维)或半球(三维) Γ_2，如图 7-3-1 所示。这时，p 位于拓扑域的内部，Somigliana 恒等式(7-3-13)成立，可以写成

$$u_i(p)=\int_{\Gamma-\Gamma_1+\Gamma_2} u_{ij}^*(Q,p)t_j(Q)\mathrm{d}\Gamma(Q)-\int_{\Gamma-\Gamma_1+\Gamma_2} t_{ij}^*(Q,p)u_j(Q)\mathrm{d}\Gamma(Q) \quad (7\text{-}3\text{-}14)$$

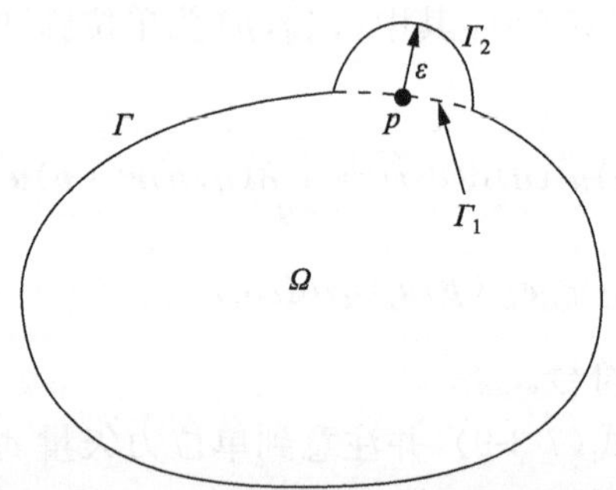

图 7-3-1　源点在边界上时的拓扑边界

当 $\varepsilon\to 0$ 时，式(7-3-14)等号右端第二项积分可作如下变换；

$$\lim_{\varepsilon\to 0}\int_{\Gamma-\Gamma_1+\Gamma_2} t_{ij}^*(Q,p)u_j(Q)\mathrm{d}\Gamma(Q)=\lim_{\varepsilon\to 0}\int_{\Gamma_2} t_{ij}^*(Q,p)u_j(Q)\mathrm{d}\Gamma(Q)+\lim_{\varepsilon\to 0}\int_{\Gamma-\Gamma_1} t_{ij}^*(Q,p)u_j(Q)\mathrm{d}\Gamma(Q) \quad (7\text{-}3\text{-}15)$$

分析式(7-3-15)等号右端第一项积分：

$$\lim_{\varepsilon\to 0}\int_{\Gamma_2} t_{ij}^*(Q,p)u_j(Q)\mathrm{d}\Gamma(Q)=\lim_{\varepsilon\to 0}\int_{\Gamma_2} t_{ij}^*(Q,p)\left[u_j(Q)-u_j(p)\right]\mathrm{d}\Gamma(Q)$$
$$+\lim_{\varepsilon\to 0}\left[u_j(p)\int_{\Gamma_2} t_{ij}^*(Q,p)\mathrm{d}\Gamma(Q)\right] \tag{7-3-16}$$

上式右端第一项积分为弱奇异积分，当 $\varepsilon\to 0$ 时，其极限为零，而第二项积分可写为

$$u_j(p)\left[\lim_{\varepsilon\to 0}\int_{\Gamma_2} t_{ij}^*(Q,p)\mathrm{d}\Gamma(Q)\right]=\beta_{ij}(P)u_j(P) \tag{7-3-17}$$

式中，β_{ij} 是一个关于边界点 P 处局部几何形状的函数，可以通过解析积分得到。再看式(7-3-14)等号右边第二项积分，由于积分域是去掉奇异点附近无限小部分的边界，因此是柯西主值意义下的强奇异积分。于是，取极限后，式(7-3-15)可以转化为

$$\lim_{\varepsilon\to 0}\int_{\Gamma-\Gamma_1+\Gamma_2} t_{ij}^*(Q,p)u_j(Q)\mathrm{d}\Gamma(Q)=\beta_{ij}(P)u_j(P)+\int_{\Gamma} t_{ij}^*(Q,P)u_j(Q)\mathrm{d}\Gamma(Q) \tag{7-3-18}$$

对含有位移核函数 u_{ij}^* 的积分采用上述相同的处理方式，由于是弱奇异积分，没有额外的项产生。最后，可得如下形式的边界积分方程：

$$c_{ij}(P)u_j(P)=\int_{\Gamma} u_{ij}^*(Q,P)t_j(Q)\mathrm{d}\Gamma(Q)-\int_{\Gamma} t_{ij}^*(Q,P)u_j(Q)\mathrm{d}\Gamma(Q) \tag{7-3-19}$$

式中

$$c_{ij}(P)=\delta_{ij}+\beta_{ij}(P) \tag{7-3-20}$$

其中，β_{ij} 是在式(7-3-17)求极限的过程中得到的，对于光滑壁面可以求得 $\beta_{ij}=-\delta_{ij}/2$；对于有角点的边界处，$\beta_{ij}$ 的值由角点处的空间角度来确定。实际上，β_{ij} 的值并不需要直接求出，式(7-3-19)中最后一项边界积分中出现的强奇异积分也不需要直接计算，它们一起对总体系数的贡献可通过其他间接的方式确定，这将在后面详细介绍。

2. 内部应力积分方程

在所有边界位移和面力都已知的情况下，弹性体内部应力的计算式可以通过式(7-3-13)直接导出。首先，根据应变-位移关系式(7-1-1)，可求得应变表达式为

$$\varepsilon_{ij}(p)=\int_{\Gamma} u_{ijk}^{*\varepsilon}(Q,p)t_k(Q)\mathrm{d}\Gamma-\int_{\Gamma} t_{ijk}^{*\varepsilon}(Q,p)u_k(Q)\mathrm{d}\Gamma \tag{7-3-21}$$

式中

$$u_{ijk}^{*\varepsilon}(Q,p)=\frac{1}{2}\left[\frac{\partial u_{ik}^{*}(Q,p)}{x_j^p}+\frac{\partial u_{jk}^{*}(Q,p)}{x_i^p}\right]$$
$$t_{ijk}^{*\varepsilon}(Q,p)=\frac{1}{2}\left[\frac{\partial t_{ik}^{*}(Q,p)}{x_j^p}+\frac{\partial t_{jk}^{*}(Q,p)}{x_i^p}\right] \tag{7-3-22}$$

利用广义胡克定律式(7-2-13)，应力张量可表示为

$$\sigma_{ij}(p)=\int_{\Gamma}u_{ijk}^{*}(Q,p)t_k(Q)\mathrm{d}\Gamma(Q)-\int_{\Gamma}t_{ijk}^{*}(Q,p)u_k(Q)\mathrm{d}\Gamma(Q) \tag{7-3-23}$$

式中

$$u_{ijk}^{*}=2\mu\left(\frac{\nu}{1-2\nu}\delta_{ij}u_{mmk}^{*\varepsilon}+u_{ijk}^{*\varepsilon}\right)$$
$$t_{ijk}^{*}=2\mu\left(\frac{\nu}{1-2\nu}\delta_{ij}t_{mmk}^{*\varepsilon}+t_{ijk}^{*\varepsilon}\right) \tag{7-3-24}$$

将基本解式(7-2-2)、式(7-2-4)和式(7-2-19)对源点坐标求偏导，并将其结果代入式(7-3-22)和式(7-3-24)，经整理得

$$u_{ijk}^{*}=\frac{1}{4\pi\alpha(1-\nu)}\frac{1}{r^{\alpha}}\left[C(\delta_{ki}r_{,j}+\delta_{kj}r_{,i}-\delta_{ij}r_{,k})+\beta r_{,i}r_{,j}r_{,k}\right] \tag{7-3-25}$$

$$\begin{aligned}t_{ijk}^{*}=&\frac{\mu}{2\pi\alpha(1-\nu)}\frac{1}{r^{\beta}}\{\beta r_{,m}n_m[C\delta_{ij}r_{,k}+\nu(\delta_{ik}r_{,j}+\delta_{jk}r_{,i})-\gamma r_{,i}r_{,j}r_{,k}]\\&+\beta\nu(n_ir_{,j}r_{,k}+n_jr_{,i}r_{,k})+C(\beta n_kr_{,i}r_{,j}+n_j\delta_{ik}+n_i\delta_{jk})-Dn_k\delta_{ij}\}\end{aligned} \tag{7-3-26}$$

式中

$$D=1-4\nu,\quad \gamma=\beta+2 \tag{7-3-27}$$

从式(7-3-26)可以看出，核函数 t_{ijk}^{*} 的分母含有 r^{β}，当源点 p 位于边界上时，包含其的边界积分可能呈现超强奇异性，因此，式(7-3-23)所示的积分方程只适合于直接计算内部点的应力。关于边界应力的计算，我们在后面介绍。

7.4 弹性力学问题边界积分方程的离散

7.3 节给出了连续弹性体边界积分方程的精确描述，如果给定合适的边界条件，就可以对问题进行求解。但实际上，由于计算体几何形状的不规则性以及所受载荷的多样性，对一般问题很难求得问题的解析解，所以必须借助于数值计算方法求解。本节介绍弹性力学问题边界积分方程的数值解法。

7.4.1 边界离散及变量表示

第一步，将计算域 Ω 的边界 Γ 划分为一定数目(N_e)的边界单元，如图 7-4-1 所示。这些单元对于实际边界是分片连续逼近的，单元数目越多，边界逼近就越精

确,相反,单元数目越少,逼近精度就越差,不过计算效率就越高。通常,单元的密集化程度要使得计算结果趋于稳定为止。

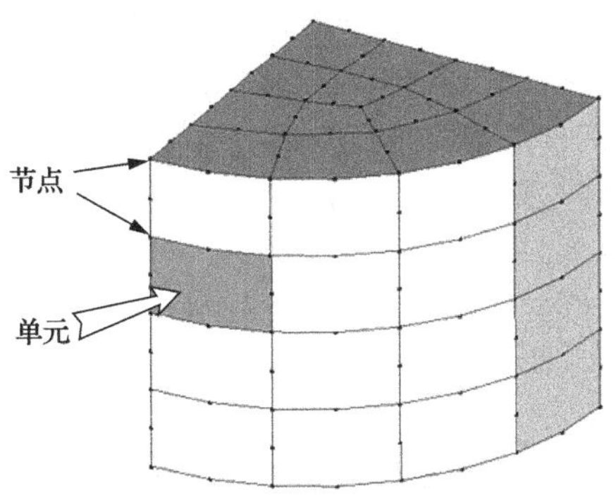

图 7-4-1　边界单元的离散

在每一个单元内部,全局坐标 x_i 可由该单元的节点坐标 x_i^l 通过插值函数表达,即

$$x_i = \sum_{l=1}^{M} N_l x_i^l \tag{7-4-1}$$

式中,M 为单元的节点数; $N_l = N_l(\xi)$ (二维问题)或 $N_l = N_l(\xi,\eta)$ (三维问题)为插值函数,又称为形函数; ξ,η 为局部坐标。关于 N_l 的详细介绍可参见 3.5 节的内容。

同样的,单元内部任意点的面力和位移也可通过插值函数来表示:

$$u_j = \sum_{l=1}^{M} N_l u_j^l \tag{7-4-2a}$$

$$t_j = \sum_{l=1}^{M} N_l t_j^l \tag{7-4-2b}$$

上式适用于一般连续单元的物理量表征,对于面力或位移不连续的节点,则需要采用非连续单元(参见式(3-8-6)和式(3-8-13)),此时,上式需要用下式代替:

$$u_j = \sum_{l=1}^{M} N_l \left(\sum_{i=1}^{M} Q_{ld_i} u_j^{d_i} \right) = [N_1, N_2, \cdots] \boldsymbol{Q} \begin{Bmatrix} u_j^{d_1} \\ u_j^{d_2} \\ \vdots \end{Bmatrix} \tag{7-4-3a}$$

$$t_j = \sum_{l=1}^{M} N_l \left(\sum_{i=1}^{M} Q_{ld_i} t_j^{d_i} \right) = [N_1, N_2, \cdots] \boldsymbol{Q} \begin{Bmatrix} t_j^{d_1} \\ t_j^{d_2} \\ \vdots \end{Bmatrix} \tag{7-4-3b}$$

式中,矩阵 $\boldsymbol{Q}$ 由式(3-8-5)(线单元)或式(3-8-12)(面单元)确定, $u_j^{d_i}$ 和 $t_j^{d_i}$ 分别为位移和面力的第 j 个分量在非连续节点 d_i 处的值。

7.4.2 代数方程组

将计算域边界 Γ 离散成 N_e 个边界单元，具有 N_b 个边界节点。将每个单元的坐标和物理量用式(7-4-1)～式(7-4-3)表示后，代入到边界积分方程(7-3-19)中；注意到节点上的 t_j^l 和 u_j^l 都是常量，可以提到积分号外面；于是，式(7-3-19)的离散形式可表示为

$$c_{ij}(P)u_j(P)=\sum_{e=1}^{N_e}\left[\sum_{l=1}^{M}t_j^l\int_{\Gamma_e}u_{ij}^*(Q,P)N_l(Q)\mathrm{d}\Gamma(Q)\right]-\sum_{e=1}^{N_e}\left[\sum_{l=1}^{M}u_j^l\int_{\Gamma_e}t_{ij}^*(Q,P)N_l(Q)\mathrm{d}\Gamma(Q)\right] \quad (7\text{-}4\text{-}4)$$

式中，Γ_e 为第 e 个单元的边界。

式(7-4-4)中右端两项积分的被积函数都是已知函数，因此可以直接采用高斯数值积分公式求积。

令

$$\hat{G}_{ij}^{el}(P)=\int_{\Gamma_e}u_{ij}^*(Q,P)N_l(Q)\mathrm{d}\Gamma(Q) \quad (7\text{-}4\text{-}5)$$

$$\hat{H}_{ij}^{el}(P)=\int_{\Gamma_e}t_{ij}^*(Q,P)N_l(Q)\mathrm{d}\Gamma(Q) \quad (7\text{-}4\text{-}6)$$

则式(7-4-4)可写为

$$c_{ij}(P)u_j(P)=\sum_{e=1}^{N_e}\sum_{l=1}^{M}\hat{G}_{ij}^{el}(P)t_j^l-\sum_{e=1}^{N_e}\sum_{l=1}^{M}\hat{H}_{ij}^{el}(P)u_j^l \quad (7\text{-}4\text{-}7)$$

上述的单元节点值 u_j^l 和 t_j^l，都是针对单元的局部节点编号定义的。每个单元的每个节点的局部编号都对应于一个总体计算模型的节点标号，这种对应关系可以通过定义一个转换矩阵来实现，即

$$u_j^l=Z_j^{el}\boldsymbol{u},\quad t_j^l=Z_j^{el}\boldsymbol{t} \quad (7\text{-}4\text{-}8)$$

式中，$\boldsymbol{u}$ 和 $\boldsymbol{t}$ 分别是由所有边界节点的位移和面力根据总体编号排成的列向量，如果是三维问题，则含有 $3N_b$ 个元素，排列顺序为 $\{u_1^1,u_2^1,u_3^1,u_1^2,u_2^2,u_3^2,\cdots\}^{\mathrm{T}}$，$\{t_1^1,t_2^1,t_3^1,t_1^2,t_2^2,t_3^2,\cdots\}^{\mathrm{T}}$，其中，上标表示节点号，下标表示笛卡儿坐标系下的分量号；转换矩阵 $\boldsymbol{Z}^{el}$ 是一个 $3N_b\times3N_b$ 的对角矩阵，只有对应于第 e 个单元的第 l 个节点的对角线元素为 1，其他元素全为 0，Z_j^{el} 表示只取 $\boldsymbol{Z}^{el}$ 矩阵中对应于第 j 个分量的元素。

在实际程序实现中，并不需要定义转换矩阵 $\boldsymbol{Z}^{el}$。在求得式(7-4-7)中的单元积分系数矩阵后，只需要按照单元节点编号在总体节点编号中的位置，通过"对号入座"的方式将其组集到总体系数矩阵中。

将式(7-4-8)代入到式(7-4-7)中，则可形成源点 P 处的位移由全部节点位移和面力表示的关系式：

$$\boldsymbol{c}(P)\boldsymbol{u}(P)=\boldsymbol{G}(P)\boldsymbol{t}-\boldsymbol{H}'(P)\boldsymbol{u} \tag{7-4-9}$$

式中，$\boldsymbol{G}(P)$ 和 $\boldsymbol{H}'(P)$ 中的元素为

$$\begin{aligned} G(P)_{ij} &= \sum_{e=1}^{N_e}\sum_{l=1}^{M}\hat{G}_{ij}^{el}(P)Z_j^{el} \\ H'(P)_{ij} &= \sum_{e=1}^{N_e}\sum_{l=1}^{M}\hat{H}_{ij}^{el}(P)Z_j^{el} \end{aligned} \tag{7-4-10}$$

将式(7-4-9)中的源点 P 遍及所有的边界节点取值，则可形成如下的矩阵方程：

$$\boldsymbol{cu}=\boldsymbol{Gt}-\boldsymbol{H}'\boldsymbol{u} \tag{7-4-11}$$

式中，$\boldsymbol{c}$,$\boldsymbol{G}$ 和 $\boldsymbol{H}'$ 在三维问题中为 $3N_b\times 3N_b$ 的矩阵，并且，$\boldsymbol{c}$ 为对角线矩阵。如果令 $\boldsymbol{H}=\boldsymbol{c}+\boldsymbol{H}'$，则式(7-4-11)可改写为

$$\boldsymbol{Hu}=\boldsymbol{Gt} \tag{7-4-12}$$

将已知边界条件代入式(7-4-12)，最后可得到如下形式的线性代数方程组：

$$\boldsymbol{Ax}=\boldsymbol{y} \tag{7-4-13}$$

采用同样的离散方式，可由式(7-3-23)建立计算内部应力的代数方程式：

$$\boldsymbol{\sigma}(p)=\boldsymbol{G}^{\sigma}(p)\boldsymbol{t}-\boldsymbol{H}^{\sigma}(p)\boldsymbol{u} \tag{7-4-14}$$

其中，$\boldsymbol{\sigma}(p)$ 是由 p 点的应力分量组成的列向量，三维问题中的应力分量个数为 6；系数矩阵 $\boldsymbol{G}^{\sigma}(p)$ 和 $\boldsymbol{H}^{\sigma}(p)$ 有与式(7-4-10)相似的计算形式，这里不再列出。

通过求解代数方程组(7-4-13)，可得到所有边界节点的未知量，然后，可根据式(7-4-14)逐点计算所需内部点的应力值。

7.4.3　边界积分的高斯公式计算

当源点 P 不在积分单元上时，式(7-4-5)和式(7-4-6)中的 u_{ij}^* 和 t_{ij}^* 没有奇异性，可利用高斯数值积分公式求积，其计算式可写为

$$\begin{aligned} \hat{G}_{ij}^{el}(Q,P) &= \int_{\Gamma_e} u_{ij}^*(Q,P)N_l(Q)\mathrm{d}\Gamma(Q) \\ &= \int_{-1}^{1}\int_{-1}^{1} u_{ij}^*(\boldsymbol{x}(\xi,\eta),\boldsymbol{x}^P)N_l(\xi,\eta)J(\xi,\eta)\mathrm{d}\xi\mathrm{d}\eta \\ &= \sum_{k_1=1}^{m_1}\sum_{k_2=1}^{m_2} u_{ij}^*(\boldsymbol{x}(\xi_{k_1},\eta_{k_2}),\boldsymbol{x}^P)N_l(\xi_{k_1},\eta_{k_2})J(\xi_{k_1},\eta_{k_2})w_{k_1}w_{k_2} \end{aligned} \tag{7-4-15}$$

$$\begin{aligned}\hat{H}_{ij}^{el}(Q,P) &= \int_{\Gamma_e} t_{ij}^{*}(Q,P)N_l(Q)\mathrm{d}\Gamma(Q) \\ &= \int_{-1}^{1}\int_{-1}^{1} t_{ij}^{*}(\boldsymbol{x}(\xi,\eta),\boldsymbol{x}^P)N_l(\xi,\eta)J(\xi,\eta)\mathrm{d}\xi\mathrm{d}\eta \\ &= \sum_{k_1=1}^{m_1}\sum_{k_2=1}^{m_2} t_{ij}^{*}(\boldsymbol{x}(\xi_{k_1},\eta_{k_2}),\boldsymbol{x}^P)N_l(\xi_{k_1},\eta_{k_2})J(\xi_{k_1},\eta_{k_2})w_{k_1}w_{k_2}\end{aligned} \tag{7-4-16}$$

式中，m_1 和 m_2 为沿两个积分方向的高斯点数；w_{k_1} 和 w_{k_2} 为权系数；关于三维面单元的雅可比行列式 $J(\xi,\eta)$ 以及外法线方向 $\boldsymbol{n}$ 的计算见附录 3C。

当源点 P 位于被积分的单元上时，基本解 t_{ij}^{*} 会有强奇异性，而 u_{ij}^{*} 会有弱奇异性，与这些量有关的积分的计算需要特殊方法，这将在下面几节介绍。

7.5 强奇异积分的处理

从式(7-2-19)可以看出，当 $r\to 0$ 时，基本解 t_{ij}^{*} 具有强奇异性，此时，直接计算式(7-4-6)的积分会有很大的舍入误差[10]。这种强奇异性的积分结果，最终体现在离散代数方程式(7-4-12)中的矩阵 $\boldsymbol{H}$ 的对角线元素中。边界元法中有一种非常有效的间接方法来确定 $\boldsymbol{H}$ 的对角线元素，就是人们经常采用的刚体位移法。本节将介绍采用刚体位移法处理三类问题(有限域问题、无限域问题和半无限域问题)的详细情况。

7.5.1 有限域问题

首先考虑有限域问题，假设计算体在 j 方向发生一个单位刚体位移，这时所有的表面力为零，即

$$\begin{aligned}&u_j = 1, \quad u_i = 0 \quad (i \neq j) \\ &t_i = 0 \quad (i = 1,2,3)\end{aligned} \tag{7-5-1}$$

将式(7-5-1)代入式(7-4-12)，可得如下矩阵方程：

$$\boldsymbol{H}\boldsymbol{I}^j = \boldsymbol{0} \tag{7-5-2}$$

式中，$\boldsymbol{I}^j$ 表示所有节点在第 j 个方向的位移为单位位移，而其他方向的位移为零的一组列向量。于是，对于每个节点 m，$\boldsymbol{H}$ 中的主对角线元素可以由下式表示：

$$H_{mm}^j = -\sum_{n=1,n\neq m}^{N_b} H_{mn}^j \tag{7-5-3}$$

式中，N_b 为边界节点总数；上标 j 表示在第 j 个坐标方向的量。

式(7-5-3)表明，$\boldsymbol{H}$ 矩阵中的每个对角线元素，可由本行所对应坐标方向的所

有其他非对角线元素之和来确定。这样，我们就可以避免直接计算对角线元素的强奇异积分。

7.5.2　无限域问题

对于无限体，不能直接让其发生刚体位移。不过，可将无限域的边界分割为有限部分 Γ 和无限圆形部分 Γ_∞，并让 $\Gamma_\infty \to \infty$。这样，可将 Γ 和 Γ_∞ 围成的区域看成一个有限体，将刚体位移条件式(7-5-1)代入边界积分方程式(7-3-19)，得

$$c_{ij}(P) + \int_\Gamma t_{ij}^*(Q,P)\,\mathrm{d}\Gamma(Q) + \int_{\Gamma_\infty} t_{ij}^*(Q,P)\,\mathrm{d}\Gamma(Q) = 0 \tag{7-5-4}$$

式中，等号左边第二项积分可解析地求得[11]：

$$\int_{\Gamma_\infty} t_{ij}^*(Q,P)\,\mathrm{d}\Gamma(Q) = -\delta_{ij} \tag{7-5-5}$$

于是，将式(7-5-4)离散后，矩阵 $\boldsymbol{H}$ 的对角线元素可表示为

$$H_{mm}^j = 1 - \sum_{n=1,n\neq m}^{N_\mathrm{b}} H_{mn}^j \tag{7-5-6}$$

7.5.3　半无限域问题

对于半无限域问题，采用与无限域问题相似的方法，将半无限域边界分割为有限部分 Γ 和半无限部分 $\Gamma_{H\infty}$，如图 7-5-1 所示。

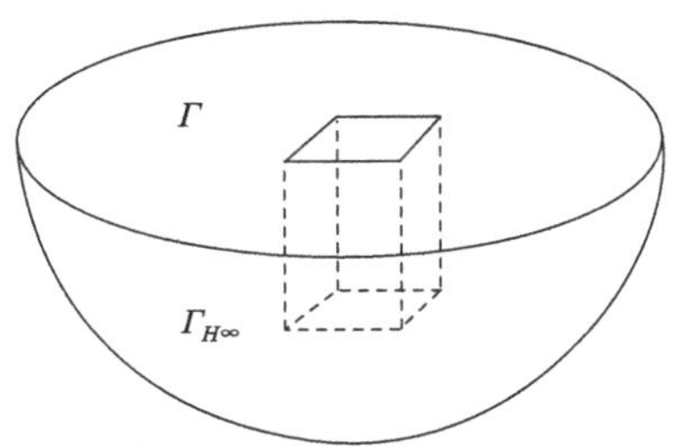

图 7-5-1　半无限域边界

将式(7-5-1)代入边界积分方程(7-3-19)，可得

$$c_{ij}(P) + \int_\Gamma t_{ij}^*(Q,P)\,\mathrm{d}\Gamma(Q) + \int_{\Gamma_{H\infty}} t_{ij}^*(Q,P)\,\mathrm{d}\Gamma(Q) = 0 \tag{7-5-7}$$

等号左边第二项积分，可解析地求得为

$$\int_{\Gamma_{H\infty}} t_{ij}^*(Q,P)\,\mathrm{d}\Gamma(Q) = -\frac{1}{2}\delta_{ij} \tag{7-5-8}$$

于是，位移系数矩阵的对角线元素可表示为

$$H_{mm}^j = \frac{1}{2} - \sum_{n=1,n\neq m}^{N_\mathrm{b}} H_{mn}^j \tag{7-5-9}$$

对于半无限域问题，半平面部分也是伸向无穷远处的。处理这种问题，通常的方法是截取一定远范围的计算域进行分析。但这种方法引起的额外边界单元较多，截取的边界也具有一定的人为性。为了克服此缺点，人们采用无限边界元模拟平面边界的无限性[11]。具体做法是，在靠近有限边界附近的半平面内，布置一定数量的单元，将最外一圈单元设置为无限元。无限元采用与常规单元相同的形函数，唯一不同的是，无限元中等参坐标 η 的取值范围不是 $-1\sim1$，而是 $-1\sim\infty$，如图 7-5-2 所示。

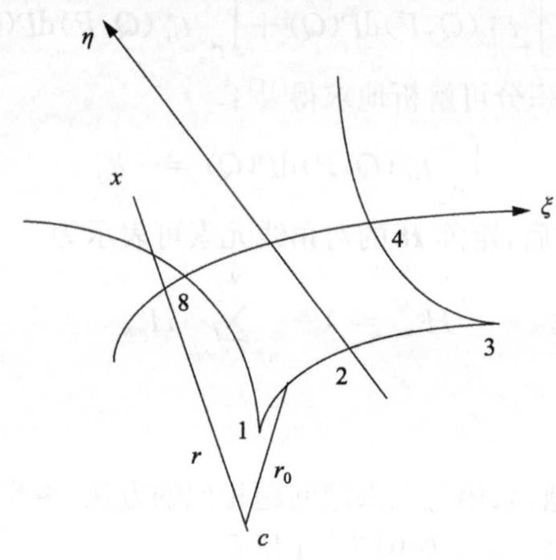

图 7-5-2　无限边界单元

引入如下坐标变换：

$$\xi=\xi_1,\quad \eta=\frac{1+3\eta_1}{1-\eta_1}\tag{7-5-10}$$

则无限单元的积分可转化为

$$\int_{-1}^{\infty}\int_{-1}^{+1}f(Q,P)\,\mathrm{d}\xi\,\mathrm{d}\eta=\int_{-1}^{+1}\int_{-1}^{+1}f(Q,P)J(\xi_1,\eta_1)\,\mathrm{d}\xi_1\,\mathrm{d}\eta_1\tag{7-5-11}$$

假设在无限远处所受的面力为零，则具有无限远的边界积分方程的离散形式可写为

$$\begin{aligned}c_{ij}u_j(P)=&\sum_{e=1}^{N_{\mathrm{eF}}}\sum_{l=1}^{M}t_j^l(Q)\hat{G}_{ij}^{el}(Q,P)-\sum_{e=1}^{N_{\mathrm{eF}}}\sum_{l=1}^{M}u_j^l(Q)\hat{H}_{ij}^{el}(Q,P)\\&-\sum_{e=1}^{N_{\mathrm{eI}}}\sum_{l=1}^{M}u_j^l(Q)\hat{H}_{ij}^{el}(Q,P)\end{aligned}\tag{7-5-12}$$

式中，N_{eF} 为有限域边界单元数；N_{eI} 为无限元数。

式(7-5-12)中，积分系数的计算与前面介绍的相同，只是对于无限单元的积分要采用式(7-5-11)进行变量变换。

从上述三种情况下刚体位移法的应用可以看出，强奇异积分的精确确定是以非对角线元素能被精确计算为前提的。对于源点所在单元的积分，由于非对角线元素对应的积分是除与源点重合的节点以外的节点的积分，这些节点的形函数在 $r\to 0$ 时也趋于零，导致式(7-4-6)的积分变成了弱奇异积分，因此是可以精确计算的。

7.6　边界应力计算

由于式(7-3-26)所示的核函数 t_{ijk}^{*} 中含有 $r^{-\beta}$，其边界积分具有超强奇异性，因此用应力积分方程(7-3-23)直接计算边界应力需要处理超强奇异积分。解决这一问题最常用的方法是面力恢复法[12-16]，这一方法的基本思想是通过对边界单元的形函数进行求导求得面内局部应变，然后利用广义胡克定律和边界上的面力确定边界点的应力场。由于使用了形函数求导，所以该方法确定的应力没有直接计算应力积分方程的精度高。但另一方面，由于使用了精确求解得到的面力，所以计算精度又要比有限元法中纯粹用形函数求导得到的应力精度高。下面就介绍用面力恢复法求边界应力的详细情况。

7.6.1　三维问题边界应力计算式

引入局部坐标系 x_i'，其中，坐标轴 x_1' 和 x_2' 与表面相切，而 x_3' 沿表面的外法线方向，如图 7-6-1 所示。

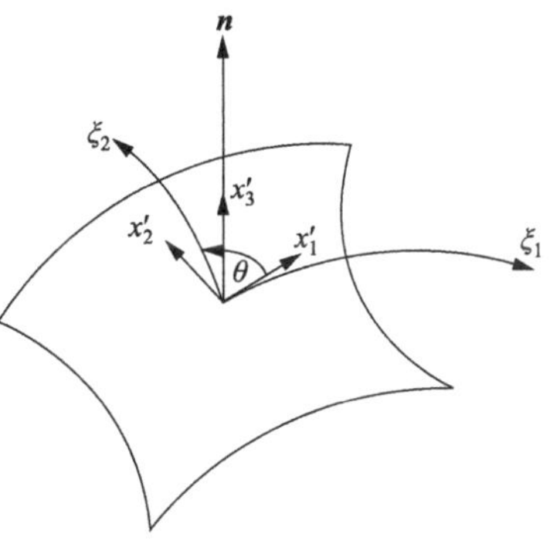

图 7-6-1　边界单元上的局部正交坐标系

局部坐标系平面内的应变可通过对局部位移求微分得到，即

$$\varepsilon_{IJ}'=\frac{1}{2}\left(\frac{\partial u_I'}{\partial x_J'}+\frac{\partial u_J'}{\partial x_I'}\right)\tag{7-6-1}$$

式中，大写字母下标 I 和 J 表示局部坐标系下的分量，其值取为 1～2。局部坐标系下的位移导数为

$$\frac{\partial u_I'}{\partial x_J'}=\frac{\partial u_I'}{\partial \xi_K}\frac{\partial \xi_K}{\partial x_J'}\tag{7-6-2}$$

其中，下标 K 的取值为 1～2。为了方便，这里采用 (ξ_1,ξ_2) 来表示等参坐标 (ξ,η)。等参坐标对局部总体坐标的导数为[17]

$$\frac{\partial \xi_1}{\partial x_1'}=\frac{1}{m_1},\quad \frac{\partial \xi_1}{\partial x_2'}=\frac{-\cos\theta}{m_1\sin\theta},\quad \frac{\partial \xi_2}{\partial x_1'}=0,\quad \frac{\partial \xi_2}{\partial x_2'}=\frac{1}{m_2\sin\theta}\tag{7-6-3}$$

式中，θ 角的定义如图 7-6-1 所示，并有

$$m_K=\sqrt{\left(\frac{\partial x_1}{\partial \xi_K}\right)^2+\left(\frac{\partial x_2}{\partial \xi_K}\right)^2+\left(\frac{\partial x_3}{\partial \xi_K}\right)^2} \tag{7-6-4}$$

$$\cos\theta=\frac{1}{m_1 m_2}\frac{\partial x_i}{\partial \xi_1}\frac{\partial x_i}{\partial \xi_2} \tag{7-6-5}$$

式(7-6-2)中的局部位移分量可由总体位移分量表示，即

$$u'_I=L_{Ij}u_j \tag{7-6-6}$$

式中，L_{Ij} 为局部坐标系相对于总体坐标系的方向余弦，j 的取值范围为 1～3，其中，L_{1j} 的表达式为

$$L_{1j}=\frac{1}{m_1}\frac{\partial x_j}{\partial \xi_1} \tag{7-6-7}$$

L_{2j} 的表达式为

$$\begin{aligned}L_{21}&=n_2L_{13}-n_3L_{12}\\L_{22}&=n_3L_{11}-n_1L_{13}\\L_{23}&=n_1L_{12}-n_2L_{11}\end{aligned} \tag{7-6-8}$$

式中，n_1，n_2 和 n_3 为外法线方向矢量的分量。

式(7-6-6)中的位移分量可由节点值表示，即

$$u_i(\xi,\eta)=\sum_{l=1}^{M}N_l(\xi,\eta)u_i^l \tag{7-6-9}$$

由式(7-6-6)可求得切平面内的位移 u'_I，然后可由应变-位移关系求得切平面内的局部应变张量 ε'_{IJ}。为了求得局部应力张量 σ'_{IJ}，由式(7-1-8)中的第三式消去广义胡克定律式(7-1-15)中的 ε_{33}，可得到局部应力张量为

$$\begin{aligned}\sigma'_{11}&=\frac{2\mu}{1-\nu}(\varepsilon'_{11}+\nu\varepsilon'_{22})+\frac{\nu}{1-\nu}\sigma'_{33}\\\sigma'_{22}&=\frac{2\mu}{1-\nu}(\varepsilon'_{22}+\nu\varepsilon'_{11})+\frac{\nu}{1-\nu}\sigma'_{33}\\\sigma'_{12}&=2\mu\varepsilon'_{12}\end{aligned} \tag{7-6-10}$$

局部坐标系下与外法线方向有关的应力分量可通过“面力恢复”得到，即

$$\begin{aligned}\sigma'_{33}&=t'_3=L_{3j}t_j\\\sigma'_{23}&=t'_2=L_{2j}t_j\\\sigma'_{13}&=t'_1=L_{1j}t_j\end{aligned} \tag{7-6-11}$$

式中

$$L_{3j}=n_j \tag{7-6-12}$$

综合上述表达式，可得如下局部坐标系下的应力表达式：

$$
\begin{aligned}
\sigma'_{11} &= \frac{2\mu}{1-\nu}\left(\frac{\partial \xi_K}{\partial x'_1}L_{1j} + \nu\frac{\partial \xi_K}{\partial x'_2}L_{2j}\right)\frac{\partial u_j}{\partial \xi_K} + \frac{\nu}{1-\nu}L_{3j}t_j \\
\sigma'_{22} &= \frac{2\mu}{1-\nu}\left(\frac{\partial \xi_K}{\partial x'_2}L_{2j} + \nu\frac{\partial \xi_K}{\partial x'_1}L_{1j}\right)\frac{\partial u_j}{\partial \xi_K} + \frac{\nu}{1-\nu}L_{3j}t_j \qquad (7\text{-}6\text{-}13) \\
\sigma'_{12} &= \mu\left(\frac{\partial \xi_K}{\partial x'_1}L_{2j} + \frac{\partial \xi_K}{\partial x'_2}L_{1j}\right)\frac{\partial u_j}{\partial \xi_K}
\end{aligned}
$$

最后，采用如下应力张量坐标系变换关系：

$$
\sigma_{mn} = L_{rm}L_{sn}\sigma'_{rs} \tag{7-6-14}
$$

可得到总体坐标系下的应力张量计算式为

$$
\sigma_{mn} = A_{mnjl}u_j^l + B_{mnj}t_j \tag{7-6-15}
$$

式中，A_{mnjl} 和 B_{mnj} 的表达式为

$$
\begin{aligned}
A_{mnjl} = 2\mu\Bigg\{&\frac{1}{1-\nu}\left[L_{1m}L_{1n}\left(\frac{\partial \xi_K}{\partial x'_1}L_{1j} + \nu\frac{\partial \xi_K}{\partial x'_2}L_{2j}\right) + L_{2m}L_{2n}\left(\frac{\partial \xi_K}{\partial x'_2}L_{2j} + \nu\frac{\partial \xi_K}{\partial x'_1}L_{1j}\right)\right] \\
&+ \frac{1}{2}(L_{1m}L_{2n} + L_{2m}L_{1n})\left(\frac{\partial \xi_K}{\partial x'_1}L_{2j} + \frac{\partial \xi_K}{\partial x'_2}L_{1j}\right)\Bigg\}\frac{\partial N_l}{\partial \xi_K} \qquad (7\text{-}6\text{-}16)
\end{aligned}
$$

$$
\begin{aligned}
B_{mnj} = &(L_{3m}L_{1n} + L_{1m}L_{3n})L_{1j} + (L_{2m}L_{3n} + L_{3m}L_{2n})L_{2j} \\
&+ \left(\frac{\nu}{1-\nu}\delta_{mn} + \frac{1-2\nu}{1-\nu}L_{3m}L_{3n}\right)L_{3j} \qquad (7\text{-}6\text{-}17)
\end{aligned}
$$

7.6.2　二维问题边界应力计算式

在平面问题的边界应力计算中也会遇到超强奇异积分问题，同样也可采用面力恢复法处理。平面问题中，局部坐标轴 x'_1 沿单元的切线方向，而 x'_2 沿外法线方向，如图 7-6-2 所示。

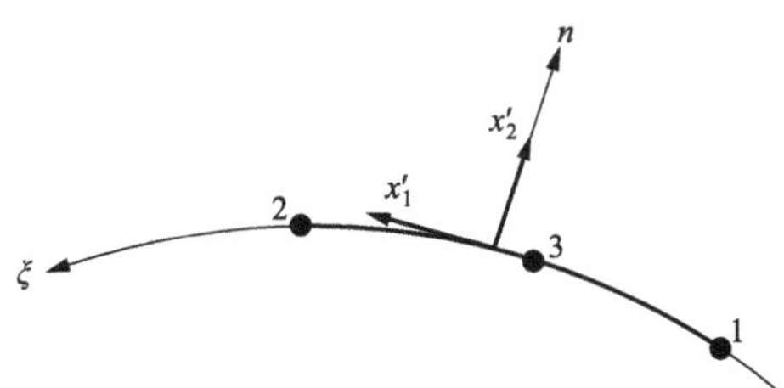

图 7-6-2　线性边界单元的局部正交坐标系

采用与三维问题同样的处理方法，可导出与式(7-6-15)完全相同的二维问题边界应力计算式，只不过下标 (m,n,j,l) 的取值范围变为 1～2，其他系数为

$$
A_{mnjl} = \frac{2\mu}{1-\nu}L_{1m}L_{1n}L_{1j}\frac{\partial \xi}{\partial x'_1}\frac{\partial N_l}{\partial \xi} \tag{7-6-18}
$$

$$B_{mnj}=(L_{1m}L_{2n}+L_{2m}L_{1n})L_{1j}+\left(\delta_{mn}-\frac{1-2\nu}{1-\nu}L_{1m}L_{1n}\right)L_{2j} \tag{7-6-19}$$

式中

$$\frac{\partial\xi}{\partial x_1'}=\frac{1}{J(\xi)} \tag{7-6-20}$$

其中，$J(\xi)$ 为总体坐标系 (x_1,x_2) 到局部坐标系 (ξ) 转换的雅可比行列式。局部坐标系的方向余弦为

$$\begin{aligned}L_{21}&=L_{12}=n_1\\L_{22}&=-L_{11}=n_2\end{aligned} \tag{7-6-21}$$

其中，n_1 和 n_2 为外法线方向矢量的分量。

对于平面应变问题，需要补充如下系数：

$$A_{33jl}=\frac{2\mu\nu}{1-\nu}L_{1j}\frac{\partial\xi}{\partial x_1'}\frac{\partial N_l}{\partial\xi} \tag{7-6-22}$$

$$B_{33j}=\frac{\nu}{1-\nu}L_{2j} \tag{7-6-23}$$

以上介绍了根据边界节点位移和面力计算边界应力的方法。如果一个节点被几个单元共用，并且该处的应力连续，则需要对每一个单元计算出的边界应力进行平均；如果应力不连续，需要在面力不连续的节点处增加节点，并对每一个单元采用上述公式单独计算应力。

7.7　体积力的处理

当考虑体积力时，边界积分方程(7-3-19)用下列形式代替：

$$c_{ij}(P)u_j(P)=\int_\Gamma\left[u_{ij}^*(Q,P)t_j(Q)-t_{ij}^*(Q,P)u_j(Q)\right]\mathrm{d}\Gamma(Q)+\int_\Omega u_{ij}^*(q,P)b_j(q)\mathrm{d}\Omega(q) \tag{7-7-1}$$

式(7-7-1)等号右边最后一项域积分的存在，给方程的数值计算带来很大麻烦。传统的边界元法将计算域离散为内部网格，逐个对网格进行数值求积，这种方法称为网格法。网格法易于理解，但内部网格的划分使边界元法失去了只需要边界离散的独特优点。近几十年来，陆续出现了许多不需要内部网格划分而计算域积分的数值方法，如伽辽金法、双互易法、多互易法和解析积分法等，各有其优缺点。这里，我们采用第 2 章所介绍的径向积分法，将式(7-7-1)中的域积分转换成边界积分，从而避免了内部网格的划分。将会看到，这种方法具有使用方便、适用性强的优点。只对两种情况进行介绍，一种是重力情况，另一种是离心力情况。

7.7.1　重力

假设重力的方向沿第 m 个坐标轴，则体积力 b_j 可以表示为

$$b_j = \rho g \delta_{jm} \tag{7-7-2}$$

式中，ρ 为材料密度；g 为重力加速度。

首先考虑三维问题，将 $u_{ij}^* b_j$ 项看成被积函数 f，与式(7-2-2)一起代入式(2-4-12)，并注意到 $r_{,i}$ 在径向积分中为常数，可得

$$\begin{aligned} F &= \int_0^r u_{ij}^* b_j r^2 \mathrm{d}r = A(B\delta_{ij} + r_{,i} r_{,j})\rho g \delta_{jm} \int_0^r r \mathrm{d}r = \frac{1}{2} A(B\delta_{ij} + r_{,i} r_{,j})\rho g \delta_{jm} r^2 \\ &= \frac{1}{2}\rho g r^3 u_{ij}^* \delta_{jm} \end{aligned} \tag{7-7-3}$$

将上式代入式(2-4-11)则可得到

$$\int_\Omega u_{ij}^* b_j \mathrm{d}\Omega = \frac{1}{2}\rho g \int_\Gamma r \frac{\partial r}{\partial \boldsymbol{n}} u_{im}^* \mathrm{d}\Gamma \tag{7-7-4}$$

同样的，对于二维问题(基本解由式(7-2-4)给出)，可以得到

$$\int_\Omega u_{ij}^* b_j \mathrm{d}\Omega = \frac{\rho g}{16\pi(1-\nu)\mu} \int_\Gamma r \frac{\partial r}{\partial \boldsymbol{n}} \left[(3-4\nu)\left(\frac{1}{2} - \ln r\right)\delta_{im} + r_{,i} r_{,m} \right] \mathrm{d}\Gamma \tag{7-7-5}$$

式(7-7-4)和式(7-7-5)不仅将域积分变换成了边界积分，而且消除了积分的奇异性，可采用高斯数值积分进行计算。将它们代入式(7-7-1)，则可获得只有边界积分的积分方程，可通过常规的边界元离散方法，对边界积分进行计算。

考虑体积力的内部应力边界积分方程，同样比式(7-3-23)多出了一项域积分项，即

$$\sigma_{ij} = \int_\Gamma u_{ijk}^* t_k \mathrm{d}\Gamma - \int_\Gamma t_{ijk}^* u_k \mathrm{d}\Gamma + \int_\Omega u_{ijk}^* b_k \mathrm{d}\Omega \tag{7-7-6}$$

同样，可采用径向积分法将式(7-7-6)中的域积分转换为边界积分。为此，将基本解式(7-3-25)和式(7-7-2)代入上式中的域积分，并根据式(2-4-12)，可得

$$F = \int_0^r u_{ijk}^* b_k r^\alpha \mathrm{d}r = \rho g \Phi_{ijm} \int_0^r 1 \mathrm{d}r = \rho g \Phi_{ijm} r = \rho g r^{\alpha+1} u_{ijm}^* \tag{7-7-7}$$

式中

$$\Phi_{ijm} = \frac{1}{4\alpha\pi(1-\nu) r}\left[(1-2\nu)(\delta_{mi} r_{,j} + \delta_{mj} r_{,i} - \delta_{ij} r_{,m}) + (\alpha+1) r_{,i} r_{,j} r_{,m} \right] \tag{7-7-8}$$

将式(7-7-7)代入式(2-4-11)可得

$$\int_\Omega u_{ijk}^* b_k \mathrm{d}\Omega = \rho g \int_\Gamma r \frac{\partial r}{\partial \boldsymbol{n}} u_{ijm}^* \mathrm{d}\Gamma \tag{7-7-9}$$

将上式代入式(7-7-6)，则可得到一个计算内部点应力的纯边界积分方程。

7.7.2 离心力

假设一个以角速度 ω 匀速旋转的圆盘，它的体积力大小为 $\rho\omega^2 R$，R 为场点到转动中心的距离。若取坐标原点为转动中心，则体积力在笛卡儿直角坐标系下的分量可表示为

$$b_j = \rho\omega^2 x_j \tag{7-7-10}$$

以二维问题为例，根据几何关系式(2-4-13)和式(7-2-4)，有

$$u_{ij}^* b_j = A'[-B(x_i^p \ln r + r_{,i} r \ln r) + r_{,i} r_{,j} x_j^p + r_{,i} r] \tag{7-7-11}$$

式中

$$A' = \frac{\rho\omega^2}{8\pi(1-\nu)\mu} \tag{7-7-12}$$

将式(7-7-11)代入径向积分表达式(2-4-12)，再将结果代入式(2-4-11)，可得积分转换式为

$$\int_\Omega u_{ij}^* b_j \mathrm{d}\Omega = A' \int_\Gamma r \frac{\partial r}{\partial \boldsymbol{n}} K_i \mathrm{d}\Gamma \tag{7-7-13}$$

式中

$$K_i = -(3-4\nu)\left[\frac{1}{2}x_i^p\left(\ln r - \frac{1}{2}\right) + \frac{1}{3}r_{,i} r\left(\ln r - \frac{1}{3}\right)\right] + \frac{1}{2}r_{,i} r_{,j} x_j^p + \frac{1}{3}r_{,i} r \tag{7-7-14}$$

用同样的方式，内部应力边界积分方程(7-7-6)中的域积分也可以很容易地转换为边界积分：

$$\int_\Omega u_{ijk}^* b_k \mathrm{d}\Omega = \frac{1}{2}\rho\omega^2 \int_\Gamma (x_k^p + x_k) r \frac{\partial r}{\partial \boldsymbol{n}} u_{ijk}^* \mathrm{d}\Gamma \tag{7-7-15}$$

以上介绍的重力和离心力的情况中，体积力为常数或坐标的简单函数，可以解析地求出径向积分，显式地将域积分转换为边界积分。但是，如果体积力的函数形式比较复杂，难以解析地求出径向积分，则需要采用如式(4-1-16)所示的公式进行数值计算径向积分。

7.8 热弹性力学问题

热弹性力学是固体力学的重要组成部分，考虑温度场的变化对固体变形的影响，是现代结构热应力分析的基础。

7.8.1 基本方程

各向同性弹性体内，温度场的变化会使结构产生体积变形，这时，总的应变 ε_{ij} 和应力 σ_{ij} 之间有如下关系[13,16]：

$$\varepsilon_{ij} = \frac{1}{2\mu}\left(\sigma_{ij} - \frac{\nu}{1+\nu}\delta_{ij}\sigma_{kk}\right) + \delta_{ij}k\theta \tag{7-8-1}$$

式中，θ 表示温度的变化值；k 为热膨胀系数。式(7-8-1)等号右边第一部分表示由于应力而产生的应变，第二部分表示由于热膨胀效应而产生的应变。式(7-8-1)可转换为

$$\sigma_{ij} = 2\mu\left(\varepsilon_{ij} + \frac{\nu\delta_{ij}\varepsilon_{kk}}{1-2\nu}\right) - \delta_{ij}\widetilde{k}\,\theta \tag{7-8-2}$$

式中

$$\widetilde{k} = \frac{2\mu(1+\nu)k}{1-2\nu} \tag{7-8-3}$$

7.8.2　位移积分方程

热弹性力学条件下，Betti 功的互易关系为[13]

$$\int_\Omega (\sigma_{ij}\varepsilon_{ij}^* + \widetilde{k}\theta\varepsilon_{kk}^*)\mathrm{d}\Omega = \int_\Omega (\sigma_{ij}^*\varepsilon_{ij} + \widetilde{k}\theta^*\varepsilon_{kk})\mathrm{d}\Omega \tag{7-8-4}$$

采用与弹性力学边界积分方程相似的推导方法，可得到热弹性问题的边界积分方程为

$$c_{ij}(p)u_j(p) = \int_\Gamma [u_{ij}^*(Q,p)t_j(Q) - t_{ij}^*(Q,p)u_j(Q)]\mathrm{d}\Gamma(Q) + \int_\Omega u_{ij,j}^*(q,p)\widetilde{k}(q)\theta(q)\mathrm{d}\Omega(q) \tag{7-8-5}$$

式中，对于内部点，$c_{ij} = \delta_{ij}$；对于光滑边界点，$c_{ij} = \delta_{ij}/2$。

由式(7-2-9)，可得上式域积分中的核函数表达式为

$$u_{ij,j}^* = \frac{-(1-2\nu)}{4\alpha\pi(1-\nu)\mu}\frac{r_{,i}}{r^\alpha} \tag{7-8-6}$$

将式(7-8-6)和式(7-8-3)一同代入式(7-8-5)，可得

$$c_{ij}(p)u_j(p) = \int_\Gamma [u_{ij}^*(Q,p)t_j(Q) - t_{ij}^*(Q,p)u_j(Q)]\mathrm{d}\Gamma(Q) + \int_\Omega \Psi_i(q,p)\theta(q)\mathrm{d}\Omega(q) \tag{7-8-7}$$

式中

$$\Psi_i = \frac{-(1+\nu)k}{2\alpha\pi(1-\nu)r^\alpha}r_{,i} \tag{7-8-8}$$

其中，$\alpha = 1$（二维问题）或 2（三维问题）。

7.8.3　内部应力积分方程

1. 应力积分方程的推导

根据式(7-8-2)、式(7-8-3)以及应变-位移关系 $\varepsilon_{ij} = (u_{i,j} + u_{j,i})/2$，可得到关于

内部点 p 的应力和位移之间的关系为

$$\sigma_{ij}(p)=\frac{2\mu\nu}{1-2\nu}\delta_{ij}\frac{\partial u_m}{\partial x_m^p}+\mu\left(\frac{\partial u_i}{\partial x_j^p}+\frac{\partial u_j}{\partial x_i^p}\right)-\frac{2\mu(1+\nu)k}{1-2\nu}\delta_{ij}\theta(p) \tag{7-8-9}$$

其中，$\theta(p)$ 为 p 点处的温度值。

由式(7-8-9)可以看出，要得到内部点的应力，需要得到位移梯度 $u_{i,j}$。注意到，对于内部点，$c_{ij}u_j=u_i$，于是对式(7-8-7)关于内部点 p 求导可得

$$\frac{\partial u_i}{\partial x_j^p}=\int_\Gamma\left(\frac{\partial u_{ik}^*}{\partial x_j^p}t_k-\frac{\partial t_{ik}^*}{\partial x_j^p}u_k\right)\mathrm{d}\Gamma+\oint_\Omega\frac{\partial\Psi_i}{\partial x_j^p}\theta\,\mathrm{d}\Omega \tag{7-8-10}$$

从式(7-8-8)可以看出，式(7-8-10)的域积分中的核函数 Ψ_i 具有弱奇异性，对其求偏导数后会导致强奇异域积分。为了能使其在柯西主值意义下求积分值，需要对其进行特殊处理。为此，我们从计算域 Ω 中，在源点 p 附近分割出半径为 ε 的一无限小圆形(二维问题)或球形(三维问题)区域 Ω_ε (图 4-6-1)。这样，式(7-8-10)中的域积分可写为

$$\oint_\Omega\frac{\partial\Psi_i}{\partial x_j^p}\theta\,\mathrm{d}\Omega=\lim_{\varepsilon\to0}\int_{\Omega-\Omega_\varepsilon}\frac{\partial\Psi_i}{\partial x_j^p}\theta\,\mathrm{d}\Omega+\theta(p)\lim_{\varepsilon\to0}\int_{\Omega_\varepsilon}\frac{\partial\Psi_i}{\partial x_j^p}\mathrm{d}\Omega \tag{7-8-11}$$

注意到：$\partial\Psi_i/\partial x_j^p=-\partial\Psi_i/\partial x_j^q$，并采用高斯散度定理，则式(7-8-11)右端第二项可转化为

$$\int_{\Omega_\varepsilon}\frac{\partial\Psi_i}{\partial x_j^p}\mathrm{d}\Omega=-\int_{\Gamma_\varepsilon}\Psi_i n_j\,\mathrm{d}\Gamma \tag{7-8-12}$$

式中，n_j 为被分割出去的圆形或球形区域的单位外法线方向向量，有 $n_j=r_{,j}$。

将式(7-8-8)代入式(7-8-12)，并注意到 $r=\varepsilon$，可得

$$\int_{\Omega_\varepsilon}\frac{\partial\Psi_i}{\partial x_j^p}\mathrm{d}\Omega=\frac{(1+\nu)k}{2\alpha\pi(1-\nu)\varepsilon^\alpha}\int_{\Gamma_\varepsilon}r_{,i}r_{,j}\,\mathrm{d}\Gamma \tag{7-8-13}$$

式中，右端边界积分可解析地求得为

$$\int_{\Gamma_\varepsilon}r_{,i}r_{,j}\,\mathrm{d}\Gamma=\frac{1}{3}\pi(\alpha+2)\varepsilon^\alpha\delta_{ij} \tag{7-8-14}$$

将式(7-8-11)代入式(7-8-10)，并且利用 $\partial(*)/\partial x_j^p=-\partial(*)/\partial x_j$，得

$$\frac{\partial u_i}{\partial x_j^p}=\int_\Gamma(-u_{ik,j}^*t_k+t_{ik,j}^*u_k)\mathrm{d}\Gamma-\int_\Omega\Psi_{i,j}\theta\,\mathrm{d}\Omega+\frac{(1+\nu)k}{\beta(1-\nu)}\delta_{ij}\theta(p) \tag{7-8-15}$$

式中，二维问题 $\beta=2$，三维问题 $\beta=3$，并且

$$\Psi_{i,j}=\frac{\partial\Psi_i}{\partial x_j}=\frac{(1+\nu)k}{2\alpha\pi(1-\nu)r^\beta}(\delta_{ij}-\beta r_{,i}r_{,j}) \tag{7-8-16}$$

式(7-8-15)等号右边的域积分为柯西主值意义下的积分，最后一项是由核函数 Ψ_i 的微分的弱奇异性所产生的一个跳跃项。

最后，将式(7-2-9)和式(7-2-19)以及式(7-8-15)和式(7-8-16)代入式(7-8-9)，

可得热应力边界积分方程

$$\sigma_{ij}(p)=\int_{\Gamma}u_{ijk}^{*}t_k\mathrm{d}\Gamma-\int_{\Gamma}t_{ijk}^{*}u_k\mathrm{d}\Gamma+\int_{\Omega}\Psi_{ij}\theta\,\mathrm{d}\Omega-\delta_{ij}h\theta(p) \tag{7-8-17}$$

式中，u_{ijk}^{*} 和 t_{ijk}^{*} 的表达式见式(7-3-25)和式(7-3-26)，并有

$$h=\frac{\mu(\beta+1)(1+\nu)k}{3(1-\nu)} \tag{7-8-18}$$

$$\Psi_{ij}=\frac{\mu(1+\nu)k}{\alpha\pi(1-\nu)r^{\beta}}(\delta_{ij}-\beta r_{,i}r_{,j}) \tag{7-8-19}$$

尽管式(7-8-17)中的域积分是在柯西主值意义下求积，但从式(7-8-19)可以看出，此域积分仍然具有强奇异性，需要特殊处理才能精确地计算。

2. 应力积分方程的正则化

采用加、减项技术，式(7-8-17)中的域积分可以表示成如下形式：

$$\int_{\Omega}\Psi_{ij}\theta\,\mathrm{d}\Omega=\int_{\Omega}[\theta-\theta(p)]\Psi_{ij}\,\mathrm{d}\Omega+\theta(p)\int_{\Omega}\Psi_{ij}\,\mathrm{d}\Omega \tag{7-8-20}$$

式(7-8-20)等号右边第一项域积分是弱奇异的，强奇异性被转移到了第二项域积分。由于第二项域积分是一个已知函数的积分，所以可以通过解析求积的方法消除强奇异性。为此，将核函数 Ψ_{ij} 改写为如下形式：

$$\Psi_{ij}=\frac{1}{r^{\beta}}\Phi_{ij} \tag{7-8-21}$$

式中

$$\Phi_{ij}=\frac{\mu(1+\nu)k}{\alpha\pi(1-\nu)}(\delta_{ij}-\beta r_{,i}r_{,j}) \tag{7-8-22}$$

为了简单起见，以二维问题 ($\alpha=1,\beta=2$) 为例进行推导，推导结果同样适用于三维问题。由于式(7-8-20)中的域积分为柯西主值意义下的积分，可以在积分域 Ω 内，挖去一个半径为 ε 的无限小的圆形区域，如图 4-6-1 所示。采用一个以源点 p 为原点的局部极坐标系 (r,ϕ)，这时 Φ_{ij} 仅为坐标 ϕ 的函数，式(7-8-20)中的最后一项积分可以写成

$$\int_{\Omega}\Psi_{ij}\,\mathrm{d}\Omega=\int_0^{2\pi}\left(\lim_{\varepsilon\to 0}\int_{\varepsilon}^{r(\Gamma)}\frac{1}{r}\mathrm{d}r\right)\Phi_{ij}\,\mathrm{d}\phi=\int_0^{2\pi}\ln r(\Gamma)\Phi_{ij}\,\mathrm{d}\phi-\lim_{\varepsilon\to 0}\ln\varepsilon\int_0^{2\pi}\Phi_{ij}\,\mathrm{d}\phi \tag{7-8-23}$$

式中，$r(\Gamma)$ 表示源点 p 到边界 Γ 之间的距离。

根据如下关系式：

$$\begin{aligned}&\int_0^{2\pi}\delta_{ij}\,\mathrm{d}\phi=2\pi\delta_{ij}\\&\int_0^{2\pi}r_{,i}r_{,j}\,\mathrm{d}\phi=\pi\delta_{ij}\end{aligned} \tag{7-8-24}$$

可以证明

$$\int_0^{2\pi} \Phi_{ij}\,\mathrm{d}\phi = 0 \tag{7-8-25}$$

对于式(7-8-23)右端第一项积分，采用极坐标系和笛卡儿直角坐标系之间的转换关系(见式(4-6-23))：

$$\mathrm{d}\phi = \frac{1}{r}\frac{\partial r}{\partial \boldsymbol{n}}\mathrm{d}\Gamma \tag{7-8-26}$$

将式(7-8-25)和式(7-8-26)代入式(7-8-23)，并利用式(7-8-21)，可得

$$\int_\Omega \Psi_{ij}\,\mathrm{d}\Omega = \int_\Gamma r\ln r \frac{\partial r}{\partial \boldsymbol{n}}\Psi_{ij}\,\mathrm{d}\Gamma \tag{7-8-27}$$

最后，合并式(7-8-27)、式(7-8-20)和式(7-8-17)，可得到正则化的内部应力积分方程：

$$\begin{aligned}\sigma_{ij}(p) = &\int_\Gamma u_{ijk}^* t_k\,\mathrm{d}\Gamma - \int_\Gamma t_{ijk}^* u_k\,\mathrm{d}\Gamma + \theta(p)\int_\Gamma r\ln r\frac{\partial r}{\partial \boldsymbol{n}}\Psi_{ij}\,\mathrm{d}\Gamma \\ &+ \int_\Omega [\theta - \theta(p)]\Psi_{ij}\,\mathrm{d}\Omega - \delta_{ij}h\theta(p)\end{aligned} \tag{7-8-28}$$

式(7-8-28)中的所有积分都是有界的，可以采用标准的高斯数值积分公式进行数值求解。虽然式(7-8-25)是基于二维问题推出的，但是采用同样的方式，对三维问题可推导出相同形式的表达式，只不过对于三维问题，$\alpha = 2, \beta = 3$。

7.8.4 边界应力计算式

当源点 p 位于计算域的边界上时，我们还采用 7.6 节中介绍的“面力恢复法”来计算边界应力。不过，由于增加了温度场的影响，7.6 节中建立的公式需要进行修改。由式(7-8-2)可以看出，如果将 $\sigma_{ij} + \delta_{ij}\tilde{k}\theta$ 按照一种应力量来处理，则其与应变的关系式与式(7-1-15)所示的相同。因此，由式(7-6-10)可以写出切平面内的热应力关系式为

$$\begin{aligned}\sigma'_{11} &= \frac{2\mu}{1-\nu}(\varepsilon'_{11} + \nu\varepsilon'_{22}) + \frac{\nu}{1-\nu}(\sigma'_{33} + \tilde{k}\theta) - \tilde{k}\theta \\ \sigma'_{22} &= \frac{2\mu}{1-\nu}(\varepsilon'_{22} + \nu\varepsilon'_{11}) + \frac{\nu}{1-\nu}(\sigma'_{33} + \tilde{k}\theta) - \tilde{k}\theta \\ \sigma'_{12} &= 2\mu\varepsilon'_{12}\end{aligned} \tag{7-8-29}$$

相应地，式(7-6-13)变为

$$\sigma'_{IJ} = \sigma'^{e}_{IJ} - \frac{1-2\nu}{1-\nu}\tilde{k}\theta\delta_{IJ} \tag{7-8-30}$$

式中，σ'^{e}_{IJ} (I 和 J 从 1 到 2 取值)由式(7-6-13)的右端项给出。

这样，由式(7-6-14)和式(7-6-11)可得到考虑温度变化的边界应力计算式：

$$\sigma_{mn} = A_{mnjl} u_j^l + B_{mnj} t_j - C_{mn} \theta \tag{7-8-31}$$

式中，系数 A_{mnjl} 和 B_{mnj} 与式(7-6-16)～式(7-6-19)以及式(7-6-22)和式(7-6-23)相同，C_{mn} 的计算式如下：

三维问题：

$$C_{mn} = \frac{1-2\nu}{1-\nu} \tilde{k} (\delta_{mn} - L_{3m} L_{3n}) \tag{7-8-32a}$$

二维问题：

$$C_{mn} = \frac{\alpha - \beta\nu}{1-\nu} \tilde{k} L_{1m} L_{1n} \tag{7-8-32b}$$

对于平面应变问题，还有沿不变形方向的应力，因此有

$$C_{33} = \frac{1-2\nu}{1-\nu} \tilde{k} \tag{7-8-32c}$$

7.8.5　域积分到边界积分的转换

位移积分方程(7-8-7)和内部应力积分方程(7-8-28)中含有域积分，可以采用传统方法将计算域离散为内部网格来计算这些域积分，但是这样一来，边界元法就失去了只需在边界上离散单元的优越性。本节采用径向积分法将这些域积分转换为边界积分，避免内部网格的使用。

首先介绍位移边界积分方程中的域积分的转换。将径向积分公式(2-4-12)应用于式(7-8-7)中的域积分，可得

$$F = \int_0^r \Psi_i \theta r^{\alpha} \mathrm{d}r = \frac{-(1+\nu)k}{2\alpha\pi(1-\nu)} r_{,i} \int_0^r \theta \mathrm{d}r \tag{7-8-33}$$

将上式代入式(2-4-11)，并利用式(7-8-8)，可得

$$\int_{\Omega} \Psi_i \theta \, \mathrm{d}\Omega = \int_{\Gamma} \frac{\partial r}{\partial \boldsymbol{n}} \Psi_i \bar{F} \mathrm{d}\Gamma \tag{7-8-34}$$

式中

$$\bar{F} = \int_0^r \theta \mathrm{d}r \tag{7-8-35}$$

将式(7-8-34)代入式(7-8-7)可得完全由边界积分组成的边界积分方程：

$$c_{ij} u_j = \int_{\Gamma} (u_{ij}^* t_j - t_{ij}^* u_j) \mathrm{d}\Gamma + \int_{\Gamma} \frac{\partial r}{\partial \boldsymbol{n}} \Psi_i \bar{F} \mathrm{d}\Gamma \tag{7-8-36}$$

如果温度 θ 的分布函数是已知的，那么径向积分式(7-8-35)很容易根据变量代换式(2-4-13)解析地或数值地求出。以一个二维问题为例，假设温度场的分布满足以下二次函数分布：

$$\theta = c_2 x_2^2 + c_1 x_2 + c_0 \tag{7-8-37}$$

式中，c_0，c_1 和 c_2 为常数。

将关系式(2-4-13)代入式(7-8-37),可得

$$\theta = c_2 r_{,2}^2 r^2 + (2c_2 x_2^p + c_1) r_{,2} r + \theta(p) \tag{7-8-38}$$

式中

$$\theta(p) = c_2 (x_2^p)^2 + c_1 x_2^p + c_0 \tag{7-8-39}$$

将式(7-8-38)代入式(7-8-35),可得

$$\bar{F} = r\left[\frac{1}{3}c_2 r_{,2}^2 r^2 + \frac{1}{2}(2c_2 x_2^p + c_1) r_{,2} r + \theta(p)\right] \tag{7-8-40}$$

将式(7-8-40)代入式(7-8-36),则可得到纯边界积分方程。

最后,介绍内部应力积分方程(7-8-28)中域积分的转换。将式(7-8-21)代入式(7-8-28)中的域积分,并且利用式(2-4-12),有

$$F = \int_0^r [\theta - \theta(p)] \Psi_{ij} r^{\alpha} \mathrm{d}r = \Phi_{ij} \int_0^r \frac{\theta - \theta(p)}{r} \mathrm{d}r \tag{7-8-41}$$

将上式代入式(2-4-11),可得

$$\int_{\Omega} [\theta - \theta(p)] \Psi_{ij} \, \mathrm{d}\Omega = \int_{\Gamma} r \frac{\partial r}{\partial \boldsymbol{n}} \Psi_{ij} \tilde{F} \, \mathrm{d}\Gamma \tag{7-8-42}$$

式中

$$\tilde{F} = \int_0^r \frac{\theta - \theta(p)}{r} \mathrm{d}r \tag{7-8-43}$$

将式(7-8-42)代入式(7-8-28),可得内部应力的纯边界积分表达式:

$$\begin{aligned} \sigma_{ij}(p) = &\int_{\Gamma} u_{ijk}^* t_k \mathrm{d}\Gamma - \int_{\Gamma} t_{ijk}^* u_k \mathrm{d}\Gamma + \theta(p) \int_{\Gamma} r \ln r \frac{\partial r}{\partial \boldsymbol{n}} \Psi_{ij} \mathrm{d}\Gamma \\ &+ \int_{\Gamma} r \frac{\partial r}{\partial \boldsymbol{n}} \Psi_{ij} \tilde{F} \mathrm{d}\Gamma - \delta_{ij} h \theta(p) \end{aligned} \tag{7-8-44}$$

对于给定的温度场 θ,径向积分式(7-8-43)能够解析或数值地求出。以式(7-8-37)给定的二次函数为例,可以推得

$$\tilde{F} = \frac{1}{2} c_2 r_{,2}^2 r^2 + (2c_2 x_2^p + c_1) r_{,2} r \tag{7-8-45a}$$

根据关系式 $r_{,2} r = x_2 - x_2^p$,也可将上式改写为

$$\tilde{F} = \frac{1}{2}(x_2 - x_2^p)(c_2 x_2 + 3c_2 x_2^p + 2c_1) \tag{7-8-45b}$$

将式(7-8-45)代入式(7-8-44),则可得到计算热应力的纯边界积分方程。

7.9 程序介绍及算例

前面介绍了弹性力学问题的边界元基本理论,并进一步分析了含体积力及热弹性问题的纯边界元算法。本节将介绍相应的计算机程序,分别对不含体积力和

含体积力的弹性力学以及热弹性问题进行算例分析。

7.9.1　程序介绍

弹性力学边界元程序为 BEMEL，热弹性力学边界元程序为 THERMEL，它们的大部分内容与程序 BEMECH 相同，可参见文献[12]中的详细介绍。

1. 含任意体积力的弹性力学程序 BEMEL 介绍

BEMEL 可对含体积力的二维和三维弹性力学问题进行分析，考虑了七种对称条件[12]，可选用线性或二次单元。体积力可选择重力、离心力以及由用户自己定义的任意形式的坐标的函数。体积力引起的域积分采用径向积分法转换成边界积分，因此程序 BEMEL 是不需要内部点的纯边界元程序。程序的输入文件名为 BEMEL. DAT，输出文件名为 BEMEL. OUT。另外，为了方便，程序执行完后还将产生 FEMAP 和 NASTRAN 软件的几何绘图文件 BEMEL. NAS 以及 TECPLOT 软件的绘图文件 BEMEL. PLT。

由域积分转换成的边界积分计算式(7-7-4)、式(7-7-5)、式(7-7-9)和式(7-7-15)在子程序 EVAL_HG 中执行，由用户自己定义的体积力函数在子程序 BJ_VALUE 中完成。输入数据的详细说明见附录 7A，求解问题的类型由输入数据的第一个数字(NSIG)决定，如果 NSIG=6 则为三维问题，如果 NSIG 为其他值(3 或 4)则为二维问题。下面是与体积力相关的子程序与变量介绍。

(1) 子程序 EVAL_HG：

计算边界积分，包括由体积力引起的由径向积分法转换成的边界积分。径向积分的解析表达式在程序的相关位置给予了标注，相关变量如下：

BODY——储存位移积分方程中体积力项的积分结果；

BODYS——储存内部应力积分方程中体积力项的积分结果；

ZXP——储存 $x_i^p r_{,i}$；

AST——储存核函数 t_{ij}^*；

BST——储存核函数 u_{ij}^*。

(2) 子程序 INT_BODYF：

用径向积分法计算体积力引起的域积分。相关变量如下：

RIVAL_U——储存位移积分方程中体积力项的径向积分值；

RIVAL_S——储存内部应力积分方程中体积力项的径向积分值。

(3) 子程序 RADIAL_INT_U：

用高斯数值求积公式计算位移积分方程(7-7-1)中体积力项 RIM 转换中的径向积分。相关变量如下：

FJCBR——径向积分变量 r 到高斯积分变量转换的雅可比行列式，见式(4-1-15)；

XR——径向积分中的变量 r，由式(4-1-15)确定；

XX——计算点的总体坐标 x_i，由式(2-4-13)确定；

BVAL——储存体积力 b_i 的值。

(4) 子程序 RADIAL_INT_S：

用高斯数值求积公式计算内部应力积分方程(7-7-6)中体积力项 RIM 转换中的径向积分。除上述变量外，相关变量如下：

Uijk——储存基本解 u^*_{ijk}，由式(7-3-25)确定。

(5) 子程序 BJ_VALUE：

定义体积力表达式 b_j。按照 BEMEL 程序设计，此程序中定义的体积力需除以规格化因子 2μ。除上述变量外，相关变量如下：

PI——输入量 π；

DLT——输入量 δ_{ij}；

GT——输入量弹性剪切模量 μ；

CP——输入量源点的坐标 x_i^p；

CQ——输入量场点的坐标 x_i；

PARAM——输入量定义体积力 b_j 所需的参数；

BVAL——输出量体积力 b_j 的值。

2. 热弹性力学程序 THERMEL 介绍

THERMEL 是基于 7.8 节的内容开发的 Fortran 程序，可对不含体积力的二维和三维热弹性力学问题进行计算分析，可选用线性或二次单元，其程序结构与上述 BEMEL 相似。输入和输出文件名分别为 THERMEL.DAT 和 THERMEL.OUT，绘图文件为 THERMEL.NAS(FEMAP 绘图格式)和 THERMEL.PLT(TECPLOT 格式)。如果所用温度变化式不同于本书中的公式，用户可以在函数子程序 THETA 中定义自己的温度表达式。

1) 输入数据文件介绍

除了第 4 行外，THERMEL 的输入数据完全与程序 BEMEL 相同，可参见附录 7A。输入文件中的第 4 行(在子程序 INPUT_CTR 中读入)的变量介绍如下：

数据块 4 (一行)：

ICASE：用径向积分法计算温度引起的域积分的方法(如果 NCELL 不为 0，则 ICASE 可以是任意值)。ICASE=0 为不考虑温度效应，ICASE=1 为采用径向积分的解析表达式，ICASE=2 为采用高斯数值积分公式计算径向积分。

CLEXP：材料的线膨胀系数 k。

NPARAM：定义温度表达式所需参数的个数。

PARAM：定义温度表达式所需的参数。

在 THERMEL 中，第一行中的变量 NCELL 可以是 0，也可以不是 0。如果是 0，表明由温度导致的域积分通过用径向积分法转换成的边界积分来计算；如果 NCELL 不是 0，则表明域积分用传统的内部网格法来计算，其值为划分的内部网格数，此时在输入数据的最后还需要输入下列网格节点信息。

数据块 13（NCELL 行，每个网格一行）：

L：内部网格单元编号；

LNDC(1，L)：内部网格单元 L 的第一个节点的全局节点编号；

LNDC(2，L)：内部网格单元 L 的第二个节点的全局节点编号；

……

LNDC(NODC，L)：内部网格单元 L 的最后一个节点的全局节点编号。

其中，网格单元的节点数 NODC 取决于边界单元是线性单元还是二次单元，由 NODE 的值自动确定，在二维问题中可为 4 或 8，在三维问题中可为 8 或 20，详细情况可参见文献[12]中的介绍。

2）相关子程序及变量介绍

基于温度分布为式(7-8-37)形式的解析表达式(7-8-40)和式(7-8-45b)的执行情况在子程序 EVAL_HG 中有详细的标注与介绍，其中，式(7-8-40)中的 $\bar{F}$ 与式(7-8-45b)中的 $\tilde{F}$ 的解析表达式在函数子程序 ANALYTIC_FBAR 中给出，径向积分式(7-8-35)与式(7-8-43)的数值计算在子程序 NEVAL_FBAR 中进行。其他相关子程序介绍如下。

(1) 子程序 NEVAL_FBAR：

用高斯积分公式计算径向积分式(7-8-35)与式(7-8-43)。相关变量如下：

XR——径向积分中的变量 r，由式(4-1-15)确定；

XX——计算点的总体坐标 x_i，由式(2-4-13)确定；

SIT——计算点的温度值；

URBAR——式(7-8-35)的积分值；

SRBAR——式(7-8-43)的积分值。

(2) 函数子程序 PSIJ：用式(7-8-19)计算核函数 Ψ_{ij}。

(3) 函数子程序 THETA：定义温度变化表达式，所需参数由数组 PARAM 提供。

(4) 子程序 INT_CELL：

用内部网格法计算积分方程中由温度场引起的域积分。相关变量如下：

NODC——网格单元的节点数；

EPARAM——网格节点的损伤参数值；

NTU——NTU=4 为计算位移积分方程中的域积分；NTU=5 为计算应力积

分方程中的域积分；

BODY——位移积分方程中的域积分计算结果；

BODYS—— 应力积分方程中的域积分计算结果。

(5) 子程序 SIN_CELL：

采用六面体到四面体单元退化技术[12]，计算奇异网格单元域积分。相关变量如下：

XIS——网格单元上奇异点的等参坐标；

MSUB——退化成四面体单元的个数。

(6) 子程序 EVAL_KENEL：计算积分方程(7-8-7)和方程(7-8-28)中域积分的核函数值。

7.9.2　算例分析

下面介绍的前两个算例是关于含体积力的弹性力学问题的算例，采用由 RIM 将体积力引起的域积分转换成边界积分的纯边界元程序 BEMEL 计算；后两个算例是热弹性力学算例，采用由 RIM 将温度变化引起的域积分转换成边界积分的程序 THERMEL 计算。

1. 受体积力作用的立方体算例

一个尺寸为 10mm×10mm×10mm 的立方体，将其边界离散为 96 个二次单元，共 290 个边界节点，如图 7-9-1 所示。下表面($z=0$)完全固定，其他表面自由。材料的弹性模量 $E=1000\text{MPa}$，泊松比 $\nu=0$。此问题的输入文件名为 CUBE3D. DAT，使用时需将其改为 BEMEL. DAT。

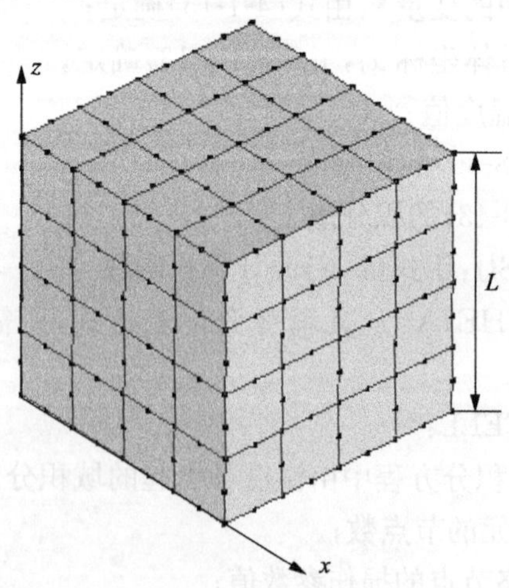

图 7-9-1　立方体边界元模型

情况 1 体积力为重力。

首先，考虑受重力情况，假设 $\rho g = -10\text{Pa/mm}$。由于泊松比 $\nu = 0$，可以得到应力和位移的精确解为

$$\sigma_z = \rho g(L - z), \quad u_z = \frac{\rho g}{E} z(L - z/2)$$

表 7-9-1 和表 7-9-2 分别为纯边界元法计算所得沿 z 方向的位移和应力。其中，RIM 代表采用式(7-7-4)和式(7-7-9)计算所得结果。从中可以看出，纯边界元法的计算结果与精确解非常接近。

表 7-9-1 z 方向垂直位移

z 坐标/mm	精确解/mm	RIM/mm
2.5	−0.218750	−0.218752
5.0	−0.3750	−0.375003
7.5	−0.468750	−0.468756
10.0	−0.5	−0.500006

表 7-9-2 z 方向垂直应力

z 坐标/mm	精确解/Pa	RIM/Pa
0.0	−100.0	−100.001
2.5	−75.0	−75.0003
5.0	−50.0	−50.0008
7.5	−25.0	−25.0011

情况 2 考虑较为复杂的体积力。

假设体积力有如下的函数关系：

$$b_j = \frac{-2\delta_{3j}\left[\sin(\bar{x}\pi/2)\cos(\bar{y}\pi/2) + e^{\bar{x}^2+\bar{y}^2}\right]}{\sqrt{\bar{x}^2+\bar{y}^2}\ln(2+\bar{x}+\bar{y}) + \cos(\bar{x}) + e^{\bar{y}}}$$

式中，$\bar{x} = x/L$，$\bar{y} = y/L$，其在 x-y 平面内的分布图如图 7-9-2 所示。

由于此体积力表达式比较复杂，难以得出径向积分的解析解，这里采用高斯数值积分(参见式(4-1-16))来计算径向积分 $F = \int_0^r u_{ij}^* b_j r^2 \mathrm{d}r$。由于没有解析解验证，这里采用传统的体单元法计算结果进行对比，这要求将立方体离散为 64 个体单元，其中包含 135 个内部点。利用径向基函数逼近时，采用所有的边界点和内部点。

表 7-9-3 和表 7-9-4 分别给出了 $x=0$ 和 $y=0$ 处沿 z 轴方向的位移和应力，从中可以看出，采用径向积分法转换所计算的结果与体单元结果非常接近。

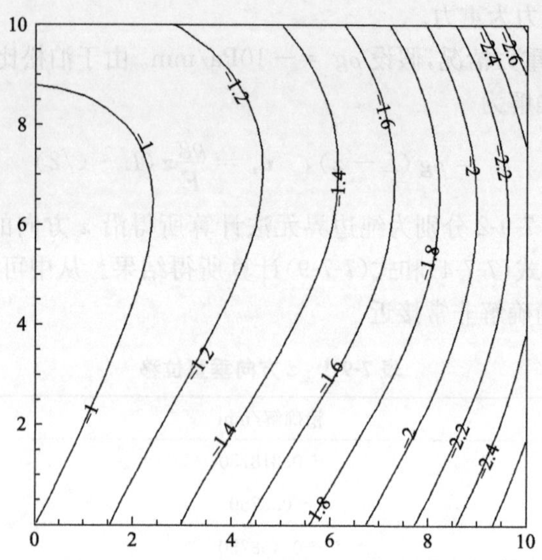

图 7-9-2　x-y 平面内的体积力大小分布图

表 7-9-3　z 方向垂直位移

z 坐标/mm	体单元法/mm	RIM/mm
2.5	-1.943490×10^{-2}	-1.943556×10^{-2}
5	-3.334702×10^{-2}	-3.334750×10^{-2}
7.5	-4.187169×10^{-2}	-4.187156×10^{-2}
10	-4.491337×10^{-2}	-4.491401×10^{-2}

表 7-9-4　z 方向垂直应力

z 坐标/mm	体单元法/Pa	RIM/Pa
0	−8.880588	−8.881851
2.5	−6.671717	−6.671252
5	−4.471564	−4.471858
7.5	−2.357096	−2.356270

2. 旋转圆盘算例

考虑一个以均匀角速度 ω 旋转的圆盘，如图 7-9-3 所示。圆盘内半径为 5cm，外半径 25cm。材料弹性模量 $E=72.4158\text{GPa}$，泊松比 $\nu=0.33$，材料密度 $\rho=1\text{kg/cm}^3$，$\omega=14.75777\text{rad/s}$。由于只有离心力作用，变形满足平面应力条件。圆盘中心与之相连的圆柱假定刚度无穷大，因此在与圆盘的交界处没有变形发生。根据对称性，取 1/4 圆盘进行分析，将其离散为 16 个二次边界单元。为了验证程序的正确性，还将 1/4 圆盘离散为 16 个二次体单元，用内部网格单元法对该问题进行了计算，图 7-9-4 为网格单元图及计算后得到的变形图(虚线)。此算例的输入数据文件名为 CENTRIFUGAL. DAT。

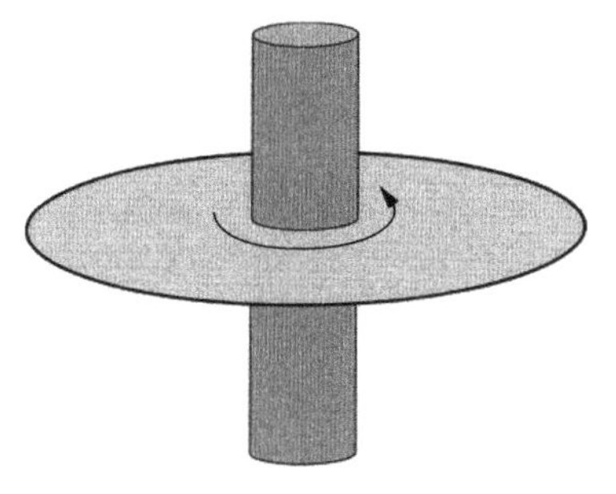

图 7-9-3　转动圆盘示意图

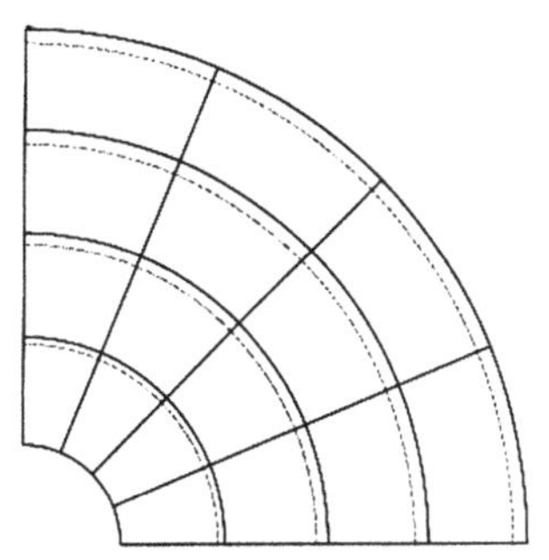

图 7-9-4　网格变形图

表 7-9-5 和表 7-9-6 分别为沿半径方向的圆盘径向位移和环向应力的计算结果。从表 7-9-5 和表 7-9-6 可以看出，径向积分边界元法与内部网格法所得结果吻合得很好。

表 7-9-5　圆盘的径向位移

半径 r/cm	体单元法/cm	RIM/cm
10	0.35482	0.35483
15	0.57431	0.57431
20	0.69742	0.69743
25	0.71165	0.71170

表 7-9-6　圆盘的环向应力

半径 r/cm	体单元法/Pa	RIM/Pa
10	4256.31	4253.56
15	4025.32	40264.53
20	3214.41	3212.71
25	2060.81	2061.11

3. 二维热弹性梁算例

如图 7-9-5 所示，考虑一个承受温度场载荷的梁，温度分布呈二次函数关系。Neves 和 Brebbia[18] 曾经按照平面应力条件对此算例进行了分析，这里我们假定为平面应变问题。梁的几何尺寸为 $L \times H$ ($L=2\text{m}, H=1\text{m}$)，三边铰支，一边自由，如

图 7-9-5 所示。温度场分布由式(7-8-37)给定,并有 $c_0 = 0, c_1 = -60, c_2 = 40$。

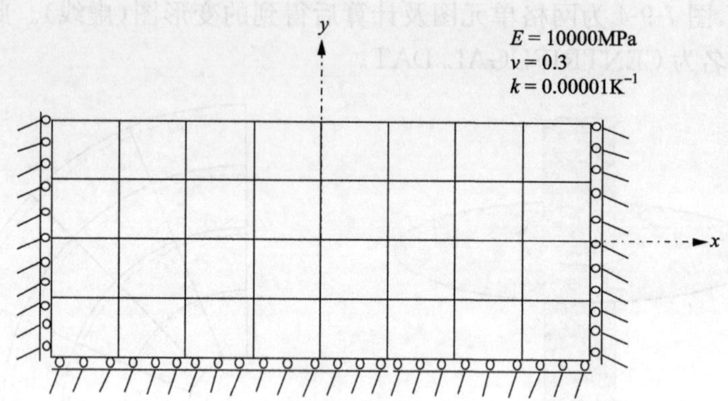

图 7-9-5 承受温度载荷梁的边界元模型

此算例的位移和应力可以解析地求得为[13]

$$u_y(y) = \frac{1+\nu}{1-\nu}k\left\{\frac{1}{3}c_2[y^3+(H/2)^3]+\frac{1}{2}c_1[y^2-(H/2)^2]+c_0[y+H/2]\right\}$$

$$\sigma_{xx} = -\frac{E}{1-\nu}k\theta$$

将梁离散为 24 个二次边界单元,其中包含 48 个边界节点,如图 7-9-5 所示。在体单元计算中,计算域划分为 32 个体单元,其中包含 73 个内部点。表 7-9-7 和表 7-9-8 分别列出了用体单元法和 RIM 域积分转换法计算的位移和应力结果,图 7-9-6 和图 7-9-7 分别为相应的变化曲线。

表 7-9-7 位移 u_y ($\times 10^{-5}$)

y/m	体单元法/m	RIM/m	解析解/m
−0.375	7.883415	7.883375	7.88319
−0.25	13.15498	13.15499	13.15476
−0.125	16.10509	16.10522	16.10491
0	17.02417	17.02424	17.02381
0.125	16.20220	16.20220	16.20164
0.25	13.92952	13.92929	13.92857
0.375	10.49596	10.49562	10.49479
0.5	6.191549	6.191304	6.19048

表 7-9-8　内部应力 σ_{xx}

y/m	体单元法/MPa	RIM/MPa	解析解/MPa
−0.375	−4.017719	−4.017742	−4.01786
−0.25	−2.500085	−2.500066	−2.50000
−0.125	−1.160530	−1.160576	−1.16071
0	0.000077	−0.000087	0.00000
0.125	0.9822413	0.982255	0.98214
0.25	1.785657	1.785632	1.78571
0.375	2.410982	2.410968	2.41071

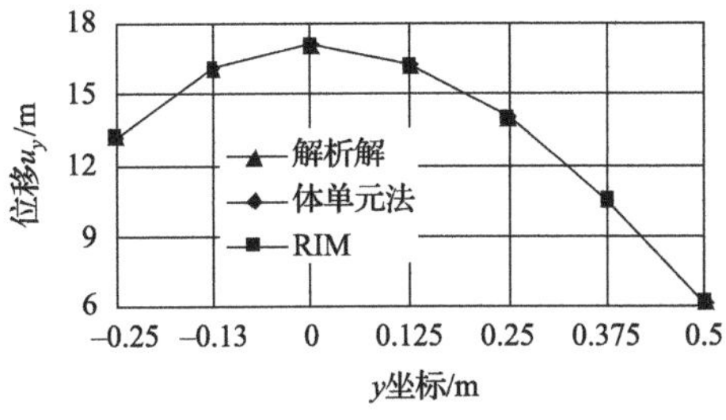

图 7-9-6　垂直位移分布曲线（$\times 10^{-5}$）

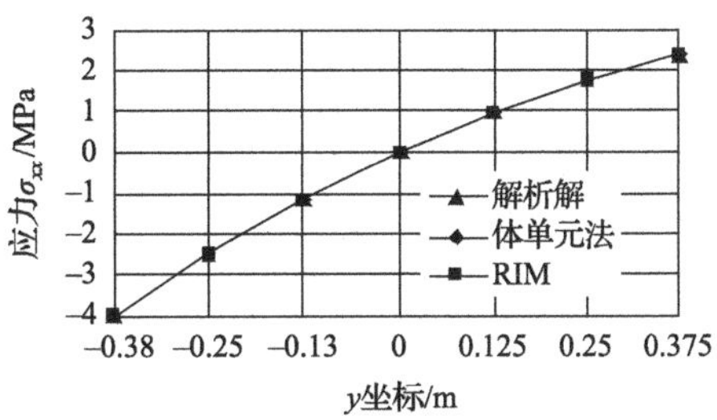

图 7-9-7　内部应力 σ_{xx} 分布曲线

从图 7-9-6 和图 7-9-7 可以看出，处理域积分的两种方法计算结果都与解析解非常一致，说明两种方法都是正确的，但是从计算量上来看，RIM 所花费的计算时间仅为体单元法的 28%。

4. 三维热弹性圆柱体算例

考虑一个承受复杂温度载荷的圆柱体。如图 7-9-8 所示，柱体半径为 50mm，高为 60mm。圆柱体沿径向的温度场分布如图 7-9-9 所示。即

$$\theta = \frac{100}{e^{R^2} + (1 + R^2)^7}$$

式中

$$R^2 = (x/50)^2 + (y/50)^2$$

材料性质在图 7-9-8 中给出。圆柱体边界条件为：侧面固定，上下表面自由。将圆柱体边界离散为 288 个 8 节点二次单元，其中包含 866 个边界节点。为了采用体单元方法求解域积分，将计算域划分为 448 个 20 节点的体单元，其中包含 1383 个内部点。由于温度分布函数比较复杂，所以采用高斯数值积分法计算径向积分式(7-8-35)和式(7-8-43)。

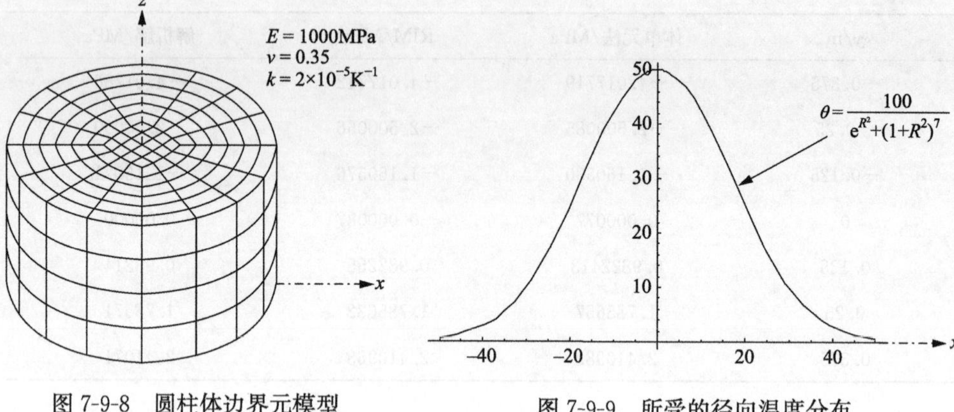

图 7-9-8　圆柱体边界元模型　　图 7-9-9　所受的径向温度分布

计算得到的圆柱上表面垂直位移沿径向的分布如图 7-9-10 所示。在 $z=30$ 的平面上，径向和环向应力分布如图 7-9-11 和图 7-9-12 所示。沿 z 轴方向的径向应力和垂直应力分布如图 7-9-13 和图 7-9-14 所示。

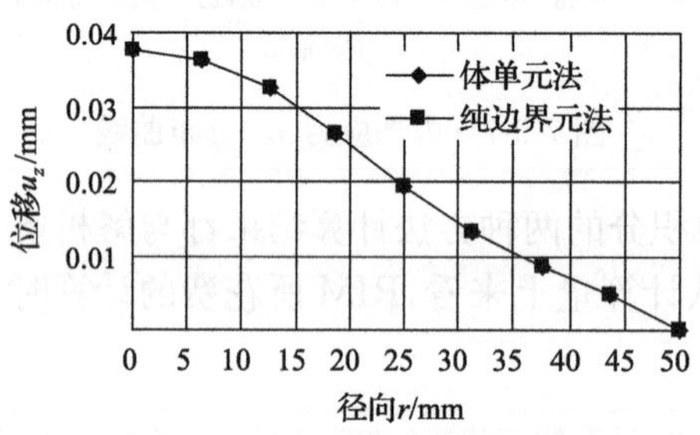

图 7-9-10　上表面垂直位移沿径向的分布曲线

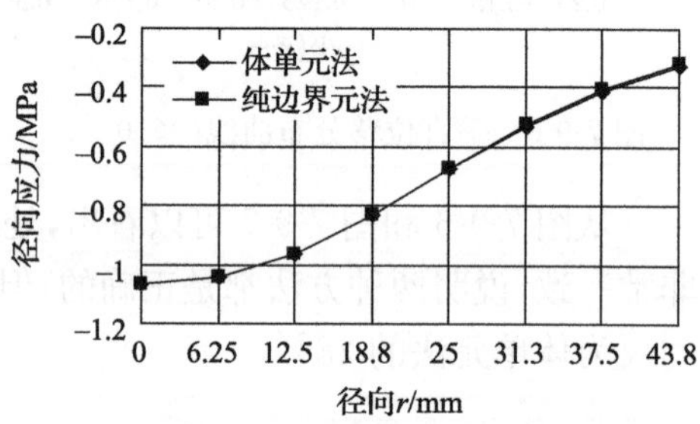

图 7-9-11　$z=30$ 的平面上径向应力分布

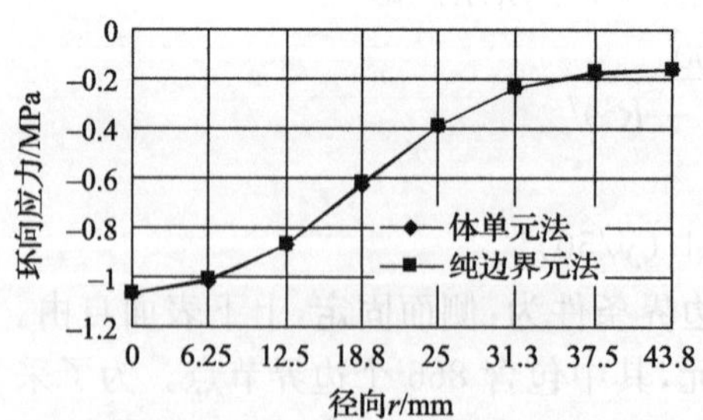

图 7-9-12　$z=30$ 的平面上环向应力分布

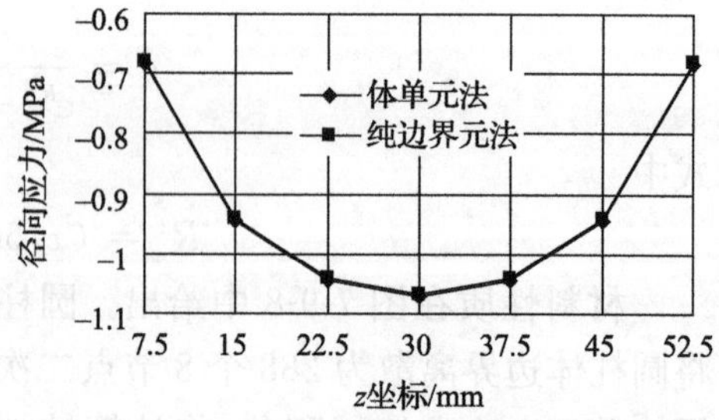

图 7-9-13　沿 z 轴方向的径向应力分布

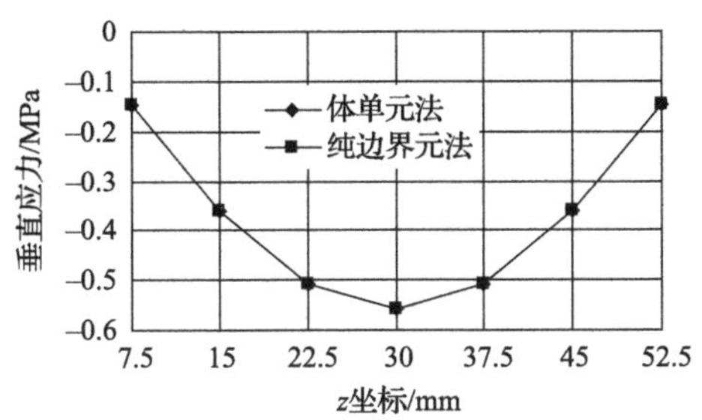

图 7-9-14　沿 z 轴方向的垂直应力分布

从计算结果可以看出,体单元法和纯边界元法的结果非常接近,这说明由域积分到边界积分的转换公式是正确的。

附录 7A　弹性力学边界元程序 BEMEL 输入文件变量说明

BEMEL 的输入数据由 12 个数据块组成,除了数据块 4 用于体积力处理外,其他变量和格式与文献[12]中的程序 BEMECH 用到的完全相同。输入文件详细介绍如下。

数据块 1 (一行):

TITLE:标题,用来标注所分析的问题。

数据块 2 (一行):

NSIG:应力分量的个数(3, 4 或 6)[1];

NODE:边界单元节点数(2, 3, 4, 或 8)[2];

NBP:边界节点总数[3];

NTP:边界节点和内部节点总数[4];

NBE:边界单元总数;

NCELL:内部网格总数 ,在程序 BEMEL 中输入为 0;

NTRAC:指定的面力边界条件组数[5];

NDISP:指定的位移边界条件组数[6];

KSYM:对称性标志 (0-7)[12];

NAUTO:求积分所用到的高斯点数[7]。

数据块 3 (一行):

TOLGP:自动高斯积分的容差[8];

CSYM(1)～CSYM(3):对称轴的坐标,零为无对称性。

数据块 4 (一行):

ICASE:体积力类型标志 (1, 2 或 3)[9];

MDIR:体积力为重力时,重力的作用方向;
NPARAM:定义体积力所需参数的个数;
PARAM:定义体积力所需的参数。

数据块 5 (NTP 行,每个节点一行):
M:节点号[10];
CD(1,M):节点 M 的 x 坐标;
CD(2,M):节点 M 的 y 坐标;
CD(3,M):节点 M 的 z 坐标(如果是二维问题可忽略)。

数据块 6 (一行):
NFIXU:被约束位移的节点组数[11];

数据块 7 (NFIXU 行,每个被约束的节点组一行):
IP:被约束的节点号;
NUGRP:约束节点的位移在所指定位移组中的编号[12];
KODP:位移约束在各个方向的标志[13]。

数据块 8 (一行):
MULTP:多重节点个数,在此程序 BEMEL 中应为 0。

数据块 9 (NBE 行,每个单元一行):
L:边界单元编号;
LNDB(L,1):单元 L 的第一个节点的全局节点编号[14];
LNDB(L,2):单元 L 的第二个节点的全局节点编号;
……
LNDB(L,NODE):单元 L 的最后一个节点的全局节点编号;
NTGRP(L):单元 L 所受的面力在指定面力组中的编号;
IFLAG:该单元指定面力在各个方向上的标记[15]。

数据块 10 (NTRAC 行,每组指定面力占一行。如果 NTRAC=0,忽略此块):
M:面力组的编号;
F:单元所有节点的给定面力值[16]。

数据块 11 (NDISP 行,每组指定位移占一行。如果 NDISP=0,忽略此块):
N:位移组的编号;
RU:节点各个方向的给定位移值[17]。

数据块 12 (一行):
DIAGV:问题类型(封闭的,半无限或无限区域)[18];
E:材料的杨氏模量 E;
PR:泊松比 ν。

注释：

1　NSIG：3 为平面应力问题，4 为平面应变问题，6 为三维问题。

2　NODE：2 为二维线性线单元，3 为二维二次线单元，4 为三维线性面单元，8 和 9 为三维二次面单元。

3　NBP：边界节点总数。

4　NTP：包括所有边界点与内部点。

5　NTRAC：如果边界单元的面力边界条件相同，则这些单元属于同一个面力组。

6　NDISP：如果节点的位移边界条件相同，则这些节点属于同一个位移组。

7　NAUTO：高斯点数，见 BEMECH 中的介绍[12]。

8　TOLGP：单元子分法中高斯积分计算精度。

9　ICASE：0 为没有体积力的情况，1 为重力，2 为旋转离心力，3 为用户在子程序 BJ_VALUE 中自定义体积力关系式。

当 ICASE = 1 时，MDIR 为式（7-7-2）中的重力作用方向 m，有两个（NPARAM=2）定义体积力的参数：PARAM(1) 为质量密度 ρ，PARAM(2) 为重力加速度 g。

当 ICASE=2 时，则考虑式(7-7-10)所示的离心力，MDIR 为没有用的虚量，有两个（NPARAM = 2）定义体积力的参数：PARAM(1) 为质量密度 ρ，PARAM(2) 为旋转角速度 ω^2。

当 ICASE=3 时，用户自定义体积力表达式。此时，MDIR 可能为没有用的虚量，用户需要给出定义体积力的参数的个数 NPARAM，并接着给出 NPARAM 个定义体积力的参数值，然后在子程序 BJ_VALUE 中修改计算 b_j 的表达式。

10　M：节点的编号，需要从 1 开始连续编号。

11　NFIXU：相同的固定性质（指定位移）自动地被赋予与其对应的节点，被约束节点也包括那些指定位移不为零的节点。

12　NUGRP：如果节点 J 被约束的位移类型(组)为 N，则令 NUGRP(J) =N。

13　KODP：定义位移约束的二进制数（如在三维问题中的 101 表示给定了 x 和 z 方向的位移）。

在三维问题中有八种边界条件：

KBU	1	2	3	4	5	6	7	8
KODP	111	000	110	001	011	100	101	010
被指定量	u_x u_y u_z		u_x u_y	u_z	u_y u_z	u_x u_z	u_x u_z	u_y

在二维问题中有四种边界条件：

KBU	1	2	3	4
KODP	11	00	10	01
被指定量	u_x u_y		u_x	u_y

14　LNDB：边界单元应该被连续地编号(1～NBE)。LNDB中的单元节点顺序要按照从区域外面看过来的逆时针方向排列(下图)。

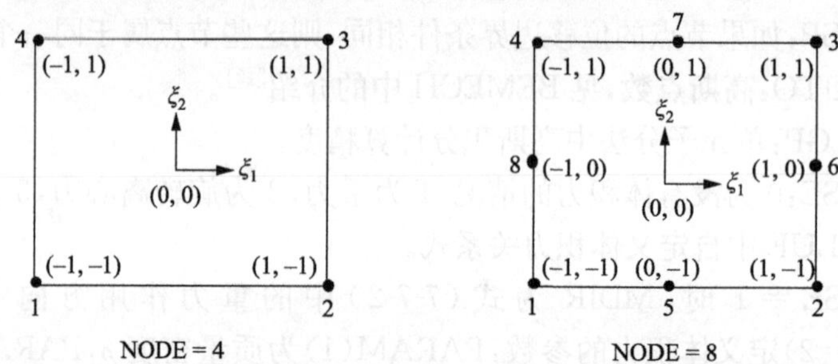

15　IFLAG是与KODP相似的一个索引(13中所描述)，不同之处在于它是针对面力定义的，而且要求同一单元内的所有节点都有同样的面力边界条件类型。此外，单元面力边界条件能够在局部坐标系下被指定(即在切向和法向)，通过设置IFLAG为负值来实现。

16　数组F：指定的单元节点1的面力(t_x、t_y和t_z)，然后是单元节点2，依次类推。那些没有指定面力的方向可设置为零。如果IFLAG取负值，则面力为在局部坐标系方向(ξ_1、ξ_2和$\boldsymbol{n}$)指定的值。

17　数组RU：确定一个节点的位移(u_x、u_y和u_z)。那些没有被指定位移的方向可设置为零。

18　DIAGV：对于封闭区域、半无限大区域和无限大区域分别取值0、0.5和1。

参考文献

[1] Timoshenko S P, Goodier J N. Theory of Elasticity. New York: McGraw-Hill, 1970.

[2] Fung Y C. Foundations of Solid Mechanics. Prentice-Hall, New Jersey: Englewood Cliffs, 1965.

[3] 徐芝纶. 弹性力学(第四版). 北京：高等教育出版社，2006.

[4] 陈明祥. 弹塑性力学. 北京：科学出版社，2007.

[5] 杨德全，赵忠生. 边界元法理论及应用. 北京：北京理工大学出版社，2002.

[6] Becker A A. The Boundary Element Method in Engineering. London: McGraw-Hill Book Co., 1992.

[7] Pan Y C, Chou T W. Point force solution for an infinite transversely isotropic solid. ASME Journal of Applied Mechanics, 1976, 43(4): 608—612.

[8] Deb A, Henry Jr D P, Wilson R B. Alternate BEM for 2- and 3-D anisotropic thermoelasticity. International Journal of Solids and Structures, 1991, 27(13): 1721—1738.

[9] Thomson W. A note on the integration of the equations of equilibrium of an elastic solid. Cambridge and Dublin Mathematical Journal, 1848.

[10] Guiggiani M, Gigante A. A general algorithm for multidimensional Cauchy principal value integrals in the boundary element method. ASME Journal of Applied Mechanics, 1990, 57(4): 906—915.

[11] Gao X W, Davies T G. 3-D infinite boundary elements for half-space problems. Engineering Analysis with Boundary Elements, 1998, 21(3): 207—213.

[12] Gao X W, Davies T G. Boundary Element Programming in Mechanics. Cambridge: Cambridge University Press, 2002.

[13] Gao X W. Boundary element analysis in thermoelasticity with and without internal cells. International Journal for Numerical Methods in Engineering, 2003, 57(7): 975—990.

[14] Gao X W. Source point isolation boundary element method for solving general anisotropic potential and elastic problems with varying material properties. Engineering Analysis with Boundary Elements, 2010, 34(12): 1049—1057.

[15] Gao X W, Zhang C, Guo L. Boundary-only element solutions of 2D and 3D nonlinear and nonhomogeneous elastic Problems. Engineering Analysis with Boundary Elements, 2007, 31(12): 974—982.

[16] 高效伟，杨恺. 功能梯度材料结构的热应力边界元分析. 力学学报，2011，43(1)：136—143.

[17] Lachat J C. A further development of the boundary integral technique for elastostatics. Southampton: University of Southampton, PhD thesis, 1975.

[18] Neves A C, Brebbia C A. The multiple reciprocity boundary element method in elasticity: A new approach for transforming domain integral to the boundary. International Journal for Numerical Methods in Engineering, 1991, 31(4): 709—727.

第 8 章 非均质和非线性力学问题

目前，边界元法在各向同性介质线弹性力学问题方面的研究较为成熟，但在各向异性、非均质和非线性问题中的研究还比较薄弱。最近，Gao[1]提出了一种建立一般性变系数力学问题积分方程的“源点隔离法”，该方法可建立任何复杂问题的边界-域积分方程，所建立的积分方程的形式简单，为推导显式的应力积分方程提供了基础。本章采用从一般到具体的方式，介绍源点隔离积分方程法的基本概念与理论，其中一个共同的现象就是有域积分出现在积分方程中，我们将用径向积分法[2]将所有的域积分转换成边界积分，形成只需在边界上离散的边界元算法。

8.1 一般固体力学问题的积分方程

8.1.1 一般固体力学问题积分方程的建立——源点隔离法

一般固体力学问题的本构关系可以表示为

$$\sigma_{kl} = D_{klrs}\varepsilon_{rs} = D_{klrs}u_{r,s} \tag{8-1-1}$$

式中，σ_{kl} 表示应力张量；D_{klrs} 表示本构张量；$\varepsilon_{rs} = (u_{r,s} + u_{s,r})/2$ 为应变张量；u_r 为位移矢量。由于应力张量和应变张量都是对称张量，因此本构张量 D_{klrs} 具有对称性，即 $D_{klrs} = D_{rskl} = D_{lkrs} = D_{klsr}$，它可以是常数，也可以是空间的函数，在非线性问题中还可以是应力或应变的函数。

由于要符合应力和应变张量是对称张量的条件，本构张量 D_{klrs} 一般情况下有 21 个相互独立的参数。在各向异性问题中，材料参数关于一个或多个坐标轴具有对称性，特别是正交各向异性材料，材料性质关于三个坐标轴对称，这种情况下，最多只有 9 个相互独立的材料参数，如果再引入交叉各向异性(轴对称)性质，相互独立的材料参数就只剩下 5 个。

固体力学应力平衡方程可写为

$$\sigma_{kl,l} + b_k = 0 \tag{8-1-2}$$

式中，b_k 为体积力；$\sigma_{kl,l}$ 表示 $\partial\sigma_{kl}/\partial x_l$。

面力与应力的关系为

$$t_k = \sigma_{kl}n_l \tag{8-1-3}$$

引入权函数 u_{ik}^*，式(8-1-2)的弱形式可以表示为

$$\int_\Omega u_{ik}^*\sigma_{kl,l}\mathrm{d}\Omega + \int_\Omega u_{ik}^* b_k\mathrm{d}\Omega = 0 \tag{8-1-4}$$

将式(8-1-1)代入上式，并对第一项域积分进行两次分部积分，并使用高斯散度定理得

$$\begin{aligned}\int_{\Omega} u_{ik}^{*}\sigma_{kl,l}\,\mathrm{d}\Omega &= \int_{\Gamma} u_{ik}^{*}\sigma_{kl}n_{l}\,\mathrm{d}\Gamma - \int_{\Omega} u_{ik,l}^{*}\sigma_{kl}\,\mathrm{d}\Omega = \int_{\Gamma} u_{ik}^{*}t_{k}\,\mathrm{d}\Gamma - \int_{\Omega} u_{ik,l}^{*}D_{klrs}u_{r,s}\,\mathrm{d}\Omega \\ &= \int_{\Gamma} u_{ik}^{*}t_{k}\,\mathrm{d}\Gamma - \int_{\Gamma} u_{ik,l}^{*}D_{kljs}n_{s}u_{j}\,\mathrm{d}\Gamma + \oint_{\Omega}(u_{ik,l}^{*}D_{klrs})_{,s}u_{r}\,\mathrm{d}\Omega \\ &= \int_{\Gamma} u_{ij}^{*}t_{j}\,\mathrm{d}\Gamma - \int_{\Gamma} t_{ij}^{*}u_{j}\,\mathrm{d}\Gamma + \oint_{\Omega}(u_{ik,l}^{*}D_{kljs})_{,s}u_{j}\,\mathrm{d}\Omega\end{aligned} \tag{8-1-5}$$

式中

$$t_{ij}^{*} = u_{ik,l}^{*}D_{kljs}n_{s} \tag{8-1-6}$$

与 4.7 节相类似，采用“源点隔离法”处理式(8-1-5)中的域积分。从计算域 Ω 内挖去一个以源点 p 为中心、半径为 ε 的无穷小圆形(二维)或球形(三维)区域 Ω_{ε}，如图 4-6-1 所示。这样，式(8-1-5)中的最后一项域积分可表示为

$$\oint_{\Omega}(u_{ik,l}^{*}D_{kljs})_{,s}u_{j}\,\mathrm{d}\Omega = -\mu_{ij}(p)u_{j}(p) + \int_{\Omega} v_{ij}^{*}u_{j}\,\mathrm{d}\Omega \tag{8-1-7}$$

式中

$$\mu_{ij} = -\lim_{\varepsilon\to 0}\int_{\Gamma_{\varepsilon}} t_{ij}^{*}\,\mathrm{d}\Gamma = -D_{kljs}\lim_{\varepsilon\to 0}\int_{\Gamma_{\varepsilon}} u_{ik,l}^{*}n_{s}\,\mathrm{d}\Gamma \tag{8-1-8}$$

$$v_{ij}^{*} = (u_{ik,l}^{*}D_{kljs})_{,s} = u_{ik,l}^{*}D_{kljs,s} + u_{ik,ls}^{*}D_{kljs} \tag{8-1-9}$$

其中，Γ_{ε} 为圆心在 p 点、半径为 ε 的圆弧或球面；n_{s} 为其外法线方向余弦。

关于 μ_{ij} 的进一步推导将在后面介绍。将式(8-1-7)代入式(8-1-5)，可得

$$\int_{\Omega} u_{ik}^{*}\sigma_{kl,l}\,\mathrm{d}\Omega = \int_{\Gamma} u_{ij}^{*}t_{j}\,\mathrm{d}\Gamma - \int_{\Gamma} t_{ij}^{*}u_{j}\,\mathrm{d}\Gamma - \mu_{ij}u_{j} + \int_{\Omega} v_{ij}^{*}u_{j}\,\mathrm{d}\Omega \tag{8-1-10}$$

然后，将式(8-1-10)代入式(8-1-4)，得

$$\mu_{ij}u_{j} = \int_{\Gamma} u_{ij}^{*}t_{j}\,\mathrm{d}\Gamma - \int_{\Gamma} t_{ij}^{*}u_{j}\,\mathrm{d}\Gamma + \int_{\Omega} u_{ij}^{*}b_{j}\,\mathrm{d}\Omega + \int_{\Omega} v_{ij}^{*}u_{j}\,\mathrm{d}\Omega \tag{8-1-11}$$

式(8-1-11) 即为一般意义下的固体力学问题的边界-域积分方程，可用于求解各向同性、各向异性、线性和非线性力学问题。权函数 u_{ij}^{*} 可选用任意形式的函数，u_{ij}^{*} 选定后，系数 μ_{ij} 的值可根据(8-1-8)通过 $\varepsilon\to 0$ 确定。通常，当 u_{ij}^{*} 为正则函数时，μ_{ij} 为零；当 u_{ij}^{*} 为具有弱奇异性的基本解时，μ_{ij} 为一有限值；当 u_{ij}^{*} 为强奇异或更高阶奇异性的函数时，μ_{ij} 趋于无穷大。因此，通常选 u_{ij}^{*} 为开尔文基本解形式的弱奇异基本解，这时 μ_{ij} 为一不为零的有限值，使得式(8-1-11)成为将位移隔离出积分号的积分方程，可由其导出计算位移梯度(从而应力)的显式表达式，这也是采用“源点隔离法”建立积分方程的主要优点。顺便指出，式(8-1-11)的左端项对应于传统各向同性线弹性边界元法中由狄拉克函数的积分性质所产生的位移自由项。

当采用具有弱奇异性的基本解作为权函数(见 8.1.2 节介绍),而且当源点位于边界上时,系数 μ_{ij} 的计算式(8-1-8)以及式(8-1-11)中包含位移的边界积分和域积分均有强奇异性。不过,不论是边界点还是内部点,这种强奇异积分的积分结果最终体现在离散代数方程组系数矩阵的对角线元素中。因此,在程序执行时,实际上并不需要计算强奇异积分和 μ_{ij} 的值,因为它们的最终结果可通过"刚体位移法"间接确定(见 7.5 节介绍)。从这个意义上讲,积分方程(8-1-11)既适用于内部节点,也适用于边界节点。

8.1.2　基于开尔文基本解的关系式

虽然式(8-1-11)中的权函数 u_{ij}^* 可任意选择,但当选其为弹性力学开尔文基本解时,不但能得到具有位移自由项的积分方程,而且可以使得位移自由项系数的形式变得简单,从而容易导出计算应力的积分方程。

采用剪切模量为 1 的开尔文位移基本解,即

$$u_{ij}^* = \begin{cases} A[B\delta_{ij}\ln(1/r) + r_{,i}r_{,j}] & (\text{二维}) \\ \dfrac{A}{r}(B\delta_{ij} + r_{,i}r_{,j}) & (\text{三维}) \end{cases} \tag{8-1-12}$$

式中

$$A = \frac{1}{8\alpha\pi(1-\nu)}, \quad B = 3 - 4\nu \tag{8-1-13}$$

其中,ν 为泊松比的一个参考值,在各向异性问题中取各个方向泊松比的平均值。式(8-1-6)和式(8-1-9)中用到的基本解的导数可由式(8-1-12)导出为

$$u_{ik,l}^* = \frac{-A}{r^\alpha}(B\delta_{ik}r_{,l} - \delta_{il}r_{,k} - \delta_{kl}r_{,i} + \beta r_{,i}r_{,k}r_{,l}) \tag{8-1-14}$$

$$\begin{aligned} u_{ij,kl}^* = \frac{A}{r^\beta}[&\delta_{il}\delta_{jk} + \delta_{ik}\delta_{jl} - B\delta_{ij}\delta_{kl} - \beta(\delta_{ik}r_{,j}r_{,l} + \delta_{jk}r_{,i}r_{,l} - B\delta_{ij}r_{,k}r_{,l} \\ &+ \delta_{jl}r_{,i}r_{,k} + \delta_{kl}r_{,i}r_{,j} + \delta_{il}r_{,j}r_{,k}) + \beta\gamma r_{,i}r_{,j}r_{,k}r_{,l}] \end{aligned} \tag{8-1-15}$$

式中,二维问题 $\beta = 2$,三维问题 $\beta = 3$;$\alpha = \beta - 1$;$\gamma = \beta + 2$。

在计算系数 μ_{ij} 的积分式(8-1-8)时,积分边界 Γ_ε 为一圆弧(二维)或球面(三维),于是容易得到

$$\int_{\Gamma_\varepsilon} u_{ik,l}^* n_s \mathrm{d}\Gamma = -(c\delta_{ik}\delta_{ls} + d\delta_{il}\delta_{ks} + d\delta_{is}\delta_{kl}) \tag{8-1-16}$$

式中

$$c = A[a(3-4\nu) + b\beta], \quad d = A(b\beta - a) = \frac{-1}{2\beta\gamma(1-\nu)} \tag{8-1-17}$$

$$a = \frac{(1+\beta)\pi}{3}, \quad b = \frac{4\pi}{18-\beta} \tag{8-1-18}$$

将式(8-1-16)～式(8-1-18)代入式(8-1-8)，可导出

$$\mu_{ij}=\frac{1}{2\beta\chi}[2(\chi-1)D_{isjs}-D_{ijss}] \tag{8-1-19}$$

式中

$$\chi=\gamma(1-\nu) \tag{8-1-20}$$

式(8-1-19)为适用于一般固体力学问题的 μ_{ij} 计算表达式。可以看出，μ_{ij} 为对称张量，即 $\mu_{ij}=\mu_{ji}$。只要知道了应力-应变本构张量 D_{klrs} 的具体形式，则可求得 μ_{ij} 的具体形式，也可得到位移积分方程(8-1-11)中所有核函数的具体表达式。

8.1.3　正则化的位移积分方程

在积分方程(8-1-11)中，如果选 u_{ij}^* 为具有弱奇异性的基本解，如开尔文基本解(8-1-12)，则从式(8-1-15)可以看出，u_{ij}^* 的二阶空间偏导数将会使式(8-1-11)中的域积分变成强奇异积分，可以采用 7.5 节中介绍的“刚体位移法”间接确定强奇异积分的系数，也可以通过采用加、减项技术将强奇异积分正则化。为此，将式(8-1-11)中的最后一项域积分写为

$$\int_\Omega v_{ij}^*u_j\mathrm{d}\Omega=\int_\Omega v_{ij}^*(u_j-u_j(p))\mathrm{d}\Omega+u_j(p)\int_\Omega v_{ij}^*\mathrm{d}\Omega \tag{8-1-21}$$

根据核函数 v_{ij}^* 的定义式(8-1-9)，并且注意到域积分中已经挖掉了无限小部分，可得

$$\begin{aligned}\int_\Omega v_{ij}^*\mathrm{d}\Omega&=\int_\Omega(u_{ik,l}^*D_{kljs})_{,s}\mathrm{d}\Omega\\&=\int_\Gamma u_{ik,l}^*D_{kljs}n_s\mathrm{d}\Gamma+\lim_{\varepsilon\to0}\int_{\bar{\Gamma}_\varepsilon}u_{ik,l}^*D_{kljs}n_s\mathrm{d}\Gamma=\int_\Gamma t_{ij}^*\mathrm{d}\Gamma+\mu_{ij}\end{aligned} \tag{8-1-22}$$

式中，边界 $\bar{\Gamma}_\varepsilon$ 与 Γ_ε 相同，但法线方向相反(指向圆心)。

将上式代入式(8-1-21)中的最后一项积分，并将结果代入式(8-1-11)，则可得到

$$\begin{aligned}&\int_\Gamma u_{ij}^*(Q,p)t_j(Q)\mathrm{d}\Gamma(Q)-\int_\Gamma t_{ij}^*(Q,p)u_j'(Q)\mathrm{d}\Gamma(Q)\\&+\int_\Omega u_{ij}^*(q,p)b_j(q)\mathrm{d}\Omega(q)+\int_\Omega v_{ij}^*(q,p)u_j'(q)\mathrm{d}\Omega(q)=0\end{aligned} \tag{8-1-23}$$

式中

$$u_j'(Q)=u_j(Q)-u_j(p) \tag{8-1-24}$$

式(8-1-23)则为正则化后的一般意义下的固体力学边界-域积分方程。现在所有的积分都是弱奇异积分，因此式(8-1-23)既可用于源点是内部点的情况，也

可用于源点是边界点的情况，并可采用标准的边界元离散格式对其进行离散和求解。

8.1.4 应力积分方程

任何复杂的物理问题（包括各向异性、非均质和非线性行为）都可以通过加权余量法建立起基本物理量（如温度和位移）的边界-域积分方程，然而，要建立物理量梯度及其相关量的积分方程，则必须有物理量的显式自由项出现在基本物理量的积分方程中。边界元法的优点之一就是物理量梯度及其相关量的计算式能够解析地从基本积分方程导出，因而计算精度要比其他基于网格的方法（如有限元法、差分法等）高。用上述“源点隔离法”建立起的积分方程，如果用具有弱奇异性质的基本解作为权函数，则可得到具有位移自由项的积分方程（见式(8-1-11)）。此自由项的出现，使得建立计算应力的显式积分方程成为可能。

1. *基于强奇异积分的应力积分方程*

首先，我们推导位移梯度的积分表达式。由式(8-1-11)两边对源点 p 的坐标求偏导数，得

$$\begin{aligned}\mu_{ij}(p)\frac{\partial u_j(p)}{\partial x_l^p}+\frac{\partial \mu_{ij}(p)}{\partial x_l^p}u_j(p)=&\int_\Gamma \frac{\partial u_{ij}^*(Q,p)}{\partial x_l^p}t_j(Q)\mathrm{d}\Gamma(Q)\\&-\int_\Gamma \frac{\partial t_{ij}^*(Q,p)}{\partial x_l^p}u_j(Q)\mathrm{d}\Gamma(Q)\\&+\int_\Omega \frac{\partial u_{ij}^*(q,p)}{\partial x_l^p}b_j(q)\mathrm{d}\Omega(q)\\&+\int_\Omega \frac{\partial v_{ij}^*(q,p)}{\partial x_l^p}u_j(q)\mathrm{d}\Omega(q)\end{aligned}\tag{8-1-25}$$

将式(8-1-6)与式(8-1-9)代入式(8-1-25)，并注意到 $\partial u_{ij}^*/\partial x_l^p=-\partial u_{ij}^*/\partial x_l^q$，经置换指标后，得

$$\mu_{ik}u_{k,j}=-\int_\Gamma u_{ik,j}^*t_k\mathrm{d}\Gamma+\int_\Gamma t_{ik,j}^*u_k\mathrm{d}\Gamma-\int_\Omega u_{ik,j}^*b_k\mathrm{d}\Omega-\int_\Omega v_{ikj}^*u_k\mathrm{d}\Omega-\mu_{ik,j}u_k\tag{8-1-26}$$

式中

$$t_{ik,j}^*=u_{im,nj}^*D_{mnkl}n_l\tag{8-1-27}$$

$$v_{ikj}^*=(u_{im,nj}^*D_{mnkl})_{,l}=u_{im,nj}^*D_{mnkl,l}+u_{im,nlj}^*D_{mnkl}\tag{8-1-28}$$

对于 u_{ij}^* 为开尔文基本解的情况（见式(8-1-12)），有

$$u_{im,nlj}^*=\frac{1}{r^{\beta+1}}\Theta_{imnlj}\tag{8-1-29a}$$

其中

$$\begin{aligned}\Theta_{imnlj}=&\beta A[(B\delta_{im}\delta_{nl}-\delta_{il}\delta_{nm}-\delta_{in}\delta_{ml})r_{,j}+(B\delta_{im}\delta_{nj}-\delta_{ij}\delta_{nm}-\delta_{in}\delta_{mj})r_{,l}\\&+(B\delta_{im}\delta_{jl}-\delta_{ml}\delta_{ij}-\delta_{il}\delta_{mj})r_{,n}-(\delta_{nm}\delta_{jl}+\delta_{ml}\delta_{nj}+\delta_{nl}\delta_{mj})r_{,i}\\&-(\delta_{in}\delta_{jl}+\delta_{nl}\delta_{ij}+\delta_{il}\delta_{nj})r_{,m}+\gamma(\delta_{in}r_{,j}r_{,l}r_{,m}+\delta_{mn}r_{,j}r_{,l}r_{,i}\\&+\delta_{ml}r_{,j}r_{,i}r_{,n}+\delta_{nl}r_{,j}r_{,i}r_{,m}+\delta_{il}r_{,j}r_{,n}r_{,m}+\delta_{ij}r_{,m}r_{,l}r_{,n}\\&+\delta_{jm}r_{,l}r_{,i}r_{,n}+\delta_{nj}r_{,i}r_{,l}r_{,m}+\delta_{jl}r_{,i}r_{,n}r_{,m}-B\delta_{im}r_{,j}r_{,l}r_{,n})\\&-(\beta+4)\gamma r_{,i}r_{,j}r_{,n}r_{,l}r_{,m}]\end{aligned}\tag{8-1-29b}$$

从式(8-1-29)和式(8-1-28)可以看出,式(8-1-26)中的最后一项域积分为超强奇异积分,可以通过加、减项技术将奇异性降阶。为此,将式(8-1-28)代入式(8-1-26)中的最后一项域积分,有

$$\int_{\Omega}v_{ikj}^{*}u_{k}\mathrm{d}\Omega=\int_{\Omega}v_{ikj}^{*}u'_{k}\mathrm{d}\Omega+u_{k}(p)\int_{\Omega}v_{ikj}^{*}\mathrm{d}\Omega\tag{8-1-30}$$

式中,u'_k 由式(8-1-24)确定。

由式(8-1-28)得

$$\int_{\Omega}v_{ikj}^{*}\mathrm{d}\Omega=\int_{\Omega}(u_{im,nj}^{*}D_{mnkl})_{,l}\mathrm{d}\Omega=a_{ikj}\tag{8-1-31}$$

式中

$$a_{ikj}=\int_{\Gamma}u_{im,nj}^{*}D_{mnkl}n_{l}\mathrm{d}\Gamma+D_{mnkl}(p)\lim_{\varepsilon\to0}\int_{\bar{\Gamma}_{\varepsilon}}u_{im,nj}^{*}n_{l}\mathrm{d}\Gamma\tag{8-1-32}$$

由式(8-1-15)可以看出,上式最后一项积分为超强奇异积分,要使其为有限值,必须下式成立:

$$\lim_{\varepsilon\to0}\int_{\bar{\Gamma}_{\varepsilon}}u_{im,nj}^{*}n_{l}\mathrm{d}\Gamma=-\lim_{\varepsilon\to0}\int_{\Gamma_{\varepsilon}}u_{im,nj}^{*}n_{l}\mathrm{d}\Gamma=0\tag{8-1-33}$$

于是有

$$a_{ikj}=\int_{\Gamma}u_{im,nj}^{*}D_{mnkl}n_{l}\mathrm{d}\Gamma\tag{8-1-34}$$

此系数可用常规的数值积分公式对离散后的边界单元进行积分形成。需要指出的是(可以证明):式(8-1-33)只对圆形和球形边界 Γ_ε 成立。

将式(8-1-31)代入式(8-1-30),并将结果代入式(8-1-26)得

$$\mu_{ik}u_{k,j}=-\int_{\Gamma}u_{ik,j}^{*}t_{k}\mathrm{d}\Gamma+\int_{\Gamma}t_{ik,j}^{*}u_{k}\mathrm{d}\Gamma-\int_{\Omega}u_{ik,j}^{*}b_{k}\mathrm{d}\Omega-\int_{\Omega}v_{ikj}^{*}u'_{k}\mathrm{d}\Omega-f_{ikj}u_{k}\tag{8-1-35}$$

式中

$$f_{ikj}=a_{ikj}+\mu_{ik,j}\tag{8-1-36}$$

在式(8-1-35)两边同乘以 μ_{ik} 的逆张量 μ_{ki}^{-1},则可容易求得位移梯度 $u_{k,j}$ 为

$$u_{k,j}=\mu_{ki}^{-1}\hat{u}_{ij}\tag{8-1-37}$$

式中

$$\hat{u}_{ij} = -\int_{\Gamma} u^*_{ik,j} t_k \mathrm{d}\Gamma + \int_{\Gamma} t^*_{ik,j} u_k \mathrm{d}\Gamma - \int_{\Omega} u^*_{ik,j} b_k \mathrm{d}\Omega - \int_{\Omega} v^*_{ikj} u'_k \mathrm{d}\Omega - f_{ikj} u_k \tag{8-1-38}$$

求出位移梯度后,则可容易由式(7-1-1)和式(8-1-1)得到计算应变和应力的关系式:

$$\varepsilon_{kj} = (\mu^{-1}_{ki} \hat{u}_{ij} + \mu^{-1}_{ji} \hat{u}_{ik})/2 \tag{8-1-39}$$

$$\sigma_{ij} = D_{ijkl} \mu^{-1}_{ks} \hat{u}_{sl} \tag{8-1-40}$$

需要指出的是,上式中的系数张量 μ_{ik} 只与当前点(源点)有关,其阶数为 2×2(二维问题)或 3×3(三维问题),因此很容易求出逆矩阵 μ^{-1}_{ki} 的解析式。此外,从式(8-1-29)和式(8-1-28)可以看出,式(8-1-35)中的最后一项域积分为强奇异积分,可以用 3.6.4 节中所介绍的方法计算,不过更直观的方法是通过加、减项技术进一步将式(8-1-35)中的强奇异域积分降为弱奇异积分,这在下文介绍。

2. 正则化的位移梯度积分方程

假设应力-应变张量 D_{mnkl} 为正则连续函数,则根据式(8-1-15)和式(8-1-29)可知,式(8-1-35)右边的第一项域积分为弱奇异积分,而第二项域积分为强奇异积分。为了将第二项积分正则化,参考式(4-7-30),将其与式(8-1-28)第二项相关的域积分写为

$$\int_{\Omega} u^*_{im,nlj} D_{mnkl} u'_k \mathrm{d}\Omega = \int_{\Omega} u^*_{im,nlj} [D_{mnkl} u'_k - D_{mnkl}(p) u_{k,s}(p)(x^q_s - x^p_s)] \mathrm{d}\Omega + a_{ijmnls}(p) D_{mnkl}(p) u_{k,s}(p) \tag{8-1-41}$$

式中

$$a_{ijmnls}(p) = \int_{\Omega} u^*_{im,nlj}(q,p)(x^q_s - x^p_s) \mathrm{d}\Omega(q) \tag{8-1-42}$$

类似于式(4-7-33),将式(8-1-29a)和式(4-6-21)代入式(8-1-42)中的域积分,并注意到 $x^q_s - x^p_s = r r_{,s}$,则有

$$a_{ijmnls} = \int_{\Phi} \Theta_{imnlj} r_{,s} \ln r \mathrm{d}\bar{\Omega} - \lim_{\varepsilon \to 0} \ln\varepsilon \int_{\Phi} \Theta_{imnlj} r_{,s} \mathrm{d}\bar{\Omega} \tag{8-1-43}$$

式中,$\mathrm{d}\bar{\Omega}$ 为只与角度有关的量,由式(4-6-22)确定。

由于应变是一有限值,因此 a_{ijmnls} 必须有限,所以要使上式对任意的边界条件都有限,则必须有下式成立:

$$\int_{\Phi} \Theta_{imnlj} r_{,s} \mathrm{d}\bar{\Omega} = 0 \tag{8-1-44}$$

事实上,对于内部点,因为上式中的积分域为一封闭的圆弧或球面,因此容易导出[3]

$$\int_{\Gamma_\varepsilon} 1 \mathrm{d}\Gamma_\varepsilon = 2\alpha\pi\varepsilon \tag{8-1-45a}$$

$$\int_{\Gamma_\varepsilon} r_{,i} r_{,j} \mathrm{d}\Gamma_\varepsilon = \frac{2+\alpha}{3}\pi\delta_{ij}\varepsilon \tag{8-1-45b}$$

$$\int_{\Gamma_\varepsilon} r_{,i} r_{,j} r_{,k} r_{,m} \mathrm{d}\Gamma_\varepsilon = \frac{14+\alpha}{60}\pi\varepsilon(\delta_{ij}\delta_{kl} + \delta_{ik}\delta_{jl} + \delta_{il}\delta_{jk}) \tag{8-1-45c}$$

$$\int_{\Gamma_\varepsilon} r_{,i} \mathrm{d}\Gamma_\varepsilon = \int_{\Gamma_\varepsilon} r_{,i} r_{,j} r_{,k} \mathrm{d}\Gamma_\varepsilon = \int_{\Gamma_\varepsilon} r_{,i} r_{,j} r_{,k} r_{,l} r_{,m} \mathrm{d}\Gamma_\varepsilon = 0 \tag{8-1-45d}$$

利用上述关系式，很容易证明式(8-1-44)是成立的。

将式(8-1-44)代入式(8-1-43)，并利用式(4-6-23)，则有

$$a_{ijmnls} = \int_\Gamma \frac{1}{r^\alpha} \ln r \frac{\partial r}{\partial \boldsymbol{n}} \Theta_{imnlj} r_{,s} \mathrm{d}\Gamma \tag{8-1-46}$$

此系数可用常规的数值积分公式对离散后的边界单元进行积分形成。

有了系数 a_{ijmnls} 后，将式(8-1-28)和式(8-1-41)代入式(8-1-35)，得

$$\begin{aligned} c_{ijks} u_{k,s} = & -\int_\Gamma u^*_{ik,j} t_k \mathrm{d}\Gamma + \int_\Gamma t^*_{ik,j} u_k \mathrm{d}\Gamma - \int_\Omega u^*_{ik,j} b_k(q) \mathrm{d}\Omega - \int_\Omega u^*_{im,nj} D_{mnkl,l} u'_k \mathrm{d}\Omega \\ & - \int_\Omega u^*_{im,nlj} [D_{mnkl} u'_k - D_{mnkl}(p) u_{k,s}(p)(x^q_s - x^p_s)] \mathrm{d}\Omega - f_{ikj} u_k \end{aligned} \tag{8-1-47}$$

式中

$$c_{ijks} = \mu_{ik}\delta_{js} + a_{ijmnls} D_{mnkl} \tag{8-1-48}$$

式(8-1-47)则为正则化的位移梯度积分方程，式中所有域积分均为弱奇异积分，可用通常的三角单元子分技术[4]精确计算。

关于式(8-1-47)右端域积分中包含的位移梯度 $u_{k,s}$ 有两种方法处理：一种是将其视为未知量，与左端一起建立关于所有点位移梯度的联合方程组，通过联合求解获得所有点的位移梯度值；另一种方法是将域积分中的 $u_{k,s}$ 通过对全局或局部插值函数进行求导，用各节点的位移值来表示位移梯度值。第二种方法的精度没有第一种的高，但可以实现位移梯度的逐点计算，计算效率要比第一种高得多。

求出所有点的位移梯度后，则可根据式(8-1-40)逐点计算应力值。

需要说明的是，上述公式只适合于计算内部点的应力。对于边界点，式(8-1-47)中的前两项边界积分仍有奇异性存在，因此用 7.6 节所介绍的面力恢复法计算边界应力更简单一些。

8.2 变系数各向同性弹性力学问题

有相当一部分材料，其物性参数(如弹性模量)是空间坐标的函数，如近年来在

航空航天领域日益发展的功能梯度材料[5-7]。对于这些材料，泊松比 ν 的变化相对较小，可以认为是常量，但剪切模量 μ 通常为空间坐标的函数。这些材料的大部分受力变形状态属于弹性力学范围，应力-应变张量仍有式(7-1-17)所示的形式，可利用式(7-1-12)将其表示成

$$D_{ijkl}(\boldsymbol{x}) = \mu(\boldsymbol{x}) D^0_{ijkl} \tag{8-2-1}$$

式中

$$D^0_{ijkl} = \frac{2\nu}{1-2\nu}\delta_{ij}\delta_{kl} + \delta_{ik}\delta_{jl} + \delta_{il}\delta_{jk} \tag{8-2-2}$$

对于上述关系式，根据式(8-1-19)和式(8-1-15)很容易证明

$$\mu_{ij} = \mu\delta_{ij}, \quad u^*_{ik,ls}D_{kljs} = 0 \tag{8-2-3}$$

事实上，上式第一项对应于开尔文基本解的狄拉克函数积分性质产生的自由项；第二项为狄拉克函数在离开源点处的值(因为源点已被隔离的手段挖掉，所以结果为零)。

8.2.1 位移积分方程

利用关系式(8-2-3)，位移积分方程(8-1-11)变为

$$c\tilde{u}_i = \int_\Gamma u^*_{ij} t_j \mathrm{d}\Gamma - \int_\Gamma t^*_{ij}\tilde{u}_j \mathrm{d}\Gamma + \int_\Omega u^*_{ij} b_j \mathrm{d}\Omega + \int_\Omega v^*_{ij}\tilde{u}_j \mathrm{d}\Omega \tag{8-2-4}$$

式中，对于内部点，$c=1$；对于边界点，c 为与当地几何形状有关的量，但不需要直接求出，可由刚体位移法间接确定；u^*_{ij} 由式(8-1-12)给出，t^*_{ij} 和 v^*_{ij} 可分别由式(8-1-6)和式(8-1-9)导出为

$$t^*_{ij} = \frac{A'}{r^\alpha}[n_m r_{,m}(C\delta_{ij} + \beta r_{,i} r_{,j}) + C(n_i r_{,j} - n_j r_{,i})] \tag{8-2-5}$$

$$v^*_{ij} = \frac{A'}{r^\alpha}\{\tilde{\mu}_{,k} r_{,k}[C\delta_{ij} + \beta r_{,i} r_{,j}] + C(\tilde{\mu}_{,i} r_{,j} - \tilde{\mu}_{,j} r_{,i})\} \tag{8-2-6}$$

其中，对于二维问题 $\beta=2$，对于三维问题 $\beta=3$；$\alpha=\beta-1$，并有

$$A' = \frac{-1}{4\pi\alpha(1-\nu)}, \quad C = 1-2\nu \tag{8-2-7}$$

$$\tilde{u}_i = \mu u_i, \quad \tilde{\mu} = \ln\mu \tag{8-2-8}$$

在式(8-2-4)中，采用规格化的位移 $\tilde{u}_i$ 作为表述积分方程的因变量，能使积分系数中不含有变量，有利于编程和计算精度的提高。

8.2.2 应力积分方程

对于由式(8-2-1)～式(8-2-3)表述的问题，容易证明有下列关系成立：

$$u^*_{im,nlj}D_{mnkl} = 0, \quad v^*_{ikj} = u^*_{im,nj}D_{mnkl,l}, \quad a_{ikj} = 0$$

于是，内部点位移梯度积分方程(8-1-35)变为

$$\mu u_{i,j} = -\int_\Gamma u^*_{ik,j} t_k \mathrm{d}\Gamma + \int_\Gamma t^*_{ik,j} u_k \mathrm{d}\Gamma - \int_\Omega u^*_{ik,j} b_k \mathrm{d}\Omega - \int_\Omega v^*_{ikj} u'_k \mathrm{d}\Omega - \mu_{,j} u_i \tag{8-2-9}$$

根据应力-应变关系式(8-1-1)，则可得到内部点应力积分方程表达式为

$$\sigma_{ij}=\int_{\Gamma}u_{ijk}^{*}t_{k}\mathrm{d}\Gamma-\int_{\Gamma}t_{ijk}^{*}\tilde{u}_{k}\mathrm{d}\Gamma+\int_{\Omega}u_{ijk}^{*}b_{k}\mathrm{d}\Omega+\int_{\Omega}v_{ijk}^{*}\tilde{u}'_{k}\mathrm{d}\Omega+F_{ijk}\tilde{u}_{k} \tag{8-2-10}$$

式中，$\tilde{u}'_{k}(q)=\tilde{u}_{k}(q)-\tilde{u}_{k}(p)$，核函数 u_{ijk}^{*}、t_{ijk}^{*} 和 v_{ijk}^{*} 以及自由项系数 F_{ijk} 分别为

$$u_{ijk}^{*}=\frac{1}{4\pi\alpha(1-\nu)}\frac{1}{r^{\alpha}}\left[C(\delta_{ki}r_{,j}+\delta_{kj}r_{,i}-\delta_{ij}r_{,k})+\beta r_{,i}r_{,j}r_{,k}\right] \tag{8-2-11a}$$

$$\begin{aligned}t_{ijk}^{*}=&\frac{1}{2\pi\alpha(1-\nu)}\frac{1}{r^{\beta}}\{\beta r_{,m}n_{m}[C\delta_{ij}r_{,k}+\nu(\delta_{ik}r_{,j}+\delta_{jk}r_{,i})-\gamma r_{,i}r_{,j}r_{,k}]\\&+\beta\nu(n_{i}r_{,j}r_{,k}+n_{j}r_{,i}r_{,k})+C(\beta n_{k}r_{,i}r_{,j}+n_{j}\delta_{ik}+n_{i}\delta_{jk})-Dn_{k}\delta_{ij}\}\end{aligned} \tag{8-2-11b}$$

$$\begin{aligned}v_{ijk}^{*}=&\frac{1}{2\pi\alpha(1-\nu)r^{\beta}}\{\beta\tilde{\mu}_{,m}r_{,m}[(1-2\nu)\delta_{ij}r_{,k}+\nu(\delta_{ik}r_{,j}+\delta_{jk}r_{,i})-\gamma r_{,i}r_{,j}r_{,k}]\\&+\beta\nu(\tilde{\mu}_{,i}r_{,j}+\tilde{\mu}_{,j}r_{,i})r_{,k}-(1-4\nu)\tilde{\mu}_{,k}\delta_{ij}\\&+(1-2\nu)(\beta\tilde{\mu}_{,k}r_{,i}r_{,j}+\tilde{\mu}_{,j}\delta_{ik}+\tilde{\mu}_{,i}\delta_{jk})\}\end{aligned} \tag{8-2-11c}$$

$$F_{ijk}=-D_{ijkl}^{0}\tilde{\mu}_{,l} \tag{8-2-12}$$

其中，$D=1-4\nu$；$\gamma=\beta+2$。

对于内部点，式(8-2-10)中没有强奇异积分，因此可用于直接计算内部点的应力值；对于边界点，由于与面力和位移相关的边界积分会出现强奇异和超强奇异性，因此用 7.6 节介绍的面力恢复法计算边界应力更容易。

8.2.3　域积分到边界积分的转换以及常用的径向积分解析计算式

为了避免用计算域离散成内部网格的方式来计算出现在式(8-2-4)和式(8-2-10)中的域积分，本节使用径向积分法[8]将域积分转换成边界积分，从而形成不需要内部网格的边界元算法。对于由体积力 b_i 引起的域积分，由于被积函数都是已知函数，可以用 RIM 直接进行精确转换[8]。但对于式(8-2-4)和式(8-2-10)中的最后一项域积分，由于包含了未知的规格化位移 $\tilde{u}_i$，RIM 公式不能直接使用。为此，将规格化位移 $\tilde{u}_i$ 用基于径向基函数的全局插值函数表示：

$$\tilde{u}_{i}(q)=N_{I}(q)\tilde{u}_{i}^{I} \tag{8-2-13}$$

式中，N_I 为全局插值函数，由式(4-2-13)确定；$\tilde{u}_i^I$ 为节点 I 的 $\tilde{u}_i$ 值。

将式(8-2-13)代入式(8-2-4)中的域积分，然后应用径向积分法式(2-4-11)和式(2-4-12)，则可得到

$$\int_{\Omega}v_{ij}^{*}\tilde{u}_{j}\mathrm{d}\Omega=\tilde{u}_{j}^{I}\int_{\Gamma}\frac{1}{r^{\alpha}(Q,p)}\frac{\partial r}{\partial\boldsymbol{n}}F_{ij}^{I}(Q,p)\mathrm{d}\Gamma(Q) \tag{8-2-14}$$

式中

$$F_{ij}^{I}(Q,p)=\int_{0}^{r(Q,p)} v_{ij}^{*}(q,p)N_{I}(q)r^{\alpha}(q,p)\mathrm{d}r(q) \tag{8-2-15}$$

至于式(8-2-10)中的最后一项域积分，注意到 $\widetilde{u}'_k(q)=\widetilde{u}_k(q)-\widetilde{u}_k(p)$ 和 $x_k^q=x_k^p+r_{,k}r$，则参考径向基函数逼近公式(4-1-17)可得

$$\widetilde{u}'_k(q)=\sum_{A=1}^{N_A}\alpha_k^A[\phi^A(R)-\phi^A(0)]+\sum_{s=1}^{\beta}a_k^s r_{,s}r \tag{8-2-16}$$

式中，待定系数 α_k^A 与 a_k^s 可参考式(4-1-19)～式(4-1-21)所示的配点过程确定。

于是，使用 RIM 公式，式(8-2-10)中的最后一项域积分可写为

$$\int_{\Omega} v_{ijk}^{*}\widetilde{u}'_k\mathrm{d}\Omega=\sum_{A}\alpha_k^A\int_{\Gamma}\frac{1}{r^{\alpha}}\frac{\partial r}{\partial \boldsymbol{n}}F_{ijk}^{A}\mathrm{d}\Gamma+a_k^s\int_{\Gamma}\frac{r_{,s}}{r^{\alpha}}\frac{\partial r}{\partial \boldsymbol{n}}F_{ijk}^{1}\mathrm{d}\Gamma \tag{8-2-17}$$

式中，重复指标 s 表示求和；其他项为

$$F_{ijk}^{A}=\int_{0}^{r} r^{\alpha}v_{ijk}^{*}[\phi^A(R)-\phi^A(0)]\mathrm{d}r \tag{8-2-18a}$$

$$F_{ijk}^{1}=\int_{0}^{r} r^{\beta}v_{ijk}^{*}\mathrm{d}r \tag{8-2-18b}$$

考虑到在径向积分中 $r_{,i}$ 为常量，根据核函数 v_{ij}^{*} 和 v_{ijk}^{*} 的表达式(8-2-6)和式(8-2-11c)，可由式(8-2-15)和式(8-2-18)归纳出如下几类的径向积分：

$$F_{ijk}^{1}\rightarrow\int_{0}^{r}\widetilde{\mu}_{,i}\mathrm{d}r \tag{8-2-19a}$$

$$F_{ij}^{I}\rightarrow\int_{0}^{r}\phi^A(R)\widetilde{\mu}_{,i}\mathrm{d}r \tag{8-2-19b}$$

$$F_{ijk}^{A}\rightarrow\int_{0}^{r}\frac{\phi^A(R)-\phi^A(0)}{r}\widetilde{\mu}_{,i}\mathrm{d}r,\quad\int_{0}^{r}\frac{\widetilde{\mu}_{,i}}{r}\mathrm{d}r \tag{8-2-19c}$$

上述积分全为正则积分，可以直接用高斯数值积分公式计算，但数值积分计算有时非常耗时，特别是对于大型三维问题。为了提高计算效率，对于某些情况可以导出针对式(8-2-19)所示径向积分的解析计算式。下面介绍几种常用的特殊情况，要求剪切模量的形式如表 8-2-1 所示，其中的重复指标 i 和 j 表示从 1 到 β 求和。

表 8-2-1　三种变剪切模量形式

剪切模量	情况 1（指数线性变化）	情况 2（线性变化）	情况 3（指数二次变化）
μ	$\mu_0\mathrm{e}^{c_ix_i}$	$\mu_0+c_ix_i$	$\mu_0\mathrm{e}^{c_0+c_ix_i+c_{ij}x_ix_j}$
$\widetilde{\mu}$	$\ln\mu_0+c_ix_i$	$\ln(\mu_0+c_ix_i)$	$\ln\mu_0+c_0+c_ix_i+c_{ij}x_ix_j$
$\widetilde{\mu}_{,i}$	c_i	$\dfrac{c_i}{\mu_0+c_jx_j}$	$c_i+c_{jk}(\delta_{ij}x_k+\delta_{ik}x_j)$

具有紧支格式的四阶样条径向基函数(如式(4-4-17)所示)被证明精度高、计算结果稳定。下面,针对表 8-2-1 中的三种剪切模量变化形式,利用坐标与积分变量转换关系式(2-4-13),导出式(8-2-19)所示径向积分的解析计算式。

1. 关于径向积分 $\int_0^r \tilde{\mu}_{,i}\mathrm{d}r$ 的解析计算式

情况 1(指数线性变化):

$$\int_0^r \tilde{\mu}_{,i}\mathrm{d}r = c_i r \tag{8-2-20}$$

情况 2(线性变化):

将式(2-4-13)代入表 8-2-1 中的第 2 种剪切模量关系式的导数 $\tilde{\mu}_{,i}$ 得

$$\tilde{\mu}_{,i} = \frac{c_i}{\mu_0 + c_j x_j^p + c_j r_{,j} r} \tag{8-2-21}$$

容易求得

$$\int_0^r \tilde{\mu}_{,i}\mathrm{d}r = \frac{c_i \ln(\mu_0 + c_j x_j)}{c_j r_{,j}} = \frac{c_i \ln\mu}{c_j r_{,j}} \tag{8-2-22}$$

情况 3(指数二次变化):

将式(2-4-13)代入表 8-2-1 中的第 3 种剪切模量关系式的导数 $\tilde{\mu}_{,i}$ 得

$$\tilde{\mu}_{,i} = c_i + c_{jk}(\delta_{ij}x_k^p + \delta_{ik}x_j^p) + c_{jk}(\delta_{ij}r_{,k} + \delta_{ik}r_{,j})r \tag{8-2-23}$$

容易求得

$$\int_0^r \tilde{\mu}_{,i}\mathrm{d}r = [c_i + c_{jk}(\delta_{ij}x_k^p + \delta_{ik}x_j^p)]r + \frac{1}{2}c_{jk}(\delta_{ij}r_{,k} + \delta_{ik}r_{,j})r^2 \tag{8-2-24}$$

2. 关于强奇异径向积分 $\int_0^r \frac{\tilde{\mu}_{,i}}{r}\mathrm{d}r$ 的解析计算式

此积分为强奇异积分,只有在柯西主值意义下求积,下面是对三种情况的积分结果。

情况 1(指数线性变化):

$$\int_0^r \frac{\tilde{\mu}_{,i}}{r}\mathrm{d}r = c_i \ln r \tag{8-2-25}$$

情况 2(线性变化):

将式(8-2-21)代入积分可得

$$\int_0^r \frac{\tilde{\mu}_{,i}}{r}\mathrm{d}r = \frac{c_i}{\mu_0 + c_j x_j^p}\ln\left(\frac{r}{\mu}\right) \tag{8-2-26}$$

情况 3(指数二次变化):

将式(8-2-23)代入积分可得

$$\int_0^r \frac{\tilde{\mu}_{,m}}{r}\mathrm{d}r = [c_m + c_{ij}(\delta_{im}x_j^p + \delta_{jm}x_i^p)]\ln r + c_{ij}(\delta_{im}r_{,j} + \delta_{jm}r_{,i})r \tag{8-2-27}$$

3. 关于径向积分 $\int_0^r \phi^A(R)\tilde{\mu}_{,i}\mathrm{d}r$ 的解析计算式

情况 1(指数线性变化):

对于该情况，$\tilde{\mu}_{,i}=c_i$ 为常数，积分式变为 $\int_0^r \phi^A(R)\mathrm{d}r$。此积分已在4.4.2节中给出解析表达式(见式(4-4-18)和式(4-4-19))，这里不再重复。

情况 2(线性变化):

将式（4-1-26）代入式（4-4-17），其结果与式（8-2-21）一起代入 $\int_0^r \phi^A(R)\tilde{\mu}_{,i}\mathrm{d}r$，并积分得

$$\begin{aligned}\int_0^r \phi^A(R)\tilde{\mu}_{,i}\mathrm{d}r = \frac{c}{12b^5 d_A^4}\Big(&-9b^4r^4+12b^3r^3(a-4bs)\\&+36br(a-2bs)[a^2+2b^2(d_A^2+\bar{R}^2)-2abs]\\&-18b^2r^2[a^2-4abs+2b^2(d_A^2+\bar{R}^2+2s^2)]\\&+16b^2d_AR[6a^2-3ab(r+5s)+b^2(8\bar{R}^2+2r^2+7rs+3s^2)]\\&+12[-3a^4+b^4(d_A^4-6d_A^2\bar{R}^2-3\bar{R}^4)+12a^3bs\\&+12ab^3s(d_A^2+\bar{R}^2)-6a^2b^2(d_A^2+\bar{R}^2+2s^2)]\ln(a+br)\\&-48bd_A(a-bs)[2a^2-4abs+b^2(3\bar{R}^2-s^2)]\ln(r+s+\sqrt{r^2+2sr+\bar{R}^2})\\&+96bd_A(a^2+b^2\bar{R}^2-2abs)^{\frac{3}{2}}\Big\{\ln(a+br)-\ln[b(\bar{R}^2+rs)\\&-a(r+s)+\sqrt{r^2+2sr+\bar{R}^2}\sqrt{a^2+b^2\bar{R}^2-2abs}]\Big\}\Big)\end{aligned} \tag{8-2-28}$$

式中，$a=\mu_0+c_jx_j^p$；$b=c_jr_{,j}$；$c=c_i$。

需要注意的是，对于解析表达式(8-2-28)，有可能会出现 $r+s+\sqrt{r^2+2sr+\bar{R}^2}=0$ 的特殊情况，此时，$s=-\bar{R}$(图4-4-2)，可积分得到

$$\begin{aligned}\int_0^r \phi^A(R)\tilde{\mu}_{,i}\mathrm{d}r = \frac{c}{12b^5 d_A^4(r-\bar{R})}\Big(&br\{36a^3(r-k)-6a^2b(24\bar{R}^2\\&-16d_A|\bar{R}-r|-27\bar{R}r+3r^2)\\&+12ab^2[24\bar{R}^2r-18\bar{R}^3-4d_A(|\bar{R}-r|)(r-6\bar{R})\\&-7\bar{R}r^2+r^3+6d_A^2(r-\bar{R})]+b^3[-36d_A^2(4\bar{R}^2-5\bar{R}r+r^2)\\&+16d_A(|\bar{R}-r|)(18\bar{R}^2-9\bar{R}r+2r^2)\\&-3(48\bar{R}^4-84\bar{R}^3r+52\bar{R}^2r^2-19\bar{R}r^3+3r^4)]\}\end{aligned}$$

$$+12(3a-bd_A+3b\bar{R})[a+b(d_A+\bar{R})]^3(\bar{R}-r)\ln(a+br)\Big) \tag{8-2-29}$$

情况3(指数二次变化)：

利用式(8-2-23)，可积分得到

$$\begin{aligned}\int_0^r \phi^A(R)\widetilde{\mu}_{,i}\mathrm{d}r=&\frac{1}{10d_A^4}\Big(2a\{5d_A^4r+5d_A(r+s)R(5\bar{R}^2+2r^2+4rs-3s^2)\\&-10d_A^2r[3\bar{R}^2+r(r+3s)]-r[15d_A^4+10d_A^2r(r+3s)\\&+r^2(3r^2+15rs+20s^2)]\}+b\{5d_A^4r^2+2d_AR[8(\bar{R}^2+r^2)^2\\&+r(7\bar{R}^2+22r^2)s+(2r^2-25\bar{R}^2)s^2-5rs^3+15s^4]\\&-5\bar{R}^2r^2[6\bar{R}^2+r(3r+8s)]-r^2[15\bar{R}^4+5\bar{R}^2r(3r+8s)\\&+r^2(5r^2+24rs+30s^2)]\}\\&+30d_A(a-bs)(\bar{R}^2-s^2)^2\ln(r+s+\sqrt{r^2+2sr+\bar{R}^2})\Big)\end{aligned} \tag{8-2-30}$$

式中，$a=c_i+c_{jk}(\delta_{ij}x_k^p+\delta_{ik}x_j^p)$；$b=c_{jk}(\delta_{ij}r_{,k}+\delta_{ik}r_{,j})$。

同样要注意的是，对于解析表达式(8-2-30)，有可能会出现 $r+s+\sqrt{r^2+2sr+\bar{R}^2}=0$ 的特殊情况，在这种情况下，$s=-\bar{R}$，可解析求得

$$\begin{aligned}\int_0^r \phi^A(R)\widetilde{\mu}_{,i}\mathrm{d}r=&\frac{-1}{10d_A^4}(\bar{R}-r)\{10d_A^4(a+b\bar{R})-20d_A^2(a+b\bar{R})(\bar{R}-r)^2\\&+15bd_A^2(\bar{R}-r)^3-6(a+b\bar{R})(\bar{R}-r)^4+5b(\bar{R}-r)^5\\&+5bd_A^4(r-\bar{R})+4d_A\,|\bar{R}-r|^3[5a+b(\bar{R}+4r)]\}\end{aligned} \tag{8-2-31}$$

4. 关于径向积分 $\int_0^r \frac{\phi^A(R)-\phi^A(0)}{r}\widetilde{\mu}_{,i}\mathrm{d}r$ 的解析计算式

此径向积分为强奇异积分正则化后的部分，下面给出基于四阶样条径向基函数(4-4-17)、针对表8-2-1所示的三种剪切模量变化形式的径向积分解析计算式。

情况1(指数线性变化)：

此种情况中，$\widetilde{\mu}_{,i}=c_i$，积分式变为 $c_i\int_0^r \frac{\phi^A(R)-\phi^A(0)}{r}\mathrm{d}r$，其中的积分部分容易求得为

$$\begin{aligned}\int_0^r \frac{\phi^A-\phi^A(0)}{r}\mathrm{d}r=&-[0.75r^4+12(d_A^2+\bar{R}^2)rs\\&-\frac{4}{3}d_A(8\bar{R}^2+2r^2+7rs+3s^2)\sqrt{r^2+2sr+\bar{R}^2}\\&+4r^3s+4sd_A(s^2-3\bar{R}^2)\ln(r+s+\sqrt{r^2+2sr+\bar{R}^2})\end{aligned}$$

$$+3r^2(d_A^2+\bar{R}^2+2s^2)+8d_A\bar{R}^3\ln(\bar{R}^2+rs+\bar{R}\sqrt{r^2+2sr+\bar{R}^2})]/d_A^4 \tag{8-2-32}$$

特别要注意的是，对于解析表达式(8-2-32)，有可能会出现 $r+s+\sqrt{r^2+2sr+\bar{R}^2}=0$ 和 $\bar{R}^2+rs+\bar{R}\sqrt{r^2+2sr+\bar{R}^2}=0$ 的特殊情况，在这两种情况下，$s=-\bar{R}$。此时，当 $r+s+\sqrt{r^2+2sr+\bar{R}^2}=0$ 时，$R=\bar{R}-r$，如图 8-2-1 所示，可以得到

$$\int_0^r \frac{\phi^A-\phi^A(\bar{R})}{r}\mathrm{d}r=r[36d_A^2(4\bar{R}-r)-16d_A(18\bar{R}^2-9\bar{R}r+2r^2)+3(48\bar{R}^3-36\bar{R}^2r+16\bar{R}r^2-3r^3)]/(12d_A^4) \tag{8-2-33}$$

当 $\bar{R}^2+rs+\bar{R}\sqrt{r^2+2sr+\bar{R}^2}=0$ 时，$R=r-\bar{R}$，如图 8-2-2 所示，可以求得

$$\int_0^r \frac{\phi^A-\phi^A(\bar{R})}{r}\mathrm{d}r=\{r[36d_A^2(4\bar{R}-r)+16d_A(18\bar{R}^2-9\bar{R}r+2r^2)+3(48\bar{R}^3-36\bar{R}^2r+16\bar{R}r^2-3r^3)]-192d_A\bar{R}^3\ln(r)\}/(12d_A^4) \tag{8-2-34}$$

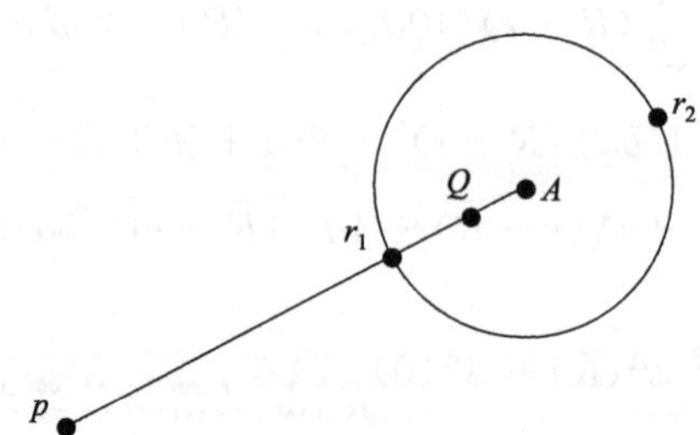

图 8-2-1 线段 r 与紧支域圆相交的一种特殊情况

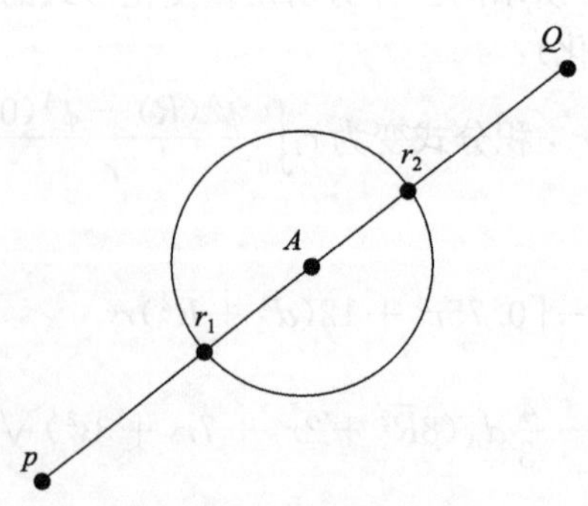

图 8-2-2 线段 r 与紧支域圆相交的另一种特殊情况

情况 2 (线性变化):

对此情况,将式(8-2-21)代入积分式可得

$$
\begin{aligned}
&\int_0^r \frac{\phi^A(R)-\phi^A(\bar{R})}{r}\tilde{\mu}_{,i}\mathrm{d}r \\
&=\frac{c_i}{d_A^4}\left\{\frac{3r^2(a-4bs)-2br^3+8d_A R[-2a+b(r+5s)]}{2b^2}\right. \\
&+\frac{4d_A[2a^2-6abs+3b^2(s^2+\bar{R}^2)]\ln(r+s+\sqrt{r^2+2sr+\bar{R}^2})-3r[a^2-4abs+2b^2(d_A^2+\bar{R}^2+2s^2)]}{b^3} \\
&+\frac{[3a^4+8b^4d_A\bar{R}^3-12a^3bs-12ab^3(d_A^2+\bar{R}^2)s+6a^2b^2(d_A^2+\bar{R}^2+2s^2)]\ln(a+br)}{ab^4} \\
&-\frac{8d_A\bar{R}^3\ln(\bar{R}^2+rs+\bar{R}\sqrt{r^2+2sr+\bar{R}^2})}{a} \\
&\left.+\frac{8d_A\ (a^2+b^2\bar{R}^2-2abs)^{\frac{3}{2}}\ln[b(\bar{R}^2+rs)-a(r+s)+R\sqrt{a^2+b^2\bar{R}^2-2abs}]-\ln(a+br)}{ab^3}\right\}
\end{aligned}
\tag{8-2-35}
$$

式中,$a=\mu_0+c_jx_j^p$;$b=c_jr_{,j}$。

同样,对于解析表达式(8-2-35),可能会出现 $r+s+\sqrt{r^2+2sr+\bar{R}^2}=0$ 和 $\bar{R}^2+rs+\bar{R}\sqrt{r^2+2sr+\bar{R}^2}=0$ 的特殊情况,在这两种情况下,$s=-\bar{R}$。此时,当 $r+s+\sqrt{r^2+2sr+\bar{R}^2}=0$ 时,$R=\bar{R}-r$,如图 8-2-1 所示,可求得

$$
\begin{aligned}
\int_0^r \frac{\phi^A(R)-\phi^A(\bar{R})}{r}\tilde{\mu}_{,i}\mathrm{d}r = c_i(-br\{&6a^2+ab(-16d_A+24\bar{R}-3r) \\
&+2b^2[6d_A^2+18\bar{R}^2-6\bar{R}r+r^2+4d_A(r-6\bar{R})]\} \\
&+2[3a^2+12b^3(d_A-\bar{R})^2\bar{R}+a^2b(12\bar{R}-8d_A) \\
&+6ab^2(d_A^2-4d_A\bar{R}+3\bar{R}^2)]\ln(a+br))\ /(2b^4d_A^4)
\end{aligned}
\tag{8-2-36}
$$

当 $\bar{R}^2+rs+\bar{R}\sqrt{r^2+2sr+\bar{R}^2}=0$ 时,$R=r-\bar{R}$,如图 8-2-2 所示,此时,可求得

$$
\begin{aligned}
\int_0^r \frac{\phi^A(R)-\phi^A(\bar{R})}{r}\tilde{\mu}_{,i}\mathrm{d}r = c_i(-abr\{&6a^2+ab(16d_A+24\bar{R}-3r) \\
&+2b^2[6d_A^2+18\bar{R}^2-6\bar{R}r+r^2+4d_A(6\bar{R}-r)]\} \\
&-32b^4d_A\bar{R}^3\ln(r)+2(a+2b\bar{R}) \\
&\times[3a^3+8b^3d_A\bar{R}^2+a^2b(6\bar{R}+8d_A) \\
&+2ab^2(3d_A^2+4d_A\bar{R}+3\bar{R}^2)]\ln(a+br))/(2ab^4d_A^4)
\end{aligned}
\tag{8-2-37}
$$

情况 3(指数二次变化):

将式(8-2-23)代入积分式可得

$$
\begin{aligned}
&\int_0^r \frac{\phi^A(R)-\phi^A(\bar{R})}{r}\tilde{\mu}_{,i}\mathrm{d}r \\
&=\frac{1}{d_A^4}\{-\frac{3br^5}{5}-\frac{3}{4}r^4(a+4bs)-4r[2bd_A\bar{R}^3+3a(\bar{R}^2+d_A^2)s] \\
&\quad -3r^2[2b(\bar{R}^2+d_A^2)s+a(\bar{R}^2+d_A^2+2s^2)]-2r^3[2as+b(\bar{R}^2+d_A^2+2s^2)] \\
&\quad +\frac{1}{3}d_AR[3b(r+s)(5\bar{R}^2+2r^2+4rs-3s^2)+4a(8\bar{R}^2+2r^2+7rs+3s^2)] \\
&\quad +d_A[3b(\bar{R}^2-s^2)^2-4as(s^2-3\bar{R}^2)]\ln(r+s+\sqrt{r^2+2sr+\bar{R}^2}) \\
&\quad -8ad_A\bar{R}^3\ln(\bar{R}^2+rs+\bar{R}\sqrt{r^2+2sr+\bar{R}^2})\}
\end{aligned}
\tag{8-2-38}
$$

式中,$a=c_i+c_{jk}(\delta_{ij}x_k^p+\delta_{ik}x_j^p)$;$b=c_{jk}(\delta_{ij}r_{,k}+\delta_{ik}r_{,j})$。

与前面一样,有可能会出现 $r+s+\sqrt{r^2+2sr+\bar{R}^2}=0$ 和 $\bar{R}^2+rs+\bar{R}\sqrt{r^2+2sr+\bar{R}^2}=0$ 的特殊情况,在这两种情况下,$s=-\bar{R}$。此时,当 $r+s+\sqrt{r^2+2sr+\bar{R}^2}=0$ 时,$R=\bar{R}-r$,如图 8-2-1 所示,可求得

$$
\begin{aligned}
\int_0^r \frac{\phi^A(R)-\phi^A(\bar{R})}{r}\tilde{\mu}_{,i}\mathrm{d}r =&-\{0.6br^5+0.25(3a+8bd_A-12b\bar{R})r^4 \\
&+\frac{2}{3}[a(4d_A-6\bar{R})+3b(d_A^2-4d_A\bar{R}+3\bar{R}^2)]r^3 \\
&-3(d_A-\bar{R})[2b(d_A-\bar{R})\bar{R}-a(d_A-3\bar{R})]r^2 \\
&-12a(d_A-\bar{R})^2\bar{R}r\}/d_A^4
\end{aligned}
\tag{8-2-39}
$$

当 $\bar{R}^2+rs+\bar{R}\sqrt{r^2+2sr+\bar{R}^2}=0$ 时,$R=r-\bar{R}$,如图 8-2-2 所示,可求得

$$
\begin{aligned}
&\int_0^r \frac{\phi^A(R)-\phi^A(\bar{R})}{r}\tilde{\mu}_{,i}\mathrm{d}r \\
&=\{4\bar{R}[-4bd_A\bar{R}^2+3a(d_A+\bar{R})^2]r+3(d_A+\bar{R})[2b\bar{R}(d_A+\bar{R})-a(d_A+3\bar{R})]r^2 \\
&\quad +\frac{2}{3}[a(4d_A+6\bar{R})-3b(d_A^2+4d_A\bar{R}+3\bar{R}^2)]r^3 \\
&\quad +0.25(-3a+8bd_A+12b\bar{R})r^4-0.6br^5-16ad_A\bar{R}^3\ln(r)\}/d_A^4
\end{aligned}
\tag{8-2-40}
$$

8.2.4 变系数问题系统方程组

假设边界元离散模型由 N_b 个边界节点和 N_i 个内部节点组成,则通过将位移

积分方程(8-2-4)对边界节点和内部节点进行配点，并施加边界条件后，最终可形成如下的矩阵方程：

边界点：

$$\boldsymbol{A}_{\mathrm{b}}\boldsymbol{x}_{\mathrm{b}} = \boldsymbol{y}_{\mathrm{b}} + \boldsymbol{V}_{\mathrm{b}}\tilde{\boldsymbol{u}} \tag{8-2-41}$$

内部点：

$$\tilde{\boldsymbol{u}}_{\mathrm{i}} = \boldsymbol{A}_{\mathrm{i}}\boldsymbol{x}_{\mathrm{b}} + \boldsymbol{y}_{\mathrm{i}} + \boldsymbol{V}_{\mathrm{i}}\tilde{\boldsymbol{u}} \tag{8-2-42}$$

式中，对于二维问题，矩阵 $\boldsymbol{A}_{\mathrm{b}}$ 和 $\boldsymbol{A}_{\mathrm{i}}$ 的大小分别为 $2N_{\mathrm{b}}\times 2N_{\mathrm{b}}$ 和 $2N_{\mathrm{i}}\times 2N_{\mathrm{b}}$，而矩阵 $\boldsymbol{V}_{\mathrm{b}}$ 和 $\boldsymbol{V}_{\mathrm{i}}$ 的大小分别为 $2N_{\mathrm{b}}\times 2N_{\mathrm{A}}$ 和 $2N_{\mathrm{i}}\times 2N_{\mathrm{A}}$，其中，$N_{\mathrm{A}}=N_{\mathrm{b}}+N_{\mathrm{i}}$。列阵 $\boldsymbol{x}_{\mathrm{b}}$ 的大小为 $2N_{\mathrm{b}}\times 1$，由所有边界节点的未知规格化位移和未知面力组成；列阵 $\tilde{\boldsymbol{u}}$ 的大小为 $2N_{\mathrm{A}}\times 1$，由边界节点和内部节点的未知的规格化位移组成。对于三维问题，将定义矩阵大小的量的前面的数字换为 3 即可。需要说明的是，使用已知位移边界条件后，矩阵 $\boldsymbol{V}_{\mathrm{b}}$ 和 $\boldsymbol{V}_{\mathrm{i}}$ 中，对应于已知位移的边界节点的列元素须置为零。

组合式(8-2-41)和式(8-2-42)，可组成如下的系统方程组：

$$\left(\begin{bmatrix} \boldsymbol{A}_{\mathrm{b}} & \boldsymbol{0} \\ -\boldsymbol{A}_{\mathrm{i}} & \boldsymbol{I} \end{bmatrix} - \begin{bmatrix} \boldsymbol{V}_{\mathrm{b}} \\ \boldsymbol{V}_{\mathrm{i}} \end{bmatrix}\right)\begin{Bmatrix} \boldsymbol{x}_{\mathrm{b}} \\ \tilde{\boldsymbol{u}}_{\mathrm{i}} \end{Bmatrix} = \begin{Bmatrix} \boldsymbol{y}_{\mathrm{b}} \\ \boldsymbol{y}_{\mathrm{i}} \end{Bmatrix} \tag{8-2-43}$$

式中，$\boldsymbol{I}$ 为单位矩阵。

求解方程组(8-2-43)，则可得到所有的边界未知量和内部点位移。如果需要，可由式(8-2-10)和面力恢复法求出各个内部点和边界点的应力值。

8.3　各向同性损伤弹性力学问题

对于一些工程材料，当变形达到一定程度时，材料内部会发生微结构损伤，以致材料的强度会发生下降。在各向同性弹性损伤范围内，材料损伤体现在剪切模量 μ 随损伤变量 d 的变化[9]，而泊松比 ν 基本不变。应力可理解为总体有效应力，应力-应变张量有与式(8-2-1)相似的形式，可以表示为

$$D_{ijkl}(d) = \mu(d)D_{ijkl}^{0} \tag{8-3-1}$$

式中，D_{ijkl}^{0} 由式(8-2-2)给出。

8.3.1　损伤变量演化方程

损伤变量是与应变或应力状态有关的量，也是损伤程度的衡量，因此通常是将其定义为在 0～1 变化的量，0 表示未损伤(即原始状态)，1 表示完全损伤(即已破坏)。对于各向同性损伤情况，损伤变量通常取为应力不变量[4]的函数，本书取下列形式的损伤演化关系：

$$d = 1 - \mathrm{e}^{-\left(\frac{\sigma-\sigma_{\mathrm{y}}}{\sigma_0}\right)^m} \tag{8-3-2}$$

式中，σ_y、σ_0 和 m 为物性常数；σ/σ_0 为损伤参数。本书中 σ 定义为等效应力：

$$\sigma=\sqrt{\frac{3}{2}\sigma'_{ij}\sigma'_{ij}},\qquad \sigma'_{ij}=\sigma_{ij}-\frac{1}{3}\sigma_{kk}\delta_{ij} \tag{8-3-3}$$

式中，σ 也被称为 Mises 应力，是反映金属材料强度的重要物理量[4]；σ'_{ij} 为偏应力张量。

由式(8-3-2)可以看出，损伤变量 d 是在 0～1 变化的量，其值能体现材料损伤的程度。通常，当损伤参数超过损伤阈值 σ_y 时损伤才发生。

弹性剪切模量 μ 与损伤变量 d 之间的关系可由结构内部损伤、未损伤以及总体面积的受力平衡关系导出为[10]

$$\mu(d)=\mu_0(1-d) \tag{8-3-4}$$

式中，μ_0 为未损伤材料的剪切模量。

于是，将式(8-3-2)代入式(8-3-4)，得

$$\mu=\mu_0\mathrm{e}^{-\left(\frac{\sigma-\sigma_y}{\sigma_0}\right)^m} \tag{8-3-5}$$

上式则为各向同性损伤情况下，剪切模量在不同应力状态下的演化关系式。

对于各向同性损伤，积分方程(8-2-4)和方程(8-2-10)仍然成立，只是包含在核函数 v^*_{ij} 和 v^*_{ijk} 中的 $\tilde{\mu}_{,i}$ 也变成了应力的函数。由于核函数中包含的是剪切模量对坐标的导数，因此，由式(8-3-5)和式(8-2-8)得

$$\tilde{\mu}_{,i}=-m\left(\frac{\sigma-\sigma_y}{\sigma_0}\right)^{m-1}\frac{\partial}{\partial x_i}\left(\frac{\sigma}{\sigma_0}\right) \tag{8-3-6}$$

式(8-3-6)中，损伤参数 σ/σ_0 的空间导数的计算，按照积分方程中计算域积分方法的不同采用不同的计算方法：一是用内部网格法计算域积分时，通过对网格形函数求导由网格节点的损伤参数值计算其空间导数值；二是用 RIM 计算域积分时，通过对径向基函数(RBF)求导数来计算损伤参数的空间导数。第一种方法简单，这里不再详述。对于第二种方法，将式(8-3-6)中的损伤参数用径向基函数表示为

$$\frac{\sigma}{\sigma_0}=\sum_A\beta^A\phi^A(R)+b^kx_k+b^0 \tag{8-3-7}$$

与 4.1.2 节介绍的类似，上式中的系数 β^A 可通过配点法由 σ/σ_0 的节点值表示。于是有

$$\frac{\partial}{\partial x_i}\left(\frac{\sigma}{\sigma_0}\right)=\sum_A\beta^A\frac{\partial\phi^A(R)}{\partial x_i}+b^i=\frac{\partial R}{\partial x_i}\sum_A\beta^A\frac{\partial\phi^A(R)}{\partial R}+b^i \tag{8-3-8}$$

式中，径向基函数的空间导数由式(4-4-13)和表 4-4-1 给出。

8.3.2 系统方程组及牛顿-拉弗森迭代求解公式

由上列公式可以看出，在损伤问题中，由于物性参数是应力的函数，而应力在

求解之前是未知的，因此，最后形成的系统方程组是非线性方程，需要通过迭代过程来求解。本节介绍用牛顿-拉弗森迭代法求解系统方程组的方法。

在选取初值或若干次迭代之后应力是已知的，因此可由式(8-3-6)求出规格化的剪切模量对坐标的偏导数，然后可由位移积分方程(8-2-4)，通过在边界点和内部点配点，建立起形如式(8-2-43)的矩阵方程。此矩阵方程可简写成下列形式：

$$\boldsymbol{A}(\sigma)\boldsymbol{x} = \boldsymbol{y} \tag{8-3-9}$$

式中，$\boldsymbol{A}(\sigma)$ 为在当前应力状态下形成的系数矩阵；$\boldsymbol{x}$ 为由未知的节点位移和面力组成的列阵；$\boldsymbol{y}$ 为积分系数和已知边界条件相乘后形成的已知列阵。

假设第 n 次迭代后，计算得到的等效应力标记为 σ_n（由式(8-3-3)计算）。如果此时所求得未知量和应力不能精确满足式(8-3-9)，则会有残差产生，定义为

$$\boldsymbol{R}_n = \boldsymbol{y}_n - \boldsymbol{A}(\sigma_n)\,\boldsymbol{x}_n \tag{8-3-10}$$

在新的一次(第 $n+1$ 次)迭代中，我们通过修改未知量的值使残差为零。为了求得未知量的修正值 $\Delta\boldsymbol{x}$，用泰勒级数展开式将第 $n+1$ 次的残差用第 n 次的残差表示，即

$$\boldsymbol{R}_{n+1} \approx \boldsymbol{R}_n + (\partial\boldsymbol{R}/\partial\boldsymbol{x})_n\,\Delta\boldsymbol{x} = \boldsymbol{R}_n - \boldsymbol{A}(\sigma_n)\Delta\boldsymbol{x} \tag{8-3-11}$$

令 $\boldsymbol{R}_{n+1} = 0$，则可得到

$$\boldsymbol{A}(\sigma_n)\Delta\boldsymbol{x} = \boldsymbol{R}_n \tag{8-3-12}$$

求解上述方程，则可得到未知量的修正值 $\Delta\boldsymbol{x}$。总的未知量可以更新为

$$\boldsymbol{x}_{n+1} = \boldsymbol{x}_n + \zeta\,\Delta\boldsymbol{x} \tag{8-3-13}$$

式中，$0 < \zeta \leqslant 1$，为松弛因子。

每次迭代更新未知量后，可由式(8-2-10)的离散式确定新的应力值，然后重复上述计算过程，直到残差 $\boldsymbol{R}$ 的范数小到给定的精度为止。

8.4　各向异性弹性力学问题

各向异性弹性力学问题在实际工程中也常见，如层合材料和纤维增强材料的受力变形问题。对于这种材料，应力-应变关系式(8-1-1)仍然成立，因此积分方程(8-1-11)可直接用于求解各向异性弹性力学问题。我们仍然采用开尔文基本解(式(8-1-12))为积分方程(8-1-11)的基本解，一旦弹性本构张量 D_{klrs} 的形式给定，则可由式(8-1-19)确定出自由项系数 μ_{ij} 的计算式。

8.4.1　各向异性弹性本构张量

考虑到应力和应变张量的对称性，可将关系式(8-1-1)写成如下常用的矩阵形式：

$$\boldsymbol{\sigma} = \boldsymbol{D}\boldsymbol{\varepsilon} \tag{8-4-1}$$

式中，对于三维问题，有

$$\boldsymbol{\sigma}=\{\sigma_{11},\sigma_{22},\sigma_{33},\sigma_{12},\sigma_{13},\sigma_{23}\}^{\mathrm{T}} \tag{8-4-2a}$$

$$\boldsymbol{\varepsilon}=\{\varepsilon_{11},\varepsilon_{22},\varepsilon_{33},\varepsilon_{12},\varepsilon_{13},\varepsilon_{23}\}^{\mathrm{T}} \tag{8-4-2b}$$

$$\boldsymbol{D}=\begin{bmatrix} D_{1111} & D_{1122} & D_{1133} & D_{1112} & D_{1113} & D_{1132} \\ & D_{2222} & D_{2233} & D_{2212} & D_{2213} & D_{2232} \\ & & D_{3333} & D_{3312} & D_{3313} & D_{3332} \\ & & & D_{1212} & D_{1213} & D_{1232} \\ & \text{symmetric} & & & D_{1313} & D_{1332} \\ & & & & & D_{3232} \end{bmatrix} \tag{8-4-3}$$

对于正交各向异性材料，只有 9 个参数是独立的，应力和应变通常使用如下形式[11]：

$$\begin{aligned} \varepsilon_x &= \frac{\sigma_x}{E_x}-\mu_{yx}\frac{\sigma_y}{E_y}-\mu_{zx}\frac{\sigma_z}{E_z} \\ \varepsilon_y &= -\mu_{xy}\frac{\sigma_x}{E_x}+\frac{\sigma_y}{E_y}-\mu_{zy}\frac{\sigma_z}{E_z} \\ \varepsilon_z &= -\mu_{xz}\frac{\sigma_x}{E_x}-\mu_{yz}\frac{\sigma_y}{E_y}+\frac{\sigma_z}{E_z} \\ \gamma_{xy} &= \frac{\tau_{xy}}{\mu_{xy}},\quad \gamma_{yz}=\frac{\tau_{yz}}{\mu_{yz}},\quad \gamma_{zx}=\frac{\tau_{zx}}{\mu_{zx}} \end{aligned} \tag{8-4-4}$$

式中，E_x、E_y、E_z 分别表示 x、y、z 轴方向的弹性模量；μ_{xy}、μ_{yz}、μ_{zx} 分别表示 xy、yz、xz 平面的剪切模量。ν_{yx} 等表示两个坐标方向之间的泊松比，第一个下标表示作用力的方向，第二个下标表示由作用力引起伸缩的方向。各系数间有如下关系：

$$\nu_{yx}E_x=\nu_{xy}E_y,\quad \nu_{zy}E_y=\nu_{yz}E_z,\quad \nu_{xz}E_z=\nu_{zx}E_x \tag{8-4-5}$$

由式(8-4-4)则可通过求逆的方法得到正交各向异性材料的弹性本构矩阵为

$$\boldsymbol{D}=\frac{1}{A}\begin{bmatrix} (1-\nu_{yz}\nu_{zy})E_x & (\nu_{yx}+\nu_{yz}\nu_{zx})E_x & (\nu_{zx}+\nu_{zy}\nu_{yx})E_x & 0 & 0 & 0 \\ & (1-\nu_{zx}\nu_{xz})E_y & (\nu_{zy}+\nu_{zx}\nu_{xy})E_y & 0 & 0 & 0 \\ & & (1-\nu_{yx}\nu_{xy})E_z & 0 & 0 & 0 \\ & \text{symmetric} & & \mu_{xy} & 0 & 0 \\ & & & & \mu_{yz} & 0 \\ & & & & & \mu_{zx} \end{bmatrix} \tag{8-4-6}$$

式中

$$A=1-\nu_{xy}\nu_{yx}-\nu_{xz}\nu_{zx}-\nu_{yz}\nu_{zy}-2\nu_{yx}\nu_{zy}\nu_{xz} \tag{8-4-7}$$

对于二维平面应力问题（$\sigma_{zz}=\sigma_{xz}=\sigma_{yz}=0$），弹性本构矩阵变为[12]

$$\boldsymbol{D} = \frac{1}{1-\nu_{xy}\nu_{yx}}\begin{pmatrix} E_x & \nu_{yx}E_x & 0 \\ \nu_{xy}E_y & E_y & 0 \\ 0 & 0 & \mu_{xy} \end{pmatrix} \tag{8-4-8}$$

对比式(8-4-3)和式(8-4-6)中的元素位置，则可确定出弹性本构张量 D_{klrs} 中各分量的值。

8.4.2　弹性本构张量的坐标变换形式

应力张量和应变张量是与坐标方向相关的量，因此弹性本构张量 D_{klrs} 也是与坐标相关的。有时，一些计算部位的材料各向异性的方向可能与总体坐标系的坐标轴方向不一致，这时需要将材料的局部弹性本构张量转换到总体坐标系来表述。设局部坐标系 x'_i 的坐标轴相对于总体坐标系 x_i 的坐标轴的方向余弦为 $L_{ij} = \cos(x'_i, x_j)$，则弹性本构张量在两种坐标系下的转换关系可写为[11]

$$D_{ijmn} = L_{ki}L_{lj}L_{rm}L_{sn}D^{\mathrm{L}}_{klrs} \tag{8-4-9}$$

在使用时，通常是在局部坐标系写出本构张量 D^{L}_{klrs} 的表达式，例如，对于正交各向异性材料，其形式如式(8-4-6)所示，然后通过上式变换获得总体坐标系下的本构张量 D_{ijmn}。

8.5　弹塑性力学问题

用边界元法求解弹塑性力学问题，常用的方法是建立显式包含塑性应变(或初应力)的边界-域积分方程[4,13,14]。这种方法的缺点是由于初应力的存在，难以在处理复合介质的多域边界元法中直接使用，也不容易与其他数值方法进行耦合。本章建立的边界-域积分方程(8-1-11)，只有位移和面力显式地出现在积分方程中，非线性、变系数以及各向异性效应都隐式地体现在与本构张量相关的积分核函数中，因此，便于建立高效求解复合介质问题的边界元算法，也容易与其他数值方法耦合，此外，还能便于采用有限元法中解题灵活和迭代收敛性快的解题技术[15]对形成的非线性方程有效求解。

8.5.1　弹塑性本构方程

在弹塑性理论中，当变形处于塑性屈服状态时，应力应在屈服面上变化，即满足如下的函数关系式[4]：

$$f(\sigma_{ij}, \bar{\varepsilon}^{\mathrm{p}}) = \bar{f}(\sigma_{ij}) - k(\bar{\varepsilon}^{\mathrm{p}}) = 0 \tag{8-5-1}$$

式中，$f(\sigma_{ij}, \bar{\varepsilon}^{\mathrm{p}})$ 是屈服函数，不仅和当前应力状态有关，还和加载历史有关，其中的 $\bar{f}(\sigma_{ij})$ 是等效单轴应力状态下的屈服函数，k 为屈服极限，是等效塑性应变 $\bar{\varepsilon}^{\mathrm{p}}$ 的

函数，$\bar{\varepsilon}^{\mathrm{p}}$ 由下式确定：

$$\bar{\varepsilon}^{\mathrm{p}} = \sqrt{\frac{2}{3}\varepsilon_{ij}^{\mathrm{p}}\varepsilon_{ij}^{\mathrm{p}}} \tag{8-5-2}$$

式中，$\varepsilon_{ij}^{\mathrm{p}}$ 为塑性应变张量，其增量可由下式关联正交流动法则确定[16]：

$$\dot{\varepsilon}_{ij}^{\mathrm{p}} = \dot{\lambda}\frac{\partial f}{\partial \sigma_{ij}} \tag{8-5-3}$$

式中，字母上面一点表示增量；$\dot{\lambda}$ 为塑性因子。

表 8-5-1 列出了四种常用的屈服函数 $\bar{f}(\sigma_{ij})$ 的表达式以及初始屈服极限 $k(0)$ 的计算式。

表 8-5-1　四种等效单轴应力屈服函数[4]

屈服准则	$\bar{f}(\sigma_{ij})$	$k(0)$
Tresca	$2\sqrt{J_2}\cos\theta$	$\sigma_y(0)$
von Mises	$\sqrt{3J_2}$	$\sigma_y(0)$
Mohr-Coulomb	$\frac{1}{\gamma}\left(\frac{\sin\phi}{3}I_1+\sqrt{J_2}\left(\cos\theta-\frac{\sin\phi}{\sqrt{3}}\sin\theta\right)\right)$	$\frac{1}{\gamma}c\cos\phi$
Drucker-Prager	$\frac{1}{\chi}(\alpha I_1+\sqrt{J_2})$	$\frac{1}{\chi}k$

表 8-5-1 中，σ_y、α、k、c 和 ϕ 为材料常数，其中 c 和 ϕ 分别为材料的黏结力和内摩擦角，$\gamma=(1-\sin\phi)/2$，$\chi=-\alpha+1/\sqrt{3}$。I_1 为应力张量 σ_{ij} 的第一不变量，J_2 和 J_3 分别为偏应力张量 σ'_{ij} 的第二和第三不变量，其表达式为

$$I_1=\sigma_{kk},\quad J_2=\frac{1}{2}\sigma'_{ij}\sigma'_{ij},\quad J_3=\frac{1}{3}\sigma'_{ij}\sigma'_{jk}\sigma'_{ki} \tag{8-5-4}$$

式中

$$\sigma'_{ij}=\sigma_{ij}-\frac{1}{3}\sigma_{kk}\delta_{ij} \tag{8-5-5}$$

$$\theta=\frac{1}{3}\arcsin\left(\frac{3\sqrt{3}}{2}\frac{J_3}{J_2^{3/2}}\right) \tag{8-5-6}$$

根据式(8-1-1)和式(8-5-1)～式(8-5-3)可导出塑性因子表达式为

$$\dot{\lambda}=\frac{1}{\psi}\frac{\partial f}{\partial \sigma_{ij}}\dot{\sigma}_{ij}^{\mathrm{e}} \tag{8-5-7}$$

式中，$\dot{\sigma}_{ij}^{\mathrm{e}}$ 是虚弹性应力增量：

$$\dot{\sigma}_{ij}^{\mathrm{e}}=D_{ijkl}^{\mathrm{e}}\dot{\varepsilon}_{kl} \tag{8-5-8}$$

其中，D_{ijkl}^{e} 为弹性本构张量，对于线弹性问题由式(7-1-17)给出。

通过将总应变增量 $\dot{\varepsilon}_{kl}$ 表示成弹性应变增量与塑性应变增量之和的方法，可由上述关系式导出弹塑性力学本构方程为[4, 16]

$$\dot{\sigma}_{ij} = D_{ijkl}\dot{\varepsilon}_{kl} = \dot{\sigma}^{e}_{ij} - \dot{\sigma}^{p}_{ij} \tag{8-5-9}$$

式中，D_{ijkl} 为应力应变本构张量，可以表示成如下形式：

$$D_{ijkl} = D^{e}_{ijkl} - \frac{1}{\psi}D^{e}_{ijmn}\frac{\partial \bar{f}}{\partial \sigma_{mn}}\frac{\partial \bar{f}}{\partial \sigma_{pq}}D^{e}_{pqkl} \tag{8-5-10}$$

式(8-5-9)中的塑性应力(初应力)张量为

$$\dot{\sigma}^{p}_{ij} = \frac{1}{\psi}D^{e}_{ijkl}\frac{\partial \bar{f}}{\partial \sigma_{kl}}\frac{\partial \bar{f}}{\partial \sigma_{pq}}\dot{\sigma}^{e}_{pq} \tag{8-5-11}$$

其中

$$\psi = \frac{\partial \bar{f}}{\partial \sigma_{kl}}D^{e}_{kljs}\frac{\partial \bar{f}}{\partial \sigma_{js}} + H' h_{\varepsilon,\lambda} \tag{8-5-12}$$

式中，H' 是单轴试验下应力与塑性应变关系曲线的切线斜率；$h_{\varepsilon,\lambda}$ 是内变量(等效塑性应变增量)对塑性因子的偏导数，其计算式为[4]

$$h_{\varepsilon,\lambda} = c'\sqrt{\frac{\partial \bar{f}}{\partial \sigma_{ij}}\frac{\partial \bar{f}}{\partial \sigma_{ij}}} \tag{8-5-13}$$

其中，c' 是塑性应变增量转化因子[4]，表 8-5-2 列出了对于四种屈服准则的计算表达式。

表 8-5-2　系数 c' 对于四种屈服函数的计算式[4]

Tresca	von Mises	Mohr-Coulomb	Drucker-Prager
$\sqrt{\frac{2}{3}}$	$\sqrt{\frac{2}{3}}$	$\frac{\sqrt{2}(1-\sin\phi)}{\sqrt{3-2\sin\phi+3\sin^2\phi}}$	$\frac{1/\sqrt{3}-\alpha}{\sqrt{3\alpha^2+1/2}}$

如果令

$$d^{f}_{ij} = D^{e}_{ijkl}\frac{\partial \bar{f}}{\partial \sigma_{kl}} \tag{8-5-14}$$

那么本构张量可写为

$$D_{kljs} = D^{e}_{kljs} - D^{p}_{kljs} \tag{8-5-15}$$

式中，D^{p}_{kljs} 为塑性本构张量，其表达式为

$$D^{p}_{kljs} = \frac{1}{\psi}d^{f}_{kl}d^{f}_{js} \tag{8-5-16}$$

需要说明的是，在程序执行中，如果计算点在弹性状态，d^{f}_{ij} 应取为零。

8.5.2　新型弹塑性力学边界-域积分方程

从式(8-5-9)可以看出，弹塑性问题的应力-应变关系式与式(8-1-1)相似，只是将应力与应变由增量形式表述而已，因此，可以导出类似于式(8-1-11)和式(8-1-35)的边界-域积分方程。

1. 位移边界-域积分方程

类似于式(8-1-11)的推导，可以导出类似的由位移增量和面力增量表述的位移边界-域积分方程。考虑到材料的变形从弹性状态进入到弹塑性状态时，本构张量 D_{ijkl}（为应力-应变曲线的斜率）会有不连续（图 8-5-1），因此，式(8-1-9)中的本构张量的空间导数 $D_{kljs,s}$ 在此转变点无穷大。这样，积分方程(8-1-11)中包含核函数 v_{ij}^{*} 的域积分会在沿弹性区和塑性区交界面上（图 8-5-2）产生一项界面积分（详细推导和说明见第 9 章中介绍的"多种介质问题界面积分退化法则"）。

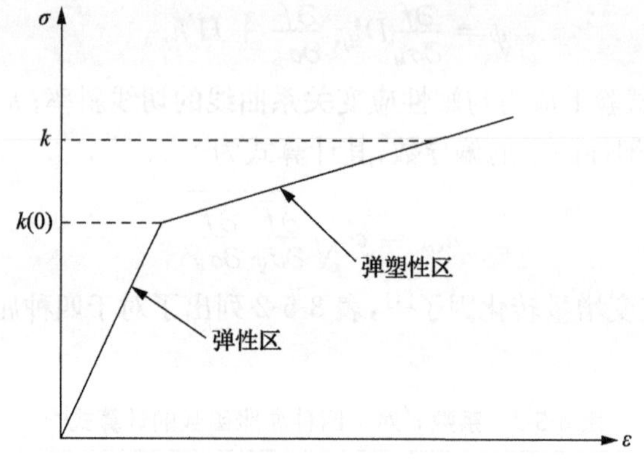

图 8-5-1　典型硬化材料的应力-应变加载曲线

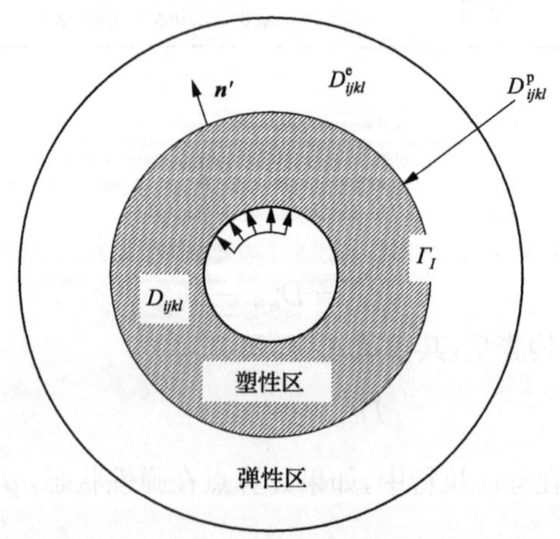

图 8-5-2　二维问题弹性区与塑性区之间的界面示意图

最终由式(8-1-11)得到的弹塑性问题的位移积分方程为

$$\mu_{ij}\dot{u}_j = \int_{\Gamma} u_{ij}^* \dot{t}_j \mathrm{d}\Gamma - \int_{\Gamma} t_{ij}^* \dot{u}_j \mathrm{d}\Gamma + \int_{\Gamma_I} t_{ij}^{p} \dot{u}_j \mathrm{d}\Gamma + \int_{\Omega} u_{ij}^* \dot{b}_j \mathrm{d}\Omega + \int_{\Omega} v_{ij}^* \dot{u}_j \mathrm{d}\Omega \tag{8-5-17}$$

式中，核函数 u_{ij}^* 仍由式(8-1-12)确定；系数 μ_{ij} 及核函数 t_{ij}^* 和 v_{ij}^* 可分别由式(8-1-19)、式(8-1-6)和式(8-1-9)推导，它们的具体表达式如下：

$$\mu_{ij} = \mu\delta_{ij} + \frac{\mu}{2\beta\chi\psi}\left[-2(\chi-1)d_{is}^f d_{js}^f + d_{ij}^f d_{ss}^f\right] \tag{8-5-18}$$

$$t_{ij}^* = t_{ij}^{e} - t_{ij}^{p} \tag{8-5-19}$$

$$t_{ij}^{p} = -\frac{A}{\psi r^{\alpha}}\left[(B-1)d_{im}^f r_{,m} - d_{kk}^f r_{,i} + \beta r_{,i} d_{kl}^f r_{,k} r_{,l}\right] d_{js}^f n'_s \tag{8-5-20}$$

$$v_{ij}^* = u_{ik,l}^* D_{kljs,s} + u_{ik,ls}^* D_{kljs} = \Lambda_{ij}^1 + \Lambda_{ij}^2 \tag{8-5-21}$$

式中，t_{ij}^{e} 为弹性力学问题面力基本解，由式(7-2-19)确定；其他量为

$$\Lambda_{ij}^1 = u_{ik,l}^* D_{kljs,s} = -u_{ik,l}^* D_{kljs,s}^{p} \tag{8-5-22a}$$

$$\begin{aligned}\Lambda_{ij}^2 = -\frac{A}{r^{\beta}\psi}\Big[& d_{kk}^f d_{ij}^f + (1-B) d_{is}^f d_{js}^f - \beta(d_{ik}^f r_{,k} d_{js}^f r_{,s} + d_{kk}^f r_{,i} d_{js}^f r_{,s} \\ & - B d_{il}^f r_{,l} d_{js}^f r_{,s} + 2 d_{ls}^f r_{,l} d_{js}^f r_{,i} + d_{kl}^f r_{,k} r_{,l} d_{ji}^f) + \beta\gamma d_{kl}^f r_{,k} r_{,l} d_{js}^f r_{,s} r_{,i}\Big]\end{aligned} \tag{8-5-22b}$$

式(8-5-20)中的 n'_s 为塑性区边界的外法线方向余弦(图 8-5-2)，如果塑性区的边界与外边界重合，则 $\boldsymbol{n}' = \boldsymbol{n}$。

2. 内部应力边界-域积分方程

内部点的应力计算公式也可相应地由式(8-1-40)和式(8-1-38)演变而来，其形式为

$$\dot{\sigma}_{ij} = D_{ijkl}\mu_{ks}^{-1}\hat{\dot{u}}_{sl} \tag{8-5-23}$$

与式(8-5-17)类似，由式(8-1-38)导出的 $\hat{\dot{u}}_{sl}$ 也需要加一项沿着弹、塑性区交界面的界面积分，详细公式如下：

$$\hat{\dot{u}}_{ij} = -\int_{\Gamma} u_{ik,j}^* \dot{t}_k \mathrm{d}\Gamma + \int_{\Gamma} t_{ik,j}^* \dot{u}_k \mathrm{d}\Gamma - \int_{\Gamma} t_{ik,j}^{p} \dot{u}_k \mathrm{d}\Gamma - \int_{\Omega} u_{ik,j}^* \dot{b}_k \mathrm{d}\Omega - \int_{\Omega} v_{ikj}^* \dot{u}'_k \mathrm{d}\Omega - f_{ikj}\dot{u}_k \tag{8-5-24}$$

式中，$\dot{u}'_k(q) = \dot{u}_k(q) - \dot{u}_k(p)$；核函数 $t_{ik,j}^*$，v_{ikj}^* 的表达式分别为

$$t_{ik,j}^* = u_{im,nj}^* D_{mnkl} n_l = u_{im,nj}^* (D_{mnkl}^{e} - D_{mnkl}^{p}) n_l = t_{ik,j}^{e} - t_{ik,j}^{p} \tag{8-5-25}$$

$$v_{ikj}^* = u_{im,nj}^* D_{mnkl,l} + u_{im,nlj}^* D_{mnkl} = \Omega_{ijk}^1 + \Omega_{ijk}^2 \tag{8-5-26}$$

其中

$$t_{ik,j}^{e} = -\frac{2\mu A}{r^{\beta}}\left[\beta\frac{\partial r}{\partial n}(\delta_{jk} r_{,i} + \delta_{ij} r_{,k} - C\delta_{ik} r_{,j} - \gamma r_{,i} r_{,j} r_{,k})\right.$$

$$+C(\delta_{kj}n_i+\delta_{ik}n_j-\delta_{ij}n_k+\beta r_{,i}r_{,j}n_k)+\beta(r_{,i}r_{,k}n_j-Cr_{,k}r_{,j}n_i)\Big] \tag{8-5-27a}$$

$$t^{\mathrm{p}}_{ik,j}=\frac{A}{r^{\beta}\psi}[\delta_{ij}d^f_{mm}+d^f_{ij}-Bd^f_{ij}-\beta(d^f_{mi}r_{,m}r_{,j}+d^f_{mm}r_{,i}r_{,j}-Bd^f_{in}r_{,n}r_{,j}$$
$$+d^f_{jn}r_{,i}r_{,n}+d^f_{mj}r_{,i}r_{,m}+d^f_{mn}r_{,m}r_{,n}\delta_{ij})+\beta\gamma r_{,i}r_{,j}d^f_{mn}r_{,m}r_{,n}]d^f_{kl}n'_l \tag{8-5-27b}$$

$$\Omega^1_{ijk}=u^*_{im,nj}\Big[-\frac{2\nu}{C\psi}\frac{\partial}{\partial x_l}\Big(\frac{\partial f}{\partial\sigma_{pp}}\Big)(\delta_{mn}d^f_{kl}+\delta_{kl}d^f_{mn})$$
$$+\frac{\partial}{\partial x_l}\Big(\frac{\partial f}{\partial\sigma_{mn}}\Big)d^f_{kl}+\frac{\partial}{\partial x_l}\Big(\frac{\partial f}{\partial\sigma_{kl}}\Big)d^f_{mn}+\frac{1}{\psi^2}d^f_{mn}d^f_{kl}\psi_{,l}\Big] \tag{8-5-28a}$$

$$\Omega^2_{ijk}=-\frac{\beta A}{r^{\beta+1}\psi}[(Bd^f_{in}d^f_{kn}-d^f_{mm}d^f_{ik}-d^f_{il}d^f_{kl})r_{,j}+(Bd^f_{ij}d^f_{kl}-d^f_{mm}\delta_{ij}d^f_{kl}-d^f_{ij}d^f_{kl})r_{,l}$$
$$+(Bd^f_{in}d^f_{jk}-d^f_{ln}d^f_{kl}\delta_{ij}-d^f_{jn}d^f_{ki})r_{,n}-(d^f_{mm}d^f_{kj}+2d^f_{lj}d^f_{kl})r_{,i}$$
$$-(d^f_{im}d^f_{kj}+d^f_{lm}d^f_{kl}\delta_{ij}+d^f_{mj}d^f_{ki})r_{,m}+\gamma(d^f_{mi}d^f_{kl}r_{,j}r_{,l}r_{,m}+d^f_{mm}d^f_{kl}r_{,l}r_{,j}r_{,i}$$
$$+d^f_{nl}r_{,n}d^f_{kl}r_{,j}r_{,i}+d^f_{lm}r_{,m}r_{,j}r_{,i}d^f_{kl}+d^f_{mn}r_{,n}r_{,m}d^f_{ki}r_{,j}+d^f_{mn}r_{,m}r_{,n}\delta_{ij}d^f_{kl}r_{,l}$$
$$+d^f_{jn}r_{,n}d^f_{kl}r_{,l}r_{,i}+d^f_{mj}r_{,m}d^f_{kl}r_{,l}r_{,i}+d^f_{mn}r_{,m}r_{,n}d^f_{kj}r_{,i}-Bd^f_{in}d^f_{kl}r_{,l}r_{,n}r_{,j})$$
$$-(\beta+4)\gamma d^f_{mn}r_{,m}r_{,n}d^f_{kl}r_{,l}r_{,i}r_{,j}] \tag{8-5-28b}$$

其中，$C=1-2\nu$；自由项系数的表达式为

$$f_{ikj}=a_{ikj}+\mu_{ik,j} \tag{8-5-29}$$

其中

$$a_{ikj}=\int_\Gamma u^*_{im,nj}D_{mnkl}n_l\mathrm{d}\Gamma=\int_\Gamma t^*_{ik,j}\mathrm{d}\Gamma \tag{8-5-30}$$

$$\mu_{ik,j}=\frac{1}{2\beta\chi}[2(\chi-1)D_{isks,j}-D_{ikss,j}] \tag{8-5-31}$$

上述积分方程在计算内部点的应力时，一般不会有强奇异积分出现。但当内部点正好位于弹性和塑性区的交界面上时，式(8-5-24)中的界面积分是超强奇异的，此时，可以采用二次正则化技术(详细过程见 4.7.3 节或 9.2.1 节所介绍的内容)或者采用 3.6.4 节中介绍的直接法计算高阶奇异界面积分。另外一种简单的办法就是采用类似于有限元法中计算应力的方法计算界面点应力，即通过对界面点所在的网格的形函数进行求导，然后由网格节点的位移来表示应变，最后用应力-应变本构关系求得应力值。

3. 外部边界应力计算

当源点 P 位于外部边界上时，式(8-5-24)中的包含核函数 $t^*_{ik,j}$ 项的边界积分是超强奇异的，直接由式(8-5-23)和式(8-5-24)计算边界应力需要处理超强奇异积

分，这里介绍一种根据边界位移和面力计算外部边界应力的方法。

首先，边界位移增量 $\dot{u}_i$ 对等参坐标 ξ_k 的偏导数可以表示为

$$\frac{\partial \dot{u}_i}{\partial \xi_k} = \dot{u}_{i,j} \frac{\partial x_j}{\partial \xi_k} \tag{8-5-32}$$

式中，$\frac{\partial \dot{u}_i}{\partial \xi_k}$，$\frac{\partial x_j}{\partial \xi_k}$ 可以根据式(7-4-1)和式(7-4-2)通过下式确定：

$$\frac{\partial \dot{u}_i}{\partial \xi_k} = \frac{\partial N_l}{\partial \xi_k} \dot{u}_i^l, \quad \frac{\partial x_j}{\partial \xi_k} = \frac{\partial N_l}{\partial \xi_k} x_j^l \tag{8-5-33}$$

其中，$\dot{u}_i^l$ 为源点所在边界单元的节点位移增量。

从式(8-5-32)可以看出，未知量 $\dot{u}_{i,j}$ 的分量个数为 $\beta \times \beta$，方程组中独立方程的个数为 $\beta \times \alpha$（β 取决于问题维数，二维问题取 2，三维问题取 3；$\alpha = \beta - 1$）。于是，为了求出位移梯度 $\dot{u}_{i,j}$，还需要补充 β 个方程。这些方程可以通过边界上面力-应力关系来提供，即

$$\dot{t}_i = \dot{\sigma}_{ij} n_j = D_{ijkl} \dot{u}_{k,l} n_j \tag{8-5-34}$$

式中，$\dot{t}_i$ 是边界上的面力增量；D_{ijkl} 由式(8-5-10)计算。联立式(8-5-32)和式(8-5-34)可以解出边界位移梯度增量 $\dot{u}_{k,l}$，然后根据应力-应变本构关系，由下式求得应力增量：

$$\dot{\sigma}_{ij} = D_{ijkl} \dot{u}_{k,l} \tag{8-5-35}$$

8.5.3 弹塑性应力-应变本构张量空间导数的计算

由式(8-5-21)和式(8-5-26)可以看出，用边界-域积分方程（式(8-5-17)和式(8-5-24)）求解弹塑性力学问题的重要工作是计算式(8-5-21)和式(8-5-26)以及式(8-5-31)中包含的应力-应变本构张量 D_{kljs} 的空间导数 $D_{kljs,t}$。由式(8-5-10)可导出

$$D_{kljs,t} = -\frac{2}{\psi}\left[\frac{\nu}{1-2\nu}\frac{\partial}{\partial x_t}\left(\frac{\partial f}{\partial \sigma_{mm}}\right)(\delta_{kl} d_{js}^f + \delta_{js} d_{kl}^f) + \frac{\partial}{\partial x_t}\left(\frac{\partial f}{\partial \sigma_{kl}}\right) d_{js}^f + \frac{\partial}{\partial x_t}\left(\frac{\partial f}{\partial \sigma_{js}}\right) d_{kl}^f\right] + \frac{1}{\psi^2} d_{kl}^f d_{js}^f \frac{\partial \psi}{\partial x_t} \tag{8-5-36}$$

式中

$$\psi = \frac{\partial f}{\partial \sigma_{ij}} D_{ijkl}^{e} \frac{\partial f}{\partial \sigma_{kl}} + H^* h_{\varepsilon,\lambda} = \frac{\partial f}{\partial \sigma_{ij}} d_{ij}^f + H^* c' \sqrt{\frac{\partial f}{\partial \sigma_{pq}} \frac{\partial f}{\partial \sigma_{pq}}} \tag{8-5-37}$$

$$\frac{\partial \psi}{\partial x_s} = 2\frac{\partial}{\partial x_s}\left(\frac{\partial f}{\partial \sigma_{kl}}\right) d_{kl}^f + H^* c' \frac{\frac{\partial}{\partial x_s}\left(\frac{\partial f}{\partial \sigma_{mn}}\right)\frac{\partial f}{\partial \sigma_{mn}}}{\sqrt{\frac{\partial f}{\partial \sigma_{pq}} \frac{\partial f}{\partial \sigma_{pq}}}} \tag{8-5-38}$$

上式中包含的空间导数项可通过对局部插值函数或全局插值函数进行求空间导数的方法求得。当域积分采用划分内部网格的方式计算时[4,16]，采用内部网格

的局部插值函数;当域积分采用无内部网格的方式计算时[2],采用全局插值函数(通常使用径向基函数),类似于式(8-3-8)。

8.5.4 弹塑性系统方程的迭代求解

由于弹塑性问题的应力-应变本构张量是应力的函数,因此弹塑性问题是非线性问题,需要通过迭代过程来求解。本节首先介绍如何组建弹塑性问题代数方程组,然后介绍增量迭代求解过程。

1. 离散系统方程

为了计算积分方程(8-5-17)中的边界积分,需要将问题的边界离散成边界单元,其离散过程以及边界积分的计算与第 7 章中介绍的相同。对于积分方程中的域积分计算,可以采用传统的内部网格法[4,16]和域积分到边界积分的转换法[2],前者简单易懂并且容易实现,因此本书着重介绍。

将计算域离散成一系列的内部网格后,在每一个网格中的空间坐标和位移增量可以由网格的节点值来表示,即

$$x_i = \sum_{l=1}^{M} N_l(\xi_k) x_i^l \tag{8-5-39a}$$

$$\dot{u}_i = \sum_{l=1}^{M} N_l(\xi_k) \dot{u}_i^l \tag{8-5-39b}$$

式中,M 是网格节点数; $\dot{u}_i^l$ 是第 l 个网格节点的位移增量; $N_l(\xi_k)$ 是网格单元形函数,具体形式见附录 8A。

坐标和位移用节点值表示后,式(8-5-17)中的域积分可表示为

$$\int_{\Omega} v_{ij}^* \dot{u}_j \mathrm{d}\Omega = \sum_{c=1}^{N_c} \sum_{l=1}^{M} (v_{ij}^*)^{cl} \dot{u}_j^l \tag{8-5-40}$$

式中,N_c 为网格单元总数; $(v_{ij}^*)^{cl}$ 是沿着内部网格的积分结果:

$$(v_{ij}^*)^{cl} = \int_{\Omega_c} v_{ij}^*(q,p) N_l(q) \mathrm{d}\Omega \tag{8-5-41}$$

对于式(8-5-24)中的域积分,由于包含 $\dot{u}'_j(q) = \dot{u}_j(q) - \dot{u}_j(p)$ 项,因此可将其分为三部分之和,即

$$\int_{\Omega} v_{ikj}^* \dot{u}'_k \mathrm{d}\Omega = \sum_{p \notin c}^{N_c} \sum_{l=1}^{M} (v_{ikj}^*)^{cl} \dot{u}_k^l + \dot{u}_k^p \sum_{p \notin c}^{N_c} (v_{ikj}^*)^{cp} + \sum_{p \in c}^{N_c} \sum_{l=1}^{M} (v_{ikj}^*)^{sl} \dot{u}_k^l \tag{8-5-42}$$

式中,前两部分是对不包含源点 p 的所有网格的积分,而第三部分是对包含源点 p 的所有网格的积分,其中的积分系数分别为

$$(v_{ikj}^*)^{cl} = \int_{\Omega_c} v_{ikj}^*(q,p) N_l(q) \mathrm{d}\Omega \tag{8-5-43a}$$

$$(v_{ikj}^*)^{cp} = \int_{\Omega_c} v_{ikj}^*(q,p)\mathrm{d}\Omega \tag{8-5-43b}$$

$$(v_{ikj}^*)^{sl} = \int_{\Omega_c} v_{ikj}^*(q,p)[N_l(q) - N_l(p)]\mathrm{d}\Omega \tag{8-5-43c}$$

在上述网格积分的计算中，当遇到网格中的应力状态从弹性状态过渡到塑性状态时，需在此网格中确定出过渡状态的交界面，并由此计算式(8-5-17)和式(8-5-24)中的界面积分。当所有的网格都计算完后，这些交界面自然就形成了积分方程中界面积分的界面，同时也就完成了界面积分的计算。

通过组集积分方程(8-5-17)各边界单元和体内网格的积分结果，最后可以得到离散后的位移增量边界积分方程：

$$\boldsymbol{H}\dot{\boldsymbol{u}} = \boldsymbol{G}\dot{\boldsymbol{t}} + \boldsymbol{H}_I\dot{\boldsymbol{u}} + \boldsymbol{V}\dot{\boldsymbol{u}} + \dot{\boldsymbol{y}}_{\mathrm{b}} \tag{8-5-44}$$

式中，$\boldsymbol{H}_I$ 是界面积分系数矩阵；$\boldsymbol{V}$ 是域积分系数矩阵；$\dot{\boldsymbol{y}}_{\mathrm{b}}$ 是体积力形成的已知向量。

施加边界条件之后，将未知量移至等号左端，可得到

$$\boldsymbol{A}\dot{\boldsymbol{x}} = \dot{\boldsymbol{y}} \tag{8-5-45}$$

其中，$\dot{\boldsymbol{x}}$ 是由边界未知量和内部位移增量组成的向量；$\dot{\boldsymbol{y}}$ 是已知边界条件乘以系数矩阵之后与 $\dot{\boldsymbol{y}}_{\mathrm{b}}$ 相加形成的向量。

以同样的方式，由式(8-5-23)可以得到矩阵形式的应力增量的计算式为

$$\dot{\boldsymbol{\sigma}} = \boldsymbol{A}^{\sigma}\dot{\boldsymbol{x}} + \dot{\boldsymbol{y}}^{\sigma} \tag{8-5-46}$$

利用式(8-5-45)和式(8-5-46)，就可以通过一个增量迭代过程，求出边界未知量以及域内外各节点的位移和应力值。

2. 牛顿-拉弗森迭代公式

用 $\boldsymbol{\sigma}_n$ 和 $\boldsymbol{x}_n$ 分别表示第 n 个荷载增量之后的应力和未知量向量。在每个荷载增量中，用 $\dot{\boldsymbol{\sigma}}^i$ 和 $\dot{\boldsymbol{x}}^i$ 表示第 i 次迭代之后得到的应力和未知量增量。假设第 i 次迭代之后，式(8-5-45)的残差为

$$\dot{\boldsymbol{R}}^i = \dot{\boldsymbol{y}}^i - \boldsymbol{A}^i\dot{\boldsymbol{x}}^i \tag{8-5-47}$$

第 $i+1$ 次迭代残差可用泰勒级数展开式表示为

$$\dot{\boldsymbol{R}}^{i+1} = \dot{\boldsymbol{R}}^i + \frac{\partial \dot{\boldsymbol{R}}^i}{\partial \dot{\boldsymbol{x}}^i}\Delta\dot{\boldsymbol{x}} = \dot{\boldsymbol{R}}^i - \boldsymbol{A}^i\Delta\dot{\boldsymbol{x}} \tag{8-5-48}$$

式中，$\Delta\dot{\boldsymbol{x}}$ 是未知量的修正值，可通过令 $\dot{\boldsymbol{R}}^{i+1} = 0$ 解得，即

$$\boldsymbol{A}^i\Delta\dot{\boldsymbol{x}} = \dot{\boldsymbol{R}}^i \tag{8-5-49}$$

求解方程(8-5-49)可以得到未知量修正值 $\Delta\dot{\boldsymbol{x}}$，将其代入式(8-5-46)中，可以得到应力修正值：

$$\Delta\dot{\boldsymbol{\sigma}} = \boldsymbol{A}^{\sigma i}\Delta\dot{\boldsymbol{x}} + \dot{\boldsymbol{y}}^{\sigma i} \tag{8-5-50}$$

这样，第 $i+1$ 次迭代后的未知量和应力增量值可用下列公式进行更新：

$$\dot{\boldsymbol{x}}^{i+1}=\dot{\boldsymbol{x}}^{i}+\Delta\dot{\boldsymbol{x}} \tag{8-5-51a}$$

$$\dot{\boldsymbol{\sigma}}^{i+1}=\dot{\boldsymbol{\sigma}}^{i}+\Delta\dot{\boldsymbol{\sigma}} \tag{8-5-51b}$$

相应地，未知量和应力总量更新为

$$\boldsymbol{x}_n=\boldsymbol{x}_n+\Delta\dot{\boldsymbol{x}} \tag{8-5-52a}$$

$$\boldsymbol{\sigma}_n=\boldsymbol{\sigma}_n+\Delta\dot{\boldsymbol{\sigma}} \tag{8-5-52b}$$

上述过程需多次重复，直到残差的范数小到给定的精度即可结束本荷载增量步的迭代循环，然后进入下一荷载增量的迭代循环中，直到所有的荷载增量施加完毕。

3. 迭代求解步骤

采用牛顿-拉弗森迭代法求解系统代数方程(8-5-45)，增量加载迭代过程可参考文献[4]，具体的解题步骤如下：

(1) 将荷载全部加上作一次线弹性分析，得到边界未知量和内部位移组成的未知列向量(记为 $\boldsymbol{x}$)及应力(记为 $\boldsymbol{\sigma}$)。

(2) 在所有节点中找出等效单轴应力的最大值 $\bar{\sigma}_{\max}$。如果 $\bar{\sigma}_{\max}>\sigma_y^0$ (初始屈服极限)，作塑性分析，否则停止。对于塑性分析，计算弹性极限状态比例因子：

$$\alpha_f=\left(\frac{\sigma_y^0}{\bar{\sigma}}\right)_{\min}=\left(\frac{\sigma_y^0}{\bar{\sigma}_{\max}}\right) \tag{8-5-53}$$

那么，弹性极限内的未知量和应力分别为

$$\boldsymbol{x}^{\mathrm{e}}=\alpha_f\boldsymbol{x} \tag{8-5-54a}$$

$$\boldsymbol{\sigma}^{\mathrm{e}}=\alpha_f\boldsymbol{\sigma} \tag{8-5-54b}$$

超过弹性极限的未知量总量和应力总量为

$$\boldsymbol{f}=(1-\alpha_f)\boldsymbol{x} \tag{8-5-55a}$$

$$\boldsymbol{f}^{\sigma}=(1-\alpha_f)\boldsymbol{\sigma} \tag{8-5-55b}$$

计算初始荷载增量比率[4]：

$$\omega_0=(1-\alpha_f)\Big/\sum_{n-1}^{N_{\mathrm{F}}}\varphi^{n-1} \tag{8-5-56}$$

式中，φ 是荷载增量比例因子；N_{F} 是总的荷载增量个数。那么第 n 步荷载的未知量增量和应力增量为

$$\dot{\boldsymbol{x}}_n=\omega_0\varphi^{n-1}\boldsymbol{f} \tag{8-5-57a}$$

$$\dot{\boldsymbol{\sigma}}_n=\omega_0\varphi^{n-1}\boldsymbol{f}^{\sigma} \tag{8-5-57b}$$

(3) 施加虚拟荷载增量 $\dot{\boldsymbol{x}}_n$ 和 $\dot{\boldsymbol{\sigma}}_n$。

(a) 施加虚拟荷载增量之后的未知量和应力为

$$\boldsymbol{x}^{t}=\boldsymbol{x}_n+\dot{\boldsymbol{x}}_n \tag{8-5-58a}$$

$$\boldsymbol{\sigma}^t = \boldsymbol{\sigma}_n + \dot{\boldsymbol{\sigma}}_n \tag{8-5-58b}$$

根据虚拟应力状态 $\boldsymbol{\sigma}^t$ 和屈服函数(式(8-5-1))确定每个点的弹塑性状态。对于 $f(\boldsymbol{\sigma}^t) \leqslant 0$ 的点,应力按弹性计算,则当前荷载步的应力状态为 $\boldsymbol{\sigma}_n = \boldsymbol{\sigma}^t$;对于 $f(\boldsymbol{\sigma}^t) > 0$ 的点,为屈服或塑性加载状态,应力受到屈服条件的限制,按照下面的公式计算[15]:

$$\boldsymbol{\sigma}_n = \boldsymbol{\sigma}^t - \dot{\boldsymbol{\sigma}}^{\mathrm{p}} \tag{8-5-59}$$

式中

$$\dot{\boldsymbol{\sigma}}^{\mathrm{p}} = \boldsymbol{d}^f \frac{1}{\psi} \frac{\partial f}{\partial \boldsymbol{\sigma}} (1-\alpha)\, \dot{\boldsymbol{\sigma}}_n \tag{8-5-60}$$

其中,α 是屈服面内的应力占总的应力增量 $\dot{\boldsymbol{\sigma}}_n$ 的比例(计算过程见文献[4]);$(1-\alpha)\,\dot{\boldsymbol{\sigma}}_n$ 是虚拟应力增量 $\dot{\boldsymbol{\sigma}}_n$ 中超出屈服面的部分。

(b) 初始化迭代变量。

令迭代次数 $i = 0$;真实未知量增量 $\dot{\boldsymbol{x}}^i = \dot{\boldsymbol{x}}_n$;未知量修正值 $\Delta\dot{\boldsymbol{x}} = 0$。

(c) 根据当前应力状态计算边界积分方程系数矩阵 $\boldsymbol{A}$ 和右端项 $\dot{\boldsymbol{y}}^i$,计算应力系数矩阵 $\boldsymbol{A}^\sigma$ 和右端项 $\dot{\boldsymbol{y}}^\sigma$。

(d) 按照式(8-5-47)计算残差 $\dot{\boldsymbol{R}}^i$。

(e) 检验收敛性:如果 $|\dot{\boldsymbol{R}}| = \sqrt{\dot{\boldsymbol{R}}^{iT}\dot{\boldsymbol{R}}^i} < \varepsilon$,那么结束迭代,到步骤(3),进入下一增量步,直到全部增量步施加完毕。

(f) 由式(8-5-49)求解未知量修正值 $\Delta\dot{\boldsymbol{x}}$,由式(8-5-51a)和式(8-5-52a)更新未知量增量 $\dot{\boldsymbol{x}}^{i+1}$ 和总的未知量 $\boldsymbol{x}_n$。由式(8-5-50)计算应力增量修正值 $\Delta\dot{\boldsymbol{\sigma}}$,并按照式(8-5-51b)和式(8-5-52b)更新应力增量 $\dot{\boldsymbol{\sigma}}^{i+1}$ 和总的应力向量 $\boldsymbol{\sigma}_n$。由式(8-5-3)和式(8-5-2)计算内变量增量(等效塑性应变增量)并更新内变量(等效塑性应变)。

(g) 到(c)进行下一步迭代,直至残差范数小于指定的值。

8.6　程序介绍及算例

8.6.1　程序介绍

本节介绍两个 Fortran 程序,一个是基于 8.2 节内容的求解变系数各向同性弹性力学问题的 RIBEM,另一个是基于 8.3 节内容的求解各向同性损伤弹性力学问题的 DAMAGE,前者是非均质材料问题,后者是非线性力学问题。

1. 变系数弹性力学与热传导问题程序 RIBEM 介绍

RIBEM 是一个功能强大的求解变系数弹性力学与热传导问题的 Fortran 程序,能考虑体积力荷载,能进行热应力分析,能使用多种弹性剪切模量和导热系数随空间坐标变化的关系式。

变系数弹性力学和热传导程序 RIBEM 的大部分变量和子程序与第 7 章弹性力学和热弹性力学程序相同,可参见相关部分介绍。程序可以用内部网格法和径向积分法计算由变系数和非线性引起的域积分,由变量 NCELL 是否为零来控制。程序的输入和输出文件名分别为 RIBEM. DAT 和 RIBEM. OUT,绘图文件名为 RIBEM. NAS 和 RIBEM. PLT。

1) 输入数据文件 RIBEM. DAT 格式介绍

与第 7 章求解热弹性力学问题的程序在数据准备上的不同之处在于第二行和第四行。在第二行的开头部分增加了两个变量,前四个变量的说明如下:

NDIM——求解问题的维数。二维问题为 2,三维问题为 3。

NDF——每个节点的基本物理量自由度数。对于热传导问题为 1,对于力学问题与 NDIM 相同。

NSIG——每个节点的应力或热流分量的个数。在力学分析中应力分量数为 3、4、6,在热传导计算中热流分量数为 NDIM。

NODE——边界单元节点数。

第 7 章的程序中的第四行在 RIBEM 中被放到了输入数据的最后一行,用于定义材料物性参数变化的相关变量,说明如下:

DIAGV——问题类型。对于封闭域、半无限、无限区域问题,分别取值 0、0.5、1。

NRAD1D——紧支域内在每个坐标方向的节点数。紧支域内的总节点数为 $\mathrm{NRAD1D}^{\mathrm{NDIM}}$。(如果小于 0,表示计算域积分采用的内部体单元数目,总的体单元数由 NCELL 确定。)

NTYPE——径向基函数的类型,可考虑的 RBF 的类型有:

NTYPE =1: $\phi^A = R^2 \ln R$

NTYPE =2: $\phi^A = \sqrt{1+R^2}$

NTYPE =3: $\phi^A = \dfrac{1}{\sqrt{1+R^2}}$

NTYPE =4: $\phi^A = \mathrm{e}^{-R^2}$

NTYPE =5: $\phi^A = (1-R)^2$

NTYPE =6: $\phi^A = (1-R)^4(1+4R)$

NTYPE =7: $\phi^A = \dfrac{\mathrm{e}^{-R^2} - \mathrm{e}^{-1}}{1-\mathrm{e}^{-1}}$

NTYPE =8: $\phi^A = \begin{cases} 1-6\left(\dfrac{R}{S_A}\right)^2 + 8\left(\dfrac{R}{S_A}\right)^3 - 3\left(\dfrac{R}{S_A}\right)^4 & (0 \leqslant R \leqslant S_A) \\ 0 & (R \geqslant S_A) \end{cases}$

NPOLY——增强 RBF 的坐标多项式的阶数：

NPOLY=0，仅采用 RBF

NPOLY=1，线性多项式

NPOLY=2，二次多项式

NPOLY=3，三次多项式

ISOL——定义剪切模量或导热系数的求解标志，取值如下：

0：各向同性问题

1：$\mu=\mu_0 e^{\sum c_i x_i}$

2：$\mu=\mu_0+\sum_{i=1}^{\beta} c_i x_i$

3：$\mu=\mu_0+\sum_{i=1}^{\beta} c_i x_i+\sum_{i=1}^{\beta}\sum_{j=i}^{\beta} c_{ij} x_i x_j$

4：$\mu=\mu_0+br\quad\left(\text{其中}, r=\sqrt{\sum_{i=1}^{\beta} c_i\,(x_i-d_i)^2}\right)$

5：$\mu=\mu_0+br^2$

6：$\mu=\mu_0 e^{br}$

7：$\mu=\mu_0 e^{br^2}$

8：$\mu=\left(1+\frac{x}{100}\right)^3$

PR——泊松比 ν(在导热问题中此量没用到，可为任意值)；

CMU0——上述物性常数 μ_0；

CMU(:)——定义上述物性参数中的 c_i、c_{ij}、d_i 等；

NBODY——体力标志(对于导热问题为源项)：

= 0：没有源项(体力项)

= 1：$b_i=c_i$　(重力)

= 2：$b_i=c_i(x_i-d_i)$　(离心力)

CBODY——定义上述物性参数中的 c_i 和 d_i；

ISOLT——热分析标志，定义热弹性分析 (NDF=NDIM) 中，线膨胀系数随空间坐标变化的形式：

= 0：无热应力分析

= 1～9：线膨胀系数随空间坐标变化的形式同 ISOL

CTHERM——热弹性分析中，定义 ISOLT 指定类型表达式的系数(类似于 CMU)。

2) 相关子程序及变量介绍

(1) 子程序 VAL_MU：

计算弹性剪切模量(或热导率)μ 的值。相关变量如下：

CMU0——剪切模量或热导率的系数 μ_0；

CMU(:)——定义剪切模量或热导率需要的参数；

X——计算点的坐标。

(2) 子程序 VAL_DMU：

根据上述变量 ISOL 中列出的 8 种情况，计算式(8-2-6)中包含的规格化剪切模量 $\tilde{\mu}$ 或式(4-6-16)中包含的规格化导热系数 $\tilde{k}$ 的空间导数 $\tilde{\mu}_{,i}$ 或 $\tilde{k}_{,i}$。相关变量如下：

DMU——输出量，储存 $\tilde{\mu}_{,i}$。

(3) 子程序 VAL_ALPHA：类似于 VAL_MU，热应力分析中计算线膨胀系数。

(4) 子程序 EVAL_ALFA：

根据上述变量 NTYPE 中列出的 8 种径向基函数形式，由式(4-1-20a)计算式(4-2-11)中的径向基函数逆矩阵 $\boldsymbol{\phi}^{-1}$，并确定所有作用点的紧支域大小 S_A。相关变量如下：

CDP(:)——各点的坐标；

RADIUS(:)——作用点的紧支域大小 S_A；

FINV(:，:)——式(4-1-20a)所示的径向基函数矩阵 $\boldsymbol{\phi}$，最后储存其逆 $\boldsymbol{\phi}^{-1}$。

(5) 子程序 FIVALUE：

根据径向距离 R 计算上述变量 NTYPE 中列出的 8 种径向基函数的函数值。相关变量如下：

CR——场点与作用点之间的距离 R，对于 NTYPE 中的第 5～8 基函数，CR=R/S_A；

FIVALUE——储存径向基函数 ϕ^A 的值。

(6) 子程序 DPHIDR：

针对上述变量 NTYPE 中列出的 8 种径向基函数的函数表达式，计算径向基函数的导数值 $\partial\phi^A/\partial R$。相关变量如下：

CR2——场点与作用点之间的距离 R 的平方，对于紧支函数，R 已除以了 S_A；

DPHIDR——储存 $\partial\phi^A/\partial R$ 的值。

(7) 子程序 INT_RU：

用数值积分公式，由式(8-2-15)计算位移或温度域积分中的径向积分。

(8) 子程序 INT_RS：

用数值积分公式，由式(8-2-18)计算应力或热流域积分中的径向积分。

2. 弹性损伤力学程序 DAMAGE 介绍

各向同性损伤弹性力学程序 DAMAGE 的大部分变量和子程序与文献[4]中

的程序 BEMECH 相同，可参见相关部分介绍。程序可以用内部网格法和径向积分法计算由损伤引起的域积分，由变量 NCELL 是否为零来控制。由于此程序中没有使用解析式计算径向积分，因此使用内部网格法要比径向积分法快得多。程序的输入和输出文件名分别为 DAMAGE.DAT 和 DAMAGE.OUT，损伤变量与损伤因子由主应力输出项的最后两列输出。

如果人们想用自己定义的剪切模量变化关系来代替式(8-3-5)指定的关系，则需要在子程序 DAMAGE_PARAMETER 中修改计算 VPARAM 的表达式，在子程序 VAL_MU 中修改计算 μ 的表达式 VAL_MU，以及在子程序 VAL_DMU 中修改计算 $\tilde{\mu}_{,i}$ 的表达式 DMU。

除了文献[4]中介绍的子程序外(大部分在上文 RIBEM 中已经介绍)，其他相关的子程序及变量介绍如下：

(1) 子程序 INPUT_CTR：

读入和设置控制参数。相关读入变量如下：

NCELL——用内部网格法计算域积分时的内部网格数，如果为零，则由径向积分法计算域积分；

CMU0——弹性剪切模量 μ_0；

NPARAM——定义损伤变量需要的参数的个数；

CMU——NPARAM 个定义损伤变量需要的参数。

(2) 子程序 INT_CELL：

用内部网格法计算积分方程中的域积分。相关变量如下：

NODC——网格单元的节点数；

EPARAM——网格节点的损伤参数值。

(3) 子程序 EL_SOLVE：

此程序形成系统方程组(8-3-9)，并由式(8-3-10)计算残差 $\boldsymbol{R}_n$。如果残差的范数不是足够小，用 LU 分解法对方程组(8-3-12)进行求解。此子程序还用式(8-2-10)计算内部点的应力值，并计算损伤变量中涉及的损伤参数。相关变量如下：

NTF——方程的总自由度数；

A——前 NTF 列储存方程组(8-3-12)中的系数矩阵 $\boldsymbol{A}$，第 NTF+1 列储存右端项 $\boldsymbol{R}_n$；

RESIDUE——残差的范数；

ESTRS——储存各节点应力值。

(4) 子程序 EVAL_PARAM：

此子程序计算积分点的损伤参数。在内部网格法中，由网格的形函数和节点值计算；在径向积分法中，用径向基函数计算(见式(8-3-7))。相关变量如下：

CDQ——输入量，场点的坐标；

SHAP——输入量，内部网格形函数；

EPARAM——输入量，网格节点的损伤参数值；

ALFAP——输入量，式(8-3-7)中的系数，在子程序 DAMAGE_PARAMETER 中形成；

PARAM——输出量，损伤参数 σ/σ_0。

(5) 子程序 EVAL_dPARAMdXi：

计算式(8-3-6)中损伤参数对坐标的导数。在内部网格法中由形函数对坐标的导数计算，在径向积分法中，由式(8-3-8)计算。相关变量如下：

CARTD——网格形函数对总体坐标的导数，在子程序 CELL_dSHAPdx 中形成；

ALFAP——输入量，式(8-3-7)中的系数，在子程序 DAMAGE_PARAMETER 中形成；

dPdX——输出量，储存 $\dfrac{\partial}{\partial x_i}\left(\dfrac{\sigma}{\sigma_0}\right)$ 的值。

(6) 子程序 CELL_dSHAPdx：

计算网格形函数对总体坐标的导数。相关变量如下：

DN——形函数对等参坐标的导数；

GD——总体坐标对等参坐标的导数；

XJACI——等参坐标对总体坐标的导数；

DJACB——总体坐标对等参坐标导数的矩阵的雅可比行列式值；

CARTD——输出量，网格形函数对总体坐标的导数。

(7) 子程序 DAMAGE_PARAMETER：

此程序计算损伤变量中涉及的损伤参数 σ/σ_0，并形成式(8-3-7)中的系数。如果人们想用自己定义的损伤参数（如剪应力），则需要在此子程序中修改计算 VPARAM 的表达式。相关变量如下：

VPARAM——各节点的损伤参数 σ/σ_0；

ALFAP——式(8-3-7)中的系数。

(8) 函数子程序 VAL_MU：

由式(8-3-5)计算剪切模量μ。相关变量如下：

CMU0——式(8-3-5)中的 μ_0；

CMU(1)——式(8-3-5)中的损伤参数阈值 σ_y；

CMU(2)——式(8-3-5)中的 σ_0；

CMU(3)——式(8-3-5)中的 m；

X——计算点的坐标。

(9) 子程序 VAL_DMU：

由式(8-3-6)计算规格化剪切模量 μ 的导数 $\tilde{\mu}_{,i}$。相关变量如下：

IFALL——用 RBF 计算的标志。IFALL＝1，用全部点计算；IFALL＝2，用紧支域点计算。

DMU——输出量，式(8-3-6)中的 $\tilde{\mu}_{,i}$。

8.6.2 算例分析

1. 变系数弹性力学算例

1) 二维非均质矩形板算例

考虑一个各向同性、尺寸为 $L\times W$ 的二维矩形平板，平板右端受到均布拉力 σ＝1MPa，如图 8-6-1 所示。平板边界被离散成 52 个等间距的线性边界单元(沿横向 20 个，沿竖向 6 个)，共有 95 个内部节点，边界元模型如图 8-6-2 所示。计算中使用了平面应力假设，泊松比为 $\nu=0.25$。考虑剪切模量沿竖向以下列规律变化的情况：

$$\mu=\mu_0 e^{\beta y},\quad \beta=\frac{1}{W}\ln\left(\frac{\mu_W}{\mu_0}\right)$$

$$\mu_0=4000\text{MPa},\quad \mu_W=8000\text{MPa}$$

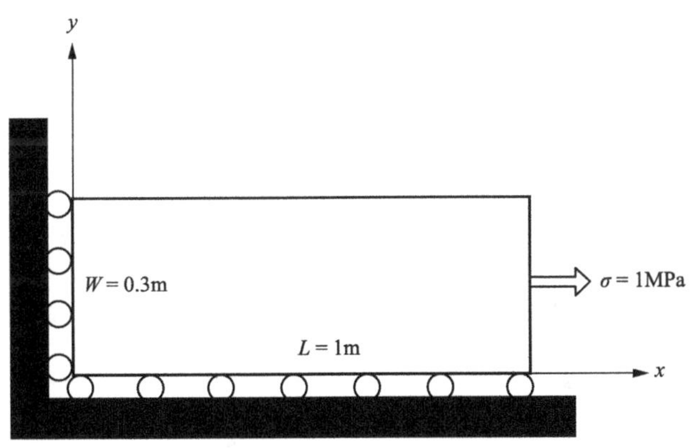

图 8-6-1　二维矩形平板的几何和边界条件

此算例的输入数据储存在文件 PLATE2D. DAT 中。图 8-6-3 给出了平板顶部(y＝0.3m)水平位移 u_1 的计算值分布。为了比较，算例还提供了有限元软件 ANSYS 的计算结果。图 8-6-4 绘出了应力分量 σ_{11} 在中线 $x=0.5$ m 处沿 y 轴的分布曲线。图 8-6-5 给出了平板沿 x 方向的位移云图。从图 8-6-3～图 8-6-5 可以看出，RIBEM 结果和有限元结果非常接近，验证了所推导公式与程序的正确性。

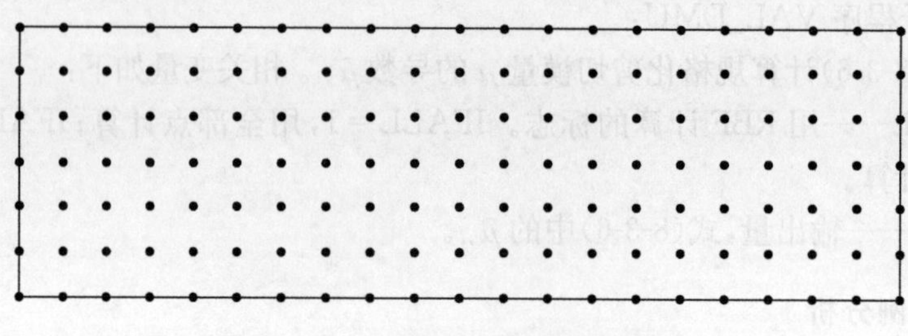

图 8-6-2　矩形平板的边界元模型

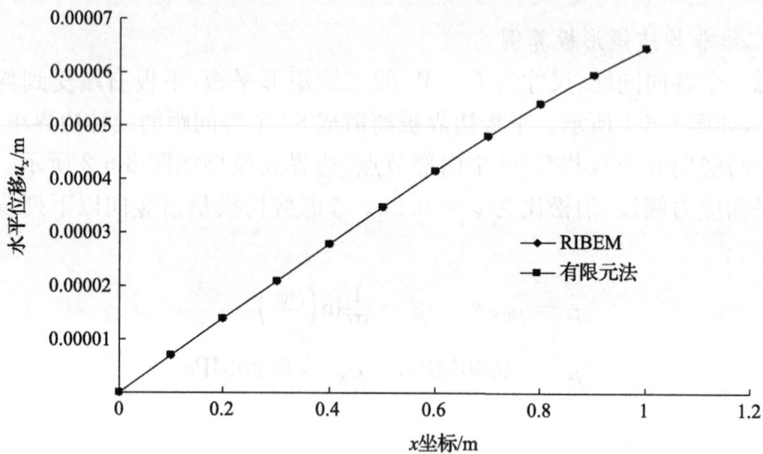

图 8-6-3　平板顶部的水平位移分布曲线

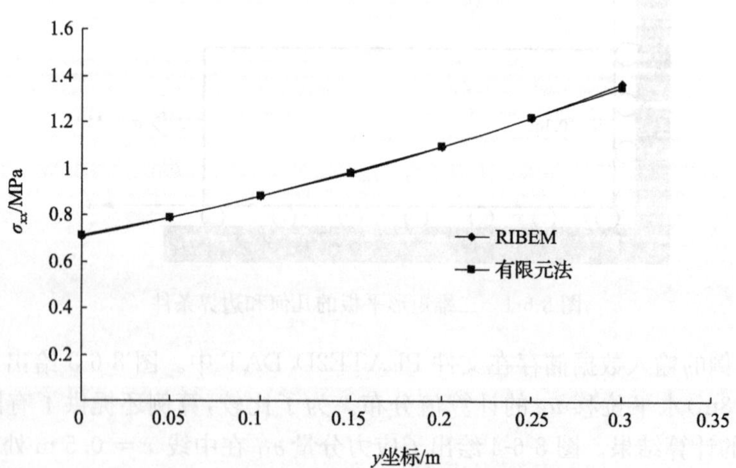

图 8-6-4　平板中线沿 y 方向的应力分布曲线

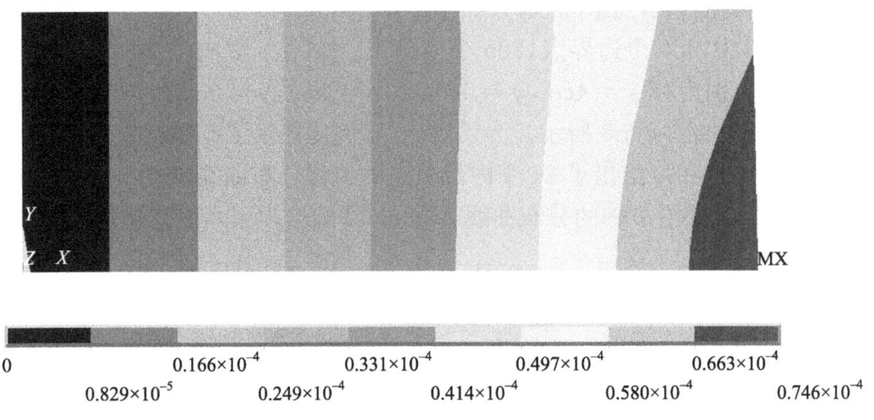

图 8-6-5　平板沿 x 方向的位移分布云图

2）三维非均质螺栓结构算例

对一顶部受均布压力的三维六面体类螺栓结构进行分析，其几何模型及边界条件如图 8-6-6 所示。整个模型底部固定，上表面受均布压力 $P=100\text{N/cm}^2$，其他部位自由。考虑剪切模量沿 x 方向以下列规律变化的情况：

$$\mu=\mu_0 e^{\beta x}, \quad \beta=\frac{1}{W}\ln\left(\frac{\mu_W}{\mu_0}\right)$$

式中，$W=8$ 为六面体结构的宽度，而 $\mu_0=4000\text{N/cm}^2$ 和 $\mu_W=8000\text{N/cm}^2$ 分别为六面体结构左右两边的剪切模量。整个模型的泊松比为常量，$\nu=0.25$。

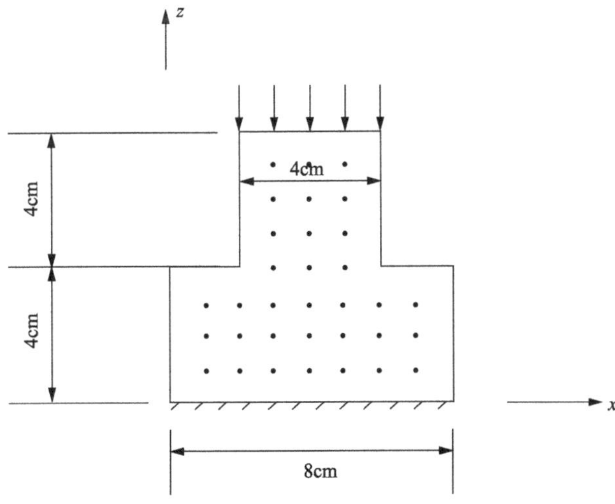

图 8-6-6　六面体结构几何模型及边界条件

六面体结构的边界元网格划分如图 8-6-7 所示，共划分为 448 个线性单元，655 个节点，其中，450 个边界点，205 个内部点。取沿 z 方向的 21 个内部点为研究对象，坐标分别为：($x=4$cm, $y=0$cm)、($x=2$cm, $y=0$cm) 和($x=6$cm, $y=0$cm)，位移分布如图 8-6-8 所示。为了对比，算例还提供了有限元软件 ANSYS 所计算的结果。图 8-6-8 给出了 21 个内部节点的位移分布曲线。图 8-6-9 给出了应力 σ_{zz} 在 $z=2$cm 处沿 x 轴的分布曲线，图 8-6-10 则给出了六面体结构沿 x 方向的位移云图。

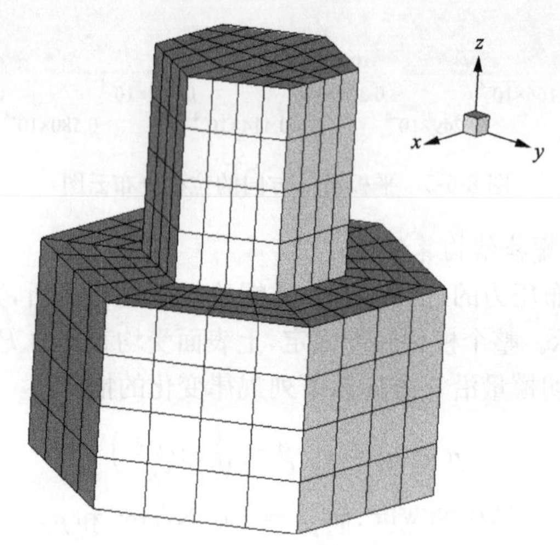

图 8-6-7　六面体结构边界元网格

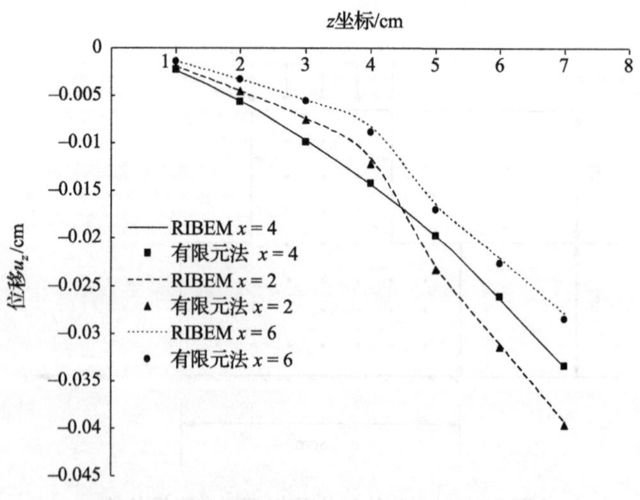

图 8-6-8　六面体结构沿 z 方向的位移分布曲线

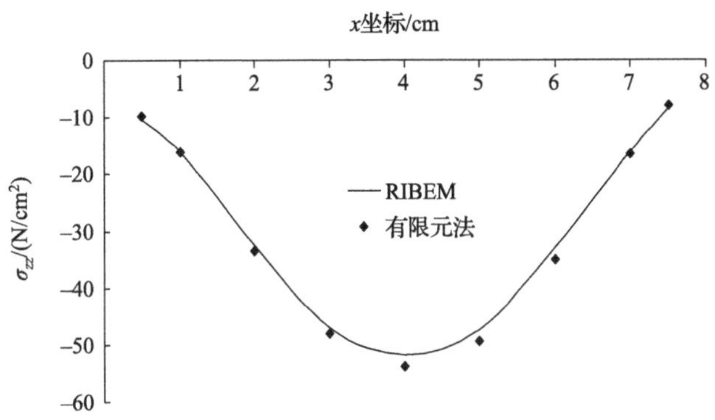

图 8-6-9　六面体结构在 $z=2$ 处沿 x 轴的应力分布曲线

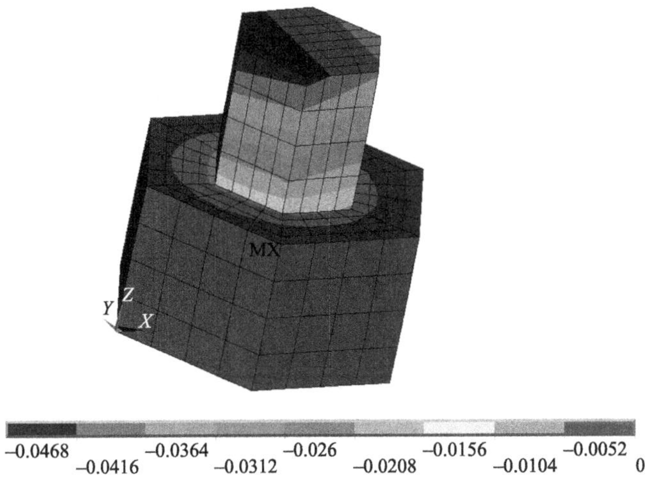

图 8-6-10　六面体结构的位移分布云图

从图 8-6-8～图 8-6-10 可以看出，RIBEM 结果和有限元结果非常接近，证明了程序在三维问题计算的正确性。另外，需要指出的是，采用同样的粗略网格，有限元法计算得出的位移和边界元结果非常接近，但是有限元法计算的应力结果却不是很理想，必须加密网格才能达到与边界元法相类似的结果。这从网格层面上体现了边界元法的优越性。

2. 损伤力学算例

考虑如图 8-6-11 所示的一受拉伸荷载的矩形板，板的长与宽分别为 1m 和 0.4m。板的四条边被离散成总共 60 个等间隔二节点线性单元，其中沿长边和短边分别有 20 个和 10 个单元，共有 60 个边界节点。板的泊松比为 $\nu=0.25$，未损伤的剪切模量为 $\mu_0=4\text{GPa}$，其他损伤参数为 $\sigma_y=0.1\text{GPa}$，$\sigma_0=10\text{GPa}$，$m=1$。

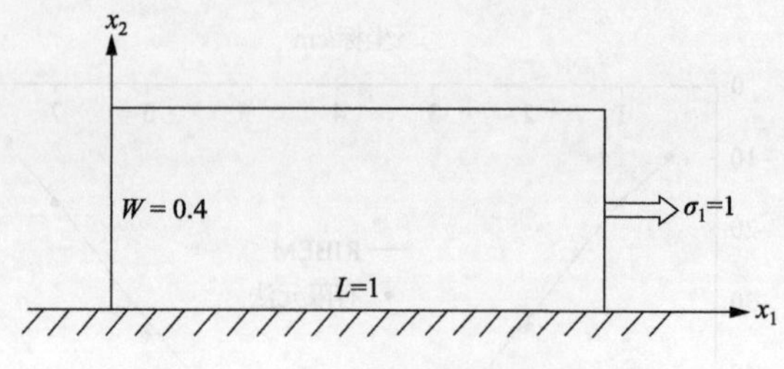

图 8-6-11　受拉伸荷载的矩形板

图 8-6-12 给出了四种边界元计算模型，其中，(a)为用内部网格法计算域积分的模型，(b)～(d)为采用不同内部点用 RIM 计算域积分的模型。图 8-6-13 为用四种模型计算的矩形板顶边的位移分布，而图 8-6-14 为底边的损伤因子分布，图 8-6-15 为损伤因子在板内的分布云图，图 8-6-16 为残差收敛曲线。

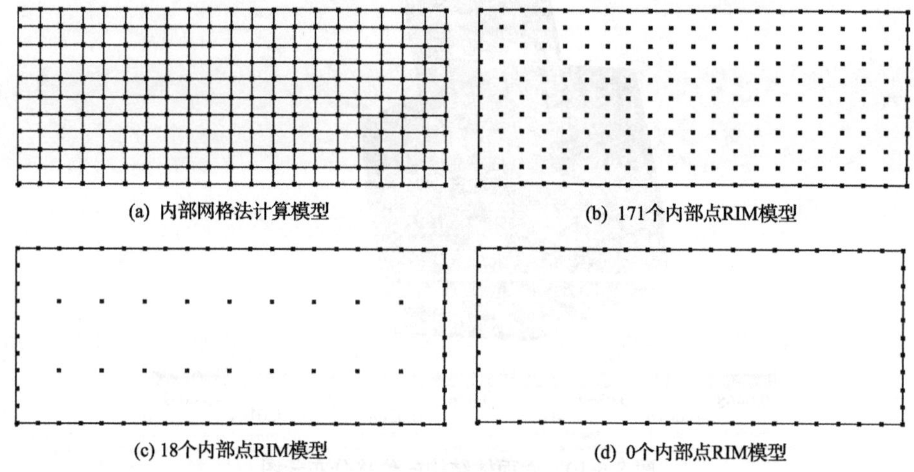

图 8-6-12　边界元计算模型

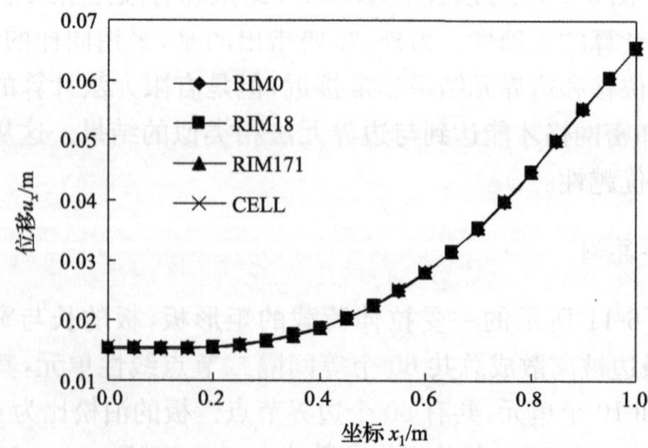

图 8-6-13　沿 x_1 方向(y=0.4)的位移分布

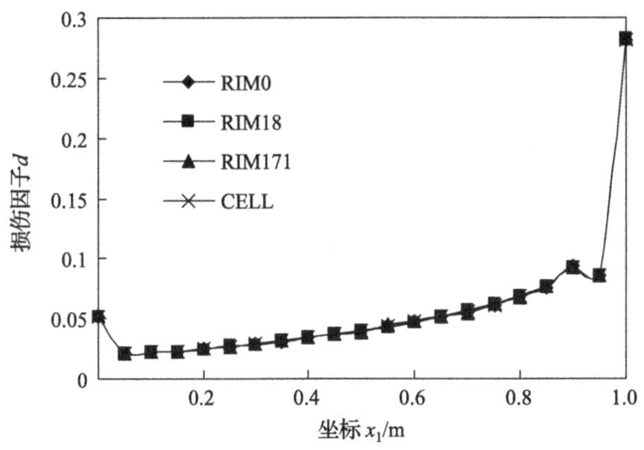

图 8-6-14　沿 x_1 方向($y=0$)的损伤因子分布

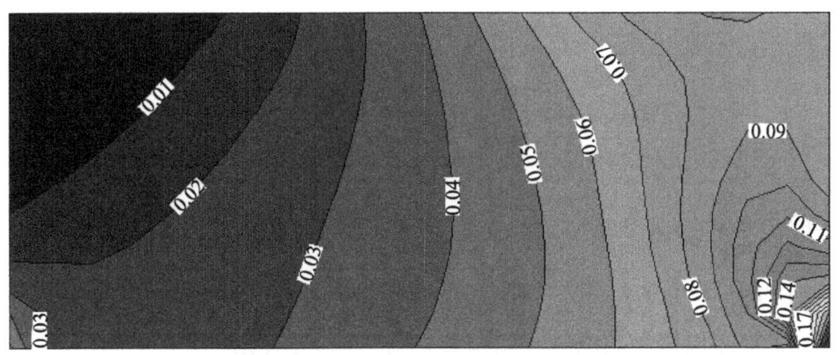

图 8-6-15　损伤因子的分布云图

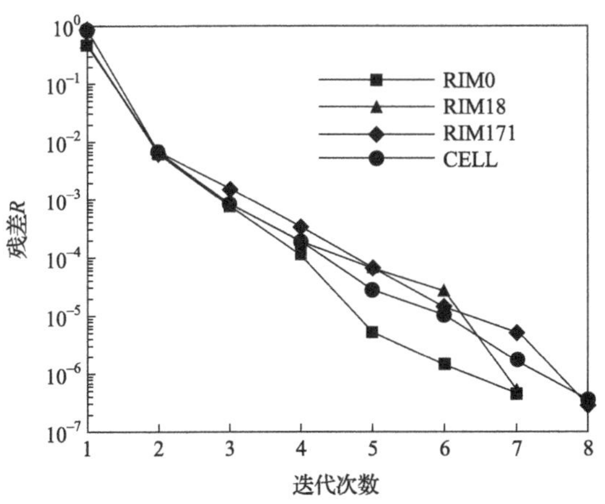

图 8-6-16　残差收敛曲线

3. 弹塑性力学算例

一厚壁圆筒内壁受到均布压力作用，圆筒内壁和外壁半径分别为 100cm 和 200cm，内壁压力 P＝20MPa，如图 8-6-17 所示。圆筒沿径向划分为 10 个等间距二次单元，环向划分为 15 个等间距二次单元，整个模型 501 个节点、150 个内部网格，如图 8-6-18 所示。式(8-5-17)中的域积分用内部网格插值计算。

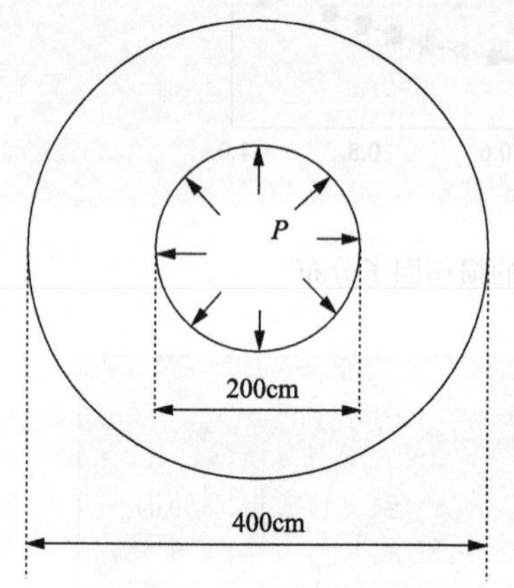

图 8-6-17　内壁受压的厚壁圆筒

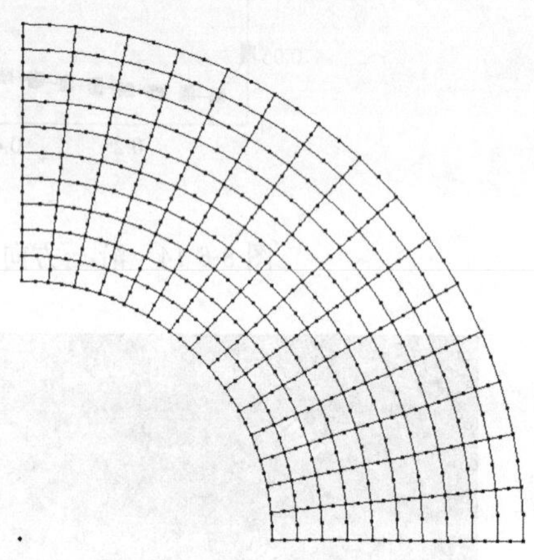

图 8-6-18　厚壁圆筒边界元计算模型

材料剪切模量 $\mu = 1.0\times10^5$MPa，泊松比 $\nu = 0.2$，材料按照 Mises 屈服准则计算，并假设为理想弹塑性模型，屈服极限 $\sigma_y = 30$MPa。

图 8-6-19 是径向分布节点沿着 x 方向的位移值，其中还给出了文献[4]中初始应力法弹塑性边界元程序 BEMECH 的计算结果作为对比。图 8-6-20 和图 8-6-21 显示的是径向分布节点的环向正应力和径向正应力的计算结果，可以看出界面

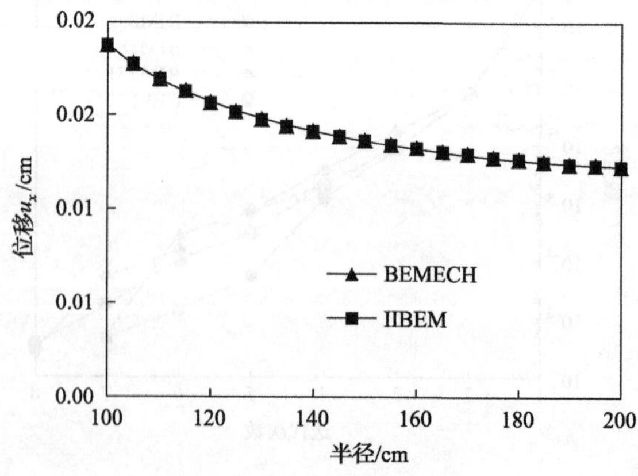

图 8-6-19　x 方向的位移分布

积分边界单元法(IIBEM)的计算结果和 BEMECH 的计算结果非常吻合，证明了本方法公式和程序的正确性。

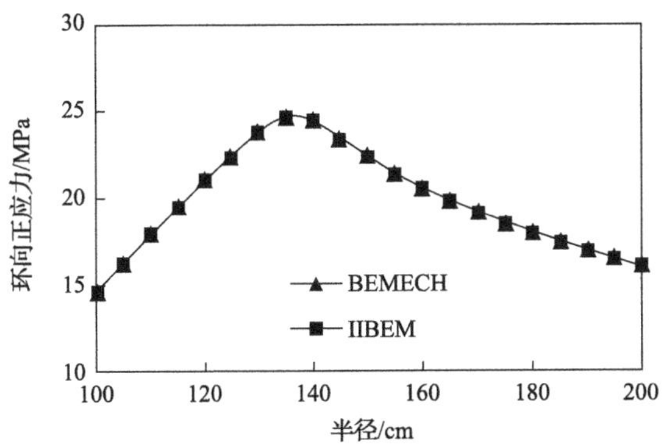

图 8-6-20 环向正应力分布

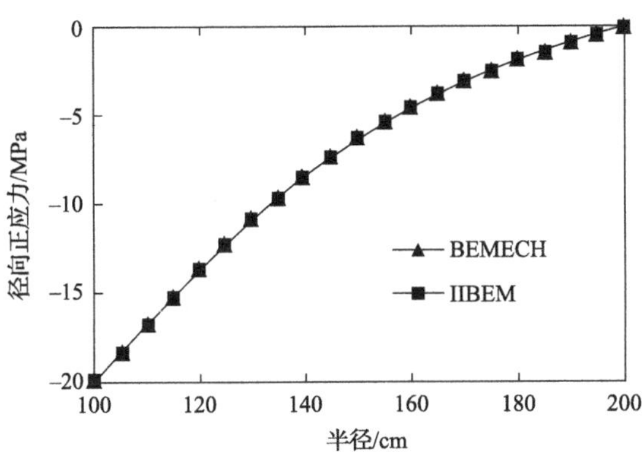

图 8-6-21 径向正应力分布

附录 8A 网格单元形函数

二维网格单元形函数与三维面单元形函数相同，由附录 3B 给出。三维网格单元本书采用六面体单元，有 8 节点线性单元(图 8A-1)和 20 节点二次单元(图 8A-2)。

8A.1 8 节点三维网格单元形函数

$$N_l(\xi_1,\xi_2,\xi_3)=\frac{1}{8}(1+\xi_1^l\xi_1)(1+\xi_2^l\xi_2)(1+\xi_3^l\xi_3) \tag{8A-1}$$

式中，$l=1\sim8$；$(\xi_1^l,\xi_2^l,\xi_3^l)$ 为第 l 个节点的等参坐标值，由图 8A-1 给出。

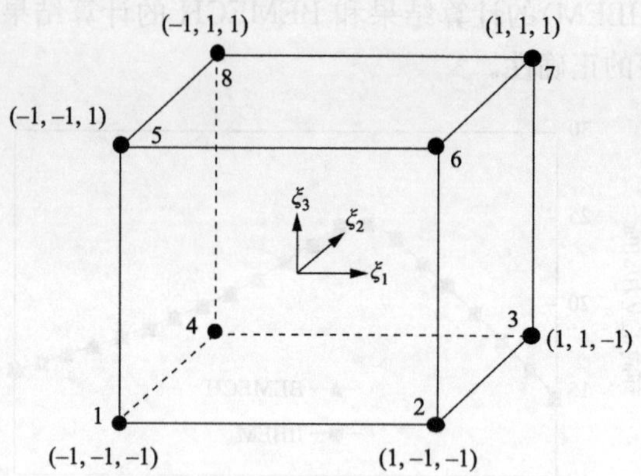

图 8A-1　8 节点三维网格单元节点值

8A.2　20 节点三维网格单元形函数

第 1～8 节点(角点)的形函数($l=1\sim8$)：

$$N_l(\xi_1,\xi_2,\xi_3)=\frac{1}{8}(1+\xi_1^l\xi_1)(1+\xi_2^l\xi_2)(1+\xi_3^l\xi_3)(\xi_1^l\xi_1+\xi_2^l\xi_2+\xi_3^l\xi_3-2) \tag{8A-2}$$

第 9～20 节点(边中点)的形函数($l=9\sim20$)：

$$N_l(\xi_1,\xi_2,\xi_3)=\frac{1}{4}(1+\xi_1^l\xi_1)(1+\xi_2^l\xi_2)(1+\xi_3^l\xi_3)\times\{1+[(\xi_1^l)^2-1]\xi_1^2+[(\xi_2^l)^2-1]\xi_2^2+[(\xi_3^l)^2-1]\xi_3^2\} \tag{8A-3}$$

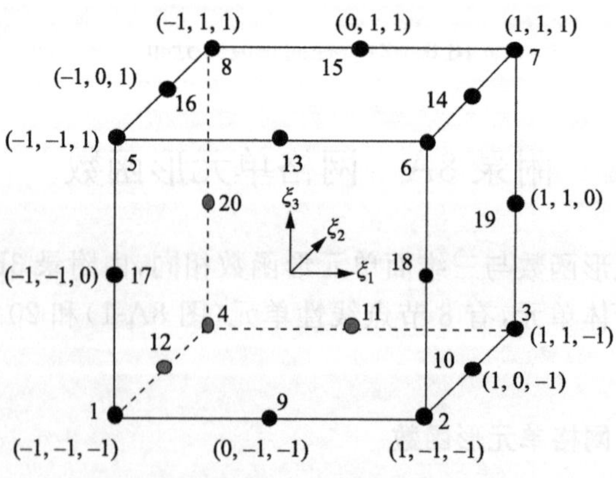

图 8A-2　20 节点三维网格单元节点值

参考文献

[1] Gao X W. Source point isolation boundary element method for solving general anisotropic potential and elastic problems with varying material properties. Engineering Analysis with Boundary Elements, 2010, 34(12): 1049—57.

[2] Gao X W. A boundary element method without internal cells for two-dimensional and three-dimensional elastoplastic problems. ASME Journal of Applied Mechanics, 2002, 69(2): 154—160.

[3] Gao X W. Evaluation of regular and singular domain integrals with boundary-only discretization—theory and Fortran code. Journal of Computational and Applied Mathematics, 2005, 175(2): 265—290.

[4] Gao X W, Davies T G. Boundary Element Programming in Mechanics. Cambridge: Cambridge University Press, 2002.

[5] 高效伟，杨恺．功能梯度材料结构的热应力边界元分析．力学学报，2011(1):136—143.

[6] Zhang C, Cui M, Wang J, et al. 3D crack analysis in functionally graded materials. Engineering Fracture Mechanics, 2011, 78(3): 585—604.

[7] Gao X W, Zhang C, Sladek J, et al. Fracture analysis of functionally graded materials by a BEM. Composites Science and Technology, 2008, 68(5): 1209—1215.

[8] Gao X W. The radial integration method for evaluation of domain integrals with boundary-only discretization. Engineering Analysis with Boundary Elements, 2002, 26(10): 905—916.

[9] Gao X W, Zhang C Z. Isotropic damage analysis of elastic solids using meshless BEM. Key Engineering Materials , 2006, 324—325: 1261—1264.

[10] Gao X W, Zhong Z Q. Elastoplastic damage theory in isotropic medium. Chinese Journal of Theoretical and Applied Mechanics, 1992, 4.

[11] 罗祖道，李思简．各向异性材料力学．上海：上海交通大学出版社，1994.

[12] Katsikadelis J T. The 2D elastostatic problem in inhomogeneous anisotropic bodies by the meshless analog equation method (MAEM). Engineering Analysis with Boundary Elements, 2008, 32(12): 997—1005.

[13] Telles J C F. The Boundary Element Method Applied to Inelastic Problems. Berlin: Springer-verlag, 1983.

[14] Banerjee P K, Butterfield R. Boundary Element Methods in Engineering Science. Maidenhead: McGraw-Hill Book Co., 1981.

[15] Owen D R J, Hinton E. Finite Elements in Plasticity: Theory and Practice. Swansea: Pineridge Press, 1980.

[16] Gao X W, Davies T G. An effective boundary element algorithm for 2D and 3D elastoplastic problems. International Journal of Solids and Structures, 2000, 37(36): 4987—5008.

第 9 章　多种介质问题

多种介质问题是实际工程中经常遇到的问题。一个好的数值方法不仅要能够解决单一介质问题，而且还应该能解决多种介质问题。由于采用了具有奇异性的基本解，边界元法在解决断裂力学、无限域以及薄壁结构等问题时非常有效。然而，基本解是针对单一介质导出的，因此，所导出积分方程不能直接用于由多种介质组成的复合介质问题。为了解决此类问题，常用的方法是多域边界元法(multi-domain boundary element method，MDBEM)[1-8]。此方法的基本思想是：首先，将问题的每一种介质看成是一个计算子域，对每一个子域进行边界离散，建立独立的代数方程组；其次，根据公共界面上的场量协调条件和场量梯度相关量的平衡条件，建立所有量的系统代数方程组。这种方法的优点是：①通过一定的变量凝聚技术[9,10]，可以组建系统变量很少的稀疏矩阵系统方程组，有利于采用先进的方程求解器求解大型工程问题[11]；②通过沿裂纹表面划分子域，多域边界元法可以很方便地求解断裂力学问题[12-14]。缺点是：①子域的定义、边界单元和节点的布置比较复杂，系统方程组的组集技巧性强，因此编制具有通用性的程序难度较大；②位于每一公共界面上的单元需要计算两次(每一子域各算一次)，单元对每一子域要独立定义。

近年来，高效伟等提出了一种用单一方程求解多种介质问题的界面积分边界元法(interface integral boundary element method，IIBEM)[15,16]。这种方法的优点是：①单元和节点的定义及布置与传统的边界元法相似，便于程序的编制；②界面单元只需要定义和计算一次，便于统一编号；③因为是单一方程，便于快速多极算法的使用[17]。缺点是：单一方程覆盖了所有介质的贡献，因此产生的系统方程组较大，在求解大型工程问题时最好采用快速算法，或在求解系统方程组时采用子域节点逐域消去法。下面，首先介绍 IIBEM，然后再介绍 MDBEM。

9.1　热传导问题多种介质界面积分方程

本节介绍能解决由多种材料组成的复合介质传热问题的单一界面积分方程。基本思想是：首先将多种介质问题拓扑成物性参数能够变化的单一介质问题，然后使用“域积分界面退化”技术[15]建立能够考虑界面物性参数跳跃特性的多种介质界面积分方程。

9.1.1　基于“域积分界面退化”技术的界面积分方程

不考虑热源的各向异性单一介质的热传导控制方程可以表示为

$$\frac{\partial}{\partial x_i}\left[k_{ij}\frac{\partial T(\boldsymbol{x})}{\partial x_j}\right]=0 \tag{9-1-1}$$

为了推导多种介质热传导问题的积分方程，我们将多种介质问题当成一种介质处理，只是热导率 k_{ij} 是空间坐标的函数，在每一种介质内有不同的值。参照式(4-7-13)的推导过程，用加权余量法可以导出上式基于格林函数基本解的正则化的边界-域积分方程：

$$-\int_{\Gamma}\tilde{q}^*(Q,p)T'(Q)\mathrm{d}\Gamma(Q)-\int_{\Gamma}u^*(Q,p)q(Q)\mathrm{d}\Gamma(Q)+\int_{\bar{\Omega}}v^*(q,p)T'(q)\mathrm{d}\Omega(q)=0 \tag{9-1-2}$$

式中，$\bar{\Omega}$ 为拓扑计算域(由多种介质组成的按照一种介质处理的总体计算域)；Γ 为 $\bar{\Omega}$ 的外部边界；$\tilde{q}^*$、u^*、v^* 和 T' 的表达式见 4.7 节。

1. 温度界面积分方程

式(9-1-2)是从单一介质导出的热传导问题的边界-域积分方程，传统意义上讲它只适用于在拓扑计算域 $\bar{\Omega}$ 内热导率 k_{ij} 连续变化(无跳跃)的热传导问题。但由于考虑了 k_{ij} 的变化性能，可以认为它也适用于由多种介质组成的系统，只是在不同介质的界面处要特殊处理热导率的跳跃性特征。下面就以图 9-1-1 所示的两种介质为例，使用“域积分界面退化”技术，推导界面积分方程。

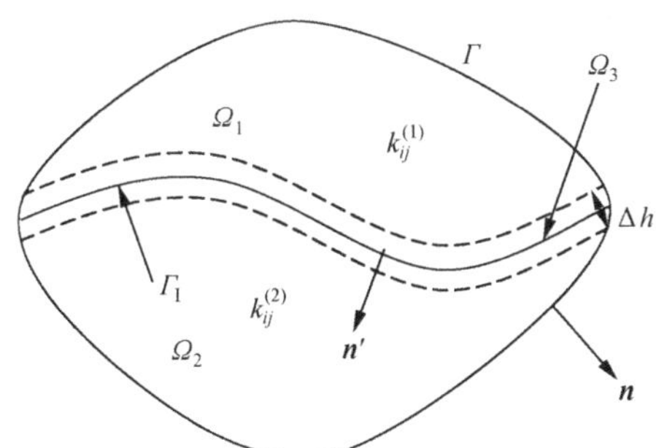

图 9-1-1　两种介质构成的拓扑计算域

在图 9-1-1 中，Γ 为整个计算域的外边界，Γ_{I}为介质 Ω_1 和 Ω_2 的界面边界，$k_{ij}^{(1)}$ 和 $k_{ij}^{(2)}$ 分别为介质 Ω_1 和 Ω_2 的热导率。

由于热导率在界面 Γ_{I}上不连续，因此围绕界面 Γ_{I}分离出一个具有无限小厚度 Δh 的过渡域Ω_3 (图 9-1-1)。于是，式(9-1-2)中的域积分可以表示为

$$\int_{\bar{\Omega}} v^* T' \mathrm{d}\Omega = \lim_{\Delta h \to 0}\left(\int_{\Omega_1+\Omega_2} v^* T' \mathrm{d}\Omega\right) + \lim_{\Delta h \to 0}\left(\int_{\Omega_3} v^* T' \mathrm{d}\Omega\right)$$
$$= \int_{\Omega} v^* T' \mathrm{d}\Omega + \lim_{\Delta h \to 0}\left(\Delta h \int_{\Gamma_\mathrm{I}} v^* T' \mathrm{d}\Gamma\right) \tag{9-1-3}$$

式中，Ω 表示由各个介质组成的通常意义下的积分计算域。

由式(4-7-9)可知，核函数 v^* 含有热导率的偏导数 $\partial k_{ij}/\partial x_i$，为了处理其在界面处的跳跃性，在与界面 Γ_I 相切的平面内建立局部坐标系 x'_i，如图 9-1-2 所示。令 L_{il} 表示局部坐标系 x'_i 相对于全局坐标系 x_i 的方向余弦，并且局部坐标系 x'_i 的最后一个坐标轴方向沿 Γ_I 的外法线方向，即 $L_{in'} = L_{i3} = n'_i$，于是 $\partial k_{ij}/\partial x_i$ 可以表示为

$$\frac{\partial k_{ij}}{\partial x_i} = \sum_l L_{il} \frac{\partial k_{ij}}{\partial x'_l} = \sum_{l \neq n'} L_{il} \frac{\partial k_{ij}}{\partial x'_l} + L_{in'} \frac{\partial k_{ij}}{\partial \boldsymbol{n}'} = \sum_{l \neq n'} L_{il} \frac{\partial k_{ij}}{\partial x'_l} + n'_i \frac{\partial k_{ij}}{\partial \boldsymbol{n}'} \tag{9-1-4}$$

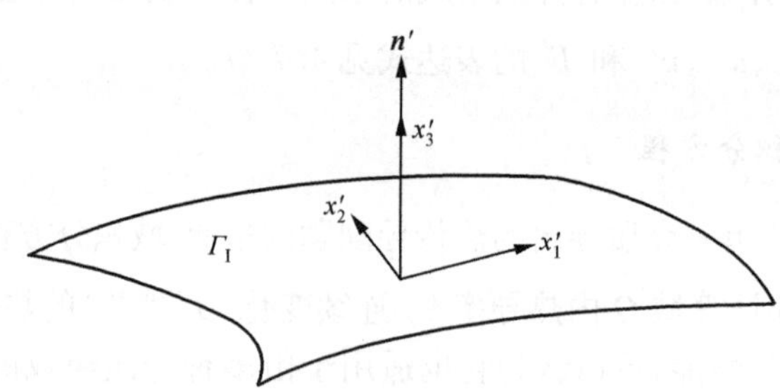

图 9-1-2 界面上的局部坐标系 x'_i

式(9-1-4)右端第一项表示沿界面 Γ_I 切平面方向的偏导数，而第二项表示沿界面外法线 $\boldsymbol{n}'$ 方向的偏导数。热导率横过界面的跳跃性体现在 $\boldsymbol{n}'$ 方向上，其偏导数可以表示为

$$\frac{\partial k_{ij}}{\partial \boldsymbol{n}'} = \lim_{\Delta h \to 0} \frac{\Delta k_{ij}}{\Delta h} \tag{9-1-5}$$

式中

$$\Delta k_{ij} = k_{ij}^{(2)} - k_{ij}^{(1)} \tag{9-1-6}$$

将式(9-1-5)代入式(9-1-4)，然后将结果代入式(4-7-9)，并注意到式(4-7-9)中的第二项没有物性跳跃量，取极限后为零，于是式(9-1-3)等号右端第二项积分可以表示为

$$\lim_{\Delta h \to 0}\left(\Delta h \int_{\Gamma_\mathrm{I}} v^* T' \mathrm{d}\Gamma\right) = \lim_{\Delta h \to 0} \Delta h \int_{\Gamma_\mathrm{I}} \left(\sum_{l \neq n'} \frac{\partial u^*}{\partial x_j} L_{il} \frac{\partial k_{ij}}{\partial x'_l}\right) T' \mathrm{d}\Gamma + \int_{\Gamma_\mathrm{I}} \frac{\partial u^*}{\partial x_j} n'_i \Delta k_{ij} T' \mathrm{d}\Gamma \tag{9-1-7}$$

当热导率 k_{ij} 在界面 Γ_I 的切线方向（属于同一介质内）连续时，式(9-1-7)右端

括号内的项为有限值,取极限后($\Delta h \to 0$)右端第一项为零。于是,式(9-1-3)可表示为

$$\int_{\bar{\Omega}} v^* T' \mathrm{d}\Omega = \int_{\Omega} v^* T' \mathrm{d}\Omega + \int_{\Gamma_{\mathrm{I}}} u_{,j}^* n'_i \Delta k_{ij} T' \mathrm{d}\Gamma \tag{9-1-8}$$

式中,Ω 代表所有子域的集合;Γ_{I}代表所有界面的集合;总的积分结果为每个子域积分和子界面积分的总和。从式(9-1-8)可以看出,将总体域积分退化成通常意义下各个域的域积分和各个界面的界面积分退化法则为:域积分的形式不变;界面积分只由与核函数中物性参数的空间导数相关的项组成,形成规则为只需把物性导数项变成界面相邻介质的物性参数之差乘以界面的法向方向余弦。

最后,将式(9-1-8)代入式(9-1-2),并考虑到 k_{ij} 的对称性,可得

$$\begin{aligned}&-\int_{\Gamma} \tilde{q}^*(Q,p)T'(Q)\mathrm{d}\Gamma(Q) - \int_{\Gamma} u^*(Q,p)q(Q)\mathrm{d}\Gamma(Q)\\&+\int_{\Omega} v^*(q,p)T'(q)\mathrm{d}\Omega(q) + \int_{\Gamma_{\mathrm{I}}} u_{,i}^*(Q,p)n'_j(Q)\Delta k_{ij}(Q)T'(Q)\mathrm{d}\Gamma(Q) = 0\end{aligned} \tag{9-1-9}$$

与变系数单一介质的积分方程(9-1-2)相比,多种介质积分方程只是多了一项界面积分,其中的 Δk_{ij} 体现了界面两边物性的不同所产生的影响。上式也适用于任意多种介质组成的问题,这时,边界 Γ_{I}代表所有介质的公共界面。在定义界面Γ_{I}时,其外法线方向 $\boldsymbol{n}'$决定了式(9-1-6)中两种相邻介质的编号次序,第二种介质是 $\boldsymbol{n}'$指向的介质。由于式(9-1-9)是正则化的积分方程,因此既可用于内部点,也可用于外边界点和公共界面上的点。对于内部点,可对照式(9-1-8)和式(4-7-10)写出如下更便于操作的计算式:

$$\begin{aligned}k(p)T(p) =& -\int_{\Gamma} \tilde{q}^*(Q,p)T(Q)\mathrm{d}\Gamma(Q) - \int_{\Gamma} u^*(Q,p)q(Q)\mathrm{d}\Gamma(Q)\\&+\int_{\Omega} v^*(q,p)T(q)\mathrm{d}\Omega(q) + \int_{\Gamma_{\mathrm{I}}} u_{,i}^*(Q,p)n'_j(Q)\Delta k_{ij}(Q)T(Q)\mathrm{d}\Gamma(Q)\end{aligned} \tag{9-1-10}$$

2. 温度梯度界面积分方程

类似于上述温度积分方程的处理方法,可以从式(4-7-27)导出多种介质热传导问题的温度梯度计算公式,其形式为

$$\begin{aligned}k(p)T_{,i}(p) =& \int_{\Gamma} \tilde{q}_i^*(Q,p)T'(Q)\mathrm{d}\Gamma(Q) + \int_{\Gamma} u_{,i}^*(Q,p)q(Q)\mathrm{d}\Gamma(Q) - \int_{\Omega} v_i^*(q,p)T'(q)\mathrm{d}\Omega(q)\\&-\int_{\Gamma_{\mathrm{I}}} u_{,ij}^*(Q,p)n'_l(Q)\Delta k_{jl}(Q)T'(Q)\mathrm{d}\Gamma(Q) - k_{,i}(p)T(p)\end{aligned} \tag{9-1-11}$$

也可以从式(4-7-36)得到将域积分正则化后的多种介质温度梯度计算公式，如下：

$$
\begin{aligned}
c_{is}(p)T_{,s}(p) = & \int_{\Gamma} \tilde{q}_i^{\,*}(Q,p)T'(Q)\mathrm{d}\Gamma(Q) + \int_{\Gamma} u^*_{,i}(Q,p)q(Q)\mathrm{d}\Gamma(Q) \\
& - \int_{\Omega} u^*_{,ij}(q,p)k_{jl,l}(q)T'(q)\mathrm{d}\Omega(q) \\
& - \int_{\Omega} u^*_{,ijl}(q,p)\left[k_{jl}(q)T'(q) - k_{jl}(p)T_{,s}(p)(x^q_s - x^p_s)\right]\mathrm{d}\Omega(q) \\
& - \int_{\Gamma_{\mathrm{I}}} u^*_{,ij}(Q,p)n'_l(Q)\Delta k_{jl}(Q)T'(Q)\mathrm{d}\Gamma(Q) - k_{,i}(p)T(p)
\end{aligned}
\tag{9-1-12}
$$

从式(4-6-5c)可以看出，出现在式(9-1-11)和式(9-1-12)中的界面积分是强奇异积分，可以采用类似于式(4-7-29)所示的二次正则化技术将其变换为弱奇异积分。为此，将上述界面积分中的场量表示成下列形式：

$$
n'_l(Q)\Delta k_{jl}(Q)T'(Q) - n'_l(p)\Delta k_{jl}(p)T_{,s}(p)(x^Q_s - x^p_s) = O(x^Q_s - x^p_s)^2 \tag{9-1-13}
$$

式中，$O(x^Q_s - x^p_s)^2$ 表示当 $Q \to p$ 时 $(x^Q_s - x^p_s)$ 的二次方以上的小项。通过加减项，可将式(9-1-11)和式(9-1-12)中的界面积分写成

$$
\begin{aligned}
& \int_{\Gamma_{\mathrm{I}}} u^*_{,ij}(Q,p)n'_l(Q)\Delta k_{jl}(Q)T'(Q)\mathrm{d}\Gamma(Q) \\
= & \int_{\Gamma_{\mathrm{I}}} u^*_{,ij}(Q,p)\left[n'_l(Q)\Delta k_{jl}(Q)T'(Q) - n'_l(p)\Delta k_{jl}(p)T_{,s}(p)(x^Q_s - x^p_s)\right]\mathrm{d}\Gamma \\
& + f_{ijs}(p)n'_l(p)\Delta k_{jl}(p)T_{,s}(p)
\end{aligned}
\tag{9-1-14}
$$

式中

$$
f_{ijs}(p) = \int_{\Gamma_{\mathrm{I}}} u^*_{,ij}(Q,p)(x^Q_s - x^p_s)\mathrm{d}\Gamma(Q) \tag{9-1-15}
$$

关于 f_{ijs} 的正则化计算公式见附录 9A。

将式(9-1-14)代入式(9-1-12)，则可得到

$$
\begin{aligned}
\hat{c}_{is}(p)T_{,s}(p) = & \int_{\Gamma} \tilde{q}_i^{\,*}(Q,p)T'(Q)\mathrm{d}\Gamma(Q) + \int_{\Gamma} u^*_{,i}(Q,p)q(Q)\mathrm{d}\Gamma(Q) \\
& - \int_{\Omega} u^*_{,ij}(q,p)k_{jl,l}(q)T'(q)\mathrm{d}\Omega(q) \\
& - \int_{\Omega} u^*_{,ijl}(q,p)\left[k_{jl}(q)T'(q) - k_{jl}(p)T_{,s}(p)(x^q_s - x^p_s)\right]\mathrm{d}\Omega(q) \\
& - \int_{\Gamma_{\mathrm{I}}} u^*_{,ij}(Q,p)\left[n'_l(Q)\Delta k_{jl}(Q)T'(Q) - n'_l(p)\Delta k_{jl}(p)T_{,s}(p)(x^Q_s - x^p_s)\right]\mathrm{d}\Gamma(Q) \\
& - k_{,i}(p)T(p)
\end{aligned}
\tag{9-1-16}
$$

式中，借助于式(4-7-37)，$\hat{c}_{is}$ 可导出为

$$
\hat{c}_{is}(p) = \left[\delta_{is}\delta_{jl}/\beta + f_{ijls}(p)\right]k_{jl}(p) + f_{ijs}(p)n'_l(p)\Delta k_{jl}(p) \tag{9-1-17}
$$

式中，f_{ijls} 由式(4-7-35)计算。

式(9-1-16)只适用于源点是外边界点和内部点的情况。对于光滑界面点 P^{I}，$\hat{c}_{is}$ 应为相邻介质的平均值，即

$$\hat{c}_{is}(P^{\mathrm{I}}) = 0.5(\delta_{is}\delta_{jl}/\beta + f_{ijls})[k_{jl}^{(1)}(P^{\mathrm{I}}) + k_{jl}^{(2)}(P^{\mathrm{I}})] + f_{ijs}(P^{\mathrm{I}})n_l'(P^{\mathrm{I}})\Delta k_{jl}(P^{\mathrm{I}}) \tag{9-1-18}$$

需要指出的是：式(9-1-11)是逐点计算温度梯度的，但需要用 3.6.3 节或 3.6.4 节中介绍的方法计算其中的强奇异域积分和界面积分；而式(9-1-16)是正则化的，用通常的单元子分技术则可精确计算各项弱奇异积分，但需要联合求解所有节点的温度梯度组成的方程组。

9.1.2　分片各向同性介质界面积分方程

很多实际问题是由分片各向同性介质组成的复合体，即在每一种介质中，热导率是各向同性的。在分片均质介质中，每种介质的热导率为常数，而且只有一个值，即

$$k_{ij} = k\delta_{ij} \tag{9-1-19}$$

式中，k 为介质的热导率。

对于常系数均质问题，$k_{,i} = 0$，则与格林函数基本解 u^* 有关的量简化成

$$\tilde{q}^* = k\frac{\partial u^*}{\partial \boldsymbol{n}},\quad \tilde{q}_i^* = ku_{,ij}^* n_j \tag{9-1-20a}$$

$$v^* = k\frac{\partial^2 u^*}{\partial x_i \partial x_i} = -k\delta(q,p),\quad v_i^* = ku_{,ijj}^* = -k\frac{\partial \delta(q,p)}{\partial x_i} \tag{9-1-20b}$$

于是，注意到式(4-7-9)，温度界面积分方程(9-1-9)变为

$$\begin{aligned}&-\int_\Gamma \tilde{q}^*(Q,p)T'(Q)\mathrm{d}\Gamma(Q) - \int_\Gamma u^*(Q,p)q(Q)\mathrm{d}\Gamma(Q)\\&+\int_{\Gamma_{\mathrm{I}}} u_{,i}^*(Q,p)n_i'(Q)\Delta k(Q)T'(Q)\mathrm{d}\Gamma(Q) = 0\end{aligned} \tag{9-1-21}$$

式中，$\Delta k = k^{(2)} - k^{(1)}$。

对于内部点，可以由式(9-1-10)写出类似于式(9-1-21)的计算式。

对于各向同性介质，将式(9-1-20)依次代入式(4-7-23)、式(4-7-32)和式(4-7-37)，可得

$$\Theta_{ijl} = 0,\quad f_{ijls} = 0,\quad c_{is} = k\delta_{is} \tag{9-1-22}$$

于是，逐点计算的内部点温度梯度界面积分方程(9-1-11)变为

$$\begin{aligned}k(p)T_{,i}(p) =& \int_\Gamma \tilde{q}_i^*(Q,p)T'(Q)\mathrm{d}\Gamma(Q) + \int_\Gamma u_{,i}^*(Q,p)q(Q)\mathrm{d}\Gamma(Q)\\&-\int_{\Gamma_{\mathrm{I}}} u_{,ij}^*(Q,p)n_j'(Q)\Delta k(Q)T'(Q)\mathrm{d}\Gamma(Q)\end{aligned} \tag{9-1-23}$$

正则化的内部点温度梯度界面积分方程(9-1-16)则变为

$$\hat{c}_{is}(p)T_{,s}(p)=\int_{\Gamma}\tilde{q}_{i}^{*}(Q,p)T'(Q)\mathrm{d}\Gamma(Q)+\int_{\Gamma}u_{,i}^{*}(Q,p)q(Q)\mathrm{d}\Gamma(Q)$$
$$-\int_{\Gamma_{\mathrm{I}}}u_{,ij}^{*}(Q,p)\Delta k(Q)\left[n_{j}'(Q)T'(Q)-n_{j}'(p)T_{,s}(p)(x_{s}^{Q}-x_{s}^{p})\right]\mathrm{d}\Gamma(Q) \tag{9-1-24}$$

式中

$$\hat{c}_{is}=k\delta_{is}+f_{ijs}n_{j}'\Delta k \tag{9-1-25}$$

式(9-1-24)只适用于源点 p 在外边界点和内部点的情况。当 p 在公共界面上时,式中的导热系数为相邻介质的平均值,即

$$k(P^{\mathrm{I}})=\left[k^{(1)}(P^{\mathrm{I}})+k^{(2)}(P^{\mathrm{I}})\right]/2 \tag{9-1-26}$$

9.2 固体力学问题多种介质界面积分方程

类似于 9.1 节多种介质热传导问题的推导过程,本节使用“域积分界面退化”技术[16],建立能考虑界面物性参数跳跃特性的多种介质固体力学问题的界面积分方程。

9.2.1 基于“域积分界面退化”技术的界面积分方程

在不考虑体积力的情况下,固体力学的平衡方程可表示为

$$\sigma_{ij,j}=0 \tag{9-2-1}$$

一般固体力学问题的应力-应变本构关系由式(8-1-1)表征。根据 8.1 节的介绍,基于开尔文基本解,采用“源点隔离法”导出的正则化的位移边界-域积分方程为

$$\int_{\Gamma}u_{ij}^{*}(Q,p)t_{j}(Q)\mathrm{d}\Gamma(Q)-\int_{\Gamma}t_{ij}^{*}(Q,p)u_{j}'(Q)\mathrm{d}\Gamma(Q)+\int_{\bar{\Omega}}v_{ij}^{*}(q,p)u_{j}'(q)\mathrm{d}\Omega(q)=0 \tag{9-2-2}$$

式中,$\bar{\Omega}$ 为拓扑计算域;Γ 为 $\bar{\Omega}$ 的外部边界;基本解 u_{ij}^{*}、t_{ij}^{*} 和 v_{ij}^{*} 以及位移 u_{j}' 的表达式见 8.1 节。

1. *位移界面积分方程*

式(9-2-2)是从单一介质导出的固体力学问题边界-域积分方程,严格地讲只适用于在计算域 $\bar{\Omega}$ 内应力-应变张量 D_{klrs} 连续变化(无跳跃)的力学问题。但基于 D_{klrs} 的变化性,可以认为式(9-2-2)也适用于由不同 D_{klrs} 的物质组成的多种介质问题,只是在界面处要特殊处理其跳跃性。下面就以图 9-2-1 所示的两种介质为例,使用“域积分界面退化”技术,推导一般力学问题的界面积分方程。

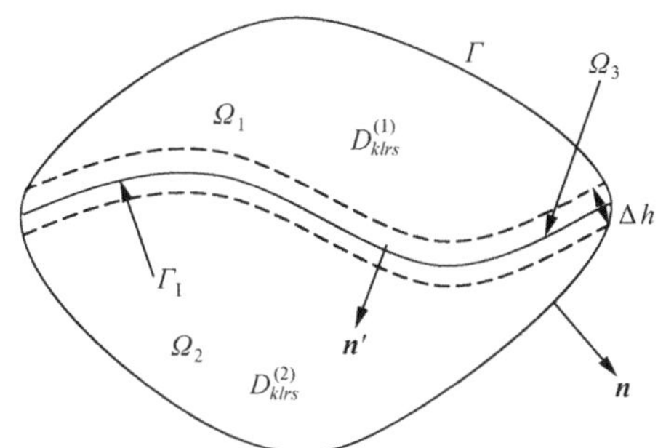

图 9-2-1　两种介质组成的计算域

在图 9-2-1 中，Γ 为整个计算域的外边界，Γ_{I} 为介质 Ω_1 和 Ω_2 的公共边界，$D_{klrs}^{(1)}$ 和 $D_{klrs}^{(2)}$ 分别为介质 Ω_1 和 Ω_2 的应力-应变张量。由于应力-应变张量在界面 Γ_{I} 上不连续，因此沿 Γ_{I} 的法线方向分离出一个具有无限小厚度 Δh 的过渡域 Ω_3。参考式(9-1-3)的推导，式(9-2-2)中的域积分可以表示为

$$\int_{\bar{\Omega}} v_{ij}^* u_j' \mathrm{d}\Omega = \int_{\Omega} v_{ij}^* u_j' \mathrm{d}\Omega + \lim_{\Delta h \to 0}\left(\Delta h \int_{\Gamma_{\mathrm{I}}} v_{ij}^* u_j' \mathrm{d}\Gamma\right) \tag{9-2-3}$$

类似于式(9-1-3)～式(9-1-7)的推导过程，假设应力-应变张量在同一种介质内连续，由上式右端第二项积分可导出

$$\lim_{\Delta h \to 0}\left(\Delta h \int_{\Gamma_{\mathrm{I}}} v_{ij}^* u_j' \mathrm{d}\Gamma\right) = \int_{\Gamma_{\mathrm{I}}} u_{ik,l}^* n_s' \Delta D_{kljs} u_j' \mathrm{d}\Gamma \tag{9-2-4}$$

式中，n_s' 为 Γ_{I}的外法线方向余弦；ΔD_{kljs} 为两种相邻介质应力-应变张量之差，即

$$\Delta D_{kljs} = D_{kljs}^{(2)} - D_{kljs}^{(1)} \tag{9-2-5}$$

其中，介质 2 属于公共边界 Γ_{I}外法线方向向量 $\boldsymbol{n}'$指向的介质。

将式(9-2-4)代入式(9-2-3)得域积分的退化式为

$$\int_{\bar{\Omega}} v_{ij}^* u_j' \mathrm{d}\Omega = \int_{\Omega} v_{ij}^* u_j' \mathrm{d}\Omega + \int_{\Gamma_{\mathrm{I}}} u_{ik,l}^* n_s' \Delta D_{kljs} u_j' \mathrm{d}\Gamma \tag{9-2-6}$$

仔细观察式(9-2-6)和核函数 v_{ij}^* 的表达式(8-1-9)可以看出，界面积分的退化法则与 9.1.1 节中的叙述相同，即域积分的形式不变，界面积分只由物性参数的空间导数项形成，形成方法是把物性导数项变成界面相邻介质的物性参数之差乘以界面的外法线方向余弦。

最后，将上式代入式(9-2-2)，可得

$$\begin{aligned}&\int_{\Gamma} u_{ij}^*(Q,p) t_j(Q) \mathrm{d}\Gamma(Q) - \int_{\Gamma} t_{ij}^*(Q,p) u_j'(Q) \mathrm{d}\Gamma(Q)\\&+\int_{\Omega} v_{ij}^*(q,p) u_j'(q) \mathrm{d}\Omega(q) + \int_{\Gamma_{\mathrm{I}}} u_{ik,l}^*(Q,p) n_s'(Q) \Delta D_{kljs}(Q) u_j'(Q) \mathrm{d}\Gamma(Q) = 0\end{aligned} \tag{9-2-7}$$

式(9-2-7)即为一般性的固体力学多种介质界面积分方程,适用于非均质、各向异性以及非线性力学问题。其特点是用单一方程可处理由具有不同力学性质的任意多种介质组成的复合介质问题。对于均质和线性问题,式(9-2-7)则退化为常用的弹性力学边界积分方程。

式(9-2-7)适合于源点 p 位于外边界点、界面点和内部点的情况 。但对于内部点,可对照式(9-2-6)和式(8-1-11)写出如下更为方便的计算式:

$$\mu_{ij}(p)u_j(p)=\int_\Gamma u_{ij}^*(Q,p)t_j(Q)\mathrm{d}\Gamma(Q)-\int_\Gamma t_{ij}^*(Q,p)u_j(Q)\mathrm{d}\Gamma(Q)$$
$$+\int_\Omega v_{ij}^*(q,p)u_j(q)\mathrm{d}\Omega(q)+\int_{\Gamma_\mathrm{I}} u_{ik,l}^*(Q,p)n_s'(Q)\Delta D_{kljs}(Q)u_j(Q)\mathrm{d}\Gamma(Q) \tag{9-2-8}$$

式中,μ_{ij} 由式(8-1-19)计算。

2. *应力界面积分方程*

在用界面积分方程求解多重介质问题时,公共界面上的应力不能再用 7.6 节所述的“面力恢复法”计算,因为用位移界面积分方程(9-2-7)不能求得界面上的面力。因此,只能用应力积分方程计算界面上的应力。

采用“域积分界面退化”技术,可由式(8-1-26)导出计算位移梯度的界面积分方程为

$$\mu_{ik}(p)u_{k,j}(p)=-\int_\Gamma u_{ik,j}^*(Q,p)t_k(Q)\mathrm{d}\Gamma(Q)+\int_\Gamma t_{ik,j}^*(Q,p)u_k(Q)\mathrm{d}\Gamma(Q)$$
$$-\int_\Omega v_{ikj}^*(q,p)u_k(q)\mathrm{d}\Omega(q)-\mu_{ik,j}(p)u_k(p)$$
$$-\int_{\Gamma_\mathrm{I}} u_{im,nj}^*(Q,p)n_l'(Q)\Delta D_{mnkl}(Q)u_k(Q)\mathrm{d}\Gamma(Q) \tag{9-2-9}$$

式中,$u_{im,nj}^*$ 和 v_{ikj}^* 分别由式(8-1-15)和式(8-1-28)给出。

对于界面点 P^I,μ_{ik} 由下式确定:

$$\mu_{ik}(P^\mathrm{I})=[\mu_{ik}^{(1)}(P^\mathrm{I})+\mu_{ik}^{(2)}(P^\mathrm{I})]/2 \tag{9-2-10}$$

根据界面积分退化法则,位移梯度界面积分方程也可由域积分正则化后的位移梯度计算式(8-1-47)导出,可得

$$c_{ijks}(p)u_{k,s}(p)=-\int_\Gamma u_{ik,j}^*(Q,p)t_k(Q)\mathrm{d}\Gamma(Q)+\int_\Gamma t_{ik,j}^*(Q,p)u_k(Q)\mathrm{d}\Gamma(Q)$$
$$-\int_\Omega u_{im,nj}^*(q,p)D_{mnkl,l}(q)u_k'(q)\mathrm{d}\Omega(q)$$
$$-\int_\Omega u_{im,nlj}^*(q,p)[D_{mnkl}(q)u_k'(q)-D_{mnkl}(p)u_{k,s}(p)(x_s^q-x_s^p)]\mathrm{d}\Omega(q)$$

$$-\int_{\Gamma_{\mathrm{I}}} u^*_{im,nj}(Q,p)n'_l(Q)\Delta D_{mnkl}(Q)u'_k(Q)\mathrm{d}\Gamma(Q)-f_{ikj}(p)u_k(p)$$

(9-2-11)

式中，c_{ijks} 由式(8-1-48)确定。

出现在式(9-2-9)和式(9-2-11)中的界面积分是强奇异积分，可用3.6.4节所述的直接法计算，也可以采用类似于式(9-1-13)所示的二次正则化技术将其变换为弱奇异积分。为此，将上式中的界面积分写为

$$\begin{aligned}&\int_{\Gamma_{\mathrm{I}}} u^*_{im,nj}(Q,p)n'_l(Q)\Delta D_{mnkl}(Q)u'_k(Q)\mathrm{d}\Gamma(Q)\\&=\int_{\Gamma_{\mathrm{I}}} u^*_{im,nj}(Q,p)[n'_l(Q)\Delta D_{mnkl}(Q)u'_k(Q)-n'_l(p)\Delta D_{mnkl}(p)u_{k,s}(p)(x^Q_s-x^p_s)]\mathrm{d}\Gamma\\&\quad+f_{ijmns}(p)n'_l(p)\Delta D_{mnkl}(p)u_{k,s}(p)\end{aligned}\tag{9-2-12}$$

式中

$$f_{ijmns}(p)=\int_{\Gamma_{\mathrm{I}}} u^*_{im,nj}(Q,p)(x^Q_s-x^p_s)\mathrm{d}\Gamma(Q)\tag{9-2-13}$$

系数 f_{ijmns} 的计算见附录9B。

将式(9-2-12)代入式(9-2-11)得

$$\begin{aligned}\hat{c}_{ijks}(p)u_{k,s}(p)=&-\int_{\Gamma} u^*_{ik,j}(Q,p)t_k(Q)\mathrm{d}\Gamma(Q)+\int_{\Gamma} t^*_{ik,j}(Q,p)u_k(Q)\mathrm{d}\Gamma(Q)\\&-f_{ikj}(p)u_k(p)-\int_{\Omega} u^*_{im,nj}(q,p)D_{mnkl,l}(q)u'_k(q)\mathrm{d}\Omega(q)\\&-\int_{\Omega} u^*_{im,nlj}(q,p)[D_{mnkl}(q)u'_k(q)-D_{mnkl}(p)u_{k,s}(p)(x^q_s-x^p_s)]\mathrm{d}\Omega(q)\\&-\int_{\Gamma_{\mathrm{I}}} u^*_{im,nj}(Q,p)[n'_l(Q)\Delta D_{mnkl}(Q)u'_k(Q)\\&-n'_l(p)\Delta D_{mnkl}(p)u_{k,s}(p)(x^Q_s-x^p_s)]\mathrm{d}\Gamma(Q)\end{aligned}\tag{9-2-14}$$

式中

$$\hat{c}_{ijks}=\mu_{ik}\delta_{js}+a_{ijmnls}D_{mnkl}+f_{ijmns}n'_l\Delta D_{mnkl}\tag{9-2-15}$$

式(9-2-14)则为正则化的位移梯度积分方程，但只对界面节点和内部点是正则的。对于外边界点，其右端第一、二项仍为强奇异积分，需用面力恢复法或直接法进行计算。

由于式(9-2-14)右端积分号内含有位移梯度项，需要联合求解最后形成的所有节点位移梯度参与的代数方程组才能得到各节点的位移梯度值。相比之下，式(9-2-9)是逐点计算的，但需要计算强奇异积分。也可以用其他低精度格式的方法对式(9-2-14)实现逐点计算，即将右端积分中的 $u_{k,s}$ 通过对全局或局部插值函数进行求导，用各节点的位移值来表示位移梯度值，通常这种方法的计算效率很高。

当源点位于界面节点 P^{I} 上时，$\hat{c}_{ijks}$ 应为相邻介质的平均值，即

$$\hat{c}_{ijks}(P^{\mathrm{I}}) = [\mu_{ik}^{(1)}(P^{\mathrm{I}}) + \mu_{ik}^{(2)}(P^{\mathrm{I}})]\delta_{js}/2 + a_{ijmnls}(P^{\mathrm{I}})[D_{mnkl}^{(1)}(P^{\mathrm{I}}) + D_{mnkl}^{(2)}(P^{\mathrm{I}})]/2 + f_{ijmns}(P^{\mathrm{I}})n'_l(P^{\mathrm{I}})\Delta D_{mnkl}(P^{\mathrm{I}}) \tag{9-2-16}$$

从式(9-2-11)或式(9-2-14)求得位移梯度后，则可由式(8-1-1)计算各点的应力值。

9.2.2 分片各向同性介质弹性力学界面积分方程

有相当多的工程问题是由多种材料组成的，但每一种材料是各向同性的，这种问题被称为分片各向同性问题。对于这种问题，上述导出的界面积分方程可以得到进一步的简化。

1. 变系数弹性力学界面积分方程

存在相当一部分问题，在分析中可以认为泊松比 ν 为常数，而弹性模量为空间坐标的函数[10,14]。此时，应力-应变张量 D_{ijkl} 可写为式(8-2-1)；应力张量 σ_{ij} 和位移梯度 $u_{k,l} = \partial u_k/\partial x_l$ 的关系遵循胡克定律：

$$\sigma_{ij} = D_{ijkl}u_{k,l} = \mu(\boldsymbol{x})D_{ijkl}^0 u_{k,l} \tag{9-2-17}$$

式中，$\mu(\boldsymbol{x})$ 为弹性剪切模量；D_{ijkl}^0 的表达式见式(8-2-2)。

于是，利用式(8-2-3)，位移界面积分方程(9-2-7)变为

$$\begin{aligned}&\int_\Gamma u_{ij}^*(Q,p)t_j(Q)\mathrm{d}\Gamma(Q) - \int_\Gamma t_{ij}^*(Q,p)u'_j(Q)\mathrm{d}\Gamma(Q)\\&+\int_{\Gamma_{\mathrm{I}}}\Delta t_{ij}^*(Q,p)u'_j(Q)\mathrm{d}\Gamma(Q) + \int_\Omega v_{ij}^*(q,p)u'_j(q)\mathrm{d}\Omega(q) = 0\end{aligned} \tag{9-2-18}$$

式中，u_{ij}^* 的表达式为式(8-1-12)，其余基本解如下：

$$t_{ij}^* = \mu\sum\nolimits_{ijl}n_l \tag{9-2-19a}$$

$$\Delta t_{ij}^* = \Delta\mu\sum\nolimits_{ijl}n'_l \tag{9-2-19b}$$

$$v_{ij}^* = \sum\nolimits_{ijl}\mu_{,l} \tag{9-2-19c}$$

其中，$\Delta\mu$ 和 $\sum_{ijl}$ 的表达式为

$$\Delta\mu = \mu^{(2)} - \mu^{(1)} \tag{9-2-20}$$

$$\sum\nolimits_{ijl} = \frac{-1}{4\pi\alpha(1-\nu)r^\alpha}[(1-2\nu)(\delta_{il}r_{,j} + \delta_{ij}r_{,l} - \delta_{jl}r_{,i}) + \beta r_{,i}r_{,j}r_{,l}] \tag{9-2-21}$$

当源点 p 位于界面边界 Γ_{I}上时，取

$$\mu(P^{\mathrm{I}}) = [\mu^{(1)}(P^{\mathrm{I}}) + \mu^{(2)}(P^{\mathrm{I}})]/2 \tag{9-2-22}$$

当源点 p 是内部点时，为了使用方便，将式(9-2-18)写成如下形式：

$$\mu(p)u_i(p) = \int_\Gamma u_{ij}^*(Q,p)t_j(Q)\mathrm{d}\Gamma(Q) - \int_\Gamma t_{ij}^*(Q,p)u_j(Q)\mathrm{d}\Gamma(Q)$$

$$+\int_{\Gamma_{\mathrm{I}}}\Delta t_{ij}^{*}(Q,p)u_j(Q)\mathrm{d}\Gamma(Q)+\int_{\Omega}v_{ij}^{*}(q,p)u_j(q)\mathrm{d}\Omega(q) \tag{9-2-23}$$

同理,对于各向同性材料,位移梯度界面积分方程(9-2-9)变为

$$\begin{aligned}\mu(p)u_{i,j}(p)=&-\int_{\Gamma}u_{ik,j}^{*}(Q,p)t_k(Q)\mathrm{d}\Gamma(Q)\\&+\int_{\Gamma}\sum\nolimits_{ikl,j}(Q,p)n_l(Q)\mu(Q)u_k(Q)\mathrm{d}\Gamma(Q)\\&-\int_{\Omega}\sum\nolimits_{ikl,j}(q,p)\mu_{,l}(q)u_k(q)\mathrm{d}\Omega(q)-\mu_{,j}(p)u_i(p)\\&-\int_{\Gamma_{\mathrm{I}}}\sum\nolimits_{ikl,j}(Q,p)n_l'(Q)\Delta\mu(Q)u_k(Q)\mathrm{d}\Gamma(Q)\end{aligned} \tag{9-2-24}$$

将式(9-2-24)代入式(9-2-17),则可得到计算应力的积分方程:

$$\begin{aligned}\sigma_{ij}(p)=&\int_{\Gamma}u_{ijk}^{*}(Q,p)t_k(Q)\mathrm{d}\Gamma(Q)-\int_{\Gamma}t_{ijk}^{*}(Q,p)u_k(Q)\mathrm{d}\Gamma(Q)\\&+\int_{\Gamma_{\mathrm{I}}}\Delta t_{ijk}^{*}(Q,p)u_k(Q)\mathrm{d}\Gamma(Q)+\int_{\Omega}v_{ijk}^{*}(q,p)u_k(q)\mathrm{d}\Omega(q)+F_{ijk}(p)u_k(p)\end{aligned} \tag{9-2-25}$$

式中,u_{ijk}^{*} 的表达式见式(8-2-11a);t_{ijk}^{*}、Δt_{ijk}^{*}、v_{ijk}^{*} 和 F_{ijk} 的表达为

$$\begin{aligned}t_{ijk}^{*}=&-\mu D_{ijmn}^{0}\sum\nolimits_{mkl,n}n_l\\=&\frac{\mu}{2\pi\alpha(1-\nu)}\frac{1}{r^{\beta}}\{\beta r_{,m}n_m[C\delta_{ij}r_{,k}+\nu(\delta_{ik}r_{,j}+\delta_{jk}r_{,i})-\gamma r_{,i}r_{,j}r_{,k}]\\&+\beta\nu(n_ir_{,j}r_{,k}+n_jr_{,i}r_{,k})+C(\beta n_kr_{,i}r_{,j}+n_j\delta_{ik}+n_i\delta_{jk})-Dn_k\delta_{ij}\}\end{aligned} \tag{9-2-26a}$$

$$\begin{aligned}\Delta t_{ijk}^{*}=&-\Delta\mu D_{ijmn}^{0}\sum\nolimits_{mkl,n}n_l'\\=&\frac{\Delta\mu}{2\pi\alpha(1-\nu)}\frac{1}{r^{\beta}}\{\beta r_{,m}n_m'[C\delta_{ij}r_{,k}+\nu(\delta_{ik}r_{,j}+\delta_{jk}r_{,i})-\gamma r_{,i}r_{,j}r_{,k}]\\&+\beta\nu(n_i'r_{,j}r_{,k}+n_j'r_{,i}r_{,k})+C(\beta n_k'r_{,i}r_{,j}+n_j'\delta_{ik}+n_i'\delta_{jk})-Dn_k'\delta_{ij}\}\end{aligned} \tag{9-2-26b}$$

$$\begin{aligned}v_{ijk}^{*}=&-D_{ijmn}^{0}\sum\nolimits_{mkl,n}\mu_{,l}\\=&\frac{1}{2\pi\alpha(1-\nu)r^{\beta}}\{\beta\mu_{,m}r_{,m}[C\delta_{ij}r_{,k}+\nu(\delta_{ik}r_{,j}+\delta_{jk}r_{,i})-\gamma r_{,i}r_{,j}r_{,k}]\\&+\beta\nu(\mu_{,i}r_{,j}+\mu_{,j}r_{,i})r_{,k}-D\mu_{,k}\delta_{ij}+C(\beta\mu_{,k}r_{,i}r_{,j}+\mu_{,j}\delta_{ik}+\mu_{,i}\delta_{jk})\}\end{aligned} \tag{9-2-26c}$$

$$F_{ijk}=-D_{ijkl}^{0}\mu_{,l}=\frac{-2\nu}{1-2\nu}(\delta_{ij}\mu_{,k}+\delta_{ik}\mu_{,j}+\delta_{jk}\mu_{,i}) \tag{9-2-26d}$$

式中,参数 C、D 和 γ 的取值见 8.2 节的相关介绍。

2. 常系数弹性力学界面积分方程

对于常系数各向同性均质弹性力学问题,式(9-2-18)和式(9-2-25)中的后两项为零,因此界面积分方程可以简化为

边界点位移积分方程:

$$\int_{\Gamma} u_{ij}^{*}(Q,p)t_j(Q)\mathrm{d}\Gamma(Q)-\int_{\Gamma} t_{ij}^{*}(Q,p)u_j'(Q)\mathrm{d}\Gamma(Q)+\int_{\Gamma_{\mathrm{I}}} \Delta t_{ij}^{*}(Q,p)u_j'(Q)\mathrm{d}\Gamma(Q)=0 \tag{9-2-27}$$

内部点位移积分方程:

$$\begin{aligned}\mu u_i(p)=&\int_{\Gamma} u_{ij}^{*}(Q,p)t_j(Q)\mathrm{d}\Gamma(Q)-\int_{\Gamma} t_{ij}^{*}(Q,p)u_j(Q)\mathrm{d}\Gamma(Q)\\&+\int_{\Gamma_{\mathrm{I}}} \Delta t_{ij}^{*}(Q,p)u_j(Q)\mathrm{d}\Gamma(Q)\end{aligned} \tag{9-2-28}$$

内部点应力积分方程:

$$\begin{aligned}\sigma_{ij}(p)=&\int_{\Gamma} u_{ijk}^{*}(Q,p)t_k(Q)\mathrm{d}\Gamma(Q)-\int_{\Gamma} t_{ijk}^{*}(Q,p)u_k(Q)\mathrm{d}\Gamma(Q)\\&+\int_{\Gamma_{\mathrm{I}}} \Delta t_{ijk}^{*}(Q,p)u_k(Q)\mathrm{d}\Gamma(Q)\end{aligned} \tag{9-2-29}$$

注意到式(9-2-27)中,$u_j'(Q)=u_j(Q)-u_j(p)$,则当$p\to Q$时位移积分方程是正则的,而在应力积分方程(9-2-29)中,当$p\to Q$时,第一项外边界积分是强奇异的,第二项外边界积分和第三项界面积分是超强奇异的。这些奇异积分可由3.6.4节中介绍的直接法来计算。

关于上述界面积分方程的执行,有以下两点需要说明:

(1) 界面单元的求积。

采用边界元法计算界面积分时,需要将所有的界面离散为界面单元。界面单元的离散方法与标准的边界单元离散相同,唯一需要注意的是,界面单元的外法线方向应该指向表达式(9-2-20)中定义为μ_2的介质。

(2) 在角点处采用非连续单元。

对于不光滑的角点,两侧的外法线方向可能不同,面力在角点两侧可能不连续,因此需要采用非连续单元计算角点处的应力。

9.3 基于"三步变量凝聚法"的多域边界元法[10]

多域边界元法的基本思想是把整个求解区域按照材料性质分割成多个子区域,对每个子区域建立独立的边界元矩阵方程,然后利用公共界面上的场量协调条件和场量梯度相关量的平衡条件把各子域的矩阵方程组合成求解全部区域的矩阵

方程。目前主要有两种形式的多域边界元法，一种是凝聚变量法[9,10]，另一种是迭代法[18]。前一种方法通过消除不同种类的未知量形成较小的矩阵方程，而后一种方法则采用一种较快的迭代格式求解比较大的矩阵方程。由于多域边界元法能够处理多种材料问题，并且形成的系数矩阵是稀疏矩阵，因此在过去的几十年里被广泛应用于求解较大型的工程问题。本节介绍一种基于变量凝聚技术的多域边界元算法，每一种介质可以是均匀材料，也可以是非均匀材料。9.3.2 节介绍稳态固体力学问题，9.3.3 节介绍瞬态热传导问题。在每一种问题中介绍的求解方法可以在两种问题中互相借鉴使用。

9.3.1　子域划分与节点分类

在三步变量凝聚多域边界元法中，求解域被分割成一系列的子域。对于每个子域，节点分为三类[10]：自身边界点（不与其他子域共用的边界点）、内部点（位于各子域内部的节点）和公共边界点（两个子域共享的边界点），如图 9-3-1 所示。这三类节点的排列顺序为：自身边界点、公共边界点、内部点。顺序排好后，可分别对每个子域利用边界域积分方程建立离散代数方程组。

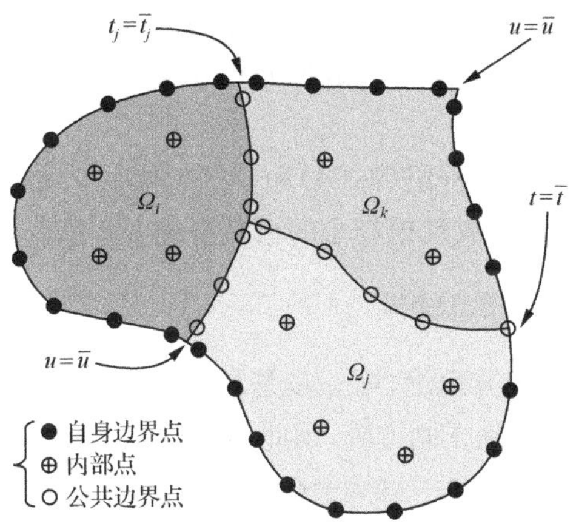

图 9-3-1　三类节点的定义

9.3.2　固体力学问题三步变量凝聚法

对于弹性力学问题，由式(8-1-23)可得每个非均匀介质子域的边界-域积分方程为

$$\begin{aligned}&\int_{\Gamma} u_{ij}^{*}(Q,p)t_j(Q)\mathrm{d}\Gamma(Q)-\int_{\Gamma} t_{ij}^{*}(Q,p)u_j'(Q)\mathrm{d}\Gamma(Q)\\&+\int_{\Omega} v_{ij}^{*}(q,p)u_j'(q)\mathrm{d}\Omega(q)+\int_{\Omega} u_{ij}^{*}(q,p)b_j(q)\mathrm{d}\Omega(q)=0\end{aligned}\tag{9-3-1}$$

对每个子域建立离散代数方程组，其矩阵形式可写为

$$\boldsymbol{H}_{bs}\boldsymbol{u}_s + \boldsymbol{H}_{bc}\boldsymbol{u}_c + \boldsymbol{H}_{bi}\boldsymbol{u}_i = \boldsymbol{G}_{bs}\boldsymbol{t}_s + \boldsymbol{G}_{bc}\boldsymbol{t}_c + \boldsymbol{b}_b \tag{9-3-2}$$

$$\boldsymbol{H}_{is}\boldsymbol{u}_s + \boldsymbol{H}_{ic}\boldsymbol{u}_c + \boldsymbol{H}_{ii}\boldsymbol{u}_i = \boldsymbol{G}_{is}\boldsymbol{t}_s + \boldsymbol{G}_{ic}\boldsymbol{t}_c + \boldsymbol{b}_i \tag{9-3-3}$$

式中，式(9-3-2)是源点 p 为边界点的代数方程组；式(9-3-3)是源点 p 为内部点的代数方程组。

在式(9-3-2)和式(9-3-3)中，下标 s、i 和 c 分别表示自身边界点、内部点和公共边界点上的量，b 表示自身边界点和公共边界点的集合；$\boldsymbol{u}_s$、$\boldsymbol{u}_c$ 和 $\boldsymbol{u}_i$ 分别表示自身边界点、公共边界点以及内部点的位移；$\boldsymbol{t}_s$ 和 $\boldsymbol{t}_c$ 分别表示自身边界点和公共边界点的面力；矩阵 $\boldsymbol{H}_{bs}$、$\boldsymbol{H}_{bc}$、$\boldsymbol{H}_{is}$ 和 $\boldsymbol{H}_{ic}$ 由式(9-3-1)中的中间两项边界积分和域积分形成；矩阵 $\boldsymbol{G}_{bs}$、$\boldsymbol{G}_{bc}$、$\boldsymbol{G}_{is}$ 和 $\boldsymbol{G}_{ic}$ 由式(9-3-1)中的第一项边界积分形成；向量 $\boldsymbol{b}_b$ 和 $\boldsymbol{b}_i$ 是由最后一项体积力积分形成的。对于分片均匀介质问题，矩阵 $\boldsymbol{H}_{ii}$ 为单位矩阵，$\boldsymbol{H}_{bi}$ 等于零。

通过作用所有的位移边界条件和面力边界条件，式(9-3-2)和式(9-3-3)可写成

$$\boldsymbol{A}_{bs}\boldsymbol{x}_s + \boldsymbol{H}_{bc}\boldsymbol{u}_c + \boldsymbol{H}_{bi}\boldsymbol{u}_i = \boldsymbol{y}_b + \boldsymbol{G}_{bc}\boldsymbol{t}_c \tag{9-3-4}$$

$$\boldsymbol{A}_{is}\boldsymbol{x}_s + \boldsymbol{H}_{ic}\boldsymbol{u}_c + \boldsymbol{H}_{ii}\boldsymbol{u}_i = \boldsymbol{y}_i + \boldsymbol{G}_{ic}\boldsymbol{t}_c \tag{9-3-5}$$

式中，$\boldsymbol{x}_s$ 是由所有自身边界点的未知位移和未知面力形成的向量；$\boldsymbol{y}_b$ 和 $\boldsymbol{y}_i$ 是由所有给定的边界位移和面力与相应的矩阵元素相乘并与 $\boldsymbol{b}_b$ 和 $\boldsymbol{b}_i$ 合并形成的已知向量。

为了有效地求解代数方程组(9-3-4)和(9-3-5)中的未知向量 $\boldsymbol{x}_s$、$\boldsymbol{u}_c$、$\boldsymbol{t}_c$ 和 $\boldsymbol{u}_i$，可通过变量的逐级消去法，形成规模较小的稀疏系统方程组。

1. 第一步：消除内部节点变量

为了形成较小的系统方程组，第一步是消除每个子域内部节点的未知量。由于式(9-3-5)中的矩阵 $\boldsymbol{H}_{ii}$ 是正则方阵，因此，对于每个子域可以由其给出

$$\boldsymbol{u}_i = (\boldsymbol{H}_{ii})^{-1}(\boldsymbol{y}_i + \boldsymbol{G}_{ic}\boldsymbol{t}_c - \boldsymbol{A}_{is}\boldsymbol{x}_s - \boldsymbol{H}_{ic}\boldsymbol{u}_c) \tag{9-3-6}$$

将式(9-3-6)代入式(9-3-4)，经整理得

$$\bar{\boldsymbol{A}}_{bs}\boldsymbol{x}_s + \bar{\boldsymbol{H}}_{bc}\boldsymbol{u}_c = \bar{\boldsymbol{y}}_b + \bar{\boldsymbol{G}}_{bc}\boldsymbol{t}_c \tag{9-3-7}$$

式中

$$\begin{aligned}
\bar{\boldsymbol{A}}_{bs} &= \boldsymbol{A}_{bs} - \boldsymbol{H}_{bi}(\boldsymbol{H}_{ii})^{-1}\boldsymbol{A}_{is} \\
\bar{\boldsymbol{H}}_{bc} &= \boldsymbol{H}_{bc} - \boldsymbol{H}_{bi}(\boldsymbol{H}_{ii})^{-1}\boldsymbol{H}_{ic} \\
\bar{\boldsymbol{G}}_{bc} &= \boldsymbol{G}_{bc} - \boldsymbol{H}_{bi}(\boldsymbol{H}_{ii})^{-1}\boldsymbol{G}_{ic} \\
\bar{\boldsymbol{y}}_b &= \boldsymbol{y}_b - \boldsymbol{H}_{bi}(\boldsymbol{H}_{ii})^{-1}\boldsymbol{y}_i
\end{aligned} \tag{9-3-8}$$

需要指出的是：在分片均匀介质问题中，矩阵 $\boldsymbol{H}_{ii}$ 为单位矩阵，并且 $\boldsymbol{H}_{bi}$ 等于

零，因此不需要专门形成式(9-3-6)。

2. 第二步：消除自身边界点变量

对于每个子域，边界点 b 由自身边界点 s 和公共边界点 c 组成，因此，式(9-3-7)可分解为如下两组方程：

$$\bar{\boldsymbol{A}}_{ss}\boldsymbol{x}_s + \bar{\boldsymbol{H}}_{sc}\boldsymbol{u}_c = \bar{\boldsymbol{y}}_s + \bar{\boldsymbol{G}}_{sc}\boldsymbol{t}_c \tag{9-3-9}$$

$$\bar{\boldsymbol{A}}_{cs}\boldsymbol{x}_s + \bar{\boldsymbol{H}}_{cc}\boldsymbol{u}_c = \bar{\boldsymbol{y}}_c + \bar{\boldsymbol{G}}_{cc}\boldsymbol{t}_c \tag{9-3-10}$$

式中，所有矩阵都是式(9-3-7)中对应矩阵的子矩阵。

式(9-3-9)可以改写为

$$\boldsymbol{x}_s = (\bar{\boldsymbol{A}}_{ss})^{-1}(\bar{\boldsymbol{y}}_s + \bar{\boldsymbol{G}}_{sc}t_c - \bar{\boldsymbol{H}}_{sc}\boldsymbol{u}_c) \tag{9-3-11}$$

将式(9-3-11)代入式(9-3-10)可得

$$\hat{\boldsymbol{H}}_{cc}\boldsymbol{u}_c = \hat{\boldsymbol{y}}_c + \hat{\boldsymbol{G}}_{cc}\boldsymbol{t}_c \tag{9-3-12}$$

式中

$$\begin{aligned} \hat{\boldsymbol{H}}_{cc} &= \bar{\boldsymbol{H}}_{cc} - \bar{\boldsymbol{A}}_{cs}(\bar{\boldsymbol{A}}_{ss})^{-1}\bar{\boldsymbol{H}}_{sc} \\ \hat{\boldsymbol{G}}_{cc} &= \bar{\boldsymbol{G}}_{cc} - \bar{\boldsymbol{A}}_{cs}(\bar{\boldsymbol{A}}_{ss})^{-1}\bar{\boldsymbol{G}}_{sc} \\ \hat{\boldsymbol{y}}_c &= \bar{\boldsymbol{y}}_c - \bar{\boldsymbol{A}}_{cs}(\bar{\boldsymbol{A}}_{ss})^{-1}\bar{\boldsymbol{y}}_s \end{aligned} \tag{9-3-13}$$

3. 第三步：组集总体系统方程组

从式(9-3-12)可以看出，如果公共节点的位移 $\boldsymbol{u}_c$ 和面力 $\boldsymbol{t}_c$ 中的一个能被消掉，就可建立系统方程组。然而，如果一个子域完全被其他子域所包围，由于刚体位移效应，矩阵 $\hat{\boldsymbol{H}}_{cc}$ 可能是奇异矩阵。但矩阵 $\hat{\boldsymbol{G}}_{cc}$ 一般都是正则的，因此，由式(9-3-12)可写出

$$\boldsymbol{t}_c = (\hat{\boldsymbol{G}}_{cc})^{-1}(\hat{\boldsymbol{H}}_{cc}\boldsymbol{u}_c - \hat{\boldsymbol{y}}_c) \tag{9-3-14}$$

式(9-3-14)对于每个子域都成立。为了清楚起见，对于第 n 个子域，将上式表示为

$$\boldsymbol{t}_c^{(n)} = (\hat{\boldsymbol{G}}_{cc}^{(n)})^{-1}(\hat{\boldsymbol{H}}_{cc}^{(n)}\boldsymbol{u}_c^{(n)} - \hat{\boldsymbol{y}}_c^{(n)}) \tag{9-3-15}$$

公共节点位移向量 $\boldsymbol{u}_c^{(n)}$ 是在第 n 个子域内定义的局部编号位移向量。为了建立全局的系统方程组，我们定义一个包含所有公共节点的全局位移向量 $\boldsymbol{U}_c$。局部位移向量 $\boldsymbol{u}_c^{(n)}$ 可以通过一个转换矩阵 $\boldsymbol{Q}^{(n)}$ 与全局位移向量 $\boldsymbol{U}_c$ 联系起来，即

$$\boldsymbol{u}_c^{(n)} = \boldsymbol{Q}^{(n)}\boldsymbol{U}_c \tag{9-3-16}$$

转换矩阵 $\boldsymbol{Q}^{(n)}$ 是由 0 和 1 组成的矩阵，由公共节点位移相容性条件确定。

由公共节点面力平衡条件得

$$\sum_{n} \boldsymbol{t}_{\mathrm{c}}^{(n)} = 0 \tag{9-3-17}$$

于是，将式(9-3-16)代入式(9-3-15)，然后再将所得的结果代入式(9-3-17)，最后可得

$$\boldsymbol{K}_{\mathrm{cc}} \boldsymbol{U}_{\mathrm{c}} = \boldsymbol{Y}_{\mathrm{c}} \tag{9-3-18}$$

式中

$$\boldsymbol{K}_{\mathrm{cc}} = \sum_{n} (\hat{\boldsymbol{G}}_{\mathrm{cc}}^{(n)})^{-1} \hat{\boldsymbol{H}}_{\mathrm{cc}}^{(n)} \boldsymbol{Q}^{(n)} \tag{9-3-19}$$

$$\boldsymbol{Y}_{\mathrm{c}} = \sum_{n} (\hat{\boldsymbol{G}}_{\mathrm{cc}}^{(n)})^{-1} \hat{\boldsymbol{y}}_{\mathrm{c}}^{(n)} \tag{9-3-20}$$

求解式(9-3-18)则可得到所有公共界面上的节点位移，然后把结果代入到式(9-3-15)就可以求得每一个子域公共节点上的面力。利用这些结果可由式(9-3-11)计算每一个子域自身边界点的未知量。如需要，可进一步计算各子域内的位移和应力。

由式(9-3-18)可知，系统方程组的自由度数等于所有公共界面节点的自由度数，比所有边界点以及内部点的自由度数要小得多。另外，式(9-3-18)中的系数矩阵 $\boldsymbol{K}_{\mathrm{cc}}$ 是一个非对称的稀疏矩阵，因此可使用 2.7 节中介绍的同时消元回代法对其有效求解。

9.3.3 瞬态热传导问题三步变量凝聚法[19]

9.3.2 节介绍了求解多种介质稳态固体力学问题的三步变量凝聚法，其思想也可以用于求解稳态热传导问题，这里不再赘述。下面介绍多种介质瞬态热传导问题的三步变量凝聚法。

1. 时域问题边界元离散方程

参考 4.3 节，非均质瞬态热传导问题的边界-域积分方程为式(4-3-4)。采用 9.3.1 节所介绍的子域划分以及节点定义，对每个子域建立离散代数方程组，则式(4-3-4)的边界点和内部点矩阵方程可写为

$$\boldsymbol{H}_{\mathrm{bs}} \tilde{\boldsymbol{T}}_{\mathrm{s}} + \boldsymbol{H}_{\mathrm{bc}} \tilde{\boldsymbol{T}}_{\mathrm{c}} + \boldsymbol{H}_{\mathrm{bi}} \tilde{\boldsymbol{T}}_{\mathrm{i}} = \boldsymbol{G}_{\mathrm{bs}} \boldsymbol{q}_{\mathrm{s}} + \boldsymbol{G}_{\mathrm{bc}} \boldsymbol{q}_{\mathrm{c}} + \boldsymbol{b}_{\mathrm{b}} - \boldsymbol{C}_{\mathrm{bs}} \dot{\tilde{\boldsymbol{T}}}_{\mathrm{s}} - \boldsymbol{C}_{\mathrm{bc}} \dot{\tilde{\boldsymbol{T}}}_{\mathrm{c}} - \boldsymbol{C}_{\mathrm{bi}} \dot{\tilde{\boldsymbol{T}}}_{\mathrm{i}} \tag{9-3-21}$$

$$\boldsymbol{H}_{\mathrm{is}} \tilde{\boldsymbol{T}}_{\mathrm{s}} + \boldsymbol{H}_{\mathrm{ic}} \tilde{\boldsymbol{T}}_{\mathrm{c}} + \boldsymbol{H}_{\mathrm{ii}} \tilde{\boldsymbol{T}}_{\mathrm{i}} = \boldsymbol{G}_{\mathrm{is}} \boldsymbol{q}_{\mathrm{s}} + \boldsymbol{G}_{\mathrm{ic}} \boldsymbol{q}_{\mathrm{c}} + \boldsymbol{b}_{\mathrm{i}} - \boldsymbol{C}_{\mathrm{is}} \dot{\tilde{\boldsymbol{T}}}_{\mathrm{s}} - \boldsymbol{C}_{\mathrm{ic}} \dot{\tilde{\boldsymbol{T}}}_{\mathrm{c}} - \boldsymbol{C}_{\mathrm{ii}} \dot{\tilde{\boldsymbol{T}}}_{\mathrm{i}} \tag{9-3-22}$$

式中，$\tilde{\boldsymbol{T}}_{\mathrm{s}}$、$\tilde{\boldsymbol{T}}_{\mathrm{c}}$ 和 $\tilde{\boldsymbol{T}}_{\mathrm{i}}$ 分别表示自身边界点、公共边界点以及内部点的规格化温度；$\boldsymbol{q}_{\mathrm{s}}$ 和 $\boldsymbol{q}_{\mathrm{c}}$ 分别表示自身边界点和公共边界点的热通量；$\dot{\tilde{\boldsymbol{T}}}_{\mathrm{s}}$、$\dot{\tilde{\boldsymbol{T}}}_{\mathrm{c}}$ 和 $\dot{\tilde{\boldsymbol{T}}}_{\mathrm{i}}$ 分别表示自身边界

点、公共边界点以及内部点的规格化温度的时间导数；矩阵 $\boldsymbol{H}_{bs}$、$\boldsymbol{H}_{bc}$、$\boldsymbol{H}_{is}$ 和 $\boldsymbol{H}_{ic}$ 由方程(4-3-4)右端的第二、四项积分形成；矩阵 $\boldsymbol{H}_{bi}$ 和 $\boldsymbol{H}_{ii}$ 由方程(4-3-4)右端的第四项积分形成；矩阵 $\boldsymbol{G}_{bs}$、$\boldsymbol{G}_{bc}$、$\boldsymbol{G}_{is}$ 和 $\boldsymbol{G}_{ic}$ 由方程(4-3-4)右端的第一项边界积分形成；矩阵 $\boldsymbol{C}_{bs}$、$\boldsymbol{C}_{bc}$、$\boldsymbol{C}_{bi}$、$\boldsymbol{C}_{is}$、$\boldsymbol{C}_{ic}$ 和 $\boldsymbol{C}_{ii}$ 由方程(4-3-4)右端的最后一项域积分形成；向量 $\boldsymbol{b}_b$ 和 $\boldsymbol{b}_i$ 由方程(4-3-4)右端的第三项积分形成。

通过作用所有的温度边界条件和热通量边界条件，式(9-3-21)和式(9-3-22)可写成

$$\boldsymbol{A}_{bs}\boldsymbol{x}_s+\boldsymbol{H}_{bc}\tilde{\boldsymbol{T}}_c+\boldsymbol{H}_{bi}\tilde{\boldsymbol{T}}_i=\boldsymbol{y}_b+\boldsymbol{G}_{bc}\boldsymbol{q}_c-\boldsymbol{C}_{bs}\dot{\tilde{\boldsymbol{T}}}_s-\boldsymbol{C}_{bc}\dot{\tilde{\boldsymbol{T}}}_c-\boldsymbol{C}_{bi}\dot{\tilde{\boldsymbol{T}}}_i \tag{9-3-23}$$

$$\boldsymbol{A}_{is}\boldsymbol{x}_s+\boldsymbol{H}_{ic}\tilde{\boldsymbol{T}}_c+\boldsymbol{H}_{ii}\tilde{\boldsymbol{T}}_i=\boldsymbol{y}_i+\boldsymbol{G}_{ic}\boldsymbol{q}_c-\boldsymbol{C}_{is}\dot{\tilde{\boldsymbol{T}}}_s-\boldsymbol{C}_{ic}\dot{\tilde{\boldsymbol{T}}}_c-\boldsymbol{C}_{ii}\dot{\tilde{\boldsymbol{T}}}_i \tag{9-3-24}$$

式中，$\boldsymbol{x}_s$ 是由所有自身边界点的未知规格化温度和未知热通量形成的向量；$\boldsymbol{y}_b$ 和 $\boldsymbol{y}_i$ 是由所有给定的边界温度和热通量与相应的矩阵元素相乘并与 $\boldsymbol{b}_b$ 和 $\boldsymbol{b}_i$ 合并形成的已知向量。

类似于第 4 章所采用的时间推进技术，对规格化温度的时间导数仍采用向前差分格式(4-1-32)；对式(9-3-23)和式(9-3-24)中的其他量用第 n 和 $n+1$ 时刻的值表示，具体表达式见式(4-1-33)。将式(4-1-32)和式(4-1-33)代入式(9-3-23)，得

$$\begin{aligned}&\theta\Delta t\boldsymbol{A}_{bs}\boldsymbol{x}_s^{n+1}+(1-\theta)\Delta t\boldsymbol{A}_{bs}\boldsymbol{x}_s^n+\theta\Delta t\boldsymbol{H}_{bc}\tilde{\boldsymbol{T}}_c^{n+1}+(1-\theta)\Delta t\boldsymbol{H}_{bc}\tilde{\boldsymbol{T}}_c^n\\&+\theta\Delta t\boldsymbol{H}_{bi}\tilde{\boldsymbol{T}}_i^{n+1}+(1-\theta)\Delta t\boldsymbol{H}_{bi}\tilde{\boldsymbol{T}}_i^n\\=\;&\theta\Delta t\boldsymbol{y}_b^{n+1}+(1-\theta)\Delta t\boldsymbol{y}_b^n+\theta\Delta t\boldsymbol{G}_{bc}\boldsymbol{q}_c^{n+1}+(1-\theta)\Delta t\boldsymbol{G}_{bc}\boldsymbol{q}_c^n-\boldsymbol{C}_{bc}\tilde{\boldsymbol{T}}_c^{n+1}\\&+\boldsymbol{C}_{bc}\tilde{\boldsymbol{T}}_c^n-\boldsymbol{C}_{bi}\tilde{\boldsymbol{T}}_i^{n+1}+\boldsymbol{C}_{bi}\tilde{\boldsymbol{T}}_i^n-\boldsymbol{C}_{bs}\tilde{\boldsymbol{T}}_s^{n+1}+\boldsymbol{C}_{bs}\tilde{\boldsymbol{T}}_s^n\end{aligned} \tag{9-3-25}$$

对上式最后两项应用温度边界条件，则可以写成

$$\begin{aligned}&\theta\Delta t\boldsymbol{A}_{bs}\boldsymbol{x}_s^{n+1}+(1-\theta)\Delta t\boldsymbol{A}_{bs}\boldsymbol{x}_s^n+\theta\Delta t\boldsymbol{H}_{bc}\tilde{\boldsymbol{T}}_c^{n+1}+(1-\theta)\Delta t\boldsymbol{H}_{bc}\tilde{\boldsymbol{T}}_c^n\\&+\theta\Delta t\boldsymbol{H}_{bi}\tilde{\boldsymbol{T}}_i^{n+1}+(1-\theta)\Delta t\boldsymbol{H}_{bi}\tilde{\boldsymbol{T}}_i^n\\=\;&\theta\Delta t\boldsymbol{y}_b^{n+1}+(1-\theta)\Delta t\boldsymbol{y}_b^n+\theta\Delta t\boldsymbol{G}_{bc}\boldsymbol{q}_c^{n+1}+(1-\theta)\Delta t\boldsymbol{G}_{bc}\boldsymbol{q}_c^n\\&-\boldsymbol{C}_{bc}\tilde{\boldsymbol{T}}_c^{n+1}+\boldsymbol{C}_{bc}\tilde{\boldsymbol{T}}_c^n-\boldsymbol{C}_{bi}\tilde{\boldsymbol{T}}_i^{n+1}+\boldsymbol{C}_{bi}\tilde{\boldsymbol{T}}_i^n-\boldsymbol{C}'_{bs}\boldsymbol{x}_s^{n+1}+\boldsymbol{C}'_{bs}\boldsymbol{x}_s^n+\boldsymbol{y}'_b\end{aligned} \tag{9-3-26}$$

式中，$\boldsymbol{y}'_b$ 为第 n 和 $n+1$ 时刻的自身边界点的已知温度与相应的矩阵元素相乘形成的已知向量；矩阵 $\boldsymbol{C}'_{bs}$ 中与已知温度相对应的列元素为 0。合并式(9-3-26)中的相同项，经整理可得

$$\begin{aligned}&(\theta\Delta t\boldsymbol{A}_{bs}+\boldsymbol{C}'_{bs})\boldsymbol{x}_s^{n+1}+(\theta\Delta t\boldsymbol{H}_{bc}+\boldsymbol{C}_{bc})\tilde{\boldsymbol{T}}_c^{n+1}+(\theta\Delta t\boldsymbol{H}_{bi}+\boldsymbol{C}_{bi})\tilde{\boldsymbol{T}}_i^{n+1}\\=\;&\theta\Delta t\boldsymbol{y}_b^{n+1}+\theta\Delta t\boldsymbol{G}_{bc}\boldsymbol{q}_c^{n+1}+[\boldsymbol{C}'_{bs}-(1-\theta)\Delta t\boldsymbol{A}_{bs}]\boldsymbol{x}_s^n+[\boldsymbol{C}_{bc}-(1-\theta)\Delta t\boldsymbol{H}_{bc}]\tilde{\boldsymbol{T}}_c^n\\&+[\boldsymbol{C}_{bi}-(1-\theta)\Delta t\boldsymbol{H}_{bi}]\tilde{\boldsymbol{T}}_i^n+(1-\theta)\Delta t\boldsymbol{y}_b^n+(1-\theta)\Delta t\boldsymbol{G}_{bc}\boldsymbol{q}_c^n+\boldsymbol{y}'_b\end{aligned} \tag{9-3-27}$$

采用相同的方法，将差分格式代入式(9-3-24)，经整理后可得到下述关于内部点的方程：

$$
\begin{aligned}
&(\theta\Delta t\boldsymbol{A}_{\mathrm{is}}+\boldsymbol{C}'_{\mathrm{is}})\boldsymbol{x}_{\mathrm{s}}^{n+1}+(\theta\Delta t\boldsymbol{H}_{\mathrm{ic}}+\boldsymbol{C}_{\mathrm{ic}})\widetilde{\boldsymbol{T}}_{\mathrm{c}}^{n+1}+(\theta\Delta t\boldsymbol{H}_{\mathrm{ii}}+\boldsymbol{C}_{\mathrm{ii}})\widetilde{\boldsymbol{T}}_{\mathrm{i}}^{n+1}\\
&=\theta\Delta t\boldsymbol{y}_{\mathrm{i}}^{n+1}+\theta\Delta t\boldsymbol{G}_{\mathrm{ic}}\boldsymbol{q}_{\mathrm{c}}^{n+1}+[\boldsymbol{C}'_{\mathrm{is}}-(1-\theta)\Delta t\boldsymbol{A}_{\mathrm{is}}]\boldsymbol{x}_{\mathrm{s}}^{n}+[\boldsymbol{C}_{\mathrm{ic}}-(1-\theta)\Delta t\boldsymbol{H}_{\mathrm{ic}}]\widetilde{\boldsymbol{T}}_{\mathrm{c}}^{n}\\
&\quad+[\boldsymbol{C}_{\mathrm{ii}}-(1-\theta)\Delta t\boldsymbol{H}_{\mathrm{ii}}]\widetilde{\boldsymbol{T}}_{\mathrm{i}}^{n}+(1-\theta)\Delta t\boldsymbol{y}_{\mathrm{i}}^{n}+(1-\theta)\Delta t\boldsymbol{G}_{\mathrm{ic}}\boldsymbol{q}_{\mathrm{c}}^{n}+\boldsymbol{y}'_{\mathrm{i}}
\end{aligned}
\tag{9-3-28}
$$

在第 n 时刻，$\boldsymbol{x}_{\mathrm{s}}^{n}$，$\widetilde{\boldsymbol{T}}_{\mathrm{c}}^{n}$，$\widetilde{\boldsymbol{T}}_{\mathrm{i}}^{n}$ 和 $\boldsymbol{q}_{\mathrm{c}}^{n}$ 已经被求出，因此式(9-3-27)和式(9-3-28)可表示成下述形式：

$$\bar{\boldsymbol{A}}_{\mathrm{bs}}\boldsymbol{x}_{\mathrm{s}}^{n+1}+\bar{\boldsymbol{H}}_{\mathrm{bc}}\widetilde{\boldsymbol{T}}_{\mathrm{c}}^{n+1}+\bar{\boldsymbol{H}}_{\mathrm{bi}}\widetilde{\boldsymbol{T}}_{\mathrm{i}}^{n+1}=\bar{\boldsymbol{y}}_{\mathrm{b}}^{n+1}+\bar{\boldsymbol{G}}_{\mathrm{bc}}\boldsymbol{q}_{\mathrm{c}}^{n+1} \tag{9-3-29}$$

$$\bar{\boldsymbol{A}}_{\mathrm{is}}\boldsymbol{x}_{\mathrm{s}}^{n+1}+\bar{\boldsymbol{H}}_{\mathrm{ic}}\widetilde{\boldsymbol{T}}_{\mathrm{c}}^{n+1}+\bar{\boldsymbol{H}}_{\mathrm{ii}}\widetilde{\boldsymbol{T}}_{\mathrm{i}}^{n+1}=\bar{\boldsymbol{y}}_{\mathrm{i}}^{n+1}+\bar{\boldsymbol{G}}_{\mathrm{ic}}\boldsymbol{q}_{\mathrm{c}}^{n+1} \tag{9-3-30}$$

式中

$$\bar{\boldsymbol{A}}_{\mathrm{bs}}=\theta\Delta t\boldsymbol{A}_{\mathrm{bs}}+\boldsymbol{C}'_{\mathrm{bs}} \tag{9-3-31a}$$

$$\bar{\boldsymbol{H}}_{\mathrm{bc}}=\theta\Delta t\boldsymbol{H}_{\mathrm{bc}}+\boldsymbol{C}_{\mathrm{bc}} \tag{9-3-31b}$$

$$\bar{\boldsymbol{H}}_{\mathrm{bi}}=\theta\Delta t\boldsymbol{H}_{\mathrm{bi}}+\boldsymbol{C}_{\mathrm{bi}} \tag{9-3-31c}$$

$$\bar{\boldsymbol{G}}_{\mathrm{bc}}=\theta\Delta t\boldsymbol{G}_{\mathrm{bc}} \tag{9-3-31d}$$

$$
\begin{aligned}
\bar{\boldsymbol{y}}_{\mathrm{b}}^{n+1}=&\theta\Delta t\boldsymbol{y}_{\mathrm{b}}^{n+1}+[\boldsymbol{C}'_{\mathrm{bs}}-(1-\theta)\Delta t\boldsymbol{A}_{\mathrm{bs}}]\boldsymbol{x}_{\mathrm{s}}^{n}+[\boldsymbol{C}_{\mathrm{bc}}-(1-\theta)\Delta t\boldsymbol{H}_{\mathrm{bc}}]\widetilde{\boldsymbol{T}}_{\mathrm{c}}^{n}\\
&+[\boldsymbol{C}_{\mathrm{bi}}-(1-\theta)\Delta t\boldsymbol{H}_{\mathrm{bi}}]\widetilde{\boldsymbol{T}}_{\mathrm{i}}^{n}+(1-\theta)\Delta t\boldsymbol{y}_{\mathrm{b}}^{n}+(1-\theta)\Delta t\boldsymbol{G}_{\mathrm{bc}}\boldsymbol{q}_{\mathrm{c}}^{n}+\boldsymbol{y}'_{\mathrm{b}}
\end{aligned}
\tag{9-3-31e}
$$

$$\bar{\boldsymbol{A}}_{\mathrm{is}}=\theta\Delta t\boldsymbol{A}_{\mathrm{is}}+\boldsymbol{C}'_{\mathrm{is}} \tag{9-3-32a}$$

$$\bar{\boldsymbol{H}}_{\mathrm{ic}}=\theta\Delta t\boldsymbol{H}_{\mathrm{ic}}+\boldsymbol{C}_{\mathrm{ic}} \tag{9-3-32b}$$

$$\bar{\boldsymbol{H}}_{\mathrm{ii}}=\theta\Delta t\boldsymbol{H}_{\mathrm{ii}}+\boldsymbol{C}_{\mathrm{ii}} \tag{9-3-32c}$$

$$\bar{\boldsymbol{G}}_{\mathrm{ic}}=\theta\Delta t\boldsymbol{G}_{\mathrm{ic}} \tag{9-3-32d}$$

$$
\begin{aligned}
\bar{\boldsymbol{y}}_{\mathrm{i}}^{n+1}=&\theta\Delta t\boldsymbol{y}_{\mathrm{i}}^{n+1}+[\boldsymbol{C}'_{\mathrm{is}}-(1-\theta)\Delta t\boldsymbol{A}_{\mathrm{is}}]\boldsymbol{x}_{\mathrm{s}}^{n}+[\boldsymbol{C}_{\mathrm{ic}}-(1-\theta)\Delta t\boldsymbol{H}_{\mathrm{ic}}]\widetilde{\boldsymbol{T}}_{\mathrm{c}}^{n}\\
&+[\boldsymbol{C}_{\mathrm{ii}}-(1-\theta)\Delta t\boldsymbol{H}_{\mathrm{ii}}]\widetilde{\boldsymbol{T}}_{\mathrm{i}}^{n}+(1-\theta)\Delta t\boldsymbol{y}_{\mathrm{i}}^{n}+(1-\theta)\Delta t\boldsymbol{G}_{\mathrm{ic}}\boldsymbol{q}_{\mathrm{c}}^{n}+\boldsymbol{y}'_{\mathrm{i}}
\end{aligned}
\tag{9-3-32e}
$$

为了求解式(9-3-29)和式(9-3-30)的未知向量 $\boldsymbol{x}_{\mathrm{s}}^{n+1}$、$\widetilde{\boldsymbol{T}}_{\mathrm{c}}^{n+1}$、$\widetilde{\boldsymbol{T}}_{\mathrm{i}}^{n+1}$ 和 $\boldsymbol{q}_{\mathrm{c}}^{n+1}$，下面将采用 9.3.2 节介绍的三步变量凝聚技术建立最终系统方程组。

2. 时域问题三步变量凝聚法

第一步：消除子域内部节点温度。

根据 9.3.2 节介绍的三步变量凝聚法，求解瞬态导热问题的第一步是消除子域的内部节点温度。对于每个子域可以由式(9-3-30)给出

$$\tilde{\boldsymbol{T}}_{\mathrm{i}}^{n+1}=(\bar{\boldsymbol{H}}_{\mathrm{ii}})^{-1}(\bar{\boldsymbol{y}}_{\mathrm{i}}^{n+1}+\bar{\boldsymbol{G}}_{\mathrm{ic}}\boldsymbol{q}_{\mathrm{c}}^{n+1}-\bar{\boldsymbol{A}}_{\mathrm{is}}\boldsymbol{x}_{\mathrm{s}}^{n+1}-\bar{\boldsymbol{H}}_{\mathrm{ic}}\tilde{\boldsymbol{T}}_{\mathrm{c}}^{n+1}) \tag{9-3-33}$$

将式(9-3-33)代入式(9-3-29)，经整理得

$$\tilde{\boldsymbol{A}}_{\mathrm{bs}}\boldsymbol{x}_{\mathrm{s}}^{n+1}+\tilde{\boldsymbol{H}}_{\mathrm{bc}}\tilde{\boldsymbol{T}}_{\mathrm{c}}^{n+1}=\tilde{\boldsymbol{y}}_{\mathrm{b}}^{n+1}+\tilde{\boldsymbol{G}}_{\mathrm{bc}}\boldsymbol{q}_{\mathrm{c}}^{n+1} \tag{9-3-34}$$

式中

$$\begin{cases}\tilde{\boldsymbol{A}}_{\mathrm{bs}}=\bar{\boldsymbol{A}}_{\mathrm{bs}}-\bar{\boldsymbol{H}}_{\mathrm{bi}}(\bar{\boldsymbol{H}}_{\mathrm{ii}})^{-1}\bar{\boldsymbol{A}}_{\mathrm{is}}\\ \tilde{\boldsymbol{H}}_{\mathrm{bc}}=\bar{\boldsymbol{H}}_{\mathrm{bc}}-\bar{\boldsymbol{H}}_{\mathrm{bi}}(\bar{\boldsymbol{H}}_{\mathrm{ii}})^{-1}\bar{\boldsymbol{H}}_{\mathrm{ic}}\\ \tilde{\boldsymbol{G}}_{\mathrm{bc}}=\bar{\boldsymbol{G}}_{\mathrm{bc}}-\bar{\boldsymbol{H}}_{\mathrm{bi}}(\bar{\boldsymbol{H}}_{\mathrm{ii}})^{-1}\bar{\boldsymbol{G}}_{\mathrm{ic}}\\ \tilde{\boldsymbol{y}}_{\mathrm{b}}^{n+1}=\bar{\boldsymbol{y}}_{\mathrm{b}}^{n+1}-\bar{\boldsymbol{H}}_{\mathrm{bi}}(\boldsymbol{H}_{\mathrm{ii}})^{-1}\bar{\boldsymbol{y}}_{\mathrm{i}}^{n+1}\end{cases} \tag{9-3-35}$$

第二步：消除子域的自身边界点变量。

对于每个子域，边界点 b 由自身边界点 s 和公共边界点 c 组成，因此，式(9-3-34)可分解为如下两组方程：

$$\tilde{\boldsymbol{A}}_{\mathrm{ss}}\boldsymbol{x}_{\mathrm{s}}^{n+1}+\tilde{\boldsymbol{H}}_{\mathrm{sc}}\tilde{\boldsymbol{T}}_{\mathrm{c}}^{n+1}=\tilde{\boldsymbol{y}}_{\mathrm{s}}^{n+1}+\tilde{\boldsymbol{G}}_{\mathrm{sc}}\boldsymbol{q}_{\mathrm{c}}^{n+1} \tag{9-3-36}$$

$$\tilde{\boldsymbol{A}}_{\mathrm{cs}}\boldsymbol{x}_{\mathrm{s}}^{n+1}+\tilde{\boldsymbol{H}}_{\mathrm{cc}}\tilde{\boldsymbol{T}}_{\mathrm{c}}^{n+1}=\tilde{\boldsymbol{y}}_{\mathrm{c}}^{n+1}+\tilde{\boldsymbol{G}}_{\mathrm{cc}}\boldsymbol{q}_{\mathrm{c}}^{n+1} \tag{9-3-37}$$

式中，所有矩阵都是式(9-3-34)中对应矩阵的子矩阵。

式(9-3-36)可以改写为

$$\boldsymbol{x}_{\mathrm{s}}^{n+1}=(\tilde{\boldsymbol{A}}_{\mathrm{ss}})^{-1}(\tilde{\boldsymbol{y}}_{\mathrm{s}}^{n+1}+\tilde{\boldsymbol{G}}_{\mathrm{sc}}\boldsymbol{q}_{\mathrm{c}}^{n+1}-\tilde{\boldsymbol{H}}_{\mathrm{sc}}\tilde{\boldsymbol{T}}_{\mathrm{c}}^{n+1}) \tag{9-3-38}$$

将式(9-3-38)代入式(9-3-37)，经整理得

$$\hat{\boldsymbol{H}}_{\mathrm{cc}}\tilde{\boldsymbol{T}}_{\mathrm{c}}^{n+1}=\hat{\boldsymbol{y}}_{\mathrm{c}}^{n+1}+\hat{\boldsymbol{G}}_{\mathrm{cc}}\boldsymbol{q}_{\mathrm{c}}^{n+1} \tag{9-3-39}$$

式中

$$\begin{cases}\hat{\boldsymbol{H}}_{\mathrm{cc}}=\tilde{\boldsymbol{H}}_{\mathrm{cc}}-\tilde{\boldsymbol{A}}_{\mathrm{cs}}(\tilde{\boldsymbol{A}}_{\mathrm{ss}})^{-1}\tilde{\boldsymbol{H}}_{\mathrm{sc}}\\ \hat{\boldsymbol{G}}_{\mathrm{cc}}=\tilde{\boldsymbol{G}}_{\mathrm{cc}}-\tilde{\boldsymbol{A}}_{\mathrm{cs}}(\tilde{\boldsymbol{A}}_{\mathrm{ss}})^{-1}\tilde{\boldsymbol{G}}_{\mathrm{sc}}\\ \hat{\boldsymbol{y}}_{\mathrm{c}}^{n+1}=\tilde{\boldsymbol{y}}_{\mathrm{c}}^{n+1}-\tilde{\boldsymbol{A}}_{\mathrm{cs}}(\tilde{\boldsymbol{A}}_{\mathrm{ss}})^{-1}\tilde{\boldsymbol{y}}_{\mathrm{s}}^{n+1}\end{cases} \tag{9-3-40}$$

第三步：组集总体系统方程组。

从式(9-3-39)可以看出，如果公共边界点的温度 $\tilde{\boldsymbol{T}}_{\mathrm{c}}^{n+1}$ 和热通量 $\boldsymbol{q}_{\mathrm{c}}^{n+1}$ 中的一个能被消掉，就可建立系统方程组。因此，由式(9-3-39)可写出

$$\boldsymbol{q}_{\mathrm{c}}^{n+1}=(\hat{\boldsymbol{G}}_{\mathrm{cc}})^{-1}(\hat{\boldsymbol{H}}_{\mathrm{cc}}\tilde{\boldsymbol{T}}_{\mathrm{c}}^{n+1}-\hat{\boldsymbol{y}}_{\mathrm{c}}^{n+1}) \tag{9-3-41}$$

式(9-3-41)对于每个子域都成立。为了清楚起见，对于第 m 个子域，将上式表示为

$$\boldsymbol{q}_{\mathrm{c}}^{n+1(m)} = (\hat{\boldsymbol{G}}_{\mathrm{cc}}^{(m)})^{-1}(\hat{\boldsymbol{H}}_{\mathrm{cc}}^{(m)}\tilde{\boldsymbol{T}}_{\mathrm{c}}^{n+1(m)} - \hat{\boldsymbol{y}}_{\mathrm{c}}^{n+1(m)}) \tag{9-3-42}$$

公共边界节点温度向量 $\tilde{\boldsymbol{T}}_{\mathrm{c}}^{n+1(m)}$ 是在第 m 个子域内定义的局部编号温度向量，为了建立全局的系统方程组，我们定义一个包含所有公共节点的全局温度向量 $\tilde{\boldsymbol{T}}_{\mathrm{c}}^{n+1(Q)}$。局部温度 $\tilde{\boldsymbol{T}}_{\mathrm{c}}^{n+1(m)}$ 可以通过一个转换矩阵 $\boldsymbol{Q}^{(m)}$ 与全局温度向量 $\tilde{\boldsymbol{T}}_{\mathrm{c}}^{n+1(Q)}$ 联系起来，即

$$\tilde{\boldsymbol{T}}_{\mathrm{c}}^{n+1(m)} = \boldsymbol{Q}^{(m)}\tilde{\boldsymbol{T}}_{\mathrm{c}}^{n+1(Q)} \tag{9-3-43}$$

转换矩阵 $\boldsymbol{Q}^{(m)}$ 是由 0 和 1 组成的矩阵，由公共边界点温度的连续性条件确定。

由公共边界节点热通量连续条件得

$$\sum_{m}\boldsymbol{q}_{\mathrm{c}}^{n+1(m)} = 0 \tag{9-3-44}$$

于是，将式(9-3-43)代入式(9-3-42)中，所得的结果再代入式(9-3-44)，最后可得

$$\boldsymbol{K}_{\mathrm{cc}}\tilde{\boldsymbol{T}}_{\mathrm{c}}^{n+1(Q)} = \boldsymbol{Y}_{\mathrm{c}}^{n+1} \tag{9-3-45}$$

式中

$$\boldsymbol{K}_{\mathrm{cc}} = \sum_{m}(\hat{\boldsymbol{G}}_{\mathrm{cc}}^{(m)})^{-1}\hat{\boldsymbol{H}}_{\mathrm{cc}}^{(m)}\boldsymbol{Q}^{(m)} \tag{9-3-46}$$

$$\boldsymbol{Y}_{\mathrm{c}}^{n+1} = \sum_{m}(\hat{\boldsymbol{G}}_{\mathrm{cc}}^{(m)})^{-1}\hat{\boldsymbol{y}}_{\mathrm{c}}^{n+1(m)} \tag{9-3-47}$$

求解式(9-3-45)则可得到 $n+1$ 时刻的所有公共界面上的节点温度，然后把结果代入到式(9-3-42)就可以求得每一个子域公共节点上的热通量。利用这些结果可由式(9-3-38)计算每一个子域自身边界点的未知量，再由式(9-3-33)可计算子区域内部点的温度。和稳态问题一样，三步变量凝聚方法得到的系统方程组的自由度数等于所有公共界面节点的自由度数，并且系数矩阵 $\boldsymbol{K}_{\mathrm{cc}}$ 是一个非对称的稀疏矩阵。

为了求随时间变化的温度，需在每一个时刻求解系统方程组(9-3-45)。然而系数矩阵 $\boldsymbol{K}_{\mathrm{cc}}$ 只需在初始时刻计算，也就是说矩阵 $\boldsymbol{K}_{\mathrm{cc}}$ 的形成在时间循环之外。除此之外，式(9-3-35)和式(9-3-40)中系数矩阵的计算也在时间循环之外。因此在这些系数矩阵的形成过程中，可把它们储存在外部存储器中，然后在系统方程组求解以及回代过程中读取这些系数矩阵。此外，在三步求解技术的变量凝聚过程中，仅已知向量 $\tilde{\boldsymbol{y}}_{\mathrm{b}}^{n+1}$、$\hat{\boldsymbol{y}}_{\mathrm{c}}^{n+1}$ 和 $\boldsymbol{Y}_{\mathrm{c}}^{n+1}$ 需在每个时刻计算。

9.4　程序介绍及算例

前面介绍了一般热传导及固体力学问题的界面积分边界单元法理论，并进一步分析了分片各向同性介质热传导和弹性力学问题的界面积分方程。本节将介绍

相应的边界元程序 IIBEM，并进行算例分析。

9.4.1　程序介绍

多种介质界面积分边界元程序的文件名为 IIBEM，其大部分内容与第 7 章介绍的单一介质弹性力学边界元程序 BEMEL 相同，重复的子程序和变量可参考相关的内容，这里只对额外的信息进行介绍。

程序 IIBEM 可以运用单一积分方程对分片各向同性介质进行热传导与弹性力学分析。IIBEM 的边界元网格模型除了要在计算域的外边界划分网格之外，还要在不同介质之间的界面划分界面单元，而且界面单元的外法向需要符合式(9-2-5)的要求，即外法向向量 $\boldsymbol{n}'$ 指向介质 2。

子程序 INT_HG 和 SINGUHG 除了计算边界积分之外，还计算界面积分，不同之处在于用式(9-2-26b)中的 $\Delta\mu$ 替代式(9-2-26a)中的 μ。而应力积分方程中的超奇异界面积分的计算则在子程序 SIETPEM 中完成。源点所在位置界定参数 NTU＝1 时源点位于外边界；NTU＝2 时源点位于域内；NTU＝3 时源点位于两种介质的交界面上。另外，为了方便，程序执行完后还将产生含有界面的 FEMAP 和 NASTRAN 软件的几何绘图文件 IIBEM. NAS 以及 TECPLOT 软件的绘图文件 IIBEM. PLT。

1. 输入数据文件介绍

IIBEM 的输入数据文件名为 IIBEM. DAT，共由 13 个数据块组成，介绍如下：

数据块 1(一行)：

TITLE：标题，用来标注所分析的问题。

数据块 2(一行，数据块 2 在程序 BEMEL 数据块 2 基础上增加了部分变量，这里只介绍增加的变量)：

NCP：界面节点的个数；

NCE：界面单元的个数；

NMAT：介质个数；

NFACE：界面个数。

数据块 3(一行)：

TOLGP：高斯积分容差；

TOLRIM：径向积分容差；

DXIV：非连续元缩进比例。

数据块 4(NTP 行，输入节点信息)：

M：节点号；

CD(1,M)：节点 M 的 x 坐标；

CD(2,M)：节点 M 的 y 坐标；

CD(3,M)：节点 M 的 z 坐标(如果是二维问题可忽略)。

数据块 5:

NDOMAIN：内部点的区域组数[1]。

数据块 6(NDOMAIN 行，每 NDOMAIN 组一行)：

IPBEG，IPEND，MAT：起始节点，终止节点，材料性质序号；

NIIPMAT(IP)：第 IP 个内部节点的材料性质序号[1]。

数据块 7 (一行)：

NFIXU：被约束位移的节点组数。

数据块 8 (NFIXU 行，每个被约束的节点组一行)：

IP：被约束的节点号；

NUGRP：约束节点的位移在所指定位移组中的编号；

KODP：位移约束在各个方向的标志。

数据块 9(NBE 行，读取外边界单元信息和界面单元信息，每个单元一行，在 BEMEL 程序基础上增加了单元材料性质参数)：

NEMAT(M)：第 M 个单元的材料性质序号。

数据块 10(NCE 行，读取界面单元信息，每个单元一行，界面单元不含边界条件的约束信息)：

M：单元编号；

LNDB(ID,M)：单元 M 的第 ID 个节点的全局编号；

NEMAT(M)：单元 M 的材料性质序号。

数据块 11：(NTRAC 行，每组指定面力占一行。如果 NTRAC＝0，忽略此块)：

M：面力组的编号；

F：单元所有节点的给定面力值。

数据块 12(NDISP 行，每组指定位移占一行。如果 NDISP＝0，忽略此块)：

N：位移组的编号；

RU：节点各个方向的给定位移值。

数据块 13 (一行)：

CMU0：基础材料性质剪切模量[2]；

CMU(1)：第一重介质的材料剪切模量比[3]；

……

CMU(NMAT)：第 NMAT 重介质的材料剪切模量比。

注释：

1　程序需要指定每个节点的材料性质，边界和界面节点可以通过指定边界和界面单元的材料性质来指定节点的材料性质，内部节点则需要单独指定其材料性质。

2　CMU0 可以指定为某种介质的剪切模量，那么该种介质的材料性质就是基础材料性质。

3　如果材料性质编号为 I 的介质（包括界面）的剪切模量为 μ，那么 CMU(I) $=\mu$ / CMU0，程序将界面也当成一种介质处理，其剪切模量为两种相邻介质剪切模量之差 $\Delta\mu$，对于编号为 J 的界面介质，CMU(J) = $\Delta\mu$ / CMU0。那么，材料性质序号为 K 的某位置处实际剪切模量就为 CMU(K)×CMU0。

2. 子程序及相关变量介绍

界面积分方程附加的界面积分过程和外边界积分过程相同，将不再赘述，下面将重点介绍应力超奇异界面积分相关子程序。所列的公式号为文献[20]中的公式号。

(1) 子程序 SIETPEM：

计算源点位于界面上时，应力界面积分方程中出现的超奇异界面积分，相关公式可在文献[20]中找到。

(2) 子程序 EVAL_LOCALCORDL：

建立单元局部坐标系，并计算节点和源点局部坐标系下的局部坐标，见文献[20]中式(5)。

CKK——场点局部坐标；

CXP——源点局部坐标。

(3) 子程序 TAYLEXP：

计算局部坐标第三个分量展开成另外两个分量泰勒展开系数，以及等参坐标的展开系数，见文献[20]中式(8)和式(9)以及式(27)和式(28)：

DZDI——局部坐标第三个分量对另外两个分量的一阶偏导数，式(8)或式(27)；

DZDIJ——局部坐标第三个分量对另外两个分量的二阶偏导数，式(9)或式(28)；

DXIDI——等参坐标对局部坐标前两个分量的一阶偏导数；

DXIDIJ——等参坐标对局部坐标前两个分量的二阶偏导数；

(4) 子程序 COEF_GHQ：

计算文献[20]中式(15)或式(32)以及式(19)或式(36)中的展开系数，参见式

(18)和式(35)：

QZ——文献[20]中式(34)；

COEFG——全局坐标下距离展开成投影面上的距离的展开系数，文献[20]中式(54)；

COEFH——尺度转化系数，文献[20]中式(53)。

(5) 子程序 ADAPTINT1D：

对投影面轮廓线进行自适应单元子分。

(6) 子程序 INT_CONTOUR：

沿着投影轮廓线的积分，见文献[20]中式(65)。

(7) 子程序 INT_RHO：

计算二维问题的超奇异线积分或者三维问题的超奇异径向积分。

(8) 子程序 COEF_B：

形成文献[20]中式(46)或式(67)中的系数矩阵 $\boldsymbol{B}$。

(9) 子程序 F_KERN：

计算奇异被积函数的非奇异部分，见文献[20]中式(45)。

9.4.2 多种介质热传导问题算例

1. *二维算例*

本算例对由两种介质材料组成的厚壁圆筒进行热传导分析。几何尺寸、边界条件以及两种介质的热导率如图 9-4-1 所示。边界元计算模型如图 9-4-2 所示，

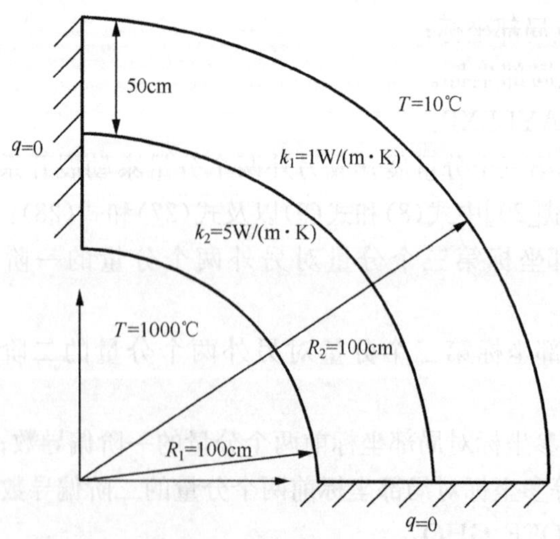

图 9-4-1 两种介质组成的四分之一厚壁圆筒

内、外边界以及公共界面均被离散成 30 个等间隔的二次单元，两个受绝热条件的直线边界被离散成 14 个等间隔的二次单元。为了绘制整个圆筒的温度云图，模型提供了按内部网格划分得到的 1114 个内部点。图 9-4-3 为界面积分边界元法计算得到的温度云图。图 9-4-4 为计算得到的温度沿着径向的分布（d 为内外边界的径向距离）。为了对比，算例还提供了有限元软件 ANSYS 的计算结果，从图 9-4-4可以看出，两者计算的结果非常接近。

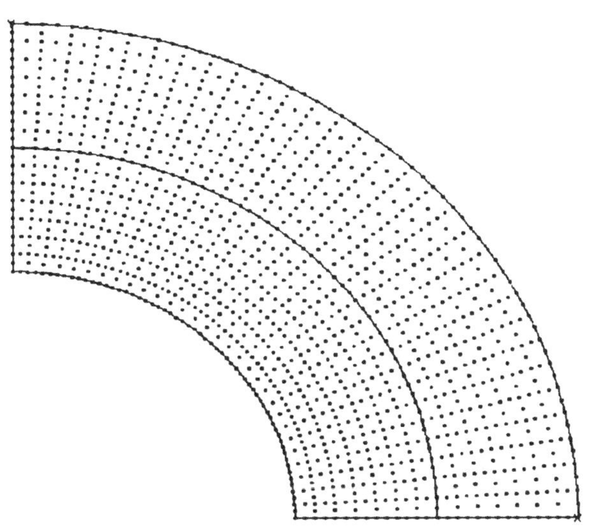

图 9-4-2　厚壁圆筒边界元计算模型

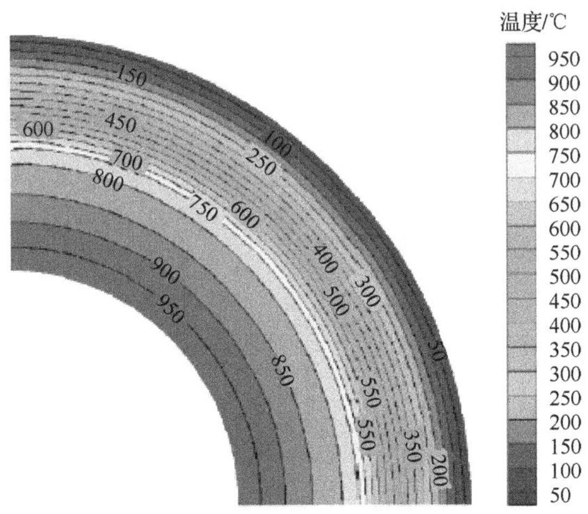

图 9-4-3　厚壁圆筒温度云图

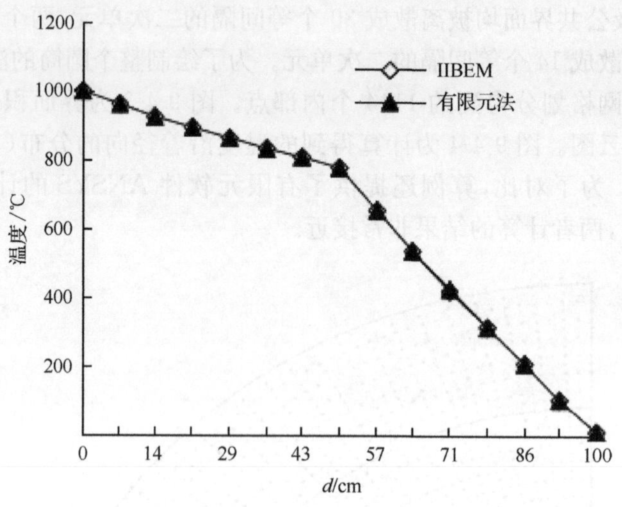

图 9-4-4 温度沿径向距离 d 的分布

2. 三维算例

算例对由两种介质组成的圆柱体进行热传导分析。几何尺寸和边界条件如图 9-4-5 所示,圆柱体 Ω_1 的热导率为 $k_1=3.14\text{W}/(\text{m}\cdot\text{K})$,$\Omega_2$ 的热导率为 $k_2=36.4\text{W}/(\text{m}\cdot\text{K})$。边界元计算模型如图 9-4-6 所示,整个圆柱体外表面被离散成 352 个 8 节点二次单元,1058 个边界点。Ω_1 和 Ω_2 的公共界面被离散成 48 个 8 节

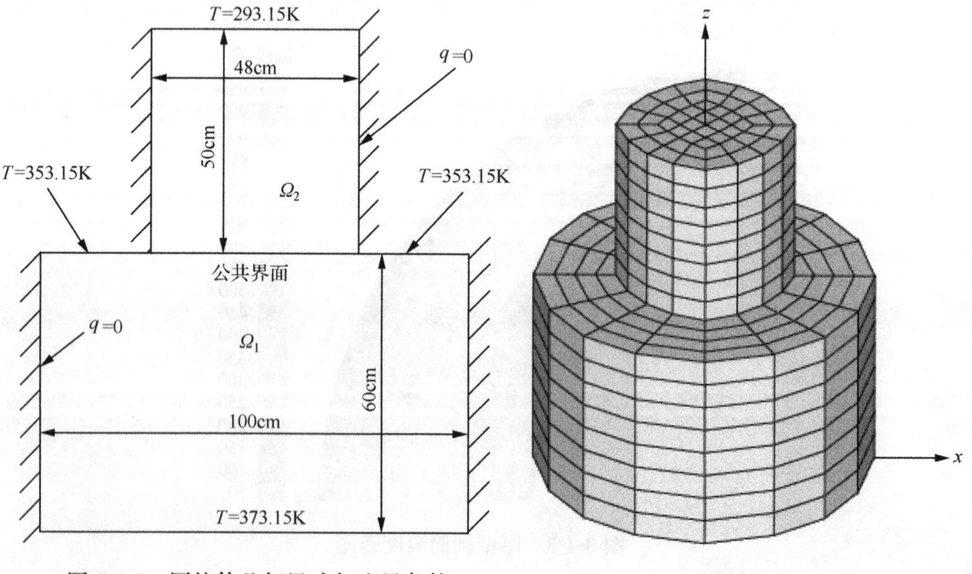

图 9-4-5 圆柱体几何尺寸与边界条件

图 9-4-6 圆柱体边界元网格模型

点二次单元，如图 9-4-7 所示。图 9-4-8 为计算得到的温度沿圆柱体中轴线的分布曲线。图 9-4-9～图 9-4-11 分别为圆柱体下表面、公共界面和上表面的热通量沿径向 r 的分布。为了验证 IIBEM 的计算结果，还采用了多域边界元法对该问题进行计算，相应的结果也在图 9-4-8～图 9-4-11 中(由 MDBEM 表示)。从图 9-4-8～图 9-4-11可以看出，两种方法的计算结果比较接近。此外，图 9-4-10 清晰地显示热通量在上下两圆柱体相交界面的外轮廓线上(r=26cm 处)具有跳跃的现象。

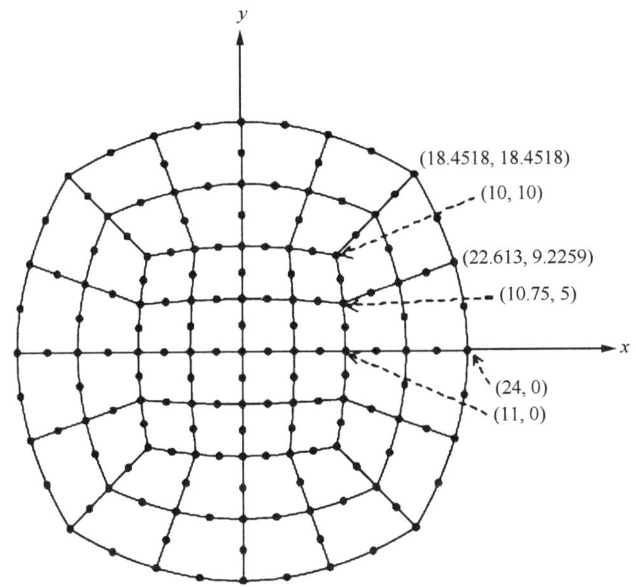

图 9-4-7　圆柱体 Ω_1 和 Ω_2 的公共界面单元网格划分

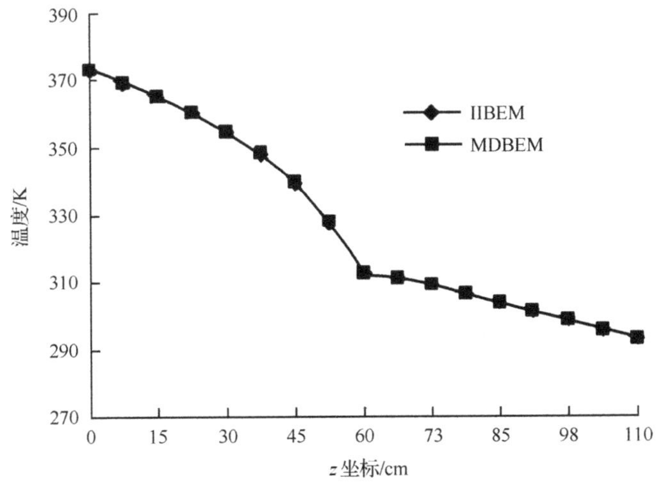

图 9-4-8　圆柱体温度沿中轴线的分布

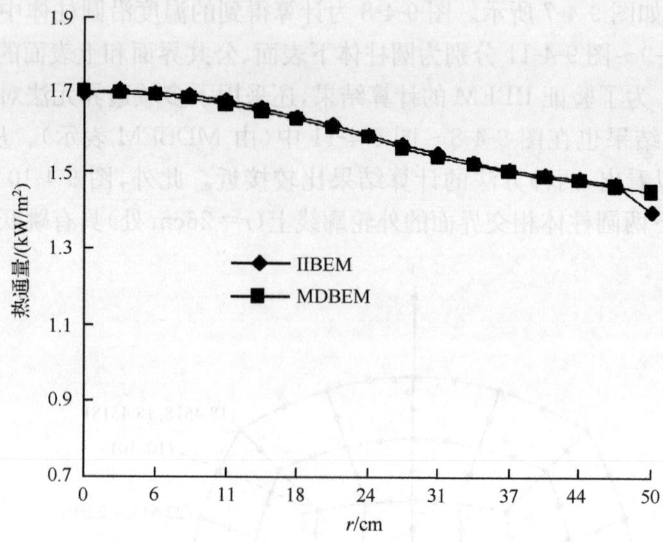

图 9-4-9　底面($z=0$)上热通量沿径向的分布

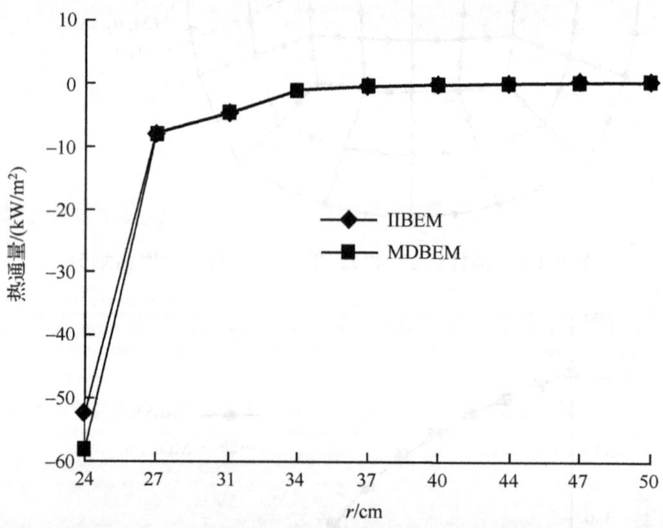

图 9-4-10　公共界面($z=60$)上热通量沿径向的分布

9.4.3　多种介质弹性力学问题算例

1. 二维算例

本算例考虑一个由三种介质组成的厚壁圆筒,其内边界受到 $P=10\text{N/cm}^2$ 的均布压力。由于对称性,截取四分之一的圆筒进行计算,如图 9-4-12 所示。三种

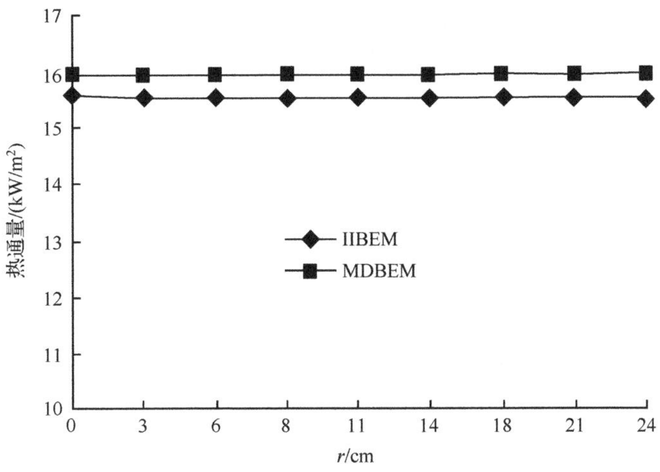

图 9-4-11　上表面($z=110$)的热通量沿径向的分布

介质的剪切模量分别为 $\mu_1=400\mathrm{N/cm^2}$、$\mu_2=800\mathrm{N/cm^2}$ 和 $\mu_3=4000\mathrm{N/cm^2}$，泊松比均为 $\nu=0.25$。厚壁圆筒的边界元模型如图 9-4-13 所示：内、外边界均被离散为 12 个等间隔的二次单元，两条对称边界以及介质 3 与介质 1、2 的公共边界均被离散为 10 个等间隔的二次单元，介质 1 和 2 的公共边界被离散为 6 个等间隔的二次单元，总共有 44 个外部边界单元和 16 个界面边界单元。边界和内部节点数分别为 130 和 8。

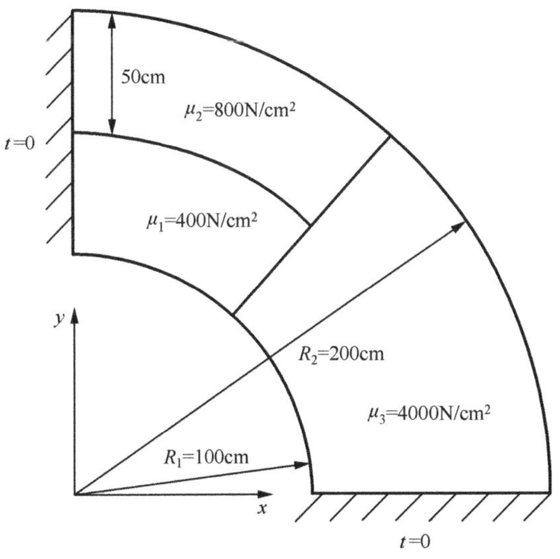

图 9-4-12　三种介质组成的四分之一厚壁圆筒

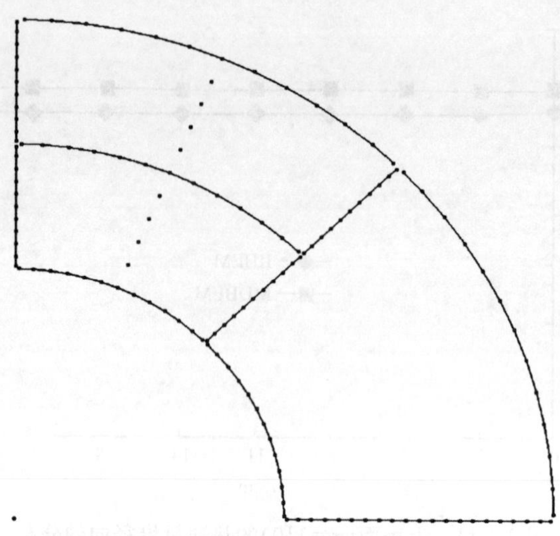

图 9-4-13 厚壁圆筒的边界元模型

图 9-4-14 和图 9-4-15 分别给出了介质 3 与介质 1、2 公共界面上的位移 u_x 和应力 σ_{xx} 沿径向的分布。图 9-4-16 和图 9-4-17 分别为图 9-4-13 中所示内部点的位移 u_x 和应力 σ_{xx} 沿径向的变化曲线图。为了验证 IIBEM 的正确性，图 9-4-14～图 9-4-17 也给出了多域边界元法的计算结果。从图中可以看出，两种方法的计算结果吻合较好，只是在图 9-4-15 中靠近内外边界处有一定的误差，这是由应力集中效应所致。

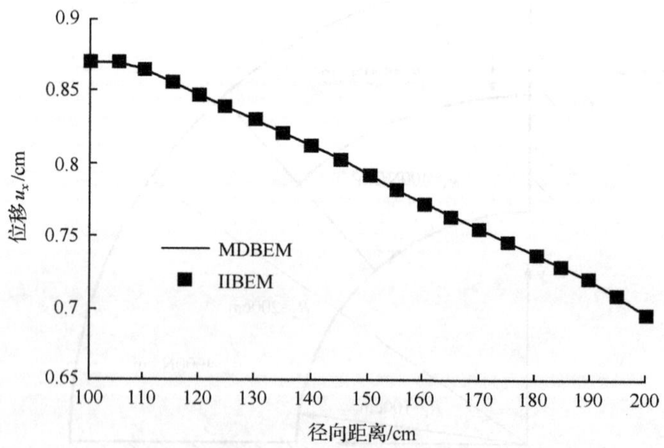

图 9-4-14 介质 3 与介质 1、2 的公共界面上位移 u_x 沿径向的分布

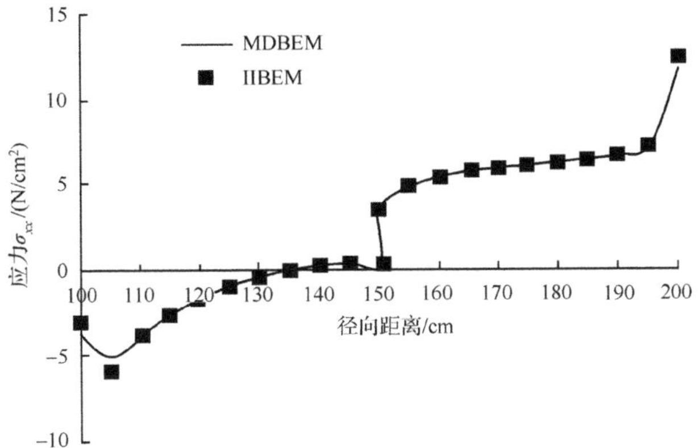

图 9-4-15　介质 3 与介质 1、2 的公共界面上应力 σ_{xx} 沿径向的分布

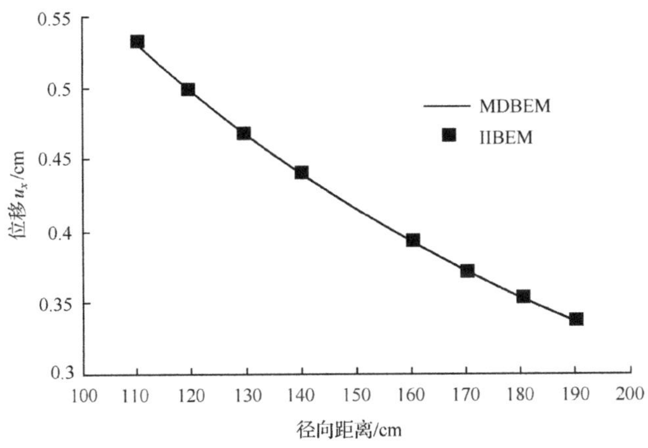

图 9-4-16　内部点的位移 u_x 沿径向的分布

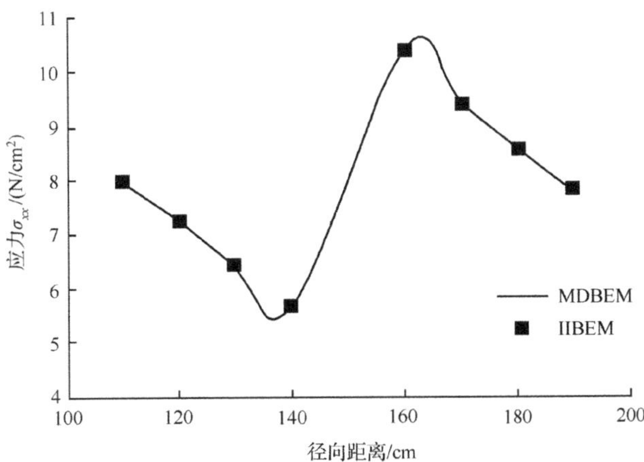

图 9-4-17　应力 σ_{xx} 沿径向的分布

2. 三维算例

如图 9-4-18 所示，考虑一个尺寸为 3.6cm×7.2cm 的矩形平板，中心处有一个内外直径分别为 1.8cm 和 2.7cm 的圆筒。矩形平板左右两端受 $P=100\text{N/cm}^2$ 的均布拉力。因为对称，仅取平板的四分之一结构进行分析(图 9-4-19)。两种介质的剪切模量分别为 $\mu_1=4000\text{N/cm}^2$ 和 $\mu_2=400\text{N/cm}^2$，泊松比为 $\nu=0.25$。边界元模型如图 9-4-20 所示，其中圆筒介质 1 的内外边界均被离散为 20 个等间隔的二次单元。总共有 254 个外边界单元、20 个界面单元和 897 个节点。

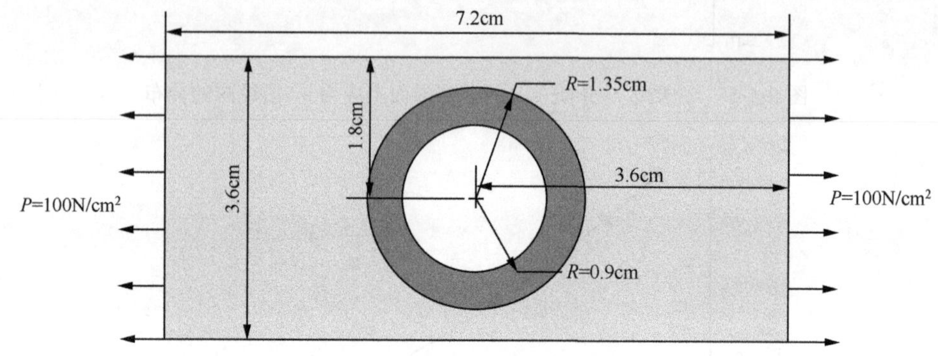

图 9-4-18　受均布力的矩形平板

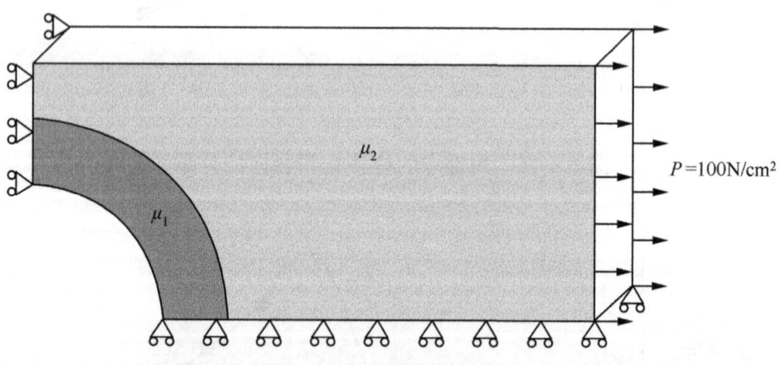

图 9-4-19　两种介质组成的四分之一平板模型

图 9-4-21 和图 9-4-22 分别给出了公共界面上的位移 u_x 和应力 σ_{xx} 沿环向的分布。图 9-4-23 和图 9-4-24 分别为计算得到的位移 u_x 和应力 σ_{xx} 云图。为了比较，算例也提供了有限元软件 ANSYS 的计算结果。从图 9-4-21 和图 9-4-22 可以看出，两种结果吻合良好。

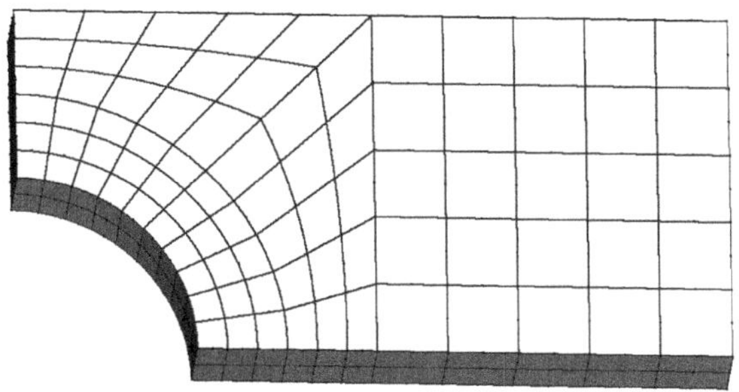

图 9-4-20　两种介质平板的边界元模型

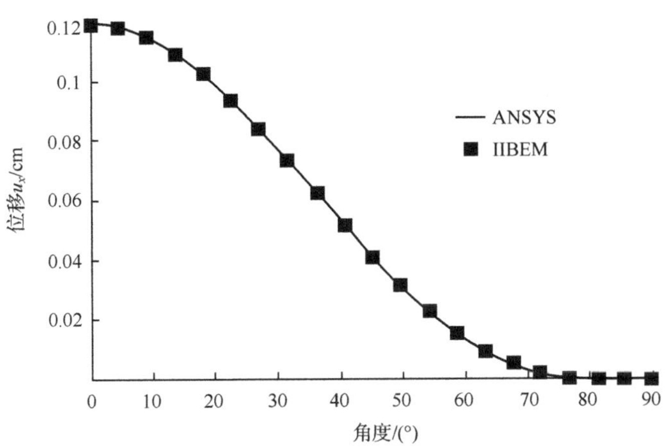

图 9-4-21　公共界面上位移 u_x 的分布

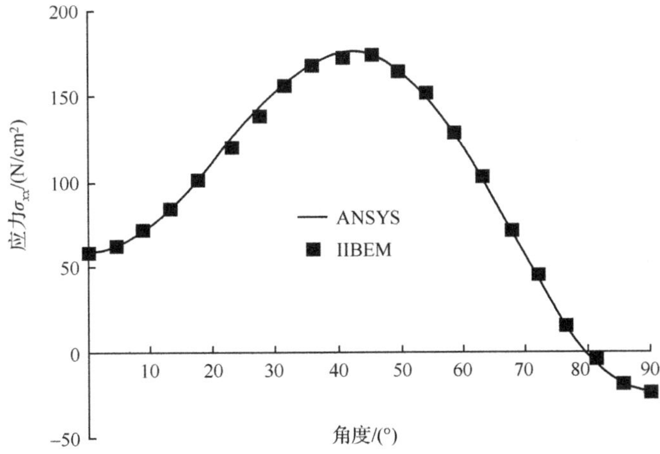

图 9-4-22　公共界面上应力 σ_{xx} 的分布

图 9-4-23 位移 u_x 云图

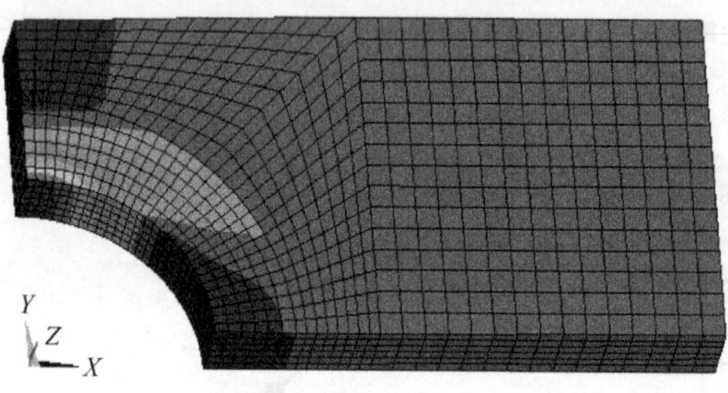

图 9-4-24 应力 σ_{xx} 云图

附录 9A 自由项系数 f_{ijs} 的正则化计算公式

f_{ijs} 的定义式为

$$f_{ijs}(p) = \int_{\Gamma_{\mathrm{I}}} u^{*}_{,ij}(Q,p)(x^{Q}_{s} - x^{p}_{s})\mathrm{d}\Gamma(Q) \tag{9-1-15}$$

将式(4-6-5c)代入式(9-1-15)，并注意到 $x^{Q}_{s} - x^{p}_{s} = rr_{,s}$，则有

$$f_{ijs} = \int_{\Gamma_{\mathrm{I}}} \frac{\bar{f}_{ijs}}{r^{\alpha}}\mathrm{d}\Gamma \tag{9A-1}$$

式中

$$\bar{f}_{ijs} = \frac{-1}{2\pi\alpha}(\delta_{ij} - \beta r_{,i} r_{,j}) r_{,s} \tag{9A-2}$$

通常,界面积分式(9A-1)是通过数值积分来完成的,即将积分界面 Γ_{I} 离散成像一般边界单元那样的界面单元,然后用高斯积分公式计算。如果 Γ_{I} 是直线或平面,则很容易求出式(9A-1)的解析表达式。否则,当源点不在积分单元上时,用高斯积分公式直接计算;当源点位于积分单元上时,采用投影面法[20]的思想来计算。为此,通过单元中心建立切线(二维)或切平面(三维),将切线(面)内从源点到场点的距离 ρ 作为基本变量,坐标 x_i 与 ρ 间的关系式可表示为

$$x_i = x_i^p + (b_i + c_i\rho)\rho \tag{9A-3}$$

式中,b_i 和 c_i 在文献[20]中给出。

源点到场点的距离及其对坐标的导数表达式为

$$r = g(\rho)\rho \tag{9A-4}$$

$$r_{,i} = \frac{x_i - x_i^p}{r} = \frac{b_i + c_i\rho}{g(\rho)} \tag{9A-5}$$

式中,$g(\rho)$ 也在文献[20]中给出。

将上述各量代入式(9A-2)得

$$\bar{f}_{ijs} = \frac{-1}{2\pi\alpha}\left[\delta_{ij} - \beta\frac{(b_i + c_i\rho)(b_j + c_j\rho)}{g^2(\rho)}\right]\frac{(b_s + c_s\rho)}{g(\rho)} \tag{9A-6}$$

将上式代入式(9A-1)则可对其进行积分,但对于二维和三维问题,积分方法有所不同。

二维问题:

对于二维问题,积分单元为一曲线,其微线段 $\mathrm{d}\Gamma$ 与切线上的微线段 $\mathrm{d}\rho$ 有如下关系:

$$\mathrm{d}\rho = \mathrm{d}\Gamma n_i^0 n_i \tag{9A-7}$$

式中,n_i^0 和 n_i 分别为曲线单元的局部坐标系原点和场点的外法线方向余弦。

将式(9A-7)和式(9A-6)代入式(9A-1),得

$$f_{ijs} = \lim_{\rho_\varepsilon \to 0}\int_{\rho_\varepsilon}^{\rho_E} \frac{\bar{F}_{ijs}(\rho)}{\rho}\mathrm{d}\rho \tag{9A-8}$$

式中,积分上限 ρ_E 为源点到切线单元一端点的距离,并有

$$\bar{F}_{ijs}(\rho) = \frac{-1}{2\pi\alpha}\left[\delta_{ij} - \beta\frac{(b_i + c_i\rho)(b_j + c_j\rho)}{g^2(\rho)}\right]\frac{(b_s + c_s\rho)}{g^{\alpha+1}(\rho)n_i^0 n_i} \tag{9A-9}$$

其中,$\alpha=1$;$\beta=2$。

对式(9A-8)采用加、减项技术得

$$\begin{aligned} f_{ijs} &= \lim_{\rho_\varepsilon \to 0}\int_{\rho_\varepsilon}^{\rho_E} \frac{\bar{F}_{ijs}(\rho) - \bar{F}_{ijs}(0)}{\rho}\mathrm{d}\rho + \lim_{\rho_\varepsilon \to 0}\int_{\rho_\varepsilon}^{\rho_E} \frac{\bar{F}_{ijs}(0)}{\rho}\mathrm{d}\rho \\ &= \int_0^{\rho_E} \frac{\bar{F}_{ijs}(\rho) - \bar{F}_{ijs}(0)}{\rho}\mathrm{d}\rho + \bar{F}_{ijs}(0)(\ln\rho_E - \lim_{\rho_\varepsilon \to 0}\ln\rho_\varepsilon) \end{aligned} \tag{9A-10}$$

对于一个物理问题,上式积分总是存在的(即为一有限值)。因此,当考虑了源点左

右相邻单元的贡献后，上式中的 $\lim\limits_{\rho_\varepsilon \to 0}\ln\rho_\varepsilon$ 项会产生一 H_0 项[21]。于是，得到

$$f_{ijs} = \int_0^{\rho_E} \frac{\bar{F}_{ijs}(\rho) - \bar{F}_{ijs}(0)}{\rho} \mathrm{d}\rho + \bar{F}_{ijs}(0)(\ln\rho_E - \ln H_0) \tag{9A-11}$$

式中，$H_0 = 1/\sqrt{b_i b_i}$，第一项积分为正则积分，可用高斯数值积分公式计算。

对于二维线性单元，界面单元与投影线重合，并有关系式：$c_i = 0, g = 1, r = \rho, r_{,i} = L_{Ji}\rho_{,J}, b_i = r_{,i}, H_0 = 1, \bar{F}_{ijs} = \bar{f}_{ijs}$。此时，式(9A-11)变为 $f_{ijs} = \bar{f}_{ijs}(0)\ln L$，其中的 L 为线单元的长度。

三维问题：

对于三维问题，积分界面为一曲面，其微面积 $\mathrm{d}\Gamma$ 与切平面上的微面积 $\mathrm{d}A$ 有如下关系：

$$\mathrm{d}A = \mathrm{d}\Gamma n_i^0 n_i \tag{9A-12}$$

式中，n_i^0 和 n_i 分别为曲面单元的局部坐标系(图 9-1-2)原点和场点的外法线方向余弦。

将式(9A-12)和式(9A-6)代入式(9A-1)，并在切平面 A 内使用径向积分法[22, 23]，可得

$$f_{ijs} = \int_L \frac{1}{\rho_L} \frac{\partial\rho}{\partial \boldsymbol{n}^L} F_{ijs} \mathrm{d}L \tag{9A-13}$$

式中，$\partial\rho/\partial\boldsymbol{n}^L = \rho_{,I} n_I^L$，$n_I^L$ 为单元在切平面内的投影轮廓线 L(图 9A-1)的外法线方向余弦[20]；ρ_L 为切平面内源点到 L 边的距离；F_{ijs} 为投影平面内的径向积分，可写为

$$F_{ijs} = \lim_{\rho_\varepsilon \to 0} \int_{\rho_\varepsilon}^{\rho_L} \frac{\bar{F}_{ijs}(\rho)}{\rho} \mathrm{d}\rho \tag{9A-14}$$

其中，$\bar{F}_{ijs}$ 的形式与式(9A-9)一样，不过 $\alpha=2, \beta=3$。

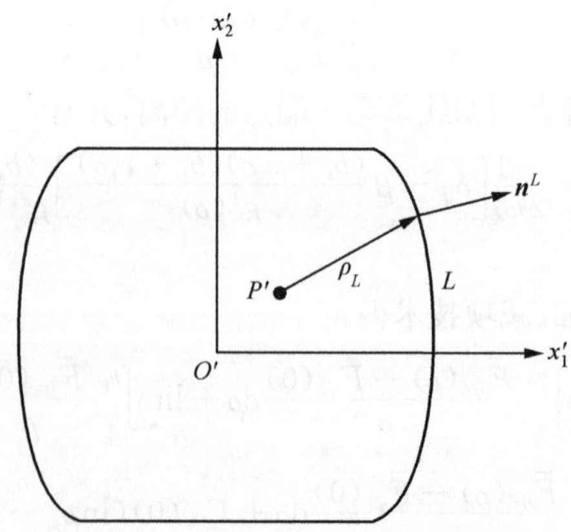

图 9A-1 界面单元在切平面内的示意图

同样采用加、减项法则可得

$$F_{ijs}=\int_0^{\rho_L}\frac{\bar{F}_{ijs}(\rho)-\bar{F}_{ijs}(0)}{\rho}\mathrm{d}\rho+\bar{F}_{ijs}(0)(\ln\rho_L-\ln H_0) \tag{9A-15}$$

式(9A-15)与式(9A-13)则为计算自由系数积分 f_{ijs} 的一般关系式，其中的第一项积分为正则积分，可由高斯积分公式计算。

如果积分界面是一平面，则有关系：

$$c_i=0,\quad g=1,\quad \rho=r,\quad b_i=L_{Ji}\rho_{,J},\quad r_{,i}=b_i=L_{Ji}\rho_{,J},\quad \bar{F}_{ijs}=\bar{f}_{ijs}$$

由此可见，$\bar{F}_{ijs}$ 变得与 ρ 无关，因此式(9A-15)中的第一项积分为零。最后得到 $F_{ijs}=\bar{f}_{ijs}\ln r$，从而有

$$f_{ijs}=\int_{\Gamma_{\mathrm{I}}}\frac{1}{r}\ln r\frac{\partial r}{\partial \boldsymbol{n}^L}\bar{f}_{ijs}\mathrm{d}L \tag{9A-16}$$

附录 9B　自由项系数 f_{ijmns} 的正则化计算公式

f_{ijmns} 的定义式为

$$f_{ijmns}(p)=\int_{\Gamma_{\mathrm{I}}}u^*_{im,nj}(Q,p)(x_s^Q-x_s^p)\mathrm{d}\Gamma(Q) \tag{9-2-13}$$

将式(8-1-15)代入上式，并注意到 $x_s^Q-x_s^p=rr_{,s}$，则有

$$f_{ijmns}=\int_{\Gamma_{\mathrm{I}}}\frac{\bar{f}_{ijmns}}{r^\alpha}\mathrm{d}\Gamma \tag{9B-1}$$

式中

$$\begin{aligned}\bar{f}_{ijmns}=&A[\delta_{in}\delta_{jm}+\delta_{im}\delta_{jn}-B\delta_{ij}\delta_{mn}-\beta(\delta_{im}r_{,j}r_{,n}+\delta_{jm}r_{,i}r_{,n}-B\delta_{ij}r_{,m}r_{,n}\\&+\delta_{jn}r_{,i}r_{,m}+\delta_{mn}r_{,i}r_{,j}+\delta_{in}r_{,j}r_{,m})+\beta\gamma r_{,i}r_{,j}r_{,m}r_{,n}]r_{,s}\end{aligned} \tag{9B-2}$$

类似于附录 9A 中的处理方法，在过单元中心建立的切平面上，源点到场点的距离 r 及其对坐标的导数 $r_{,i}$ 可表示为局部距离 ρ 的函数[20]，即

$$r=g(\rho)\rho \tag{9B-3}$$

$$r_{,i}=\frac{x_i-x_i^p}{r}=\frac{b_i+c_i\rho}{g(\rho)} \tag{9B-4}$$

其中，$g(\rho)$ 的计算式在文献[20]中给出。

这样，参考式(9A-12)～式(9A-15)的处理，界面积分式(9B-1)可转换成如下沿单元轮廓线(图 9A-1)的线积分：

$$f_{ijmns}=\int_L\frac{1}{\rho_L}\frac{\partial\rho}{\partial\boldsymbol{n}^L}F_{ijmns}\mathrm{d}L \tag{9B-5}$$

式中

$$F_{ijmns} = \int_0^{\rho_L} \frac{\bar{F}_{ijmns}(\rho) - \bar{F}_{ijmns}(0)}{\rho} \mathrm{d}\rho + \bar{F}_{ijmns}(0)(\ln\rho_L - \ln H_0) \tag{9B-6}$$

$$\bar{F}_{ijmns}(\rho) = \frac{\bar{f}_{ijmns}(\rho)}{g^{\alpha}(\rho) n_i^0 n_i} \tag{9B-7}$$

式中，$\bar{f}_{ijmns}(\rho)$ 通过将式(9B-4)代入式(9B-2)得到；$H_0 = 1/\sqrt{b_i b_i}$。

式(9B-5)和式(9B-6)是针对三维问题导出的。对于二维问题，可导出类似于式(9B-6)所示的计算式，详细情况可参照附录 9A 的推导，这里不再赘述。

参考文献

[1] Brebbia C A, Dominguez J. Boundary Elements: An Introductory Course. London: McGraw-Hill Book Co., 1992.

[2] Rigby R H, Alliabadi M H. Out-of-core solver for large, multi-zone boundary element matrices. International Journal for Numerical Methods in Engineering, 1995, 38(9): 1507—1533.

[3] Layton J B, Ganguly S, Balakrishna C, et al. A symmetric Galerkin multi-zone boundary element formulation. International Journal for Numerical Methods in Engineering, 1997, 40(16): 2913—2931.

[4] Gray L J, Paulino G H. Symmetric Galerkin boundary integral formulation for interface and multi-zone problems. International Journal for Numerical Methods in Engineering, 1997, 40(16): 3085—3101.

[5] Ahmad S, Banerjee P K. Multi-domain BEM for two-dimensional problems of elastodynamics. International Journal for Numerical Methods in Engineering, 1988, 26(4): 891—911.

[6] Gao X W, Davies T G. 3D multi-region BEM with corners and edges. International Journal of Solids and Structures, 2000, 37(11): 1549—1560.

[7] Araujo F C, Silva K I, Telles J C F. Generic domain decomposition and iterative solvers for 3D BEM problems. International Journal for Numerical Methods in Engineering, 2006, 68(4): 448—472.

[8] Wang C B, Chatterjee J, Banerjee P K. An efficient implementation of BEM for two- and three-dimensional multi-region elastoplastic analyses. Computer Methods in Applied Mechanics and Engineering, 2007, 196(4—6): 829—842.

[9] Kane J H, Kashava K B L, Saigal S. An arbitrary condensing, noncondensing solution strategy for large scale, multi-zone boundary element analysis. Computer Methods in Applied Mechanics and Engineering, 1990, 79(2): 219—244.

[10] Gao X W, Guo L, Zhang C. Three-step multi-domain BEM solver for nonhomogeneous material problems. Engineering Analysis with Boundary Elements, 2007, 31(12): 965—973.

[11] 高效伟，胡金秀，崔苗．基于行消元回代法的多域边界元分析方法．力学学报，2012，44(2)：361—368.

[12] Raveendra S T, Cruse T A. BEM analysis of problems of fracture mechanics//Banerjee P K, Wilson R B. Industrial Applications of Boundary Element Methods. London and New York: Elsevier Applied Science, 1989: 187—204.

[13] Davi G, Milazzo A. Multidomain boundary integral formulation for piezoelectric materials fracture mechanics. International Journal of Solids and Structures, 2001, 38(40—41): 7065—7078.

[14] Zhang C, Gao X W, Sladek J, et al. Fracture mechanics analysis of 2D FGMs by a meshless BEM. Key Engineering Materials, 2006, 324—325: 1165—1172.

[15] Gao X W, Wang J. Interface integral BEM for solving multi-medium heat conduction problems. Engineering Analysis with Boundary Elements, 2009, 33(4): 539—546.

[16] Gao X W, Yang K. Interface integral BEM for solving multi-medium elasticity problems. Computer Methods in Applied Mechanics and Engineering, 2009, 198(15—16): 1429—1436.

[17] Wang H T, Yao Z H. Large-scale thermal analysis of fiber composites using a line-inclusion model by the fast boundary element method. Engineering Analysis with Boundary Elements, 2013, 37(2): 319—326.

[18] Davey K, Bounds S, Rosindale I, et al. A coarse preconditioner for multi-domain boundary element equations. Computers and Structures, 2002, 80(7—8): 643—658.

[19] Peng H F, Bai Y G, Yang K, et al. Three-step multi-domain BEM for solving transient multi-media heat conduction problems. Engineering Analysis with Boundary Elements, 2013, 37(11): 1545—1555

[20] Gao X W, Feng W Z, Yang K, et al. Projection plane method for evaluation of arbitrary high order singular boundary integrals. Engineering Analysis with Boundary Elements, 2015, 50: 265—274.

[21] Gao X W. An effective method for numerical evaluation of general 2D and 3D high order singular boundary integrals. Computer Methods in Applied Mechanics and Engineering, 2010, 199(45—48): 2856—2864.

[22] Gao X W. The radial integration method for evaluation of domain integrals with boundary-only discretization. Engineering Analysis with Boundary Elements, 2002, 26(10): 905—916.

[23] Gao X W. Evaluation of regular and singular domain integrals with boundary-only discretization-theory and Fortran code. Journal of Computational and Applied Mathematics, 2005, 175(2): 265—290.